“十三五”江苏省高等学校重点教材
（编号：2019-1-105）

DAXUE SHUXUE

大学数学

（经管类）（第2版）

主　编◎杨　青　朱成莲
副主编◎徐新亚　陈学华

同济大学出版社
TONGJI UNIVERSITY PRESS
·上海·

内 容 提 要

本书是"十三五"江苏省高等学校重点教材(修订)。本次修订增加了一些数学理论在经济分析和经济管理等方面的应用性内容,进一步充实、丰富了习题配置,并实现了部分教学资源的数字化,使本书更加完善,能更好地满足教学需要。

本书结构严谨,内容详实,例证充分,实用性强,书中例题和习题的难度按从低到高进行梯级配备。同时,为了满足部分考研学生的需求,书中还加入了许多数学三的考研真题。为方便学生学习,我们在书后提供了绝大多数课后习题的参考答案,便于对照查阅。

本书内容深广度符合"经济管理类本科数学基础课程教学基本要求",既可作为高校经济管理类专业数学课程的教材,也可作为相关专业学生考研复习时的参考用书。

图书在版编目(CIP)数据

大学数学:经管类 / 杨青,朱成莲主编. —2 版
—上海:同济大学出版社,2021.10
ISBN 978-7-5608-9940-4

Ⅰ. ①大… Ⅱ. ①杨… ②朱… Ⅲ. ①高等数学—高等学校—教材 Ⅳ. ①O13

中国版本图书馆 CIP 数据核字(2021)第 203378 号

"十三五"江苏省高等学校重点教材

大学数学(经管类)(第 2 版)

主　编　杨　青　朱成莲　副主编　徐新亚　陈学华

策划编辑 张　莉　**责任编辑** 任学敏　**责任校对** 徐春莲　**封面设计** 渲彩轩

出版发行　同济大学出版社　www.tongjipress.com.cn
(地址:上海市四平路 1239 号　邮编:200092　电话:021-65985622)
经　销　全国各地新华书店
印　刷　常熟市大宏印刷有限公司
开　本　787 mm×1092 mm　1/16
印　张　26.25
字　数　655 000
版　次　2021 年 10 月第 2 版　2021 年 10 月第 1 次印刷
书　号　ISBN 978-7-5608-9940-4

定　价　78.00 元

第 2 版前言

本书在第 1 版的基础上，认真贯彻教育部经济类与管理类专业“面向 21 世纪教学内容和课程体系改革计划”的精神，遵循教育部“经济管理类本科数学基础课程教学基本要求”，及时对相应教学内容进行了修订. 一方面，注重学以致用，增加了一些微积分在经济分析和经济管理等方面的应用性内容，突出了数学理论广泛的应用性，注重培养学生应用数学知识分析、研究、解决实际问题的能力；另一方面，保持了第 1 版理论体系的连贯性与完整性，同时注意吸收借鉴当前教材改革中的一些成功举措，使本书能更好地满足高校经济管理类相关专业学生的学习需要. 本书既可以作为教科书，又可以作为学生自学及相关专业学生考研复习时的参考用书.

本次修订的主要内容如下：

1. 在相关章节后增添了数学理论的应用内容. 如在“函数的凹凸性　函数作图”后增加一节“函数的最值及其在经济分析中的应用”，在“二元函数的极值与最值”后增加一节“边际分析、弹性分析与经济问题的最优化”，在“二阶常系数线性微分方程”后增加一节“微分方程在经济管理中的应用”.

2. 增加了一些数学理论在经济管理和日常生活等方面应用的例题和习题，并增补了部分例题的现实背景，以便更好地满足教学需要.

3. 充实、丰富了习题配置. 本书在每章末增加了总习题，方便学生复习巩固.

4. 添加了二维码，链接相关数学家简介，实现了部分教学资源的数字化.

本书在修订过程中得到了关注本书的专家、同仁和广大读者的关心、帮助和指导，吸取了他们提出的许多宝贵意见和建议，我们在此表示衷心感谢，特别要感谢柏传志、郭嵩、臧庆佩、徐淮涓、郑发美、葛静等老师对本次修订工作的大力支持与无私帮助. 同济大学出版社各位老师认真审阅了书稿，并适时提出宝贵建议，在此一并致以诚挚谢意.

本次修订工作主要由杨青、朱成莲老师完成，书中难免有失误或不妥之处，期盼各位专家、同仁和读者给予批评指正.

编　者

2021 年 6 月

第2版前言

第 1 版前言

大学数学是理、工、农、经各专业学生重要的必修课和基础课，它具有高度的抽象性、严密的逻辑性和广泛的应用性. 大学数学不仅是学习后继课程必不可少的基础，而且对于训练和培养学生的数学素养、理性思维、抽象概括、逻辑推理、空间想象以及分析解决实际问题等的能力有着至关重要的作用.

对经管类各专业的学生而言，大学数学的作用尤为重要. 通过学习大学数学，能逐步培养学生对各种经济管理问题的抽象概括和建立模型、用数学工具进行逻辑推理和空间想象等方面的能力，使学生能够综合运用所学知识进行比较熟练的运算，养成终身的自学能力和良好的学习习惯，提高学生的综合素质，从而达到为社会培养优秀人才的目的.

高等教育的大众化，给高校的教育提出了新的要求和更高标准；中学数学教材内容的调整，也给大学数学的教学提出了新的任务. 另外，大学数学课程本身也要求我们在经典内容的基础上，融入近现代数学的思想、观点和概念，增加现代数学的术语、符号和方法. 为造就 21 世纪具有更多知识、更高素质的大学生，需要我们在转变教育思想和教育观念、优化课程体系和改革教学内容、教学方法和教学手段等方面进行有益的探索和尝试，在提高教育质量的道路上不断实践并努力创新，使学生能够在数学理论学习的基础上，比较系统地掌握本课程的基本概念、基本理论和分析与解决问题的方法，培养辩证唯物主义观点和科学态度，为以后专业课程的学习提供必要的数学知识，打下扎实的数学基础.

然而，由于大学数学自身的抽象性及其独有的逻辑方式，它成为众多学生尤其是经管类各专业学生学习中的一大难关. 对此，国内从事经济管理类专业大学数学教学工作的专家学者们一直在进行探索，千方百计改进教学手段，提高教学质量，不断推出各种精品课程、优秀教材. 但是，要让大学数学教材真正符合当今社会经管类专业教学需要却是一个重大课题. 我们编写《大学数学(经管类)》一书，希望在这方面作一次有益的尝试. 如果该书能够达到或部分达到这个目的，那将是对我们工作的巨大鞭策和鼓舞.

全书共分 8 章. 第 1 章 函数、极限与连续；第 2 章 一元函数微分学；第 3 章 一元函数积分学；第 4 章 无穷级数；第 5 章 二元函数的微分与积分；第 6 章 常微分方程与差分方程；第 7 章 线性代数；第 8 章 概率论与数理统计. 各章内容参照近年全国研究生入学考试数学三考试大纲要求编写，每一节配备适量的课后习题，供师生在教学中选用. 为方便学生自学，我们将绝大多数课后习题的简答放在参考答案中，便于对照查阅. 本书第 1 章至第 3 章由杨青同志执笔，第 3 至第 6 章由徐新亚同志执笔，第 7 章由陈学华同志执笔，第 8 章由朱成莲同志执笔. 全书最后由杨青同志统筹.

为了增强教材的针对性和适用性，我们在教学内容和结构体系上花费了巨大心血，对绝大多数的数学概念、定理、结论、例题等进行严格筛选，反复斟酌，使之适合相关的经济模型. 语言叙述方面，在注意保持数学逻辑的基础上，注意贴合当代语言，使本书既是教科书，又适合自学.

在本书的编写过程中，我们得到了我校数学科学学院的领导和师生的大力支持和无私帮助，我们对此表示由衷的感谢，特别要感谢陈光曙教授、柏传志教授、周友士教授和郭嵩、王晓晶、朱守丽、严定军等老师. 正是他们的鼓励和奉献，才有了我们将这本书完成的决心和动力.

由于我们的水平有限，书中一定存在着这样或那样的疏漏和错误，因此，恳请各位专家、同仁和读者不吝赐教.

编　者

2013 年 7 月

目　　录

第 1 章　函数、极限与连续

初等数学研究的主要是常量，而高等数学研究的则是变量. 客观世界中的变量之间往往相互依存、相互作用、相互联系，这种关系称为函数关系，研究函数的有效工具是极限. 本章将介绍函数、极限与连续等基本概念，以及它们的一些基本性质.

1.1　函　数

1.1.1　函数的概念

在研究自然现象、客观规律和经济现象、经济规律时，常常会遇到各种不同的量，其中有些量在过程中始终不变，只取一个值，这种量称为**常量**；还有些量在同一问题中可以取不同的值，这种量称为**变量**.

通常用字母 a，b，c 等表示常量，用字母 x，y，z 等表示变量.

客观世界中的变量都不是孤立存在的，变量与变量之间往往相互作用、相互依赖和相互影响，这种关系就是数学上的函数关系. 函数是微积分学中的基本概念，下面给出函数的定义.

定义 1.1　设 D 是一个数集，若对 D 中的每一个数 x，按照对应法则 f，总可以确定唯一的数值 y 与之对应，则称变量 y 是变量 x 的函数，记作：

$$y = f(x), \quad x \in D.$$

其中 x 称为**自变量**，y 称为**因变量**，D 称为**定义域**，对应法则 f 称为**函数关系**. 当自变量 x 取遍定义域 D 内的每一个值时，所得到的变量 y 的所有值的全体称为函数 $y = f(x)$ 的**值域**，记作 $f(D)$. 由此可见，对应法则 f 和函数的定义域 D 是构成函数的两大要素.

函数记号 $f(x)$ 中的字母“f”，还可用其他的英文字母或希腊字母表示，如“φ”“g”“F”“G”“Φ”等，相应的函数可以记作 $y = \varphi(x)$，$y = g(x)$，$y = F(x)$，$y = G(x)$ 等.

函数的定义域与值域通常用**区间**表示. 区间是常用的一类数集，大体可分为有限区间和无限区间，其中有限区间包括以下四种(设 a，b 为实数，且 $a < b$)：

开区间

$$(a, b) = \{x \mid a < x < b\};$$

闭区间

$$[a, b] = \{x \mid a \leqslant x \leqslant b\};$$

左开右闭区间

$$(a, b] = \{x \mid a < x \leqslant b\};$$

左闭右开区间

$$[a, b) = \{x \mid a \leqslant x < b\}.$$

有时将 $(a, b]$ 与 $[a, b)$ 统称为半开半闭区间. 无限区间共有以下五种：

$$[a, +\infty) = \{x \mid x \geqslant a\};$$
$$(a, +\infty) = \{x \mid x > a\};$$
$$(-\infty, b] = \{x \mid x \leqslant b\};$$
$$(-\infty, b) = \{x \mid x < b\};$$
$$(-\infty, +\infty) = \mathbf{R}.$$

开区间 $(a-\delta, a+\delta)$（设 $a, \delta \in \mathbf{R}$，且 $\delta > 0$）称为点 a 的 δ **邻域**，记为 $U(a, \delta)$，即

$$U(a, \delta) = (a-\delta, a+\delta) = \{x \mid (a-\delta < x < a+\delta)\}$$
$$= \{x \mid |x-a| < \delta\}.$$

点 a 称为邻域的中心，δ 称为邻域的半径；邻域 $U(a, \delta)$ 去掉中心 a 后，称为点 a 的去心 δ 邻域，记作 $\mathring{U}(a, \delta)$，即

$$\mathring{U}(a, \delta) = (a-\delta, a) \cup (a, a+\delta) = \{x \mid 0 < |x-a| < \delta\}$$

是两个开区间的并集，其中 $(a-\delta, a)$ 称为点 a 的 δ **左邻域**，$(a, a+\delta)$ 称为点 a 的 δ **右邻域**.

1.1.2 函数的表示法

函数的表示法主要有以下三种：

公式法（又称解析法）是用数学式表示函数的方法. 例如 $y = x\sin\dfrac{1}{x}$，$y = \sqrt{1-x^2}$ 等.

图象法是用坐标平面上的图形表示函数的方法. 所谓 $y = f(x)$ 的图形，指的是坐标平面上的点集

$$\{(x, y) \mid y = f(x), x \in D\}.$$

一个函数的图形通常是平面内的一条曲线.

表格法是用表格表示函数的方法. 例如三角函数表.

例 1 设函数 $f(x) = \begin{cases} 2+x, & x \leqslant 0, \\ 2^x, & x > 0, \end{cases}$ 求：

(1) 函数的定义域；

(2) $f(0)$, $f(-1)$, $f(3)$, $f(a)$, $f[f(-1)]$;

(3) 画出函数的图形.

解 (1) 函数的定义域是 $D = (-\infty, +\infty)$.

(2) 由 $0 \in (-\infty, 0]$, $-1 \in (-\infty, 0]$，此时 $f(x) = 2+x$，得 $f(0) = 2+0 = 2$，$f(-1) = 2+(-1) = 1$.

因 $3 \in (0, +\infty)$，此时 $f(x) = 2^x$，得 $f(3) = 2^3 = 8$.

当 $a \leqslant 0$ 时，$f(a) = 2+a$；当 $a > 0$ 时，$f(a) = 2^a$.

因 $f(-1) = 1$，所以 $f[f(-1)] = f(1) = 2^1 = 2$.

(3) 函数 $f(x)$ 的图形如图 1-1 所示.

例 2 绝对值函数

$$y=|x|=\begin{cases}-x, & x<0,\\ x, & x\geqslant 0\end{cases}$$

的定义域 $D=(-\infty,+\infty)$，值域 $f(D)=[0,+\infty)$，它的图形如图 1-2 所示.

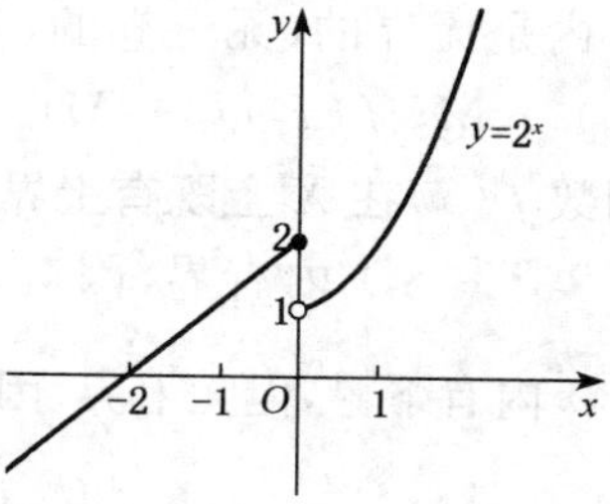

图 1-1

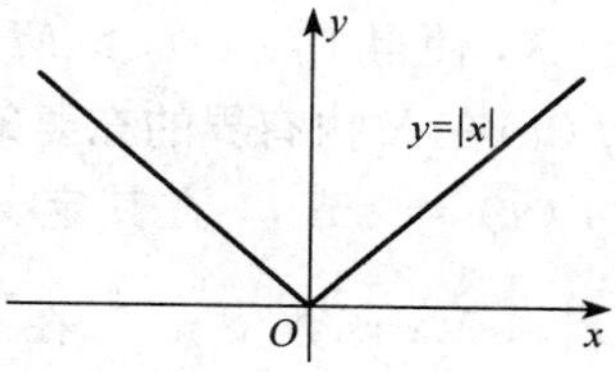

图 1-2

例 3 符号函数

$$y=\operatorname{sgn}(x)=\begin{cases}-1, & x<0,\\ 0, & x=0,\\ 1, & x>0\end{cases}$$

的定义域 $D=(-\infty,+\infty)$，值域 $f(D)=\{-1,0,1\}$，它的图形如图 1-3 所示. 显然，对任意实数 x，有 $|x|=\operatorname{sgn}x\cdot x$.

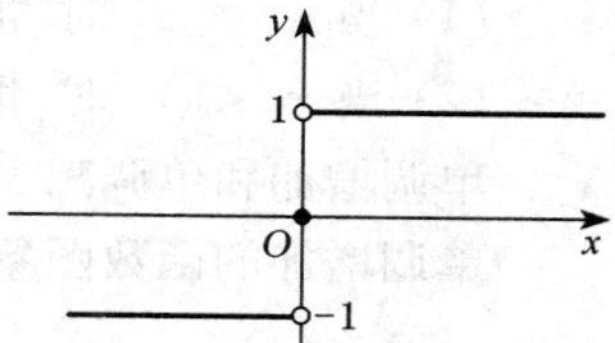

图 1-3

例 4 取整函数 $y=[x]$.

对任意实数 x，用 $[x]$ 表示不超过 x 的最大整数. 例如：$\left[-\dfrac{4}{3}\right]=-2$，$[2]=2$，$[\sqrt{10}]=3$，$[\pi]=3$. 这个函数的定义域 $D=(-\infty,+\infty)$，值域 $f_D=\mathbf{Z}$，它的图形如图 1-4 所示.

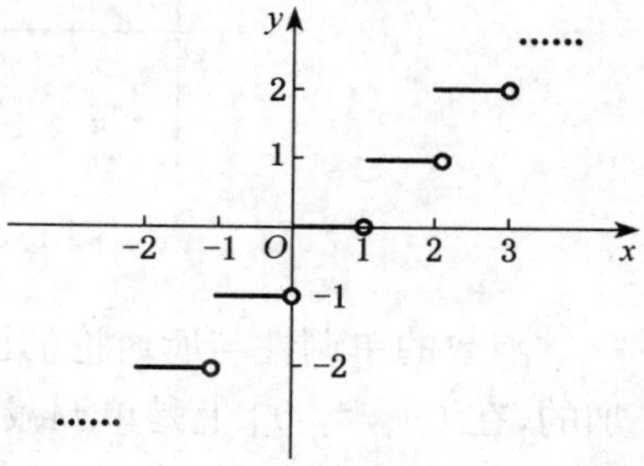

图 1-4

例 5 狄利克雷函数

$$y=D(x)=\begin{cases}1, & x\text{ 为有理数},\\ 0, & x\text{ 为无理数}\end{cases}$$

的定义域 $D=(-\infty,+\infty)$，值域 $f(D)=\{0,1\}$.

上述例子中的几个函数具有共同特征：在自变量的不同变化范围内，对应法则由不同的解析式表示，通常称其为**分段函数**.

分段函数是一个函数，常用于自然科学、工程技术和经济管理中.

数学家
狄利克雷

1.1.3 函数的几种特性

在数学逻辑推理中，为了书写方便，通常用符号“$\forall$”表示“任意”，用“$\exists$”表示“存在”或“找到”.

1. 有界性

设函数 $y=f(x)$ 的定义域为 D，实数集 $X\subset D$，如果存在正数 M，使得对 $\forall x\in X$ 都有

$$|f(x)|\leqslant M \quad (f(x)\leqslant M,\ f(x)\geqslant -M)$$

成立，则称函数 $f(x)$ 在 X 内是有界的(有上界的，有下界的).

如果这样的 M 不存在，则称函数 $f(x)$ 在 X 内是无界的(无上界的，无下界的)，即对 $\forall M>0$，$\exists x_1\in X$，使得 $|f(x_1)|>M \quad (f(x_1)>M,\ f(x_1)<-M)$.

显然，**函数 $f(x)$ 在 X 内有界的充要条件是函数 $f(x)$ 在 X 上既有上界又有下界.**

例如，函数 $f(x)=\sin x$，在其定义域 $(-\infty,+\infty)$ 内有界，因对 $\forall M\geqslant 1$，都有 $|f(x)|=|\sin x|\leqslant M$；函数 $y=\dfrac{1}{x}$ 在 $(0,+\infty)$ 内有下界，但无上界，因而是无界的.

2. 单调性

设函数 $f(x)$ 的定义域为 D，区间 $I\subset D$，如果对于 I 内的任意两点 x_1，x_2，

(1) 当 $x_1<x_2$ 时，恒有 $f(x_1)<f(x_2)$，则称 $y=f(x)$ 在区间 I 上是**单调增加**的.

(2) 当 $x_1<x_2$ 时，恒有 $f(x_1)>f(x_2)$，则称 $y=f(x)$ 在区间 I 上是**单调减少**的.

单调增加和单调减少的函数统称为**单调函数**.

单调增加的函数图象如图 1-5 所示，单调减少的函数图象如图 1-6 所示.

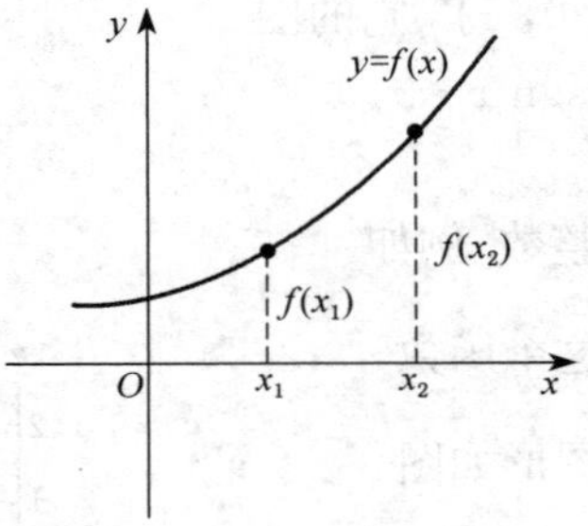

图 1-5

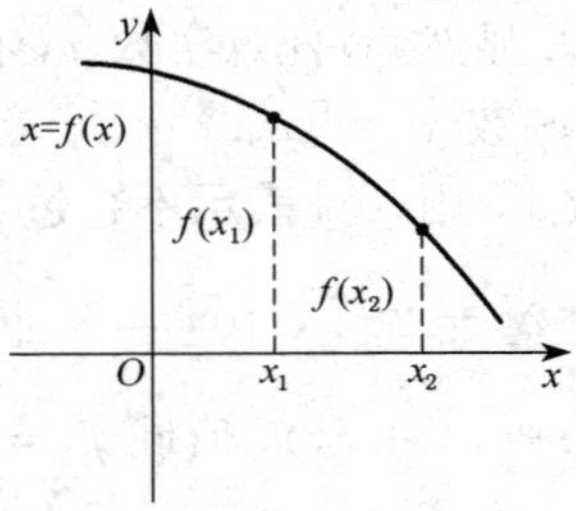

图 1-6

函数的单调性与所讨论的函数的区间有关. 例如，函数 $y=x^2$ 在 $[0,+\infty)$ 上是单调增加的，在 $(-\infty,0]$ 上是单调减少的；但在 $(-\infty,+\infty)$ 上它却不具有单调性.

3. 奇偶性

设函数 $f(x)$ 的定义域 D 关于原点对称，即对 $\forall x\in D$，有 $-x\in D$，如果对 $\forall x\in D$，有

$$f(-x)=-f(x),$$

则称 $f(x)$ 为奇函数；如果对 $\forall x\in D$，有

$$f(-x)=f(x),$$

则称 $f(x)$ 为偶函数.

例如，$f(x)=x^3$ 为奇函数，$f(x)=x^2$ 为偶函数.

奇函数的图象关于原点对称；偶函数的图象关于 y 轴对称.

4. 周期性

设函数 $f(x)$ 的定义域为 D，如果存在正数 T，使得对 $\forall x \in D$，有 $x+T \in D$，且

$$f(x+T)=f(x)$$

恒成立，则称函数 $f(x)$ 为**周期函数**，T 称为 $f(x)$ 的一个**周期**.

显然，如果 T 为 $f(x)$ 的一个周期，则对 $\forall n \in \mathbf{N}^+$，$nT$ 也是 $f(x)$ 的周期，通常所说的周期指的是周期函数的**最小正周期**(也叫基本周期).

例如，函数 $y=\sin(\omega x+\varphi)$ 和 $y=\cos(\omega x+\varphi)$ 都是以 $\dfrac{2\pi}{|\omega|}$ 为周期的周期函数；函数 $y=\tan(\omega x+\varphi)$ 和 $y=\cot(\omega x+\varphi)$ 都是以 $\dfrac{\pi}{|\omega|}$ 为周期的周期函数.

并非每一个周期函数都有最小正周期.

例如，狄利克雷函数 $y=D(x)=\begin{cases}1, & x\text{ 为有理数},\\ 0, & x\text{ 为无理数},\end{cases}$ 任何正有理数都是它的周期，因为不存在最小的正有理数，所以它没有最小正周期.

1.1.4 初等函数

1. 反函数

在一定的条件下，一个函数中自变量与因变量的地位是可以变换的. 例如半径为 r 的圆的面积 $S=\pi r^2 (r \geqslant 0)$，这里半径 r 为自变量，S 为因变量. 如果要通过面积 S 确定圆的半径 r 时，有 $r=\sqrt{S/\pi}\ (S \geqslant 0)$. 就这两个函数而言，可以把后一个函数看作是前一个函数的反函数，也可以把前一个函数看作是后一个函数的反函数.

设给定函数 $y=f(x)$，定义域为 D，值域为 W，如果对于 $\forall y \in W$，D 中总有唯一的一个 x 满足 $y=f(x)$，这样就得到一个以 y 为自变量的函数，称它为函数 $y=f(x)$ 的反函数，记为

$$x=f^{-1}(y), \quad y \in W.$$

因习惯用 x 表示自变量、y 表示因变量，所以总是将函数 $y=f(x)$ 的反函数表示为

$$y=f^{-1}(x), \quad x \in W.$$

在同一坐标系中，$y=f(x)$ 与 $y=f^{-1}(x)$ 的图象关于直线 $y=x$ 对称，如图 1-7 所示.

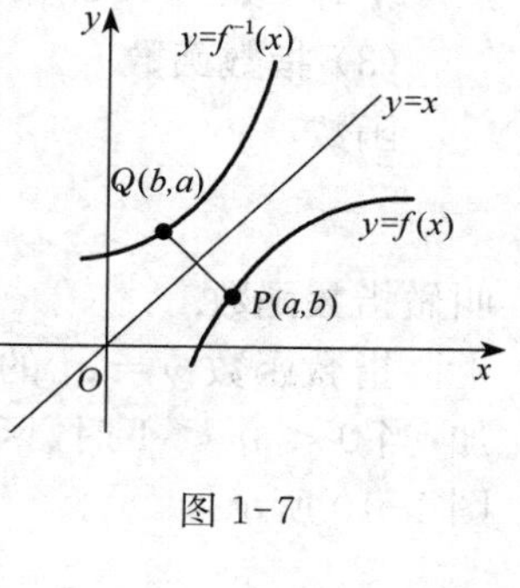

图 1-7

单值单调的函数一定存在反函数.

例如，函数 $y=x^2$，$x \in (0,+\infty)$ 存在反函数 $y=\sqrt{x}$，$x \in (0,+\infty)$；函数 $y=x^2$，$x \in (-\infty,0]$ 存在反函数 $y=-\sqrt{x}$，$x \in [0,+\infty)$，而在 $(-\infty,+\infty)$ 内，函数 $y=x^2$ 没有反函数.

2. 复合函数

函数关系是可以传递的，就是说，如果变量 y 是变量 u 的函数，而 u 又是变量 x 的函数，那么在一定条件下，y 也是变量 x 的函数.

一般地，设 y 是 u 的函数，$y=f(u)$，其定义域为 D，而 u 又是 x 的函数，$u=\varphi(x)$，其值域 $W\subset D$，则称函数 $y=f[\varphi(x)]$ 为由函数 $y=f(u)$ 与函数 $u=\varphi(x)$ 复合而成的**复合函数**，u 称为**中间变量**.

例如，$y=\sin\ln x$ 可以看作是由 $y=\sin u$ 和 $u=\ln x$ 复合而成的.

必须注意：并非任意两个函数都能进行复合运算.

例如，$y=f(u)=\arcsin u$ 和 $u=2+x^2$ 就不能复合，因为 $y=\arcsin u$ 的定义域是 $[-1,1]$，而 $u=2+x^2$ 的值域是 $[2,+\infty)$.

复合函数还可以推广到有限个函数复合的情形. 例如，$y=3^{\sin\frac{1}{x}}$ 可以看成由

$$y=3^u,\ u=\sin v,\quad v=\frac{1}{x}$$

三个函数复合而成，其中 u, v 都是中间变量.

3. 初等函数

常数函数、幂函数、指数函数、对数函数、三角函数和反三角函数统称为**基本初等函数**.

(1) **常函数**

函数

$$y=C$$

叫做常函数.

它的定义域为 $(-\infty,+\infty)$，它是偶函数且有界.

(2) **幂函数**

函数

$$y=x^\alpha\quad(\alpha \text{ 为常数})$$

叫做幂函数.

幂函数的定义域取决于 α 的取值，例如，当 $\alpha=3$ 时，其定义域为 $(-\infty,+\infty)$；当 $\alpha=-\dfrac{3}{4}$ 时，其定义域为 $(0,+\infty)$. 但不论 α 取什么值，它在 $(0,+\infty)$ 内有定义，并且图象总过点 $(1,1)$，如图 1-8 所示.

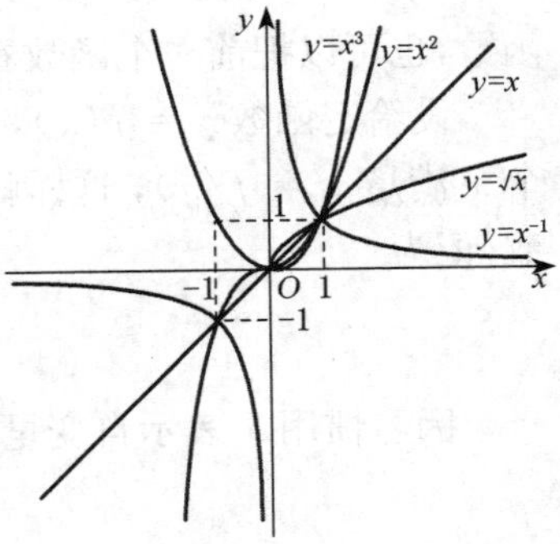

图 1-8

(3) **指数函数**

函数

$$y=a^x\quad(a>0, \text{且 } a\neq 1,\ a \text{ 是常数})$$

叫做指数函数.

指数函数 $y=a^x$ 的定义域为 $(-\infty,+\infty)$，值域为 $(0,+\infty)$. 当 $a>1$ 时，函数单调增加；当 $0<a<1$ 时，函数单调减少. 其图象总在 x 轴的上方，且过点 $(0,1)$，如图 1-9、图 1-10 所示.

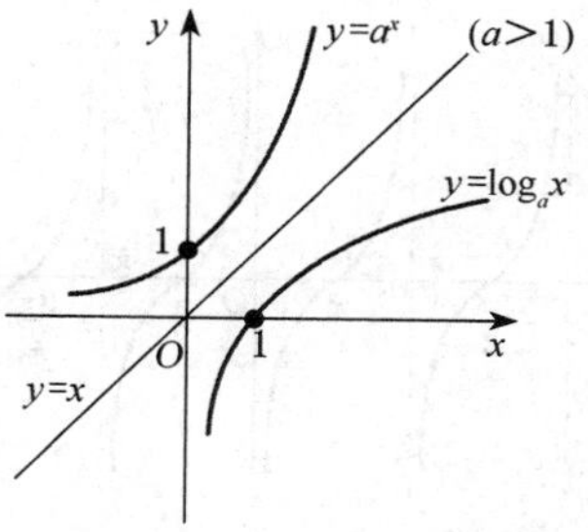

图 1-9

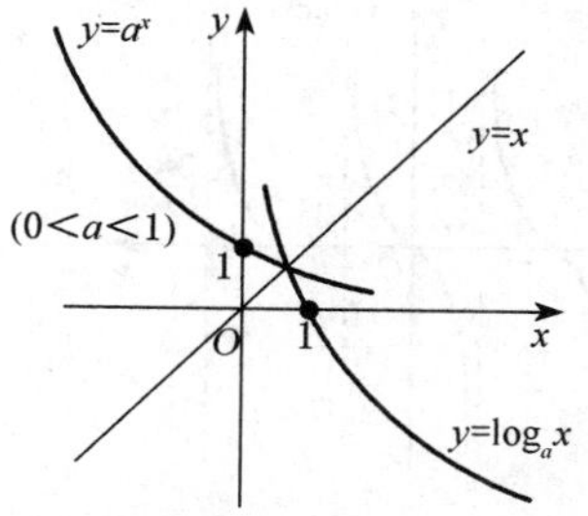

图 1-10

(4) **对数函数**

函数

$$y = \log_a x \quad (a > 0, 且\ a \neq 1,\ a\ 是常数)$$

叫做**对数函数**.

对数函数是指数函数的反函数,它的定义域为 $(0, +\infty)$,值域为 $(-\infty, +\infty)$,其图象总过点 $(1, 0)$. 当 $a > 1$ 时,函数单调增加;当 $0 < a < 1$ 时,函数单调减少. 其图象与 $y = a^x$ 的图象关于直线 $y = x$ 对称,如图 1-9、图 1-10 所示.

以 e 为底的对数函数 $y = \log_e x$(其中 $e = 2.718\,281\,8\cdots$ 是一个无理数)称为**自然对数函数**,简记作 $y = \ln x$.

(5) **三角函数**

三角函数共有六个,分别是

正弦函数 $y = \sin x$(图 1-11);

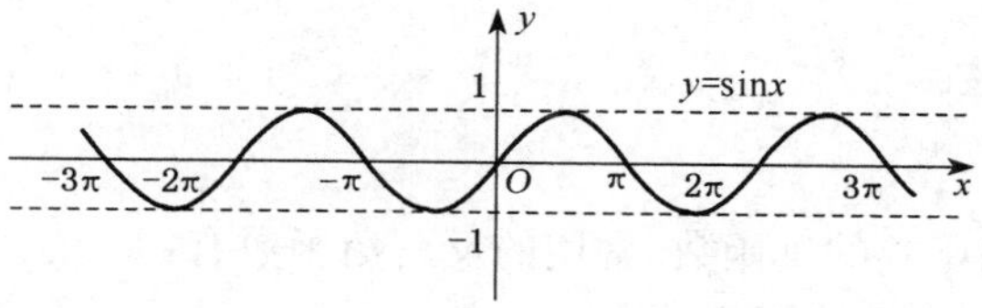

图 1-11

余弦函数 $y = \cos x$(图 1-12);

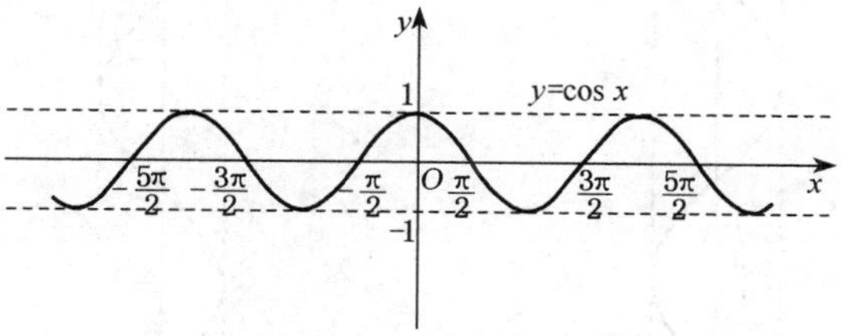

图 1-12

正切函数 $y = \tan x$(图 1-13);

余切函数 $y = \cot x$(图 1-14);

正割函数 $y = \sec x = \dfrac{1}{\cos x}$;

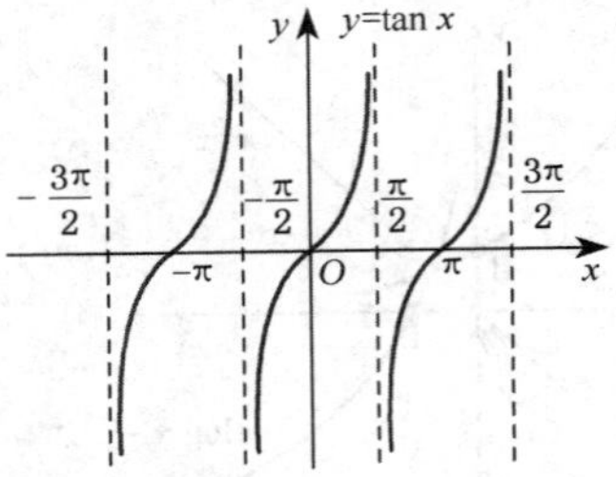

图 1-13

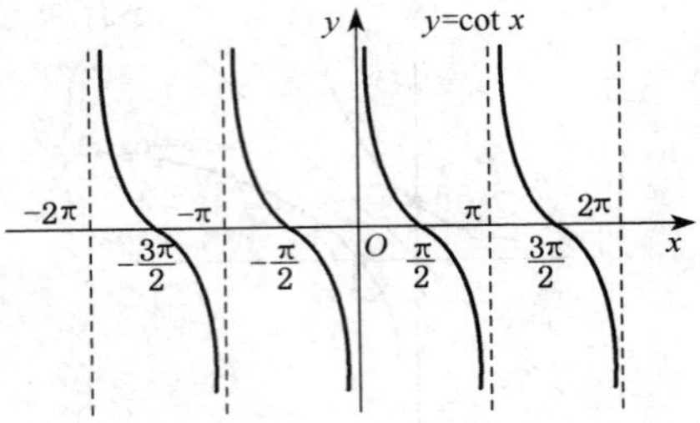

图 1-14

余割函数 $y=\csc x=\dfrac{1}{\sin x}$.

正弦函数 $y=\sin x$ 和余弦函数 $y=\cos x$ 的定义域都是 $(-\infty,+\infty)$，值域都是 $[-1,1]$；它们都是以 2π 为最小正周期的周期函数且都有界；$y=\sin x$ 为奇函数，$y=\cos x$ 为偶函数.

正切函数 $y=\tan x$ 和余切函数 $y=\cot x$ 都是以 π 为最小正周期的周期函数，它们都是奇函数，正切函数的定义域为

$$D=\left\{x \left| x\in\mathbf{R},\ x\neq n\pi+\frac{\pi}{2},\ n\in\mathbf{Z}\right.\right\};$$

余切函数的定义域为

$$D=\{x\,|\,x\in\mathbf{R},\ x\neq n\pi,\ n\in\mathbf{Z}\},$$

它们的值域都是 $(-\infty,+\infty)$.

正割函数 $y=\sec x$ 和余割函数 $y=\csc x$ 都是以 2π 为最小正周期的周期函数，并且在 $\left(0,\dfrac{\pi}{2}\right)$ 内都是无界函数.

(6) **反三角函数**

反三角函数是三角函数的反函数. 常用的反三角函数有：

反正弦函数 $y=\arcsin x$（图 1-15）；

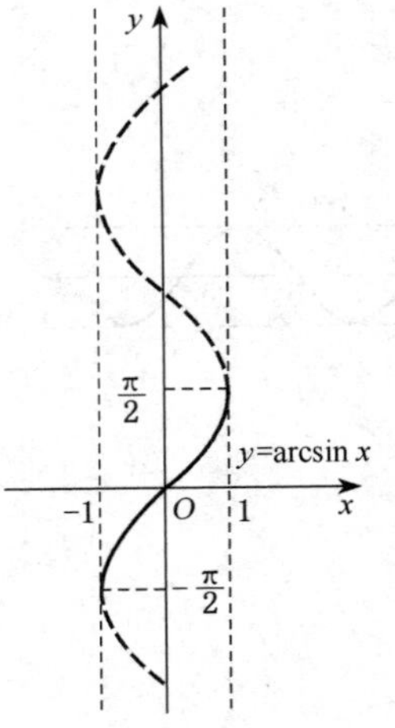

图 1-15

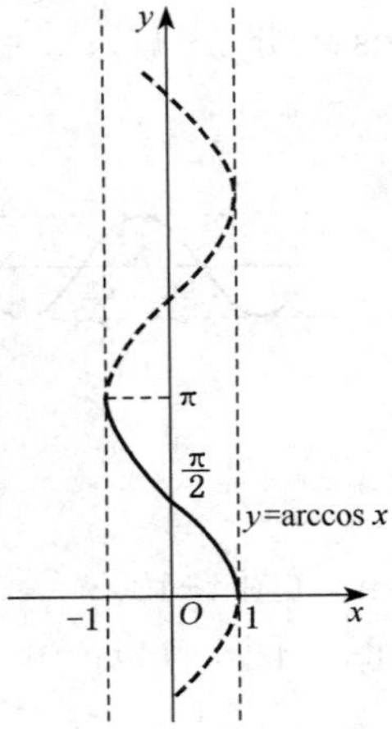

图 1-16

反余弦函数 $y = \arccos x$（图 1-16）；
反正切函数 $y = \arctan x$（图 1-17）；
反余切函数 $y = \operatorname{arccot} x$（图 1-18）.

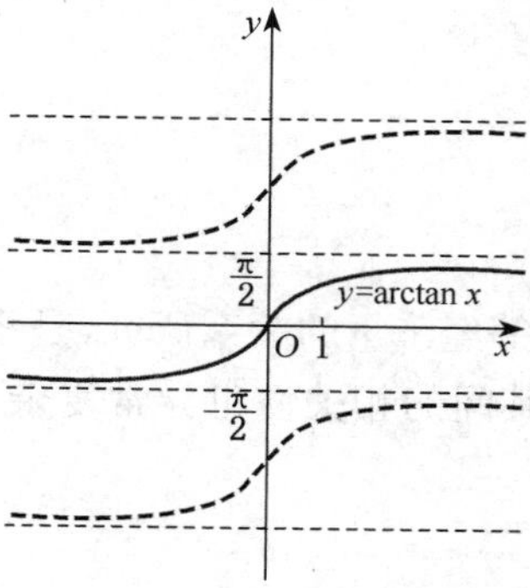

图 1-17

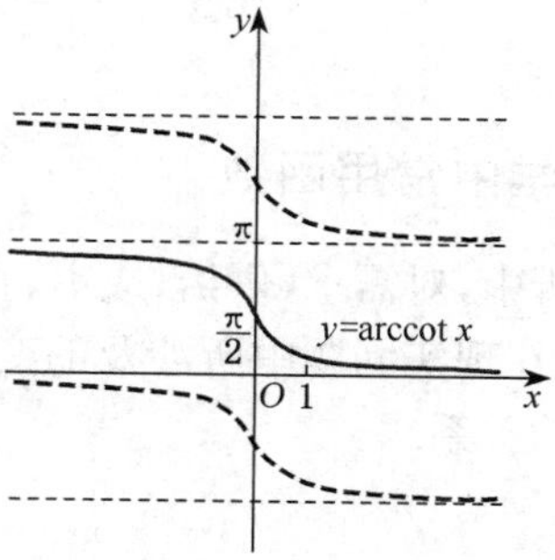

图 1-18

这四个反三角函数均为多值函数，按下列区间取其一个单值分支，称为**主值分支**，即

$$y = \arcsin x,\ 定义域\ D = [-1, 1],\ 值域\ R = \left[-\frac{\pi}{2}, \frac{\pi}{2}\right];$$

$$y = \arccos x,\ 定义域\ D = [-1, 1],\ 值域\ R = [0, \pi];$$

$$y = \arctan x,\ 定义域\ D = (-\infty, +\infty),\ 值域\ R = \left(-\frac{\pi}{2}, \frac{\pi}{2}\right);$$

$$y = \operatorname{arccot} x,\ 定义域\ D = (-\infty, +\infty),\ 值域\ R = (0, \pi).$$

其中 $y = \arcsin x$ 和 $y = \arctan x$ 在其各自的定义域内均为单调增加的奇函数，而 $y = \arccos x$ 和 $y = \operatorname{arccot} x$ 在各自的定义域内均为单调减少的非奇非偶函数.

注 如没作说明，以后所提到的反三角函数均指主值分支.

由以上六类基本初等函数经过有限次四则运算和有限次的复合运算而形成的并可用一个式子表示的函数，称为**初等函数**.

例如，$y = e^{\frac{x}{3}} + \sqrt{1+\sin x}$，$y = \dfrac{3x + \ln(x^2+2)}{x\sec x}$ 等都是初等函数，而 $y = \operatorname{sgn} x$，$y = \begin{cases} 2x+5, & x > 1, \\ x^3+1, & x \leqslant 1 \end{cases}$ 等都不是初等函数，但也不能认为所有的分段函数都不是初等函数，例如，$y = \begin{cases} x, & x \geqslant 0, \\ -x, & x < 0 \end{cases}$ 就是初等函数. 因为 $y = \begin{cases} x, & x \geqslant 0 \\ -x, & x < 0 \end{cases} = |x| = \sqrt{x^2}$，它由 $y = \sqrt{u}$，$u = x^2$ 复合而构成.

需要指出的是，由指数函数 e^x 和 e^{-x} 经过四则运算构成的函数

$$\operatorname{sh} x = \frac{e^x - e^{-x}}{2},\ \operatorname{ch} x = \frac{e^x + e^{-x}}{2},\ \operatorname{th} x = \frac{e^x - e^{-x}}{e^x + e^{-x}}$$

分别称为双曲正弦函数、双曲余弦函数和双曲正切函数，统称为双曲函数，它们是工程技术

中的常用函数,有和三角函数类似的公式,如

$$\operatorname{sh}(x \pm y) = \operatorname{sh} x \cdot \operatorname{ch} y \pm \operatorname{ch} x \cdot \operatorname{sh} y;$$

$$\operatorname{ch}^2 x - \operatorname{sh}^2 x = 1;$$

$$\operatorname{th} x = \frac{\operatorname{sh} x}{\operatorname{ch} x}.$$

1.1.5 经济学中常用函数

在经济分析中,对需求、供给、成本、收益、利润等经济量的关系研究,是经济数学最基本的任务之一,但在现实问题中所涉及的变量较多,其间的相关性也异常复杂,这里只研究两个变量间的依赖关系.

1. 需求函数

需求函数表示的是在某一特定时期内,市场上某种商品的各种可能的购买量和决定这些购买量的诸因素之间的数量关系. 假定其他因素(收入水平、消费者的消费倾向、可替代产品的价格)暂时不变,某种商品需求的决定因素就是这种商品的价格. 这时,需求函数表示的就是商品需求量和价格这两个经济变量之间的数量关系.

若用 Q 表示需求量, P 表示价格,则

$$Q = Q(P) \quad (P > 0)$$

称为需求函数. 同时将 $Q = Q(P)$ 的反函数 $P = P(Q)$ 也称为需求函数.

一般情况下,当某一商品的价格下降时,消费者对这一商品愿意且能购买的数量就会增加,因此,需求函数是价格的单调减少函数.

在经济管理中,人们根据统计规律,常用以下初等函数来近似表达需求函数:

(1) 线性函数 $Q = a - bP$, 其中 $a, b > 0$;

(2) 幂函数 $Q = aP^{-b}$, 其中 $a, b > 0$;

(3) 指数函数 $Q = a\mathrm{e}^{-bP}$, 其中 $a, b > 0$.

注 市场对商品的最大需求量也称为饱和需求量.

2. 供给函数

供给函数表示的是在某一特定时期内,某种商品的各种可能的供给量和决定这些供给量的诸因素之间的数量关系. 假定生产技术水平、生产成本等其他因素不变,这时,供给函数表示的是商品的供给量和价格这两个经济变量之间的数量关系.

一般地,供给函数表示为

$$S = S(P) \quad (P > 0),$$

其中 S 表示供给量, P 表示价格. 同时将 $S = S(P)$ 的反函数 $P = P(S)$ 也称为供给函数.

一般地,商品价格的上涨会使供给量增加,因此,供给函数是价格的单调增加函数.

在经济管理中,人们根据统计规律,常用以下较简洁的初等函数来近似表达供给函数:

(1) 线性函数 $S = -a + bP$, 其中 $a > 0, b > 0$;

(2) 幂函数 $S = aP^b$, 其中 $a > 0, b > 0$;

(3) 指数函数 $S = ae^{bP}$，其中 $a > 0$，$b > 0$.

使商品的社会需求量 Q 和商品的供给量 S 达到平衡时的价格 $\overline{P}$ 称为**均衡价格**，即 $Q(\overline{P}) = S(\overline{P})$，而此时 $\overline{Q} = Q(\overline{P})$ 为**均衡数量**，在同一坐标系中作出需求曲线与供给曲线，两曲线交点 $(\overline{P}, \overline{Q})$ 称为**供需平衡点**，如图 1-19 所示.

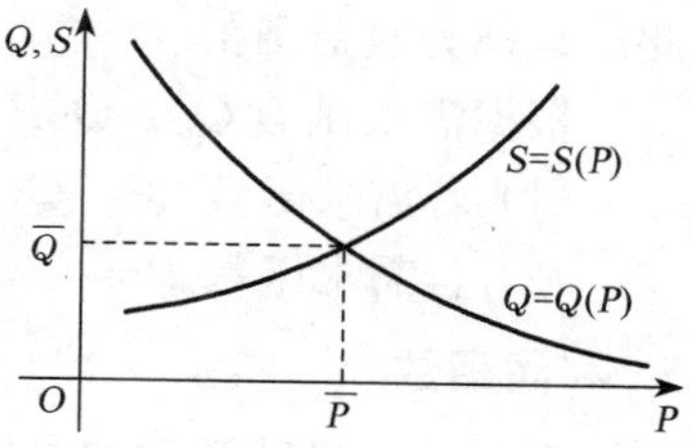

图 1-19

3. 成本函数

产品成本是以货币形式表现的企业生产和销售产品的全部费用支出. 一般地，以货币计值的成本 C 是产量 Q 的函数，称其为**成本函数**，记作

$$C = C(Q) \quad (Q \geqslant 0).$$

成本函数表示费用总额与产量之间的关系，总成本=固定成本+可变成本. 其中固定成本指的是不随产量的变化而改变的费用，如厂房费用、固定资产折旧及行政管理费等；当产量 $Q = 0$ 时，对应的成本函数值 $C(0)$ 就是固定成本 C_0. 可变成本指的是随着产量的变化而改变的费用，记作 $C_1 = C_1(Q)$，如原材料、燃料、动力以及计件工资等. 于是成本函数可表示为

$$C(Q) = C_0 + C_1(Q).$$

企业为提高经济效益降低成本，通常需要考察分摊到每个单位产品中的成本——**平均成本**，设 $C(Q)$ 为成本函数，称 $\overline{C}(Q) = \dfrac{C(Q)}{Q}$ $(Q > 0)$ 为平均成本函数或单位成本函数.

例 6 已知某产品的总成本函数为

$$C(Q) = 200 + 5Q + \frac{1}{2}Q^2,$$

求：(1)固定成本；(2)产量 $Q = 20$ 时的总成本；(3)平均成本函数；(4) $Q = 20$ 时的平均成本.

解 由题意

(1) 固定成本 $C_0 = C(0) = \left(200 + 5Q + \dfrac{1}{2}Q^2\right)\Big|_{Q=0} = 200$；

(2) $Q = 20$ 时的总成本 $C(20) = \left(200 + 5Q + \dfrac{1}{2}Q^2\right)\Big|_{Q=20} = 500$；

(3) 平均成本函数 $\overline{C}(Q) = \dfrac{C(Q)}{Q} = \dfrac{200}{Q} + 5 + \dfrac{Q}{2}$；

(4) $Q = 20$ 时的平均成本 $\overline{C}(20) = \left(\dfrac{200}{Q} + 5 + \dfrac{Q}{2}\right)_{Q=20} = 25$.

4. 收益函数

收益是指销售一定数量商品所得的收入，若用 R 表示收益，则 R 等于商品的单位价格 P 乘以销售量 Q，即

$$R = PQ,$$

此函数称为**收益函数**.

根据需求函数 $Q=Q(P)$ 或 $P=P(Q)$，收益函数有两种表示形式，即

(1) 若需求函数 $Q=Q(P)$，则 $R=R(P)=PQ(P)$；

(2) 若需求函数 $P=P(Q)$，则 $R=R(Q)=QP(Q)$.

5. 利润函数

企业生产经营活动的直接目的是获取利润.生产(或销售)一定数量商品的总利润 L 在不考虑税收的情况下，它是总收益 R 与总成本 C 之差，即

$$L=L(Q)=R(Q)-C(Q),$$

若考虑国家征收税费 T，则总利润为

$$L=L(Q)=R(Q)-C(Q)-T(Q).$$

使 $L(Q)=R(Q)-C(Q)=0$ 的点 Q_0 称为**保本点**(**或盈亏临界点**).

例 7 某厂家生产一种新产品，在定价时需考虑生产成本及销售商的出价.根据调查得出需求函数为

$$Q=-900P+45\,000.$$

该厂生产该产品的固定成本是 270 000 元，而单位产品的变动成本为 10 元，为获得最大利润，出厂价格应为多少?

解 以 Q 表示产量，C 表示成本，P 表示价格，则有

$$C(Q)=10Q+270\,000.$$

而需求函数为

$$Q=-900P+45\,000,$$

代入 $C(Q)$ 中，得

$$C(P)=-9\,000P+720\,000.$$

收益函数为 $$R(P)=P\cdot(-900P+45\,000)=-900P^2+45\,000P.$$

利润函数为

$$L(P)=R(P)-C(P)=-900P^2+54\,000P-720\,000,$$

则当 $P=30$ 元时，利润 $L=90\,000$ 元为最大利润.

6. 库存函数

企业为保证生产经营的连续性，需要对原材料、半成品及成品保证一定的库存，但库存要付出一定的代价并承担一定的风险.例如，有库存就要占有仓库等空间、占有一定的资金、进行保养和维护，还要承担一部分市场或自然损失等.通过建立库存数学模型寻求最优库存已成为研究内容之一.

设在计划期 T 内，对某种物品的总需求量为 D，每次进货批量 Q 保持不变，每次订货费

为 C_0，单位商品的价格为 P. 在计划期内单位商品的库存费用率 I 保持不变，需求是均匀的，在不允许缺货的条件下，讨论库存总费用的数学模型.

库存总费用 $C =$ 订货费用 $C_1 +$ 存储费用 C_2；

订货费用 $C_1 = C_0 \cdot \dfrac{D}{Q}$ $\left(\dfrac{D}{Q}\text{ 为计划期内的订货次数}\right)$；

存储费用 $C_2 = \dfrac{1}{2}QPI$ $\left(\dfrac{1}{2}Q\text{ 为平均库存水平}\right)$，

从而，库存总费用为 $$C = C(Q) = \frac{C_0 D}{Q} + \frac{1}{2}QPI.$$

习题 1.1

1. 求下列函数的定义域.

(1) $y = \dfrac{1}{x} - \sqrt{1-x^2}$；

(2) $y = \arcsin\dfrac{x-1}{2}$；

(3) $y = \sqrt{\lg\dfrac{5x-x^2}{4}}$；

(4) $y = \dfrac{1}{\sin x - \cos x}$；

(5) $y = \dfrac{\ln(3-x)}{\sqrt{|x|-1}}$；

(6) $y = \tan(2x-1)$；

(7) $y = \dfrac{1}{[x+1]}$；

(8) $y = \mathrm{e}^{\frac{1}{x}}$.

2. 下列各题中的两个函数是否相同？为什么？

(1) $y = \dfrac{x^2-1}{x-1}$ 与 $y = x+1$；

(2) $y = \sqrt{x^2}$ 与 $y = x$；

(3) $y = \lg x^2$ 与 $y = 2\lg x$；

(4) $y = \sqrt[3]{x^4 - x^3}$ 与 $y = x \cdot \sqrt[3]{x-1}$.

3. 已知 $f(x) = \dfrac{1-x}{1+x}$，求 $f(2)$，$f(-x)$，$f[f(x)]$.

4. 设

$$f(x) = \begin{cases} \dfrac{x}{\sqrt{x^2-1}}, & x > 1, \\ 2, & -1 \leqslant x \leqslant 1, \\ 3x+4, & x < -1. \end{cases}$$

求 $f(0)$，$f(1)$，$f(-3)$，$f(2)$.

5. (1) 设 $f\left(x+\dfrac{1}{x}\right) = x^2 + \dfrac{1}{x^2} + 3$，求 $f(x)$.

(2) 设 $f\left(\sin\dfrac{x}{2}\right) = 1 + \cos x$，求 $f(\cos x)$.

6. 设 $f(x)$ 为定义在 $(-l, l)$ 内的奇函数，若 $f(x)$ 在 $(0, l)$ 内单调增加，证明 $f(x)$ 在 $(-l, 0)$ 内也单调增加.

7. 设 $f(x)$ 是定义在 $[-l, l]$ 上的任意函数，

(1) 讨论函数 $g(x) = f(x) + f(-x)$ 与 $h(x) = f(x) - f(-x)$ 的奇偶性；

(2) 证明 $f(x)$ 总可以表示为一个奇函数和一个偶函数之和.

8. 下列函数中，哪些是偶函数，哪些是奇函数？

(1) $f(x)=x(x-1)(x+1)$； (2) $f(x)=x^4-3x^2$；

(3) $f(x)=a^x-a^{-x}(a>0)$； (4) $f(x)=\lg\dfrac{1-x}{1+x}$；

(5) $f(x)=\sin x-\cos x$； (6) $f(x)=\log_a(x+\sqrt{x^2+1})$.

9. 下列函数中，哪些是周期函数？如果是周期函数，指出其最小正周期.

(1) $y=\cos(2x-1)$； (2) $y=\sin^2 x$；

(3) $y=x\cos 3x$； (4) $y=|\sin x|$；

(5) $y=1+\tan\pi x$.

10. 求下列函数的反函数.

(1) $y=\sqrt[3]{x+1}$； (2) $y=\dfrac{1+3x}{5-2x}$；

(3) $y=1+\log_3(x+3)$； (4) $y=\dfrac{2^x}{2^x+1}$.

11. 下列函数可以看成由哪些简单函数复合而成？

(1) $y=\arcsin\sqrt{\sin x}$； (2) $y=e^{\sin^2 x}$；

(3) $y=\log_2^4\cos x$； (4) $y=\arctan[\tan^3(a^2+x^2)]$.

12. 已知函数 $f(x)=x^2$，$\varphi(x)=\sin x$，求下列复合函数.

(1) $f[f(x)]$； (2) $f[\varphi(x)]$；

(3) $\varphi[f(x)]$； (4) $\varphi[\varphi(x)]$.

13. 设当 $0<u<1$ 时，函数 $f(u)$ 有定义，求下列函数的定义域.

(1) $f(\sin x)$； (2) $f(\ln x)$； (3) $f[\varphi(x)]$，其中 $\varphi(x)=\begin{cases}1+x, & -\infty<x\leqslant 0,\\ 2^x, & 0<x<+\infty.\end{cases}$

14. 设生产与销售某产品的总收益是产量的二次函数，由统计得知，当产量分别是 0，2，4 时，总收益分别是 $-\dfrac{1}{2}$，3，7，试确定这个函数.

15. 某种商品的需求函数与供给函数分别为

$$Q=300-6P,\ S=26P-20,$$

求该商品的市场均衡价格和均衡数量.

16. 某商品的销售量 Q 与价格 P 函数关系为

$$Q=8\,000-8P,$$

试将收益函数 R 表示为销售量 Q 的函数.

17. 一个工厂生产某产品 1 000 吨，每吨定价为 130 元，销售量在 700 吨以内(包括 700 吨)时，按原价出售；销售量超过 700 吨时，超过部分按九折出售，试求销售收入与销售量之间的函数关系.

18. 设生产某种商品 Q 件时的总成本为

$$C(Q)=20+2Q+0.5Q^2\ (\text{万元}),$$

若每售出一件该商品的收入是 20 万元，求生产 20 件时的总利润和平均利润.

19. 收音机每台售价为 90 元，成本为 60 元，厂方为鼓励销售商大量采购，决定凡是订购量超过 100 台以上的，每多订购一台，售价就降低 1 分，但最低为每台 75 元.

(1) 将每台的实际售价 P 表示为订购量 Q 的函数；

(2) 将厂方所获得利润 L 表示为订购量 Q 的函数；

(3) 某一商行订购了 1 000 台，厂方可获利润多少？

1.2　数列的极限

极限是微积分中的基本概念，后面将要介绍的函数的连续性、导数、定积分等重要概念，都以极限概念为基础.

1.2.1　数列

按一定顺序排列的一列数

$$x_1, x_2, x_3, \cdots, x_n, \cdots$$

称为**无穷数列**（简称**数列**），记作 $\{x_n\}$. 其中每个数称为数列的项，第 n 项 x_n 称为数列的**通项**.

若记

$$x_n = f(n), \quad n \in \mathbf{N}^+,$$

数列也可看作是自变量为正整数的函数.

例 1　数列 $\left\{\frac{1}{2^n}\right\}$：$\frac{1}{2}, \frac{1}{4}, \frac{1}{8}, \cdots, \frac{1}{2^n}, \cdots$，其通项为 $\frac{1}{2^n}$.

例 2　数列 $\left\{\frac{1}{n}\right\}$：$1, \frac{1}{2}, \frac{1}{3}, \cdots, \frac{1}{n}, \cdots$，其通项为 $\frac{1}{n}$.

例 3　数列 $\{2n\}$：$2, 4, 6, \cdots, 2n, \cdots$，其通项为 $2n$.

例 4　数列 $\left\{1+\frac{(-1)^n}{n}\right\}$：$0, \frac{3}{2}, \frac{2}{3}, \frac{5}{4}, \cdots, \frac{n+(-1)^n}{n}, \cdots$，其通项为 $\frac{n+(-1)^n}{n}$.

例 5　数列 $\{(-1)^n\}$：$-1, 1, -1, \cdots, (-1)^n, \cdots$，其通项为 $(-1)^n$.

例 6　数列 $\{-n^2\}$：$-1, -4, -9, \cdots, -n^2, \cdots$，其通项为 $-n^2$.

由于实数与数轴上的点一一对应，故也称数列为点列.

下面介绍两类特征数列：有界数列与单调数列.

设已知数列 $\{x_n\}$，若 $\exists M > 0$，对 $\forall n \in \mathbf{N}^+$，都有

$$|x_n| \leqslant M,$$

则称数列 $\{x_n\}$ 是**有界的**；若这样的 M 不存在，即对 $\forall M > 0$，都 $\exists k \in \mathbf{N}^+$，使得

$$|x_k| > M,$$

则称数列 $\{x_n\}$ 是**无界的**；若 $\exists A \in \mathbf{R}$ $(B \in \mathbf{R})$，对 $\forall n \in \mathbf{N}^+$，都有

$$x_n \geqslant A \text{（或 } x_n \leqslant B\text{）},$$

则称数列 $\{x_n\}$ **有下界**（**或有上界**）.

显然，数列 $\{x_n\}$ 有界的充分必要条件是既有上界又有下界.

例 1、例 2、例 4、例 5 中的数列都是有界数列，例 3、例 6 中的数列都是无界数列，其中例 3 中的数列有下界，而例 6 中的数列有上界.

设已知数列 $\{x_n\}$，若对 $\forall n \in \mathbf{N}^+$ 都有

$$x_n \leqslant x_{n+1}\ (\text{或}\ x_n \geqslant x_{n+1}),$$

则称数列 $\{x_n\}$ 是**单调增加**(或**单调减少**)**数列**. 单调增加与单调减少数列统称为**单调数列**.

例 1、例 2、例 6 中的数列为单调减少数列，例 3 中的数列为单调增加数列.

1.2.2 数列的极限

数列极限思想的产生历史悠久，我国古代数学家刘徽的"割圆术"和古希腊数学家、天文学家欧多克索斯(Eudoxus)的穷竭法都闪烁着极限的光芒. 割圆术的做法是：先作圆的内接正六边形；再平分每条边所对的弧，作圆的内接正十二边形；再平分每条边所对的弧，作圆的内接正二十四边形……，这样便得到一个圆的内接正 $6 \cdot 2^{n-1}$ 边形的周长数列

$$P_6,\ P_{12},\ \cdots,\ P_{6\cdot 2^{n-1}},\ \cdots$$

刘徽说："割之弥细，所失弥少，割之又割，以至于不可割，则与圆合体而无所失矣."此思想可用数学语言描述为：

当 n 无限增大时，圆的内接正多边形的周长无限接近于圆的周长(图 1-20).

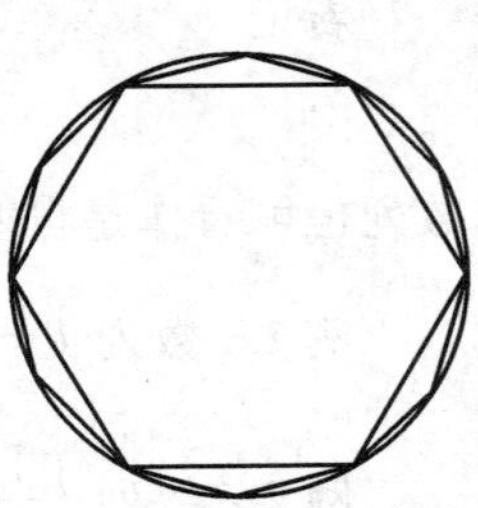

图 1-20

通过观察发现，当 n 无限增大时，数列 $\left\{\frac{1}{n}\right\}$，$\left\{\frac{1}{2^n}\right\}$ 的通项都无限趋近于零，而数列 $\left\{1+\frac{(-1)^n}{n}\right\}$ 的通项无限趋近于 1.

一般地，当 n 无限增大时，如果数列 $\{x_n\}$ 的通项 x_n 趋于一个确定的数 a，则称 a 为数列 $\{x_n\}$ 当 n 趋于无穷大时的极限.

然而有的数列(如 $\left(1+\frac{1}{n}\right)^n$)很难通过观察而得到极限，更主要的是"当 n 无限增大时，x_n 无限地接近于 a"这一现象应如何用精确的数学语言和数学表达式来刻画呢？下面对此展开讨论.

以数列 $\left\{1+\frac{(-1)^n}{n}\right\}$ 为例，前面已给出当 n 无限增大时，$x_n = 1+\frac{(-1)^n}{n}$ 无限接近于 1. 我们知道，刻画两个数 a 与 b 之间的接近程度可用绝对值 $|b-a|$ 来度量. 在数轴上，$|b-a|$ 表示 a 点与 b 点间的距离，$|b-a|$ 越小则 a 与 b 的接近程度越高，因此 x_n 接近于 1 的程度，可用 $|x_n-1|$ 来刻画.

因 $|x_n-1| = \left|1+\frac{(-1)^n}{n}-1\right| = \frac{1}{n}$，从而有

(1) 如果给定 $\varepsilon = \frac{1}{100}$，欲使 $|x_n-1| = \frac{1}{n} < \frac{1}{100}$，只需 $n > 100$，取 $N = 100$，则当 $n > N$ 时，所有各项 $x_{101}, x_{102}, \cdots$，都能使 $|x_n-1| < \frac{1}{100}$.

(2) 如果给定 $\varepsilon = \frac{1}{1\,000}$，欲使 $|x_n-1| = \frac{1}{n} < \frac{1}{1\,000}$，只需 $n > 1\,000$，取 $N = 1\,000$，

则当 $n > N$ 时，所有各项 x_{1001}，x_{1002}，…，都能使 $|x_n - 1| < \frac{1}{1000}$.

（3）一般地，给出任意小的正数 ε，欲使 $|x_n - 1| < \varepsilon$，只需 $n > \frac{1}{\varepsilon}$，取 $N = \left[\frac{1}{\varepsilon}\right]$，则当 $n > N$ 时，所有各项 x_{N+1}，x_{N+2}，…，与 1 的接近程度都小于事先给出的任意小的正数 ε.

根据以上分析，我们给出数列极限的精确定义：

定义 1.2 设 $\{x_n\}$ 为一数列，如果存在常数 a，对于 $\forall \varepsilon > 0$（无论多么小），总存在正整数 N，使当 $n > N$ 时，有

$$|x_n - a| < \varepsilon,$$

则称常数 a 为数列 $\{x_n\}$ 的极限，或称数列 $\{x_n\}$ **收敛于** a，记作

$$\lim_{n \to \infty} x_n = a \text{ 或 } x_n \to a \quad (n \to \infty).$$

如果数列 $\{x_n\}$ 没有极限，则称 $\{x_n\}$ **发散.**

在数列极限的 ε-N 定义中，应该注意以下两点：

(1) ε 的任意性. 正数 ε 是任意给定的，实际上是可以任意小，只有这样，才能刻画 x_n 与 a 的任意接近程度，但 ε 一经给定，就应将其看作常量.

(2) N 的相应性. 一般而言，N 随 ε 的变化而变化，每给定一个 ε，就可以确定一个 N，因此 N 依赖于 ε，但 N 不唯一.

下面给出数列极限的 ε-N 定义的几何解释.

将常数 a 及数列的项 x_1，x_2，…，x_n，… 在数轴上表示出来，再在数轴上作点 a 的 ε 邻域 $(a - \varepsilon, a + \varepsilon)$，如图 1-21 所示.

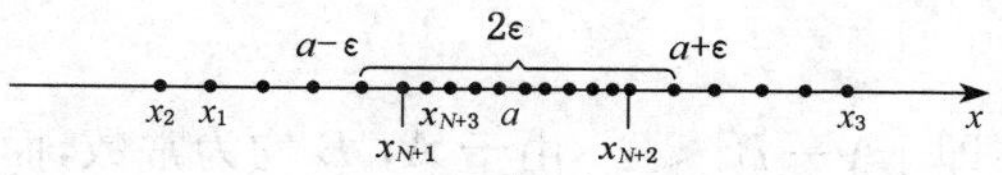

图 1-21

因 $|x_n - a| < \varepsilon \Leftrightarrow a - \varepsilon < x_n < a + \varepsilon$，即 x_{N+1}，x_{N+2}，… 都落在 a 的 ε 邻域内，而只有有限项（至多 N 项）在这个邻域之外.

例 7 证明 $\lim\limits_{n \to \infty} \frac{3n+5}{2n+1} = \frac{3}{2}$.

证明 对 $\forall \varepsilon > 0$，

$$\left|\frac{3n+5}{2n+1} - \frac{3}{2}\right| = \left|\frac{7}{2(2n+1)}\right| = \frac{7}{2(2n+1)} < \frac{7}{n}.$$

要使 $\left|\frac{3n+5}{2n+1} - \frac{3}{2}\right| < \varepsilon$，只需 $\frac{7}{n} < \varepsilon$，即 $n > \frac{7}{\varepsilon}$，取 $N = \left[\frac{7}{\varepsilon}\right]$，则当 $n > N$ 时，有

$$\left|\frac{3n+5}{2n+1} - \frac{3}{2}\right| < \varepsilon,$$

即

$$\lim_{n \to \infty} \frac{3n+5}{2n+1} = \frac{3}{2}.$$

例 8 证明 $\lim\limits_{n \to \infty} q^n = 0 \ (|q| < 1)$.

证明 对 $\forall \varepsilon > 0$, 总存在 $N = \left[\frac{\ln \varepsilon}{\ln|q|}\right]$, 则当 $n > N$ 时,有 $|q^n - 0| < \varepsilon$, 故

$$\lim_{n \to \infty} q^n = 0 \quad (|q| < 1).$$

1.2.3 收敛数列的性质

定理 1.1(唯一性) 若数列 $\{x_n\}$ 收敛, 则其极限唯一.

证明 设 $\lim_{n \to \infty} x_n = A$, 则由定义,对 $\forall \varepsilon > 0$, $\exists N_1 \in \mathbf{N}^+$, 当 $n > N_1$, 有

$$|x_n - A| < \frac{\varepsilon}{2}. \tag{1.2.1}$$

又设 $\lim_{n \to \infty} x_n = B$, 再由定义,对上述的正数 ε, $\exists N_2 \in \mathbf{N}^+$, 当 $n > N_2$, 有

$$|x_n - B| < \frac{\varepsilon}{2}. \tag{1.2.2}$$

取 $N = \max\{N_1, N_2\}$, 则当 $n > N$ 时,式(1.2.1)和式(1.2.2)同时成立,此时有

$$\begin{aligned} |A - B| &= |(x_n - B) - (x_n - A)| \\ &\leqslant |x_n - A| + |x_n - B| \\ &< \frac{\varepsilon}{2} + \frac{\varepsilon}{2} = \varepsilon, \end{aligned}$$

即 $|A - B| < \varepsilon$, 由于 A, B 均为常数,而 ε 是任意正数,故只能 $A = B$.

定理 1.2(有界性) 若数列 $\{x_n\}$ 收敛,则 $\{x_n\}$ 为有界数列.

证明 设 $\lim_{n \to \infty} x_n = A$, 由极限定义,不妨取 $\varepsilon = 1$, 则存在正整数 N, 当 $n > N$ 时,有

$$|x_n - A| < 1,$$

于是,对一切的 $n > N$, 有

$$|x_n| = |(x_n - A) + A| \leqslant |x_n - A| + |A| < 1 + |A|.$$

取

$$M = \max\{|x_1|, |x_2|, \cdots, |x_N|, 1 + |A|\},$$

则对一切正整数 n, 都有

$$|x_n| \leqslant M.$$

注 有界性只是数列收敛的必要条件,而非充分条件. 例如,数列 $\{(-1)^n\}$ 有界,但它并不收敛.

定理 1.3(保序性) 若 $\lim_{n \to \infty} a_n = a$, $\lim_{n \to \infty} b_n = b$, 且 $a < b$, 则当 n 充分大以后,总有 $a_n < b_n$.

证明 因为 $\lim_{n \to \infty} a_n = a$, 由极限定义,不妨取 $\varepsilon = \frac{b - a}{2}$, 存在正整数 N_1, 对一切的 $n > N_1$,

有

$$|a_n-a|<\frac{b-a}{2}$$

或

$$a-\frac{b-a}{2}<a_n<a+\frac{b-a}{2}=\frac{a+b}{2},$$

即有

$$a_n<\frac{a+b}{2}\quad (n>N_1).$$

又因为 $\lim\limits_{n\to\infty}b_n=b$，由极限定义，也取 $\varepsilon=\dfrac{b-a}{2}$，存在正整数 N_2，对一切的 $n>N_2$，有

$$|b_n-b|<\frac{b-a}{2}$$

或

$$\frac{a+b}{2}=b-\frac{b-a}{2}<b_n<b+\frac{b-a}{2},$$

即有

$$\frac{a+b}{2}<b_n\quad (n>N_2).$$

令 $N=\max\{N_1, N_2\}$，则对所有的 $n>N$，都有

$$a_n<\frac{a+b}{2}<b_n.$$

特殊情形：设 $\lim\limits_{n\to\infty}a_n=a>0(a<0)$，则当 n 充分大以后，总有 $a_n>0\ (a_n<0)$. 因此，定理 1.3 也称保号性定理.

在数列 $\{x_n\}$ 中任意抽取无限多项并保持这些项的原有顺序，这样得到的数列称为原数列的一个**子数列**(或**子列**).

定理 1.4(子数列的极限)　设数列 $\{x_n\}$ 收敛于 a，则其任一子列都收敛，且极限也是 a.

证明　设 $\{x_{n_k}\}$ 是 $\{x_n\}$ 的任一子列，即 x_{n_k} 是数列 $\{x_{n_k}\}$ 中的第 k 项，而 x_{n_k} 是数列 $\{x_n\}$ 中的第 n_k 项 $(n_k\geqslant k)$.

由于 $\lim\limits_{n\to\infty}x_n=a$，故对 $\forall\varepsilon>0$，$\exists N\in\mathbf{N}^+$，当 $n>N$ 时，有

$$|x_n-a|<\varepsilon.$$

取 $K=N$，则当 $k>K$ 时，$n_k>n_K\geqslant N$，于是有

$$|x_{n_k}-a|<\varepsilon,$$

即

$$\lim_{k\to\infty}x_{n_k}=a.$$

注 (1) 如数列 $\{x_n\}$ 中有一个子数列发散，则数列 $\{x_n\}$ 也一定发散；

(2) 如数列 $\{x_n\}$ 中有两个收敛的子数列，但其极限不同，则数列 $\{x_n\}$ 也必发散. 例如，数列 $\{(-1)^n\}$ 的子数列 $\{x_{2k}\}$ 收敛于 1，而子数列 $\{x_{2k-1}\}$ 收敛于 -1，因此，数列 $\{(-1)^n\}$ 是发散的.

习题 1.2

1. 观察下列数列的变化趋势，写出它们的极限.

(1) $\left\{\dfrac{1}{5^n}\right\}$； (2) $\left\{(-1)^n\dfrac{1}{n}\right\}$； (3) $\left\{3+\dfrac{1}{n^2}\right\}$；

(4) $\left\{\dfrac{2n^2+1}{n^2}\right\}$； (5) $\left\{(-1)^n\left(\dfrac{99}{100}\right)^n\right\}$； (6) $\{n(-1)^n\}$；

(7) $\left\{\dfrac{2^n}{2^n+1}\right\}$； (8) $\left\{n\sin\dfrac{n\pi}{2}\right\}$.

2. 已知数列 $x_n=\dfrac{1}{n}\sin\dfrac{n\pi}{2}$，

(1) $\lim\limits_{n\to\infty}x_n=?$； (2)若取 $\varepsilon=0.001$，从第几项以后，就有 $|x_n-A|<\varepsilon$?

3. 根据数列极限的定义证明：

(1) $\lim\limits_{n\to\infty}(-1)^n\dfrac{1}{n^2}=0$； (2) $\lim\limits_{n\to\infty}\dfrac{3n+1}{2n+1}=\dfrac{3}{2}$；

(3) $\lim\limits_{n\to\infty}0.\underbrace{999\cdots9}_{n个}=1$； (4) $\lim\limits_{n\to\infty}\dfrac{\sin n}{n}=0$.

4. 若 $\lim\limits_{n\to\infty}x_n=a$，则 $\lim\limits_{n\to\infty}|x_n|=|a|$. 并举例说明反过来不成立.

5. 设数列 $\{x_n\}$ 有界，又 $\lim\limits_{n\to\infty}y_n=0$，证明 $\lim\limits_{n\to\infty}x_ny_n=0$.

6. 对于数列 $\{x_n\}$，若 $\lim\limits_{k\to\infty}x_{2k-1}=\lim\limits_{k\to\infty}x_{2k}=a$，证明 $\lim\limits_{n\to\infty}x_n=a$.

1.3 函数的极限

1.3.1 $x\to\infty$时函数的极限

如果在 $x\to\infty$ 的过程中，对应的函数值 $f(x)$ 无限接近于确定的数值 A，那么 A 就称为函数 $f(x)$ 当 $x\to\infty$ 时的极限. 精确地说，就是

定义 1.3 设函数 $f(x)$ 当 $|x|$ 充分大时有定义，如果对于任意给定的正数 ε（不论 ε 多小），总存在着正数 X，使得对于一切满足 $|x|>X$ 的 x，不等式

$$|f(x)-A|<\varepsilon$$

恒成立，那么，常数 A 就称为函数 $f(x)$ 当 $x\to\infty$ 时的极限，记为

$$\lim_{x\to\infty}f(x)=A \quad 或 \quad f(x)\to A \quad (x\to\infty).$$

简洁表达为：$\lim\limits_{x\to\infty}f(x)=A\Leftrightarrow\forall\varepsilon>0$，$\exists X>0$，当 $|x|>X$ 时，有 $|f(x)-A|<\varepsilon$.

如果 $x>0$ 且无限增大，即 $x\to+\infty$，此时只要将定义 1.3 中的 $|x|>X$ 换成 $x>X$，

就可以得到 $\lim\limits_{x \to +\infty} f(x) = A$ 的定义；同样地，如果 $x < 0$ 且 $|x|$ 无限增大，即 $x \to -\infty$，此时只要将定义 1.3 中的 $|x| > X$ 换成 $x < -X$，就可以得到 $\lim\limits_{x \to -\infty} f(x) = A$ 的定义.

可以证明 $\lim\limits_{x \to \infty} f(x) = A$ 成立的充要条件是 $\lim\limits_{x \to +\infty} f(x) = \lim\limits_{x \to -\infty} f(x) = A$.

例 1 证明 $\lim\limits_{x \to \infty} \dfrac{2x+5}{x} = 2$.

证明 对 $\forall \varepsilon > 0$，有

$$|f(x) - A| = \left| \frac{2x+5}{x} - 2 \right| = \frac{5}{|x|},$$

要使 $|f(x) - A| < \varepsilon$，只要

$$\frac{5}{|x|} < \varepsilon \quad 或 \quad |x| > \frac{5}{\varepsilon}.$$

故取 $X = \dfrac{5}{\varepsilon}$，则当 $|x| > X$ 时，就有

$$|f(x) - A| = \left| \frac{2x+5}{x} - 2 \right| = \frac{5}{|x|} < \varepsilon,$$

即

$$\lim_{x \to \infty} \frac{2x+5}{x} = 2.$$

$\lim\limits_{x \to \infty} f(x) = A$ 的几何意义为：作直线 $y = A - \varepsilon$ 和 $y = A + \varepsilon$，不论这两条直线间的区域多么狭窄（即不论 ε 多小），总有一个正数 X 存在，使当 $x < -X$ 或 $x > X$ 时，函数 $y = f(x)$ 的图象都落入这两条直线之间，如图 1-22 所示.

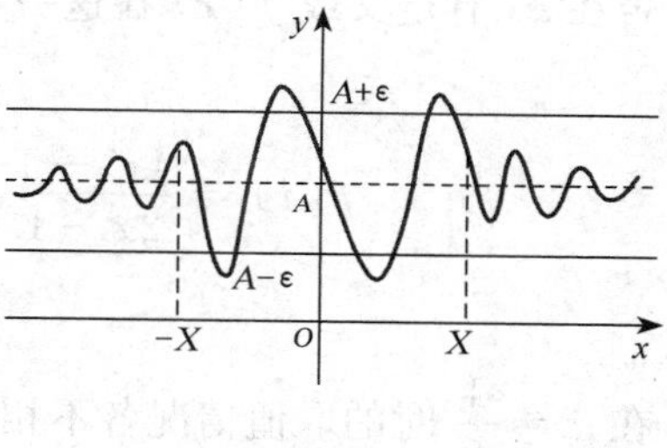

图 1-22

1.3.2 $x \to x_0$ 时函数的极限

观察当 x 无限趋近于某个确定的数 x_0 时函数 $f(x)$ 的变化趋势. 以函数 $f(x) = \dfrac{4x^2 - 1}{2x - 1}$ 为例，它在 $x = \dfrac{1}{2}$ 处无定义，但当 $x \neq \dfrac{1}{2}$ 时，$f(x) = \dfrac{4x^2 - 1}{2x - 1} = 2x + 1$，由图 1-23 可见，当 x 无限趋近于 $\dfrac{1}{2}$ $\left(但不等于\dfrac{1}{2}\right)$ 时，对应的函数值 $\dfrac{4x^2 - 1}{2x - 1}$ 无限接近于 2. 就是说，当 x 趋近于 $\dfrac{1}{2}$ 时，函数 $f(x)$ 的值与常数 2 的差的绝对值

$$|f(x) - 2| = |2x - 1|,$$

可以小于预先给定的任意小的正数. 例如，若 $|f(x) - 2| = 2\left|x - \dfrac{1}{2}\right| < \dfrac{1}{10}$，只要满足 $0 <$

$\left|x-\frac{1}{2}\right|<\frac{1}{20}$；若 $|f(x)-2|<\frac{1}{100}$，只要满足 $0<\left|x-\frac{1}{2}\right|<\frac{1}{200}$. 一般地，若要 $|f(x)-2|$ 小于任意给定的正数 ε，只要满足 $0<\left|x-\frac{1}{2}\right|<\frac{\varepsilon}{2}$，这里的 $\frac{\varepsilon}{2}$ 表示 x 与 $\frac{1}{2}$ 的接近程度，它是由 ε 确定的，记为 δ，于是有函数极限的 $\varepsilon-\delta$ 定义：

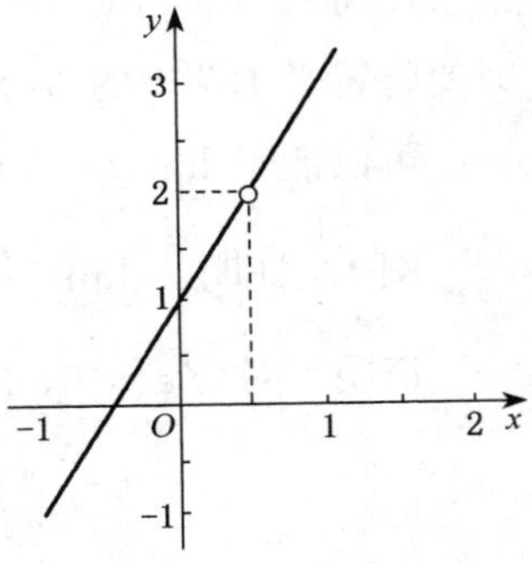

图 1-23

定义 1.4 设函数 $f(x)$ 在点 x_0 的某去心邻域 $\mathring{U}(x_0,\delta')$ 内有定义，A 为定数，若对 $\forall\varepsilon>0$，存在正数 δ（小于 δ'），使得当 $0<|x-x_0|<\delta$ 时，有

$$|f(x)-A|<\varepsilon,$$

则称**函数 $f(x)$ 当 $x\to x_0$ 时以 A 为极限**，记作

$$\lim_{x\to x_0}f(x)=A \text{ 或 } f(x)\to A\ (x\to x_0).$$

简洁表达为：$\lim\limits_{x\to x_0}f(x)=A \Leftrightarrow \forall\varepsilon>0, \exists\delta>0$，使当 $0<|x-x_0|<\delta$ 时，有 $|f(x)-A|<\varepsilon$.

需要指出的是，定义中只要求函数 $f(x)$ 在点 x_0 的某一空心邻域内有定义，而 $f(x)$ 是否在 x_0 有定义或 $f(x)$ 在这一点取什么值都不必考虑. 例如，以下三个函数

$$f(x)=\frac{4x^2-1}{2x-1},\quad g(x)=2x+1,\quad h(x)=\begin{cases}2x+1, & x\neq\frac{1}{2},\\ 0, & x=\frac{1}{2}\end{cases}$$

在 $x=\frac{1}{2}$ 时的取值情况各不相同，$g\left(\frac{1}{2}\right)=2$，$h\left(\frac{1}{2}\right)=0$，而 $f(x)$ 在 $x=\frac{1}{2}$ 处没有定义，而在 $x\neq\frac{1}{2}$ 时，这三个函数的函数值完全相同，因此，当 $x\to\frac{1}{2}$ 时，它们有相同的极限 2. 此外，由 $\lim\limits_{x\to\frac{1}{2}}h(x)=2\neq0=h\left(\frac{1}{2}\right)$ 可以看出，函数 $f(x)$ 在 x_0 处的极限不一定等于该点的函数值.

函数 $f(x)$ 当 $x\to x_0$ 时的极限为 A 的**几何意义**：作两条平行线 $y=A-\varepsilon$ 和 $y=A+\varepsilon$，不论这两条直线间的区域多么狭窄（即不论 ε 多么小），总有一个正数 δ 存在，使当 x 属于 x_0 的去心邻域 $\mathring{U}(x_0,\delta)$ 时，$f(x)$ 的图象全部落在这两条直线之间，如图 1-24 所示.

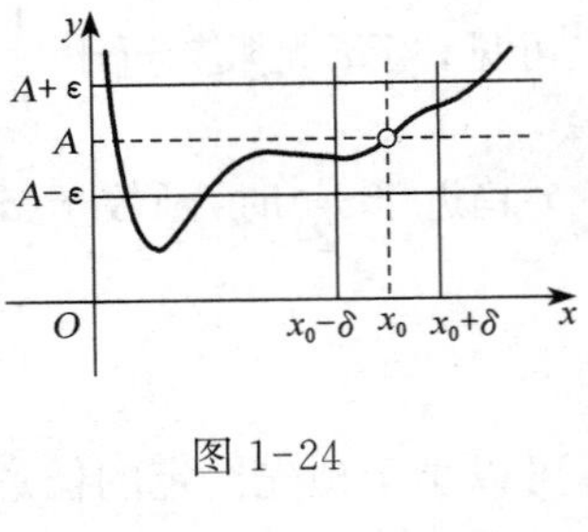

图 1-24

例 2 证明 $\lim\limits_{x\to1}\frac{3x^2-2x-1}{x-1}=4$.

证明 $\forall\varepsilon>0$，因为

$$|f(x)-A|=\left|\frac{3x^2-2x-1}{x-1}-4\right|=\left|\frac{3(x-1)^2}{x-1}\right|=3|x-1|,$$

所以要使 $|f(x)-A|<\varepsilon$，只要

$$3|x-1|<\varepsilon \quad 或 \quad |x-1|<\frac{\varepsilon}{3},$$

故取 $\delta=\frac{\varepsilon}{3}$，则当 $0<|x-1|<\frac{\varepsilon}{3}$ 时，就有

$$|f(x)-A|=3|x-1|<\varepsilon,$$

即

$$\lim_{x\to 1}\frac{3x^2-2x-1}{x-1}=4.$$

注 当 $x\to x_0$ 时，x 既可以从 x_0 的左侧 $(x<x_0)$ 趋向于 x_0，也可以从 x_0 的右侧趋向于 $x_0(x>x_0)$. 如果限定 x 只能从 x_0 的左侧趋向于 x_0（限定 x 只能从 x_0 的右侧趋向于 x_0），记为 $x\to x_0^-(x\to x_0^+)$，只需将定义 1.4 中的条件 $0<|x-x_0|<\delta$ 改为 $x_0-\delta<x<x_0(x_0<x<x_0+\delta)$，此时，$A$ 就是函数 $f(x)$ 当 $x\to x_0$ 时的**左极限(右极限)**，记作

$$\lim_{x\to x_0^-}f(x)=A 或 f(x_0-0)=A \quad (\lim_{x\to x_0^+}f(x)=A 或 f(x_0+0)=A),$$

左极限与右极限统称为**单侧极限**. 可以证明

$$\lim_{x\to x_0}f(x)=A\Leftrightarrow \lim_{x\to x_0^-}f(x)=\lim_{x\to x_0^+}f(x)=A.$$

例 3 设

$$f(x)=\begin{cases}3x-2, & -\infty<x\leqslant\frac{1}{2},\\ x+1, & \frac{1}{2}<x<+\infty.\end{cases}$$

求 $\lim\limits_{x\to\frac{1}{2}}f(x)$.

解 由

$$\lim_{x\to\frac{1}{2}^-}f(x)=\lim_{x\to\frac{1}{2}^-}(3x-2)=-\frac{1}{2},$$

$$\lim_{x\to\frac{1}{2}^+}f(x)=\lim_{x\to\frac{1}{2}^+}(x+1)=\frac{3}{2}.$$

即

$$\lim_{x\to\frac{1}{2}^-}f(x)\neq\lim_{x\to\frac{1}{2}^+}f(x),$$

故极限 $\lim\limits_{x\to\frac{1}{2}}f(x)$ 不存在.

1.3.3 函数极限的性质

函数极限有着与数列极限类似的性质，由于函数极限有六种类型（$x\to x_0$，$x\to x_0^-$，$x\to x_0^+$，$x\to\infty$，$x\to-\infty$，$x\to+\infty$），下面仅就 $x\to x_0$ 情形给出结论，至于其他类型极限性质，只要相应地作些修改即可.

性质 1（唯一性） 若 $\lim\limits_{x\to x_0} f(x)$ 存在，则其极限必唯一.

性质 2（局部有界性） 若 $\lim\limits_{x\to x_0} f(x)$ 存在，则 $\exists M>0$，$\delta>0$，使得当 $x\in\mathring{U}(x_0,\delta)$ 时，有 $|f(x)|\leqslant M$.

证明 设 $\lim\limits_{x\to x_0} f(x)=A$，则对 $\varepsilon=1$，$\exists\delta>0$，使得当 $0<|x-x_0|<\delta$，即 $x\in\mathring{U}(x_0,\delta)$ 时，有

$$|f(x)|=|f(x)-A+A|\leqslant|f(x)-A|+|A|<1+|A|\triangleq M.$$

性质 3（局部保序性） 若 $\lim\limits_{x\to x_0} f(x)=A$，$\lim\limits_{x\to x_0} g(x)=B$，且 $A<B$，则 $\exists\delta>0$，使得当 $x\in\mathring{U}(x_0,\delta)$ 时，有 $f(x)<g(x)$.

证明 对 $\varepsilon=\dfrac{B-A}{2}$，由于 $\lim\limits_{x\to x_0} f(x)=A$，故 $\exists\delta_1>0$，使得当 $0<|x-x_0|<\delta_1$ 时，有

$$|f(x)-A|<\frac{B-A}{2},$$

则

$$f(x)<A+\frac{B-A}{2}=\frac{A+B}{2}. \tag{1.3.1}$$

由于 $\lim\limits_{x\to x_0} g(x)=B$，故 $\exists\delta_2>0$，使得当 $0<|x-x_0|<\delta_2$ 时，有

$$|g(x)-B|<\frac{B-A}{2},$$

则

$$\frac{A+B}{2}=B-\frac{B-A}{2}<g(x). \tag{1.3.2}$$

取 $\delta=\min\{\delta_1,\delta_2\}$，则当 $0<|x-x_0|<\delta$，即 $x\in\mathring{U}(x_0,\delta)$ 时，式(1.3.1)与式(1.3.2)同时成立，此时有

$$f(x)<\frac{A+B}{2}<g(x).$$

特别地，若 $B=0$，即 $\lim\limits_{x\to x_0} f(x)=A<0$，则 $\exists\delta>0$，使得当 $x\in\mathring{U}(x_0,\delta)$ 时，有 $f(x)<0$，通常称此性质为**局部保号性**.

推论 若 $\lim\limits_{x\to x_0} f(x)=A$，$\lim\limits_{x\to x_0} g(x)=B$，且在 x_0 的某一去心邻域内，$f(x)\leqslant g(x)$，

则 $A \leqslant B$.

定理 1.5（四则运算法则） 设 $\lim\limits_{x \to x_0} f(x) = A$，$\lim\limits_{x \to x_0} g(x) = B$，则有

(1) $\lim\limits_{x \to x_0}[f(x) \pm g(x)] = A \pm B$;

(2) $\lim\limits_{x \to x_0}[f(x) \cdot g(x)] = A \cdot B$;

(3) $\lim\limits_{x \to x_0} \dfrac{f(x)}{g(x)} = \dfrac{A}{B}$，其中 $g(x) \neq 0$，且 $B \neq 0$.

例 4 求 $\lim\limits_{x \to -1}(x^5 - 4x^3 + 5)$.

解
$$\begin{aligned}\lim_{x \to -1}(x^5 - 4x^3 + 5) &= \lim_{x \to -1} x^5 + \lim_{x \to -1}(-4x^3) + \lim_{x \to -1} 5 \\ &= (-1)^5 - 4 \times (-1)^3 + 5 = 8.\end{aligned}$$

例 5 求 $\lim\limits_{x \to 3} \dfrac{x^2 - 2x + 2}{x^2 - 9}$.

解 因为 $\lim\limits_{x \to 3} \dfrac{x^2 - 9}{x^2 - 2x + 2} = \dfrac{0}{5} = 0$，故 $\lim\limits_{x \to 3} \dfrac{x^2 - 2x + 2}{x^2 - 9} = \infty$.

例 6 求 $\lim\limits_{x \to 1} \dfrac{x^2 - 1}{x^2 + 2x - 3}$.

当 $x \to 1$ 时，分子、分母的极限都为零，所以不能直接使用商的极限运算法则，但在 $x \to 1$ 的过程中，$x \neq 1$，因而可以约去使分子、分母同时趋于零的因子 $(x-1)$，再求极限.

解 $\lim\limits_{x \to 1} \dfrac{x^2 - 1}{x^2 + 2x - 3} = \lim\limits_{x \to 1} \dfrac{(x+1)(x-1)}{(x+3)(x-1)} = \lim\limits_{x \to 1} \dfrac{x+1}{x+3} = \dfrac{1}{2}$.

例 7 求 $\lim\limits_{x \to \infty} \dfrac{3x^2 + 10x - 2}{x^2 - 7x + 1}$.

当 $x \to \infty$ 时，分子、分母都是无穷大，不能直接使用商的极限运算法则，可以用分子、分母中 x 的最高次幂去除分子、分母，然后再求极限.

解
$$\lim_{x \to \infty} \frac{3x^2 + 10x - 2}{x^2 - 7x + 1} = \lim_{x \to \infty} \frac{3 + \dfrac{10}{x} - \dfrac{2}{x^2}}{1 - \dfrac{7}{x} + \dfrac{1}{x^2}} = 3.$$

一般地，对于有理分式，当 $a_0 \neq 0$，$b_0 \neq 0$，m 和 n 为非负整数时，有

$$\lim_{x \to \infty} \frac{a_0 x^m + a_1 x^{m-1} + \cdots + a_m}{b_0 x^n + b_1 x^{n-1} + \cdots + b_n} = \begin{cases} \dfrac{a_0}{b_0}, & n = m, \\ 0, & n > m, \\ \infty, & n < m. \end{cases}$$

例 8 求 $\lim\limits_{n \to \infty} \dfrac{3^n + 4^{n+2}}{3^{n+2} + 4^n}$.

解 用 4^n 去除分子、分母得

$$\lim_{n\to\infty}\frac{3^n+4^{n+2}}{3^{n+2}+4^n}=\lim_{n\to\infty}\frac{\left(\frac{3}{4}\right)^n+4^2}{9\times\left(\frac{3}{4}\right)^n+1}=16.$$

例 9 求 $\lim\limits_{x\to+\infty}(\sqrt{x^2+x+1}-\sqrt{x^2-x+1})$.

当 $x\to+\infty$ 时，$\sqrt{x^2+x+1}\to+\infty$，$\sqrt{x^2-x+1}\to+\infty$，所以不能应用函数差的极限运算法则求解，而是要通过分子有理化进行变形，然后再求极限.

解

$$\begin{aligned}&\lim_{x\to+\infty}(\sqrt{x^2+x+1}-\sqrt{x^2-x+1})\\=&\lim_{x\to+\infty}\frac{2x}{\sqrt{x^2+x+1}+\sqrt{x^2-x+1}}\\=&\lim_{x\to+\infty}\frac{2}{\sqrt{1+\frac{1}{x}+\frac{1}{x^2}}+\sqrt{1-\frac{1}{x}+\frac{1}{x^2}}}=\frac{2}{2}=1.\end{aligned}$$

习题 1.3

1. 用极限定义证明下列极限.

(1) $\lim\limits_{x\to2}(2x+1)=5$；

(2) $\lim\limits_{x\to-2}\dfrac{x^2-4}{x+2}=-4$；

(3) $\lim\limits_{x\to\infty}\dfrac{x+1}{2x}=\dfrac{1}{2}$；

(4) $\lim\limits_{x\to+\infty}\dfrac{\sin x}{\sqrt{x}}=0$.

2. 证明函数 $f(x)$ 当 $x\to x_0$ 时极限存在的充分必要条件是当 $x\to x_0$ 时，$f(x)$ 的左、右极限都存在，并且相等.

3. 分别说明下列极限不存在的原因.

(1) $\lim\limits_{x\to0}\dfrac{|x|}{x}$；　(2) $\lim\limits_{x\to\infty}\arctan x$；　(3) $\lim\limits_{x\to0}e^{\frac{1}{x}}$；　(4) $\lim\limits_{x\to\infty}\cos x$.

4. 设

$$f(x)=\begin{cases}\dfrac{1}{x-1}, & x<0,\\ x, & 0<x<1,\\ 1, & x>1,\end{cases}$$

求当 $x\to0$ 时，$f(x)$ 的左、右极限，并说明当 $x\to0$ 时，函数极限是否存在.

5. 设

$$f(x)=\begin{cases}x+a, & x\leqslant1,\\ \dfrac{x-1}{x^2+1}, & x>1.\end{cases}$$

问 a 为何值时，$\lim\limits_{x\to1}f(x)$ 存在.

6. 计算下列极限.

(1) $\lim\limits_{x\to-2}\left(x^2+\dfrac{1}{x}-\dfrac{1}{x^2}\right)$；

(2) $\lim\limits_{x\to3}\left(2+\dfrac{1}{x}\right)\left(3-\dfrac{1}{x^2}\right)$；

(3) $\lim\limits_{x\to 0}\left(1-\dfrac{2}{x-3}\right)$；

(4) $\lim\limits_{x\to 1}\dfrac{x^2-3x+2}{1-x^2}$；

(5) $\lim\limits_{x\to 0}\dfrac{4x^3-2x^2+x}{3x^2+2x}$；

(6) $\lim\limits_{x\to \frac{1}{2}}\dfrac{2x^2-3x+1}{x^2+x-2}$；

(7) $\lim\limits_{h\to 0}\dfrac{(x+h)^3-x^3}{h}$；

(8) $\lim\limits_{h\to 0}\left(\dfrac{1}{x+h}-\dfrac{1}{x}\right)\dfrac{1}{h}$；

(9) $\lim\limits_{x\to 1}\dfrac{x^m-1}{x^n-1}\ (m,\ n\in \mathbf{Z}^+)$；

(10) $\lim\limits_{x\to \infty}\dfrac{100x^2}{x^2-5x-100}$；

(11) $\lim\limits_{x\to 1}\dfrac{x^2-1}{\sqrt{3-x}-\sqrt{1+x}}$；

(12) $\lim\limits_{x\to \infty}\left(1-\dfrac{1}{x}\right)\left(2+\dfrac{1}{x^2}\right)$；

(13) $\lim\limits_{x\to \infty}\dfrac{(2x+1)^{10}(x^2+5)^9}{(3x+2)^{14}(x^2+1)^7}$；

(14) $\lim\limits_{x\to +\infty}x(\sqrt{x^2+1}-x)$；

(15) $\lim\limits_{x\to 1}\left(\dfrac{1}{x-1}+\dfrac{3}{1-x^3}\right)$；

(16) $\lim\limits_{n\to \infty}\left(1+\dfrac{1}{2}+\dfrac{1}{2^2}+\cdots+\dfrac{1}{2^n}\right)$；

(17) $\lim\limits_{n\to \infty}\left(\dfrac{1^2}{n^3}+\dfrac{2^2}{n^3}+\cdots+\dfrac{n^2}{n^3}\right)$；

(18) $\lim\limits_{n\to \infty}\left[\dfrac{1}{1\times 6}+\dfrac{1}{6\times 11}+\cdots+\dfrac{1}{(5n-4)(5n+1)}\right]$.

1.4 极限存在准则　两个重要极限

本节将给出判别极限存在的两个准则,并分别以它们为理论工具求得两个重要极限.

1.4.1 极限存在准则

准则 Ⅰ（夹逼准则）　如果数列 $\{x_n\}$，$\{y_n\}$，$\{z_n\}$ 满足下列条件：

(1) $y_n\leqslant x_n\leqslant z_n\quad (n=1,\ 2,\ 3,\ \cdots)$；

(2) $\lim\limits_{n\to\infty} y_n=\lim\limits_{n\to\infty} z_n=A$,

则有

$$\lim_{n\to\infty} x_n=A.$$

证明　因为 $\lim\limits_{n\to\infty} y_n=A$, 根据极限定义,对 $\forall\varepsilon>0$, 存在正整数 N_1，当 $n>N_1$ 时,有 $|y_n-A|<\varepsilon$；又因为 $\lim\limits_{n\to\infty} z_n=A$, 对上述的 $\varepsilon>0$, 存在正整数 N_2，当 $n>N_2$ 时,有 $|z_n-A|<\varepsilon$. 取 $N=\max\{N_1,\ N_2\}$，则当 $n>N$ 时,有

$$|y_n-A|<\varepsilon,\quad |z_n-A|<\varepsilon$$

同时成立,即

$$A-\varepsilon<y_n\leqslant x_n\leqslant z_n<A+\varepsilon\quad 或\quad |x_n-A|<\varepsilon,$$

故

$$\lim_{n\to\infty} x_n=A.$$

准则 Ⅰ 可以推广到函数的极限,比如

准则 Ⅰ′　如果函数 $f(x)$，$g(x)$，$h(x)$ 满足条件

(1) 对 $\forall x \in \mathring{U}(x_0)$（或 $|x|>X$）时，恒有 $g(x) \leqslant f(x) \leqslant h(x)$；

(2) $\lim\limits_{\substack{x \to x_0 \\ (x \to \infty)}} g(x) = A$，$\lim\limits_{\substack{x \to x_0 \\ (x \to \infty)}} h(x) = A$，

则有

$$\lim_{\substack{x \to x_0 \\ (x \to \infty)}} f(x) = A.$$

证明从略.

例 1 求 $\lim\limits_{n \to \infty}\left(\frac{1}{\sqrt{n^2+1}}+\frac{1}{\sqrt{n^2+2}}+\cdots+\frac{1}{\sqrt{n^2+n}}\right)$.

解 由于

$$\frac{n}{\sqrt{n^2+n}} \leqslant \frac{1}{\sqrt{n^2+1}}+\frac{1}{\sqrt{n^2+2}}+\cdots+\frac{1}{\sqrt{n^2+n}} \leqslant \frac{n}{\sqrt{n^2+1}},$$

而

$$\lim_{n \to \infty} \frac{n}{\sqrt{n^2+n}} = \lim_{n \to \infty} \frac{1}{\sqrt{1+\frac{1}{n}}} = 1,\ \lim_{n \to \infty} \frac{n}{\sqrt{n^2+1}} = \lim_{n \to \infty} \frac{1}{\sqrt{1+\frac{1}{n^2}}} = 1,$$

由夹逼准则得

$$\lim_{n \to \infty}\left(\frac{1}{\sqrt{n^2+1}}+\frac{1}{\sqrt{n^2+2}}+\cdots+\frac{1}{\sqrt{n^2+n}}\right) = 1.$$

例 2 求 $\lim\limits_{x \to +\infty}(1+3^x+5^x)^{\frac{1}{x}}$.

解 因为 $x \to +\infty$ 为自变量的变化过程，所以考虑 $x>0$，

$$5 < (1+3^x+5^x)^{\frac{1}{x}} < 5 \times 3^{\frac{1}{x}},$$

而 $\lim\limits_{x \to +\infty} 5 = 5$，$\lim\limits_{x \to +\infty} 5 \times 3^{\frac{1}{x}} = 5$.

由夹逼准则，得

$$\lim_{x \to +\infty}(1+3^x+5^x)^{\frac{1}{x}} = 5.$$

准则 Ⅱ（单调有界准则） 单调有界数列必有极限，即若数列 $\{a_n\}$ 单调增加（或单调减少）且有上界（或下界），则 $\lim\limits_{n \to \infty} a_n$ 必存在.

证明 仅就数列 $\{a_n\}$ 单调增加且有上界的情形给出证明. 数列 $\{a_n\}$ 单调减少且有下界的情形类似可证.

因为 $\{a_n\}$ 单调增加且有上界，由确界定理知，$\{a_n\}$ 必有上确界 $\beta = \sup\{a_n\}$，由上确界定义知

$$\forall n \in \mathbf{N}^+,\quad a_n \leqslant \beta,$$

$$\forall \varepsilon > 0, \exists a_N \in \{a_n\}, \text{使 } a_N > \beta - \varepsilon,$$

于是，当 $n > N$ 时，$\beta \geqslant a_n > a_N > \beta - \varepsilon$，即

$$0 \leqslant \beta - a_n < \varepsilon,$$

因而

$$|a_n - \beta| < \varepsilon,$$

所以，$\lim\limits_{n\to\infty} a_n$ 存在，且以 β 为极限.

由定理的证明可见：单调增加有上界的数列的极限就是其上确界. 同样可得：单调减少有下界的数列的极限就是其下确界.

例 3 设 $a>0$，$a_1=\sqrt{a}$，$a_2=\sqrt{a+\sqrt{a}}$，…，$a_n=\sqrt{a+\sqrt{a+\cdots+\sqrt{a}}}$，…，证明数列 $\{a_n\}$ 收敛，并求其极限.

证明 由 a_n 的定义知，$a_n>0$ 且 $a_{n+1}=\sqrt{a+a_n}$ $(n\in \mathbf{N}^+)$，现用数学归纳法证明 $\{a_n\}$ 单调增加且有上界.

首先，$a_1<a_2$，设 $a_{n-1}<a_n$，则

$$a_{n+1}=\sqrt{a+a_n}>\sqrt{a+a_{n-1}}=a_n,$$

所以 $\{a_n\}$ 单调增加.

其次，$a_1=\sqrt{a}<\sqrt{a}+1$，设 $a_n<\sqrt{a}+1$，则

$$a_{n+1}=\sqrt{a+a_n}<\sqrt{a+\sqrt{a}+1}<\sqrt{a+2\sqrt{a}+1}=\sqrt{a}+1,$$

所以 $\{a_n\}$ 有上界.

由单调有界准则，数列 $\{a_n\}$ 收敛. 设 $\lim\limits_{n\to\infty} a_n=A$，在等式 $a_{n+1}^2=a+a_n$ 两边令 $n\to\infty$，取极限得

$$A^2=a+A,$$

解此方程得

$$A=\frac{1\pm\sqrt{1+4a}}{2},$$

但由极限的保号性知 $A\geqslant 0$，故 $\lim\limits_{n\to\infty} a_n=\dfrac{1+\sqrt{1+4a}}{2}$.

1.4.2 两个重要极限

1. $\lim\limits_{x\to 0}\dfrac{\sin x}{x}=1$（第一个重要极限）

证明 作单位圆，如图 1-25 所示，设圆心角 $\angle AOB=x$ $\left(0<x<\dfrac{\pi}{2}\right)$，点 A 处圆的切线与 OB 的延长线交于 D，且 $OA\perp BC$，则 $BC=\sin x$，$AD=\tan x$，从图易见 $\triangle AOB$ 的面积 < 扇形 AOB 的面积 < $\mathrm{Rt}\triangle AOD$ 的面积，即有

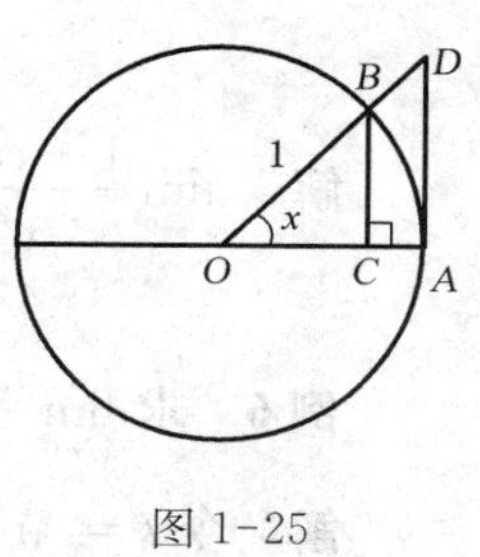

图 1-25

$$\frac{1}{2}\sin x<\frac{1}{2}x<\frac{1}{2}\tan x\quad\left(0<x<\frac{\pi}{2}\right),$$

或

$$\sin x < x < \tan x \quad \left(0 < x < \frac{\pi}{2}\right).$$

上式各项同除以 $\sin x$，得

$$1 < \frac{x}{\sin x} < \frac{1}{\cos x} \text{ 或 } \cos x < \frac{\sin x}{x} < 1 \quad \left(0 < x < \frac{\pi}{2}\right).$$

由于 $\cos x$ 与 $\frac{\sin x}{x}$ 都是偶函数，所以当 $-\frac{\pi}{2} < x < 0$ 时，不等式 $\cos x < \frac{\sin x}{x} < 1$ 也成立，即有

$$\cos x < \frac{\sin x}{x} < 1 \quad \left(0 < |x| < \frac{\pi}{2}\right).$$

下面先来证明 $\lim\limits_{x \to 0} \cos x = 1$.

事实上，当 $0 < |x| < \frac{\pi}{2}$ 时，

$$0 < |\cos x - 1| = 1 - \cos x = 2\sin^2 \frac{x}{2} < 2\left(\frac{x}{2}\right)^2 = \frac{x^2}{2},$$

即

$$0 < 1 - \cos x < \frac{x^2}{2},$$

当 $x \to 0$ 时，$\frac{x^2}{2} \to 0$，由准则 Ⅰ′，有 $\lim\limits_{x \to 0}(1 - \cos x) = 0$，所以

$$\lim_{x \to 0} \cos x = 1.$$

由 $\lim\limits_{x \to 0} \cos x = 1$ 及准则 Ⅰ′可知 $\lim\limits_{x \to 0} \frac{\sin x}{x} = 1$.

例 4 求 $\lim\limits_{x \to 0} \frac{\tan x}{x}$.

解 $\lim\limits_{x \to 0} \frac{\tan x}{x} = \lim\limits_{x \to 0}\left(\frac{\sin x}{x} \cdot \frac{1}{\cos x}\right) = \lim\limits_{x \to 0} \frac{\sin x}{x} \cdot \lim\limits_{x \to 0} \frac{1}{\cos x} = 1.$

例 5 求 $\lim\limits_{x \to 0} \frac{1 - \cos x}{x^2}$.

解 $$\lim_{x \to 0} \frac{1 - \cos x}{x^2} = \lim_{x \to 0} \frac{2\sin^2 \frac{x}{2}}{x^2} = \lim_{x \to 0} \frac{1}{2}\left(\frac{\sin \frac{x}{2}}{\frac{x}{2}}\right)^2 = \frac{1}{2}.$$

例 6 求 $\lim\limits_{x \to 0} \frac{\arcsin x}{x}$.

解 令 $t = \arcsin x$，则 $x = \sin t$，当 $x \to 0$ 时，有 $t \to 0$，故

$$\lim_{x\to 0}\frac{\arcsin x}{x}=\lim_{t\to 0}\frac{t}{\sin t}=1.$$

2. $\lim\limits_{n\to\infty}\left(1+\dfrac{1}{n}\right)^n=e$ **（第二个重要极限）**

证明 设 $x_n=\left(1+\dfrac{1}{n}\right)^n$，我们将证明数列 $\{x_n\}$ 单调增加且有上界.

根据平均值不等式，设 $a_i\geqslant 0$，$i=1,2,\cdots,n$，则

$$\sqrt[n]{a_1a_2\cdots a_n}\leqslant\frac{a_1+a_2+\cdots+a_n}{n}\Leftrightarrow a_1a_2\cdots a_n\leqslant\left(\frac{a_1+a_2+\cdots+a_n}{n}\right)^n.$$

由上式有

$$x_n=\left(1+\frac{1}{n}\right)^n=1\cdot\underbrace{\left(1+\frac{1}{n}\right)\cdots\left(1+\frac{1}{n}\right)}_{n}$$

$$\leqslant\left[\frac{1+\left(1+\frac{1}{n}\right)+\cdots+\left(1+\frac{1}{n}\right)}{n+1}\right]^{n+1}=\left(1+\frac{1}{n+1}\right)^{n+1}=x_{n+1}.$$

由牛顿二项展开式，又有

$$x_n=\left(1+\frac{1}{n}\right)^n=1+n\cdot\frac{1}{n}+\frac{n(n-1)}{2!}\cdot\frac{1}{n^2}+\cdots+\frac{n!}{n!}\cdot\frac{1}{n^n}$$

$$\leqslant 1+1+\frac{1}{2!}+\cdots+\frac{1}{n!}<1+1+\frac{1}{2}+\frac{1}{2^2}+\cdots+\frac{1}{2^{n-1}}$$

$$=1+\frac{1-\left(\frac{1}{2}\right)^n}{1-\frac{1}{2}}<1+\frac{1}{1-\frac{1}{2}}=3.$$

即数列 $\{x_n\}$ 单调增加有上界，由准则Ⅱ，数列 $\{x_n\}$ 收敛，通常用字母 e 来表示这个极限，即

$$\lim_{n\to\infty}\left(1+\frac{1}{n}\right)^n=e.$$

可以证明，当 x 取实数而趋于 $+\infty$ 或 $-\infty$ 时，函数 $\left(1+\dfrac{1}{x}\right)^x$ 的极限都存在，且都等于 e. 这个 e 是无理数，它的值是

$$e=2.718\,281\,828\,459\,045\cdots.$$

以 e 为底的指数函数 $y=e^x$ 和以 e 为底的对数函数 $y=\ln x$（通常称为**自然对数**），在数学中有着极为广泛的应用.

例 7 求 $\lim\limits_{x\to\infty}\left(1-\dfrac{1}{x}\right)^{x}$.

解 令 $t=-x$，则当 $x\to\infty$ 时，$t\to\infty$，有

$$\lim_{x\to\infty}\left(1-\frac{1}{x}\right)^{x}=\lim_{t\to\infty}\left(1+\frac{1}{t}\right)^{-t}=\lim_{t\to\infty}\frac{1}{\left(1+\dfrac{1}{t}\right)^{t}}=\frac{1}{\mathrm{e}}.$$

例 8 求 $\lim\limits_{x\to\infty}\left(\dfrac{x+2}{x+1}\right)^{2x+1}$.

解

$$\begin{aligned}\lim_{x\to\infty}\left(\frac{x+2}{x+1}\right)^{2x+1}&=\lim_{x\to\infty}\left(1+\frac{1}{x+1}\right)^{2x+1}=\lim_{x\to\infty}\left(1+\frac{1}{x+1}\right)^{2(x+1)-1}\\&=\left[\lim_{x\to\infty}\left(1+\frac{1}{x+1}\right)^{x+1}\right]^{2}\cdot\left[\lim_{x\to\infty}\left(1+\frac{1}{x+1}\right)\right]^{-1}\\&=\mathrm{e}^{2}.\end{aligned}$$

例 9　复利问题.

设本金为 P_0，年利率为 r. 求：(1) t 年后的本利和 S_t；(2)若把一年均分为 n 期，t 年后的本利和 S_t；(3) $n\to\infty$ 时的本利和 S_t.

解 (1) 第一年后的本利和为：$S_1=P_0+P_0r=P_0(1+r)$，

第二年的本利和为：$S_2=S_1+S_1r=S_1(1+r)=P_0(1+r)^2$，

……

第 t 年后的本利和为：$S_t=P_0(1+r)^t$.

(2) 若把一年均分为 n 期计息，这时每期利率可以认为是 $\dfrac{r}{n}$，于是可得 t 年的本利和为

$$S_t=P_0\left(1+\frac{r}{n}\right)^{nt}.$$

(3) 假设计息期无限缩短，则期数 $n\to\infty$，即每时每刻计算复利，于是 t 年后的本利和，即连续复利公式为

$$S_t=\lim_{n\to\infty}P_0\left(1+\frac{r}{n}\right)^{nt}=P_0\mathrm{e}^{rt}.$$

例 10　贴现问题.

若称 P_0 为现值，S_t 为终值，已知现值 P_0 求终值 S_t 是复利问题，与此相反，若已知终值 S_t 求现值 P_0，则称为贴现问题，这时 r 称为贴现率.

解 由复利公式，容易得到

离散的贴现公式为 $\quad P_0=S_t(1+r)^{-t}$，

$$P_0=S_t\left(1+\frac{r}{n}\right)^{-nt}.$$

连续的贴现公式为 $\quad P_0=S_t\mathrm{e}^{-rt}$.

例 11 设年利率为 6.5%，按连续复利计算，现在投资多少元，16 年后可得1 200 元?

解 已知 $r=6.5\%$，$S_t=1\,200$，$t=16$，所以，现值

$$P_0=S_t\mathrm{e}^{-rt}=1\,200\mathrm{e}^{-16\times0.065}=\frac{1\,200}{2.829\,2}=424.15(\text{元}).$$

在金融界有人称 e 为银行家常数，其有趣的解释是：当你年初存入银行 1 元钱，年利率为 10%，10 年后，连续复利的本利和恰为 e，即

$$S_{10}=P_0\mathrm{e}^{rt}=1\times\mathrm{e}^{0.1\times10}=\mathrm{e}.$$

习题 1.4

1. 求下列极限.

(1) $\lim\limits_{x\to\infty}x\sin\dfrac{1}{x}$； (2) $\lim\limits_{x\to0}\dfrac{\sin\alpha x}{\sin\beta x}\ (\beta\neq0)$； (3) $\lim\limits_{n\to\infty}2^n\cdot\sin\dfrac{x}{2^n}$；

(4) $\lim\limits_{x\to a}\dfrac{\sin x-\sin a}{x-a}$； (5) $\lim\limits_{x\to0}\dfrac{\tan x-\sin x}{x^3}$； (6) $\lim\limits_{x\to0}\dfrac{1-\cos2x}{x\sin x}$；

(7) $\lim\limits_{n\to\infty}\left(1-\dfrac{2}{n}\right)^n$； (8) $\lim\limits_{x\to\infty}\left(\dfrac{x}{1+x}\right)^x$； (9) $\lim\limits_{x\to0}(1-3x)^{5+\frac{1}{x}}$；

(10) $\lim\limits_{x\to\frac{\pi}{2}}(1+\cot x)^{\tan x}$； (11) $\lim\limits_{x\to0}\sqrt[x]{1-2x}$； (12) $\lim\limits_{x\to+\infty}\left(1-\dfrac{1}{x}\right)^{\sqrt{x}}$.

2. 利用夹逼准则求下列极限.

(1) $\lim\limits_{n\to\infty}n\left(\dfrac{1}{n^2+1}+\dfrac{1}{n^2+2}+\cdots+\dfrac{1}{n^2+n}\right)$；

(2) $\lim\limits_{n\to\infty}\left(\dfrac{1}{n^2+n+1}+\dfrac{2}{n^2+n+2}+\cdots+\dfrac{n}{n^2+n+n}\right)$；

(3) $\lim\limits_{n\to\infty}\sqrt[n]{a_1^n+a_2^n+\cdots+a_m^n}$，其中 $a_i>0\ (i=1,2,\cdots,m)$.

3. 设 $a_1=0$，$a_{n+1}=\sqrt{2+a_n}\ (n=1,2,\cdots)$；证明数列 $\{a_n\}$ 收敛，并求其极限.

4. 现有 15 万元资金，按年利率 5%作连续复利计息，5 年后的价值为多少？

5. 设年贴现率为 4%，按连续计息贴现，现投资多少万元，20 年后可得 50 万元？

1.5 无穷大量与无穷小量

1.5.1 概念

定义 1.5 如果 $\lim\limits_{\substack{x\to x_0\\(x\to\infty)}}f(x)=0$，则称函数 $f(x)$ 为当 $x\to x_0$（或 $x\to\infty$）时的**无穷小量**，简称**无穷小**.

若 $f(x)$ 的倒数 $\dfrac{1}{f(x)}$ 是 $x\to x_0$（或 $x\to\infty$）时的无穷小，则称函数 $f(x)$ 为 $x\to x_0$（或 $x\to\infty$）时的**无穷大量**，简称**无穷大**. 记为

$$\lim_{x\to x_0}f(x)=\infty\quad(\text{或}\lim_{x\to\infty}f(x)=\infty).$$

例如，当 $x\to2$ 时，$\lim\limits_{x\to2}(x^2-4)=0$，故 x^2-4 是 $x\to2$ 时的无穷小，而 $\dfrac{1}{x^2-4}$ 是 $x\to2$ 时的无穷大.

注意 (1) 无穷小是极限为零的变量，不能与很小的数混淆；同理，无穷大也不是一个

很大的数.

(2) 作为常数,只有零是无穷小量.

(3) 无穷小量与无穷大量都是与自变量的变化过程联系在一起的.

例如,当 $x \to 0$ 时, $f(x)=\frac{1}{x}$ 是无穷大,而当 $x \to \infty$ 时, $f(x)=\frac{1}{x}$ 就是无穷小.

一般地,在自变量的同一变化过程中,无穷小与无穷大存在着互为倒数的关系.

定理 1.6 在自变量的同一变化过程中,如果 $f(x)$ 为无穷大量,则 $\frac{1}{f(x)}$ 为无穷小量;反之,如果 $f(x)$ 是无穷小量,且 $f(x) \neq 0$, 则 $\frac{1}{f(x)}$ 为无穷大量.

证明 设 $\lim\limits_{x \to x_0} f(x)=\infty$, 下证 $x \to x_0$ 时, $\frac{1}{f(x)}$ 为无穷小量.

$\forall \varepsilon>0$,由 $\lim\limits_{x \to x_0} f(x)=\infty$,对于 $M=\frac{1}{\varepsilon}$, $\exists \delta>0$,当 $0<|x-x_0|<\delta$ 时,有

$$|f(x)|>M=\frac{1}{\varepsilon},$$

从而

$$\left|\frac{1}{f(x)}\right|<\varepsilon,$$

所以 $\frac{1}{f(x)}$ 是 $x \to x_0$ 时的无穷小量.

反之,设 $\lim\limits_{x \to x_0} f(x)=0$,且 $f(x) \neq 0$, 要证 $\frac{1}{f(x)}$ 当 $x \to x_0$ 时为无穷大量.

$\forall M>0$, 根据无穷小的定义,对于 $\varepsilon=\frac{1}{M}$, $\exists \delta>0$, 当 $0<|x-x_0|<\delta$ 时,有

$$|f(x)|<\varepsilon=\frac{1}{M},$$

由于 $f(x) \neq 0$, 从而

$$\left|\frac{1}{f(x)}\right|>M,$$

所以 $\frac{1}{f(x)}$ 是 $x \to x_0$ 时的无穷大量.

1.5.2 无穷小量的性质

定理 1.7 在自变量的同一变化过程中,

(1) 有限个无穷小的和(积)仍是无穷小;

(2) 有界函数与无穷小的乘积是无穷小.

证明 仅就 $x \to x_0$ 的情形给出证明,其他情形类似可证.

(1) 只考虑两个无穷小积的形式证明. 设 $\lim\limits_{x \to x_0} f(x)=0$, $\lim\limits_{x \to x_0} g(x)=0$, 则对任意的正

数 ε，分别存在正数 δ_1，δ_2，使对一切满足 $0<|x-x_0|<\delta_1$ 的 x 有 $|f(x)|<\varepsilon$，对一切满足 $0<|x-x_0|<\delta_2$ 的 x 有 $|g(x)|<\varepsilon$，取 $\delta=\min\{\delta_1, \delta_2\}$，使对一切满足 $0<|x-x_0|<\delta$ 的 x 有 $|f(x)g(x)|<\varepsilon^2$，所以有

$$\lim_{x\to x_0}[f(x)g(x)]=0.$$

(2) 设 $\lim\limits_{x\to x_0} f(x)=0$，$g(x)$ 在 x_0 的某去心邻域 $\mathring{U}(x_0, \delta_1)$ 内有界，即有正数 M，使一切满足 $0<|x-x_0|<\delta_1$ 的 x 都有 $|g(x)|\leqslant M$.

由 $\lim\limits_{x\to x_0} f(x)=0$ 知，对任意的正数 ε，总存在正数 δ_2，使对一切满足 $0<|x-x_0|<\delta_2$ 的 x，都有

$$|f(x)|=|f(x)-0|<\frac{\varepsilon}{M},$$

取 $\delta=\min\{\delta_1, \delta_2\}$，则对一切满足 $0<|x-x_0|<\delta$ 的 x，总有

$$|f(x)g(x)-0|=|f(x)g(x)|=|f(x)||g(x)|\leqslant M|f(x)|<M\cdot\frac{\varepsilon}{M}=\varepsilon.$$

即 $\lim\limits_{x\to x_0}[f(x)g(x)]=0$，因此，$f(x)g(x)$ 是 $x\to x_0$ 时的无穷小.

1.5.3 无穷小量与函数极限的关系

定理 1.8 $\lim\limits_{x\to x_0} f(x)=A \Leftrightarrow f(x)=A+\alpha(x)$，其中 $\alpha(x)$ 是在同一变化过程 $x\to x_0$ 时的无穷小量.

证明 (必要性)设 $\lim\limits_{x\to x_0} f(x)=A$，从而 $\forall\varepsilon>0$，$\exists\delta>0$，使当 $0<|x-x_0|<\delta$ 时，有

$$|f(x)-A|<\varepsilon.$$

令 $\alpha(x)=f(x)-A$，则当 $0<|x-x_0|<\delta$ 时，有

$$|\alpha(x)|=|f(x)-A|<\varepsilon,$$

即

$$\lim_{x\to x_0}\alpha(x)=0.$$

(充分性)设 $f(x)=A+\alpha(x)$，其中 $\lim\limits_{x\to x_0}\alpha(x)=0$，于是 $\forall\varepsilon>0$，$\exists\delta>0$，使当 $0<|x-x_0|<\delta$ 时，有

$$|f(x)-A|=|\alpha(x)|<\varepsilon,$$

即有

$$\lim_{x\to x_0} f(x)=A.$$

1.5.4 无穷小的阶的比较

在自变量的同一变化过程中，两个无穷小的和、差、积仍为无穷小. 但是，两个无穷小的

商会出现不同的情况. 例如，当 $x \to 0$ 时，x, x^2, $x\sqrt{1-x}$ 都是无穷小，而

$$\lim_{x\to 0}\frac{x^2}{x}=0,\ \lim_{x\to 0}\frac{x}{x^2}=\infty,\ \lim_{x\to 0}\frac{x\sqrt{1-x}}{x}=1,$$

为此，需要考察两个无穷小的商，以便对它们趋于零的速度进行比较.

定义 1.6 设 $\alpha=\alpha(x)$, $\beta=\beta(x)$ 都是关于自变量同一变化过程中的无穷小.

(1) 如果 $\lim\frac{\beta}{\alpha}=0$，则称 β 是比 α **高阶**的无穷小，记为 $\beta=o(\alpha)$；

(2) 如果 $\lim\frac{\beta}{\alpha}=\infty$，则称 β 是比 α **低阶**的无穷小；

(3) 如果 $\lim\frac{\beta}{\alpha}=C\ (C\neq 0)$，则称 β 与 α 是**同阶**无穷小；

(4) 如果 $\lim\frac{\beta}{\alpha^k}=C\ (C\neq 0,\ k>0)$，则称 β 是 α 的 k **阶**无穷小；

(5) 如果 $\lim\frac{\beta}{\alpha}=1$，则称 β 与 α 是**等价**无穷小，并记为 $\beta\sim\alpha$.

例如，由于 $\lim\limits_{x\to 0}\frac{\sin x}{x}=1$, $\lim\limits_{x\to 0}\frac{\tan x}{x}=1$, $\lim\limits_{x\to 0}\frac{1-\cos x}{x^2}=\frac{1}{2}$, $\lim\limits_{x\to 0}\frac{\sqrt[n]{1+x}-1}{x}=\frac{1}{n}$，所以当 $x\to 0$ 时，$\sin x\sim x$, $\tan x\sim x$, $1-\cos x\sim\frac{1}{2}x^2$, $\sqrt[n]{1+x}-1\sim\frac{1}{n}x$.

定理 1.9 (等价无穷小代换) 设 $\alpha\sim\alpha'$, $\beta\sim\beta'$, $\lim\frac{\alpha'}{\beta'}=a$，则 $\lim\frac{\alpha}{\beta}=a$.

证明 $\lim\frac{\alpha}{\beta}=\lim\left(\frac{\alpha}{\alpha'}\cdot\frac{\alpha'}{\beta'}\cdot\frac{\beta'}{\beta}\right)=\lim\frac{\alpha}{\alpha'}\cdot\lim\frac{\alpha'}{\beta'}\cdot\lim\frac{\beta'}{\beta}=\lim\frac{\alpha'}{\beta'}=a.$

定理 1.9 表明，计算极限时，比式中的无穷小可用与它等价的无穷小来代替. 如果选择恰当，可使计算过程简化.

利用等价无穷小量代换法求极限，要求熟知常用的重要等价无穷小量. 为此我们将其列出，便于记忆和应用.

当 $x\to 0$ 时，$x\sim\sin x\sim\tan x\sim\arcsin x\sim\arctan x\sim\ln(1+x)\sim e^x-1$；$1-\cos x\sim\frac{x^2}{2}$；$a^x-1\sim x\ln a$；$\sqrt[n]{1+x}-1\sim\frac{x}{n}$；$(1+x)^\alpha-1\sim\alpha x$.

例 1 求 $\lim\limits_{x\to 0}\frac{\sin^2 x}{x^3+2x^2}$.

解 因为 $x\to 0$ 时，$\sin x\sim x$，故

$$\lim_{x\to 0}\frac{\sin^2 x}{x^3+2x^2}=\lim_{x\to 0}\frac{x^2}{x^3+2x^2}=\lim_{x\to 0}\frac{1}{x+2}=\frac{1}{2}.$$

例 2 求 $\lim\limits_{x\to 0}\frac{\ln(1+\sin^2 2x)}{1-\cos 3x}$.

解 因为 $x\to 0$ 时，$\ln(1+\sin^2 2x)\sim\sin^2 2x\sim(2x)^2=4x^2$，而

$$1-\cos 3x \sim \frac{1}{2}(3x)^2 = \frac{9}{2}x^2,$$

因此

$$\lim_{x\to 0}\frac{\ln(1+\sin^2 2x)}{1-\cos 3x} = \lim_{x\to 0}\frac{4x^2}{\frac{9}{2}x^2} = \frac{8}{9}.$$

例 3 求 $\lim\limits_{n\to\infty} n\sin\frac{\pi}{n}$.

解 因为 $n\to\infty$ 时，$\sin\frac{\pi}{n}\sim\frac{\pi}{n}$，故

$$\lim_{n\to\infty} n\sin\frac{\pi}{n} = \lim_{n\to\infty}\left(n\cdot\frac{\pi}{n}\right) = \pi.$$

习题 1.5

1. 函数 $y=\frac{\sin x}{(x-1)^2}$ 在怎样的变化过程中是无穷大量？在怎样的变化过程中是无穷小量？

2. 当 $x\to 1$ 时，无穷小 $1-x$ 和 $1-x^3$，$\frac{1}{2}(1-x^2)$ 是否同阶？是否等价？

3. 证明当 $x\to 0$ 时，有

(1) $\arctan x\sim x$；　(2) $\tan x\sim \arcsin x$；　(3) $\sqrt[3]{1+x}-1\sim\frac{x}{3}$；

(4) $e^x-1\sim x$；　(5) $\sec x-1\sim\frac{x^2}{2}$.

4. 用等价无穷小计算下列极限.

(1) $\lim\limits_{x\to\infty} x^2(e^{\frac{1}{x^2}}-1)$；　(2) $\lim\limits_{n\to\infty} n[\ln(n+1)-\ln n]$；

(3) $\lim\limits_{x\to 1}\frac{(x-1)x}{\ln x}$；　(4) $\lim\limits_{x\to 0}\frac{\sqrt{x^3+1}-1}{\sin^3 x}$；

(5) $\lim\limits_{x\to 0}\frac{\tan x-\sin x}{e^{x^3}-1}$；　(6) $\lim\limits_{x\to 0}\frac{e^{\sin x}-e^x}{\sin x-x}$.

5. 若 $x\to 0$ 时，$\sqrt{1+ax^2}-1$ 与 $\sin x^2$ 是等价无穷小量，求 a 的值.

6. 计算下列极限.

(1) $\lim\limits_{n\to\infty}\frac{1}{\sqrt{n}}\arctan n$；　(2) $\lim\limits_{x\to 0^+}\sqrt{x}\sin\frac{1}{x}$；

(3) $\lim\limits_{x\to 2}\frac{x}{(x-2)^2}$；　(4) $\lim\limits_{x\to\infty}\frac{x^2}{2x+1}$.

1.6　函数的连续性

在客观世界中，变量的变化有两种不同的形式：渐变和突变. 反映在数学上，就是函数的连续与间断.

1.6.1 连续函数的概念

1. 函数的改变量

若函数 $y=f(x)$ 在 $U(x_0)$ 内有定义，自变量 x 由它的一个初值 x_0 变到终值 x 时，终值与初值之差 $x-x_0$ 就叫做变量 x 在点 x_0 处的**增量**，记为 Δx，即

$$\Delta x = x - x_0.$$

增量 Δx 可正可负，也可以为零，记号 Δx 是一个不可分割的整体，终值 $x=x_0+\Delta x$.

再来看函数 $y=f(x)$，当自变量 x 在 $U(x_0)$ 内由 x_0 变到 $x_0+\Delta x$ 时，函数值 y 就相应地从 $f(x_0)$ 变到 $f(x_0+\Delta x)$，因而函数 y 的对应增量为

$$\Delta y = f(x_0+\Delta x) - f(x_0).$$

2. 函数在一点连续的定义

如图 1-26(a)所示，当函数 $y=f(x)$ 在点 x_0 处连续时，其基本特征是当 $\Delta x\to 0$ 时，有 $\Delta y\to 0$；而在图 1-26(b)中，函数 $y=f(x)$ 在点 x_0 处是不连续的，其基本特征是当 $\Delta x\to 0$ 时，Δy 不趋于 0，由此，我们有下列定义：

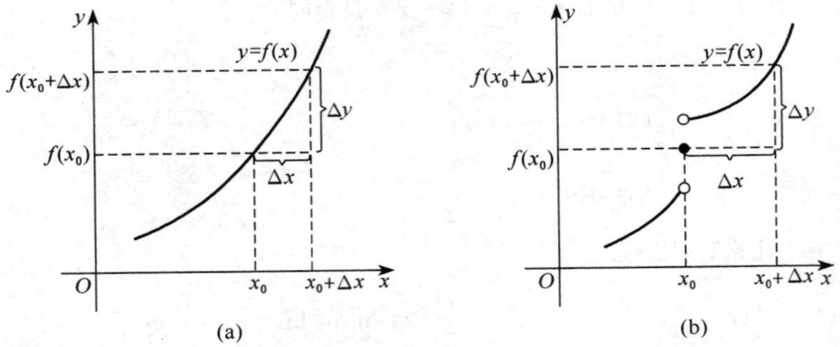

图 1-26

定义 1.7 设函数 $y=f(x)$ 在 $U(x_0)$ 内有定义，如果

$$\lim_{\Delta x\to 0}\Delta y = \lim_{\Delta x\to 0}[f(x_0+\Delta x)-f(x_0)] = 0,$$

则称函数 $y=f(x)$ 在点 x_0 处**连续**.

设 $x=x_0+\Delta x$，则 $\Delta x\to 0 \Leftrightarrow x\to x_0$，此时 $\Delta y = f(x_0+\Delta x)-f(x_0)\to 0 \Leftrightarrow f(x)\to f(x_0)$，因此，函数 $y=f(x)$ 在点 x_0 处连续的定义又可等价地叙述为：

定义 1.7′ 设函数 $y=f(x)$ 在 $U(x_0)$ 内有定义，如果

$$\lim_{x\to x_0} f(x) = f(x_0),$$

则称函数 $y=f(x)$ 在点 x_0 处**连续**.

连续的定义用 ε-δ 语言叙述为：

$$\forall \varepsilon > 0,\ \exists \delta > 0,\ 当\ |x-x_0| < \delta\ 时，有\ |f(x)-f(x_0)| < \varepsilon.$$

例 1 证明函数 $y = \sin x$ 在 $(-\infty, +\infty)$ 内连续.

证明 根据定义,只要证明 $\forall x_0 \in (-\infty, +\infty)$,函数 $y = \sin x$ 在点 x_0 处连续即可.

由于

$$\Delta y = \sin(x_0 + \Delta x) - \sin x_0 = 2\sin\frac{\Delta x}{2}\cos\left(x_0 + \frac{\Delta x}{2}\right).$$

因 $\left|\cos\left(x_0 + \frac{\Delta x}{2}\right)\right| \leqslant 1$,而当 $\Delta x \to 0$ 时,$\sin\frac{\Delta x}{2}$ 是无穷小,所以

$$\lim_{\Delta x \to 0} \Delta y = \lim_{\Delta x \to 0} 2\sin\frac{\Delta x}{2}\cos\left(x_0 + \frac{\Delta x}{2}\right) = 0,$$

故函数 $y = \sin x$ 在点 x_0 处连续. 由于 x_0 的任意性,因此,函数 $y = \sin x$ 在 $(-\infty, +\infty)$ 内连续.

同理可证 $y = \cos x$ 在 $(-\infty, +\infty)$ 内连续.

类似于函数的左极限和右极限,可以定义函数的**左连续和右连续**.

如果函数 $f(x)$ 满足

$$\lim_{x \to x_0^-} f(x) = f(x_0) \quad \left(\lim_{x \to x_0^+} f(x) = f(x_0)\right),$$

则称函数 $f(x)$ 在点 x_0 处**左(右)连续**.

显然,函数在某点连续的充分必要条件是函数在该点处既左连续又右连续.

3. 函数 $f(x)$ 在区间 $[a, b]$ 上连续的定义

在开区间内每一点都连续的函数,称为该开区间内的连续函数;如果函数 $f(x)$ 在开区间 (a, b) 内连续,在 a 点处右连续,在 b 点处左连续,则称函数 $f(x)$ **在闭区间** $[a, b]$ **上连续**.

例 2 函数

$$f(x) = \begin{cases} \dfrac{e^{\sin 2x} - 1}{x}, & x < 0, \\ A, & x = 0, \\ (1 + ax)^{\frac{1}{x}}, & x > 0 \end{cases}$$

在 $x = 0$ 处连续,求 a, A.

解 $f(x)$ 为分段函数,由两个重要极限可得

$$\lim_{x \to 0^-} f(x) = \lim_{x \to 0^-} \frac{e^{\sin 2x} - 1}{x} = \lim_{x \to 0^-} \frac{\sin 2x}{x} = 2,$$

$$\lim_{x \to 0^+} f(x) = \lim_{x \to 0^+} (1 + ax)^{\frac{1}{x}} = e^a,$$

由于 $f(x)$ 在 $x = 0$ 处连续 $\Leftrightarrow \lim\limits_{x \to 0^-} f(x) = \lim\limits_{x \to 0^+} f(x)$,所以

$$2 = e^a = A,$$

从而

$$a = \ln 2, \quad A = 2.$$

1.6.2 函数的间断点

间断点的定义:

定义 1.8 如果函数 $f(x)$ 在点 x_0 处有下列三种情况之一:

(1) $f(x)$ 在点 x_0 处没有定义;

(2) $f(x)$ 在点 x_0 处有定义,但 $\lim\limits_{x\to x_0} f(x)$ 不存在;

(3) $f(x)$ 在点 x_0 处有定义,$\lim\limits_{x\to x_0} f(x)$ 也存在,但 $\lim\limits_{x\to x_0} f(x) \neq f(x_0)$,

则函数 $f(x)$ 在点 x_0 处不连续,点 x_0 称为函数 $f(x)$ 的**不连续点**或**间断点**.

例 3 函数 $y=\sin\dfrac{1}{x}$ 在点 $x=0$ 处无定义,所以点 $x=0$ 是函数 $y=\sin\dfrac{1}{x}$ 的间断点. 当 $x\to 0$ 时,函数值 $\sin\dfrac{1}{x}$ 在 -1 和 1 之间反复变动,这种类型的间断点被称为**振荡间断点**.

例 4 讨论函数

$$f(x)=\begin{cases}\dfrac{1}{x}, & x>0,\\ x, & x\leqslant 0\end{cases}$$

在 $x=0$ 处的连续性.

解 $f(0)=0$, $\lim\limits_{x\to 0^+} f(x)=\lim\limits_{x\to 0^+}\dfrac{1}{x}=+\infty$,所以 $x=0$ 为函数 $f(x)$ 的**无穷间断点**.

例 5 讨论函数

$$f(x)=\begin{cases}2\sqrt{x}, & 0\leqslant x<1,\\ 1, & x=1,\\ 1+x, & x>1\end{cases}$$

在 $x=1$ 处的连续性.

解 因为 $f(1)=1$, $\lim\limits_{x\to 1^-} f(x)=2$, $\lim\limits_{x\to 1^+} f(x)=2$,即 $\lim\limits_{x\to 1} f(x)=2\neq f(1)$,故 $x=1$ 为函数 $f(x)$ 的可去间断点.

如果令 $f(1)=2$,则 $f(x)=\begin{cases}2\sqrt{x}, & 0\leqslant x<1,\\ 1+x, & x\geqslant 1\end{cases}$ 在 $x=1$ 处连续.

例 6 函数 $f(x)=\dfrac{x^2-4}{x-2}$ 在 $x=2$ 处没有定义,所以点 $x=2$ 是函数 $y=\dfrac{x^2-4}{x-2}$ 的间断点,但

$$\lim_{x\to 2}\frac{x^2-4}{x-2}=4,$$

只要我们补充定义 $f(2)$,令 $f(2)=4=\lim\limits_{x\to 2} f(x)$,则函数 $f(x)$ 在 $x=2$ 处就连续了. 为此,$x=2$ 也是函数 $f(x)$ 的可去间断点.

一般地,只要改变或者补充间断点处函数的定义,则可使其变为连续的点,称为**可去间断点**.

例 7 函数

$$f(x)=\begin{cases} e^x, & x>0, \\ 0, & x=0, \\ x-1, & x<0. \end{cases}$$

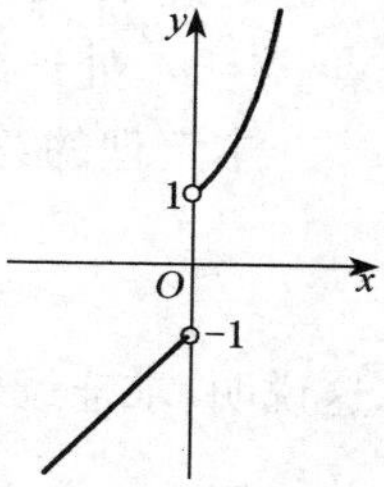

图 1-27

由于 $\lim\limits_{x\to 0^+} f(x)=\lim\limits_{x\to 0^+} e^x=1$，$\lim\limits_{x\to 0^-} f(x)=\lim\limits_{x\to 0^-}(x-1)=-1$，左极限和右极限都存在，但不相等，故极限 $\lim\limits_{x\to 0} f(x)$ 不存在，所以，$x=0$ 是函数 $f(x)$ 的间断点，如图 1-27 所示，这种类型的间断点称为**跳跃间断点**.

通常根据函数在间断点处左右极限的情况，将间断点分为两大类：

(1) 左右极限都存在的间断点，称为**第一类间断点**.

(2) 不是第一类(即左右极限至少有一个不存在)的间断点称为**第二类间断点**.

1.6.3 连续函数的运算与初等函数的连续性

1. 连续函数的和、差、积、商的连续性

定理 1.10 设函数 $f(x)$ 与 $g(x)$ 都在点 $x=x_0$ 处连续，则它们的和、差、积、商(分母在 x_0 处的函数值不为零)也在 x_0 处连续.

证明 由函数连续的定义知

$$\lim_{x\to x_0} f(x)=f(x_0), \quad \lim_{x\to x_0} g(x)=g(x_0),$$

因此

$$\lim_{x\to x_0}[f(x)\pm g(x)]=\lim_{x\to x_0} f(x)\pm\lim_{x\to x_0} g(x)=f(x_0)\pm g(x_0),$$

$$\lim_{x\to x_0}[f(x)\cdot g(x)]=[\lim_{x\to x_0} f(x)]\cdot[\lim_{x\to x_0} g(x)]=f(x_0)g(x_0),$$

$$\lim_{x\to x_0}\frac{f(x)}{g(x)}=\frac{\lim\limits_{x\to x_0} f(x)}{\lim\limits_{x\to x_0} g(x)}=\frac{f(x_0)}{g(x_0)} \quad (g(x_0)\neq 0),$$

故 $f(x)\pm g(x)$，$f(x)\cdot g(x)$，$\dfrac{f(x)}{g(x)}$ 都在点 x_0 处连续.

例如，函数 $\sin x$，$\cos x$ 在 $(-\infty,+\infty)$ 内连续，故 $\tan x$，$\cot x$，$\sec x$，$\csc x$ 在其定义域内连续.

2. 反函数与复合函数的连续性

定理 1.11 设函数 $y=f(x)$ 在某区间上单调增加(或单调减少)且连续，则其反函数 $y=f^{-1}(x)$ 在其相应的区间上也单调增加(或单调减少)且连续.

证明从略.

例 函数 $y=\sin x$ 在闭区间 $\left[-\dfrac{\pi}{2},\dfrac{\pi}{2}\right]$ 上单调增且连续，故它的反函数 $y=\arcsin x$ 在闭区间 $[-1,1]$ 上也是单调增加且连续的. 同理，$y=\arccos x$，$y=\arctan x$，$y=\operatorname{arccot} x$ 在各自的定义区间上单调且连续.

定理 1.12 设函数 $u=\varphi(x)$ 在点 $x=x_0$ 处连续，且 $\varphi(x_0)=u_0$，而函数 $y=f(u)$ 在点 $u=u_0$ 处连续，则复合函数 $y=f[\varphi(x)]$ 在点 $x=x_0$ 处连续.

本定理的意义在于

$$\lim_{x\to x_0} f[\varphi(x)]=f[\varphi(x_0)]=f[\lim_{x\to x_0}\varphi(x)].$$

这说明，求连续函数的复合函数的极限时，函数符号 f 与极限符号 lim 可以交换次序.

例 8 求 $\lim\limits_{x\to 0}\dfrac{\ln(1+x)}{x}$.

解 $\lim\limits_{x\to 0}\dfrac{\ln(1+x)}{x}=\lim\limits_{x\to 0}\ln(1+x)^{\frac{1}{x}}=\ln\left[\lim\limits_{x\to 0}(1+x)^{\frac{1}{x}}\right]=\ln \mathrm{e}=1.$

例 9 求 $\lim\limits_{x\to 0}\dfrac{a^x-1}{x}$.

解 令 $a^x-1=y$，则 $x=\log_a(y+1)$，当 $x\to 0$ 时，$y\to 0$.

$$\lim_{x\to 0}\frac{a^x-1}{x}=\lim_{y\to 0}\frac{y}{\log_a(1+y)}=\lim_{y\to 0}\frac{1}{\log_a(1+y)^{\frac{1}{y}}}=\frac{1}{\log_a \mathrm{e}}=\ln a.$$

同理可得

$$\lim_{x\to 0}\frac{\mathrm{e}^x-1}{x}=\ln \mathrm{e}=1.$$

3. 初等函数的连续性

定理 1.13 **基本初等函数在它们的定义域内都是连续的.**

定理 1.14 **一切初等函数在其定义区间内都是连续的.**

这里的定义区间是指包含在定义域内的区间，初等函数仅在其定义区间内连续，在其定义域内不一定连续.

例如，函数 $y=\sqrt{x^2(x-1)^3}$，它的定义域为 D: $x=0$ 及 $x\geqslant 1$，但在 $x=0$ 点的邻域内没有定义，所以函数只在区间 $[1,+\infty)$ 上连续.

4. 利用函数的连续性求极限

例 10 求 $\lim\limits_{x\to 1}\sin\sqrt{\mathrm{e}^x-1}$.

解 $\lim\limits_{x\to 1}\sin\sqrt{\mathrm{e}^x-1}=\sin\sqrt{\lim\limits_{x\to 1}(\mathrm{e}^x-1)}=\sin\sqrt{\mathrm{e}-1}.$

事实上，当求初等函数在定义域内某点处的极限时，只需要求出其在该点的函数值即可.

1.6.4 闭区间上连续函数的性质

闭区间上的连续函数具有许多在理论上和应用上都很重要的性质，由于其中有些性质的严格证明需要用到实数理论，在此只从几何直观上加以说明而略去证明.

定义 1.9 设函数 $f(x)$ 在区间 I 上有定义，若存在 $x_0\in I$，使得对 $\forall x\in I$，都有

$$f(x)\leqslant f(x_0)\quad (\text{或 } f(x)\geqslant f(x_0)),$$

则称 $f(x)$ 在 x_0 处取得**最大值**(或**最小值**)，$f(x_0)$ 称为 $f(x)$ 在区间 I 上的**最大值**(或**最小值**)，x_0 称为 $f(x)$ 在 I 上的**最大值点**(或**最小值点**)，最大值与最小值统称为**最值**，通常用 M 和 m 分别记最大值和最小值.

定理 1.15(最值定理) 若函数 $f(x)$ 在闭区间 $[a, b]$ 上连续，则 $f(x)$ 在 $[a, b]$ 上必有最大值和最小值.

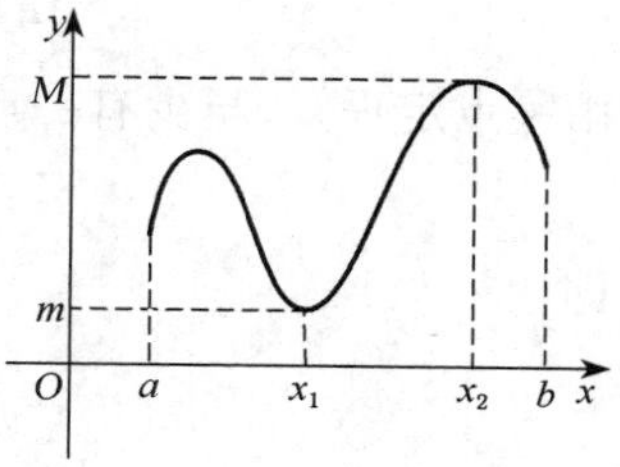

图 1-28

最值定理的几何意义：在闭区间 $[a, b]$ 上连续的函数 $y=f(x)$ 的曲线上，必有一点达到最低，也必有一点达到最高(图 1-28).

注意 "闭区间"与"f 连续"这两个条件缺一不可. 例如 $f(x)=\dfrac{1}{x}$ 在开区间 $(0, 1)$ 上，既无最大值，也无最小值. 函数

$$y=f(x)=\begin{cases}1-x, & 0 \leqslant x<1, \\ 1, & x=1, \\ 3-x, & 1<x \leqslant 2\end{cases}$$

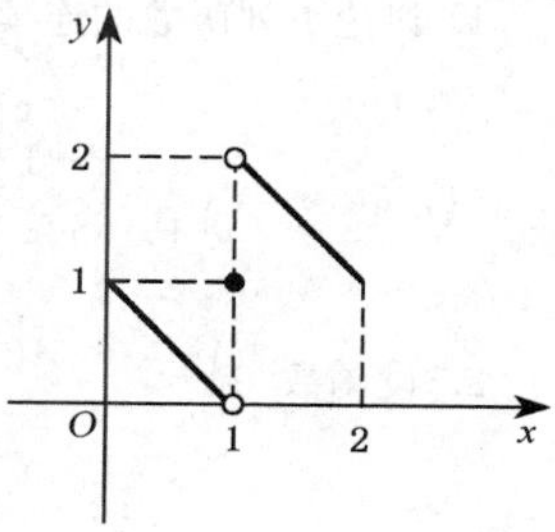

图 1-29

在闭区间 $[0, 2]$ 上有间断点 $x=1$，此函数在 $[0, 2]$ 上既无最大值，也无最小值(图 1-29).

推论(有界性定理) 如果函数 $f(x)$ 在闭区间 $[a, b]$ 上连续，则 $f(x)$ 在区间 $[a, b]$ 上一定有界.

定理 1.16(介值定理) 若函数 $f(x)$ 在闭区间 $[a, b]$ 上连续，m 和 M 分别为 $f(x)$ 在闭区间 $[a, b]$ 上的最小值和最大值，则对于 m 和 M 之间的任意一个实数 C，至少存在一点 $\xi \in (a, b)$，使得 $f(\xi)=C$.

这个定理的几何意义是：闭区间 $[a, b]$ 上的连续曲线 $y=f(x)$ 与水平直线 $y=C$ 至少有一个交点，如图 1-30 所示.

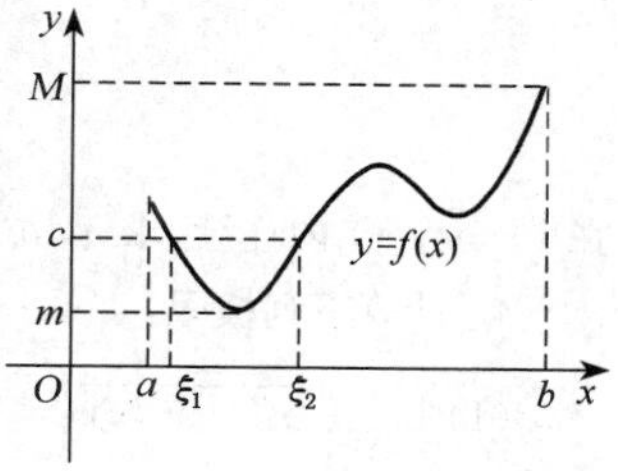

图 1-30

推论(零点定理) 若函数 $y=f(x)$ 在闭区间 $[a, b]$ 上连续，且 $f(a)$ 与 $f(b)$ 异号(即 $f(a)f(b)<0$)，则在 (a, b) 内至少存在一点 ξ，使得 $f(\xi)=0$.

如果 x_0 使 $f(x_0)=0$，则称 x_0 为函数 $f(x)$ 的零点. 从几何直观上看，零点定理表明：如果连续曲线弧 $y=f(x)$ 的两个端点分别位于 x 轴的上、下两侧，那么这段弧与 x 轴至少有一个交点.

例 11 证明方程 $e^x+x=3$ 在开区间 $(0, 1)$ 内有唯一实根.

证明 设 $f(x)=e^x+x-3$，则 $f(x)$ 在 $[0, 1]$ 上连续，且

$$f(0) \cdot f(1)=(-2) \cdot (e-2)<0,$$

由零点定理知，至少有一点 $\xi \in (0, 1)$，使得

$$f(\xi)=0,$$

即方程在 $(0, 1)$ 内至少有一个实根.

又由于 $f(x)$ 在 $(0, 1)$ 内是单调增加的，因此原方程在 $(0, 1)$ 内有唯一实根.

例 12 设函数 $f(x)$ 在闭区间 $[a, b]$ 上连续，且 $f(a)<a$，$f(b)>b$.

证明 $\exists \xi \in (a, b)$，使得 $f(\xi)=\xi$.

证明 设 $F(x)=f(x)-x$，则 $F(x)$ 在闭区间 $[a, b]$ 上连续，且

$$F(a)=f(a)-a<0,\ F(b)=f(b)-b>0,$$

由零点定理知，至少有一点 $\xi \in (a, b)$，使得

$$F(\xi)=f(\xi)-\xi=0,$$

即

$$f(\xi)=\xi.$$

习题 1.6

1. 讨论下列函数的连续性.

(1) $f(x)=\begin{cases} x, & -1 \leqslant x \leqslant 1, \\ 1, & x<-1 \text{ 或 } x>1; \end{cases}$

(2) $f(x)=\begin{cases} \dfrac{\arctan x}{x}, & -1<x<0, \\ 2-x, & 0 \leqslant x<1, \\ (x-1)\sin x-1, & x \geqslant 1. \end{cases}$

2. 设函数

$$f(x)=\begin{cases} \dfrac{x^2-A}{x-2}, & x \neq 2, \\ A, & x=2, \end{cases}$$

问 A 取何值时，函数 $f(x)$ 在 $x=2$ 处是连续的.

3. 设函数

$$f(x)=\begin{cases} a+\arccos x, & -1<x<1, \\ b, & x=-1, \\ \sqrt{x^2-1}, & -\infty<x<-1 \end{cases}$$

在 $(-\infty, 1)$ 内连续，求 a, b.

4. 计算下列极限：

(1) $\lim\limits_{x \to 1} \sqrt[3]{x^2-x+1}$；

(2) $\lim\limits_{t \to -2} \dfrac{e^t+1}{t}$；

(3) $\lim\limits_{x \to 0} \ln \dfrac{\sin x}{x}$；

(4) $\lim\limits_{n \to \infty} \sqrt{n}(\sqrt{n+2}-\sqrt{n+1})$；

(5) $\lim\limits_{x \to \infty} \dfrac{\sqrt{x^2+4}}{\sqrt{3x^2+1}}$；

(6) $\lim\limits_{x \to +\infty} (\sqrt{x+\sqrt{x}}-\sqrt{x-\sqrt{x}})$；

(7) $\lim\limits_{x \to 0} \dfrac{x^2}{1-\sqrt{1+x^2}}$；

(8) $\lim\limits_{x \to +\infty} x[\ln(2x+1)-\ln(2x)]$.

5. 证明方程 $x^3-3x=1$ 在 $(1, 2)$ 内至少有一实根.

6. 若 $f(x)$ 在 $[a, b]$ 上连续，$a<x_1<x_2<\cdots<x_n<b$，则在 (x_1, x_n) 内至少有一点 ξ，使

$$f(\xi)=\frac{f(x_1)+f(x_2)+\cdots+f(x_n)}{n}.$$

7. 下列函数指定的点是否是间断点？如果是，试判断其类型. 如果是可去间断点，则补充或改变该点处函数的定义使它连续.

(1) $y=\dfrac{x^2-1}{x^2-3x+2}$，$x=0$，$x=1$，$x=2$；

(2) $y=\begin{cases}x-1, & x\leqslant 1,\\ 3-x, & x>1,\end{cases}$ $x=1$，$x=2$.

8. 试证明方程 $x=a\sin x+b$ $(a>0, b>0)$ 至少有一不超过 $a+b$ 的正根.

9. 证明方程 $2^x=\dfrac{1}{x}$ 至少有一个小于 1 的正根.

10. 证明曲线 $y=x^4-3x^2+7x-10$ 在 $x=1$ 与 $x=2$ 之间与 x 轴至少有一个交点.

总习题 1

一、选择题

1. 下列各组函数中相等的是(　　).

A. $f(x)=2\ln x$，$g(x)=\ln x^2$

B. $f(x)=1$，$g(x)=x^0$

C. $f(x)=\sqrt{x+1}\cdot\sqrt{x-1}$，$g(x)=\sqrt{x^2-1}$

D. $f(x)=|x|$，$g(x)=\sqrt{x^2}$

2. 下列函数中为奇函数的是(　　).

A. $f(x)=\ln(x+\sqrt{x^2}+1)$　　B. $f(x)=e^{|x|}$

C. $f(x)=\cos x$　　D. $f(x)=\dfrac{\sqrt{(x-1)^2}\sin x}{|x-1|}$

3. 极限 $\lim\limits_{n\to\infty}\left(\dfrac{1}{n^2}+\dfrac{2}{n^2}+\cdots+\dfrac{n}{n^2}\right)$ 的值为(　　).

A. 0　　B. 1　　C. $\dfrac{1}{2}$　　D. ∞

4. 极限 $\lim\limits_{x\to\infty}\dfrac{x+\sin x}{x}$ 的值为(　　).

A. 0　　B. 1　　C. 2　　D. ∞

5. 当 $x\to 0$ 时，下列各项中与 $\dfrac{x^3}{2}$ 为等价无穷小的是(　　).

A. $x^3(e^x-1)$　　B. $1-\cos x$　　C. $\tan x-\sin x$　　D. $\ln(1+x)$

6. 设 $f(x)=2^x-1$，则当 $x\to 0$ 时，有(　　).

A. $f(x)$ 与 x 是等价无穷小

B. $f(x)$ 与 x 同阶但非等价无穷小

C. $f(x)$ 是比 x 高阶的无穷小

D. $f(x)$ 是比 x 低阶的无穷小

7. 函数 $f(x)$ 在点 x_0 处可导是 $f(x)$ 在点 x_0 处连续的(　　)条件.

A. 充分不必要　　B. 必要不充分　　C. 充要　　D. 既不充分也不必要

8. 设函数 $f(x)=\begin{cases}2-x, & 1\leqslant x\leqslant 2,\\ x, & 0\leqslant x<1,\\ x^2-1, & -1\leqslant x<0,\end{cases}$ 则下述结论正确的是(　　).

A. 在 $x=0$，$x=1$ 处间断　　B. 在 $x=0$，$x=1$ 处连续

C. 在 $x=0$ 处间断，在 $x=1$ 处连续　　D. 在 $x=1$ 处间断，在 $x=0$ 处连续

9. 极限$\lim\limits_{x\to 0}(1-x)^{-\frac{1}{x}}$的值为(　　).

A. 1　　　　B. $-\mathrm{e}$　　　　C. $\dfrac{1}{\mathrm{e}}$　　　　D. e

二、填空题

10. 函数 $y=\sqrt{3-x}+\ln x$ 的定义域为(用区间表示)__________.

11. 函数 $y=\sqrt{\dfrac{1+x}{1-x}}$ 的定义域为(用区间表示)__________.

12. 已知 $f(x)=\dfrac{x}{1+x}$,则 $f(f(x))=$__________.

13. 函数 $y=\dfrac{3x-5}{3+2x}$的反函数为__________.

14. $\lim\limits_{x\to 0}x^2\sin\dfrac{1}{x}=$__________.

15. 当 $\alpha=$__________时,x^α 与 $\sin 2x$ 是 $x\to 0$ 时的同阶无穷小.

16. 设$\lim\limits_{x\to 0}(1+kx)^{\frac{1}{x}}=\mathrm{e}^2$,则 $k=$__________.

17. 设$\lim\limits_{x\to 0}\dfrac{\sin kx}{x}=-1$,则 $k=$__________.

18. $\lim\limits_{x\to\infty}\left(\dfrac{2x+3}{2x+1}\right)^{x+1}=$__________.

19. 设 $f(x)=\begin{cases}x\sin\dfrac{1}{x}, & x>0,\\ a+x^2, & x\leqslant 0\end{cases}$在点 $x=0$ 处连续,则 $a=$__________.

三、解答与证明题

20. 求下列数列极限.

(1) $\lim\limits_{n\to\infty}\left(\dfrac{1}{1\times 2}+\dfrac{1}{2\times 3}+\cdots+\dfrac{1}{n\times(n+1)}\right)$;

(2) $\lim\limits_{n\to\infty}\sqrt{n}(\sqrt{n+2}-\sqrt{n+1})$;

(3) $\lim\limits_{n\to\infty}\left(\dfrac{n}{n^2+1}+\dfrac{n}{n^2+2}+\cdots+\dfrac{n}{n^2+n}\right)$;

(4) $\lim\limits_{n\to\infty}\sqrt[n]{1^n+2^n+\cdots+10^n}$.

21. 求下列函数极限.

(1) $\lim\limits_{x\to\infty}\dfrac{3x^3-2x^2+7}{5x^3+x^2+1}$;

(2) $\lim\limits_{x\to\infty}\dfrac{\sqrt{x^2+4}}{\sqrt{3x^3+1}}$;

(3) $\lim\limits_{x\to\infty}\dfrac{(2x-3)^{20}(3x+2)^{30}}{(2x+1)^{50}}$;

(4) $\lim\limits_{x\to 1}\dfrac{x-1}{\sqrt[3]{x}-1}$;

(5) $\lim\limits_{x\to 2}\dfrac{x^3-8}{x-2}$;

(6) $\lim\limits_{x\to 1}\left(\dfrac{1}{1-x}-\dfrac{3}{1-x^3}\right)$;

(7) $\lim\limits_{x\to+\infty}(\sqrt{x+1}-\sqrt{x})$;

(8) $\lim\limits_{x\to 1}\dfrac{(x-1)x}{\ln x}$;

(9) $\lim\limits_{x\to 0}\ln\dfrac{\sin x}{x}$;

(10) $\lim\limits_{x\to 0}\dfrac{\sin 2x}{\sin 3x}$;

(11) $\lim\limits_{x\to 0}\dfrac{\tan x-\sin x}{x^3}$;

(12) $\lim\limits_{x\to 0}(1-5x)^{\frac{1}{x}}$.

22. 若$\lim\limits_{x\to 3}\dfrac{x^2-2x+a}{x-3}=4$,求 a 的值.

23. 若已知$\lim\limits_{x \to 1}\dfrac{\sqrt{x+a}+b}{x^2-1}=\dfrac{1}{4}$，求 a，b 值.

24. 当 a 取何值时，下列函数 $f(x)$ 在 $x=0$ 处连续：

(1) $f(x)=\begin{cases} e^x, & x<0, \\ a+x, & x\geqslant 0; \end{cases}$

(2) $f(x)=\begin{cases} \dfrac{\sqrt{x+1}-1}{x}, & x>0, \\ \cos(a+x), & x\leqslant 0. \end{cases}$

25. 证明：(1) 方程 $x^3-4x^2+1=0$ 在区间$(0,1)$内至少有一个根；(2) 方程 $e^x=3x$ 在$(0,1)$内至少有一个根.

第 2 章　一元函数微分学

微分学是微积分学的重要组成部分. 而一元函数微分学中两个非常重要的概念是导数与微分,它们不仅是研究函数性态以及计算函数近似值的有效工具,而且在科学技术和经济管理中有着广泛的应用. 本章主要研究导数与微分的概念与计算方法,以及如何应用它们解决相关的实际问题.

2.1　导数的概念

2.1.1　实例

我们在研究实际问题时,除了需要了解变量之间的函数关系以外,还经常需要研究函数相对于自变量变化的快慢程度,也就是变化率. 例如运动物体的速度、国民经济的增长率、劳动生产率、人口增长速度、曲线的切线等.

1. 切线的斜率

在初等数学中,将圆的切线定义为“与圆只有一个交点的直线”. 而对一般的曲线而言,显然有失妥当. 例如,抛物线 $y=x^2$ 与 y 轴只有一个交点,即原点. 而 y 轴显然不是抛物线的切线,那么,如何定义并求出曲线的切线呢? 该问题已由法国数学家 Fermat 在 17 世纪以极限工具加以解决.

设曲线 $y=f(x)$ 的图象如图 2-1 所示. 点 $M(x_0, y_0)$ 为曲线上的一个定点,在曲线上另取一点 $N(x_0+\Delta x, y_0+\Delta y)$,作曲线 $y=f(x)$ 的割线 MN,并设其与 x 轴正方向之间的夹角为 φ,则割线 MN 的斜率为

$$\tan\varphi=\frac{\Delta y}{\Delta x}=\frac{f(x_0+\Delta x)-f(x_0)}{\Delta x}.$$

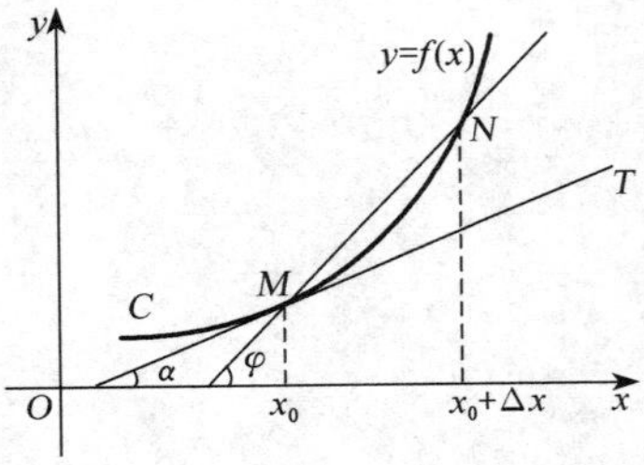

图 2-1

当 N 沿着曲线趋向于 M,即 $\Delta x\to 0$ 时,如果割线 MN 绕点 M 旋转而趋于极限位置 MT,则称 MT 为曲线 $y=f(x)$ 在点 M 处的切线. 显然,当割线 MN 趋向于切线 MT 时,其倾斜角 φ 也趋向于切线的倾斜角 α,因此,切线 MT 的斜率为

$$k=\tan\alpha=\lim_{\Delta x\to 0}\tan\varphi=\lim_{\Delta x\to 0}\frac{\Delta y}{\Delta x}=\lim_{\Delta x\to 0}\frac{f(x_0+\Delta x)-f(x_0)}{\Delta x}.$$

2. 瞬时速度

设质点作直线运动,在时刻 t 时,质点所在位置 $s=s(t)$,当时间由 t_0 变化到 $t_0+\Delta t$ 时,质点经过的路程为

$$\Delta s=s(t_0+\Delta t)-s(t_0),$$

因此,质点在 t_0 到 $t_0+\Delta t$ 的时间段内的平均速度为

$$\bar{v}=\frac{\Delta s}{\Delta t}=\frac{s(t_0+\Delta t)-s(t_0)}{\Delta t}.$$

如果时间间隔 Δt 取得很小,平均速度 $\bar{v}$ 就接近于质点在 t_0 时刻的瞬时速度,并且 Δt 越小,其接近程度也就越好.为此,考虑 $\Delta t\to 0$ 时的极限,如果极限 $\lim\limits_{\Delta t\to 0}\bar{v}$ 存在,则称这个极限为质点在 $t=t_0$ 时刻的瞬时速度,记为 v, 即

$$v=\lim_{\Delta t\to 0}\bar{v}=\lim_{\Delta t\to 0}\frac{\Delta s}{\Delta t}=\lim_{\Delta t\to 0}\frac{s(t_0+\Delta t)-s(t_0)}{\Delta t}.$$

以上两个例子,虽然实际意义不同,但却有着相同的数学形式,都可以归结为求 $\frac{\Delta y}{\Delta x}$(即函数的增量与自变量的增量比值)的极限.抽象出它们数量关系上的共同本质,这就是导数的概念.

2.1.2 导数的定义

1. 函数在一点处的导数

定义 2.1 设函数 $y=f(x)$ 在点 x_0 的某邻域内有定义,若极限

$$\lim_{\Delta x\to 0}\frac{\Delta y}{\Delta x}=\lim_{\Delta x\to 0}\frac{f(x_0+\Delta x)-f(x_0)}{\Delta x}$$

存在,则称函数 $f(x)$ 在点 x_0 处**可导**,并称这个极限值为函数 $y=f(x)$ 在点 x_0 处的**导数**.记为

$$f'(x_0),\quad y'|_{x=x_0},\quad \left.\frac{\mathrm{d}y}{\mathrm{d}x}\right|_{x=x_0}\quad 或\quad \left.\frac{\mathrm{d}f}{\mathrm{d}x}\right|_{x=x_0},$$

即

$$f'(x_0)=\lim_{\Delta x\to 0}\frac{\Delta y}{\Delta x}=\lim_{\Delta x\to 0}\frac{f(x_0+\Delta x)-f(x_0)}{\Delta x}.\tag{2.1.1}$$

令 $x=x_0+\Delta x$, 则 $\Delta x\to 0$ 时, $x\to x_0$, 则 $y=f(x)$ 在点 x_0 处的导数又可写成

$$f'(x_0)=\lim_{x\to x_0}\frac{f(x)-f(x_0)}{x-x_0}.\tag{2.1.2}$$

如果定义 2.1 中的极限不存在,则称函数 $f(x)$ 在点 x_0 处**不可导**.

需要指出的是, $\frac{\Delta y}{\Delta x}=\frac{f(x_0+\Delta x)-f(x_0)}{\Delta x}$ 反映的是自变量 x 从 x_0 改变到 $x_0+\Delta x$ 时,函数 $f(x)$ 的平均变化率,而导数 $f'(x_0)=\lim\limits_{\Delta x\to 0}\frac{\Delta y}{\Delta x}$ 反映的是函数在点 x_0 处的瞬时变化率.

2. 导函数

如果函数 $y=f(x)$ 在开区间 I 内的每一点都可导,就称函数 $y=f(x)$ 在开区间 I 内可

导，这时，对 $\forall x \in I$，都对应着 $f(x)$ 的一个确定的导数值，这样就构成了一个新的函数，称此函数为 $f(x)$ 的**导函数**，记作 y'，$f'(x)$，$\frac{\mathrm{d}y}{\mathrm{d}x}$ 或 $\frac{\mathrm{d}f(x)}{\mathrm{d}x}$.

将定义 2.1 中的 x_0 换成 x，即得导函数的定义式

$$f'(x)=\lim_{\Delta x\to 0}\frac{f(x+\Delta x)-f(x)}{\Delta x}.$$

导函数也简称导数，显然函数 $f(x)$ 在点 x_0 处的导数 $f'(x_0)$ 就是导函数 $f'(x)$ 在 $x=x_0$ 处的函数值，即

$$f'(x_0)=f'(x)\big|_{x=x_0}.$$

例 1 求函数 $y=x^2$ 在 $x=1$ 处的导数.

解 $\Delta y=(1+\Delta x)^2-1=2\Delta x+(\Delta x)^2$，$\frac{\Delta y}{\Delta x}=2+\Delta x$，

所以

$$y'\big|_{x=1}=\lim_{\Delta x\to 0}\frac{\Delta y}{\Delta x}=\lim_{\Delta x\to 0}(2+\Delta x)=2.$$

例 2 求函数 $f(x)=\sin x$ 的导数.

解

$$\begin{aligned}f'(x)&=\lim_{\Delta x\to 0}\frac{f(x+\Delta x)-f(x)}{\Delta x}=\lim_{\Delta x\to 0}\frac{\sin(x+\Delta x)-\sin x}{\Delta x}\\&=\lim_{\Delta x\to 0}\frac{2\cos\left(x+\frac{\Delta x}{2}\right)\sin\frac{\Delta x}{2}}{\Delta x}=\lim_{\Delta x\to 0}\frac{\sin\frac{\Delta x}{2}}{\frac{\Delta x}{2}}\cdot\cos\left(x+\frac{\Delta x}{2}\right)\\&=\cos x.\end{aligned}$$

即 $(\sin x)'=\cos x$.

类似可得

$$(\cos x)'=-\sin x.$$

例 3 求函数 $f(x)=a^x\ (a>0$ 且 $a\neq 1)$ 的导数.

解

$$\begin{aligned}f'(x)&=\lim_{\Delta x\to 0}\frac{f(x+\Delta x)-f(x)}{\Delta x}=\lim_{\Delta x\to 0}\frac{a^{x+\Delta x}-a^x}{\Delta x}\\&=a^x\lim_{\Delta x\to 0}\frac{a^{\Delta x}-1}{\Delta x}=a^x\ln a.\end{aligned}$$

即 $(a^x)'=a^x\ln a$. 特别地，当 $a=\mathrm{e}$ 时，有 $(\mathrm{e}^x)'=\mathrm{e}^x$.

例 4 求函数 $f(x)=x^n\ (n\in\mathbf{N}^+)$ 的导数.

解

$$\begin{aligned}\Delta y&=f(x+\Delta x)-f(x)=(x+\Delta x)^n-x^n\\&=[C_n^0x^n(\Delta x)^0+C_n^1x^{n-1}(\Delta x)^1+C_n^2x^{n-2}(\Delta x)^2+\cdots+C_n^nx^{n-n}(\Delta x)^n]-x^n\\&=nx^{n-1}(\Delta x)+\frac{n(n-1)}{2}x^{n-2}(\Delta x)^2+\cdots+\frac{n(n-1)\cdots 2\times 1}{n!}x^{n-n}(\Delta x)^n,\end{aligned}$$

$$y' = \lim_{\Delta x \to 0} \frac{\Delta y}{\Delta x}$$

$$= \lim_{\Delta x \to 0} \left[nx^{n-1} + \frac{n(n-1)}{2} x^{n-2} (\Delta x) + \cdots + \frac{n(n-1)\cdots 2 \times 1}{n!} x^{n-n} (\Delta x)^{n-1} \right]$$

$$= nx^{n-1},$$

即 $(x^n)' = nx^{n-1}$.

在 2.2 节中将证明一般的幂函数 $y = x^{\alpha}$ （α 为任一实数），也有

$$(x^{\alpha})' = \alpha x^{\alpha - 1}.$$

例 5 求函数 $f(x) = \begin{cases} x^2 \sin \dfrac{1}{x}, & x \neq 0, \\ 0, & x = 0 \end{cases}$ 在 $x = 0$ 处的导数.

解 由导数的定义

$$f'(0) = \lim_{x \to 0} \frac{f(x) - f(0)}{x - 0} = \lim_{x \to 0} \frac{x^2 \sin \frac{1}{x} - 0}{x - 0} = \lim_{x \to 0} x \sin \frac{1}{x} = 0.$$

3. 左导数与右导数

利用函数在一点处的左、右极限，可以定义函数 $y = f(x)$ 在点 $x = x_0$ 处的左、右导数.

定义 2.2 设函数 $y = f(x)$ 在点 x_0 的某个邻域内有定义，如果左极限（右极限）

$$\lim_{\Delta x \to 0^-} \frac{f(x_0 + \Delta x) - f(x_0)}{\Delta x} \quad \left(\lim_{\Delta x \to 0^+} \frac{f(x_0 + \Delta x) - f(x_0)}{\Delta x} \right)$$

存在，则称此极限为 $f(x)$ 在点 x_0 处的**左导数**（**右导数**），记为 $f'_-(x_0)$ （$f'_+(x_0)$）. 即

$$f'_-(x_0) = \lim_{\Delta x \to 0^-} \frac{\Delta y}{\Delta x} = \lim_{\Delta x \to 0^-} \frac{f(x_0 + \Delta x) - f(x_0)}{\Delta x} = \lim_{x \to x_0^-} \frac{f(x) - f(x_0)}{x - x_0},$$

$$f'_+(x_0) = \lim_{\Delta x \to 0^+} \frac{\Delta y}{\Delta x} = \lim_{\Delta x \to 0^+} \frac{f(x_0 + \Delta x) - f(x_0)}{\Delta x} = \lim_{x \to x_0^+} \frac{f(x) - f(x_0)}{x - x_0}.$$

左导数和右导数统称为**单侧导数**.

显然，函数 $f(x)$ **在点** x_0 **处可导，即** $f'(x_0)$ **存在** $\Leftrightarrow$ $f'_-(x_0)$ **和** $f'_+(x_0)$ **都存在且相等.**

若函数 $y = f(x)$ 在开区间 (a, b) 内可导，且 $f'_+(a)$ 和 $f'_-(b)$ 都存在，则称 $f(x)$ 在闭区间 $[a, b]$ 上可导.

例 6 讨论函数 $f(x) = |x|$ 在 $x = 0$ 处的可导情况.

解 由于 $\dfrac{\Delta y}{\Delta x} = \dfrac{f(0 + \Delta x) - f(0)}{\Delta x} = \dfrac{|\Delta x|}{\Delta x}$，所以

$$f'_-(0) = \lim_{\Delta x \to 0^-} \frac{\Delta y}{\Delta x} = \lim_{\Delta x \to 0^-} \frac{|\Delta x|}{\Delta x} = \lim_{\Delta x \to 0^-} \frac{-\Delta x}{\Delta x} = -1,$$

$$f'_+(0) = \lim_{\Delta x \to 0^{+-}} \frac{\Delta y}{\Delta x} = \lim_{\Delta x \to 0^+} \frac{|\Delta x|}{\Delta x} = \lim_{\Delta x \to 0^+} \frac{\Delta x}{\Delta x} = 1.$$

$f'_-(0) \neq f'_+(0)$，因此 $f(x) = |x|$ 在 $x = 0$ 处不可导.

2.1.3 导数的几何意义

函数 $y = f(x)$ 在点 x_0 处的导数 $f'(x_0)$ 在几何上表示曲线 $y = f(x)$ 在点 $M_0(x_0, f(x_0))$ 处的切线的斜率，即

$$k = \tan\alpha = f'(x_0),$$

其中，α 为切线的倾斜角(图 2-1).

由导数的几何意义及直线的点斜式方程，可知曲线 $y = f(x)$ 在点 $M_0(x_0, f(x_0))$ 处的切线方程为

$$y - f(x_0) = f'(x_0)(x - x_0).$$

将过切点 $M_0(x_0, f(x_0))$ 且与切线垂直的直线叫做曲线 $y = f(x)$ 在点 $M_0(x_0, f(x_0))$ 处的**法线**，若 $f'(x_0) \neq 0$，法线的斜率为 $-\dfrac{1}{f'(x_0)}$，从而曲线 $y = f(x)$ 在点 $M_0(x_0, f(x_0))$ 处的法线方程为

$$y - f(x_0) = -\frac{1}{f'(x_0)}(x - x_0).$$

例 7 求曲线 $y = \sin x$ 在点 $\left(\dfrac{\pi}{4}, \dfrac{\sqrt{2}}{2}\right)$ 处的切线方程和法线方程.

解 曲线 $y = \sin x$ 在点 $\left(\dfrac{\pi}{4}, \dfrac{\sqrt{2}}{2}\right)$ 处的切线斜率为

$$k = y'\Big|_{x=\frac{\pi}{4}} = \cos x\Big|_{x=\frac{\pi}{4}} = \frac{\sqrt{2}}{2},$$

法线斜率为 $-\sqrt{2}$，所以所求切线方程为

$$y - \frac{\sqrt{2}}{2} = \frac{\sqrt{2}}{2}\left(x - \frac{\pi}{4}\right),$$

即

$$y = \frac{\sqrt{2}}{2}x + \frac{\sqrt{2}}{2}\left(1 - \frac{\pi}{4}\right).$$

法线方程为

$$y - \frac{\sqrt{2}}{2} = -\sqrt{2}\left(x - \frac{\pi}{4}\right),$$

即

$$y = -\sqrt{2}x + \frac{\sqrt{2}}{2}\left(1 + \frac{\pi}{2}\right).$$

2.1.4 可导与连续的关系

定理 2.1 如果函数 $y=f(x)$ 在点 x_0 处可导,则 $y=f(x)$ 在点 x_0 处必连续.

证明 因为函数 $y=f(x)$ 在点 x_0 处可导,所以有

$$\lim_{\Delta x\to 0}\frac{\Delta y}{\Delta x}=\lim_{\Delta x\to 0}\frac{f(x_0+\Delta x)-f(x_0)}{\Delta x}=f'(x_0),$$

从而

$$\lim_{\Delta x\to 0}\Delta y=\lim_{\Delta x\to 0}\left(\frac{\Delta y}{\Delta x}\cdot\Delta x\right)=\lim_{\Delta x\to 0}\frac{\Delta y}{\Delta x}\cdot\lim_{\Delta x\to 0}\Delta x=f'(x_0)\cdot 0=0.$$

故函数 $y=f(x)$ 在点 x_0 处连续.

注 这个定理的逆命题不成立,**即函数 $f(x)$ 在某一点处连续,但在该点处 $f(x)$ 未必可导.** 例如 $y=|x|$ 在 $x=0$ 处连续,但由例 6 知它在 $x=0$ 处不可导.

例 8 设函数

$$f(x)=\begin{cases}e^x, & x\leqslant 0,\\ x^2+ax+b, & x>0\end{cases}$$

在点 $x=0$ 处可导,求 a, b.

解 由于 $f(x)$ 在点 $x=0$ 处可导,则 $f(x)$ 在 $x=0$ 处必连续,即 $f(0^-)=f(0^+)=f(0)$. 因为

$$f(0^-)=\lim_{x\to 0^-}f(x)=\lim_{x\to 0^-}e^x=1,$$

$$f(0^+)=\lim_{x\to 0^+}f(x)=\lim_{x\to 0^+}(x^2+ax+b)=b,$$

$$f(0)=1,$$

所以 $b=1$, 又因为

$$f'_-(0)=\lim_{x\to 0^-}\frac{f(x)-f(0)}{x-0}=\lim_{x\to 0^-}\frac{e^x-1}{x}=1,$$

$$f'_+(0)=\lim_{x\to 0^+}\frac{f(x)-f(0)}{x-0}=\lim_{x\to 0^+}\frac{x^2+ax+1-1}{x}=a.$$

要使 $f(x)$ 在 $x=0$ 处可导,则应有 $f'_-(0)=f'_+(0)$, 即 $a=1$.

所以,若 $f(x)$ 在点 $x=0$ 处可导,则有 $a=1$, $b=1$.

习题 2.1

1. 设某工厂生产 x 单位产品所花费的成本是 $f(x)$ 元,则函数 $f(x)$ 称为成本函数,成本函数 $f(x)$ 的导数 $f'(x)$ 在经济学中称为边际成本,试说明边际成本的实际意义.

2. 用导数定义求下列函数在指定点处的导数.

(1) $f(x)=x^3$, $x_0=-2$; (2) $f(x)=\sqrt{x}$, $x_0=3$; (3) $f(x)=2^x$, $x_0=1$.

3. 已知 $f'(x_0)$ 存在,求下列极限.

(1) $\lim\limits_{h\to 0}\dfrac{f(x_0+h)-f(x_0)}{h}$;　　(2) $\lim\limits_{\Delta x\to 0}\dfrac{f(x_0-\Delta x)-f(x_0)}{\Delta x}$;

(3) $\lim\limits_{h\to 0}\dfrac{f(x_0+h)-f(x_0-h)}{h}$;　　(4) $\lim\limits_{\Delta x\to 0}\dfrac{f(x_0-2\Delta x)-f(x_0)}{\Delta x}$.

4. 求曲线 $y=\cos x$ 在点 $\left(\dfrac{\pi}{3},\dfrac{1}{2}\right)$ 处的切线方程与法线方程.

5. 设 $f(x)=\begin{cases}x^2, & x\geqslant 3,\\ ax+b, & x<3,\end{cases}$ 试确定 a,b 的值,使 $f(x)$ 在 $x=3$ 处可导.

6. 求下列函数在指定点处的左、右导数,并指出在该点处的可导性.

(1) $f(x)=\begin{cases}x^2+1, & 0\leqslant x<1,\\ 3x-1, & x\geqslant 1\end{cases}$ 在 $x=1$ 处;

(2) $f(x)=\begin{cases}x\arctan\dfrac{1}{x}, & x>0,\\ x^2, & x\leqslant 0\end{cases}$ 在 $x=0$ 处.

7. 已知 $f(x)=\begin{cases}\sin x, & x<0,\\ x, & x\geqslant 0,\end{cases}$ 求 $f'(x)$.

8. 讨论下列函数在指定点处的连续性与可导性.

(1) $f(x)=|\sin x|$ 在 $x=0$ 处;

(2) $f(x)=\begin{cases}x^2, & x\geqslant 1,\\ \dfrac{1}{x-1}, & x<1\end{cases}$ 在 $x=1$ 处;

(3) $f(x)=\begin{cases}\ln(1+x), & x\geqslant 0,\\ x, & x<0\end{cases}$ 在 $x=0$ 处.

2.2 求导法则

前面我们利用导数的定义求出了几个基本初等函数的导数,对于一般函数的导数,虽然也可以用定义来求,但通常极为烦琐. 为简便求导数,本节将引入一些求导法则.

2.2.1 导数的四则运算法则

定理 2.2 设函数 $u=u(x)$, $v=v(x)$ 都在点 x 处可导,则有

(1) $[u(x)\pm v(x)]'=u'(x)\pm v'(x)$;

(2) $[u(x)\cdot v(x)]'=u'(x)\cdot v(x)+u(x)\cdot v'(x)$;

(3) $\left[\dfrac{u(x)}{v(x)}\right]'=\dfrac{u'(x)v(x)-u(x)v'(x)}{v^2(x)}\quad(v(x)\neq 0)$.

这里仅就(3)给出证明,(1)、(2)类似可证,请读者自己完成.

证明 设 $f(x)=\dfrac{u(x)}{v(x)}$,则

$$\Delta y=f(x+\Delta x)-f(x)=\frac{u(x+\Delta x)}{v(x+\Delta x)}-\frac{u(x)}{v(x)}$$

$$= \frac{u(x+\Delta x)v(x) - u(x)v(x+\Delta x)}{v(x+\Delta x)v(x)}$$

$$= \frac{u(x+\Delta x)v(x) - u(x)v(x) - [u(x)v(x+\Delta x) - u(x)v(x)]}{v(x+\Delta x)v(x)}$$

$$= \frac{[u(x+\Delta x) - u(x)]v(x) - u(x)[v(x+\Delta x) - v(x)]}{v(x+\Delta x)v(x)},$$

$$\frac{\Delta y}{\Delta x} = \frac{\dfrac{u(x+\Delta x) - u(x)}{\Delta x}v(x) - u(x)\dfrac{v(x+\Delta x) - v(x)}{\Delta x}}{v(x+\Delta x)v(x)},$$

因为 $v(x)$ 可导,所以 $v(x)$ 连续,故 $\lim\limits_{\Delta x \to 0} v(x+\Delta x) = v(x)$,于是

$$f'(x) = \lim_{\Delta x \to 0} \frac{\Delta y}{\Delta x}$$

$$= \frac{\lim\limits_{\Delta x \to 0} \dfrac{u(x+\Delta x) - u(x)}{\Delta x}v(x) - u(x)\lim\limits_{\Delta x \to 0} \dfrac{v(x+\Delta x) - v(x)}{\Delta x}}{\lim\limits_{\Delta x \to 0} v(x+\Delta x)v(x)}$$

$$= \frac{u'(x)v(x) - u(x)v'(x)}{v^2(x)},$$

即 $\dfrac{u(x)}{v(x)}$ 在点 x 处可导,且

$$\left[\frac{u(x)}{v(x)}\right]' = \frac{u'(x)v(x) - u(x)v'(x)}{v^2(x)}.$$

特别地,当 $u(x) = 1$ 时,有

$$\left[\frac{1}{v(x)}\right]' = \frac{-v'(x)}{v^2(x)}.$$

注 定理 2.2 可推广到有限个可导函数的和与积的情形,即若函数 $u_1(x)$, $u_2(x)$, $\cdots$, $u_n(x)$ 均可导,则有

$$[u_1(x) \pm u_2(x) \pm \cdots \pm u_n(x)]' = u_1'(x) \pm u_2'(x) \pm \cdots \pm u_n'(x).$$

$$[u_1(x) \cdot u_2(x) \cdot u_3(x)]' = u_1'(x)u_2(x)u_3(x) + u_1(x)u_2'(x)u_3(x) + u_1(x)u_2(x)u_3'(x).$$

此外,作为特例,当 $u(x) = C$ (C 为常数)时,因为 $(C)' = 0$,有

$$[Cv(x)]' = C \cdot v'(x),$$

这说明在求导运算中,常数因子可提到导数运算符号外面.

例 1 求下列函数的导数.

(1) $y = e^x(\sin x + \cos x)$,求 y';

(2) $y = 3x^2 + \frac{4}{x} - 1$, 求 y'.

解 (1) $y' = (e^x)'(\sin x + \cos x) + e^x(\sin x + \cos x)'$

$= e^x(\sin x + \cos x) + e^x(\cos x - \sin x)$

$= 2e^x \cos x$.

(2) $y' = (3x^2)' + \left(\frac{4}{x}\right)' - (1)' = 3(x^2)' + 4\left(\frac{1}{x}\right)' - 0 = 6x - \frac{4}{x^2}$.

例 2 求 $y = \tan x$ 的导数.

解 $y' = (\tan x)' = \left(\frac{\sin x}{\cos x}\right)' = \frac{(\sin x)'\cos x - \sin x(\cos x)'}{\cos^2 x}$

$$= \frac{\cos^2 x + \sin^2 x}{\cos^2 x} = \frac{1}{\cos^2 x} = \sec^2 x,$$

即 $(\tan x)' = \sec^2 x$.

类似地,可得

$$(\cot x)' = -\csc^2 x,\ (\sec x)' = \sec x \tan x,\ (\csc x)' = -\csc x \cot x.$$

2.2.2 反函数的导数

定理 2.3 设函数 $x = \varphi(y)$ 在某区间内单调可导,且 $\varphi'(y) \neq 0$, 则它的反函数 $y = f(x)$ 也在对应的区间内可导,且

$$f'(x) = \frac{1}{\varphi'(y)}.$$

证明 因为 $x = \varphi(y)$ 单调可导,因而 $x = \varphi(y)$ 单调连续,所以其反函数 $y = f(x)$ 在相应的区间内单调且连续.

设 $y = f(x)$ 在点 x 处有增量 Δx $(\Delta x \neq 0)$, 则由 $y = f(x)$ 的单调性可知

$$\Delta y = f(x + \Delta x) - f(x) \neq 0,$$

所以

$$\frac{\Delta y}{\Delta x} = \frac{1}{\frac{\Delta x}{\Delta y}}.$$

当 $\Delta x \to 0$ 时, $\Delta y \to 0$, 有

$$f'(x) = \lim_{\Delta x \to 0} \frac{\Delta y}{\Delta x} = \frac{1}{\lim\limits_{\Delta y \to 0} \frac{\Delta x}{\Delta y}} = \frac{1}{\varphi'(y)}.$$

上述结论可简单地叙述为:**反函数的导数等于直接函数导数的倒数.**

例 3 求对数函数 $y = \log_a x$ $(a > 0,\ a \neq 1)$ 的导数.

解 函数 $y = \log_a x$ 是函数 $x = a^y$ 的反函数,因 $(a^y)' = a^y \ln a$, 故

$$(\log_a x)' = \frac{1}{a^y \ln a} = \frac{1}{x \ln a},$$

即

$$(\log_a x)' = \frac{1}{x \ln a}.$$

特别地,当 $a = \mathrm{e}$ 时,$(\ln x)' = \dfrac{1}{x}$.

例 4 求函数 $y = \arcsin x$ 的导数.

解 函数 $y = \arcsin x$ 是函数 $x = \sin y$ 的反函数,因 $(\sin y)' = \cos y$,故

$$(\arcsin x)' = \frac{1}{\cos y} = \frac{1}{\sqrt{1 - \sin^2 y}} = \frac{1}{\sqrt{1 - x^2}},$$

即

$$(\arcsin x)' = \frac{1}{\sqrt{1 - x^2}}.$$

类似可求得

$$(\arccos x)' = -\frac{1}{\sqrt{1 - x^2}}.$$

例 5 求函数 $y = \arctan x$ 的导数.

解 函数 $y = \arctan x$ 是函数 $x = \tan y$ 的反函数,因

$$(\tan y)' = \sec^2 y,$$

故

$$(\arctan x)' = \frac{1}{\sec^2 y} = \frac{1}{1 + \tan^2 y} = \frac{1}{1 + x^2}.$$

即

$$(\arctan x)' = \frac{1}{1 + x^2}.$$

类似可求得

$$(\operatorname{arccot} x)' = -\frac{1}{1 + x^2}.$$

2.2.3 复合函数的导数

利用四则运算和反函数的求导法则,已导出了全体基本初等函数的导数,但对于许多由基本初等函数经过有限次复合运算而得到的初等函数,如 $y = \mathrm{e}^{\arcsin x}$, $y = \ln(\cos x)$, $y = \sqrt[3]{\arctan \dfrac{2}{x^2}}$ 等是否可导?若可导又该怎样求导?下面的定理可解决此类问题.

定理 2.4 如果 $u = \varphi(x)$ 在点 x 处可导,函数 $y = f(u)$ 在点 $u = \varphi(x)$ 处可导,则复合

函数 $y=f[\varphi(x)]$ 在点 x 处可导，且导数为，

$$y'=f'[\varphi(x)]\cdot\varphi'(x) \text{ 或 } \frac{\mathrm{d}y}{\mathrm{d}x}=\frac{\mathrm{d}y}{\mathrm{d}u}\cdot\frac{\mathrm{d}u}{\mathrm{d}x}.$$

证明 由于 $y=f(u)$ 在点 u 处可导，因此 $\lim\limits_{\Delta u\to 0}\dfrac{\Delta y}{\Delta u}=f'(u)$ 存在，由极限与无穷小的关系有

$$\Delta y=f'(u)\Delta u+\alpha\cdot\Delta u \quad (\text{当 } \Delta u\to 0 \text{ 时，} \alpha\to 0),$$

用 $\Delta x\neq 0$ 去除上式两边，得

$$\frac{\Delta y}{\Delta x}=f'(u)\frac{\Delta u}{\Delta x}+\alpha\cdot\frac{\Delta u}{\Delta x},$$

由 $u=\varphi(x)$ 在点 x 处可导，有

$$\Delta x\to 0 \Leftrightarrow \Delta u\to 0,\ \lim_{\Delta x\to 0}\alpha=\lim_{\Delta u\to 0}\alpha=0,$$

$$\begin{aligned}\lim_{\Delta x\to 0}\frac{\Delta y}{\Delta x}&=\lim_{\Delta x\to 0}\left[f'(u)\frac{\Delta u}{\Delta x}+\alpha\cdot\frac{\Delta u}{\Delta x}\right]\\&=f'(u)\cdot\lim_{\Delta x\to 0}\frac{\Delta u}{\Delta x}+\lim_{\Delta x\to 0}\alpha\cdot\lim_{\Delta x\to 0}\frac{\Delta u}{\Delta x}\\&=f'(u)\cdot\varphi'(x),\end{aligned}$$

即

$$\frac{\mathrm{d}y}{\mathrm{d}x}=\frac{\mathrm{d}y}{\mathrm{d}u}\cdot\frac{\mathrm{d}u}{\mathrm{d}x} \text{ 或 } \{f[\varphi(x)]\}'=f'[\varphi(x)]\cdot\varphi'(x).$$

注 此法则可以推广到任意有限个函数复合的情形，如

$$y=f(u),\ u=\varphi(v),\ v=\psi(x)$$

所构成的复合函数 $y=f\{\varphi[\psi(x)]\}$ 满足相应的求导条件，则有

$$\frac{\mathrm{d}y}{\mathrm{d}x}=\frac{\mathrm{d}y}{\mathrm{d}u}\cdot\frac{\mathrm{d}u}{\mathrm{d}v}\cdot\frac{\mathrm{d}v}{\mathrm{d}x}=f'(u)\cdot\varphi'(v)\cdot\psi'(x).$$

例 6 求函数 $y=\mathrm{e}^{x^2}$ 的导数.

解 $y=\mathrm{e}^{x^2}$ 可看成由 $y=\mathrm{e}^u$ 和 $u=x^2$ 复合而成，因为

$$\frac{\mathrm{d}y}{\mathrm{d}u}=\mathrm{e}^u,\ \frac{\mathrm{d}u}{\mathrm{d}x}=2x,$$

所以

$$\frac{\mathrm{d}y}{\mathrm{d}x}=\frac{\mathrm{d}y}{\mathrm{d}u}\cdot\frac{\mathrm{d}u}{\mathrm{d}x}=\mathrm{e}^u\cdot 2x=2x\mathrm{e}^{x^2}.$$

例 7 求函数 $y=\sqrt{\arctan\dfrac{1}{x}}$ 的导数.

解 $y=\sqrt{\arctan\frac{1}{x}}$ 可看成由函数 $y=\sqrt{u}$，$u=\arctan v$，$v=\frac{1}{x}$ 复合而成，故

$$\frac{\mathrm{d}y}{\mathrm{d}x}=y'_u\cdot u'_v\cdot v'_x=\frac{1}{2\sqrt{u}}\cdot\frac{1}{1+v^2}\cdot\left(-\frac{1}{x^2}\right)=\frac{1}{2\sqrt{\arctan\frac{1}{x}}}\cdot\frac{1}{1+\frac{1}{x^2}}\cdot\left(-\frac{1}{x^2}\right)$$

$$=-\frac{1}{2(1+x^2)\sqrt{\arctan\frac{1}{x}}}.$$

从以上求导过程可以看出复合函数的求导方式是从外层到内层逐层求导，故形象地称其为**链式法则**.当链式法则应用比较熟练后，可以不写出复合过程，从而提高求导速度.

例 8 求函数 $y=\sin\ln(x+\sqrt{x}+1)$ 的导数.

解
$$\begin{aligned}y'&=[\sin\ln(x+\sqrt{x}+1)]'\\&=\cos\ln(x+\sqrt{x}+1)\cdot[\ln(x+\sqrt{x}+1)]'\\&=\cos\ln(x+\sqrt{x}+1)\cdot\frac{1}{x+\sqrt{x}+1}(x+\sqrt{x}+1)'\\&=\cos\ln(x+\sqrt{x}+1)\cdot\frac{1}{x+\sqrt{x}+1}\left(1+\frac{1}{2\sqrt{x}}\right)\\&=\frac{(2\sqrt{x}+1)\cos\ln(x+\sqrt{x}+1)}{2x\sqrt{x}+2x+2\sqrt{x}}.\end{aligned}$$

例 9 求函数 $y=\ln(x+\sqrt{x^2+a^2})$ 的导数.

解
$$y'=[\ln(x+\sqrt{x^2+a^2})]'=\frac{1}{x+\sqrt{x^2+a^2}}\cdot(x+\sqrt{x^2+a^2})'$$

$$=\frac{1}{x+\sqrt{x^2+a^2}}\cdot\left(1+\frac{2x}{2\sqrt{x^2+a^2}}\right)=\frac{1}{\sqrt{x^2+a^2}}.$$

例 10 求函数 $y=\operatorname{sh}x$ 的导数.

解 $y'=(\operatorname{sh}x)'=\left(\frac{\mathrm{e}^x-\mathrm{e}^{-x}}{2}\right)'=\frac{\mathrm{e}^x-\mathrm{e}^{-x}(-1)}{2}=\frac{\mathrm{e}^x+\mathrm{e}^{-x}}{2}=\operatorname{ch}x,$

即

$$(\operatorname{sh}x)'=\operatorname{ch}x.$$

类似可得

$$(\operatorname{ch}x)'=\operatorname{sh}x.$$

例 11 设 $x>0$，证明幂函数的导数公式

$$(x^\alpha)'=\alpha x^{\alpha-1}.$$

证明 因为 $x^\alpha=\mathrm{e}^{\alpha\ln x}$，所以

$$(x^\alpha)'=(\mathrm{e}^{\alpha\ln x})'=\mathrm{e}^{\alpha\ln x}\cdot(\alpha\ln x)'=x^\alpha\cdot\alpha\cdot\frac{1}{x}=\alpha x^{\alpha-1}.$$

2.2.4 基本求导法则与导数公式

为了便于查阅,现将常用的基本导数公式归纳如下:

1. 基本初等函数的求导公式

(1) $(C)'=0$;

(2) $(x^{\alpha})'=\alpha x^{\alpha-1}$;

(3) $(a^x)'=a^x\ln a$;

(4) $(\mathrm{e}^x)'=\mathrm{e}^x$;

(5) $(\log_a x)'=\dfrac{1}{x\ln a}$;

(6) $(\ln x)'=\dfrac{1}{x}$;

(7) $(\sin x)'=\cos x$;

(8) $(\cos x)'=-\sin x$;

(9) $(\tan x)'=\sec^2 x$;

(10) $(\cot x)'=-\csc^2 x$;

(11) $(\sec x)'=\sec x\cdot\tan x$;

(12) $(\csc x)'=-\csc x\cdot\cot x$;

(13) $(\arcsin x)'=\dfrac{1}{\sqrt{1-x^2}}$;

(14) $(\arccos x)'=-\dfrac{1}{\sqrt{1-x^2}}$;

(15) $(\arctan x)'=\dfrac{1}{1+x^2}$;

(16) $(\operatorname{arccot} x)'=-\dfrac{1}{1+x^2}$.

式中,C, α, a 均为实数,$a>0$, $a\neq 1$.

2. 函数的和、差、积、商的求导法则

设 $u=u(x)$, $v=v(x)$ 都可导,则

(1) $(u\pm v)'=u'\pm v'$;

(2) $(Cu)'=Cu'$ (C 是常数);

(3) $(uv)'=u'v+uv'$;

(4) $\left(\dfrac{u}{v}\right)'=\dfrac{u'v-uv'}{v^2}$ $(v\neq 0)$.

3. 反函数的求导法则

设函数 $x=\varphi(y)$ 在某区间内单调可导,且 $\varphi'(y)\neq 0$,则它的反函数 $y=f(x)$ 在对应的区间内也可导,且

$$f'(x)=\frac{1}{\varphi'(y)}\quad 或\quad \frac{\mathrm{d}y}{\mathrm{d}x}=\frac{1}{\dfrac{\mathrm{d}x}{\mathrm{d}y}}.$$

4. 复合函数的求导法则

设函数 $y=f(u)$,而 $u=\varphi(x)$,且 $f(u)$ 及 $\varphi(x)$ 都可导,则复合函数 $y=f[\varphi(x)]$ 的导数为

$$\frac{\mathrm{d}y}{\mathrm{d}x}=\frac{\mathrm{d}y}{\mathrm{d}u}\cdot\frac{\mathrm{d}u}{\mathrm{d}x}\quad 或\quad y'(x)=f'(u)\cdot\varphi'(x).$$

例 12 $f(u)$ 为可导函数,$y=f(\mathrm{e}^x)\cdot\mathrm{e}^{f(x)}$,求 y'.

解
$$\begin{aligned}y'&=[f(\mathrm{e}^x)]'\cdot\mathrm{e}^{f(x)}+f(\mathrm{e}^x)\cdot[\mathrm{e}^{f(x)}]'\\&=f'(\mathrm{e}^x)\cdot\mathrm{e}^x\cdot\mathrm{e}^{f(x)}+f(\mathrm{e}^x)\cdot\mathrm{e}^{f(x)}\cdot f'(x)\\&=\mathrm{e}^{f(x)}[\mathrm{e}^x f'(\mathrm{e}^x)+f(\mathrm{e}^x)f'(x)].\end{aligned}$$

习题 2.2

1. 求下列函数的导数.

(1) $y=\sqrt{x}(2+x^3)$；

(2) $y=3^x+x^5$；

(3) $y=3\sin x-\dfrac{2}{x^2}$；

(4) $y=x^2\cos x\ln x$；

(5) $y=\sqrt{t}\sin t$；

(6) $y=e^x(x^2-3x+2)$；

(7) $\rho=2\tan\varphi+\cot\varphi-3$；

(8) $y=\dfrac{x+2}{1+x^2}$；

(9) $y=\dfrac{1}{2x^2+\sin x+\tan x}$；

(10) $y=\dfrac{2^x}{x^2}$；

(11) $y=\dfrac{10^x-1}{10^x+1}$；

(12) $x=(2+\sec t)\sin t$.

2. 证明双曲线 $xy=a^2$ 上任意一点的切线与两坐标轴围成的三角形的面积等于常数 $2a^2$.

3. 求下列函数在指定点处的导数.

(1) $\rho=\varphi\sin\varphi+\dfrac{1}{2}\cos\varphi$, 求 $\left.\dfrac{d\rho}{d\varphi}\right|_{\varphi=\frac{\pi}{2}}$；

(2) $f(t)=\dfrac{1-\sqrt{t}}{1+\sqrt{t}}$, 求 $f'(4)$, $f'(9)$.

4. 求下列函数的导数($a>0$, $a\neq 1$).

(1) $y=(x^3-x)^5$；

(2) $y=\cos(2x^2+3x+1)$；

(3) $y=e^{\sin x}$；

(4) $y=\ln(1+x^3)$；

(5) $y=\tan^2 x$；

(6) $y=\log_2(a+2x)$；

(7) $y=\tan(x^2)$；

(8) $y=\arcsin(x+2)$；

(9) $y=\arctan e^x$；

(10) $y=(\arccos x)^3$；

(11) $y=\log_a(x^2+x+1)^2$；

(12) $y=a^{x\sin x+2}$；

(13) $y=\dfrac{1}{\sqrt{1-x^2}}$；

(14) $y=e^{-\frac{x}{2}}\cos(3x+1)$；

(15) $y=\dfrac{1-\ln x}{1+\ln x}$；

(16) $y=\arcsin\sqrt{x}$；

(17) $y=\sqrt{x+\sqrt{x}}$；

(18) $y=\ln(\sec x+\tan x)$；

(19) $y=(\arcsin x^2)^2$；

(20) $s=\sqrt{1+\ln^2 t}$；

(21) $y=2^{\arctan\sqrt{x}}$；

(22) $y=\ln\cos\dfrac{1}{x}$；

(23) $y=\ln(\ln\ln x)$；

(24) $y=x\sqrt{1-x^2}+\arcsin x$；

(25) $y=\arctan\dfrac{x+1}{x-1}$.

5. 设函数 $f(x)$ 可导,求下列各函数的导数.

(1) $y=f(x\sin x)$；

(2) $y=[f(\ln x)]^3$；

(3) $y=f(ax)a^{f(x)}$；

(4) $y=f[f(x)]$；

(5) $y=\ln[1+f^2(x)]$；

(6) $y=f(\sin^2 x)+f(\cos^2 x)$.

6. 证明：

(1) 可导的偶函数，其导函数为奇函数；

(2) 可导的奇函数，其导函数为偶函数；

(3) 可导的周期函数，其导函数为周期函数.

7. 确定 a 的值，使 $y=ax$ 为曲线 $y=\ln x$ 的切线.

2.3 高 阶 导 数

作变速直线运动的质点的速度是位移函数对时间的导数，而加速度又是速度对时间的导数，也就是位移函数的导函数的导数，这就产生了高阶导数的概念.

2.3.1 高阶导数的概念

定义 2.3 一般地，函数 $y=f(x)$ 的导数 $y'=f'(x)$ 仍然是 x 的函数，如果 $f'(x)$ 在点 x 处仍可导，则 $f'(x)$ 在点 x 处的导数称为函数 $f(x)$ 在点 x 处的**二阶导数**，记作 $f''(x)$，$\dfrac{\mathrm{d}^2 f(x)}{\mathrm{d}x^2}$，$y''$ 或 $\dfrac{\mathrm{d}^2 y}{\mathrm{d}x^2}$，即

$$y''=(y')' \quad \text{或} \quad \frac{\mathrm{d}^2 y}{\mathrm{d}x^2}=\frac{\mathrm{d}}{\mathrm{d}x}\left(\frac{\mathrm{d}y}{\mathrm{d}x}\right).$$

类似地，二阶导数的导数叫做三阶导数，三阶导数的导数叫做四阶导数，……，一般地，$(n-1)$ 阶导数的导数叫做 n **阶导数**. 分别记作

$$y''',\ y^{(4)},\ \cdots,\ y^{(n-1)},\ y^{(n)} \text{ 或 } \frac{\mathrm{d}^3 y}{\mathrm{d}x^3},\ \frac{\mathrm{d}^4 y}{\mathrm{d}x^4},\ \cdots,\ \frac{\mathrm{d}^{n-1} y}{\mathrm{d}x^{n-1}},\ \frac{\mathrm{d}^n y}{\mathrm{d}x^n}.$$

函数 $y=f(x)$ 具有 n 阶导数，也称函数 $f(x)$ 为 n **阶可导**的；如果函数 $f(x)$ 在点 x 处具有 n 阶导数，那么 $f(x)$ 在点 x 处的某一邻域内必具有一切低于 n 阶的导数.

二阶以及二阶以上的导数统称为**高阶导数**，并将 $f'(x)$ 称为一阶导数.

注 由高阶导数的定义可知，求高阶导数就是多次接连地求导数.

例 1 设 $y=a^x$，求 $y^{(n)}$.

解 $y'=a^x\ln a$，$y''=\ln a(a^x)'=a^x(\ln a)^2$，$y'''=a^x(\ln a)^3$，$\cdots$，

一般地，

$$y^{(n)}=a^x(\ln a)^n.$$

当 $a=\mathrm{e}$ 时，$(\mathrm{e}^x)^{(n)}=\mathrm{e}^x$.

例 2 设 $y=\sin x$，求 $y^{(n)}$.

解 $y'=(\sin x)'=\cos x=\sin\left(x+\dfrac{\pi}{2}\right)$，

$$y''=\left[\sin\left(x+\frac{\pi}{2}\right)\right]'=\cos\left(x+\frac{\pi}{2}\right)=\sin\left(x+2\cdot\frac{\pi}{2}\right),$$

$$y'''=\left[\sin\left(x+2\cdot\frac{\pi}{2}\right)\right]'=\cos\left(x+2\cdot\frac{\pi}{2}\right)=\sin\left(x+3\cdot\frac{\pi}{2}\right),$$

$\cdots$

从而推得

$$y^{(n)}=(\sin x)^{(n)}=\sin\left(x+n\cdot\frac{\pi}{2}\right).$$

同理，对函数 $y=\cos x$ 有

$$y^{(n)}=(\cos x)^{(n)}=\cos\left(x+n\cdot\frac{\pi}{2}\right).$$

例 3 设 $y=\ln(1+x)$，求 $y^{(n)}$.

解 $y'=\dfrac{1}{1+x}$，$y''=-\dfrac{1}{(1+x)^2}$，$y'''=\dfrac{1\cdot 2}{(1+x)^3}$，$y^{(4)}=-\dfrac{1\cdot 2\cdot 3}{(1+x)^4}$，…，一般地，

$$y^{(n)}=[\ln(1+x)]^{(n)}=(-1)^{n-1}\frac{(n-1)!}{(1+x)^n}.$$

2.3.2 莱布尼茨公式

定理 2.5 如果函数 $u=u(x)$，$v=v(x)$ 都在点 x 处具有 n 阶导数，则函数 $u\cdot v=u(x)\cdot v(x)$ 也在点 x 处有 n 阶导数，且有

$$\begin{aligned}(uv)^{(n)}&=u^{(n)}v+nu^{(n-1)}v'+\frac{n(n-1)}{2}u^{(n-2)}v''+\cdots+\\&\quad\frac{n(n-1)\cdots(n-k+1)}{k!}u^{(n-k)}v^{(k)}+\cdots+uv^{(n)}\\&=\sum_{k=0}^{n}C_n^k u^{(n-k)}v^{(k)}.\end{aligned}$$

上述公式称为**莱布尼茨**(Leibniz)**公式**. 此公式可以这样记忆：把 $(u+v)^n$ 按二项式定理展开写成

$$(u+v)^n=\sum_{k=0}^{n}C_n^k u^{n-k}v^k,$$

然后把 k 次幂换成 k 阶导数，再把左端 $u+v$ 换成 $u\cdot v$，即得到莱布尼茨公式

$$(u\cdot v)^{(n)}=\sum_{k=0}^{n}C_n^k u^{(n-k)}v^{(k)}.$$

定理的证明(可用数学归纳法证)略.

例 4 设 $y=x^3\cdot e^x$，求 $y^{(10)}$.

解 设 $u=e^x$，$v=x^3$，则有

$$\begin{aligned}&u'=u''=\cdots=u^{(10)}=e^x,\ v'=3x^2,\ v''=6x,\ v'''=6,\\&v^{(4)}=\cdots=v^{(10)}=0,\end{aligned}$$

利用莱布尼茨公式，有

$$
\begin{aligned}
y^{(10)} &= C_{10}^{0}(x^3)^{(0)}(e^x)^{(10)} + C_{10}^{1}(x^3)'(e^x)^{(9)} + C_{10}^{2}(x^3)''(e^x)^{(8)} + \\
&\quad C_{10}^{3}(x^3)^{(3)}(e^x)^{(7)} + C_{10}^{4}(x^3)^{(4)}(e^x)^{(6)} + \cdots + C_{10}^{10}(x^3)^{(10)}(e^x)^{(0)} \\
&= x^3e^x + 10\cdot(3x^2)e^x + 45\cdot(6x)e^x + 120\times 6e^x \\
&= e^x(x^3 + 30x^2 + 270x + 720).
\end{aligned}
$$

习题 2.3

1. 求下列函数的二阶导数.

(1) $y = e^{-x}\sin x$； (2) $y = \ln(x + \sqrt{1 + x^2})$；

(3) $y = (1 + x^2)\arctan x$； (4) $y = \cos^2 x\ln x$；

(5) $y = x^4\ln x$； (6) $y = \ln(1 - x^2)$.

2. 设 $y = 3^x\sin(2x)$，求 $y'''(0)$.

3. 验证 $y = e^{-x}(\sin x + \cos x)$ 满足 $y'' + y' + 2e^{-x}\cos x = 0$.

4. 设函数 $f(x)$ 二阶可导，求下列函数的二阶导数.

(1) $y = f(x^2)$； (2) $y = f\left(\dfrac{1}{x}\right)$；

(3) $y = f(\ln x)$； (4) $y = \ln[f(x)]$.

5. 求下列函数的 n 阶导数.

(1) $y = xe^x$； (2) $y = \sin^2 x$； (3) $y = x\ln x$.

6. 设 $y = x^2\sin x$，求 $y^{(10)}$.

7. 设 $y = x^2\sin 2x$，求 $y^{(50)}$.

2.4 隐函数和由参数方程所确定的函数的导数

2.4.1 隐函数的导数

1. 隐函数的概念

前面所讨论的函数都可以表示为 $y = f(x)$ 的形式，其中 $f(x)$ 是 x 的解析表达式，这类函数称为**显函数**. 实际问题中，常常遇到这样一类函数，它的因变量 y 与自变量 x 之间的对应规则是由方程 $F(x, y) = 0$ 确定的. 在一定条件下，当 x 取某个区间内的任一值时，相应地总有满足这方程的唯一的 y 值存在，则称方程 $F(x, y) = 0$ 在该区间内确定了一个**隐函数**.

把一个隐函数化为显函数，叫做**隐函数的显化**.

例如，从方程 $2x^2 - x + 1 - y^3 = 0$ 中解出 $y = \sqrt[3]{2x^2 - x + 1}$，就是将隐函数化成了显函数. 但绝大多数隐函数的显化是困难的，甚至是不可能的，例如，由方程

$$y^5 + 5y - x - 3x^7 = 0 \text{ 及 } \cos(x + y) = 2x + y - 1$$

所确定的隐函数就难以化为显函数. 此外，也并非所有的二元方程 $F(x, y) = 0$ 都能确定一个隐函数，例如，方程

$$e^{xy} + \sin^2(x + y) + 1 = 0$$

就不能确定隐函数，至于怎样的二元方程能确定隐函数，将在多元微分学中加以讨论.

2. 隐函数的求导法

我们希望有一种方法，不管隐函数能否被显化，都能直接由方程求出它所确定的隐函数的导数，下面通过具体例子来说明这种方法.

例 1 求由方程 $e^y - e^x + xy = 0$ 所确定的隐函数 $y = y(x)$ 的导数.

解 方程两边分别对 x 求导，注意 y 是 x 的函数，由复合函数求导的链式法则得

$$e^y \cdot y' - e^x + y + xy' = 0,$$

解得

$$y' = \frac{e^x - y}{e^y + x} \quad (e^y + x \neq 0).$$

例 2 求椭圆 $\frac{x^2}{16} + \frac{y^2}{9} = 1$ 在点 $\left(2, \frac{3}{2}\sqrt{3}\right)$ 处的切线方程.

解 椭圆方程两边分别对 x 求导，得

$$\frac{2x}{16} + \frac{2yy'}{9} = 0,$$

解得

$$y' = -\frac{9x}{16y}.$$

将 $x = 2$，$y = \frac{3}{2}\sqrt{3}$ 代入上式，得

$$y'\Big|_{\substack{x=2 \\ y=\frac{3}{2}\sqrt{3}}} = -\frac{\sqrt{3}}{4},$$

所求切线方程为

$$y - \frac{3}{2}\sqrt{3} = -\frac{\sqrt{3}}{4}(x - 2),$$

即

$$4y + \sqrt{3}x - 8\sqrt{3} = 0.$$

例 3 求由方程 $y = x + \arctan y$ 所确定的隐函数 $y = y(x)$ 的二阶导数 y''.

解 方程两边分别对 x 求导，得

$$y' = 1 + \frac{y'}{1 + y^2},$$

解得

$$y' = 1 + \frac{1}{y^2}.$$

所以

$$y'' = (y')' = \left(1 + \frac{1}{y^2}\right)' = -\frac{2}{y^3} \cdot y' = -\frac{2}{y^3}\left(1 + \frac{1}{y^2}\right) = -\frac{2(1 + y^2)}{y^5}.$$

3. 对数求导法

对某些函数，采用**对数求导法**求其导数比用通常的方法简便，这种方法是先在函数 $y = f(x)$ 的两边取对数，然后再求出 y 的导数. 现在通过下面的例子来说明这种方法.

例 4 求函数 $y = x^x$ ($x > 0$，x^x 称为**幂指函数**)的导数.

解 对函数 $y = x^x$ 两边取对数，得

$$\ln y = x\ln x,$$

上式两边分别对 x 求导，注意到 y 是 x 的函数，得

$$\frac{1}{y} \cdot y' = \ln x + 1,$$

即

$$y' = y(\ln x + 1) = x^x(1 + \ln x).$$

注 此题也可利用对数恒等式来解，即

$$y' = (x^x)' = (\mathrm{e}^{x\ln x})' = \mathrm{e}^{x\ln x} \cdot (x\ln x)' = x^x(1 + \ln x).$$

例 5 求 $y = \sqrt[3]{\dfrac{(x-1)\sin 2x}{(2x+1)(3-5x)}}$ 的导数.

解 在函数表达式两边取绝对值后再取对数，得

$$\ln|y| = \frac{1}{3}[\ln|x-1| + \ln|\sin 2x| - \ln|2x+1| - \ln|3-5x|],$$

上式两边分别对 x 求导，得

$$\frac{1}{y} \cdot y' = \frac{1}{3}\left(\frac{1}{x-1} + 2\cot 2x - \frac{2}{2x+1} + \frac{5}{3-5x}\right),$$

于是有

$$y' = \frac{1}{3}\sqrt[3]{\frac{(x-1)\sin 2x}{(2x+1)(3-5x)}}\left(\frac{1}{x-1} + 2\cot 2x - \frac{2}{2x+1} + \frac{5}{3-5x}\right).$$

注 此题若省略取绝对值这一步骤所得的结果不变，因此，使用对数求导法时，习惯上常略去取绝对值的步骤.

2.4.2 由参数方程所确定的函数的导数

在许多实际问题中，常常用参数方程表示曲线，例如，弹头的弹道曲线可用参数方程表示为

$$\begin{cases} x = v_0 t\cos\alpha, \\ y = v_0 t\sin\alpha - \dfrac{1}{2}gt^2. \end{cases}$$

式中，v_0 是初速度，α 是发射角，g 是重力加速度. 如果消去参数 t，可得

$$y = x\tan\alpha - \frac{g\sec^2\alpha}{2v_0^2}x^2,$$

于是确定了 y 与 x 之间的一个函数关系.

一般来说,若参数方程

$$\begin{cases} x = \varphi(t), \\ y = \psi(t) \end{cases} \tag{2.4.1}$$

确定了 y 与 x 之间的函数关系,则称此函数为**由参数方程所确定的函数**.

如果参数方程比较复杂,消去参数 t 往往很困难,或者消去 t 后得到 y 与 x 的函数关系式非常复杂,就需要一种直接由参数方程确定导数的方法.

对于参数方程

$$\begin{cases} x = \varphi(t), \\ y = \psi(t), \end{cases}$$

由函数 $x = \varphi(t)$ 求出其反函数 $t = \varphi^{-1}(x)$,将此反函数代入 $y = \psi(t)$,得到了复合函数 $y = \psi[\varphi^{-1}(x)]$. 设 $x = \varphi(t)$,$y = \psi(t)$ 均可导,$\varphi'(t) \neq 0$,则由复合函数与反函数的求导法则,有

$$\frac{\mathrm{d}y}{\mathrm{d}x} = \frac{\mathrm{d}y}{\mathrm{d}t} \cdot \frac{\mathrm{d}t}{\mathrm{d}x} = \frac{\mathrm{d}y}{\mathrm{d}t} \cdot \frac{1}{\frac{\mathrm{d}x}{\mathrm{d}t}} = \frac{\psi'(t)}{\varphi'(t)}.$$

即

$$\frac{\mathrm{d}y}{\mathrm{d}x} = \frac{\psi'(t)}{\varphi'(t)} = \frac{\frac{\mathrm{d}y}{\mathrm{d}t}}{\frac{\mathrm{d}x}{\mathrm{d}t}}. \tag{2.4.2}$$

如果 $x = \varphi(t)$,$y = \psi(t)$ 是二阶可导的,那么类似可得二阶导数公式

$$\frac{\mathrm{d}^2 y}{\mathrm{d}x^2} = \frac{\mathrm{d}}{\mathrm{d}t}\left(\frac{\psi'(t)}{\varphi'(t)}\right) \cdot \frac{1}{\frac{\mathrm{d}x}{\mathrm{d}t}} = \frac{\psi''(t)\varphi'(t) - \varphi''(t)\psi'(t)}{(\varphi'(t))^3}. \tag{2.4.3}$$

例 6 求由参数方程 $\begin{cases} x = \ln(1+t^2), \\ y = t - \arctan t \end{cases}$ 所确定的函数的导数 $\frac{\mathrm{d}y}{\mathrm{d}x}$ 和 $\frac{\mathrm{d}^2 y}{\mathrm{d}x^2}$.

解 $$\frac{\mathrm{d}y}{\mathrm{d}x} = \frac{\frac{\mathrm{d}y}{\mathrm{d}t}}{\frac{\mathrm{d}x}{\mathrm{d}t}} = \frac{1 - \frac{1}{1+t^2}}{\frac{2t}{1+t^2}} = \frac{t^2}{2t} = \frac{t}{2},$$

$$\frac{\mathrm{d}^2 y}{\mathrm{d}x^2} = \frac{\mathrm{d}}{\mathrm{d}t}\left(\frac{t}{2}\right) \cdot \frac{1}{\frac{\mathrm{d}x}{\mathrm{d}t}} = \frac{1}{2} \cdot \frac{1}{\frac{2t}{1+t^2}} = \frac{1+t^2}{4t}.$$

例 7 求由摆线

$$\begin{cases} x = a(t - \sin t), \\ y = a(1 - \cos t) \end{cases}$$

确定的函数的二阶导数 $\dfrac{d^2 y}{dx^2}$.

解 $\dfrac{dy}{dx} = \dfrac{dy}{dt} \Big/ \dfrac{dx}{dt} = \dfrac{a\sin t}{a(1-\cos t)} = \cot\dfrac{t}{2}$ $(t \neq 2n\pi,\ n \in \mathbf{Z})$,

$$\frac{d^2 y}{dx^2} = \frac{d}{dt}\left(\frac{dy}{dx}\right) \Big/ \frac{dx}{dt} = \frac{d}{dt}\left(\cot\frac{t}{2}\right) \cdot \frac{1}{a(1-\cos t)} = -\frac{1}{2}\csc^2\frac{t}{2} \cdot \frac{1}{a(1-\cos t)}$$

$$= -\frac{1}{2\sin^2\dfrac{t}{2}} \cdot \frac{1}{a(1-\cos t)} = -\frac{1}{a(1-\cos t)^2} \quad (t \neq 2n\pi,\ n \in \mathbf{Z}).$$

例 8 求星形线

$$\begin{cases} x = a\cos^3 t, \\ y = a\sin^3 t \end{cases}$$

在 $t = \dfrac{\pi}{4}$ 处的切线方程.

解 与 $t = \dfrac{\pi}{4}$ 对应的星形线上的点为 $M\left(\dfrac{\sqrt{2}}{4}a, \dfrac{\sqrt{2}}{4}a\right)$，星形线在 M 点的切线斜率为

$$k = \frac{dy}{dx}\bigg|_{t=\frac{\pi}{4}} = \frac{(a\sin^3 t)'}{(a\cos^3 t)'}\bigg|_{t=\frac{\pi}{4}} = \frac{3a\sin^2 t\cos t}{-3a\cos^2 t\sin t}\bigg|_{t=\frac{\pi}{4}} = -\tan t\big|_{t=\frac{\pi}{4}} = -1,$$

从而星形线在 $M\left(\dfrac{\sqrt{2}}{4}a, \dfrac{\sqrt{2}}{4}a\right)$ 点处的切线方程为

$$y - \frac{\sqrt{2}}{4}a = -\left(x - \frac{\sqrt{2}}{4}a\right),$$

即

$$x + y - \frac{\sqrt{2}}{2}a = 0.$$

习题 2.4

1. 求由下列方程所确定的隐函数的导数 $\dfrac{dy}{dx}$.

(1) $xy = e^{x+y}$；　　(2) $x^3 + y^3 - 3axy = 0$；

(3) $y = 1 + xe^y$；　　(4) $2^x + 2^y = 2^{x+y}$.

2. 求由下列方程所确定的隐函数的二阶导数 $\dfrac{d^2 y}{dx^2}$.

(1) $y = 1 + xe^y$；　　(2) $y = \tan(x + y)$.

3. 利用对数求导法求下列函数的导数 $\frac{dy}{dx}$.

(1) $y=(\sin x)^x$； (2) $y=(\sqrt{x})^{\ln x}$；

(3) $y=\frac{x\cdot\sqrt[3]{3x+a}}{\sqrt{2x+b}}$ (a, b 为常数)； (4) $y=\sqrt{x\sin x\cdot\sqrt{1-e^x}}$.

4. 求下列参数方程所确定的函数的导数 $\frac{dy}{dx}$.

(1) $\begin{cases}x=2^{-t},\\ y=4^t;\end{cases}$ (2) $\begin{cases}x=\theta(1-\sin\theta),\\ y=\theta\cos\theta;\end{cases}$ (3) $\begin{cases}x=e^t\cos t,\\ y=e^t\sin t.\end{cases}$

5. 求下列参数方程所确定的函数的二阶导数 $\frac{d^2y}{dx^2}$.

(1) $\begin{cases}x=2t-t^2,\\ y=3t-t^3;\end{cases}$ (2) $\begin{cases}x=a\cos t,\\ y=b\sin t;\end{cases}$ (3) $\begin{cases}x=\frac{t^2}{2},\\ y=1-t.\end{cases}$

2.5 导数在经济分析中的应用

2.5.1 边际分析

1. 边际函数

如果函数 $y=f(x)$ 在点 x_0 处可导，则 $f(x)$ 在 $(x_0, x_0+\Delta x)$ 内的平均变化率为

$$\frac{\Delta y}{\Delta x}=\frac{f(x_0+\Delta x)-f(x_0)}{\Delta x};$$

在点 x_0 处的瞬时变化率为

$$\lim_{\Delta x\to 0}\frac{\Delta y}{\Delta x}=\lim_{\Delta x\to 0}\frac{f(x_0+\Delta x)-f(x_0)}{\Delta x}=f'(x_0).$$

在经济分析中，称 $f'(x_0)$ 为 $f(x)$ 在 $x=x_0$ 处的边际函数值.

设在点 $x=x_0$ 处，x 从 x_0 改变一个单位，即 $\Delta x=1$ 时，函数 y 的增量 Δy 可近似地表示为

$$\Delta y\approx dy\Big|_{\substack{x=x_0\\ \Delta x=1}}=f'(x)\Delta x\Big|_{\substack{x=x_0\\ \Delta x=1}}=f'(x_0).$$

这表明 $f(x)$ 在点 $x=x_0$ 处，当 x 改变一个单位时，y 近似改变 $f'(x_0)$ 个单位，在经济分析中解释边际函数值的具体意义时，往往略去“近似”二字. 为此有如下定义：

定义 2.4 设函数 $y=f(x)$ 可导，则称导函数 $f'(x)$ 为 $f(x)$ 的**边际函数**，$f'(x_0)$ 称为**边际函数值**，即在 $x=x_0$ 处，x 改变一个单位，y 改变 $f'(x_0)$ 个单位.

例 1 函数 $y=10xe^{-\frac{x}{5}}$，$y'=10e^{-\frac{x}{5}}-2xe^{-\frac{x}{5}}=2e^{-\frac{x}{5}}(5-x)$.

在 $x=10$ 处的边际函数值 $y'|_{x=10}=-\frac{10}{e^2}$. 该值表明：当 $x=10$ 时，x 改变一个单位，y

改变 $-\frac{10}{e^2}$ 个单位. 具体而言，x 增加(减少)一个单位，y 减少(增加) $\frac{10}{e^2}$ 个单位.

2. 经济分析中常见的边际函数

1) 边际成本

设 C 为总成本，C_1 为固定成本，C_2 为可变成本，$\overline{C}$ 为平均成本，Q 为产量. 则有总成本函数

$$C = C(Q) = C_1 + C_2(Q),$$

总成本函数 $C(Q)$ 的导数

$$C'(Q) = \lim_{\Delta Q \to 0} \frac{C(Q + \Delta Q) - C(Q)}{\Delta Q}$$

称为**边际成本.**

显然，边际成本与固定成本无关.

平均成本函数

$$\overline{C} = \overline{C}(Q) = \frac{C(Q)}{Q} = \frac{C_1}{Q} + \frac{C_2(Q)}{Q},$$

平均成本函数 $\overline{C}(Q)$ 的导数

$$\overline{C}' = \overline{C}'(Q) = \frac{C'(Q) \cdot Q - Q' \cdot C(Q)}{Q^2} = \frac{C'(Q) \cdot Q - C(Q)}{Q^2}$$

称为**边际平均成本.**

令 $\overline{C}' = \overline{C}'(Q) = 0$，得 $C'(Q) = \overline{C}(Q)$.

如果边际成本小于平均成本，那么每增加一个单位产品，单位平均成本就比以前小一些，所以平均成本是下降的. 反之，如果边际成本大于平均成本，那么，每增加一个单位产品，单位平均成本就比以前大一些，所以平均成本是上升的，因此，当边际成本等于平均成本时，平均成本最小，这就是**平均成本最小原理**(2.12 节进一步讨论).

例 2 设某产品生产 Q 单位时的总成本函数为

$$C(Q) = 1\,000 + 50Q + \frac{1}{10}Q^2,$$

求当 $Q = 10$ 时的总成本、平均成本及边际成本，并解释边际成本的经济意义.

解 由总成本函数 $C(Q) = 1\,000 + 50Q + \frac{1}{10}Q^2$，有

$$\overline{C}(Q) = \frac{C(Q)}{Q} = \frac{1\,000}{Q} + 50 + \frac{1}{10}Q,\ \overline{C}(Q)\big|_{Q=10} = 151,$$

$$C'(Q) = 50 + \frac{Q}{5},\ C'(Q)\big|_{Q=10} = 52,$$

因此，当 $Q = 10$ 时，总成本为 $C(10) = 1\,510$，平均成本为 $\overline{C}(10) = 151$，边际成本为 $C'(10) = 52$. 其中边际成本 $C'(10) = 52$ 的经济意义为：产量为 10 个单位时，再增加(减少)一个单位，

成本将再增加(减少)52 个单位.

2) 边际收益

总收益函数 $R(Q)$ 的导数

$$R'(Q)=\lim_{\Delta Q\to 0}\frac{R(Q+\Delta Q)-R(Q)}{\Delta Q}$$

称为边际收益. 它表示销售 Q 个单位产品后,再销售一个单位的产品所增加的收益.

若已知需求函数 $P=P(Q)$,其中 P 为价格,Q 为销售量,则总收益 $R(Q)=Q\cdot P(Q)$,边际收益则为 $R'(Q)=P(Q)+Q\cdot P'(Q)$.

例 3 设某产品的需求函数 $Q=100-2P$,其中 P 为价格,Q 为销售量,求销售量为 20 个单位时的总收益、平均收益与边际收益.

解 总收益为

$$R(Q)=Q\cdot P(Q)=50Q-\frac{1}{2}Q^2,$$

销量为 20 个单位时的总收益 $R(20)=800$; 平均收益为

$$\overline{R}(20)=\left.\frac{R(Q)}{Q}\right|_{Q=20}=40,$$

而边际收益为

$$R'(Q)\big|_{Q=20}=\left.\left(50Q-\frac{1}{2}Q^2\right)'\right|_{Q=20}=30.$$

3) 边际利润

总利润是总收益与总成本的差值,设总利润函数为 $L=L(Q)$,则

$$L=L(Q)=R(Q)-C(Q).$$

平均利润

$$\overline{L}=\overline{L}(Q)=\frac{L(Q)}{Q}=\frac{R(Q)-C(Q)}{Q}.$$

总利润函数 $L=L(Q)$ 的导数

$$L'(Q)=R'(Q)-C'(Q)$$

称为**边际利润**. 它表示:边际利润是边际收益与边际成本之差. 当 $L'(Q)>0$,即边际收益大于边际成本时,增加产量将带来利润的增加,这说明还有潜在的利润空间,厂商将会继续增加产量. 反之,当 $L'(Q)<0$,即边际收益小于边际成本时,生产将使利润减少,因此,对企业而言,并非产量越大利润就越大,只有当边际收益等于边际成本时,即令 $L'(Q)=R'(Q)-C'(Q)=0$, $R'(Q)=C'(Q)$ 时,厂商才可获得最大利润,这称为**利润最大化原理**(2.12 节进一步讨论).

2.5.2 弹性分析

在边际分析中,所讨论的函数改变量与函数变化率是绝对改变量与绝对变化率,在对现

实经济问题的分析中，仅用绝对数的概念是不足以深入分析问题的，例如：轿车的单价为10万元，涨价10元；青菜每千克2元，也涨价10元. 两种商品价格的绝对改变量都是10元，但它们对经济和社会的影响却有着巨大差异：前者价格增加的10元也许人们感受不到，但后者增加的10元对社会、经济和人们的生活却有着极大的冲击，其原因在于前者涨价的比率（即涨价与原价相比）是0.01%，而后者涨价的比率为500%. 因此，有必要研究函数的相对改变量与相对变化率.

1. 弹性概念

定义 2.5 设函数 $y=f(x)$ 在点 x_0 处可导，函数的相对改变量 $\dfrac{\Delta y}{y_0}=\dfrac{f(x_0+\Delta x)-f(x_0)}{f(x_0)}$ 与自变量的相对改变量 $\dfrac{\Delta x}{x_0}$ 之比

$$\frac{\Delta y/y_0}{\Delta x/x_0}$$

称为函数 $f(x)$ 在 x_0 与 $x_0+\Delta x$ 两点间的**相对变化率**，或称为**两点间的弹性**. 当 $\Delta x\to 0$ 时，$\dfrac{\Delta y/y_0}{\Delta x/x_0}$ 的极限称为函数 $f(x)$ 在点 x_0 处的**相对变化率**，或称为函数 $f(x)$ 在点 x_0 处的**弹性**，记作

$$\left.\frac{Ey}{Ex}\right|_{x=x_0} \quad 或 \quad \frac{E}{Ex}f(x_0),$$

即

$$\left.\frac{Ey}{Ex}\right|_{x=x_0}=\lim_{\Delta x\to 0}\frac{\Delta y/y_0}{\Delta x/x_0}=f'(x_0)\frac{x_0}{f(x_0)}.$$

对于一般的 x，若 $f(x)$ 可导，且 $f(x)\neq 0$，则有

$$\frac{Ey}{Ex}=\lim_{\Delta x\to 0}\frac{\Delta y/y}{\Delta x/x}=\lim_{\Delta x\to 0}\left(\frac{x}{y}\cdot\frac{\Delta y}{\Delta x}\right)=\frac{x}{f(x)}f'(x).$$

它是 x 的函数，称为 $f(x)$ 的**弹性函数**，简称**弹性**.

$\dfrac{E}{Ex}f(x_0)$ 表示在点 x_0 处，当 x 产生1%的改变时，$f(x)$ 近似地改变 $\left(\dfrac{E}{Ex}f(x_0)\right)\%$，弹性值为正时，表示上升；弹性值为负时，表示下降. 函数 $f(x)$ 在点 x_0 处的弹性反映了在 x_0 处随 x 的变化，$f(x)$ 的变化幅度的大小，也就是 $f(x)$ 对 x 的变化的反映强烈程度或灵敏度. 在实际问题中解释弹性的具体意义时，略去“近似”二字.

例 4 求函数 $y=100\mathrm{e}^{3x}$ 的弹性函数 $\dfrac{Ey}{Ex}$ 及 $\left.\dfrac{Ey}{Ex}\right|_{x=2}$.

解 $y'=300\mathrm{e}^{3x}$.

(1) $\dfrac{Ey}{Ex}=300\mathrm{e}^{3x}\cdot\dfrac{x}{100\mathrm{e}^{3x}}=3x$;

(2) $\left.\frac{Ey}{Ex}\right|_{x=2}=3\times 2=6.$

例 5 求幂函数 $y=x^{\alpha}$ （α 为常数）的弹性函数.

解 $y'=\alpha x^{\alpha-1}$，$\frac{Ey}{Ex}=\alpha x^{\alpha-1}\cdot\frac{x}{x^{\alpha}}=\alpha.$

可见，幂函数的弹性函数为常数，即在任意点的弹性不变，所以称幂函数为不变弹性函数.

从数学角度看，点弹性是任何可导函数的一个性质. 然而，在经济管理中，弹性是一个被广泛应用的概念，经常以其为工具对经济规律和经济问题进行分析. 例如，用来比较价格变动对需求量的影响，产量变动对成本的影响，销售额的变动对利润的影响，等等.

2. 经济分析中常见的弹性函数

1）需求对价格的弹性

当定义中的函数为需求函数 $Q=Q(P)$ 时，此时的弹性为需求量对价格的弹性.

例 6 设某种商品的需求量 Q 是价格 P 的函数 $Q=1\,600\mathrm{e}^{-1.2P}$，求价格增加 1%时，需求量变动的百分数.

解 由于 $Q'(P)=1\,600\mathrm{e}^{-1.2P}\times(-1.2)$，则

$$\frac{EQ}{EP}=Q'(P)\cdot\frac{P}{Q(P)}=1\,600\mathrm{e}^{-1.2P}\times(-1.2)\times\frac{P}{1\,600\mathrm{e}^{-1.2P}}=-1.2P,$$

即价格在原有水平上增加 1%时，需求量将下降 $1.2P$ %.

由上例可见，一般情况下 $Q=Q(P)$，单调减少，ΔP 与 ΔQ 符号相反，故 $\frac{\Delta Q/Q_0}{\Delta P/P_0}$ 和 $\frac{P_0}{Q(P_0)}Q'(P_0)$ 均为非正数，为了用正数表示弹性，也称

$$\overline{\eta}[P_0,\ P_0+\Delta P]=-\frac{P_0}{Q_0}\cdot\frac{\Delta Q}{\Delta P}$$

为该商品在 P_0 和 $P_0+\Delta P$ 两点间的弹性. 称

$$\eta\big|_{P=P_0}=\eta(P_0)=-\frac{P_0}{Q(P_0)}Q'(P_0)$$

为该商品在点 P_0 处的需求弹性，而在 P 点处的弹性

$$\eta=-\frac{P}{Q}\cdot\frac{\mathrm{d}Q}{\mathrm{d}P}=-\frac{P}{Q(P)}Q'(P)$$

称为**需求弹性函数**（简称**需求弹性**）.

例 7 已知某商品的需求函数为 $Q=75-P^2$，求

(1) $\overline{\eta}[5,\ 8]$；(2) $\eta(P)$；(3) $\eta(4)$、$\eta(5)$ 和 $\eta(6)$ 并说明其经济意义.

解 (1) 已知 $P_0=5$，则 $Q_0=75-P_0^2=50$，

当 $P=8$ 时，$Q=75-P^2=11$，故

$$\Delta P = P - P_0 = 3,\ \Delta Q = Q - Q_0 = -39,$$

$$\bar{\eta}[5,\ 8] = -\frac{P_0}{Q_0} \cdot \frac{\Delta Q}{\Delta P} = -\frac{5}{50} \times \frac{-39}{3} = 1.3,$$

它表示当商品价格 P 从 5 增至 8 时，在该区间上，P 从 5 开始每增加 1%，需求量从 50 开始平均减少 1.3%.

(2) $\eta(P) = -\dfrac{P}{Q(P)} Q'(P) = -\dfrac{P}{75 - P^2}(-2P) = \dfrac{2P^2}{75 - P^2}$.

(3) $\eta(4) = \dfrac{32}{59}$，表示在 $P = 4$ 时，价格上涨(下跌)1%，需求量减少(增加) $\dfrac{32}{59}$%；

$\eta(5) = 1$，表示在 $P = 5$ 时，价格上涨(下跌)1%，需求量减少(增加) 1%；

$\eta(6) = \dfrac{24}{13}$，表示在 $P = 6$ 时，价格上涨(下跌)1%，需求量减少(增加) $\dfrac{24}{13}$%.

2) 收益对价格的弹性

设某商品的需求函数 $Q = Q(P)$，则收益关于价格的函数 $R(P) = PQ = PQ(P)$，则收益对价格的弹性定义为

$$\frac{ER}{EP} = \frac{P}{R(P)} \frac{\mathrm{d}R}{\mathrm{d}P},$$

也简称其为**收益弹性**.

例 8 设某商品的销售收益 R 与价格 P 之间的函数关系为 $R(P) = P(88 - 30P)$，求在 1.00 元与 1.50 元价格水平上的收益弹性.

解 由 $R(P) = P(88 - 30P)$，$R'(P) = 88 - 60P$，则

$$\frac{ER}{EP} = R'(P) \cdot \frac{P}{R(P)} = (88 - 60P) \cdot \frac{P}{P(88 - 30P)} = 1 - \frac{30P}{88 - 30P},$$

所以

$$\left.\frac{ER}{EP}\right|_{P=1.00} = 1 - \frac{30}{58} = 0.48,\ \left.\frac{ER}{EP}\right|_{P=1.50} = 1 - \frac{45}{43} = -0.047.$$

其经济意义为：当价格在 1.00 元水平时，价格增加 1%，该商品的销售收益可增加 0.48%，但当价格在 1.50 元水平时，价格增加 1%，该商品的销售收益将下降 0.047%.

3) 供给量对价格的弹性

设商品供给量 S 是价格 P 的函数 $S = f(P)$，则供给量对价格的弹性定义为

$$\frac{ES}{EP} = \frac{P}{S} \frac{\mathrm{d}S}{\mathrm{d}P},$$

也简称为**供给弹性**.

例 9 设某商品的供给函数为 $S = -20 + 5P$，求供给弹性函数当 $P = 6$ 时的供给弹性，并说明其经济意义.

解 供结弹性函数为

$$\frac{ES}{EP}=\frac{P}{S}\frac{\mathrm{d}S}{\mathrm{d}P}=\frac{5P}{-20+5P},$$

故

$$\left.\frac{ES}{EP}\right|_{P=6}=\left.\frac{5P}{-20+5P}\right|_{P=6}=3.$$

它表示在 $P=6$ 时，价格再增加(减少)1%，供给量将增加(减少)3%.

习题 2.5

1. 生产某种产品 x 单位的总成本 C 为 x 的函数

$$C=C(x)=1\,100+\frac{1}{1\,200}x^2,$$

求：(1) 生产 900 单位时的总成本和平均单位成本；

(2) 生产 900 单位到 1 000 单位时的总成本的平均变化率；

(3) 生产 900 单位和 1 000 单位时的边际成本.

2. 设某种产品需求量 Q 对价格 P 的函数关系为

$$Q=f(P)=1\,600\left(\frac{1}{4}\right)^P,$$

求需求 Q 对价格 P 的弹性函数.

3. 设某种产品需求量 Q 对价格 P 的函数关系为

$$Q=Q(P)=75-P^2,$$

求 $P=8$ 时的需求弹性，并说明其经济意义.

4. 设某商品的需求函数 $Q=100-5P$，其中价格 $P\in(0,\ 20)$，Q 为需求量.

(1) 求需求量对价格的弹性函数 $E_d(E_d>0)$；

(2) 推导 $\frac{\mathrm{d}R}{\mathrm{d}P}=Q(1-E_d)$(其中 R 为收益)，并用弹性 E_d 说明价格在何范围内变化时，降低价格反而使收益增加.

5. 设某商品需求量 Q 是价格 P 的单调减少函数：$Q=Q(P)$，其需求弹性

$$\eta=\frac{2P^2}{192-P^2}>0.$$

(1) 设 R 为总收益函数，证明 $\frac{\mathrm{d}R}{\mathrm{d}P}=Q(1-\eta)$.

(2) 求 $P=6$ 时，总收益对价格的弹性，并说明其经济意义.

6. 设某商品的需求函数为可导函数 $Q=Q(P)$，收益函数为 $R=R(P)=PQ(P)$，证明

$$\frac{EQ}{EP}+\frac{ER}{EP}=1.$$

2.6 函数的微分

函数在某点的导数是表示函数在该点处的变化率，它描述了函数在该点处变化的快慢

程度. 在生产实践中,有时还需要了解当自变量发生微小改变时所引起的相应函数值的改变,这就是微分.

2.6.1 微分的定义

引例 一块正方形的金属薄片受温度变化的影响,其边长由 x_0 变到 $x_0+\Delta x$,问此薄片的面积 S 改变了多少?(图 2-2)

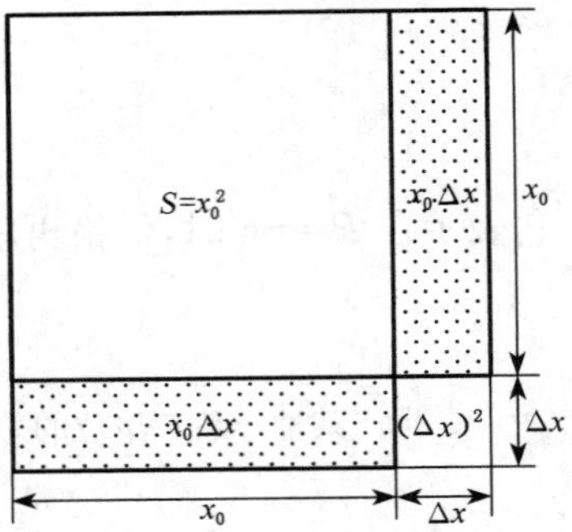

图 2-2

此薄片在温度变化前后的面积分别为

$$S(x_0)=x_0^2,$$

$$S(x_0+\Delta x)=(x_0+\Delta x)^2,$$

所以,薄片面积因受温度变化影响而产生的改变量是

$$\Delta S=S(x_0+\Delta x)-S(x_0)=(x_0+\Delta x)^2-x_0^2=2x_0\Delta x+(\Delta x)^2.$$

可以看出,ΔS 由两部分组成,第一部分 $2x_0\Delta x$ 是 Δx 的线性函数;第二部分 $(\Delta x)^2$,当 $\Delta x\to 0$ 时,是 Δx 的高阶无穷小,即 $(\Delta x)^2=o(\Delta x)$. 因此,当 $|\Delta x|$ 很小时,面积 S 的改变量 $\Delta S\approx 2x_0\Delta x$.

把 $2x_0\Delta x$ 叫做正方形面积 S 的微分,记作

$$\mathrm{d}S=2x_0\Delta x.$$

定义 2.6 设函数 $y=f(x)$ 在某区间内有定义,x_0 及 $x_0+\Delta x$ 在此区间内,若函数的增量 $\Delta y=f(x_0+\Delta x)-f(x_0)$ 可以表示为

$$\Delta y=A\Delta x+o(\Delta x),$$

其中,A 是不依赖于 Δx 的常数,而 $o(\Delta x)$ 是比 Δx 更高阶的无穷小,则称函数 $y=f(x)$ 在点 x_0 处**可微**,而 $A\Delta x$(Δy 的线性主部)称为函数 $y=f(x)$ 在点 x_0 处相应于自变量的增量 Δx 的**微分**;记作 $\mathrm{d}y\big|_{x=x_0}$,即 $\mathrm{d}y\big|_{x=x_0}=A\Delta x$.

问:函数 $y=f(x)$ 在点 x_0 处可微的条件是什么? 常数 A 怎样确定?

2.6.2 函数可微的充要条件

定理 2.6 函数 $y=f(x)$ 在点 x_0 处可微的充要条件是 $f(x)$ 在点 x_0 处可导,且当 $f(x)$ 在点 x_0 处可微时,其微分为 $\mathrm{d}y=f'(x_0)\cdot\Delta x$.

证明 必要性. 设函数 $y=f(x)$ 在点 x_0 处可微,则有

$$\Delta y=f(x_0+\Delta x)-f(x_0)=A\Delta x+o(\Delta x),$$

上式两边同除以 Δx,得

$$\frac{\Delta y}{\Delta x}=A+\frac{o(\Delta x)}{\Delta x},$$

所以

$$\lim_{\Delta x \to 0} \frac{\Delta y}{\Delta x} = A.$$

即函数 $f(x)$ 在点 x_0 处可导，且 $f'(x_0) = A$.

充分性. 设函数 $y = f(x)$ 在点 x_0 处可导，即

$$\lim_{\Delta x \to 0} \frac{\Delta y}{\Delta x} = f'(x_0),$$

由极限与无穷小的关系，有

$$\frac{\Delta y}{\Delta x} = f'(x_0) + \alpha,$$

其中 $\lim\limits_{\Delta x \to 0} \alpha = 0$, 故

$$\Delta y = f'(x_0)\Delta x + \alpha \Delta x.$$

因为 $f'(x_0)$ 与 Δx 无关，且 $\lim\limits_{\Delta x \to 0} \frac{\alpha \Delta x}{\Delta x} = \lim\limits_{\Delta x \to 0} \alpha = 0$, 所以，函数 $y = f(x)$ 在点 x_0 处可微，且 $\mathrm{d}y = f'(x_0) \cdot \Delta x$.

定理说明，函数在一点处可微与可导是等价的，且有 $\mathrm{d}y|_{x=x_0} = f'(x_0)\Delta x$.

当函数 $y = f(x)$ 在点 x_0 处可微时，函数在 x_0 处的增量 Δy 与该点的微分 $\mathrm{d}y$ 相差一个比 Δx 高阶的无穷小，因此，当 $|\Delta x|$ 很小时，可用 $\mathrm{d}y$ 近似代替 Δy 的值，即

$$\Delta y \approx \mathrm{d}y.$$

若 $y = f(x)$ 在区间 I 内的每一点处都可微，则称函数 $y = f(x)$ 在区间 I 内可微，对于 $\forall x \in I$, 有

$$\mathrm{d}y = f'(x)\Delta x \quad \text{或} \quad \mathrm{d}f(x) = f'(x)\Delta x.$$

通常把自变量 x 的增量 Δx 也叫做自变量的微分，记作 $\mathrm{d}x$, 即 $\mathrm{d}x = \Delta x$, 这是因为，当 $y = x$ 时，有

$$\mathrm{d}y = \mathrm{d}x = (x)'\Delta x = 1 \cdot \Delta x = \Delta x,$$

于是，函数 $y = f(x)$ 的微分又可以写成

$$\mathrm{d}y = f'(x)\mathrm{d}x,$$

从而有

$$\frac{\mathrm{d}y}{\mathrm{d}x} = f'(x).$$

因此，函数 $y = f(x)$ 在点 x 处的导数就是函数的微分与自变量的微分的商，所以导数又被称作**微商**.

2.6.3 微分的几何意义

$\triangle MPQ$ 称为微分三角形；

$MQ = \Delta x$ 表示自变量的改变量；

$NQ=\Delta y$ 表示函数的改变量；

$PQ=\mathrm{d}y$ 表示函数的微分，即切线的改变量，这就是微分的几何意义.

从几何图形(图 2-3)上可见，当 $|\Delta x|$ 很小时，用 $\mathrm{d}y$ 代替 Δy（即用切线段来近似代替曲线段），其误差 $|\Delta y-\mathrm{d}y|=PN$，它比 $|\Delta x|$ 小很多.

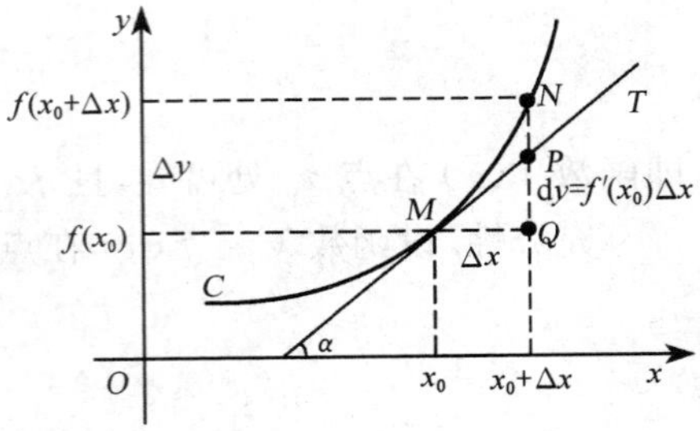

图 2-3

2.6.4 微分基本公式与运算法则

由于函数可微与可导是等价的，且

$$\mathrm{d}y=f'(x)\mathrm{d}x,$$

因此，由基本初等函数的导数公式，可以直接写出基本初等函数的微分公式.

1. 基本初等函数的微分公式(C,α,a 均为实数，$a>0,\ a\neq 1$)

(1) $\mathrm{d}(C)=0$ (C 为常数)； (2) $\mathrm{d}(x^\alpha)=\alpha x^{\alpha-1}\mathrm{d}x$；

(3) $\mathrm{d}(a^x)=a^x\ln a\mathrm{d}x$； (4) $\mathrm{d}(\mathrm{e}^x)=\mathrm{e}^x\mathrm{d}x$；

(5) $\mathrm{d}(\log_a x)=\dfrac{1}{x\ln a}\mathrm{d}x$； (6) $\mathrm{d}(\ln x)=\dfrac{1}{x}\mathrm{d}x$；

(7) $\mathrm{d}(\sin x)=\cos x\,\mathrm{d}x$； (8) $\mathrm{d}(\cos x)=-\sin x\,\mathrm{d}x$；

(9) $\mathrm{d}(\tan x)=\sec^2 x\,\mathrm{d}x$； (10) $\mathrm{d}(\cot x)=-\csc^2 x\,\mathrm{d}x$；

(11) $\mathrm{d}(\sec x)=\sec x\tan x\,\mathrm{d}x$； (12) $\mathrm{d}(\csc x)=-\csc x\cot x\,\mathrm{d}x$；

(13) $\mathrm{d}(\arcsin x)=\dfrac{1}{\sqrt{1-x^2}}\mathrm{d}x$； (14) $\mathrm{d}(\arccos x)=-\dfrac{1}{\sqrt{1-x^2}}\mathrm{d}x$；

(15) $\mathrm{d}(\arctan x)=\dfrac{1}{1+x^2}\mathrm{d}x$； (16) $\mathrm{d}(\mathrm{arccot}\, x)=-\dfrac{1}{1+x^2}\mathrm{d}x$.

2. 函数的四则运算微分法则

设函数 $u=u(x)$, $v=v(x)$ 都可微，则

(1) $\mathrm{d}(u\pm v)=\mathrm{d}u\pm\mathrm{d}v$； (2) $\mathrm{d}(uv)=v\mathrm{d}u+u\mathrm{d}v$；

(3) $\mathrm{d}(Cu)=C\mathrm{d}u$ (C 是常数)； (4) $\mathrm{d}\left(\dfrac{u}{v}\right)=\dfrac{v\mathrm{d}u-u\mathrm{d}v}{v^2}$ $(v\neq 0)$.

3. 一阶微分形式不变性

设 $y=f(u)$, $u=\varphi(x)$，则复合函数 $y=f[\varphi(x)]$ 的导数为

$$\frac{\mathrm{d}y}{\mathrm{d}x}=f'(u)\varphi'(x),$$

它的微分为

$$\mathrm{d}y=f'(u)\varphi'(x)\mathrm{d}x,$$

而

$$\varphi'(x)\mathrm{d}x=\mathrm{d}u,$$

故

$$\mathrm{d}y = f'(u)\mathrm{d}u.$$

当 u 为中间变量时，$\mathrm{d}y = f'(u)\mathrm{d}u$ 成立，而当 u 为自变量时，此式显然成立.

这一性质被称为**一阶微分的形式不变性**.

例 1 已知 $y = \ln(1+\mathrm{e}^{x^2})$，求 $\mathrm{d}y$.

解 $\mathrm{d}y = \mathrm{d}[\ln(1+\mathrm{e}^{x^2})] = \dfrac{1}{1+\mathrm{e}^{x^2}}\mathrm{d}(1+\mathrm{e}^{x^2}) = \dfrac{1}{1+\mathrm{e}^{x^2}}\mathrm{d}(\mathrm{e}^{x^2})$

$$= \frac{\mathrm{e}^{x^2}}{1+\mathrm{e}^{x^2}} \cdot 2x\mathrm{d}x = \frac{2x\mathrm{e}^{x^2}}{1+\mathrm{e}^{x^2}}\mathrm{d}x.$$

例 2 已知 $y = \mathrm{e}^{\arctan\frac{1}{x}}$，求 $\mathrm{d}y$.

解 $\mathrm{d}y = \mathrm{e}^{\arctan\frac{1}{x}}\mathrm{d}\left(\arctan\dfrac{1}{x}\right) = \mathrm{e}^{\arctan\frac{1}{x}}\dfrac{1}{1+\left(\dfrac{1}{x}\right)^2}\mathrm{d}\left(\dfrac{1}{x}\right)$

$$= \mathrm{e}^{\arctan\frac{1}{x}}\frac{1}{1+\dfrac{1}{x^2}}\left(-\frac{1}{x^2}\right)\mathrm{d}x = -\frac{1}{1+x^2} \cdot \mathrm{e}^{\arctan\frac{1}{x}}\mathrm{d}x.$$

2.6.5 微分在近似计算中的应用

在一些工程问题与经济问题中，经常会遇到复杂的计算公式，直接用这些公式计算有时很困难，利用微分往往可以将这些复杂的计算公式转化为用简单的计算公式来近似代替.

1. 近似计算公式

设函数 $y = f(x)$ 在点 x_0 处的导数 $f'(x_0) \neq 0$，当 $|\Delta x|$ 充分小时，有

$$\Delta y \approx \mathrm{d}y,$$

其中

$$\Delta y = f(x_0+\Delta x) - f(x_0),\ \mathrm{d}y = f'(x_0) \cdot \Delta x.$$

故有如下近似公式

(1) $\Delta y \approx f'(x_0) \cdot \Delta x$；

(2) $f(x_0+\Delta x) \approx f(x_0) + f'(x_0) \cdot \Delta x$；

(3) $f(x) \approx f(x_0) + f'(x_0) \cdot (x - x_0)$；

若取 $x_0 = 0$，于是有

(4) $f(x) \approx f(0) + f'(0) \cdot x$.

例 3 有一批半径为 1 cm 的球，为了提高球面光洁度，要镀上一层铜，厚度定为 0.01 cm，试估计每只球需用铜多少 g?（铜的比重是 8.9 g/cm^3）

解 已知半径为 R 的球的体积为 $V = \dfrac{4}{3}\pi R^3$，由于 $R_0 = 1$ cm，$\Delta R = 0.01$ cm，用 $\mathrm{d}V$ 近似代替 ΔV，得

$$\Delta V \approx \mathrm{d}V = V'(R_0)\Delta R = 4\pi R_0^2 \cdot \Delta R = 4\pi \times 1 \times 0.01 = 0.13\ (\mathrm{cm}^3).$$

每只球的需铜量约为 $0.13 \times 8.9 = 1.16$ (g).

2. 几个常用的近似公式

设 $f(x)$ 在 $x=0$ 可导，当 $|x|$ 充分小时，利用近似公式

$$f(x) \approx f(0) + f'(0) \cdot x,$$

可得以下几个常用的近似计算公式

(1) $\sin x \approx x$;

(2) $\tan x \approx x$;

(3) $\mathrm{e}^x \approx 1 + x$;

(4) $\ln(1+x) \approx x$;

(5) $\sqrt[n]{1+x} \approx 1 + \frac{1}{n}x$.

这里仅证第(5)式，其余类似可证.

证明 取 $f(x) = \sqrt[n]{1+x}$, $f'(0) = \frac{1}{n}(1+x)^{\frac{1}{n}-1}\Big|_{x=0} = \frac{1}{n}$, $f(0) = 1$, 故

$$f(x) = \sqrt[n]{1+x} \approx f(0) + f'(0) \cdot x = 1 + \frac{1}{n}x.$$

例 4 计算 $\sqrt[3]{30}$ 的近似值.

解 $\sqrt[3]{30} = \sqrt[3]{27+3} = \sqrt[3]{27 \times \left(1 + \frac{1}{9}\right)} = 3 \times \sqrt[3]{1 + \frac{1}{9}}$.

由近似公式(5)有

$$\sqrt[3]{1+\frac{1}{9}} \approx 1 + \frac{1}{3} \times \frac{1}{9} = 1 + \frac{1}{27},$$

$$\sqrt[3]{30} \approx 3\left(1 + \frac{1}{27}\right) = 3 + \frac{1}{9} \approx 3.111.$$

类似地，有如下近似计算结果：

$$\ln 0.997 = \ln[1 + (-0.003)] \approx -0.003,$$

$$\sqrt[5]{0.995} = \sqrt[5]{1 + (-0.005)} \approx 1 + \frac{-0.005}{5} = 0.999.$$

习题 2.6

1. 已知 $y = 2x - x^3$，计算在 $x = 2$ 处，当 Δx 分别为 1, 0.1, 0.01 时的 Δy 与 $\mathrm{d}y$，并比较二者之差.

2. 求下列函数的微分.

(1) $y = x + 2x^2 - \frac{1}{3}x^3$;　　(2) $y = x\sin 2x$;

(3) $y = x^2 \mathrm{e}^{2x}$;　　(4) $y = \ln^2(1-x)$;

(5) $y = e^{ax}\cos bx$；　　(6) $y = \arcsin\sqrt{1-x^2}$.

3. 将适当的函数填入下列括号内，使等式成立.

(1) $d(\quad) = 3x\mathrm{d}x$；　　(2) $d(\quad) = \cos t\mathrm{d}t$；

(3) $d(\quad) = \dfrac{1}{\sqrt{x}}\mathrm{d}x$；　　(4) $d(\quad) = \dfrac{x}{1+x^2}\mathrm{d}x$；

(5) $d(\quad) = e^{-2x}\mathrm{d}x$；　　(6) $d(\quad) = \sec^2 3x\mathrm{d}x$.

4. 利用微分求下列各数的近似值.

(1) $\cos 29^\circ$；　(2) $\sqrt[3]{1.02}$；　(3) $\sqrt{26}$；

(4) $\arcsin 0.5002$；　(5) $\lg 11$；　(6) $\sqrt[3]{730}$.

5. 证明当 $|x|$ 很小时，有下列近似公式.

(1) $\sin x \approx x$；　(2) $\ln(1+x) \approx x$；　(3) $e^x \approx 1+x$；　(4) $\tan x \approx x$.

6. 求由下列方程所确定的隐函数的微分.

(1) $x^{\frac{2}{3}} + y^{\frac{2}{3}} = a^{\frac{2}{3}}$；　(2) $xe^y - ye^x + \ln y = 1$.

2.7 微分中值定理

为了应用导数研究函数的性质，本节将介绍几个微分中值定理. 微分中值定理是导数应用的理论基础，这些定理把函数在某一区间上的整体变化情况和它在区间内某点处的局部变化性态联系了起来.

2.7.1 罗尔定理

数学家费马

先介绍一个辅助命题.

定理 2.7［费马(Fermat)定理］ 设函数 $f(x)$ 在 x_0 的某个邻域 $U(x_0)$ 内有定义，且在 x_0 处可导，若对 $\forall x \in U(x_0)$，有

$$f(x) \leqslant f(x_0) \quad (\text{或 } f(x) \geqslant f(x_0)),$$

则

$$f'(x_0) = 0.$$

证明 考虑 $f(x) \leqslant f(x_0)$ 的情形(若 $f(x) \geqslant f(x_0)$，类似可证). 设 x 在 x_0 处有增量 Δx，则

$$\Delta y = f(x_0 + \Delta x) - f(x_0) \leqslant 0.$$

于是，当 $\Delta x < 0$ 时，$\dfrac{\Delta y}{\Delta x} \geqslant 0$；当 $\Delta x > 0$ 时，$\dfrac{\Delta y}{\Delta x} \leqslant 0$，故

$$f'_-(x_0) = \lim_{\Delta x \to 0^-} \frac{\Delta y}{\Delta x} \geqslant 0, \quad f'_+(x_0) = \lim_{\Delta x \to 0^+} \frac{\Delta y}{\Delta x} \leqslant 0.$$

由于 $f'(x_0)$ 存在，即 $f'_-(x_0) = f'_+(x_0) = f'(x_0)$，所以，$f'(x_0) = 0$.

通常将导数为零的点称为函数的**驻点**(或称**稳定点**、**临界点**).

费马定理指出，可导的极值点(某邻域内最大值点或最小值点)的导数必为零，即可导的极值点必为**驻点**(或**稳定点**).

数学家罗尔

定理 2.8[罗尔(Rolle)定理]　若函数 $f(x)$ 满足下列条件：

(1) 在闭区间 $[a, b]$ 上连续；

(2) 在开区间 (a, b) 内可导；

(3) $f(a) = f(b)$，

则至少存在一点 $\xi \in (a, b)$，使得 $f'(\xi) = 0$.

证明　因为函数 $y = f(x)$ 在闭区间 $[a, b]$ 上连续，从而函数 $f(x)$ 在 $[a, b]$ 上有最小值 m 和最大值 M，下面分两种情形讨论.

(1) 若 $m = M$，则 $f(x)$ 在 $[a, b]$ 上为常数 m，因此，$f'(x)$ 在 (a, b) 内恒为零，此时，(a, b) 内的每一点都可以取作 ξ.

(2) 若 $M > m$，由于 $f(a) = f(b)$，则 M 与 m 中至少有一个不等于 $f(a)$，不妨设 $M \neq f(a)$，那么在 (a, b) 内至少存在一点 ξ 满足 $f(\xi) = M$，又 $f(x)$ 在点 ξ 处可导，由费马定理知，必有 $f'(\xi) = 0$.

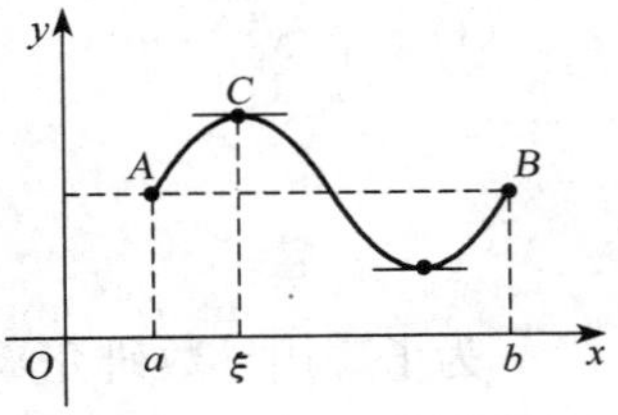

图 2-4

罗尔定理的几何意义是：设连续曲线弧 $\overset{\frown}{AB}$ 的方程为 $y = f(x)(a \leqslant x \leqslant b)$，它在 (a, b) 内每一点都有不平行于 y 轴的切线(光滑)，且两个端点的纵坐标相同，则在 (a, b) 内至少存在一点 ξ，使曲线在点 $C(\xi, f(\xi))$ 处的切线平行于 x 轴(图 2-4).

例 1　不求导数，判断函数

$$f(x) = (x-1)(x-2)(x-3)$$

的导函数有几个实根，并确定其所在范围.

解　因为 $f(1) = f(2) = f(3) = 0$，所以 $f(x)$ 在 $[1, 2]$，$[2, 3]$ 上满足罗尔定理的条件.

因此在 $(1, 2)$ 内至少存在一点 ξ_1，使 $f'(\xi_1) = 0$，ξ_1 是 $f'(x) = 0$ 的一个实根；在 $(2, 3)$ 内至少存在一点 ξ_2，使 $f'(\xi_2) = 0$，ξ_2 也是 $f'(x) = 0$ 的一个实根. 从而 $f'(x) = 0$ 至少有两个实根.

又因为 $f'(x) = 0$ 为二次方程，至多有两个实根，从而方程 $f'(x) = 0$ 恰有两个实根，分别在区间 $(1, 2)$ 及 $(2, 3)$ 内.

2.7.2　拉格朗日中值定理

去掉罗尔定理中的条件 $f(a) = f(b)$，保留其余两个条件，可得到微分学中十分重要的拉格朗日中值定理.

定理 2.9[拉格朗日(Lagrange)中值定理]　若函数 $f(x)$ 在闭区间 $[a, b]$ 上连续，在开区间 (a, b) 内可导，则至少存在一点 $\xi \in (a, b)$，使得

$$f'(\xi) = \frac{f(b) - f(a)}{b - a}. \tag{2.7.1}$$

数学家拉格朗日

在证明之前，先看一下定理的几何意义. 如图 2-5 所示，$\frac{f(b) - f(a)}{b - a}$ 为弦 AB 的斜率. 而 $f'(\xi)$ 为曲线在点 C 处的切线斜率. 因此，拉格朗日中值定理的几何意义：如果连续曲线

$y=f(x)$ 的弧 $\overset{\frown}{AB}$ 上除端点外处处有不平行于 y 轴的切线，那么，曲线上至少存在一点 C，使曲线在点 C 处的切线平行于弦 AB.

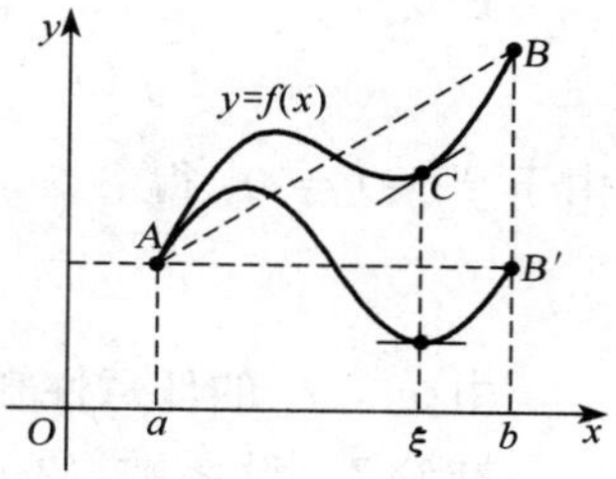

图 2-5

在拉格朗日中值定理中，若 $f(a)=f(b)$，则有 $f'(\xi)=0$. 因此，罗尔定理是拉格朗日中值定理的特殊情形. 为此可设法构造一个满足罗尔定理三个条件的辅助函数 $\Phi(x)$，利用 $\Phi(x)$ 完成拉格朗日中值定理的证明.

考察弦 AB 的方程

$$y-f(a)=\frac{f(b)-f(a)}{b-a}(x-a),$$

如果两边求导，从形式上看即为拉格朗日中值定理的结论. 综上分析，现给出定理的证明.

证明 引进辅助函数

$$\Phi(x)=f(x)-f(a)-\frac{f(b)-f(a)}{b-a}(x-a)\quad (a\leqslant x\leqslant b).$$

容易验证 $\Phi(x)$ 满足：(1)在 $[a,b]$ 上连续；(2)在 (a,b) 内可导；(3) $\Phi(a)=\Phi(b)=0$，即 $\Phi(x)$ 满足罗尔定理的条件，故至少存在一点 $\xi\in(a,b)$，使得 $\Phi'(\xi)=0$，即

$$\Phi'(\xi)=f'(\xi)-\frac{f(b)-f(a)}{b-a}=0,$$

从而得

$$f'(\xi)=\frac{f(b)-f(a)}{b-a}.$$

上述公式对 $b<a$ 也成立. 定理中的结论式(2.7.1)被称为**拉格朗日中值公式**，使用中可以将它写成如下几种常用形式：

(1) $f(b)-f(a)=f'(\xi)(b-a)\quad (a<\xi<b)$；

(2) $f(b)-f(a)=f'[a+\theta(b-a)](b-a)\quad (0<\theta<1)$；

(3) $f(a+h)-f(a)=f'(a+\theta h)h\quad (0<\theta<1)$；

(4) $f(x_0+\Delta x)-f(x_0)=f'(x_0+\theta\Delta x)\Delta x\quad (0<\theta<1)$.

或

$$\Delta y=f'(x_0+\theta\Delta x)\Delta x. \tag{2.7.2}$$

注 函数的微分 $\mathrm{d}y=f'(x_0)\cdot\Delta x$ 是函数的增量 Δy 的近似表达式，而 $\Delta y=f'(x_0+\theta\Delta x)\Delta x$ 是 Δy 的精确表达式，因此式(2.7.2)又称为**有限增量公式**，拉格朗日中值定理又称为**有限增量定理**. 拉格朗日中值定理在微分学中占有重要的地位，所以也称其为**微分中值定理**，它是利用导数研究函数性质的重要工具，其应用十分广泛.

推论 1 设函数 $f(x)$ 在开区间 (a,b) 内可导，则在 (a,b) 内 $f'(x)\equiv 0$ 的充要条件是 $f(x)$ 在 (a,b) 内恒为常数.

证明 充分性 ($\Leftarrow$) 设当 $x\in(a,b)$ 时，$f(x)\equiv C$ (C 为常数)，显然当 $x\in(a,b)$ 时，$f'(x)\equiv 0$.

必要性(⇒) $\forall x_1, x_2 \in (a, b), x_1 < x_2$. 在$[x_1, x_2]$上应用拉格朗日中值定理,有

$$f(x_2) - f(x_1) = f'(\xi)(x_2 - x_1) \quad (x_1 < \xi < x_2),$$

由于 $f'(\xi) = 0$, 得

$$f(x_2) - f(x_1) = 0, \text{即 } f(x_2) = f(x_1).$$

由 x_1, x_2 的任意性知,必有 $f(x) \equiv C$ (C 为常数).

推论 2 设函数 $f(x)$ 与 $g(x)$ 都在区间 I 上可导,且 $f'(x) \equiv g'(x)$, 则 $f(x) = g(x) + C$.

证明 令 $F(x) = f(x) - g(x)$, 则 $F'(x) = f'(x) - g'(x) \equiv 0$, 由推论 1 知, $F(x) \equiv C$, 即 $f(x) = g(x) + C$.

从以上两个推论可以看出,虽然拉格朗日定理中的 $\xi \in (a, b)$ 的精确位置未知,但这并不妨碍它的使用.

例 2 证明 当 $0 < a < b$ 时,有

$$\frac{b-a}{b} < \ln\frac{b}{a} < \frac{b-a}{a}.$$

证明 设 $f(x) = \ln x$, 则 $f(x)$ 在$[a, b]$上连续,在(a, b)内可导,根据拉格朗日中值定理,有

$$\frac{\ln b - \ln a}{b-a} = \frac{1}{\xi} \quad (0 < a < \xi < b),$$

即

$$\ln b - \ln a = \frac{1}{\xi}(b-a).$$

由于 $a < \xi < b$, 从而 $\frac{1}{b} < \frac{1}{\xi} < \frac{1}{a}$, 因此,有

$$\frac{b-a}{b} < \ln b - \ln a < \frac{b-a}{a},$$

即

$$\frac{b-a}{b} < \ln\frac{b}{a} < \frac{b-a}{a}.$$

例 3 证明等式 $\arctan x + \operatorname{arccot} x = \frac{\pi}{2}$.

证明 令 $f(x) = \arctan x + \operatorname{arccot} x$, 它在$(-\infty, +\infty)$内可导,且

$$f'(x) = \frac{1}{1+x^2} - \frac{1}{1+x^2} = 0.$$

由推论 1,在$(-\infty, +\infty)$内恒有

$$\arctan x + \operatorname{arccot} x = C.$$

取 $x=1$，有 $f(1)=\frac{\pi}{4}+\frac{\pi}{4}=\frac{\pi}{2}$，代入上式，得 $C=\frac{\pi}{2}$，故

$$\arctan x+\operatorname{arccot} x=\frac{\pi}{2}.$$

作为拉格朗日中值定理的推广，得到下面的定理.

2.7.3 柯西中值定理

定理 2.10(柯西中值定理)　设函数 $f(x)$ 与 $g(x)$ 满足：

(1) 在闭区间 $[a, b]$ 上连续；

(2) 在开区间 (a, b) 内可导，且 $g'(x)\neq 0$，

则在 (a, b) 内至少存在一点 ξ，使得

$$\frac{f(b)-f(a)}{g(b)-g(a)}=\frac{f'(\xi)}{g'(\xi)}.$$

数学家柯西

柯西中值定理的几何意义十分明显，考虑由参数方程所表示的曲线 $\begin{cases}X=g(x),\\Y=f(x),\end{cases}$ $x\in[a, b]$，视 x 为参变量.

如图 2-6 所示，曲线上点 $C(X, Y)$ 处的切线斜率为 $\frac{\mathrm{d}Y}{\mathrm{d}X}=\frac{f'(x)}{g'(x)}$，弦 AB 的斜率为

$$\frac{f(b)-f(a)}{g(b)-g(a)}.$$

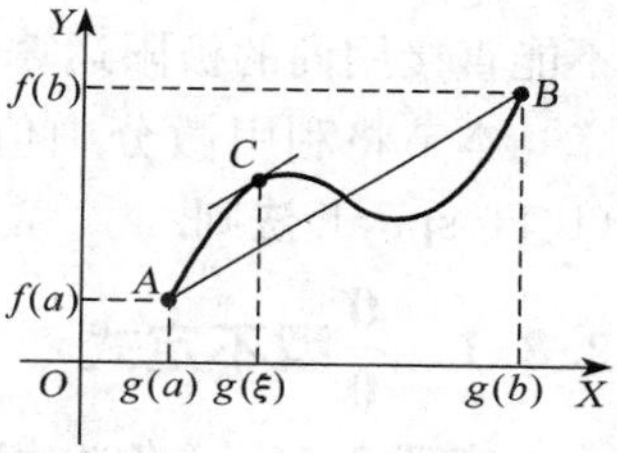

图 2-6

假定点 C 对应于参数 $x=\xi$，那么曲线在点 C 处的切线平行于弦 AB，于是

$$\frac{f(b)-f(a)}{g(b)-g(a)}=\frac{f'(\xi)}{g'(\xi)}.$$

证明略.

在柯西中值定理中，若取 $g(x)=x$，则 $g(b)-g(a)=b-a$，$g'(x)=1$，

$$\frac{f(b)-f(a)}{b-a}=f'(\xi).$$

这就是拉格朗日中值公式，因此，拉格朗日中值定理是柯西中值定理的特殊情形.

习题 2.7

1. 验证罗尔定理在区间 $\left[\frac{\pi}{6}, \frac{5\pi}{6}\right]$ 上对函数 $y=\ln\sin x$ 的正确性.

2. 验证拉格朗日中值定理在区间 $[0, 1]$ 上对函数 $f(x)=4x^3-5x^2+x-2$ 的正确性.

3. 验证柯西中值定理在区间 $\left[0, \frac{\pi}{2}\right]$ 上对函数 $f(x)=\sin x$，$g(x)=x+\cos x$ 的正确性.

4. 设 $x\geqslant 1$，证明：

$$2\arctan x + \arcsin \frac{2x}{1+x^2} = \pi.$$

5. 证明下列不等式：

(1) $|\arcsin x - \arcsin y| \geqslant |x - y|$；

(2) 当 $x > 1$ 时，$e^x > xe$；

(3) 当 $0 < b < a$ 且 $n > 1$ 时，有 $nb^{n-1}(a-b) < a^n - b^n < na^{n-1}(a-b)$.

6. 已知 $f(x)$ 在 $[a, b]$ $(b > a > 0)$ 上连续，在 (a, b) 内可导，证明在 (a, b) 内至少存在一点 ξ，使 $f(b) - f(a) = \xi \ln \dfrac{b}{a} f'(\xi)$.

2.8 洛必达法则

当 $x \to a$ (或 $x \to \infty$) 时，两个函数 $f(x)$ 与 $g(x)$ 都趋向于零或都趋向于**无穷大**，此时，极限 $\lim\limits_{\substack{x \to a \\ (x \to \infty)}} \dfrac{f(x)}{g(x)}$ 可能存在，也可能不存在，通常把这种形式的极限叫做**不定式**，并分别简记为 $\dfrac{0}{0}$ 型和 $\dfrac{\infty}{\infty}$ 型. 例如，$\lim\limits_{x \to 0} \dfrac{x - \sin x}{x^3}$ 是 $\dfrac{0}{0}$ 型不定式，$\lim\limits_{x \to +\infty} \dfrac{x^9}{e^x}$ 是 $\dfrac{\infty}{\infty}$ 型不定式，这类极限都不能直接用商的极限运算法则求得.

本节将利用微分中值定理推导出求这类极限的一种简单而有效的方法——**洛必达(L'Hospital)法则**.

2.8.1 $\dfrac{0}{0}$ 型不定式

数学家
洛必达

定理 2.11 (洛必达法则Ⅰ) 设函数 $f(x)$ 与 $g(x)$ 满足：

(1) $\lim\limits_{x \to a} f(x) = 0$, $\lim\limits_{x \to a} g(x) = 0$；

(2) 在点 a 的某去心邻域内 $f(x)$, $g(x)$ 都可导，且 $g'(x) \neq 0$；

(3) $\lim\limits_{x \to a} \dfrac{f'(x)}{g'(x)} = A$ (有限或无穷)，

则有 $\lim\limits_{x \to a} \dfrac{f(x)}{g(x)} = \lim\limits_{x \to a} \dfrac{f'(x)}{g'(x)} = A$.

证明 因为极限 $\lim\limits_{x \to a} \dfrac{f(x)}{g(x)}$ 与函数值 $f(a)$, $g(a)$ 无关，所以可以修改或补充定义 $f(a) = g(a) = 0$，

由这一假设及条件(1)、(2)知，$f(x)$ 与 $g(x)$ 在点 a 的某邻域内是连续的，设 x 为点 a 的邻域内的一点，则在区间 $[a, x]$ (或 $[x, a]$) 上，$f(x)$ 与 $g(x)$ 满足柯西中值定理的全部条件，从而有

$$\frac{f(x)}{g(x)} = \frac{f(x) - f(a)}{g(x) - g(a)} = \frac{f'(\xi)}{g'(\xi)} \quad (\xi \text{ 介于 } a \text{ 与 } x \text{ 之间}),$$

当 $x \to a$ 时，一定有 $\xi \to a$，于是

$$\lim_{x\to a}\frac{f(x)}{g(x)}=\lim_{x\to a}\frac{f'(\xi)}{g'(\xi)}=\lim_{\xi\to a}\frac{f'(\xi)}{g'(\xi)}=\lim_{x\to a}\frac{f'(x)}{g'(x)},$$

故

$$\lim_{x\to a}\frac{f(x)}{g(x)}=\lim_{x\to a}\frac{f'(x)}{g'(x)}.$$

注意 （1）定理 2.11 同样可以解决当 $x\to\infty$ 时的 $\frac{0}{0}$ 型不定式极限问题.

（2）如果 $\lim_{x\to a}\frac{f'(x)}{g'(x)}$ 仍为 $\frac{0}{0}$ 型不定式，且 $f'(x)$，$g'(x)$ 满足定理 2.11 中的条件，则可以继续使用洛必达法则，即

$$\lim_{x\to a}\frac{f(x)}{g(x)}=\lim_{x\to a}\frac{f'(x)}{g'(x)}=\lim_{x\to a}\frac{f''(x)}{g''(x)}.$$

（3）如果 $\lim_{x\to a}\frac{f'(x)}{g'(x)}$ 不存在，不能断言 $\lim_{x\to a}\frac{f(x)}{g(x)}$ 也不存在，只能说明该极限不适合用洛必达法则来求.

例如：求极限 $\lim_{x\to 0}\frac{x^2\sin\frac{1}{x}}{x}\quad\left(\frac{0}{0}\right)$.

若使用洛必达法则 $\lim_{x\to 0}\frac{x^2\sin\frac{1}{x}}{x}=\lim_{x\to 0}\left(2x\sin\frac{1}{x}-\cos\frac{1}{x}\right)$，此极限不存在，但 $\lim_{x\to 0}\frac{x^2\sin\frac{1}{x}}{x}=\lim_{x\to 0}x\sin\frac{1}{x}=0$ 存在.

例 1 求极限.

（1）$\lim_{x\to 0}\frac{\mathrm{e}^x-1}{x}$； （2）$\lim_{x\to 0}\frac{\cos x-1}{x^2}$.

解 （1）$\lim_{x\to 0}\frac{\mathrm{e}^x-1}{x}=\lim_{x\to 0}\frac{\mathrm{e}^x}{1}=1$；

（2）$\lim_{x\to 0}\frac{\cos x-1}{x^2}=\lim_{x\to 0}\frac{-\sin x}{2x}=\lim_{x\to 0}\frac{-\cos x}{2}=-\frac{1}{2}$.

例 2 求极限.

（1）$\lim_{x\to+\infty}\frac{\frac{\pi}{2}-\arctan x}{\frac{1}{x}}$； （2）$\lim_{x\to+\infty}\frac{\ln\left(1+\frac{1}{x}\right)}{\operatorname{arccot} x}$.

解 （1）$\lim_{x\to+\infty}\frac{\frac{\pi}{2}-\arctan x}{\frac{1}{x}}=\lim_{x\to+\infty}\frac{-\frac{1}{1+x^2}}{-\frac{1}{x^2}}=\lim_{x\to+\infty}\frac{x^2}{1+x^2}=\lim_{x\to+\infty}\frac{2x}{2x}=1$.

(2) $\lim\limits_{x\to+\infty}\dfrac{\ln\left(1+\dfrac{1}{x}\right)}{\operatorname{arccot}x}=\lim\limits_{x\to+\infty}\dfrac{\dfrac{1}{1+\dfrac{1}{x}}\left(-\dfrac{1}{x^2}\right)}{-\dfrac{1}{1+x^2}}=\lim\limits_{x\to+\infty}\dfrac{1+x^2}{x+x^2}=\lim\limits_{x\to+\infty}\dfrac{1+\dfrac{1}{x^2}}{1+\dfrac{1}{x}}=1.$

2.8.2 $\dfrac{\infty}{\infty}$型不定式

定理 2.12 （洛必达法则Ⅱ） 设函数 $f(x)$ 与 $g(x)$ 满足：

(1) $\lim\limits_{x\to a}f(x)=\lim\limits_{x\to a}g(x)=\infty$；

(2) 在点 a 的某去心邻域内，$f'(x)$ 和 $g'(x)$ 都存在且 $g'(x)\neq 0$；

(3) $\lim\limits_{x\to a}\dfrac{f'(x)}{g'(x)}=A$（有限或无穷），

则有 $\lim\limits_{x\to a}\dfrac{f(x)}{g(x)}=\lim\limits_{x\to a}\dfrac{f'(x)}{g'(x)}=A.$

证明略. 当 $x\to\infty$ 时，此定理仍然成立.

例 3 求极限.

(1) $\lim\limits_{x\to+\infty}\dfrac{(\ln x)^n}{x^a}$ （n 为正整数，$a>0$）；

(2) $\lim\limits_{x\to+\infty}\dfrac{x^{10}}{e^x}$.

解 (1) $\lim\limits_{x\to+\infty}\dfrac{(\ln x)^n}{x^a}=\lim\limits_{x\to+\infty}\dfrac{n(\ln x)^{n-1}\cdot\dfrac{1}{x}}{ax^{a-1}}=\lim\limits_{x\to+\infty}\dfrac{n(\ln x)^{n-1}}{ax^a}\quad\left(\dfrac{\infty}{\infty}\right)$

$$=\lim_{x\to+\infty}\frac{n(n-1)(\ln x)^{n-2}\cdot\dfrac{1}{x}}{a^2x^{a-1}}=\lim_{x\to+\infty}\frac{n(n-1)(\ln x)^{n-2}}{a^2x^a}\quad\left(\frac{\infty}{\infty}\right)$$

$$=\cdots=\lim_{x\to+\infty}\frac{n!}{a^nx^a}=0.$$

(2) $\lim\limits_{x\to+\infty}\dfrac{x^{10}}{e^x}=\lim\limits_{x\to+\infty}\dfrac{10x^9}{e^x}=\lim\limits_{x\to+\infty}\dfrac{90x^8}{e^x}=\cdots=\lim\limits_{x\to+\infty}\dfrac{10!}{e^x}=0.$

注 对数函数 $\ln x$，幂函数 x^a （$a>0$），指数函数 e^x，当 $x\to+\infty$ 时均为无穷大量，但从例 3 可以看出这三个函数趋向无穷大的速度却有较大差异，指数函数趋向于无穷大的速度最快，幂函数次之，对数函数最慢.

2.8.3 其他类型的不定式

除了 $\dfrac{0}{0}$ 型或 $\dfrac{\infty}{\infty}$ 型不定式外，还有 $0\cdot\infty$，$\infty-\infty$，0^0，1^∞，∞^0 型不定式，它们均可以经过适当变形，化为 $\dfrac{0}{0}$ 型或 $\dfrac{\infty}{\infty}$ 型不定式，然后运用洛必达法则求极限.

例 4 求 $\lim\limits_{x\to0^+}x^a\ln x$ （$a>0$）.

解 这是 $0 \cdot \infty$ 型不定式，故

$$\begin{aligned}&\lim_{x\to0^+} x^a\ln x \qquad (0\cdot\infty)\\&=\lim_{x\to0^+}\frac{\ln x}{x^{-a}} \qquad \left(\frac{\infty}{\infty}\right)\\&=\lim_{x\to0^+}\frac{\frac{1}{x}}{-ax^{-a-1}}=-\frac{1}{a}\lim_{x\to0^+}x^a=0.\end{aligned}$$

例 5 求 $\lim\limits_{x\to0}\left(\frac{1}{\sin x}-\frac{1}{x}\right)$.

解 这是 $\infty-\infty$ 型不定式，故

$$\begin{aligned}&\lim_{x\to0}\left(\frac{1}{\sin x}-\frac{1}{x}\right) \qquad (\infty-\infty)\\&=\lim_{x\to0}\frac{x-\sin x}{x\sin x} \qquad \left(\frac{0}{0}\right)\\&=\lim_{x\to0}\frac{1-\cos x}{\sin x+x\cos x}=\lim_{x\to0}\frac{\sin x}{2\cos x-x\sin x}=0.\end{aligned}$$

例 6 求 $\lim\limits_{x\to0^+}x^x$.

解 这是 0^0 型不定式，利用对数恒等式，得 $x^x=e^{x\ln x}$，由例 4 得 $\lim\limits_{x\to0^+}x\ln x=0$，所以

$$\lim_{x\to0^+}x^x=\lim_{x\to0^+}e^{x\ln x}=e^{\lim\limits_{x\to0^+}x\ln x}=e^0=1.$$

例 7 求 $\lim\limits_{x\to0}(\cos x+x\sin x)^{\frac{1}{x^2}}$.

解 这是 1^∞ 型不定式，由于

$$(\cos x+x\sin x)^{\frac{1}{x^2}}=e^{\frac{1}{x^2}\ln(\cos x+x\sin x)},$$

$$\begin{aligned}\lim_{x\to0}\frac{1}{x^2}\ln(\cos x+x\sin x)&=\lim_{x\to0}\frac{\ln(\cos x+x\sin x)}{x^2}=\lim_{x\to0}\frac{x\cos x}{2x(\cos x+x\sin x)}\\&=\lim_{x\to0}\frac{\cos x}{2(\cos x+x\sin x)}=\frac{1}{2},\end{aligned}$$

所以

$$\lim_{x\to0}(\cos x+x\sin x)^{\frac{1}{x^2}}=e^{\lim\limits_{x\to0}\left[\frac{1}{x^2}\ln(\cos x+x\sin x)\right]}=e^{\frac{1}{2}}.$$

例 8 求 $\lim\limits_{x\to+\infty}(x+\sqrt{1+x^2})^{\frac{1}{x}}$.

解 这是 ∞^0 型不定式，故

$$\lim_{x\to+\infty}(x+\sqrt{1+x^2})^{\frac{1}{x}}=\lim_{x\to+\infty}e^{\frac{\ln(x+\sqrt{1+x^2})}{x}}=e^{\lim\limits_{x\to+\infty}\frac{\ln(x+\sqrt{1+x^2})}{x}}=e^{\lim\limits_{x\to+\infty}\frac{1}{\sqrt{1+x^2}}}=e^0=1.$$

洛必达法则是求不定式极限的一种有效工具，但使用时一定要随时注意检验其是否满足所需条件. 除此之外，使用洛必达法则时还要注意结合其他求极限的方法. 如两个重要极限与等价无穷小代换等，以达到简洁、快速的目的.

例 9 求 $\lim\limits_{x\to 0}\left(\dfrac{1}{x^2}-\dfrac{1}{x\tan x}\right)$.

解

$$\lim_{x\to 0}\left(\frac{1}{x^2}-\frac{1}{x\tan x}\right)\quad(\infty-\infty)$$

$$=\lim_{x\to 0}\frac{\tan x-x}{x^2\tan x}\quad\left(\frac{0}{0}\right)$$

$$=\lim_{x\to 0}\frac{\tan x-x}{x^3}\quad(\text{因为 } x\to 0 \text{ 时，} \tan x\sim x)$$

$$=\lim_{x\to 0}\frac{\sec^2 x-1}{3x^2}=\frac{1}{3}\lim_{x\to 0}\frac{\tan^2 x}{x^2}=\frac{1}{3}.$$

习题 2.8

1. 用洛必达法则求下列极限.

(1) $\lim\limits_{x\to 0}\dfrac{e^x-e^{-x}}{x}$；
(2) $\lim\limits_{x\to 1}\dfrac{\ln x}{x-1}$；
(3) $\lim\limits_{x\to 0}\dfrac{\sin 3x}{x}$；

(4) $\lim\limits_{x\to 0}\dfrac{e^x+e^{-x}-2}{1-\cos x}$；
(5) $\lim\limits_{x\to 1}\dfrac{x^3-3x+2}{x^3-x^2-x+1}$；
(6) $\lim\limits_{x\to a}\dfrac{x^m-a^m}{x^n-a^n}$；

(7) $\lim\limits_{x\to \infty}\dfrac{\ln(1+e^x)}{5x}$；
(8) $\lim\limits_{x\to 0^+}\dfrac{\ln\sin mx}{\ln\sin x}$；
(9) $\lim\limits_{x\to 1}\left(\dfrac{x}{x-1}-\dfrac{1}{\ln x}\right)$；

(10) $\lim\limits_{x\to 0}(1+\sin x)^{\frac{1}{x}}$；
(11) $\lim\limits_{x\to 0^+}\left(\dfrac{1}{x}\right)^{\sin x}$；
(12) $\lim\limits_{x\to 0^+}x^{\sin x}$；

(13) $\lim\limits_{x\to \infty}x\left(e^{\frac{1}{x}}-1\right)$；
(14) $\lim\limits_{x\to 0^+}\left(\ln\dfrac{1}{x}\right)^x$；
(15) $\lim\limits_{x\to 0}(1-x)^{\frac{1}{x}}$；

(16) $\lim\limits_{x\to \frac{\pi}{2}}\dfrac{\ln\sin x}{(\pi-2x)^2}$.

2. 下列极限存在吗？能否用洛必达法则求出来？

(1) $\lim\limits_{x\to \infty}\dfrac{e^x-e^{-x}}{e^x+e^{-x}}$；
(2) $\lim\limits_{x\to \infty}\dfrac{x+\sin x}{x-\sin x}$；
(3) $\lim\limits_{x\to 1}\dfrac{(x^2-1)\sin x}{\ln\left(1+\sin\dfrac{\pi}{2}\right)x}$.

2.9 泰 勒 公 式

对于一些比较复杂的函数，总是希望能用较为简单的函数来近似表示. 多项式函数是各类函数中最简单的一种，自然就成了近似函数的首选.

利用微分知识，当 $|\Delta x|$ 很小时，有

$$f(x)\approx f(0)+f'(0)\cdot x.$$

例如 $e^x\approx 1+x$，$\ln(1+x)\approx x$ 等. 这实际上就是用一次多项式来近似表示函数 $f(x)$，但是这种近似表示有着明显的不足之处. 就是精确度不高，它产生的误差是 x 的高阶无穷

小，为了提高精确度，设想用 n 次多项式来近似表达函数。

设函数 $f(x)$ 在 x_0 的某邻域内有直到 $(n+1)$ 阶导数，试找出一个 n 次多项式

$$P_n(x)=a_0+a_1(x-x_0)+a_2(x-x_0)^2+\cdots+a_n(x-x_0)^n$$

来近似表示 $f(x)$，要求 $P_n(x)$ 与 $f(x)$ 之差是 $(x-x_0)^n$ 的高阶无穷小.

一个理想的 $P_n(x)$，我们希望 $P_n^{(k)}(x_0)=f_n^{(k)}(x_0)$ $(k=0,1,2,\cdots,n)$. 根据以上 $(n+1)$ 个条件来确定 $P_n(x)$，实际上就是确定多项式 $P_n(x)$ 的 $n+1$ 个系数 $a_0,a_1,\cdots,a_n$.

$$\text{由}\begin{cases}P_n(x_0)=a_0=f(x_0),\\ P'_n(x_0)=a_1=f'(x_0),\\ P''_n(x_0)=2a_2=f''(x_0),\\ \qquad\vdots\qquad\qquad\vdots\\ P_n^{(n)}(x_0)=n!a_n=f^{(n)}(x_0),\end{cases}\quad\text{推得}\begin{cases}a_0=f(x_0),\\ a_1=\dfrac{1}{1!}f'(x_0),\\ a_2=\dfrac{1}{2!}f''(x_0),\\ \qquad\vdots\\ a_n=\dfrac{1}{n!}f^{(n)}(x_0).\end{cases}$$

于是

$$P_n(x)=f(x_0)+\frac{f'(x_0)}{1!}(x-x_0)+\frac{f''(x_0)}{2!}(x-x_0)^2+\cdots+\frac{f^{(n)}(x_0)}{n!}(x-x_0)^n. \tag{2.9.1}$$

这正是要找的 n 次多项式，此多项式也称为函数 $f(x)$ 在点 x_0 处关于 $(x-x_0)$ 的 n 次**泰勒(Taylor)多项式**. 记函数 $f(x)$ 与其 n 次泰勒多项式之间的差为 $R_n(x)=f(x)-P_n(x)$，则 $f(x)=P_n(x)+R_n(x)$，其中 $R_n(x)$ 称为余项.

定理 2.13［泰勒(Taylor)中值定理］ 设函数 $f(x)$ 在点 x_0 的某邻域内具有直到 $(n+1)$ 阶导数，则对此邻域中的每一点 x，$f(x)$ 可表示为

$$f(x)=f(x_0)+\frac{f'(x_0)}{1!}(x-x_0)+\frac{f''(x_0)}{2!}(x-x_0)^2+\cdots+\frac{f^{(n)}(x_0)}{n!}(x-x_0)^n+R_n(x). \tag{2.9.2}$$

数学家泰勒

其中

$$R_n(x)=\frac{f^{(n+1)}(\xi)}{(n+1)!}(x-x_0)^{n+1}\quad(\xi\text{ 介于 }x_0\text{ 与 }x\text{ 之间}). \tag{2.9.3}$$

式(2.9.2)称为 $f(x)$ 在点 x_0 处**带拉格朗日型余项的 n 阶泰勒公式**. 式(2.8.3)称为**拉格朗日型余项**.

在不需要余项的精确表达式时，泰勒公式可以写成

$$f(x)=f(x_0)+\frac{f'(x_0)}{1!}(x-x_0)+\frac{f''(x_0)}{2!}(x-x_0)^2$$

$$+\cdots+\frac{f^{(n)}(x_0)}{n!}(x-x_0)^n+o[(x-x_0)^n]. \tag{2.9.4}$$

式(2.9.4)称为 $f(x)$ 在点 x_0 处**带皮亚诺(Peano)型余项的** n **阶泰勒公式**.

泰勒中值定理可以利用柯西中值定理给出证明,有兴趣的读者可以参看其他教材,此处从略.

值得指出的是:

(1) 当 $n=0$ 时,泰勒公式为

$$f(x)=f(x_0)+f'(\xi)(x-x_0)\ (\xi \text{介于} x_0 \text{与} x \text{之间}).$$

这就是拉格朗日中值公式,因此,泰勒定理是拉格朗日中值定理的推广.

(2) 如取 $x_0=0$,式(2.9.2)即成为

$$f(x)=f(0)+\frac{f'(0)}{1!}x+\frac{f''(0)}{2!}x^2+\cdots+\frac{f^{(n)}(0)}{n!}x^n+o(x^n) \tag{2.9.5}$$

或

$$f(x)=f(0)+\frac{f'(0)}{1!}x+\frac{f''(0)}{2!}x^2+\cdots+\frac{f^{(n)}(0)}{n!}x^n+ \\ \frac{f^{(n+1)}(\xi)}{(n+1)!}x^{n+1}\ (\xi \text{介于} 0 \text{与} x \text{之间}). \tag{2.9.6}$$

式(2.9.5),式(2.9.6)称为**麦克劳林(Maclaurin)公式**.

例1 将函数 $f(x)=\mathrm{e}^x$ 展开为 n 阶麦克劳林公式.

解 因为

$$f'(x)=f''(x)=\cdots=f^{(n)}(x)=\mathrm{e}^x,$$

所以

$$f(0)=f'(0)=f''(0)=\cdots=f^{(n)}(0)=1.$$

从而可得带有拉格朗日型余项的麦克劳林展式为

$$\mathrm{e}^x=1+x+\frac{x^2}{2!}+\cdots+\frac{x^n}{n!}+\frac{\mathrm{e}^{\theta x}}{(n+1)!}x^{n+1}\quad(0<\theta<1).$$

带有皮亚诺型余项的麦克劳林展式为

$$\mathrm{e}^x=1+x+\frac{x^2}{2!}+\cdots+\frac{x^n}{n!}+o(x^n).$$

由此可知,若把 e^x 用它的 n 次近似多项式表达为

$$\mathrm{e}^x=1+x+\frac{x^2}{2!}+\cdots+\frac{x^n}{n!},$$

则所产生的误差为

$$|R_n(x)|=\left|\frac{\mathrm{e}^{\theta x}}{(n+1)!}x^{n+1}\right|<\frac{\mathrm{e}^{|x|}}{(n+1)!}|x|^{n+1}\quad(0<\theta<1).$$

如果取 $x=1$，则得无理数 e 的近似表达式为

$$\mathrm{e}\approx 1+1+\frac{1}{2!}+\cdots+\frac{1}{n!},$$

其误差为

$$|R_n|=\frac{\mathrm{e}}{(n+1)!}<\frac{3}{(n+1)!}.$$

当 $n=10$ 时,可算出 $\mathrm{e}\approx 2.718\,282$，其误差小于 10^{-6}.

例 2 将函数 $f(x)=\sin x$ 展开为 n 阶麦克劳林公式.

解 因为

$$f^{(k)}(0)=\sin\left(x+\frac{k\pi}{2}\right),\ k=0,\ 1,\ 2,\ \cdots,\ n,$$

得

$$f(0)=0,\ f'(0)=1,\ f''(0)=0,\ f'''(0)=-1,\ f^{(4)}(0)=0,\ \cdots$$

即这是一个四个数 0，1，0，−1 的循环数列,于是 $\sin x$ 的 n 阶麦克劳林展式为

$$\sin x=x-\frac{x^3}{3!}+\frac{x^5}{5!}-\cdots+(-1)^{m-1}\frac{x^{2m-1}}{(2m-1)!}+R_{2m}(x).$$

其中,拉格朗日型余项为

$$R_{2m}(x)=\frac{\sin\left[\theta x+\frac{(2m+1)\pi}{2}\right]}{(2m+1)!}x^{2m+1}\quad(0<\theta<1).$$

皮亚诺型余项为

$$R_{2m}(x)=o(x^{2m})\quad(x\to 0).$$

若取 $m=1$，则得近似公式

$$\sin x\approx x.$$

这时误差为

$$|R_2(x)|=\left|\frac{\sin\left(\theta x+\frac{3\pi}{2}\right)}{3!}x^3\right|\leqslant\frac{|x|^3}{6}\quad(0<\theta<1).$$

若 m 分别取 2 和 3,则可得 $\sin x$ 的 3 次和 5 次多项式

$$\sin x\approx x-\frac{1}{3!}x^3 \text{ 和 } \sin x\approx x-\frac{1}{3!}x^3+\frac{1}{5!}x^5,$$

其误差分别不超过 $\frac{1}{5!}|x|^5$ 和 $\frac{1}{7!}|x|^7$.

类似可得 $\cos x$ 的麦克劳林公式为

$$\cos x=1-\frac{x^2}{2!}+\frac{x^4}{4!}-\cdots+(-1)^m\frac{x^{2m}}{(2m)!}+R_{2m+1}(x),$$

其中，

$$R_{2m+1}(x)=\frac{x^{2m+2}}{(2m+2)!}\cos[\theta x+(m+1)\pi]\quad(0<\theta<1).$$

此外，泰勒公式在求不定式的极限时常常被用到.

例 3 求 $\lim\limits_{x\to 0}\frac{\cos x-\mathrm{e}^{-\frac{x^2}{2}}}{x^4}$.

解 因为

$$\cos x=1-\frac{x^2}{2!}+\frac{x^4}{4!}+o(x^4),$$

$$\mathrm{e}^{-\frac{x^2}{2}}=1-\frac{x^2}{2}+\frac{x^4}{8}+o(x^4),$$

所以

$$\lim_{x\to 0}\frac{\cos x-\mathrm{e}^{-\frac{x^2}{2}}}{x^4}=\lim_{x\to 0}\frac{1-\frac{x^2}{2!}+\frac{x^4}{4!}+o(x^4)-\left[1-\frac{x^2}{2}+\frac{x^4}{8}+o(x^4)\right]}{x^4}$$

$$=\lim_{x\to 0}\frac{-\frac{x^4}{12}+o(x^4)}{x^4}=-\frac{1}{12}.$$

习题 2.9

1. 按 $(x-x_0)$ 的幂展开下列多项式函数.

(1) $f(x)=x^3+4x^2+5$，在 $x_0=1$ 处；

(2) $f(x)=x^4-5x^3+x^2-3x+4$，在 $x_0=4$ 处；

(3) $f(x)=(x^2-3x+1)^3$，在 $x_0=0$ 处.

2. 求 $x_0=4$ 时函数 $y=\sqrt{x}$ 的带有拉格朗日型余项的三阶泰勒公式.

3. 求函数 $f(x)=x\mathrm{e}^x$ 的带有皮亚诺型余项的 n 阶麦克劳林公式.

4. 利用已知函数的麦克劳林公式求出下列函数带皮亚诺型余项的麦克劳林公式.

(1) $f(x)=\mathrm{e}^{-x^2}$； (2) $f(x)=x\ln(1-x^2)$.

5. 利用泰勒公式求下列极限.

(1) $\lim\limits_{x\to 0}\frac{\mathrm{e}^x\sin x-x(1+x)}{x^3}$； (2) $\lim\limits_{x\to\infty}\left[x-x^2\ln\left(1+\frac{1}{x}\right)\right]$.

2.10 函数的单调性与极值

2.10.1 函数单调性的判别法

在第 1 章中已经介绍了函数在区间上单调的概念，下面将利用导数这个工具来判断函数的单调性.

定理 2.14(函数单调性的判别法)　设函数 $y=f(x)$ 在 $[a, b]$ 上连续,在 (a, b) 内可导,

(1) 如果在 (a, b) 内 $f'(x)>0$,则函数 $y=f(x)$ 在 $[a, b]$ 上单调增加;

(2) 如果在 (a, b) 内 $f'(x)<0$,则函数 $y=f(x)$ 在 $[a, b]$ 上单调减少.

证明　现只证(1),(2)类似可证. $\forall x_1, x_2 \in [a, b]$ 且 $x_1<x_2$,在区间 $[x_1, x_2]$ 上应用拉格朗日中值定理,有

$$f(x_2)-f(x_1)=f'(\xi)(x_2-x_1),\ x_1<\xi<x_2.$$

由于在 (a, b) 内 $f'(x)>0$,则 $f'(\xi)>0$,从而

$$f(x_2)-f(x_1)=f'(\xi)(x_2-x_1)>0,$$

因此 $f(x_1)<f(x_2)$,即 $y=f(x)$ 在 $[a, b]$ 上单调增加.

例 1　讨论函数 $y=e^x-x-1$ 的单调性.

解　函数 $y=e^x-x-1$ 的定义域为 $(-\infty, +\infty)$,而

$$y'=e^x-1,$$

当 $x<0$ 时,$y'<0$,函数单调减少;当 $x>0$ 时,$y'>0$,函数单调增加,故 $(-\infty, 0]$ 为函数的单调减少区间,$[0, +\infty)$ 为函数的单调增加区间.

例 2　讨论函数 $y=x-\arctan x$ 的单调性.

解　$y=x-\arctan x$ 的定义域为 $(-\infty, +\infty)$,因

$$y'=1-\frac{1}{1+x^2}=\frac{x^2}{1+x^2},$$

在 $(-\infty, +\infty)$ 内 $y'\geqslant 0$,而等号仅在 $x=0$ 处成立,因此函数在 $(-\infty, +\infty)$ 内是单调增加的.

在讨论较复杂的函数的单调区间时,通常用驻点和不可导点划分区间,列表讨论.

例 3　讨论函数 $f(x)=(2x-5)\cdot\sqrt[3]{x^2}$ 的单调性.

解　$f(x)=(2x-5)\cdot\sqrt[3]{x^2}=2x^{\frac{5}{3}}-5x^{\frac{2}{3}}$ 在 $(-\infty, +\infty)$ 上连续,且当 $x\neq 0$ 时,有

$$f'(x)=\frac{10}{3}x^{\frac{2}{3}}-\frac{10}{3}x^{-\frac{1}{3}}=\frac{10}{3}\cdot\frac{x-1}{\sqrt[3]{x}}.$$

易见,$x=1$ 为 $f(x)$ 的稳定点,$x=0$ 为 $f(x)$ 的不可导点,这两点将定义域分成三个区间,列表 2-1 讨论如下(表中↗表示递增,↘表示递减):

表 2-1

x	$(-\infty, 0)$	0	$(0, 1)$	1	$(1, +\infty)$
$f'(x)$	$+$	不存在	$-$	0	$+$
$f(x)$	↗	0	↘	-3	↗

例 4　证明 $e^{\pi}>\pi^{e}$.

证明　利用对数恒等式 $\pi^e=e^{e\ln\pi}$,令 $f(x)=x-e\ln x$,由于 $f(x)$ 在 $[e, +\infty)$ 上连

续,且当 $x > \mathrm{e}$ 时,

$$f'(x) = 1 - \frac{\mathrm{e}}{x} > 0.$$

$f(x)$ 在 $[\mathrm{e}, +\infty)$ 上单调增加,即当 $x > \mathrm{e}$ 时,有

$$f(x) = x - \mathrm{e}\ln x > f(\mathrm{e}) = \mathrm{e} - \mathrm{e} = 0 \text{ 或 } x > \mathrm{e}\ln x.$$

由于 $\pi > \mathrm{e}$, 故 $\pi > \mathrm{e}\ln\pi$, 得 $\mathrm{e}^{\pi} > \mathrm{e}^{\mathrm{e}\ln\pi} = \pi^{\mathrm{e}}$.

2.10.2 函数的极值

1. 函数极值的概念

极值是函数性态的一个重要特征,下面给出极值的定义.

定义 2.7 设函数 $f(x)$ 在点 x_0 的某个邻域 $U(x_0, \delta)$ 内有定义.

(1) 若对 $\forall x \in \mathring{U}(x_0, \delta)$, 有 $f(x) \leqslant f(x_0)$, 则称 $f(x_0)$ 为 $f(x)$ 的一个**极大值**,而点 x_0 称为函数 $f(x)$ 的**极大值点**;

(2) 若对 $\forall x \in \mathring{U}(x_0, \delta)$, 有 $f(x) \geqslant f(x_0)$, 则称 $f(x_0)$ 为 $f(x)$ 的一个**极小值**,而点 x_0 称为函数 $f(x)$ 的**极小值点**.

极大值与极小值统称为**极值**,极大值点与极小值点统称为**极值点**.

需要指出的是,极值只是一个局部概念,它只是小范围的最大值或最小值,这与函数在某区间上的最大值或最小值不是一个概念.

如图 2-7 所示,可以看出函数 $f(x)$ 在点 x_2, x_5 处取得极大值;在点 x_1, x_4, x_6 处取得极小值,其中极小值 $f(x_6)$ 比极大值 $f(x_2)$ 还大. 就整个区间 $[a, b]$ 来说,只有一个极小值 $f(x_1)$,同时也是最小值,而没有一个极大值是最大值.

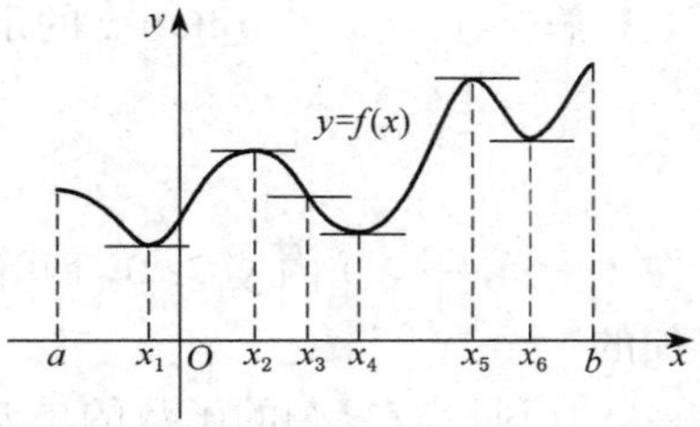

图 2-7

从图 2-7 还可以看出,在函数取得极值处,曲线的切线是水平的. 但在曲线上有水平切线的位置,函数不一定取得极值. 如在 $x = x_3$ 处函数有水平切线,但 $f(x_3)$ 不是极值.

2. 函数取得极值的必要条件

下面给出可导函数取得极值的必要条件.

定理 2.15(函数取得极值的必要条件) 设函数 $y = f(x)$ 在 x_0 处可导,且在 x_0 处取得极值,那么 $f'(x_0) = 0$.

此定理表明:可导的极值点必定是驻点,但反过来,驻点却不一定是极值点. 例如, $f(x) = x^3$ 的导数 $f'(x) = 3x^2$, $f'(0) = 0$, 但 $x = 0$ 却不是该函数的极值点. 此外,函数在它的导数不存在的点处也可能取得极值. 例如,函数 $f(x) = |x|$ 在点 $x = 0$ 处不可导,但函数在该点处取得极小值.

如何判定函数在驻点或不可导的点是否取得极值? 如果取的话,究竟取极大值还是极小值? 下面不加证明地给出两个判定极值的充分条件.

3. 函数取得极值的第一充分条件

定理 2.16(取极值的充分条件Ⅰ) 设函数 $f(x)$ 在点 x_0 的某个邻域 $U(x_0, \delta)$ 内连续，在 $\mathring{U}(x_0, \delta)$ 内可导，在点 x_0 处，$f'(x_0)=0$ 或 $f'(x_0)$ 不存在.

(1) 当 $x \in (x_0-\delta, x_0)$ 时，$f'(x)>0$；当 $x \in (x_0, x_0+\delta)$ 时，$f'(x)<0$，则 $f(x)$ 在 x_0 处取得极大值.

(2) 当 $x \in (x_0-\delta, x_0)$ 时，$f'(x)<0$；当 $x \in (x_0, x_0+\delta)$ 时，$f'(x)>0$，则 $f(x)$ 在 x_0 处取得极小值.

(3) 当 $x \in \mathring{U}(x_0, \delta)$ 时，$f'(x)$ 同号，则 $f(x)$ 在 x_0 处没有极值.

根据上面两个定理，如果函数 $f(x)$ 在所讨论的区间内连续，除个别点外处处可导，那么就可按下列步骤来求 $f(x)$ 在该区间内的极值点和相应的极值：

(1) 求出函数 $f(x)$ 的定义域，并求出 $f'(x)$；

(2) 求出 $f(x)$ 的全部驻点与不可导点；

(3) 考察 $f'(x)$ 在每个驻点及不可导点两侧邻近的符号，以确定该点是否为极值点，并进一步确定其是极大值点还是极小值点；

(4) 求出各极值点的函数值，即得 $f(x)$ 的全部极值.

例 5 求函数 $f(x)=(x-1)\cdot\sqrt[3]{(x+4)^2}$ 的极值.

解 函数 $f(x)$ 的定义域为 $(-\infty, +\infty)$，而

$$f'(x)=\frac{5(x+2)}{3\cdot\sqrt[3]{x+4}}.$$

令 $f'(x)=0$，解得驻点为 $x=-2$；$x=-4$ 为 $f(x)$ 的不可导点.

列表 2-2 讨论如下：

表 2-2

x	$(-\infty, -4)$	-4	$(-4, -2)$	-2	$(-2, +\infty)$
$f'(x)$	+	不存在	−	0	+
$f(x)$	↗	极大值 0	↘	极小值 $-3\sqrt[3]{4}$	↗

由表 2-2 可见，$f(x)$ 在 $x=-4$ 处取得极大值 0，在 $x=-2$ 处取得极小值 $-3\sqrt[3]{4}$.

4. 函数取得极值的第二充分条件

定理 2.17(取极值的充分条件Ⅱ) 设函数 $f(x)$ 在点 x_0 处具有二阶导数且 $f'(x_0)=0$，$f''(x_0)\neq 0$，那么

(1) 当 $f''(x_0)<0$ 时，函数 $f(x)$ 在 x_0 处取得极大值；

(2) 当 $f''(x_0)>0$ 时，函数 $f(x)$ 在 x_0 处取得极小值.

例 6 求函数 $f(x)=2x^3-6x^2-18x+7$ 的极值.

解 $f'(x)=6x^2-12x-18=6(x+1)(x-3)$，

令 $f'(x)=0$，得驻点 $x=-1$，$x=3$.

$f''(x)=12x-12$，$f''(-1)=-24<0$，$f''(3)=24>0$，由定理 2.17 知，函数 $f(x)$ 在 $x=-1$ 处取得极大值 $f(-1)=17$；函数 $f(x)$ 在 $x=3$ 处取得极小值 $f(3)=-47$.

注 如果 $f'(x_0)=f''(x_0)=0$，则第二充分条件不能判定. 例如 $f(x)=x^4$，$g(x)=-x^4$，$h(x)=x^3$ 在 $x=0$ 处的一阶、二阶导数均为零，它们在 $x=0$ 处分别有极小值、极大值、无极值. 那么此时得改用第一充分条件判定，当然也可用如下的推广定理来讨论.

定理 2.18 设 x_0 是 $f(x)$ 的驻点 $(f'(x_0)=0)$，且 $f''(x_0)=f^{(3)}(x_0)=\cdots=f^{(n-1)}(x_0)=0$，而 $f^{(n)}(x_0)\neq 0$，则

(1) n 为偶数时，$f(x_0)$ 为极值，且 $f^{(n)}(x_0)>0$ 时取极小值；$f^{(n)}(x_0)<0$ 时取极大值；

(2) n 为奇数时，$f(x_0)$ 无极值.

此定理可利用函数 $f(x)$ 在 x_0 处的泰勒展开式来证明，此处从略.

习题 2.10

1. 确定下列函数的单调区间.

(1) $y=2x^3-6x^2-18x-7$；　(2) $y=2x^2-\ln x$；

(3) $y=\ln(x+\sqrt{1+x^2})$；　(4) $y=2x+\dfrac{8}{x}\ (x>0)$.

2. 利用函数的单调性证明下列不等式.

(1) 当 $x>4$ 时，$2^x>x^2$；

(2) 当 $x>0$ 时，$1+x\ln(x+\sqrt{1+x^2})>\sqrt{1+x^2}$；

(3) 当 $0<x<\dfrac{\pi}{2}$ 时，$\dfrac{2x}{\pi}<\sin x<x$.

3. 求下列函数的极值.

(1) $y=x-\ln(1+x)$；　(2) $y=x^3+x^2+7$；

(3) $y=e^x\cos x$；　(4) $y=\arctan x-\dfrac{1}{2}\ln(1+x^2)$.

4. 已知 $f(x)=\dfrac{ax^2+bx+a+1}{x^2+1}$ 的极小值是 $f(-\sqrt{3})=0$，求 a，b 及 $f(x)$ 的极大值点.

5. 求下列函数在指定区间上的最大值和最小值.

(1) $y=x^4-2x^2+5$，$[-2,2]$；　(2) $y=2^x$，$[-1,5]$；

(3) $y=\sqrt{5-4x}$，$[-1,1]$；　(4) $y=x+\sqrt{1-x}$，$[-5,1]$.

2.11 曲线的凹凸性　函数作图

为了描绘函数的图形，除了要知道函数的定义域、连续性、单调性、极值等情况外，还需要掌握曲线在某范围内的弯曲情况(凹凸性)以及曲线的渐近状态等.

2.11.1 曲线的凹凸性与拐点

如图 2-8 所示，$\overset{\frown}{ACB}$和$\overset{\frown}{ADB}$都是上升的，但弯曲程度明显不同. $\overset{\frown}{ACB}$是向上凸的曲线弧，$\overset{\frown}{ADB}$是向下凸的曲线弧.

曲线的凹凸特征可从下面的几何图形(图 2-9)看出.

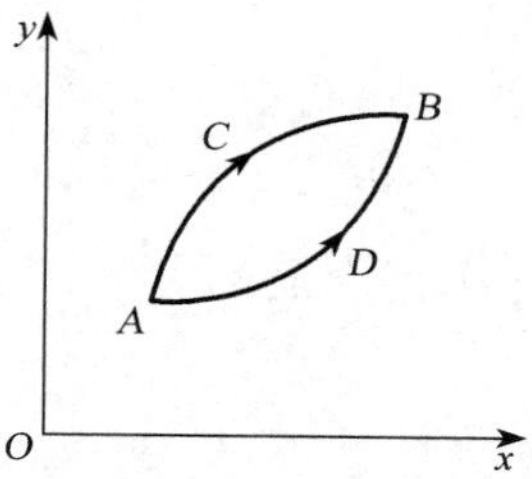

图 2-8

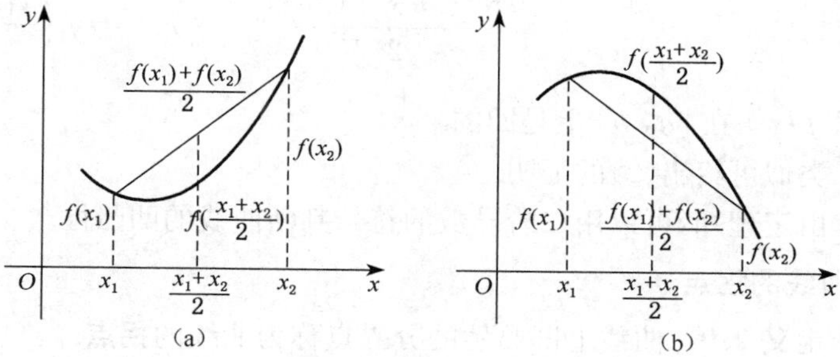

图 2-9

1. 曲线凹凸性的定义

定义 2.8 设函数 $f(x)$ 在区间 I 上连续,若对 $\forall x_1,\ x_2 \in I$,且 $x_1 \neq x_2$,恒有

$$f\left(\frac{x_1+x_2}{2}\right) < \frac{f(x_1)+f(x_2)}{2},$$

则称函数 $f(x)$ 在 I 上的图形是(向上)凹的(或凹弧);如果恒有

$$f\left(\frac{x_1+x_2}{2}\right) > \frac{f(x_1)+f(x_2)}{2},$$

则称函数 $f(x)$ 在 I 上的图形是(向上)凸的(或凸弧).

2. 曲线凹凸性的判别

如果函数 $f(x)$ 在区间 I 内有二阶导数,则可以利用二阶导数来判断曲线的凹凸性.

定理 2.19 设函数 $f(x)$ 在 $[a,\ b]$ 上连续,在 $(a,\ b)$ 内有二阶导数,

(1) 若在 $(a,\ b)$ 内,$f''(x) > 0$,则 $f(x)$ 在 $[a,\ b]$ 上的图形是凹的;

(2) 若在 $(a,\ b)$ 内,$f''(x) < 0$,则 $f(x)$ 在 $[a,\ b]$ 上的图形是凸的.

证明 (1) $\forall x_1,\ x_2 \in [a,\ b]$,且 $x_1 \neq x_2$,设 $x_0 = \frac{x_1+x_2}{2}$,由泰勒公式,有

$$f(x_1) = f(x_0) + f'(x_0)(x_1 - x_0) + \frac{f''(\xi_1)}{2!}(x_1 - x_0)^2 \quad (\xi_1 \text{ 介于 } x_0 \text{ 与 } x_1 \text{ 之间}),$$

$$f(x_2) = f(x_0) + f'(x_0)(x_2 - x_0) + \frac{f''(\xi_2)}{2!}(x_2 - x_0)^2 \quad (\xi_2 \text{ 介于 } x_0 \text{ 与 } x_2 \text{ 之间}),$$

从而

$$\frac{f(x_1)+f(x_2)}{2} = f(x_0) + \frac{1}{4}[f''(\xi_1) + f''(\xi_2)]\left(\frac{x_2 - x_1}{2}\right)^2,$$

即

$$\frac{f(x_1)+f(x_2)}{2} = f(x_0) + \frac{1}{16}[f''(\xi_1) + f''(\xi_2)](x_2 - x_1)^2.$$

由于 $f''(\xi_1) > 0$,$f''(\xi_2) > 0$,故有

$$\frac{f(x_1)+f(x_2)}{2} > f(x_0) = f\left(\frac{x_1+x_2}{2}\right),$$

所以 $f(x)$ 在 $[a, b]$ 上是凹的.

类似可给出(2)的证明.

由定理知,可以用二阶导数的符号判断曲线的凹凸性.

3. 曲线的拐点

定义 2.9 曲线上凹凸性的分界点称为曲线的**拐点**.

例 1 判定曲线 $y = 3 - \sqrt[3]{x-2}$ 的凹凸性,并求拐点.

解 函数的定义域为 $(-\infty, +\infty)$,且有

$$y' = -\frac{1}{3}(x-2)^{-\frac{2}{3}},\ y'' = \frac{2}{9}(x-2)^{-\frac{5}{3}} = \frac{2}{9}\cdot\frac{1}{\sqrt[3]{(x-2)^5}}.$$

在 $x=2$ 处,y'' 不存在,但当 $x<2$ 时,$y''<0$,所以函数在 $(-\infty, 2)$ 上是凸的;当 $x>2$ 时,$y''>0$,所以函数在 $[2, +\infty)$ 上是凹的,因此点 $(2, 3)$ 为曲线的拐点.

例 2 求曲线 $y = 2x^3 + 3x^2 - 12x + 14$ 的拐点.

解 $y' = 6x^2 + 6x - 12$,$y'' = 12x + 6 = 12\left(x + \frac{1}{2}\right)$.

解方程 $y''=0$,得 $x=-\frac{1}{2}$,当 $x<-\frac{1}{2}$ 时,$y''<0$;当 $x>-\frac{1}{2}$ 时,$y''>0$,因此点 $\left(-\frac{1}{2}, \frac{41}{2}\right)$ 是该曲线的拐点.

通过以上两例不难发现,若点 $(x_0, f(x_0))$ 为连续曲线 $y=f(x)$ 的拐点,则 $f''(x_0)=0$ 或 $f''(x_0)$ 不存在. 而对每个二阶导数为零或不存在的点,需观察其两侧附近函数曲线的凹凸性是否改变,以判定其是否为拐点.

2.11.2 曲线的渐近线

在描绘图形时,还需要清楚图形无限延伸的趋势,为此,还应对曲线的渐近线进行讨论.

定义 2.10 如果曲线上的一点 M 沿着曲线 C 无限远离原点时,点 M 与某条直线 L 的距离趋于零,则称此直线 L 为曲线 C 的**渐近线**.

下面讨论怎样由曲线方程求它的渐近线.

1. 水平渐近线

若 $\lim\limits_{x\to-\infty} f(x) = b$ 或 $\lim\limits_{x\to+\infty} f(x) = b$,

则直线 $y=b$ 为曲线 $y=f(x)$ 的一条**水平渐近线**(平行于 x 轴).

2. 铅直渐近线

若 $\lim\limits_{x\to c^-} f(x) = \infty$ 或 $\lim\limits_{x\to c^+} f(x) = \infty$,

则直线 $x=C$ 为曲线 $y=f(x)$ 的一条**铅直渐近线**(垂直于 x 轴).

3. 斜渐近线

若 $\lim\limits_{\substack{x\to+\infty \\ (x\to-\infty)}} \frac{f(x)}{x}=a\neq 0$，$\lim\limits_{\substack{x\to+\infty \\ (x\to-\infty)}}[f(x)-ax]=b$，

则直线 $y=ax+b$ 为曲线 $y=f(x)$ 的一条**斜渐近线**.

例 3 求曲线 $y=\frac{x^2}{x+1}$ 的渐近线.

解 (1) 由 $\lim\limits_{x\to-1^-}\frac{x^2}{x+1}=-\infty$，$\lim\limits_{x\to-1^+}\frac{x^2}{x+1}=+\infty$，

所以,曲线有铅直渐近线 $x=-1$.

(2) 由 $a=\lim\limits_{x\to\infty}\frac{f(x)}{x}=\lim\limits_{x\to\infty}\frac{x}{x+1}=1$，

$$b=\lim_{x\to\infty}[f(x)-ax]=\lim_{x\to\infty}\left[\frac{x^2}{x+1}-x\right]=\lim_{x\to\infty}\frac{-x}{x+1}=-1,$$

所以,曲线有斜渐近线 $y=x-1$.

例 4 求曲线 $y=\frac{c}{1+b\mathrm{e}^{-ax}}$ 的渐近线(a，b，c 均为正数).

解 由于 $\lim\limits_{x\to+\infty}y=c$，$\lim\limits_{x\to-\infty}y=0$，

所以,曲线有两条水平渐近线 $y=c$ 和 $y=0$.

2.11.3 函数作图

结合前面的讨论,描绘函数图形可按下述步骤进行:

(1) 确定函数的定义域;

(2) 考察函数的奇偶性、周期性;

(3) 确定函数的单调区间与极值;

(4) 确定函数的凹凸区间与拐点;

(5) 确定函数曲线的水平、铅直与斜渐近线及其他变化趋势;

(6) 确定函数的某些特殊点,如间断点及与坐标轴的交点;

(7) 列表作图.

例 5 作出函数 $y=\frac{x^2}{x+1}$ 的图形.

解 (1) 函数的定义域为 $(-\infty,-1)\cup(-1,+\infty)$.

(2) 确定函数的单调性、极值、凹凸性与拐点.

$y'=\frac{x^2+2x}{(x+1)^2}$，$y''=\frac{2}{(x+1)^3}$，令 $y'=0$，得 $x=0$ 和 $x=-2$. 另 $x=-1$ 时，y'，y'' 不存在. 列于表 2-3.

表 2-3

x	$(-\infty,-2)$	-2	$(-2,-1)$	-1	$(-1,0)$	0	$(0,+\infty)$
y'	+	0	−	不存在	−	0	+

续表

y''	$-$		$-$	不存在	$+$		$+$
y	↗(凸)	极大值-4	↘(凸)	间断	↘(凹)	极小值 0	↗(凹)

(3) 求曲线的渐近线,见例 3.

由例 3 可知 $x=-1$ 是曲线的铅直渐近线, $y=x-1$ 是曲线的斜渐近线.

(4) 描出点 $A(0,\ 0)$, $B\left(-\frac{1}{2},\ \frac{1}{2}\right)$, $C\left(2,\ \frac{4}{3}\right)$, $D\left(-\frac{3}{2},\ -\frac{9}{2}\right)$, $E\left(-3,\ -\frac{9}{2}\right)$.

(5) 描绘函数图形,如图 2-10 所示.

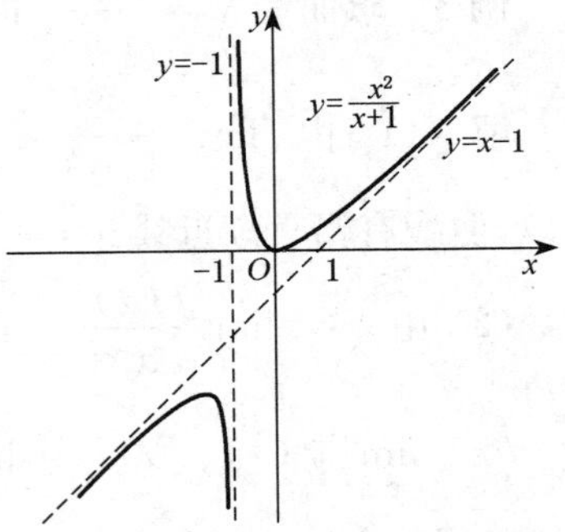

图 2-10

习题 2.11

1. 求下列函数的凹凸区间及拐点.

(1) $y=\sqrt{1+x^2}$;　　(2) $y=xe^{-x}$;

(3) $y=\ln(1+x^2)$;　　(4) $y=x^4(12\ln x-7)$.

2. 利用函数的凹凸性证明下列不等式.

(1) $\frac{1}{2}(x^n+y^n)>\left(\frac{x+y}{2}\right)^n\quad(x>0,\ y>0,\ y\neq x,\ n>1)$;

(2) $\frac{e^x+e^y}{2}>e^{\frac{x+y}{2}}\quad(x\neq y)$;

(3) $x\ln x+y\ln y>(x+y)\ln\frac{x+y}{2}\quad(x>0,\ y>0,\ x\neq y)$.

3. 确定 a, b, c 的值,使 $f(x)=ax^3+bx^2+c$ 有一拐点 $(1,\ 2)$,且过此点的切线斜率为 -9.

4. 试确定 $y=k(x^2-3)^2$ 中 k 的值,使曲线在拐点处的法线通过原点.

5. 求下列函数曲线的渐近线.

(1) $y=\frac{x^3}{x^2+2x-3}$;　　(2) $y=e^{-x^2}$;

(3) $\frac{x^2}{a^2}-\frac{y^2}{b^2}=1$;　　(4) $y=x\ln\left(e+\frac{1}{x}\right)$.

6. 描绘下列函数的图形.

(1) $y=\frac{x}{1+x^2}$;　　(2) $y=x^2+\frac{1}{x}$.

2.12 函数的最值及其在经济分析中的应用

在经济管理、工农业生产、工程技术等许多实际问题中,经常提出诸如"用料最省""成本最低""利润最大"等最优决策及资源最优利用等最优化问题. 这类问题在数学上通常可归结为建立一个目标函数,求这个函数的最大值或最小值问题.

2.12.1 函数的最值

若函数 $f(x)$ 在区间 $[a, b]$ 上连续，则 $f(x)$ 在区间 $[a, b]$ 上必有最大值和最小值. 由前面的讨论可知，求连续函数在 $[a, b]$ 上的最大值和最小值的一般步骤如下：

(1) 求出函数 $f(x)$ 在区间 (a, b) 内的所有驻点和导数不存在的点；

(2) 求出上述各点及在 $x=a$，$x=b$ 处的函数值，并将这些函数值加以比较，其中最大者就是最大值，最小者就是最小值.

例 1 求函数 $f(x)=2x^3+3x^2-12x+14$ 在 $[-3, 4]$ 上的最大值与最小值.

解 函数 $f(x)$ 在 $[-3, 4]$ 上连续可导，$f'(x)=6x^2+6x-12=6(x+2)(x-1)$，令 $f'(x)=0$ 得驻点 $x=-2$，$x=1$，

$$f(-3)=23,\ f(-2)=34,\ f(1)=7,\ f(4)=142.$$

比较上述四个值知，$f(x)$ 在 $[-3, 4]$ 上的最大值为 $f(4)=142$，最小值为 $f(1)=7$.

这里需要指出的是，在实际问题中，如果根据经验一定有最大值（或最小值），而得到的可导函数只有一个驻点 x_0，则无需讨论 $f(x_0)$ 是否为极值即可判定 $f(x_0)$ 是最大值（或最小值）.

例 2 一公司生产某种商品，其年销售量为 100 万件，每生产一批商品需增加准备费 1 000 元，商品库存费为每件 0.05 元，如果年销售率是均匀的且上批销售完后，立即生产下一批（此时商品库存数为批量的一半），问分几批生产，才能使生产准备费及库存费之和最小？

解 设分 x 批生产，生产准备费及库存费之和为 y，由题意得

$$y=1\,000x+\frac{1\,000\,000}{2x}\times 0.05=1\,000x+\frac{25\,000}{x}(x>0),$$

$$y'=1\,000-\frac{25\,000}{x^2},$$

令 $y'=0$，得 $x=5$（$x=-5$ 不合理，舍去）.

因此，当 $x=5$ 时，y 取最小值，即应分 5 批生产，就能使生产准备费与库存费之和最小.

2.12.2 函数最值在经济分析中的应用

1. 最小成本问题

例 3 设某产品生产 Q 单位时的总成本函数为

$$C(Q)=1\,000+50Q+\frac{1}{10}Q^2,$$

问：当产量 Q 为多少时，平均成本最小？

解法 1 由

$$C'(Q)=50+\frac{1}{5}Q,\ \bar{C}(Q)=\frac{1\,000}{Q}+50+\frac{1}{10}Q,$$

令 $C'(Q)=\bar{C}(Q)$（2.6 节的平均成本最小原理），得

$$Q=100(Q=-100\text{ 舍去}),$$

所以，当 $Q=100$ 时，平均成本最小，且为 $\bar{C}(100)=70$.

解法 2 由 $\bar{C}(Q)=\dfrac{1\,000}{Q}+50+\dfrac{1}{10}Q$，$\bar{C}'(Q)=-\dfrac{1\,000}{Q^2}+\dfrac{1}{10}$，令 $\bar{C}'(Q)=0$，解得唯一驻点 $Q=100$（$Q=-100$ 舍去），又由于 $\bar{C}''(Q)\Big|_{Q=100}=\dfrac{2\,000}{Q^3}\Big|_{Q=100}=\dfrac{1}{500}>0$，所以 $Q=100$ 为极小值点，从而必为最小值点，即当 $Q=100$ 时，平均成本最小，且为 $\bar{C}(100)=70$.

2. 最大利润问题

例 4 某工厂生产某种产品，固定成本为 20 000 元，每生产一单位产品，成本增加 100 元，已知总收益 R 是年产量 Q 的函数，

$$R=R(Q)=\begin{cases}400Q-\dfrac{1}{2}Q^2, & 0\leqslant Q\leqslant 400,\\ 80\,000, & Q>400.\end{cases}$$

问每年生产多少单位产品时，总利润最大？求出最大利润.

解 根据题意总成本函数为 $C=C(Q)=20\,000+100Q$，从而可得总利润函数为

$$L=L(Q)=R(Q)-C(R)=\begin{cases}300Q-\dfrac{Q^2}{2}-20\,000, & 0\leqslant Q\leqslant 400,\\ 60\,000-100Q, & Q>400.\end{cases}$$

$$L'(Q)=\begin{cases}300-Q, & 0\leqslant Q\leqslant 400,\\ -100, & Q>400.\end{cases}$$

令 $L'(Q)=0$ 得 $Q=300$，$L''=(300)<0$，所以 $Q=300$ 时 L 最大，$L(300)=25\,000$，即当年产量为 300 个单位时，总利润最大，此时总利润为 25 000 元.

3. 最大税收问题

例 5 厂商的总收益函数和总成本函数分别为 $R=40Q-4Q^2$，$C=2Q^2+4Q+10$，厂商以最大利润为目标，政府对产品征税，求：

(1) 厂商纳税前的最大利润及此时的产量和产品的价格；

(2) 征税收益最大值及此时的税率 t；

(3) 厂商纳税后的最大利润及此时的产量和产量的价格.

解 (1) 纳税前总利润

$$\begin{aligned}L(Q)&=R(Q)-C(Q)\\&=-6Q^2+36Q-10(Q>0).\end{aligned}$$

$$L'(Q)=-12Q+36,\ L''(Q)=-12.$$

令 $L'(Q)=0$，得唯一驻点 $Q=3$，又 $L''(Q)=-12<0$，所以当产量 $Q=3$ 时，纳税前的利润最大，且为 $L(3)=-6\times 3^2+36\times 3-10=44$.

(2) 设税收 $T=tQ$，此时总利润函数为

$$L(Q)=R(Q)-C(Q)-T$$
$$=-6Q^2+(36-t)Q-10(Q>0).$$

因为$L'(Q)=-12Q+36-t$,令$L'(Q)=0$,得唯一驻点$Q=3-\frac{t}{12}$, $L(Q)$取得极大值,故必为最大值.

在厂商获得最大利润条件下,税收为

$$T=t\left(3-\frac{t}{12}\right),$$

令$T'(t)=-\frac{1}{6}t+3=0$,得唯一驻点$t=18$, $T''(18)=-\frac{1}{6}<0$,所以$t=18$时,征税收益$T(t)$取得极大值,故必为最大值,且为27.

(3) 由(2)知,此时产量

$$Q=\left(3-\frac{t}{12}\right)\bigg|_{t=18}=1.5,$$

$$P=\frac{R(Q)}{Q}\bigg|_{Q=1.5}=34,$$

当$t=18$时,

$$L(Q)=-6Q^2+(36-t)Q-10$$
$$=-6Q^2+18Q-10,$$
$$L(1.5)=3.5.$$

2.12.3 经济订货批量模型

在年需用量一定并且保证正常生产或供应的前提下,如何使企业在存货上所花总费用最低,这涉及一种变动性订货成本(如订货业务费、差旅费、运费、检查及入库等费用),它与批数的多少成正比.另一种是存货的变动性储存成本,它与批量的大小成正比.若要降低订货成本,就应减少批数、增加批量,但增加了年储存成本.反之,若要降低年储存成本,就要减少批量、增加批数,但又增加了订货成本.所谓经济订货批量就是年储存成本与年订货成本之和达到每次的最低订货数量.经济订货批量要求的订货次数称为最优订货批数.

设A表示全年需用量,Q表示每次订货批量,P表示每次订货成本,C表示单位存货年(平均)储存成本,T表示相关的年储存成本与年订货成本之和(简称年总成本),假定每天存货消耗是均匀的,且一批用完下一批就到,则

$$T=\frac{CQ}{2}+\frac{AP}{Q},$$

以Q为自变量,则

$$T'=\frac{C}{2}-\frac{AP}{Q^2}.$$

令 $T'=0$，即$\frac{AP}{Q^2}=\frac{C}{2}$，得 $Q^2=\frac{2AP}{C}$，

$$Q=\sqrt{\frac{2AP}{C}}\text{（负根舍去）}.$$

又 $T''=\frac{2AP}{Q^3}>0$，故 $Q=\sqrt{\frac{2AP}{C}}$ 为 T 的最小值点. 所以经济订货批量

$$\hat{Q}=\sqrt{\frac{2AP}{C}},$$

最优订货批数

$$\frac{A}{\hat{Q}}=\sqrt{\frac{AC}{2P}}.$$

将 $\hat{Q}=\sqrt{\frac{2AP}{C}}$ 代入年总成本函数，得年总成本最小值

$$\hat{T}=\frac{C}{2}\hat{Q}+\frac{AP}{\hat{Q}}=\frac{C}{2}\sqrt{\frac{2AP}{C}}+\frac{AP}{\sqrt{\frac{2AP}{C}}}=\sqrt{2APC}.$$

经济订货批量 $\hat{Q}$ 所处的位置恰好是相关的年储存成本与年订货成本相等的那一点.

例 6 设某企业每年耗用甲材料总量 A 为 3 000 kg，每次订货成本 P 为 10 元，每 kg 年存货成本 C 为 0.6 元，则经济订货批量

$$\hat{Q}=\sqrt{\frac{2AP}{C}}=\sqrt{\frac{2\times 3\,000\times 10}{0.6}}=316.2(\text{kg}),$$

最优订货批数

$$\frac{A}{\hat{Q}}=\sqrt{\frac{AC}{2P}}=\sqrt{\frac{300\times 0.6}{2\times 10}}=9.49\approx 10(\text{批}),$$

最低年总成本

$$T=\sqrt{2APC}=\sqrt{2\times 3\,000\times 10\times 0.6}=189.7(\text{元}).$$

习题 2.12

1. 设某厂商的总成本函数为 $C=Q^2+50Q+10\,000$，试求：

(1) 平均成本最低时的产出水平与最低平均成本；

(2) 平均成本最低时的边际成本.

2. 已知某商品的需求函数为 $Q=\frac{100}{P+1}-1$，试求出总收益最大时，总收益的价格弹性.

3. 设某酒厂有一批新酿的好酒，如果现在（假定 $t=0$）就售出，总收入为 R_0（元），如果窖藏起来待来日

按陈酒价格出售，t 年末总收入为 $R=R_0\mathrm{e}^{\frac{2}{5}\sqrt{t}}$. 假定银行的年利率为 r，并以连续复利计息，试求窖藏多少年售出可使总收入的现值最大，并求 $r=0.06$ 时 t 的值.

4. 生产某种产品 x 单位的利润函数：

$$L(x)=5\,000+x-0.000\,01x^2(\text{元}),$$

问生产多少单位时获得的利润最大？

5. 某商店每年销售某种商品 a 件，每次购进的手续费为 b 元，而每件每年的库存费为 c 元. 若商品均匀销售，且上一批销售完后，立即进下一批货，问商店应分几批进货，才能使所用的手续费及库存费总和最少？

6. 从一块半径为 R 的圆形铁皮上，剪下一块圆心角为 α 的圆扇形，用剪下的铁皮做一个圆锥形漏斗，设此圆锥体积为 V，问 α 为何值时 V 最大？

7. 已知某商品的需要函数为 $Q=\dfrac{100}{P+1}-1$，问价格为多少时，总收益最大？

8. 生产某产品的总成本函数为 $C=6Q^2+18Q+54$(元)，每件产品的售价为 258 元，求利润最大时的产量和利润.

9. 某企业的总成本函数和总收益函数分别为

$$C=0.3Q^2+9Q+30,\ R=30Q-0.75Q^2,$$

试求相应的 Q 值，使(1)总收益最大；(2)平均成本最小；(3)利润最大.

10. 某商店每月可销售某种产品 12 000 件，每件商品每月的库存费为 2.4 元，商店分批进货，每次订购费为 900 元，设该商品的销售是均匀的，试决策最优批量，并计算每月最小订货费与库存费之和.

11. 某商品的需求函数 $P=7-0.2Q$(万元/吨)，Q 表示商品销售量，P 表示商品价格，总成本函数为 $C=3Q+1$(万元)，(1)若每销售一吨商品，政府要征税 t(万元)，求该商家获得最大利润时的销售量；(2)在企业获得最大利润条件下，t 为何值时，政府税收总额最大？

总习题 2

一、选择题

1. 设 $y=\ln(1+ax)(a\neq 0)$，则 $y''=($　　$)$.

A. $\dfrac{a^2}{(1+ax)^2}$　　B. $\dfrac{a}{(1+ax)^2}$　　C. $-\dfrac{a^2}{(1+ax)^2}$　　D. $-\dfrac{a}{(1+ax)^2}$

2. 函数 $f(x)$ 在点 x_0 处可导是 $f(x)$ 在点 x_0 处连续的(　　)条件.

A. 充分不必要　　B. 必要不充分　　C. 充要　　D. 既不充分也不必要

3. $f(x)=|x|+1$ 在点 $x=0$ 处(　　).

A. 无定义　　B. 不连续　　C. 可导　　D. 连续但不可导

4. 直线 l 与直线 $2x-y+3=0$ 平行，且与曲线 $y=x+\mathrm{e}^x$ 相切，则切点坐标是(　　).

A. $(0,\ 1)$　　B. $(1,\ 0)$　　C. $(1,\ 1+\mathrm{e})$　　D. $(-1,\ -1+\mathrm{e}^{-1})$

5. 设 $f(0)=0$，且 $f'(0)$ 存在，则 $\lim\limits_{x\to 0}\dfrac{f(x)}{x}=($　　$)$.

A. $f'(x)$　　B. $f'(0)$　　C. $f(0)$　　D. 0

6. 设 $f(x)$ 可导，且 $\lim\limits_{x\to 0}\dfrac{f(1)-f(1-x)}{2x}=-1$，则曲线 $y=f(x)$ 在点 $(1,\ f(1))$ 处切线的斜率是(　　).

A. 2　　B. -1　　C. $\dfrac{1}{2}$　　D. -2

7. 设 $f(x)=(x-a)\varphi(x)$，其中 $\varphi(x)$ 在 $x=a$ 处连续，则 $f'(a)=($　　$)$.

A. a　　B. 0　　C. $\varphi(a)$　　D. $a\varphi(a)$

8. 设 $f(x)$在$(-\infty\ +\infty)$上可导,则$[f(x)+f(-x)]'$是(　　).

A. 奇函数　　B. 偶函数　　C. 非奇非偶函数　　D. 无法确定其奇偶性

9. 由方程 $y-xe^y=\ln 3$ 确定的隐函数 $y=y(x)$的导数$\dfrac{dy}{dx}$为(　　).

A. $\dfrac{e^y}{xe^y-1}$　　B. $\dfrac{e^y}{1-xe^y}$　　C. $\dfrac{1-xe^y}{e^y}$　　D. $\dfrac{xe^y-1}{e^y}$

10. 若 x_0 为 $f(x)$的极值点,则(　　).

A. $f'(x_0)=0$　　B. $f'(x)\neq 0$

C. $f'(x_0)=0$ 或不存在　　D. $f'(x_0)$不存在.

二、填空题

11. 设 $y=e^{1+x^2}$,则 $dy=$__________.

12. 已知 $y^{(n-2)}=x\ln x$,则 $y^{(n)}=$__________.

13. 已知过曲线 $y=4-x^2$ 的点 P 的切线平行于直线 $y=x$,则切点 P 的坐标为__________.

14. 设 $f(x)=\begin{cases} e^x, & x<0, \\ a+x, & x\geqslant 0,\end{cases}$当 $a=$__________时,$f(x)$在 $x=0$ 处可导.

15. 设$\lim\limits_{h\to 0}\dfrac{h}{f(a-h)-f(a)}=\dfrac{1}{3}$,则 $f'(a)=$__________.

16. 已知 $f'(1)=2$,则$\lim\limits_{x\to 1}\dfrac{f(x)-f(1)}{x^2+x-2}=$__________.

17. 曲线 $y=e^{-x^2}$ 的渐近线为__________.

三、解答与证明题

18. 求下列函数的导数.

(1) 已知 $y=x\sqrt{1-x^2}+\arcsin x$,求 $y'\Big|_{x=\frac{\sqrt{3}}{2}}$;

(2) 设 $y=e^x\cos x$,求 y'';

(3) 设 $y=e^{\sin x}$,求 $y''\Big|_{x=\frac{\pi}{2}}$;

(4) 设 $y=\left(\dfrac{x}{1+x}\right)^x (x>0)$,求 $y'\Big|_{x=1}$;

(5) 设 $y=x^{\sin x}(x>0)$,求 $y'\Big|_{x=\frac{\pi}{2}}$.

19. 求曲线 $y=x^{\frac{1}{2}}$ 在点(4, 2)处的切线方程和法线方程.

20. 讨论函数在指定点处的连续性和可导性.

(1) $f(x)=\begin{cases}\ln(1+x), & x\geqslant 0, \\ x, & x<0;\end{cases}$　　(2) $f(x)=\begin{cases} x^2\sin\dfrac{1}{x}, & x>0, \\ \tan x, & x\leqslant 0.\end{cases}$

21. 设函数 $y=y(x)$由下列参数方程所确定,求$\dfrac{d^2y}{dx^2}\Big|_{t=1}$.

(1) $\begin{cases} x=t-\ln(1+t), \\ y=t^3+t^2;\end{cases}$　　(2) $\begin{cases} x=\ln\sqrt{1+t^2}, \\ y=\arctan t.\end{cases}$

22. 求由下列方程所确定的隐函数 $y=y(x)$的导数$\dfrac{dy}{dx}$.

(1) $x^3-y^3=3xy$;　　(2) $x-y=e^{xy}$.

23. 求下列极限.

(1) $\lim\limits_{x\to 0}\dfrac{\tan x-x}{x^2\sin x}$；

(2) $\lim\limits_{x\to 0}\left[\dfrac{1}{\ln(1+x)}-\dfrac{1}{x}\right]$；

(3) $\lim\limits_{x\to 0}\left(\dfrac{1}{x}-\dfrac{1}{e^x-1}\right)$；

(4) $\lim\limits_{x\to 0^+}x^n\ln x\ (n>0)$；

(5) $\lim\limits_{x\to 0^+}x^{\sin x}$.

24. 求函数 $y=xe^{-x}$ 的单调区间、极值.

25. 求函数 $y=x^3-3x^2+3x+2$ 的凹凸区间、拐点.

26. 求下列函数的极值及其图形的拐点.

(1) $y=x^3-x^2-x+1$；

(2) $y=x^3-3x^2+5$；

27. (1) 设 $a>b>0$，$n>1$，证明 $nb^{n-1}(a-b)<a^n-b^n<na^{n-1}(a-b)$；(2) 证明当 $x>0$ 时，$\dfrac{x}{1+x}<\ln(1+x)<x$.

28. 设 $f'(x)$在$[0,+\infty]$上单调递增，且 $f(0)=0$，试证 $F(x)=\dfrac{f(x)}{x}$在$(0,+\infty)$上单调递增.

第 3 章　一元函数积分学

一元函数积分学包含两个基本问题，即不定积分和定积分. 其中不定积分是导函数的逆问题，即要寻找一个可导函数，使它的导函数等于已知函数，而对于定积分，本章着重研究它的性质与计算方法，最后讨论定积分的应用.

3.1 不定积分

3.1.1 原函数的概念

1. 原函数的定义

定义 3.1 如果在区间 I 上，可导函数 $F(x)$ 的导函数为 $f(x)$，即对 $\forall x \in I$，都有

$$F'(x) = f(x) \quad 或 \quad \mathrm{d}F(x) = f(x)\mathrm{d}x,$$

则称 $F(x)$ 为 $f(x)$ 在区间 I 上的一个原函数.

例如，因 $(\sin x)' = \cos x$，所以 $\sin x$ 为 $\cos x$ 的一个原函数. 而 $\sin x + 3$，$\sin x + 2\sqrt{2}$，$\sin x + C$ （C 为任意常数）等都是 $\cos x$ 的原函数.

那么，一个函数具备什么条件，才能保证它的原函数一定存在？如果原函数存在，有多少个？它们之间有什么关系？如何求 $f(x)$ 的全部原函数？

2. 原函数存在定理

定理 3.1 如果 $f(x)$ 在区间 I 上连续，则 $f(x)$ 在 I 上存在原函数 $F(x)$.

简而言之：**连续函数一定有原函数.**

对于任意常数 C，显然有 $[F(x)+C]' = F'(x) = f(x)$，即对任意常数 C，函数 $F(x)+C$ 也是 $f(x)$ 的原函数，这表明，如果 $f(x)$ 有原函数，那么原函数的个数为无限多个.

3. 函数 $f(x)$ 的任意两个原函数之间的关系

定理 3.2 函数 $f(x)$ 在区间 I 上的任意两个原函数之间只相差一个常数.

证明 设 $F(x)$ 和 $G(x)$ 都是 $f(x)$ 在区间 I 上的原函数，则有

$$[F(x) - G(x)]' = F'(x) - G'(x) = f(x) - f(x) = 0,$$

从而得

$$F(x) - G(x) = C \quad (C\ 为任意常数).$$

由此可见，要求函数 $f(x)$ 的所有原函数，只需求出 $f(x)$ 的一个原函数 $F(x)$，然后再加上任意常数 C，即用 $F(x)+C$ 表示 $f(x)$ 的所有的原函数.

3.1.2 不定积分的概念与性质

1. 不定积分的定义

定义 3.2 若函数 $f(x)$ 在区间 I 上存在原函数 $F(x)$，则 $f(x)$ 的所有原函数 $F(x)+C$ $(C\in\mathbf{R})$ 称为 $f(x)$ 在区间 I 上的**不定积分**，记作

$$\int f(x)\mathrm{d}x,$$

其中记号 $\int$ 称为**积分号**，$f(x)$ 称为**被积函数**，$f(x)\mathrm{d}x$ 称为**被积表达式**，C 称为**积分常数**，x 称为**积分变量**.

此定义表明，若 $F(x)$ 是 $f(x)$ 在区间 I 上的一个原函数，C 为任意常数，那么表达式 $F(x)+C$ 就是 $f(x)$ 在区间 I 上的不定积分，即

$$\int f(x)\mathrm{d}x = F(x)+C. \tag{3.1.1}$$

2. 不定积分的几何意义

(1) 函数 $f(x)$ 的一个原函数 $F(x)$ 的图形叫做函数 $f(x)$ 的**一条积分曲线**，方程为 $y=F(x)$.

(2) 不定积分 $\int f(x)\mathrm{d}x = F(x)+C$ 的图形叫做函数 $f(x)$ 的**积分曲线族**，它们的方程为 $y=F(x)+C$.

当 $C<0$ 时，图形向下移；当 $C>0$ 时，图形向上移. 由 $[F(x)+C]'=f(x)$ 可知**在积分曲线族上横坐标相同的点处作切线，这些切线彼此平行**(图 3-1).

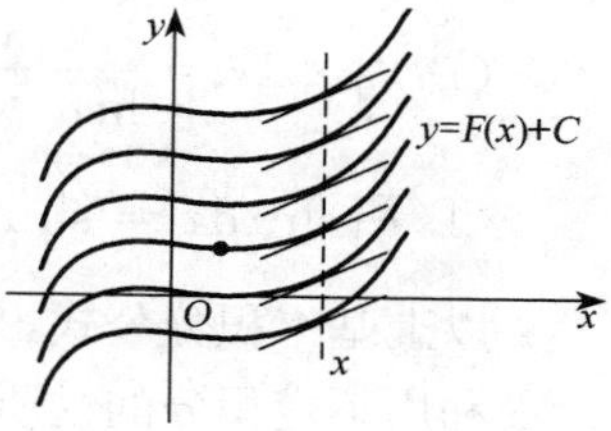

图 3-1

3. 不定积分的性质

由不定积分的定义，有如下关系式

(1) $\dfrac{\mathrm{d}}{\mathrm{d}x}\left[\int f(x)\mathrm{d}x\right]=f(x)$ 或 $\mathrm{d}\left[\int f(x)\mathrm{d}x\right]=f(x)\mathrm{d}x$. (3.1.2)

(2) $\int F'(x)\mathrm{d}x = F(x)+C$ 或 $\int \mathrm{d}F(x)=F(x)+C$. (3.1.3)

由此可见，微分运算与积分运算互为逆运算.

(3) 设函数 $f(x)$ 的原函数存在，k 为非零常数，则

$$\int kf(x)\mathrm{d}x = k\int f(x)\mathrm{d}x. \tag{3.1.4}$$

(4) 设函数 $f(x)$ 与 $g(x)$ 的原函数都存在，则

$$\int [f(x)\pm g(x)]\mathrm{d}x = \int f(x)\mathrm{d}x \pm \int g(x)\mathrm{d}x. \tag{3.1.5}$$

注 利用(3)、(4)可将结论推广到 n 个函数，即设 λ_i 为实数，$f_i(x)$ $(i=1, 2, \cdots, n)$

存在原函数,则

$$\int \sum_{i=1}^{n} \lambda_i f_i(x)\mathrm{d}x = \sum_{i=1}^{n} \lambda_i \int f_i(x)\mathrm{d}x. \tag{3.1.6}$$

3.1.3 基本积分表

由导数的基本公式,可得不定积分的基本公式如下:

(1) $\int k\mathrm{d}x = kx + C$ (k 为常数);

(2) $\int x^{\mu}\mathrm{d}x = \frac{1}{\mu+1}x^{\mu+1} + C$ ($\mu \neq -1$);

(3) $\int \frac{1}{x}\mathrm{d}x = \ln|x| + C$;

(4) $\int \frac{1}{1+x^2}\mathrm{d}x = \arctan x + C$;

(5) $\int \frac{1}{\sqrt{1-x^2}}\mathrm{d}x = \arcsin x + C$;

(6) $\int \cos x\,\mathrm{d}x = \sin x + C$;

(7) $\int \sin x\,\mathrm{d}x = -\cos x + C$;

(8) $\int \sec^2 x\,\mathrm{d}x = \tan x + C$;

(9) $\int \csc^2 x\,\mathrm{d}x = -\cot x + C$;

(10) $\int \sec x \tan x\,\mathrm{d}x = \sec x + C$;

(11) $\int \csc x \cot x\,\mathrm{d}x = -\csc x + C$;

(12) $\int \mathrm{e}^x\mathrm{d}x = \mathrm{e}^x + C$;

(13) $\int a^x\mathrm{d}x = \frac{a^x}{\ln a} + C$;

(14) $\int \mathrm{sh}\, x\mathrm{d}x = \mathrm{ch}\, x + C$;

(15) $\int \mathrm{ch}\, x\mathrm{d}x = \mathrm{sh}\, x + C$.

以上基本积分公式,是求不定积分的基础,必须熟记!

利用不定积分的性质以及基本积分表,可以计算一些简单函数的不定积分(也称**直接积分法**).

例 1 求 $\int \frac{1}{x^3}\mathrm{d}x$.

解 $\int \frac{1}{x^3}\mathrm{d}x = \frac{1}{-3+1}x^{-3+1} + C = \frac{1}{-2}x^{-2} + C = -\frac{1}{2x^2} + C.$

例 2 求 $\int \left(\frac{3}{\sqrt{1-x^2}} - \frac{2}{1+x^2}\right)\mathrm{d}x$.

解 $\int \left(\frac{3}{\sqrt{1-x^2}} - \frac{2}{1+x^2}\right)\mathrm{d}x = 3\arcsin x - 2\arctan x + C.$

例 3 求 $\int \frac{(2x-1)^2}{\sqrt{x\sqrt{x}}}\mathrm{d}x$.

解

$$\int \frac{(2x-1)^2}{\sqrt{x\sqrt{x}}}\mathrm{d}x = \int x^{-\frac{3}{4}}(4x^2 - 4x + 1)\mathrm{d}x = \int (4x^{\frac{5}{4}} - 4x^{\frac{1}{4}} + x^{-\frac{3}{4}})\mathrm{d}x$$

$$= 4\int x^{\frac{5}{4}}\mathrm{d}x - 4\int x^{\frac{1}{4}}\mathrm{d}x + \int x^{-\frac{3}{4}}\mathrm{d}x = \frac{16}{9}x^{\frac{9}{4}} - \frac{16}{5}x^{\frac{5}{4}} + 4x^{\frac{1}{4}} + C.$$

例 4 求 $\int(3^x+5\sin x)\mathrm{d}x$.

解 $\int(3^x+5\sin x)\mathrm{d}x=\int 3^x\mathrm{d}x+5\int\sin x\,\mathrm{d}x=\dfrac{3^x}{\ln 3}-5\cos x+C.$

注 检验积分结果正确与否的方法:对结果求导,看其导数是否等于被积函数. 相等时结果正确,否则结果错误.

如对例 4 进行检验,由于

$$\left(\frac{3^x}{\ln 3}-5\cos x+C\right)'=3^x+5\sin x,$$

所以结果是正确的.

例 5 求 $\int\dfrac{3x^4+3x^2-5}{x^2+1}\mathrm{d}x$.

解 $\int\dfrac{3x^4+3x^2-5}{x^2+1}\mathrm{d}x=\int\left(3x^2-\dfrac{5}{x^2+1}\right)\mathrm{d}x=\int 3x^2\mathrm{d}x-5\int\dfrac{1}{x^2+1}\mathrm{d}x$

$$=x^3-5\arctan x+C.$$

例 6 求 $\int\dfrac{x^4+3}{1+x^2}\mathrm{d}x$.

解 $\int\dfrac{x^4+3}{1+x^2}\mathrm{d}x=\int\dfrac{x^4-1+4}{1+x^2}\mathrm{d}x=\int\left(x^2-1+\dfrac{4}{1+x^2}\right)\mathrm{d}x$

$$=\frac{x^3}{3}-x+4\arctan x+C.$$

例 7 求 $\int\cos^2\dfrac{x}{2}\mathrm{d}x$.

解 $\int\cos^2\dfrac{x}{2}\mathrm{d}x=\dfrac{1}{2}\int(1+\cos x)\mathrm{d}x=\dfrac{1}{2}(x+\sin x)+C.$

例 8 求 $\int(\tan^2x+\cot^2x)\mathrm{d}x$.

解 $\int(\tan^2x+\cot^2x)\mathrm{d}x=\int(\sec^2x+\csc^2x-2)\mathrm{d}x=\tan x-\cot x-2x+C.$

例 9 求 $\int\dfrac{1}{\sin^2x\cos^2x}\mathrm{d}x$.

解 $\int\dfrac{1}{\sin^2x\cos^2x}\mathrm{d}x=\int\dfrac{\sin^2x+\cos^2x}{\sin^2x\cos^2x}\mathrm{d}x=\int\dfrac{1}{\cos^2x}\mathrm{d}x+\int\dfrac{1}{\sin^2x}\mathrm{d}x$

$$=\tan x-\cot x+C.$$

例 10 求 $\int\dfrac{1}{\sin^2\dfrac{x}{2}\cos^2\dfrac{x}{2}}\mathrm{d}x$.

解 $\int\dfrac{1}{\sin^2\dfrac{x}{2}\cos^2\dfrac{x}{2}}\mathrm{d}x=4\int\dfrac{1}{4\sin^2\dfrac{x}{2}\cos^2\dfrac{x}{2}}\mathrm{d}x=4\int\dfrac{1}{\sin^2x}\mathrm{d}x$

$$= 4\int \csc^2 x \mathrm{d}x = -4\cot x + C.$$

3.1.4 不定积分的积分法

直接积分法只能解决简单函数的不定积分问题,具有一定的局限性,比如直接积分法对 $\int e^{\sin x}\cos x\,\mathrm{d}x$ 及 $\int \sqrt{a^2 - x^2}\,\mathrm{d}x$ 等的积分求解是无能为力的,这就要求去探寻不定积分的新的计算方法. 本节将介绍两种重要的积分方法,即换元积分法和分部积分法.

1. 换元积分法

1) 第一类换元法(凑微分法)

定理 3.3 若 $\int f(u)\mathrm{d}u = F(u) + C$, 又 $u = \varphi(x)$ 是 x 的可导函数,则有换元公式

$$\int f[\varphi(x)]\varphi'(x)\mathrm{d}x = \int f[\varphi(x)]\mathrm{d}\varphi(x) \xlongequal{u=\varphi(x)} \int f(u)\mathrm{d}u$$
$$= F(u) + C = F[\varphi(x)] + C. \tag{3.1.7}$$

证明 由假设可知 $F'(u) = f(u)$, 应用复合函数求导法则,得

$$\frac{\mathrm{d}}{\mathrm{d}x}F[\varphi(x)] = F'[\varphi(x)]\varphi'(x) = f[\varphi(x)]\varphi'(x),$$

故定理得证.

下面结合实例来分析如何应用第一类换元法求不定积分.

例 11 求 $\int \cos(\omega t + T)\mathrm{d}t \quad (\omega \neq 0)$.

解 $\int \cos(\omega t + T)\mathrm{d}t = \frac{1}{\omega}\int \cos(\omega t + T)\mathrm{d}(\omega t + T) \xlongequal{u=\omega t + T} \frac{1}{\omega}\int \cos u\mathrm{d}u$

$$= \frac{1}{\omega}\sin u + C = \frac{1}{\omega}\sin(\omega t + T) + C.$$

例 12 求 $\int \frac{1}{5-3x}\mathrm{d}x$.

解 $\int \frac{1}{5-3x}\mathrm{d}x = -\frac{1}{3}\int \frac{1}{5-3x}\mathrm{d}(5-3x) \xlongequal{u=5-3x} -\frac{1}{3}\int \frac{1}{u}\mathrm{d}u$

$$= -\frac{1}{3}\ln|u| + C = -\frac{1}{3}\ln|5-3x| + C.$$

注 在变量代换比较熟练以后,就不一定把中间变量 u 明显地写出来.

例 13 求 $\int \frac{1}{a^2 + x^2}\mathrm{d}x$.

解 $\int \frac{1}{a^2 + x^2}\mathrm{d}x = \frac{1}{a}\int \frac{\mathrm{d}\left(\frac{x}{a}\right)}{1 + \left(\frac{x}{a}\right)^2} = \frac{1}{a}\arctan\frac{x}{a} + C.$

例 14 求 $\int \frac{1}{\sqrt{a^2 - x^2}}\mathrm{d}x \ (a > 0)$.

解 $\int \frac{1}{\sqrt{a^2-x^2}}dx = \int \frac{d\left(\frac{x}{a}\right)}{\sqrt{1-\left(\frac{x}{a}\right)^2}} = \arcsin \frac{x}{a} + C.$

注 $\int f(ax+b)dx = \frac{1}{a}\int f(ax+b)d(ax+b)$，即 $dx = \frac{1}{a}d(ax+b)$.

例 15 求 $\int \frac{1}{x^2}e^{\frac{1}{x}}dx$.

解 $\int \frac{1}{x^2}e^{\frac{1}{x}}dx = -\int e^{\frac{1}{x}}d\left(\frac{1}{x}\right) = -e^{\frac{1}{x}} + C.$

例 16 求 $\int \frac{\cos\sqrt{x}}{\sqrt{x}}dx$.

解 $\int \frac{\cos\sqrt{x}}{\sqrt{x}}dx = 2\int \cos\sqrt{x}\,d\sqrt{x} = 2\sin\sqrt{x} + C \quad \left(\frac{1}{\sqrt{x}}dx = 2d\sqrt{x}\right).$

例 17 求 $\int x\sqrt{1-x^2}\,dx$.

解
$$\begin{aligned}\int x\sqrt{1-x^2}\,dx &= -\frac{1}{2}\int (1-x^2)^{\frac{1}{2}}d(1-x^2)\\ &= -\frac{1}{2}\cdot\frac{1}{1+\frac{1}{2}}(1-x^2)^{\frac{1}{2}+1}+C\\ &= -\frac{1}{3}(1-x^2)^{\frac{3}{2}}+C.\end{aligned}$$

注 $\int f(x^n)x^{n-1}dx = \frac{1}{n}\int f(x^n)d(x^n)$，即 $x^{n-1}dx = \frac{1}{n}d(x^n)$.

例 18 求下列不定积分.

(1) $\int \tan x\,dx$；　　(2) $\int \frac{dx}{x(3+2\ln x)}$；

(3) $\int \sec x\,dx$；　　(4) $\int \frac{dx}{e^x+e^{-x}}$；

(5) $\int \frac{(\arcsin x)^2}{\sqrt{1-x^2}}dx$.

解 (1) $\int \tan x\,dx = \int \frac{\sin x}{\cos x}dx = -\int \frac{d\cos x}{\cos x} = -\ln|\cos x| + C = \ln|\sec x| + C.$

(2) $\int \frac{dx}{x(3+2\ln x)} = \int \frac{d\ln x}{3+2\ln x} = \frac{1}{2}\int \frac{d(3+2\ln x)}{3+2\ln x} = \frac{1}{2}\ln|3+2\ln x| + C.$

(3)
$$\begin{aligned}\int \sec x\,dx &= \int \frac{\sec x(\sec x+\tan x)}{\sec x+\tan x}dx = \int \frac{d(\sec x+\tan x)}{\sec x+\tan x}\\ &= \ln|\sec x+\tan x| + C.\end{aligned}$$

(4) $\int\frac{\mathrm{d}x}{\mathrm{e}^{x}+\mathrm{e}^{-x}}=\int\frac{\mathrm{d}(\mathrm{e}^{x})}{1+\mathrm{e}^{2x}}=\int\frac{\mathrm{d}(\mathrm{e}^{x})}{1+(\mathrm{e}^{x})^{2}}=\arctan\mathrm{e}^{x}+C.$

(5) $\int\frac{(\arcsin x)^{2}}{\sqrt{1-x^{2}}}\mathrm{d}x=\int(\arcsin x)^{2}\mathrm{d}(\arcsin x)=\frac{1}{3}(\arcsin x)^{3}+C.$

注 $\frac{1}{x}\mathrm{d}x=\mathrm{d}\ln x$，$\mathrm{e}^{x}\mathrm{d}x=\mathrm{d}\mathrm{e}^{x}$，$\sin x\,\mathrm{d}x=-\mathrm{d}\cos x$，$\cos x\,\mathrm{d}x=\mathrm{d}\sin x$，

$\sec^{2}x\,\mathrm{d}x=\mathrm{d}\tan x$，$\sec x\tan x\,\mathrm{d}x=\mathrm{d}\sec x$，$\frac{1}{1+x^{2}}\mathrm{d}x=\mathrm{d}\arctan x$，

$\frac{1}{\sqrt{1-x^{2}}}\mathrm{d}x=\mathrm{d}\arcsin x$，$\frac{x}{\sqrt{a^{2}\pm x^{2}}}\mathrm{d}x=\pm\mathrm{d}\sqrt{a^{2}\pm x^{2}}$，…

2）第二类换元法

上面介绍的第一类换元法是通过变量代换 $u=\varphi(x)$，将积分 $\int f[\varphi(x)]\varphi'(x)\mathrm{d}x$ 转化为积分 $\int f(u)\mathrm{d}u$. 而有时面对的积分 $\int f(x)\mathrm{d}x$ 直接求解非常困难，在此情形下，可选取适当的变量代换 $x=\psi(t)$，且 $\psi(t)$ 有反函数 $t=\psi^{-1}(x)$，将积分 $\int f(x)\mathrm{d}x$ 化为积分 $\int f[\psi(t)]\psi'(t)\mathrm{d}t$，而 $\int f[\psi(t)]\psi'(t)\mathrm{d}t$ 是容易求出的. 这种令 $x=\psi(t)$ 后，通过积分 $\int f[\psi(t)]\psi'(t)\mathrm{d}t$ 来计算 $\int f(x)\mathrm{d}x$ 的方法称为第二类换元法.

定理 3.4 设函数 $f(x)$ 连续，函数 $x=\psi(t)$ 存在连续导函数和反函数且 $\psi'(t)\neq 0$，若 $\int f[\psi(t)]\psi'(t)\mathrm{d}t=F(t)+C$，则

$$\int f(x)\mathrm{d}x=\int f[\psi(t)]\psi'(t)\mathrm{d}t=F(t)+C=F[\psi^{-1}(x)]+C. \tag{3.1.8}$$

证明 只需证明 $(F[\psi^{-1}(x)]+C)'=f(x)$ 即可. 由于 $F'(t)=f[\psi(t)]\psi'(t)$，由复合函数和反函数的求导法则，有

$$\begin{aligned}(F[\psi^{-1}(x)]+C)'&=F'(t)(\psi^{-1}(x))'=f[\psi(t)]\psi'(t)\frac{1}{\psi'(t)}\\&=f[\psi(t)]=f(x).\end{aligned}$$

从而可知式(3.1.8)成立.

下面举例说明第二类换元法的应用.

题型一　三角代换法

$f(x)$ 中含有 $\begin{cases}\sqrt{a^{2}-x^{2}},\\ \sqrt{x^{2}+a^{2}},\\ \sqrt{x^{2}-a^{2}},\end{cases}$ 可考虑分别用代换 $\begin{cases}x=a\sin t,\\ x=a\tan t,\\ x=a\sec t.\end{cases}$

例 19 求 $\int\frac{\mathrm{d}x}{\sqrt{x^{2}+a^{2}}}\ (a>0)$.

解 设 $x=a\tan t,\ 0<t<\frac{\pi}{2}$（图 3-2），则

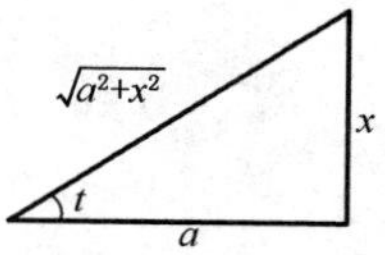

图 3-2

$$\sqrt{x^2+a^2}=\sqrt{a^2\tan^2 t+a^2}=a\sec t,$$
$$\mathrm{d}x=a\sec^2 t\mathrm{d}t,$$

于是

$$\begin{aligned}\int\frac{\mathrm{d}x}{\sqrt{x^2+a^2}}&=\int\frac{a\sec^2 t\mathrm{d}t}{a\sec t}=\int\sec t\mathrm{d}t\\&=\ln|\sec t+\tan t|+C_1\text{（见例 18）}\\&=\ln\left|\tan t+\sqrt{1+\tan^2 t}\right|+C_1\\&=\ln\left|\frac{x}{a}+\frac{\sqrt{a^2+x^2}}{a}\right|+C_1\\&=\ln(x+\sqrt{a^2+x^2})+C\quad\text{（其中 }C=C_1-\ln a\text{ 仍为任意常数）.}\end{aligned}$$

例 20 求 $\int\frac{\mathrm{d}x}{\sqrt{x^2-a^2}}\quad(a>0)$.

解 设 $x=a\sec t$，则当 $0<t<\frac{\pi}{2}$ 或 $\frac{\pi}{2}<t<\pi$ 时，$x=a\sec t$ 存在反函数，当 $0<t<\frac{\pi}{2}$ 时，$\tan t>0$；当 $\frac{\pi}{2}<t<\pi$ 时，$\tan t<0$. 这里只讨论 $0<t<\frac{\pi}{2}$ 的情况（图 3-3）. 这样 $\mathrm{d}x=a\sec t\tan t\mathrm{d}t$，于是

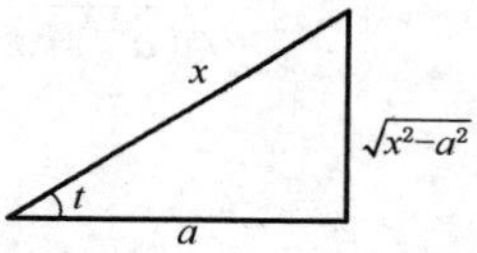

图 3-3

$$\begin{aligned}\int\frac{\mathrm{d}x}{\sqrt{x^2-a^2}}&=\int\frac{a\sec t\tan t\,\mathrm{d}t}{a\tan t}=\int\sec t\mathrm{d}t=\ln|\sec t+\tan t|+C_1\\&=\ln\left|\sec t+\sqrt{\sec^2 t-1}\right|+C_1=\ln\left|\frac{x}{a}+\sqrt{\left(\frac{x}{a}\right)^2-1}\right|+C_1\\&=\ln\left|x+\sqrt{x^2-a^2}\right|+C_1-\ln a\\&=\ln\left|x+\sqrt{x^2-a^2}\right|+C\quad(C=C_1-\ln a).\end{aligned}$$

例 21 求 $\int\sqrt{a^2-x^2}\mathrm{d}x\quad(a>0)$.

解 设 $x=a\sin t,\ 0<t<\frac{\pi}{2}$（图 3-4），则

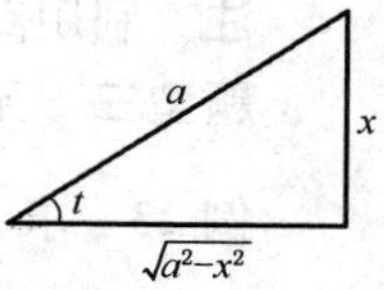

图 3-4

$$\sqrt{a^2-x^2}=\sqrt{a^2-a^2\sin^2 x}=a\cos t,\ \mathrm{d}x=a\cos t\mathrm{d}t,$$

于是

$$\int\sqrt{a^2-x^2}\mathrm{d}x=\int a\cos t\cdot a\cos t\mathrm{d}t=a^2\int\cos^2 t\mathrm{d}t=\frac{1}{2}a^2\int(1+\cos 2t)\mathrm{d}t$$

$$=\frac{a^2}{2}\left(\int dt+\int\cos 2t dt\right)=\frac{a^2}{2}\left(t+\frac{1}{2}\sin 2t\right)+C$$
$$=\frac{a^2}{2}t+\frac{a^2}{2}\sin t\cos t+C,$$

由于 $x=a\sin t$，$0<t<\frac{\pi}{2}$，所以

$$t=\arcsin\frac{x}{a},$$

$$\cos t=\sqrt{1-\sin^2 t}=\sqrt{1-\left(\frac{x}{a}\right)^2}=\frac{\sqrt{a^2-x^2}}{a},$$

于是所求积分为

$$\int\sqrt{a^2-x^2}\,dx=\frac{a^2}{2}\arcsin\frac{x}{a}+\frac{x}{2}\sqrt{a^2-x^2}+C.$$

注 在具体解题时要根据被积函数的具体特征，尽可能选取简捷的代换，并不一定要拘泥于上述的变量代换. 如

$$\int\frac{x}{\sqrt{(a^2+x^2)^3}}dx\ (a>0)=\frac{1}{2}\int(a^2+x^2)^{-\frac{3}{2}}d(a^2+x^2)=-(a^2+x^2)^{-\frac{1}{2}}+C$$
$$=-\frac{1}{\sqrt{a^2+x^2}}+C.$$

题型二　倒代换法

例 22　求 $\int\frac{dx}{x(x^6+4)}$.

解　令 $x=\frac{1}{t}$，则 $\frac{1}{x(x^6+4)}=\frac{t^7}{1+4t^6}$，$dx=-\frac{dt}{t^2}$，从而

$$\int\frac{dx}{x(x^6+4)}=\int\frac{t^5 dt}{1+4t^6}=-\frac{1}{24}\int\frac{d(1+4t^6)}{1+4t^6}=-\frac{1}{24}\ln|1+4t^6|+C$$
$$=\frac{1}{24}\ln\frac{x^6}{x^6+4}+C.$$

注　利用倒代换法常可消去分母中的变量因子 x 而使不定积分简化.

题型三　无理代换法

例 23　求 $\int\frac{dx}{\sqrt{x}(1+\sqrt[3]{x})}$.

解　令 $\sqrt[6]{x}=t$，则 $x=t^6$，$dx=6t^5 dt$，从而

$$\int\frac{dx}{\sqrt{x}(1+\sqrt[3]{x})}=\int\frac{6t^5 dt}{t^3(1+t^2)}=6\int\frac{t^2 dt}{1+t^2}=6\int\left(1-\frac{1}{1+t^2}\right)dt$$
$$=6(t-\arctan t)+C=6(\sqrt[6]{x}-\arctan\sqrt[6]{x})+C.$$

上述有几个例题的积分结果是经常用到的，所以它们通常也被当作公式使用. 接 3.13 中已介绍的基本积分公式的序号排序为：

(16) $\int \tan x\,\mathrm{d}x = -\ln|\cos x| + C$；　　(17) $\int \cot x\,\mathrm{d}x = \ln|\sin x| + C$；

(18) $\int \sec x\,\mathrm{d}x = \ln|\sec x + \tan x| + C$；　　(19) $\int \csc x\,\mathrm{d}x = \ln|\csc x - \cot x| + C$；

(20) $\int \frac{1}{a^2 + x^2}\mathrm{d}x = \frac{1}{a}\arctan\frac{x}{a} + C$；　　(21) $\int \frac{1}{\sqrt{a^2 - x^2}}\mathrm{d}x = \arcsin\frac{x}{a} + C$；

(22) $\int \frac{1}{\sqrt{x^2 + a^2}}\mathrm{d}x = \ln(x + \sqrt{x^2 + a^2}) + C$；

(23) $\int \frac{1}{\sqrt{x^2 - a^2}}\mathrm{d}x = \ln(x + \sqrt{x^2 - a^2}) + C$.

2. 分部积分法

定理 3.5 设 $u = u(x)$，$v = v(x)$ 都是可导函数，则

$$\int uv'\mathrm{d}x = uv - \int vu'\mathrm{d}x \quad 或 \quad \int u\mathrm{d}v = uv - \int v\mathrm{d}u. \tag{3.1.9}$$

注 应用式(3.1.9)，$\int v\mathrm{d}u$ 比 $\int u\mathrm{d}v$ 更容易求解.

一般说来，形如 $x^k\ln x$，$x^k\sin x$，$x^k\cos x$，$x^k\mathrm{e}^x$ 等的不定积分形式要应用分部积分法来解决.

例 24 求 $\int x\ln x\,\mathrm{d}x$.

解 $\int x\ln x\,\mathrm{d}x = \frac{1}{2}\int \ln x\,\mathrm{d}x^2 = \frac{1}{2}x^2\ln x - \frac{1}{2}\int x^2\mathrm{d}\ln x = \frac{1}{2}x^2\ln x - \frac{1}{2}\int x\mathrm{d}x$

$$= \frac{1}{2}x^2\ln x - \frac{1}{4}x^2 + C.$$

例 25 求 $\int x\arctan x\,\mathrm{d}x$.

解

$$\begin{aligned}\int x\arctan x\,\mathrm{d}x &= \frac{1}{2}\int \arctan x\,\mathrm{d}x^2 = \frac{1}{2}x^2\arctan x - \frac{1}{2}\int x^2\mathrm{d}\arctan x\\ &= \frac{1}{2}x^2\arctan x - \frac{1}{2}\int \frac{x^2}{1+x^2}\mathrm{d}x\\ &= \frac{1}{2}x^2\arctan x - \frac{1}{2}\int\left(1 - \frac{1}{1+x^2}\right)\mathrm{d}x\\ &= \frac{1}{2}x^2\arctan x - \frac{1}{2}(x - \arctan x) + C\\ &= \frac{1}{2}(x^2 + 1)\arctan x - \frac{1}{2}x + C.\end{aligned}$$

例 26 求 $\int x\mathrm{e}^x\mathrm{d}x$.

解 $\int xe^x dx = \int x de^x = xe^x - \int e^x dx = xe^x - e^x + C.$

例 27 求 $\int x^2 e^x dx.$

解 $\int x^2 e^x dx = \int x^2 de^x = x^2 e^x - 2\int xe^x dx = x^2 e^x - 2xe^x + 2e^x + C.$

例 28 求 $\int \frac{x}{\cos^2 x} dx.$

解 $\int \frac{x}{\cos^2 x} dx = \int x d\tan x = x\tan x - \int \tan x\, dx = x\tan x - \ln|\sec x| + C.$

经验表明:在两个函数相乘选择 u 时,在基本初等函数中的先后顺序是"对反幂三指",即对数函数、反三角函数比幂函数优先,而幂函数又比三角函数与指数函数优先.

例 29 求 $\int e^x \sin x\, dx.$

解
$$\begin{aligned}\int e^x \sin x\, dx &= \int \sin x\, d(e^x) = e^x \sin x - \int e^x d(\sin x)\\ &= e^x \sin x - \int e^x \cos x\, dx\\ &= e^x \sin x - \int \cos x\, d(e^x)\\ &= e^x \sin x - e^x \cos x + \int e^x d(\cos x)\\ &= e^x (\sin x - \cos x) - \int e^x \sin x\, dx,\end{aligned}$$

从而

$$\int e^x \sin x\, dx = \frac{1}{2} e^x (\sin x - \cos x) + C.$$

例 30 求 $\int \sec^3 x dx.$

解
$$\begin{aligned}\int \sec^3 x dx &= \int \sec x \cdot \sec^2 x dx = \int \sec x\, d(\tan x)\\ &= \sec x \tan x - \int \tan x\, d(\sec x) = \sec x \tan x - \int \sec x \tan^2 x dx\\ &= \sec x \tan x - \int \sec^3 x dx + \int \sec x\, dx\\ &= \sec x \tan x + \ln|\sec x + \tan x| - \int \sec^3 x dx,\end{aligned}$$

从而

$$\int \sec^3 x dx = \frac{1}{2} \sec x \tan x + \frac{1}{2} \ln|\sec x + \tan x| + C.$$

注 当所求积分经过一次或两次分部积分后,重复出现,可用"移项"法则,但最后结果中必须加上任意常数 C.

本节介绍了不定积分的各种积分法,当被积函数是有理函数时也是一类常见的不定积分，最后通过实例介绍有理函数不定积分的基本方法.

例 31 求 $\int \frac{1}{x^2-a^2}\mathrm{d}x \quad (a\neq 0)$.

解 $$\int \frac{1}{x^2-a^2}\mathrm{d}x = \frac{1}{2a}\int\left(\frac{1}{x-a}-\frac{1}{x+a}\right)\mathrm{d}x = \frac{1}{2a}\left(\int\frac{\mathrm{d}x}{x-a}-\int\frac{\mathrm{d}x}{x+a}\right)$$
$$= \frac{1}{2a}(\ln|x-a|-\ln|x+a|)+C = \frac{1}{2a}\ln\left|\frac{x-a}{x+a}\right|+C.$$

例 32 求 $\int \frac{\mathrm{d}x}{x^2+4x+5}$.

解 $$\int \frac{\mathrm{d}x}{x^2+4x+5} = \int\frac{\mathrm{d}x}{(x+2)^2+1} = \int\frac{\mathrm{d}(x+2)}{(x+2)^2+1} = \arctan(x+2)+C.$$

例 33 求 $\int \frac{x}{x^2+4x+5}\mathrm{d}x$.

解 $$\int \frac{x}{x^2+4x+5}\mathrm{d}x = \frac{1}{2}\int\frac{2x+4-4}{x^2+4x+5}\mathrm{d}x$$
$$= \frac{1}{2}\int\frac{2x+4}{x^2+4x+5}\mathrm{d}x - 2\int\frac{1}{x^2+4x+5}\mathrm{d}x$$
$$= \frac{1}{2}\int\frac{1}{x^2+4x+5}\mathrm{d}(x^2+4x+5) - 2\int\frac{\mathrm{d}(x+2)}{(x+2)^2+1}$$
$$= \frac{1}{2}\ln|x^2+4x+5| - 2\arctan(x+2)+C.$$

习题 3.1

1. 求下列不定积分.

(1) $\int \frac{1}{x^2\sqrt{x}}\mathrm{d}x$； (2) $\int 3^x \mathrm{e}^x \mathrm{d}x$； (3) $\int\left(\frac{1}{x^2}-\frac{3}{\sqrt{1-x^2}}\right)\mathrm{d}x$；

(4) $\int \sec x(\sec x-\tan x)\mathrm{d}x$； (5) $\int \mathrm{e}^x\left(1+\frac{\mathrm{e}^{-x}}{\sin^2 x}\right)\mathrm{d}x$； (6) $\int\frac{1+2x^2}{x^2(1+x^2)}\mathrm{d}x$；

(7) $\int\frac{\cos 2x}{\cos x-\sin x}\mathrm{d}x$； (8) $\int\frac{x^4}{1+x^2}\mathrm{d}x$； (9) $\int\frac{\mathrm{e}^{2x}-1}{\mathrm{e}^x+1}\mathrm{d}x$；

(10) $\int(1+f'(x))\mathrm{d}x$； (11) $\int\sin^2\frac{x}{2}\mathrm{d}x$； (12) $\int\cot^2 x\mathrm{d}x$.

2. 求一曲线 $y=f(x)$，使它在任一点处的切线斜率等于该点横坐标的倒数，且过点 $(\mathrm{e}^2, 3)$.

3. 利用换元法求下列不定积分.

(1) $\int \mathrm{e}^{3x}\mathrm{d}x$； (2) $\int x\sin x^2\mathrm{d}x$； (3) $\int\frac{1}{2x+1}\mathrm{d}x$；

(4) $\int(1+x)^n\mathrm{d}x$； (5) $\int\frac{\mathrm{d}x}{\sqrt[3]{2-3x}}$； (6) $\int\frac{\sin\sqrt{t}}{\sqrt{t}}\mathrm{d}t$；

(7) $\int\frac{\mathrm{e}^x}{2+\mathrm{e}^x}\mathrm{d}x$； (8) $\int\frac{x}{1+x^2}\mathrm{d}x$； (9) $\int\tan^{10}x\sec^2 x\,\mathrm{d}x$；

(10) $\int \frac{3^{\ln\ln x}}{x\ln x}dx$；　(11) $\int \frac{\arctan\frac{1}{x}}{1+x^2}dx$；　(12) $\int \frac{1}{(x+1)(x-2)}dx$；

(13) $\int \frac{1+\ln x}{(x\ln x)^2}dx$；　(14) $\int \frac{\cos x}{2\sin x+3}dx$；　(15) $\int \frac{\sin x+\cos x}{\sqrt[3]{\sin x-\cos x}}dx$；

(16) $\int \frac{10^{\arccos x}}{\sqrt{1-x^2}}dx$；　(17) $\int \frac{x^3}{9+x^2}dx$；　(18) $\int \frac{\ln\tan x}{\cos x\sin x}dx$；

(19) $\int \sin 5x\sin 7x\,dx$；　(20) $\int \left(\frac{1}{\sqrt{3-x^2}}+\frac{1}{\sqrt{1-3x^2}}\right)dx$；

(21) $\int \frac{dx}{1+\cos x}$；　(22) $\int \frac{x}{4+x^4}dx$；　(23) $\int \frac{x}{1+\sqrt{x}}dx$；

(24) $\int \frac{1}{1+\sqrt{2x+3}}dx$；　(25) $\int \frac{x^2}{\sqrt{1-x^2}}dx$；　(26) $\int \frac{4\sqrt{x}-1}{\sqrt{x}+\sqrt[4]{x^3}}dx$.

4. 应用分部积分法求下列不定积分.

(1) $\int \ln x\,dx$；　(2) $\int (\ln x)^2dx$；　(3) $\int \arcsin x\,dx$；

(4) $\int x^2\cos x\,dx$；　(5) $\int x\tan^2 x\,dx$；　(6) $\int \left[\ln(\ln x)+\frac{1}{\ln x}\right]dx$；

(7) $\int x^3e^{x^2}dx$；　(8) $\int \cos(\ln x)dx$；　(9) $\int e^{\sqrt{x}}dx$；

(10) $\int \sin\sqrt{x}\,dx$；　(11) $\int \frac{\ln\tan x}{\sin^2 x}dx$；　(12) $\int e^{-2x}\sin\frac{x}{2}dx$.

5. 求下列不定积分.

(1) $\int \frac{x^3}{x-1}dx$；　(2) $\int \frac{x+1}{x^2-4x+3}dx$；　(3) $\int \frac{1}{1+x^3}dx$；

(4) $\int \frac{x^7}{1+x^{16}}dx$.

6. 设 $F(x)$ 是 $f(x)$ 的一个原函数，求 $\int xf'(x)dx$.

7. 求下列不定积分.

(1) $\int \frac{f'(x)}{f(x)}dx$；　(2) $\int \frac{f'(x)}{1+[f(x)]^2}dx$.

3.2　定　积　分

3.2.1　问题的提出

1. 曲边梯形的面积

所谓**曲边梯形**，是指由连续曲线 $y=f(x)(f(x)\geqslant 0)$ 和直线 $x=a$，$x=b\ (a<b)$ 及 x 轴围成的平面图形(图 3-5).

欲计算曲边梯形的面积，可以按下列步骤进行.

(1) 分割

$[a,b]$ 中任意插入 $n-1$ 个分点

$a=x_0<x_1<x_2<\cdots<x_{n-1}<x_n=b$，把区间 $[a, b]$ 分成 n 个小区间：$[x_0, x_1]$，$[x_1, x_2]$，…，$[x_{n-1}, x_n]$，记各小区间的长度为 Δx_i，即

$$\Delta x_i = x_i - x_{i-1},\quad i=1, 2, \cdots, n.$$

再用直线 $x=x_i$，$i=1, 2, \cdots, n-1$ 把曲边梯形分割成 n 个小曲边梯形(图 3-5).

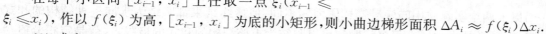

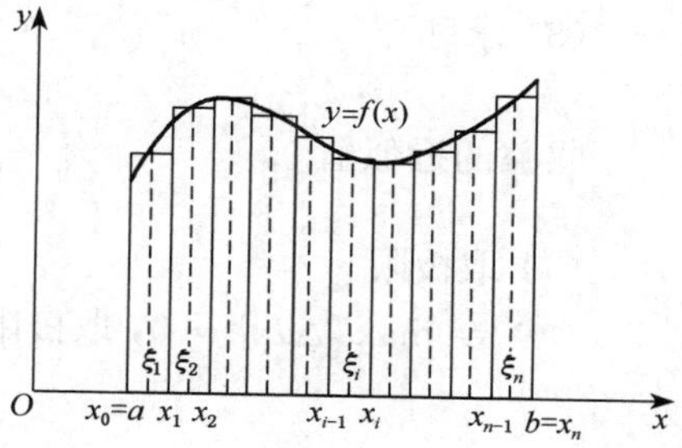

图 3-5

(2) 近似代替

在每个小区间 $[x_{i-1}, x_i]$ 上任取一点 $\xi_i(x_{i-1}\leqslant \xi_i \leqslant x_i)$，作以 $f(\xi_i)$ 为高，$[x_{i-1}, x_i]$ 为底的小矩形，则小曲边梯形面积 $\Delta A_i \approx f(\xi_i)\Delta x_i$.

(3) 求和

曲边梯形的面积 $A=\sum\limits_{i=1}^{n}\Delta A_i \approx \sum\limits_{i=1}^{n} f(\xi_i)\Delta x_i$.

(4) 取极限

记 $\lambda=\max\{\Delta x_1, \Delta x_2, \cdots, \Delta x_n\}$，即小区间长度的最大值，则曲边梯形的面积为

$$A=\lim_{\lambda\to 0}\sum_{i=1}^{n} f(\xi_i)\Delta x_i.$$

2. 收益问题

设某商品的价格 P 是销售量 x 的连续函数 $P=P(x)$，计算当销售量 x 连续地从 a 变化到 b 时，总收益 R 为多少？

仿照上例，收益 R 可按下述步骤计算.

(1) 分割

在 $[a, b]$ 中任意插入 $n-1$ 个分点

$$a=x_0<x_1<x_2<\cdots<x_{i-1}<x_i<\cdots<x_{n-1}<x_n=b,$$

把销售量区间 $[a, b]$ 分成 n 个小销售量段

$$[x_0, x_1], \cdots, [x_{i-1}, x_i], \cdots, [x_{n-1}, x_n],$$

各小段的销量依次为 $\Delta x_1, \cdots, \Delta x_i, \cdots, \Delta x_n$，并记

$$\lambda=\max_{1\leqslant i\leqslant n}\{\Delta x_i\},$$

相应地，各小销售量段的收益依次为

$$\Delta R_1, \cdots, \Delta R_i, \cdots, \Delta R_n.$$

(2) 近似代替

在每个销售量段 $[x_{i-1}, x_i]$ 上任取一点 $\xi_i(x_{i-1}\leqslant \xi_i \leqslant x_i)$，把 $P(\xi_i)$ 作为该段的近似价格，收益近似为

$$\Delta R_i \approx P(\xi_i)\Delta x_i \quad (i=1, 2, \cdots, n).$$

(3) 求和

收益的近似值 $$R=\sum_{i=1}^{n}\Delta R_i\approx\sum_{i=1}^{n}P(\xi_i)\Delta x_i.$$

(4) 取极限

令 $\lambda=\max\limits_{1\leqslant i\leqslant n}\{\Delta x_i\}\to 0$，取极限，得 R 的精确值为

$$R=\lim_{\lambda\to 0}\sum_{i=1}^{n}P(\xi_i)\Delta x_i.$$

以上两个实际应用问题尽管具体内容不同，但最终结果都归结为求同一种结构的和式极限. 在科学技术中还有很多问题都可以归结为求该结构的和式的极限，这就是定积分概念产生的背景.

3.2.2 定积分的概念

定义 3.3 设函数 $f(x)$ 在区间 $[a,b]$ 上有定义且有界，在 $[a,b]$ 中任意插入 $n-1$ 个分点 $a=x_0<x_1<x_2<\cdots<x_{n-1}<x_n=b$. 将区间 $[a,b]$ 分成 n 个小区间 $[x_{i-1},x_i]$，$(i=1,2,\cdots,n)$，记 $\Delta x_i=x_i-x_{i-1}(i=1,2,\cdots,n)$ 为第 i 个小区间的长度. 在每一个小区间上任取一点 $\xi_i\in[x_{i-1},x_i]$，作和式 $\sum\limits_{i=1}^{n}f(\xi_i)\Delta x_i$，记 $\lambda=\max\limits_{1\leqslant i\leqslant n}\{\Delta x_i\}$，如果不论对 $[a,b]$ 怎样分法，也不论在各小区间 $[x_{i-1},x_i]$ 上点 ξ_i 怎样取，若极限 $\lim\limits_{\lambda\to 0}\sum\limits_{i=1}^{n}f(\xi_i)\Delta x_i$ 都存在，则称此极限值为函数 $f(x)$ 在区间 $[a,b]$ 上的定积分，记作 $\int_a^b f(x)\mathrm{d}x$，即

$$\int_a^b f(x)\mathrm{d}x=\lim_{\lambda\to 0}\sum_{i=1}^{n}f(\xi_i)\Delta x_i. \tag{3.2.1}$$

其中，x 称为**积分变量**，$f(x)$称为**被积函数**，$f(x)\mathrm{d}x$ 称为**被积表达式**，$[a,b]$ 称为**积分区间**，a 称为**积分下限**，b 称为**积分上限**，λ 称为**分割细度**.

如果 $f(x)$ 在区间 $[a,b]$ 上的定积分存在，也称 $f(x)$ 在 $[a,b]$ 上可积.

下面不加证明地给出函数 $f(x)$ 可积的三个充分条件.

定理 3.6 如果 $f(x)$ 在区间 $[a,b]$ 上连续，则 $f(x)$ 在 $[a,b]$ 上可积.

定理 3.7 如果 $f(x)$ 在区间 $[a,b]$ 上单调，则 $f(x)$ 在 $[a,b]$ 上可积.

定理 3.8 如果 $f(x)$ 在区间 $[a,b]$ 上有界，且至多只有有限个间断点，则 $f(x)$ 在 $[a,b]$ 上可积.

现在给出定积分的几何意义.

如果函数 $f(x)$ 在 $[a,b]$ 上可积，且 $f(x)\geqslant 0$，那么由曲边梯形面积的定义知，$\int_a^b f(x)\mathrm{d}x$ 的几何意义是由曲线 $y=f(x)$、直线 $x=a$ 与 $x=b$ 以及 x 轴所围成的曲边梯形的面积(图 3-5).

如果 $f(x)$ 在 $[a,b]$ 上的值有正有负(图3-6). 函数图形的某些部分在 x 轴的上方，这时由曲线 $y=f(x)$ 及 x 轴、$x=a$、$x=b$ 所围成的曲边梯形的面积为 A_1 与 A_3，而另一部

分在 x 轴的下方，这时由曲线 $y=f(x)$ 及 x 轴、$x=a$、$x=b$ 所围成的曲边梯形的面积为 A_2，即 $\int_a^b f(x)\mathrm{d}x = A_1 + A_3 - A_2$. 此即为定积分的几何意义.

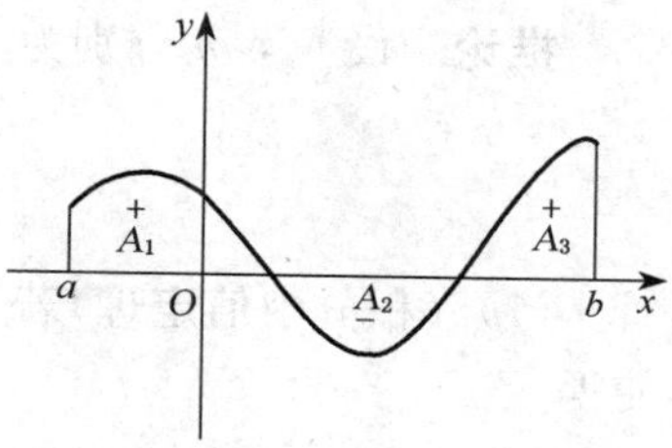

图 3-6

3.2.3 定积分的性质

1. 关于定积分的几点说明

定积分作为和式的极限，它的值只与被积函数 $f(x)$ 和积分区间 $[a, b]$ 有关，而与积分变量所用的符号无关，即

$$\int_a^b f(x)\mathrm{d}x = \int_a^b f(u)\mathrm{d}u = \cdots = \int_a^b f(t)\mathrm{d}t.$$

为便于计算与应用，做两点规定.

(1) $\int_a^a f(x)\mathrm{d}x = 0$；

(2) $\int_a^b f(x)\mathrm{d}x = -\int_b^a f(x)\mathrm{d}x$.

由上式可知，交换定积分上、下限时，定积分的符号要改变.

下面讨论定积分的性质，并假定性质中所涉及的定积分均存在.

2. 定积分的性质

(1) $\int_a^b kf(x)\mathrm{d}x = k\int_a^b f(x)\mathrm{d}x$ （k 是常数）.

(2) $\int_a^b [f(x) \pm g(x)]\mathrm{d}x = \int_a^b f(x)\mathrm{d}x \pm \int_a^b g(x)\mathrm{d}x$.

(3) 不论 a, b, c 的相对位置如何，恒有

$$\int_a^b f(x)\mathrm{d}x = \int_a^c f(x)\mathrm{d}x + \int_c^b f(x)\mathrm{d}x.$$

这个性质表明，定积分对于**积分区间具有可加性**.

(4) 如果在区间 $[a, b]$ 上 $f(x) \equiv 1$，则

$$\int_a^b 1\mathrm{d}x = \int_a^b \mathrm{d}x = b - a.$$

(5) 若 $f(x) \geqslant 0$, $x \in [a, b]$，则 $\int_a^b f(x)\mathrm{d}x \geqslant 0$.

推论 1 若 $f(x) \geqslant g(x)$, $x \in [a, b]$，则 $\int_a^b f(x)\mathrm{d}x \geqslant \int_a^b g(x)\mathrm{d}x$ （$a < b$）.

推论 2 $\left|\int_a^b f(x)\mathrm{d}x\right| \leqslant \int_a^b |f(x)|\mathrm{d}x$ （$a < b$）.

(6)（估值定理）设 M, m 分别为 $f(x)$ 在 $[a, b]$ 上的最大值与最小值，则

$$m(b-a) \leqslant \int_a^b f(x)\mathrm{d}x \leqslant M(b-a).$$

推论 设 M, m 分别为 $f(x)$ 在 $[a, b]$ 上的最大值与最小值，且 $M > m$，则

$$m(b-a) < \int_a^b f(x)\mathrm{d}x < M(b-a).$$

(7)（积分中值定理）若 $f(x)$ 在闭区间 $[a, b]$ 上连续，则至少存在一点 $\xi \in [a, b]$，使得

$$\int_a^b f(x)\mathrm{d}x = f(\xi)(b-a) \quad (a \leqslant \xi \leqslant b).$$

这个公式称为**积分中值公式**.

证明 由(6)知 $m \leqslant \frac{1}{b-a}\int_a^b f(x)\mathrm{d}x \leqslant M$，根据介值定理，必有 $\xi \in [a, b]$，使得 $\frac{1}{b-a}\int_a^b f(x)\mathrm{d}x = f(\xi)$，即

$$\int_a^b f(x)\mathrm{d}x = f(\xi)(b-a) \quad (a \leqslant \xi \leqslant b).$$

积分中值定理的几何解释是：当 $f(x) \geqslant 0$ 时，在区间 $[a, b]$ 上至少存在一点 ξ，使得以区间 $[a, b]$ 为底边，以曲线 $y = f(x)$ 为曲边的曲边梯形的面积等于有同一底边而高为 $f(\xi)$ 的矩形的面积(图 3-7).

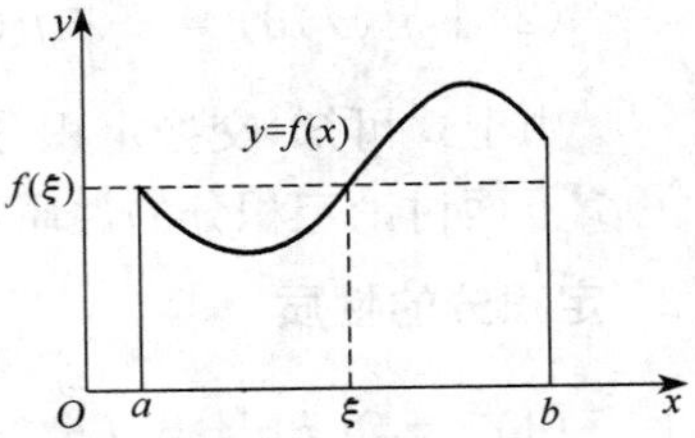

图 3-7

由积分中值定理所得

$$f(\xi) = \frac{1}{b-a}\int_a^b f(x)\mathrm{d}x$$

称为函数 $f(x)$ 在区间 $[a, b]$ 上的**积分平均值**.

例 1 估计定积分 $\int_0^{\pi} \frac{1}{1+\sin^{\frac{5}{2}} x}\mathrm{d}x$ 的值.

解 当 $x \in [0, \pi]$ 时，$0 \leqslant \sin x \leqslant 1$，故 $0 \leqslant \sin^{\frac{5}{2}} x \leqslant 1$，那么

$$1 \leqslant 1 + \sin^{\frac{5}{2}} x \leqslant 2,$$

因此，$\frac{1}{1+\sin^{\frac{5}{2}} x}$ 在 $[0, \pi]$ 上连续，且

$$\frac{1}{2} \leqslant \frac{1}{1+\sin^{\frac{5}{2}} x} \leqslant 1,$$

从而由性质(6)推论，得

$$\frac{\pi}{2} < \int_0^{\pi} \frac{1}{1+\sin^{\frac{5}{2}} x}\mathrm{d}x < \pi.$$

例 2 比较 $\int_0^1 \mathrm{e}^{x^2}\mathrm{d}x$ 与 $\int_0^2 \mathrm{e}^{x}\mathrm{d}x$ 积分值的大小.

解 由于在 $[0, 1]$ 上，有 $x^2 \leqslant x$，从而有 $e^{x^2} \leqslant e^x$，因而 $\int_0^1 e^{x^2} dx \leqslant \int_0^1 e^x dx$. 而在 $[1, 2]$ 上，$e^x \geqslant 0$，所以 $\int_1^2 e^x dx \geqslant 0$，再由性质(3)、性质(5)，从而有

$$\int_0^2 e^x dx = \int_0^1 e^x dx + \int_1^2 e^x dx \geqslant \int_0^1 e^{x^2} dx.$$

3.2.4 微积分基本公式

如果 $f(x)$ 在 $[a, b]$ 上可积，按照定积分的定义去计算，过程很烦琐，甚至很困难，为此，本节将通过研究定积分与不定积分之间的内在联系来探索定积分的计算问题.

1. 变上限积分函数及其导数

若 $f(x)$ 在 $[a, b]$ 上可积，对 $\forall x \in [a, b]$，则 $f(x)$ 在 $[a, x]$ 上也可积，现将积分变量换成 t，那么对每一个取定的 x 值，都有唯一确定的定积分值 $\int_a^x f(t)dt$ 与之对应，显然 $\int_a^x f(t)dt$ 是上限 x 的函数，设

$$\Phi(x) = \int_a^x f(t)dt \quad (a \leqslant x \leqslant b),$$

称 $\Phi(x)$ 为**变上限积分函数**.

定理 3.9（微积分基本定理） 设函数 $f(x)$ 在闭区间 $[a, b]$ 上连续，则变上限积分函数 $\Phi(x) = \int_a^x f(t)dt$ 在 $[a, b]$ 上可导，且 $\Phi'(x) = f(x)$.

证明 对 $\forall x \in [a, b]$，取 $x + \Delta x \in (a, b)$，则

$$\Delta\Phi(x) = \Phi(x + \Delta x) - \Phi(x) = \int_a^{x+\Delta x} f(t)dt - \int_a^x f(t)dt = \int_x^{x+\Delta x} f(t)dt.$$

由积分中值定理，有

$$\Delta\Phi(x) = f(\xi)\Delta x \quad (\xi \text{ 在 } x \text{ 与 } x + \Delta x \text{ 之间}).$$

即

$$\frac{\Delta\Phi(x)}{\Delta x} = f(\xi),$$

当 $\Delta x \to 0$ 时，$\xi \to x$，又已知 $f(x)$ 在 x 点处连续，故有

$$\Phi'(x) = \lim_{\Delta x \to 0} \frac{\Delta\Phi(x)}{\Delta x} = \lim_{\Delta x \to 0} f(\xi) = f(x).$$

由 x 在 $[a, b]$ 上的任意性，证得 Φ 是 $f(x)$ 在 $[a, b]$ 上的一个原函数.

推论 1 若 $f(x)$ 在区间 $[a, b]$ 上连续，则对 $\forall x \in [a, b]$，有 $\left(\int_x^b f(t)dt\right)' = -f(x)$.

推论 2 若 $f(x)$ 在区间 $[a, b]$ 上连续，$\varphi(x)$ 为可导函数，则

$$\frac{\mathrm{d}}{\mathrm{d}x}\int_a^{\varphi(x)} f(t)\mathrm{d}t = f[\varphi(x)]\varphi'(x).$$

推论 3 若 $f(x)$ 在区间 $[a, b]$ 上连续，且 $\varphi(x)$ 与 $\psi(x)$ 在区间 (a, b) 内可导，则

$$\left(\int_{\psi(x)}^{\varphi(x)} f(t)\mathrm{d}t\right)' = f[\varphi(x)]\varphi'(x) - f[\psi(x)]\psi'(x).$$

定理 3.9 揭示了不定积分和定积分之间内在的、本质的联系，即

$$\int f(x)\mathrm{d}x = \int_a^x f(t)\mathrm{d}t + C,\ x \in [a, b],$$

沟通了导数与定积分这两个表面上看似不相干的概念；同时也证明了"连续函数必有原函数"这一结论，并以积分形式给出了 $f(x)$ 的一个原函数. 正因为其重要作用，本定理被誉为**微积分基本定理**.

例 3 求 $\frac{\mathrm{d}}{\mathrm{d}x}\int_0^{x^3} \sqrt[3]{1+t^2}\,\mathrm{d}t$.

解 $\frac{\mathrm{d}}{\mathrm{d}x}\int_0^{x^3} \sqrt[3]{1+t^2}\,\mathrm{d}t = \sqrt[3]{1+x^6} \cdot 3x^2$.

例 4 求 $\frac{\mathrm{d}}{\mathrm{d}x}\int_{x^2}^{\sin x} \ln(1+t^2)\mathrm{d}t$.

解
$$\begin{aligned}\int_{x^2}^{\sin x} \ln(1+t^2)\mathrm{d}t &= \int_{x^2}^{0} \ln(1+t^2)\mathrm{d}t + \int_0^{\sin x} \ln(1+t^2)\mathrm{d}t \\ &= \int_0^{\sin x} \ln(1+t^2)\mathrm{d}t - \int_0^{x^2} \ln(1+t^2)\mathrm{d}t,\end{aligned}$$

$$\begin{aligned}\frac{\mathrm{d}}{\mathrm{d}x}\int_{x^2}^{\sin x} \ln(1+t^2)\mathrm{d}t &= \frac{\mathrm{d}}{\mathrm{d}x}\int_0^{\sin x} \ln(1+t^2)\mathrm{d}t - \frac{\mathrm{d}}{\mathrm{d}x}\int_0^{x^2} \ln(1+t^2)\mathrm{d}t \\ &= \cos x\ln(1+\sin^2 x) - 2x\ln(1+x^4).\end{aligned}$$

例 5 求下列极限：

(1) $\lim\limits_{x\to 0}\dfrac{\int_{\cos x}^{1} \mathrm{e}^{-t^2}\mathrm{d}t}{x^2}$； (2) $\lim\limits_{x\to a}\dfrac{x}{x-a}\int_x^a f(t)\mathrm{d}t$ （$f(x)$ 在点 a 处连续）.

解 (1) $\lim\limits_{x\to 0}\dfrac{\int_{\cos x}^{1} \mathrm{e}^{-t^2}\mathrm{d}t}{x^2} = \lim\limits_{x\to 0}\dfrac{(-\mathrm{e}^{-\cos^2 x})(-\sin x)}{2x} = \dfrac{1}{2\mathrm{e}}$.

(2) $\lim\limits_{x\to a}\dfrac{x}{x-a}\int_x^a f(t)\mathrm{d}t = \lim\limits_{x\to a}\dfrac{\int_x^a f(t)\mathrm{d}t + x(-f(x))}{1} = -af(a)$.

2. 牛顿-莱布尼茨公式

定理 3.10（牛顿-莱布尼茨公式） 如果 $F(x)$ 是连续函数 $f(x)$ 在区间 $[a, b]$ 上的一个原函数，则有

$$\int_a^b f(x)\mathrm{d}x = F(b) - F(a). \tag{3.2.2}$$

数学家牛顿

证明 因 $F(x)$ 是 $f(x)$ 的一个原函数,由定理 3.9 知 $\int_a^x f(t)\mathrm{d}t$ 也是 $f(x)$ 的一个原函数,故

$$F(x)-\int_a^x f(t)\mathrm{d}t = C,$$

令 $x=a$, 得 $C=F(a)$, 即

$$\int_a^x f(t)\mathrm{d}t = F(x)-F(a),$$

再令 $x=b$, 即有

$$\int_a^b f(t)\mathrm{d}t = F(b)-F(a).$$

为了计算方便,以后把 $F(b)-F(a)$ 记成 $F(x)\Big|_a^b$, 于是式(3.2.2)又可写成

$$\int_a^b f(t)\mathrm{d}t = F(x)\Big|_a^b.$$

公式(3.2.2)称为**牛顿-莱布尼茨公式**,又称为**微积分基本公式**,这个公式进一步揭示了定积分与被积函数的原函数或不定积分之间的本质联系:一个连续函数在区间 $[a, b]$ 上的定积分等于它的任一个原函数在区间 $[a, b]$ 上的增量,从而为计算定积分提供了一个简捷方便的理论工具.

例 6 计算 $\int_0^{\frac{\pi}{2}} \sin x\,\mathrm{d}x$.

解 $\int_0^{\frac{\pi}{2}} \sin x\,\mathrm{d}x = (-\cos x)\Big|_0^{\frac{\pi}{2}} = 1.$

例 7 计算 $\int_{-\frac{1}{2}}^{\frac{\sqrt{3}}{2}} \frac{\mathrm{d}x}{\sqrt{1-x^2}}$.

解

$$\begin{aligned}\int_{-\frac{1}{2}}^{\frac{\sqrt{3}}{2}} \frac{\mathrm{d}x}{\sqrt{1-x^2}} &= \arcsin x\Big|_{-\frac{1}{2}}^{\frac{\sqrt{3}}{2}} = \arcsin\frac{\sqrt{3}}{2}-\arcsin\left(-\frac{1}{2}\right)\\ &= \frac{\pi}{3}-\left(-\frac{\pi}{6}\right)=\frac{\pi}{2}.\end{aligned}$$

例 8 计算 $\int_{-3}^{-2} \frac{1}{x}\mathrm{d}x$.

解 $\int_{-3}^{-2} \frac{1}{x}\mathrm{d}x = \ln|x|\Big|_{-3}^{-2} = \ln|-2|-\ln|-3| = \ln 2-\ln 3 = \ln\frac{2}{3}.$

例 9 计算 $\int_0^2 \max\{x,\ x^3\}\mathrm{d}x$.

解 $\int_0^2 \max\{x,\ x^3\}\mathrm{d}x = \int_0^1 x\mathrm{d}x + \int_1^2 x^3\mathrm{d}x = \frac{1}{2}x^2\Big|_0^1 + \frac{1}{4}x^4\Big|_1^2 = \frac{17}{4}.$

例 10 设 $f(x)=\begin{cases}2x-1, & x<0,\\ \frac{1}{1+x^2}, & 0\leqslant x\leqslant 1,\end{cases}$ 计算定积分 $\int_{-1}^1 f(x)\mathrm{d}x$.

解 根据积分区间的可加性,有

$$\int_{-1}^{1} f(x)\mathrm{d}x = \int_{-1}^{0} f(x)\mathrm{d}x + \int_{0}^{1} f(x)\mathrm{d}x = \int_{-1}^{0} (2x-1)\mathrm{d}x + \int_{0}^{1} \frac{1}{1+x^2}\mathrm{d}x$$

$$= (x^2 - x)\Big|_{-1}^{0} + \arctan x\Big|_{0}^{1} = \frac{\pi}{4} - 2.$$

3.2.5 定积分的换元法与分部积分法

应用牛顿-莱布尼茨公式计算定积分,首先必须求出被积函数的原函数,所以可以将求不定积分的方法用到定积分计算中来.

1. 定积分的换元法

定理 3.11 设函数 $f(x)$ 在区间 $[a, b]$ 上连续,函数 $x = \varphi(t)$ 满足:

(1) $\varphi(\alpha) = a$, $\varphi(\beta) = b$,且 $a \leqslant \varphi(t) \leqslant b$, $t \in [\alpha, \beta]$;

(2) $\varphi(t)$ 在 $[\alpha, \beta]$(或 $[\beta, \alpha]$)上具有连续导数,则有

$$\int_{a}^{b} f(x)\mathrm{d}x = \int_{\alpha}^{\beta} f[\varphi(t)]\varphi'(t)\mathrm{d}t. \tag{3.2.3}$$

证明 设 $F(x)$ 为 $f(x)$ 在 $[a, b]$ 上的一个原函数,则

$$\int_{a}^{b} f(x)\mathrm{d}x = F(b) - F(a),$$

又 $(F[\varphi(t)])' = F'[\varphi(t)]\varphi'(t) = f[\varphi(t)]\varphi'(t)$,即 $F[\varphi(t)]$ 为 $f[\varphi(t)]\varphi'(t)$ 的原函数,有

$$\int_{\alpha}^{\beta} f[\varphi(t)]\varphi'(t)\mathrm{d}t = F[\varphi(t)]\Big|_{\alpha}^{\beta} = F[\varphi(\beta)] - F[\varphi(\alpha)] = F(b) - F(a),$$

故

$$\int_{a}^{b} f(x)\mathrm{d}x = \int_{\alpha}^{\beta} f[\varphi(t)]\varphi'(t)\mathrm{d}t.$$

式(3.2.3)称为定积分的**换元公式**.

注 在应用定积分换元公式时,换元必换积分限,一旦求出 $f[\varphi(t)]\varphi'(t)$ 的一个原函数 $F[\varphi(t)]$ 后,不必再作变量还原,只要把新变量 t 的上、下限分别代入 $F[\varphi(t)]$ 中,并求其差值即可.原因在于定积分的计算结果是一个确定的数,而不定积分所求的是被积函数的原函数,理应采用与原来相同的自变量.

例 11 计算 $\int_{1}^{4} \frac{\mathrm{d}x}{1+\sqrt{x}}$.

解 令 $\sqrt{x} = t$,则 $x = t^2$, $\mathrm{d}x = 2t\mathrm{d}t$, $x = 1$ 时, $t = 1$; $x = 4$ 时, $t = 2$. 所以

$$\int_{1}^{4} \frac{\mathrm{d}x}{1+\sqrt{x}} = \int_{1}^{2} \frac{2t\mathrm{d}t}{1+t} = 2\int_{1}^{2} \left(1 - \frac{1}{1+t}\right)\mathrm{d}t = 2(t - \ln|1+t|)\Big|_{1}^{2}$$

$$= 2\left(1 - \ln\frac{3}{2}\right).$$

例 12 计算$\int_0^{\frac{\pi}{2}} \sin t \cos t \, \mathrm{d}t$.

解法 1 令 $x = \sin t$, $\mathrm{d}x = \cos t \, \mathrm{d}t$, $t = 0$ 时, $x = 0$; $t = \frac{\pi}{2}$ 时, $x = 1$, 所以

$$\int_0^{\frac{\pi}{2}} \sin t \cos t \mathrm{d}t = \int_0^1 x \mathrm{d}x = \left.\frac{x^2}{2}\right|_0^1 = \frac{1}{2}.$$

解法 2 由于 $\sin t \cos t = \frac{1}{2}\sin 2t$, 令 $u = 2t$, 则 $\mathrm{d}t = \frac{1}{2}\mathrm{d}u$. $t = 0$ 时, $u = 0$; $t = \frac{\pi}{2}$ 时, $u = \pi$, 所以

$$\int_0^{\frac{\pi}{2}} \sin t \cos t \mathrm{d}t = \frac{1}{4}\int_0^{\pi} \sin u \mathrm{d}u = -\left.\frac{\cos u}{4}\right|_0^{\pi} = \frac{1}{2}.$$

例 13 计算$\int_0^{\pi} \sqrt{\sin^3 x - \sin^5 x} \, \mathrm{d}x$.

解
$$\begin{aligned}
\int_0^{\pi} \sqrt{\sin^3 x - \sin^5 x} \, \mathrm{d}x &= \int_0^{\pi} \sin^{\frac{3}{2}} x \, |\cos x| \, \mathrm{d}x \\
&= \int_0^{\frac{\pi}{2}} \sin^{\frac{3}{2}} x \cos x \, \mathrm{d}x - \int_{\frac{\pi}{2}}^{\pi} \sin^{\frac{3}{2}} x \cos x \, \mathrm{d}x \\
&= \int_0^{\frac{\pi}{2}} \sin^{\frac{3}{2}} x \mathrm{d}(\sin x) - \int_{\frac{\pi}{2}}^{\pi} \sin^{\frac{3}{2}} x \mathrm{d}(\sin x) \\
&= \left.\frac{2}{5}\sin^{\frac{5}{2}} x\right|_0^{\frac{\pi}{2}} - \left.\frac{2}{5}\sin^{\frac{5}{2}} x\right|_{\frac{\pi}{2}}^{\pi} = \frac{2}{5} - \left(-\frac{2}{5}\right) = \frac{4}{5}.
\end{aligned}$$

注意 如果忽略了 $\cos x$ 在 $\left[\frac{\pi}{2}, \pi\right]$ 上非正,而按 $\sqrt{\sin^3 x - \sin^5 x} = \sin^{\frac{3}{2}} x \cdot \cos x$ 计算,将导致错误.

例 14 设函数 $f(x)$ 在 $[-a, a]$ 上连续,证明:

(1) 若 $f(x)$ 为偶函数,则$\int_{-a}^{a} f(x)\mathrm{d}x = 2\int_0^a f(x)\mathrm{d}x$;

(2) 若 $f(x)$ 为奇函数,则$\int_{-a}^{a} f(x)\mathrm{d}x = 0$.

证明 已知$\int_{-a}^{a} f(x)\mathrm{d}x = \int_{-a}^{0} f(x)\mathrm{d}x + \int_0^a f(x)\mathrm{d}x$, 对$\int_{-a}^{0} f(x)\mathrm{d}x$, 令 $x = -t$, 则

$$\int_{-a}^{0} f(x)\mathrm{d}x = \int_a^0 f(-t)\mathrm{d}(-t) = \int_0^a f(-t)\mathrm{d}t = \int_0^a f(-x)\mathrm{d}x,$$

于是

$$\int_{-a}^{a} f(x)\mathrm{d}x = \int_0^a f(x)\mathrm{d}x + \int_0^a f(-x)\mathrm{d}x = \int_0^a [f(-x) + f(x)]\mathrm{d}x.$$

(1) 若 $f(x)$ 为偶函数,则 $f(-x) = f(x)$, 故$\int_{-a}^{a} f(x)\mathrm{d}x = 2\int_0^a f(x)\mathrm{d}x$.

(2) 若 $f(x)$ 为奇函数,则 $f(-x)=-f(x)$, 故 $\int_{-a}^{a}f(x)\mathrm{d}x=0$.

例 15 证明:若函数 $f(x)$ 在 **R** 上是周期为 T 的连续函数,则 $\forall a\in\mathbf{R}$, 有

$$\int_{a}^{a+T}f(x)\mathrm{d}x=\int_{0}^{T}f(x)\mathrm{d}x.$$

证明 根据积分区间的可加性,有

$$\int_{a}^{a+T}f(x)\mathrm{d}x=\int_{a}^{0}f(x)\mathrm{d}x+\int_{0}^{T}f(x)\mathrm{d}x+\int_{T}^{a+T}f(x)\mathrm{d}x,$$

对 $\int_{T}^{a+T}f(x)\mathrm{d}x$, 令 $x=T+t$, 则 $\mathrm{d}x=\mathrm{d}t$, 当 $x=T$ 时, $t=0$; 当 $x=a+T$ 时, $t=a$, 于是

$$\int_{T}^{a+T}f(x)\mathrm{d}x=\int_{0}^{a}f(T+t)\mathrm{d}t=\int_{0}^{a}f(t)\mathrm{d}t=\int_{0}^{a}f(x)\mathrm{d}x=-\int_{a}^{0}f(x)\mathrm{d}x,$$

从而

$$\int_{a}^{a+T}f(x)\mathrm{d}x=\int_{a}^{0}f(x)\mathrm{d}x+\int_{0}^{T}f(x)\mathrm{d}x-\int_{a}^{0}f(x)\mathrm{d}x=\int_{0}^{T}f(x)\mathrm{d}x.$$

例 16 计算 $\int_{-\frac{\pi}{2}}^{\frac{\pi}{2}}\sin^4x(\sin x+\cos x)\mathrm{d}x$.

解 利用定积分的性质,有

$$\begin{aligned}\int_{-\frac{\pi}{2}}^{\frac{\pi}{2}}\sin^4x(\sin x+\cos x)\mathrm{d}x&=\int_{-\frac{\pi}{2}}^{\frac{\pi}{2}}\sin^5x\mathrm{d}x+\int_{-\frac{\pi}{2}}^{\frac{\pi}{2}}\sin^4x\cos x\,\mathrm{d}x\\&=0+\int_{-\frac{\pi}{2}}^{\frac{\pi}{2}}\sin^4x\cos x\,\mathrm{d}x=2\int_{0}^{\frac{\pi}{2}}\sin^4x\cos x\,\mathrm{d}x=2\int_{0}^{\frac{\pi}{2}}\sin^4x\mathrm{d}(\sin x)\\&=2\left(\frac{1}{5}\sin^5x\right)\Big|_{0}^{\frac{\pi}{2}}=\frac{2}{5}.\end{aligned}$$

2. 定积分的分部积分法

定理 3.12 设 $u=u(x)$, $v=v(x)$ 在 $[a,b]$ 上有连续的导数,则

$$(uv)'=u'v+uv' \quad 或 \quad uv'=(uv)'-u'v,$$

上式两边从 a 到 b 积分得

$$\int_{a}^{b}uv'\mathrm{d}x=\int_{a}^{b}(uv)'\mathrm{d}x-\int_{a}^{b}u'v\mathrm{d}x,$$

即

$$\int_{a}^{b}uv'\mathrm{d}x=uv\Big|_{a}^{b}-\int_{a}^{b}u'v\mathrm{d}x,$$

亦即

$$\int_{a}^{b}u\mathrm{d}v=uv\Big|_{a}^{b}-\int_{a}^{b}v\mathrm{d}u. \tag{3.2.4}$$

式(3.2.4)称为定积分的**分部积分公式**.

例 17 计算$\int_1^{e} x\ln x\,dx$.

解 $\int_1^{e} x\ln x\,dx=\frac{1}{2}\int_1^{e}\ln x\,dx^2=\frac{1}{2}x^2\ln x\Big|_1^{e}-\frac{1}{2}\int_1^{e}x^2\cdot\frac{1}{x}dx$

$$=\frac{e^2}{2}-\frac{x^2}{4}\Big|_1^{e}=\frac{e^2+1}{4}.$$

例 18 计算$\int_0^1 x\arctan x\,dx$.

解 $\int_0^1 x\arctan x\,dx=\frac{1}{2}\int_0^1\arctan x\,dx^2=\frac{1}{2}x^2\arctan x\Big|_0^1-\frac{1}{2}\int_0^1x^2\cdot\frac{1}{1+x^2}dx$

$$=\frac{\pi}{8}-\frac{1}{2}(x-\arctan x)\Big|_0^1=\frac{\pi-2}{4}.$$

例 19 计算$\int_0^1 e^{\sqrt{x}}dx$.

解 令$\sqrt{x}=t$,即$x=t^2$,$dx=2t\,dt$,当$x=0$时,$t=0$;当$x=1$时,$t=1$,则

$$\int_0^1 e^{\sqrt{x}}dx=2\int_0^1 te^t dt=2\int_0^1 t\,d(e^t)=2\left(te^t\Big|_0^1-\int_0^1 e^t dt\right)=2e-2e^t\Big|_0^1=2.$$

例 20 (1) 证明:$\int_0^{\frac{\pi}{2}}\sin^n x\,dx=\int_0^{\frac{\pi}{2}}\cos^n x\,dx\quad(n\in\mathbf{N}^+)$;

(2) 计算$I_n=\int_0^{\frac{\pi}{2}}\sin^n x\,dx=\int_0^{\frac{\pi}{2}}\cos^n x\,dx$.

证明 (1) 作变量替换$x=\frac{\pi}{2}-t$,则当$x=0$时,$t=\frac{\pi}{2}$;当$x=\frac{\pi}{2}$时,$t=0$,且$dx=-dt$,则

$$\int_0^{\frac{\pi}{2}}\sin^n x\,dx=-\int_{\frac{\pi}{2}}^0\sin^n\left(\frac{\pi}{2}-t\right)dt=\int_0^{\frac{\pi}{2}}\cos^n t\,dt=\int_0^{\frac{\pi}{2}}\cos^n x\,dx.$$

(2) **解** $I_0=\int_0^{\frac{\pi}{2}}dx=\frac{\pi}{2}$,$I_1=\int_0^{\frac{\pi}{2}}\sin x\,dx=1$,当$n\geqslant 2$时,用分部积分求得

$$I_n=\int_0^{\frac{\pi}{2}}\sin^n x\,dx=-\int_0^{\frac{\pi}{2}}\sin^{n-1}x\,d\cos x=(-\sin^{n-1}x\cos x)\Big|_0^{\frac{\pi}{2}}+\int_0^{\frac{\pi}{2}}\cos x\,d(\sin^{n-1}x)$$

$$=(n-1)\int_0^{\frac{\pi}{2}}\sin^{n-2}x\cos^2 x\,dx=(n-1)\int_0^{\frac{\pi}{2}}\sin^{n-2}x(1-\sin^2 x)dx$$

$$=(n-1)\int_0^{\frac{\pi}{2}}\sin^{n-2}x\,dx-(n-1)\int_0^{\frac{\pi}{2}}\sin^n x\,dx=(n-1)I_{n-2}-(n-1)I_n.$$

移项整理得递推公式

$$I_n=\frac{n-1}{n}I_{n-2}\quad(n\geqslant 2),$$

反复应用上述递推公式得

$$I_{2m}=\frac{2m-1}{2m}\cdot\frac{2m-3}{2m-2}\cdot\cdots\cdot\frac{3}{4}\cdot\frac{1}{2}\cdot I_0=\frac{(2m-1)!!}{(2m)!!}\cdot\frac{\pi}{2},$$

$$I_{2m+1}=\frac{2m}{2m+1}\cdot\frac{2m-2}{2m-1}\cdot\cdots\cdot\frac{4}{5}\cdot\frac{2}{3}\cdot I_1=\frac{(2m)!!}{(2m+1)!!}.$$

习题 3.2

1. 利用定积分定义计算由抛物线 $y=x^2+1$，两直线 $x=a$，$x=b$ $(b>a)$ 及横轴所围成的图形的面积.

2. 利用定积分的几何意义，证明下列等式.

(1) $\int_{-\pi}^{\pi}\sin x\,\mathrm{d}x=0$；　　(2) $\int_{-\frac{\pi}{2}}^{\frac{\pi}{2}}\cos x\,\mathrm{d}x=2\int_0^{\frac{\pi}{2}}\cos x\,\mathrm{d}x$.

3. 估计下列定积分的值.

(1) $\int_{\frac{\pi}{4}}^{\frac{5\pi}{4}}(1+\sin^2 x)\mathrm{d}x$；　　(2) $\int_{\frac{1}{\sqrt{3}}}^{\sqrt{3}}x\arctan x\,\mathrm{d}x$.

4. 计算下列定积分.

(1) $\int_0^2(3x^2-x+1)\mathrm{d}x$；　　(2) $\int_1^2\left(x^2+\frac{1}{x^4}\right)\mathrm{d}x$；　　(3) $\int_0^1\frac{\mathrm{d}x}{\sqrt{4-x^2}}$；

(4) $\int_0^{\sqrt{3}a}\frac{\mathrm{d}x}{a^2+x^2}$；　　(5) $\int_1^2\frac{\ln x}{x}\mathrm{d}x$；　　(6) $\int_0^{\pi}(\sin x+\cos x)\mathrm{d}x$.

5. 计算下列导数.

(1) $\frac{\mathrm{d}}{\mathrm{d}x}\int_0^x\ln(t+1)\mathrm{d}t$；　　(2) $\frac{\mathrm{d}}{\mathrm{d}x}\int_0^{x^2}\sqrt{1+t^2}\,\mathrm{d}t$；　　(3) $\frac{\mathrm{d}}{\mathrm{d}x}\int_x^2 t^2\cos 2t\mathrm{d}t$；

(4) $\frac{\mathrm{d}}{\mathrm{d}x}\int_{x^2}^{x^3}\frac{1}{\sqrt{1+t^4}}\mathrm{d}t$.

6. 求下列极限.

(1) $\lim\limits_{x\to 0}\frac{\int_0^{x^2}t\mathrm{d}t}{\int_0^x t\sin t^2\mathrm{d}t}$；　　(2) $\lim\limits_{x\to 0}\frac{\int_0^x\cos t^2\mathrm{d}t}{x}$；　　(3) $\lim\limits_{x\to 0}\frac{\int_{2x}^0 \mathrm{e}^{t^2}\mathrm{d}t}{\mathrm{e}^x-1}$；

(4) $\lim\limits_{x\to\infty}\frac{\left(\int_0^x\mathrm{e}^{t^2}\mathrm{d}t\right)^2}{\int_0^x\mathrm{e}^{2t^2}\mathrm{d}t}$.

7. 计算下列定积分.

(1) $\int_{\frac{1}{\mathrm{e}}}^{\mathrm{e}}\frac{(\ln x)^2}{x}\mathrm{d}x$；　　(2) $\int_0^1\frac{x^2}{\sqrt{x^6+4}}\mathrm{d}x$；　　(3) $\int_0^{\frac{\pi}{2}}\cos^5 x\sin 2x\mathrm{d}x$；

(4) $\int_0^{\frac{\pi}{2}}\frac{\cos x}{1+\sin^2 x}\mathrm{d}x$；　　(5) $\int_0^1\sqrt{4-x^2}\,\mathrm{d}x$；　　(6) $\int_0^1\frac{\mathrm{d}x}{\mathrm{e}^x+\mathrm{e}^{-x}}$；

(7) $\int_{-\frac{\pi}{2}}^{\frac{\pi}{2}}\sqrt{\cos x-\cos^3 x}\,\mathrm{d}x$；　　(8) $\int_{-\frac{\pi}{2}}^{\frac{\pi}{2}}\cos x\cos 2x\mathrm{d}x$；　　(9) $\int_0^1 x\mathrm{e}^{-x}\mathrm{d}x$；

(10) $\int_1^4 \frac{\ln x}{\sqrt{x}} dx$；　(11) $\int_0^{\frac{\pi}{2}} e^{2x}\cos x\, dx$；　(12) $\int_{\frac{\pi}{4}}^{\frac{\pi}{3}} \frac{x}{\sin^2 x} dx$；

(13) $\int_1^e \sin(\ln x) dx$；　(14) $\int_{\frac{1}{e}}^e |\ln x| dx$.

8. 利用函数的奇偶性计算下列定积分.

(1) $\int_{-\pi}^{\pi} x^4 \sin x\, dx$；　(2) $\int_{-\frac{\pi}{2}}^{\frac{\pi}{2}} 4\cos^4 t dt$；　(3) $\int_{-\frac{1}{2}}^{\frac{1}{2}} \frac{(\arcsin x)^2}{\sqrt{1-x^2}} dx$；

(4) $\int_{-5}^{5} \frac{x^3 \sin^2 x}{x^4+2x^2+1} dx$.

9. 证明：$\int_x^1 \frac{1}{1+x^2} dx = \int_1^{\frac{1}{x}} \frac{1}{1+x^2} dx$ $(x>0)$.

10. 设 $f(x)$ 在 $[a, b]$ 上连续，证明：

$$\int_a^b f(x) dx = \int_a^b f(a+b-x) dx.$$

11. 设 $f(x)$ 在 $[a, b]$ 上连续，$F(x) = \int_a^x f(t)(x-t) dt$，证明：$F''(x) = f(x)$.

12. 计算下列定积分.

(1) $\int_{-1}^{1} \frac{x^3+x^2}{1+x^2} dx$；　(2) $\int_{-1}^{1} \left(x^2 \tan x - \frac{x^3}{\sqrt{1-x^2}} + x^2\right) dx$；

(3) $\int_{-2}^{2} \sqrt{1+|x|}\, dx$；　(4) $\int_0^2 |1-x| \sqrt{(x-2)^2}\, dx$；

(5) $\int_0^1 \arcsin\sqrt{x}\, dx$；　(6) $\int_1^e \left(\frac{\ln x}{x}\right)^2 dx$.

3.3　广义积分

在讨论定积分 $\int_a^b f(x) dx$ 时，要求积分区间 $[a, b]$ 有限，被积函数 $f(x)$ 在 $[a, b]$ 上有界，但在理论研究和实际应用中，经常需要处理积分区间为无限区间，或者被积函数为无界函数的积分，这两种情形的积分统称为**广义积分**.

3.3.1　无穷限广义积分

定义 3.4　设函数 $f(x)$ 在 $[a, +\infty)$ 上连续，任取 $b>a$，如果极限 $\lim\limits_{b\to+\infty}\int_a^b f(x) dx$ 存在，则称此极限为函数 $f(x)$ 在区间 $[a, +\infty)$ 上的**广义积分**，并记作 $\int_a^{+\infty} f(x) dx$，即

$$\int_a^{+\infty} f(x) dx = \lim_{b\to+\infty}\int_a^b f(x) dx.$$

此时也称广义积分 $\int_a^{+\infty} f(x) dx$ **收敛**；如果上述极限不存在，则称广义积分 $\int_a^{+\infty} f(x) dx$ **发散**.

类似地，可以定义

$$\int_{-\infty}^{b} f(x)\mathrm{d}x = \lim_{a\to-\infty}\int_{a}^{b} f(x)\mathrm{d}x,$$

$$\int_{-\infty}^{+\infty} f(x)\mathrm{d}x = \int_{0}^{+\infty} f(x)\mathrm{d}x + \int_{-\infty}^{0} f(x)\mathrm{d}x = \lim_{a\to-\infty}\int_{a}^{0} f(x)\mathrm{d}x + \lim_{b\to+\infty}\int_{0}^{b} f(x)\mathrm{d}x.$$

若上述极限都存在,则称这些广义积分收敛,否则称其发散.

上述广义积分统称为**无穷限广义积分**.

设 $F(x)$ 是 $f(x)$ 在 $[a,+\infty)$ 上的一个原函数,则广义积分 $\int_{a}^{+\infty} f(x)\mathrm{d}x$ 收敛的充分必要条件是 $\lim\limits_{x\to+\infty} F(x)$ 存在,且

$$\int_{a}^{+\infty} f(x)\mathrm{d}x = \lim_{x\to+\infty} F(x) - F(a),$$

如果记 $F(+\infty) = \lim\limits_{x\to+\infty} F(x)$,并且记 $F(x)\Big|_{a}^{+\infty} = F(+\infty) - F(a)$,那么上式可以记为

$$\int_{a}^{+\infty} f(x)\mathrm{d}x = F(x)\Big|_{a}^{+\infty}.$$

类似地,有

$$\int_{-\infty}^{b} f(x)\mathrm{d}x = F(x)\Big|_{-\infty}^{b}, \qquad \int_{-\infty}^{+\infty} f(x)\mathrm{d}x = F(x)\Big|_{-\infty}^{+\infty}.$$

例 1 计算 $\int_{-\infty}^{+\infty} \dfrac{\mathrm{d}x}{1+x^2}$.

解 $\int_{-\infty}^{+\infty} \dfrac{\mathrm{d}x}{1+x^2} = \arctan x\Big|_{-\infty}^{+\infty} = \dfrac{\pi}{2} - \left(-\dfrac{\pi}{2}\right) = \pi.$

例 2 计算 $\int_{0}^{+\infty} x\mathrm{e}^{-x^2}\mathrm{d}x$.

解 $\int_{0}^{+\infty} x\mathrm{e}^{-x^2}\mathrm{d}x = -\dfrac{1}{2}\mathrm{e}^{-x^2}\Big|_{0}^{+\infty} = \lim\limits_{x\to+\infty}\left(-\dfrac{1}{2}\mathrm{e}^{-x^2}\right) - \left(-\dfrac{1}{2}\right) = \dfrac{1}{2}.$

例 3 判别广义积分 $\int_{a}^{+\infty} \dfrac{\mathrm{d}x}{x^p}$ $(a>0)$ 的敛散性.

解 当 $p=1$ 时,有 $\int_{a}^{+\infty} \dfrac{\mathrm{d}x}{x} = \ln x\Big|_{a}^{+\infty} = +\infty$;

当 $p\neq 1$ 时,

$$\int_{a}^{+\infty} \frac{\mathrm{d}x}{x^p} = \int_{a}^{+\infty} x^{-p}\mathrm{d}x = \frac{1}{1-p}x^{1-p}\Big|_{a}^{+\infty} = \begin{cases} +\infty, & p<1, \\ \dfrac{a^{1-p}}{p-1}, & p>1. \end{cases}$$

因此,当 $p>1$ 时,这个广义积分收敛,其值为 $\dfrac{a^{1-p}}{p-1}$;当 $p\leqslant 1$ 时,这个广义积分发散.

3.3.2 无界函数的广义积分

如果函数 $f(x)$ 在点 a 的任一邻域内都无界,那么称点 a 为函数 $f(x)$ 的瑕点,因此,无

界函数的广义积分也称为**瑕积分**.

定义 3.5 设函数 $f(x)$ 在区间 $(a, b]$ 上连续,点 a 为函数 $f(x)$ 的瑕点,取 $\varepsilon > 0$,若极限

$$\lim_{\varepsilon \to 0^+}\int_{a+\varepsilon}^{b} f(x)\mathrm{d}x$$

存在,则称此极限为函数 $f(x)$ 在 $(a, b]$ 上的广义积分,记作 $\int_a^b f(x)\mathrm{d}x$,即

$$\int_a^b f(x)\mathrm{d}x = \lim_{\varepsilon \to 0^+}\int_{a+\varepsilon}^{b} f(x)\mathrm{d}x.$$

此时,也称广义积分 $\int_a^b f(x)\mathrm{d}x$ **收敛**;若上述极限不存在,则称广义积分 $\int_a^b f(x)\mathrm{d}x$ **发散**.

设函数 $f(x)$ 在区间 $[a, b)$ 上连续,点 b 为函数 $f(x)$ 的瑕点,可以类似地定义函数 $f(x)$ 在区间 $[a, b)$ 上的广义积分 $\int_a^b f(x)\mathrm{d}x = \lim\limits_{\varepsilon \to 0^+}\int_a^{b-\varepsilon} f(x)\mathrm{d}x$.

设函数 $f(x)$ 在区间 $[a, c) \cup (c, b]$ 上连续,点 c 为它的瑕点,类似地可定义广义积分

$$\int_a^b f(x)\mathrm{d}x = \int_a^c f(x)\mathrm{d}x + \int_c^b f(x)\mathrm{d}x = \lim_{\varepsilon_1 \to 0^+}\int_a^{c-\varepsilon_1} f(x)\mathrm{d}x + \lim_{\varepsilon_2 \to 0^+}\int_{c+\varepsilon_2}^{b} f(x)\mathrm{d}x.$$

如果两个广义积分 $\int_a^c f(x)\mathrm{d}x$ 与 $\int_c^b f(x)\mathrm{d}x$ 都收敛,则广义积分 $\int_a^b f(x)\mathrm{d}x$ 收敛,若广义积分 $\int_a^c f(x)\mathrm{d}x$ 与 $\int_c^b f(x)\mathrm{d}x$ 中至少有一个发散,则称 $\int_a^b f(x)\mathrm{d}x$ 发散.

以上定义的广义积分统称为**无界函数的广义积分**,又称**瑕积分**.

设 a 为 $f(x)$ 的瑕点,$F(x)$ 为 $f(x)$ 在 $(a, b]$ 上的一个原函数,则广义积分 $\int_a^b f(x)\mathrm{d}x$ 收敛的充要条件是 $\lim\limits_{x \to a^+} F(x)$ 存在,且

$$\int_a^b f(x)\mathrm{d}x = F(b) - \lim_{x \to a^+} F(x) = F(b) - F(a^+).$$

如果仍记 $F(x)\Big|_a^b = F(b) - F(a^+)$,那么上式形式仍可以表示为

$$\int_a^b f(x)\mathrm{d}x = F(x)\Big|_a^b.$$

对于 $f(x)$ 在 $[a, b)$ 上连续,b 为瑕点的广义积分也有类似的结论.

例 4 计算 $\int_0^1 \ln x\,\mathrm{d}x$.

解 $x = 0$ 为被积函数 $\ln x$ 的瑕点,所以

$$\int_0^1 \ln x\,\mathrm{d}x = \lim_{\varepsilon \to 0^+}\int_\varepsilon^1 \ln x\,\mathrm{d}x = \lim_{\varepsilon \to 0^+}(x\ln x - x)\Big|_\varepsilon^1 = -1 - \lim_{\varepsilon \to 0^+}(\varepsilon\ln\varepsilon - \varepsilon),$$

而

$$\lim_{\varepsilon\to0^+}(\varepsilon\ln\varepsilon-\varepsilon)=\lim_{\varepsilon\to0^+}\varepsilon\ln\varepsilon=\lim_{\varepsilon\to0^+}\frac{\ln\varepsilon}{\frac{1}{\varepsilon}}=\lim_{\varepsilon\to0^+}\frac{\frac{1}{\varepsilon}}{-\frac{1}{\varepsilon^2}}=\lim_{\varepsilon\to0^+}(-\varepsilon)=0,$$

所以

$$\int_0^1\ln x\,dx=-1.$$

例 5 讨论 $\int_0^1\frac{1}{x^q}dx$ 的敛散性.

解 当 $q=1$ 时,

$$\int_0^1\frac{1}{x}dx=\ln x\Big|_0^1=-\lim_{x\to0^+}\ln x=+\infty;$$

当 $q\neq1$ 时,

$$\int_0^1\frac{1}{x^q}dx=\frac{x^{1-q}}{1-q}\Big|_0^1=\begin{cases}\frac{1}{1-q}, & q<1,\\ +\infty, & q>1.\end{cases}$$

故当 $q<1$ 时,这个广义积分收敛,且其值为 $\frac{1}{1-q}$;当 $q\geqslant1$ 时,这个广义积分发散.

习题 3.3

1. 计算下列广义积分.

(1) $\int_0^{+\infty}e^{-ax}dx\ (a>0)$;　(2) $\int_{-\infty}^0\frac{e^x}{1+e^x}dx$;　(3) $\int_e^{+\infty}\frac{1}{x\ln^2x}dx$;

(4) $\int_0^{+\infty}e^{-x}\sin x\,dx$;　(5) $\int_1^2\frac{dx}{\sqrt[3]{1-x}}$;　(6) $\int_1^e\frac{dx}{x\sqrt{1-(\ln x)^2}}$;

(7) $\int_0^1\ln x\,dx$;　(8) $\int_0^3\frac{dx}{(x-1)^{\frac{2}{3}}}$.

2. 当 k 为何值时,反常积分 $\int_2^{+\infty}\frac{1}{x(\ln x)^k}dx$ 收敛?当 k 为何值时,该反常积分发散?又当 k 为何值时,该反常积分取得最小值?

3. 利用递推公式计算反常积分 $I_n=\int_0^{+\infty}x^ne^{-x}dx$.

3.4 定积分的应用

3.4.1 定积分在几何方面的应用

1. 定积分的元素法

在定积分的应用中,经常采用所谓的**元素法**,下面以曲边梯形面积的计算过程为例,来介绍此方法.

设函数 $f(x)$ 在区间 $[a, b]$ 上连续，且 $f(x) \geqslant 0$，求以曲边 $y = f(x)$ 为顶，$[a, b]$ 为底的曲边梯形的面积 S.

(1) **分割**

用任意一组分点 $a = x_0 < x_1 < x_2 < \cdots < x_{n-1} < x_n = b$ 将区间 $[a, b]$ 分成长度依次为 Δx_i 的 n 个小区间 $[x_{i-1}, x_i]$，$i = 1, 2, \cdots, n$，相应地曲边梯形被划分成 n 个小曲边梯形，设第 i 个小曲边梯形的面积为 ΔS_i，于是

$$S = \sum_{i=1}^{n} \Delta S_i.$$

(2) **近似代替**

以矩形面积代替相应曲边梯形面积

$$\Delta S_i \approx f(\xi_i)\Delta x_i, \ x_{i-1} \leqslant \xi_i \leqslant x_i, \ i = 1, 2, \cdots, n.$$

(3) **求和**

$$S \approx \sum_{i=1}^{n} f(\xi_i)\Delta x_i.$$

(4) **取极限**

由近似值向精确值转化

$$S = \lim_{\lambda \to 0}\sum_{i=1}^{n} f(\xi_i)\Delta x_i = \int_a^b f(x)\mathrm{d}x.$$

其中第(2)步 $\Delta S_i \approx f(\xi_i)\Delta x_i$ 是非常关键的. 用 $f(\xi_i)\Delta x_i$ 近似代替 ΔS_i，误差是 Δx_i 的高阶无穷小. 因此，当小区间分割细度 $\lambda = \max\{\Delta x_1, \Delta x_2, \cdots, \Delta x_n\} \to 0$ 时，和式 $\sum\limits_{i=1}^{n} f(\xi_i)\Delta x_i$ 的极限就是 S 的精确值. 为简便计算，用 ΔS 表示任一小区间 $[x, x+\mathrm{d}x]$ 上的小曲边梯形的面积. 这样 $S = \sum \Delta S$，取 $[x, x+\mathrm{d}x]$ 的左端点 x 为 ξ，以点 x 处的函数值 $f(x)$ 为高，$\mathrm{d}x$ 为底的矩形面积 $f(x)\mathrm{d}x$ 为 ΔS 的近似值，即

$$\Delta S \approx f(x)\mathrm{d}x,$$

于是

$$S \approx \sum \mathrm{d}S = \sum f(x)\mathrm{d}x,$$

其中，记 $\mathrm{d}S = f(x)\mathrm{d}x$，称为**面积微元**，从而得到

$$S = \lim \sum f(x)\mathrm{d}x = \int_a^b f(x)\mathrm{d}x.$$

通过对曲边梯形面积问题的回顾、分析、提炼，可以给出用定积分计算某个量的条件与步骤.

一般地，若要计算的量 U 符合下列条件：

(1) U 与变量 x 的变化区间 $[a, b]$ 有关；

(2) U 对于区间 $[a, b]$ 具有可加性；

(3) 部分量 ΔU_i 近似地表示为 $f(\xi_i)\Delta x_i$，

则可考虑用定积分来计算 U，具体步骤如下：

(1) 根据问题，选取一个变量（比如 x）为积分变量，并确定它的变化区间 $[a, b]$；

(2) 将区间 $[a, b]$ 分成若干个小区间，取其中的任一小区间 $[x, x+\mathrm{d}x]$，求出对应于这个小区间的部分量 ΔU 的近似值

$$\Delta U \approx f(x)\mathrm{d}x,$$

其中 $f(x)\mathrm{d}x$ 称为量 U 的**元素**（或**微元**），且记作

$$\mathrm{d}U = f(x)\mathrm{d}x.$$

(3) 以所求量 U 的元素 $f(x)\mathrm{d}x$ 为被积表达式，在区间 $[a, b]$ 上作定积分得所求量 U 的精确表达式

$$U = \int_a^b f(x)\mathrm{d}x,$$

这个方法称为**定积分的元素法**，其实质是找出 U 的元素 $\mathrm{d}U$ 的微分表达式

$$\mathrm{d}U = f(x)\mathrm{d}x \quad (a \leqslant x \leqslant b),$$

因此，也称此法为**微元法**.

2. 平面图形的面积

1) 直角坐标情形

求由两条连续曲线 $y = f(x)$，$y = g(x)$ 及两条直线 $x = a$，$x = b$ $(a < b)$ 所围成的平面图形的面积 S（图 3-8），可采用元素法给出计算公式：先取小区间 $[x, x+\mathrm{d}x] \subset [a, b]$，小区间上的面积元素为

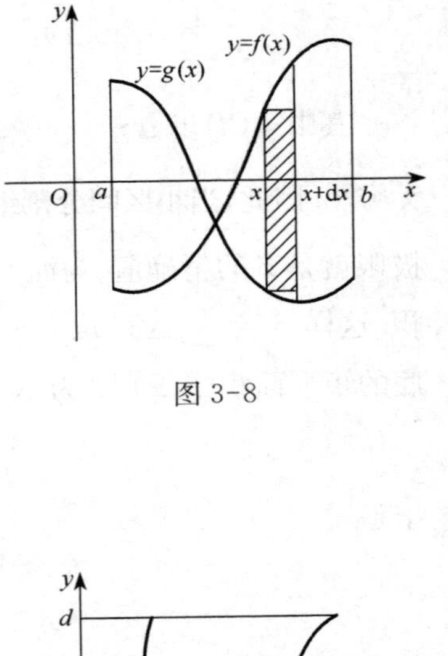

图 3-8

$$\mathrm{d}S = |f(x) - g(x)|\mathrm{d}x,$$

于是，该平面图形的面积为

$$S = \int_a^b |f(x) - g(x)|\mathrm{d}x. \qquad (3.4.1)$$

特别地，当 $g(x) = 0$ 时，$S = \int_a^b |f(x)|\mathrm{d}x$. 同样求由两条曲线 $x = \varphi(y)$，$x = \psi(y)$ 及两条直线 $y = c$，$y = d$ $(c < d)$ 所围图形的面积 S，如图 3-9 所示，有

$$S = \int_c^d \mathrm{d}S = \int_c^d |\varphi(y) - \psi(y)|\mathrm{d}y. \qquad (3.4.2)$$

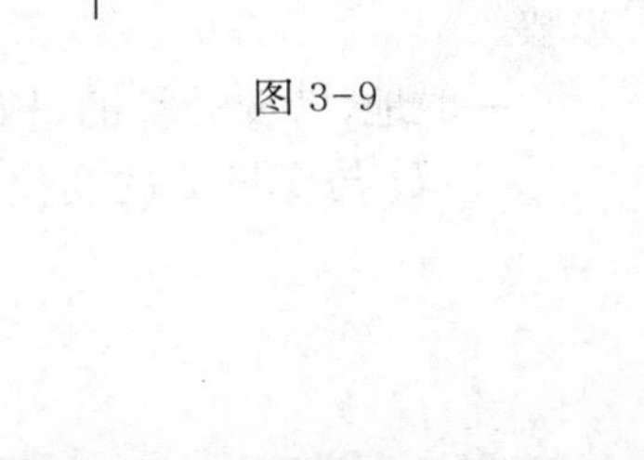

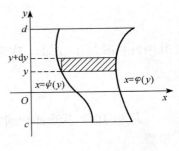

图 3-9

例 1 求椭圆 $\dfrac{x^2}{a^2} + \dfrac{y^2}{b^2} = 1$ 所围的面积（图 3-10）.

解 由对称性知，只需求出第一象限部分面积 S_1 后再乘以 4，即

$$S = 4S_1 = 4\int_0^a |y|\,\mathrm{d}x = 4b\int_0^a \sqrt{1-\frac{x^2}{a^2}}\,\mathrm{d}x,$$

令 $x = a\sin t$，则 $\mathrm{d}x = a\cos t\mathrm{d}t$，当 $x=0$ 时，$t=0$；当 $x=a$ 时，$t=\frac{\pi}{2}$，于是

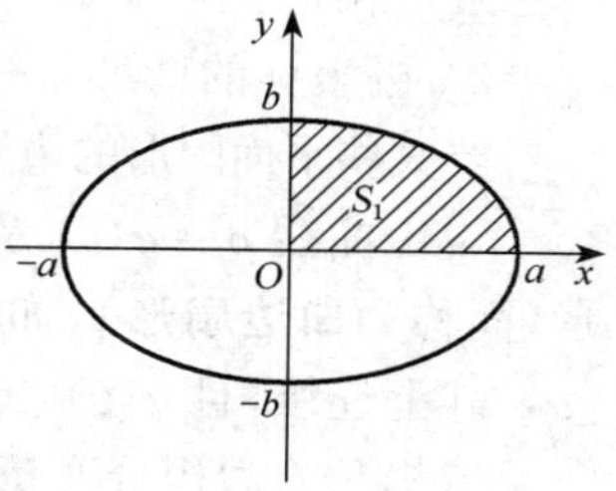

图 3-10

$$S = 4ab\int_0^{\frac{\pi}{2}} \cos^2 t\mathrm{d}t = 4ab\int_0^{\frac{\pi}{2}} \frac{1+\cos 2t}{2}\mathrm{d}t = \pi ab.$$

例 2 求由抛物线 $y^2 = x$ 与直线 $x-2y-3=0$ 所围平面图形的面积 S.

解 求出抛物线与直线的交点为 $(1,-1)$ 与 $(9,3)$. 从图 3-11(a)可知，当 x 在区间 $[0,1]$ 上变化时，面积微元为

$$\mathrm{d}S = [\sqrt{x}-(-\sqrt{x})]\mathrm{d}x,$$

当 x 在区间 $[1,9]$ 上变化时，面积微元为

$$\mathrm{d}S = \left[\sqrt{x}-\frac{x-3}{2}\right]\mathrm{d}x,$$

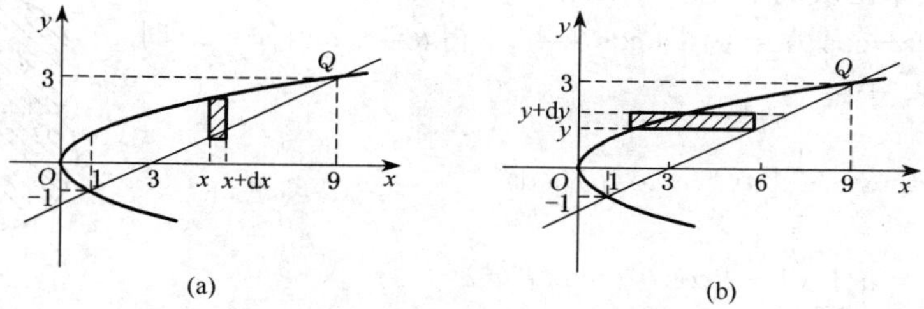

图 3-11

从而得所求面积为

$$\begin{aligned} S &= \int_0^1 [\sqrt{x}-(-\sqrt{x})]\mathrm{d}x + \int_1^9 \left[\sqrt{x}-\frac{x-3}{2}\right]\mathrm{d}x \\ &= 2\int_0^1 \sqrt{x}\,\mathrm{d}x + \int_1^9 \left[\sqrt{x}-\frac{x-3}{2}\right]\mathrm{d}x = \frac{4}{3}+\frac{28}{3} = \frac{32}{3}. \end{aligned}$$

如果选取 y 为积分变量，如图 3-11(b)所示，y 的变化区间为 $[-1,3]$，在 $[-1,3]$ 上任取一小区间 $[y, y+\Delta y]$，从而得到面积微元

$$\mathrm{d}S = [(2y+3)-y^2]\mathrm{d}y,$$

于是，所求的面积为

$$S = \int_{-1}^3 (2y+3-y^2)\mathrm{d}y = \frac{32}{3}.$$

注 由此例可见，积分变量选得适当，可以使计算简便.

2）极坐标的情形

当某些平面图形的边界曲线以极坐标方程给出时，用极坐标计算它们的面积会更加方便.

设由曲线 $\rho=\varphi(\theta)$ 及射线 $\theta=\alpha$, $\theta=\beta$ 围成一平面图形（简称为**曲边扇形**），如图 3-12 所示，其中 $\rho=\varphi(\theta)$ 在 $[\alpha, \beta]$ 上连续，且 $\varphi(\theta)\geqslant 0$，现在来求它的面积.

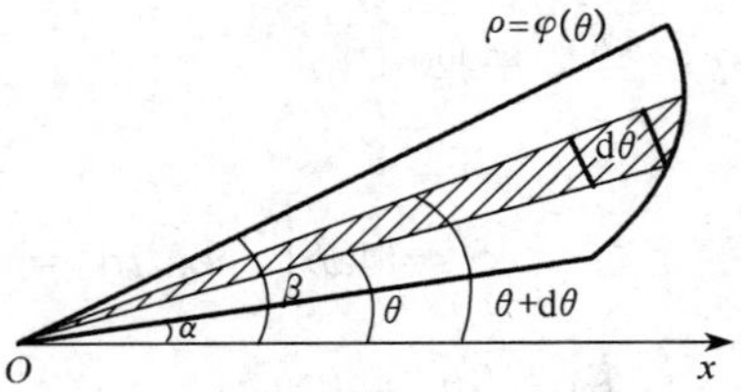

图 3-12

取极角 θ 为积分变量，它的变化区间为 $[\alpha, \beta]$，在 $[\alpha, \beta]$ 上任取一小区间 $[\theta, \theta+\mathrm{d}\theta]$，对应的小曲边扇形的面积近似等于半径为 $\varphi(\theta)$、中心角为 $\mathrm{d}\theta$ 的圆扇形的面积，从而得曲边扇形的面积微元

$$\mathrm{d}S=\frac{1}{2}\varphi^2(\theta)\mathrm{d}\theta,$$

以面积微元为被积表达式，在 $[\alpha, \beta]$ 上作定积分，所求曲边扇形的面积为

$$S=\int_\alpha^\beta \frac{1}{2}\varphi^2(\theta)\mathrm{d}\theta. \tag{3.4.3}$$

例 3 计算心形线 $\rho=a(1+\cos\theta)$ $(a>0)$ 所围成的平面图形的面积.

解 心形线所围成的平面图形如图 3-13 所示，该图形关于极轴对称，令 $\rho=a(1+\cos\theta)=0$，即 $\cos\theta=-1$ 得 $\theta=\pi$；当 $\rho=2a$ 时，$\theta=0$ 或 $\theta=2\pi$，于是

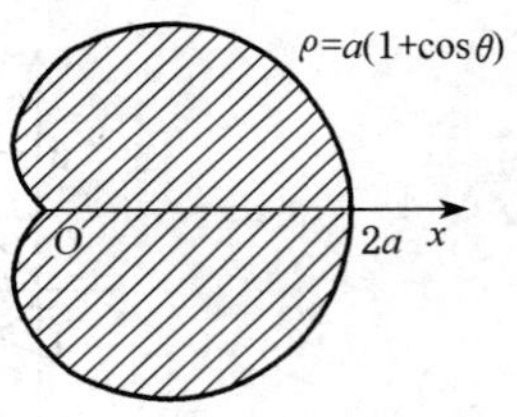

图 3-13

$$\begin{aligned}S&=2\int_0^\pi \frac{1}{2}[a(1+\cos\theta)]^2\mathrm{d}\theta\\&=a^2\int_0^\pi(1+2\cos\theta+\cos^2\theta)\mathrm{d}\theta\\&=a^2\int_0^\pi\left(\frac{3}{2}+2\cos\theta+\frac{1}{2}\cos 2\theta\right)\mathrm{d}\theta\\&=a^2\left(\frac{3}{2}\theta+2\sin\theta+\frac{1}{4}\sin 2\theta\right)\Big|_0^\pi=\frac{3}{2}\pi a^2.\end{aligned}$$

例 4 计算阿基米德螺线 $\rho=a\theta$ $(a>0)$ 上对应 θ 从 0 变到 2π 的一段弧与极轴所围成的图形（图3-14）的面积.

解 由公式(3.4.3)，有

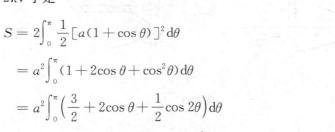

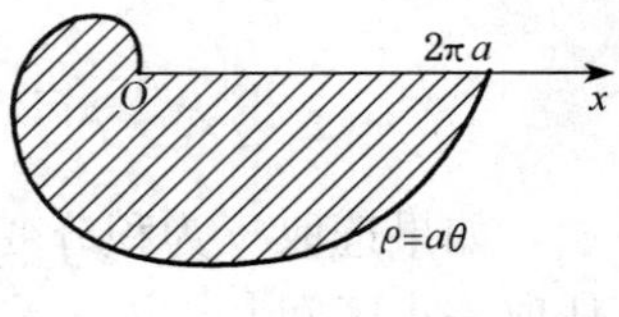

图 3-14

$$\begin{aligned}S&=\int_0^{2\pi}\frac{1}{2}(a\theta)^2\mathrm{d}\theta=\frac{1}{2}a^2\int_0^{2\pi}\theta^2\mathrm{d}\theta=\frac{1}{6}a^2\theta^3\Big|_0^{2\pi}\\&=\frac{4}{3}a^2\pi^3.\end{aligned}$$

3. 立体的体积

1）平行截面面积已知的立体体积

如图 3-15 所示，空间一立体位于垂直于 x 轴的两平面 $x=a$ 与 $x=b$ $(a<b)$ 之间，该

立体被垂直于 x 轴的平面所截，其截面积是 x 的函数，记作 $A(x)$，若 $A(x)$ 为 $[a, b]$ 上的已知连续函数，求该立体的体积 V.

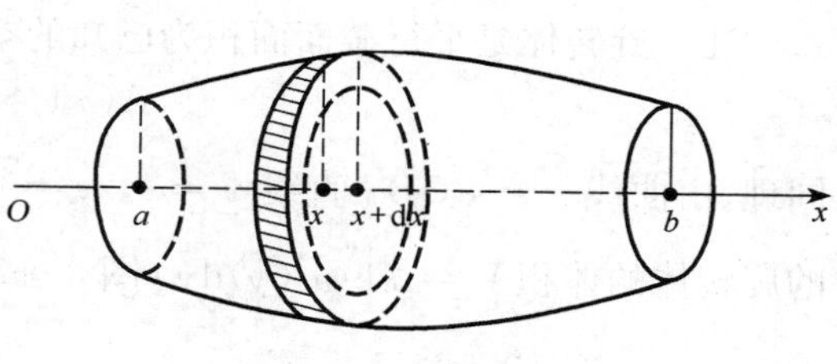

图 3-15

任取小区间 $[x, x+\mathrm{d}x] \subset [a, b]$，可截得一个小薄片立体，小薄片立体的体积可近似地看作是以 $A(x)$ 为底，$\mathrm{d}x$ 为高的小柱体的体积，即体积 V 的微元

$$\mathrm{d}V = A(x)\mathrm{d}x,$$

以 $A(x)\mathrm{d}x$ 为被积表达式，在闭区间 $[a, b]$ 上作定积分，便得到所求立体的体积

$$V = \int_a^b A(x)\mathrm{d}x. \tag{3.4.4}$$

例 5 求由椭球面 $\dfrac{x^2}{a^2} + \dfrac{y^2}{b^2} + \dfrac{z^2}{c^2} = 1$ 所围立体（椭球）的体积.

解 以平面 $x = x_0 (|x_0| \leqslant a)$ 截椭球面，得椭圆

$$\frac{y^2}{b^2\left(1 - \dfrac{x_0^2}{a^2}\right)} + \frac{z^2}{c^2\left(1 - \dfrac{x_0^2}{a^2}\right)} = 1,$$

所以截面面积函数为（根据本节例 1）

$$A(x) = \pi bc\left(1 - \frac{x^2}{a^2}\right),\ x \in [-a, a],$$

于是求得椭球体积

$$V = \int_{-a}^{a} \pi bc\left(1 - \frac{x^2}{a^2}\right)\mathrm{d}x = \frac{4}{3}\pi abc.$$

显然，当 $a = b = c = r$ 时，椭球体积等于球的体积 $\dfrac{4}{3}\pi r^3$.

2）旋转体的体积

求由曲线 $y = f(x)$，直线 $x = a$，$x = b$ 及 x 轴所围成的曲边梯形绕 x 轴旋转一周而成的旋转体的体积.

如图 3-16 所示，将与小区间 $[x, x+\mathrm{d}x]$ 对应的小旋转体近似地看做是以 $|f(x)|$ 为底半径，以 $\mathrm{d}x$ 为高的圆柱体，则得到体积 V 的微元

$$\mathrm{d}V = \pi[f(x)]^2\mathrm{d}x.$$

两边积分即得旋转体体积公式

$$V = \pi\int_a^b [f(x)]^2\mathrm{d}x. \tag{3.4.5}$$

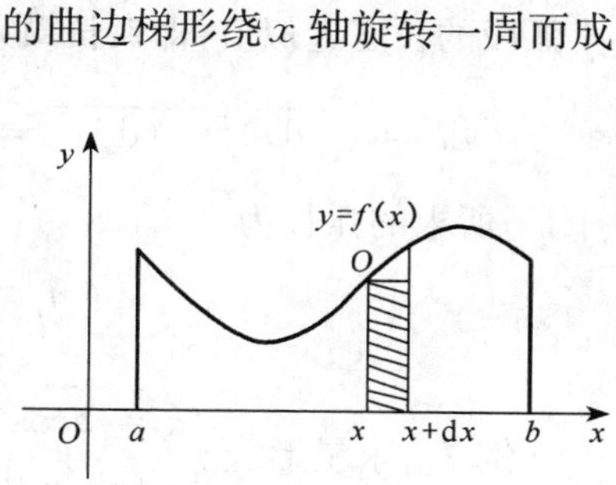

图 3-16

注 旋转体是平行截面面积为已知的空间立体的一种特例,相当于截面面积

$$A(x)=\pi[f(x)]^2.$$

同理,由曲线 $x=\varphi(y)$,直线 $y=c$,$y=d$ 及 y 轴所围成的曲边梯形绕 y 轴旋转一周而成的旋转体的体积 $V=\pi\int_c^d \varphi^2(y)\mathrm{d}y$(图 3-17).

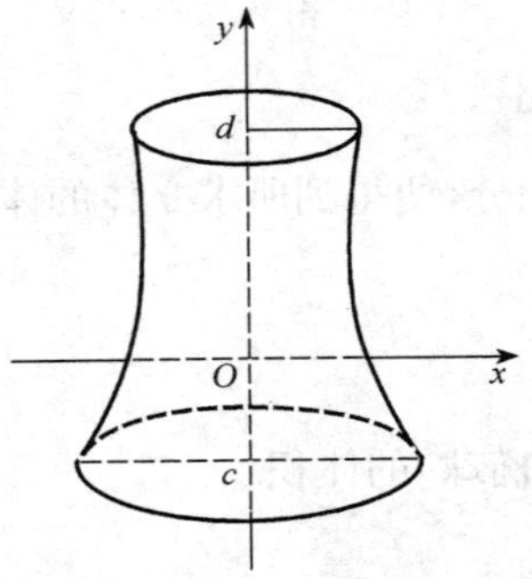

图 3-17

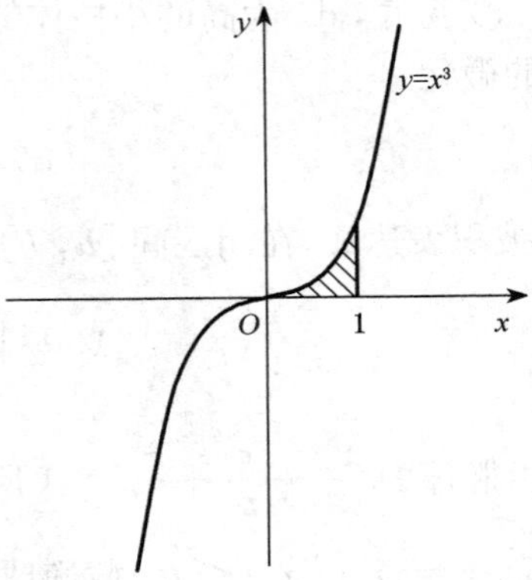

图 3-18

例 6 求 $y=x^3$,$x=1$ 及 x 轴所围图形分别绕 x 轴与 y 轴旋转一周而成的旋转体的体积 V_x 与 V_y(图 3-18).

解 $V_x=\pi\int_0^1 y^2\mathrm{d}x=\pi\int_0^1 x^6\mathrm{d}x=\dfrac{\pi}{7}$,

$$V_y=\pi\times1^2\times1-\pi\int_0^1 x^2\mathrm{d}y=\pi-\pi\int_0^1 y^{\frac{2}{3}}\mathrm{d}y=\pi-\pi\frac{3}{5}y^{\frac{5}{3}}\Big|_0^1=\frac{2}{5}\pi.$$

4. 平面曲线的弧长

1) 参数方程情形

设曲线弧由参数方程 $\begin{cases}x=\varphi(t),\\ y=\psi(t)\end{cases}$ $(\alpha\leqslant t\leqslant\beta)$ 给出,其中 $\varphi(t)$,$\psi(t)$ 在 $[\alpha,\beta]$ 上具有连续导数,现在来计算该曲线弧的长度.

取参数 t 为积分变量,它的变化区间为 $[\alpha,\beta]$,对应 $[\alpha,\beta]$ 上任一小区间 $[t,t+\mathrm{d}t]$ 的小弧段的长度近似值,即弧长微元为

$$\mathrm{d}l=\sqrt{(\mathrm{d}x)^2+(\mathrm{d}y)^2}=\sqrt{(\varphi'(t)\mathrm{d}t)^2+(\psi'(t)\mathrm{d}t)^2}=\sqrt{(\varphi'(t))^2+(\psi'(t))^2}\,\mathrm{d}t,$$

于是,所求的弧长为

$$L=\int_\alpha^\beta\sqrt{(\varphi'(t))^2+(\psi'(t))^2}\,\mathrm{d}t. \tag{3.4.6}$$

例 7 求星形线 $\begin{cases}x=a\cos^3 t,\\ y=a\sin^3 t\end{cases}$ 的全长(图 3-19).

解 $\mathrm{d}x=3a\cos^2 t\cdot(-\sin t)\mathrm{d}t$,

$\mathrm{d}y=3a\sin^2 t\cdot\cos t\mathrm{d}t$,

$$\mathrm{d}l=\sqrt{(\mathrm{d}x)^2+(\mathrm{d}y)^2}=3a\,|\cos t\sin t|\,\mathrm{d}t,$$

$$L=4\int_0^{\frac{\pi}{2}}3a\,|\cos t\sin t|\,\mathrm{d}t=12a\int_0^{\frac{\pi}{2}}\sin t\mathrm{d}\sin t$$

$$=6a\sin^2 t\Big|_0^{\frac{\pi}{2}}=6a.$$

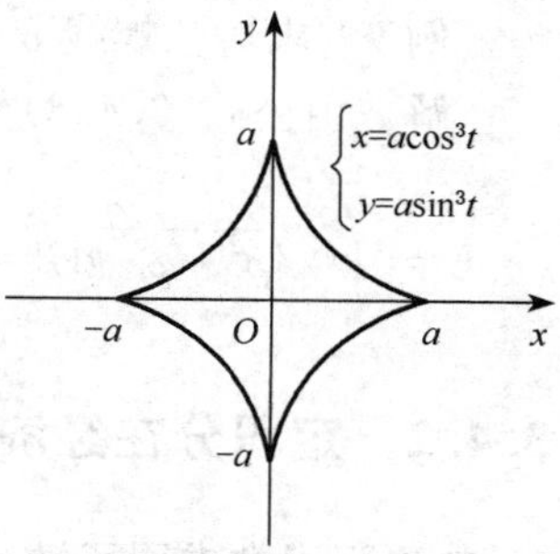

图 3-19

2）直角坐标情形

设曲线弧由直角坐标方程 $y=f(x)$，$a\leqslant x\leqslant b$ 确定，函数 $f(x)$ 在区间 $[a,\,b]$ 上具有连续导数，这时曲线弧的直角坐标方程也可看做参数方程

$$\begin{cases}x=x,\\ y=f(x)\end{cases}\quad(a\leqslant x\leqslant b),$$

因而，由式(3.4.6)得该曲线弧的长度为

$$L=\int_a^b\sqrt{1+(f'(x))^2}\,\mathrm{d}x.\tag{3.4.7}$$

例 8 计算曲线 $y=\ln x$ 上相应于 $\sqrt{3}\leqslant x\leqslant\sqrt{8}$ 的一段弧的长度.

解 由式(3.4.7)得所求弧长为

$$L=\int_{\sqrt{3}}^{\sqrt{8}}\sqrt{1+[(\ln x)']^2}\,\mathrm{d}x=\int_{\sqrt{3}}^{\sqrt{8}}\sqrt{\frac{x^2+1}{x^2}}\,\mathrm{d}x=\int_{\sqrt{3}}^{\sqrt{8}}\frac{\sqrt{1+x^2}}{x}\mathrm{d}x,$$

令 $\sqrt{1+x^2}=t$，$x=\sqrt{t^2-1}$，$\mathrm{d}x=\dfrac{t}{\sqrt{t^2-1}}\mathrm{d}t$，于是

$$L=\int_2^3\frac{t}{\sqrt{t^2-1}}\cdot\frac{t}{\sqrt{t^2-1}}\mathrm{d}t=\int_2^3\frac{t^2}{t^2-1}\mathrm{d}t=1+\frac{1}{2}\ln\frac{t-1}{t+1}\Big|_2^3=1+\frac{1}{2}\ln\frac{3}{2}.$$

3）极坐标情形

设曲线弧的极坐标方程为

$$\rho=\rho(\theta)\quad(\alpha\leqslant\theta\leqslant\beta),$$

其中，$\rho(\theta)$ 在 $[\alpha,\,\beta]$ 上具有连续导数，由直角坐标与极坐标的关系可得

$$\begin{cases}x=\rho(\theta)\cos\theta,\\ y=\rho(\theta)\sin\theta\end{cases}\quad(\alpha\leqslant\theta\leqslant\beta),$$

这就是以 θ 为参数的曲线弧的参数方程，它的弧长微元为

$$\mathrm{d}l=\sqrt{x'^2+y'^2}\,\mathrm{d}\theta=\sqrt{\rho^2(\theta)+\rho'^2(\theta)}\,\mathrm{d}\theta,$$

因此，所求的弧长为

$$L=\int_\alpha^\beta\sqrt{\rho^2(\theta)+\rho'^2(\theta)}\,\mathrm{d}\theta.\tag{3.4.8}$$

例 9 求对数螺线 $\rho = e^{a\theta}$ 对应自 $\theta = 0$ 至 $\theta = \varphi$ 的一段弧长.

解 由公式(3.4.8)得所求弧长为

$$L = \int_0^{\varphi} \sqrt{\rho^2 + \rho'^2}\,d\theta = \int_0^{\varphi} \sqrt{e^{2a\theta} + a^2 e^{2a\theta}}\,d\theta = \sqrt{1+a^2}\int_0^{\varphi} e^{a\theta}\,d\theta = \frac{\sqrt{1+a^2}}{a}(e^{a\varphi} - 1).$$

3.4.2 定积分在经济学中的应用

1. 由边际函数求原函数

由牛顿-莱布尼茨公式可知,若 $F'(x)$ 为连续函数,那么有

$$\int_0^x F'(x)\,dx = F(x) - F(0),$$

从而

$$F(x) = \int_0^x F'(x)\,dx + F(0).$$

依据上式,若已知边际成本 $MC = C'(x)$ 及固定成本 $C(0)$,则有总成本计算公式

$$C(x) = \int_0^x C'(x) + C(0).$$

若已知边际收益 $MR = R'(x)$ 及 $R(0) = 0$,则有总收益计算公式

$$R(x) = \int_0^x R'(x)\,dx.$$

若已知边际利润 $ML = L'(x) = R'(x) - C'(x)$ 及 $L(0) = R(0) - C(0) = -C(0)$,则有总利润计算公式

$$L(x) = \int_0^x L'(x)\,dx + L(0) = \int_0^x [R'(x) - C'(x)]\,dx - C(0).$$

若已知边际利润 $ML = L'(x)$,求产量由 x_1 个单位改变到 x_2 个单位时,总利润的改变量的计算公式为

$$L(x_2) - L(x_1) = \int_{x_1}^{x_2} L'(x)\,dx.$$

例 10 已知生产某产品 x 单位时的总收入变化率即边际收入是 $R'(x) = \left(100 - \frac{x}{10}\right)$ (元/单位). 求生产 1 000 个这种产品的总收入及生产 x 单位时的平均收入各是多少?

解 因为总收入是其边际收入的原函数,所以生产 x 单位时的总收入为

$$R(x) = \int_0^x R'(t)\,dt = \int_0^x \left(100 - \frac{t}{10}\right)dt = 100x - \frac{x^2}{20},$$

生产 x 单位时的平均收入为

$$\overline{R}(x)=\frac{R(x)}{x}=100-\frac{x}{20},$$

所以当生产 1 000 个单位时，总收入为

$$R(1\,000)=100\,000-\frac{(1\,000)^2}{20}=50\,000(\text{元}),$$

平均单位收入为

$$\overline{R}(1\,000)=\frac{50\,000}{1\,000}=50(\text{元}).$$

例 11 在某地区当消费者人均收入为 x 时，人均消费支出 $W(x)$ 的变化率 $W'(x)=\dfrac{15}{\sqrt{x}}$，问当人均收入由 900 增加到 1 600 时，人均消费支出将增加多少？

解 人均消费支出的增加量为

$$W(1\,600)-W(900)=\int_{900}^{1\,600}W'(x)\mathrm{d}x=\int_{900}^{1\,600}\frac{15}{\sqrt{x}}\mathrm{d}x=30\sqrt{x}\Big|_{900}^{1\,600}=300.$$

例 12 已知某石油公司的边际收入(以每年亿元为单位)为 $R'(t)=9-t^{\frac{1}{3}}$(时间 t 以年为单位)，而相应的边际成本为 $C'(t)=1+3t^{\frac{1}{3}}$，试判定该石油公司应持续开发多少年，并问在停止开发时，该公司获得总利润多少？

解 当 $C'(t)=R'(t)$ 时，为最佳终止时间，即

$$9-t^{\frac{1}{3}}=1+3t^{\frac{1}{3}},$$

得 $8=4t^{\frac{1}{3}}$，求得 $t^*=8$ 年.

在 $t^*=8$ 年时，边际收入和边际成本均为每年 7 亿元，而利润

$$L(t^*)=\int_0^8[R'(t)-C'(t)]\mathrm{d}t=\int_0^8[9-t^{\frac{1}{3}}-1-3t^{\frac{1}{3}}]\mathrm{d}t=16(\text{亿元}).$$

注 在解题过程中略去了 $t=0$ 时成本函数中的固定成本，在最后分析问题时，总利润应减去固定成本.

2. 资本现值和投资问题

如果现有 a 元货币，若按年利率 r 作连续复利计算，则 t 年后的价值为 $a\mathrm{e}^{rt}$ 元，反之，若 t 年后有货币 a 元，则按照连续复利计算现在应有 $a\mathrm{e}^{-rt}$ 元，称此为**资本现值**.

若某公司的收益是连续获得的，则其收益可被看做是一种随时间连续变化的**收益流**函数，而收益流对时间 t 的变化率称为**收益流量**，收益流量实际是一种速率，也称为**收入率**.

设在时间区间 $[0,\ T]$ 内，t 时刻的收入率为 $A(t)$. 假设以连续复利计息，年利率为 r，则在时间区间$[t,\ t+\Delta t]$ 的收入现值可近似表示为 $A(t)\mathrm{e}^{-rt}\mathrm{d}t$ $([A(t)\mathrm{d}t]\mathrm{e}^{-rt})$，按定积分的微元法思路，则在$[0,\ T]$ 内得到的总收入现值为

$$y=\int_0^T A(t)\mathrm{e}^{-rt}\mathrm{d}t.$$

若收入率 $A(t)=a$ （a 为常数），称此为均匀收入率，如果年利率也是常数，则总收入的现值为

$$y=\int_0^T A(t)\mathrm{e}^{-rt}\mathrm{d}t=-a\left.\frac{\mathrm{e}^{-rt}}{r}\right|_0^T=\frac{a}{r}(1-\mathrm{e}^{-rT}).$$

例 13 现在对某企业给予一笔投资 A，经核算，该企业在 T 年中可以按每年 a 元的均匀收入率获得收入，若年利率为 r，试求：

(1) 该投资的纯收入贴现值(或称为投资的价值)；

(2) 收回该笔投资的时间是多少？

解 (1) 因为年收入率为 a，年利率为 r，故总现值为

$$y=\int_0^T a\mathrm{e}^{-rt}\mathrm{d}t=a\left.\frac{-\mathrm{e}^{-rt}}{r}\right|_0^T=\frac{a}{r}(1-\mathrm{e}^{-rT}).$$

从而投资所获得的纯收入的贴现值为

$$R=y-A=\frac{a}{r}(1-\mathrm{e}^{-rT})-A.$$

(2) 收回投资，即总现值等于投资，故有

$$\frac{a}{r}(1-\mathrm{e}^{-rT})=A,$$

于是，$T=\frac{1}{r}\ln\frac{a}{a-Ar}$，即收回投资的时间为 $T=\frac{1}{r}\ln\frac{a}{a-Ar}$.

例 14 某栋别墅现售价 200 万元，首付 20%，剩余部分可分期付款，10 年付清，每年付款数相同，若年贴现率为 6%，按连续贴现计算，每年应付款多少万元？

解 每年付款数相同，属于均匀收入率，设每年付款 A (单位：万元)，因全部付款的总现值已知，为现售价扣除首付部分(单位：万元)

$$200(1-20\%)=160,$$

从而有

$$160=\int_0^{10}A\mathrm{e}^{-0.06t}\mathrm{d}t=\frac{A}{0.06}(1-\mathrm{e}^{-0.6}),$$

即

$$A=\frac{9.6\cdot\mathrm{e}^{0.6}}{\mathrm{e}^{0.6}-1}\approx 21.28(\text{万元}).$$

每年应付款约 21.28 万元.

习题 3.4

1. 计算由下列曲线所围成的图形的面积.

(1) $y=\sqrt{x}$ 与 $y=x^2$；

(2) $y=\mathrm{e}^x$，$y=\mathrm{e}^{-x}$ 与直线 $x=1$；

(3) $y^2=2x$ 与 $x^2+y^2=8$（两部分都要计算）；

(4) $y=x-4$ 与 $y^2=2x$；

(5) $\rho=2\cos\theta$；

(6) $x=a\cos^3 t,\ y=a\sin^3 t$.

2. 求下列平面曲线绕 x 轴旋转所围成的立体体积.

(1) $y=\sin x,\ 0\leqslant x\leqslant \pi$；

(2) $\dfrac{x^2}{a^2}+\dfrac{y^2}{b^2}=1$；

(3) $x=a(t-\sin t),\ y=a(1-\cos t)\quad (a>0),\ 0\leqslant t\leqslant 2\pi$.

3. 求下列曲线的弧长.

(1) 求摆线 $\begin{cases} x=a(t-\sin t), \\ y=a(1-\cos t) \end{cases}$ $(a>0)$ 一拱的弧长；

(2) $y=x^{\frac{3}{2}}\ ,\ 0\leqslant x\leqslant 4$；

(3) $\sqrt{x}+\sqrt{y}=1$；

(4) 求心脏线 $\rho=a(1+\cos\theta)$ 的周长 $(a>0)$.

4. 已知某企业生产某产品的总成本是 $C(x)=200+2x$，边际收入 $R'(x)=10-0.01x$（x 的单位为件，C 与 R 的单位为元）. 问生产多少件产品时企业才可获得最大利润？

5. 生产某产品的固定成本为 100，边际成本函数 $MC=21.2+0.8Q$，又需求函数 $Q=100-\dfrac{1}{3}P$. 问：产量为多少时可获最大利润？最大利润是多少？

6. 设生产某产品的固定成本为 1 万元，边际收益和边际成本（单位：万元/百台）分别为

$$MR=8-Q,\quad MC=4+\frac{Q}{4},$$

(1) 产量由 1 百台增加到 5 百台时，总收益、总成本各增加多少万元？

(2) 产量为多少台时，总利润最大？

(3) 求利润最大时的总收益、总成本和总利润.

7. 某产品的边际收益函数 $MR=7-2Q$（万元/百台），若生产该产品的固定成本为 3 万元，每增加 1 百台变动成本为 2 万元，试求：

(1) 总收益函数；

(2) 生产多少台时，总利润最大？最大利润是多少？

(3) 由利润最大的产出水平又生产了 50 台，总利润有何改变？

8. 年利率为 6%，借款 500 万元，15 年还清，每月还款数相同，按连续复利计算，每月应还债多少万元？

9. 一栋楼房现售价 5 000 万元，分期付款购买，10 年付清，每年付款数相同，若贴现率为 4%，按连续复利计算，每年应付款多少万元？

10. 有一个大型投资项目，投资成本为 $A=10\,000$ 万元，投资年利率为 5%，每年的均匀收入率为 $a=2\,000$ 万元，求该投资为无限期时的纯收入的贴现值.

总习题 3

一、选择题

1. 已知 $f(x)$ 的一个原函数是 $\sin x$，则 $f'(x)$ 为（　　）.

A. $\sin x$　　　B. $-\sin x$　　　C. $\cos x$　　　D. $-\cos x$

2. 若 $\int f(x)\mathrm{d}x=2\sin\dfrac{x}{2}+C$（$C$ 为常数），则 $f(x)$ 为（　　）.

A. $\cos\frac{x}{2}$　　B. $\cos\frac{x}{2}+C$　　C. $2\cos\frac{x}{2}+C$　　D. $2\sin\frac{x}{2}$

3. 若$\int f(x)\mathrm{d}x=F(x)+C$,则$\int f(2x)\mathrm{d}x$为(　　).

A. $F(2x)+C$　　B. $\frac{1}{2}F(x)+C$　　C. $\frac{1}{2}F(2x)+C$　　D. $F(x^2)+C$

4. 若$\int f(x)\mathrm{d}x=F(x)+C$($C$为常数),则$\int\frac{f(\ln x)}{x}\mathrm{d}x$为(　　).

A. $f(\ln x)+C$　　B. $F(\ln x)+C$　　C. $\frac{f(\ln x)}{x}+C$　　D. $\frac{F(\ln x)}{x}+C$

5. 设$f(x)$的一个原函数为e^{2x},则$\int xf'(x)\mathrm{d}x$为(　　).

A. $\frac{1}{2}\mathrm{e}^{2x}+C$　　B. $2x\mathrm{e}^{2x}+C$

C. $\frac{1}{2}x\mathrm{e}^{2x}-\mathrm{e}^{2x}+C$　　D. $2x\mathrm{e}^{2x}-\mathrm{e}^{2x}+C$

6. 设$f(x)$在$(-\infty,+\infty)$上连续,则$\frac{\mathrm{d}}{\mathrm{d}x}\int_1^{\sin x}f(t)\mathrm{d}t$等于(　　).

A. $f(x)$　　B. $f(\sin x)$　　C. $\sin xf(\sin x)$　　D. $\cos xf(\sin x)$

7. 广义积分$\int_0^{+\infty}x\mathrm{e}^{-x^2}\mathrm{d}x$的值为(　　).

A. $\frac{1}{2}$　　B. 2　　C. 0　　D. 1

二、填空题

8. 填上恰当的不等号:$\int_0^1 x\mathrm{d}x$ ________ $\int_0^1\ln(1+x)\mathrm{d}x$.

9. 设$\cos x$是$f(x)$的一个原函数,则$\int xf(x)\mathrm{d}x=$ ________.

10. $\int_{-3}^{3}\frac{x^4\sin x}{\sqrt{x^4+1}}\mathrm{d}x=$ ________.

11. $\int_{-1}^{1}\frac{x^3\cos x+x^2}{1+x^2}\mathrm{d}x=$ ________.

12. $\int_{-1}^{1}\left(|x|+\frac{x^3}{x^4-x^2+1}\right)\mathrm{d}x=$ ________.

13. 设$f(x)=\int_0^{x^2}\cos t\mathrm{d}t$,则$f'(x)=$ ________.

14. $\int_{-\infty}^{+\infty}\frac{1}{1+x^2}\mathrm{d}x=$ ________.

三、解答与证明题

15. 计算下列不定积分.

(1) $\int\frac{x}{(x^2+1)^{101}}\mathrm{d}x$;　　(2) $\int\tan^5x\sec^3x\mathrm{d}x$;

(3) $\int\frac{1}{x^2+4x+13}\mathrm{d}x$;　　(4) $\int_0^2|x^2+x-2|\mathrm{d}x$;

(5) $\int\frac{1}{1+\sqrt{2x+3}}\mathrm{d}x$;　　(6) $\int x^2\cos x\mathrm{d}x$;

(7) $\int x^2 \ln x \mathrm{d}x$；

(8) $\int x\mathrm{e}^{-\frac{x}{2}} \mathrm{d}x$；

(9) $\int x\arctan x \mathrm{d}x$；

(10) $\int \arctan\sqrt{x} \mathrm{d}x$.

16. 计算下列定积分.

(1) $\int_0^{\frac{\pi}{2}} \sin x\cos x \mathrm{d}x$；

(2) $\int_0^{\frac{\pi}{2}} \frac{\cos x}{1+\sin^2 x}\mathrm{d}x$；

(3) $\int_{\frac{1}{\mathrm{e}}}^{\mathrm{e}} \frac{(\ln x)^2}{x}\mathrm{d}x$；

(4) $\int_{-1}^{1} \sqrt{x^2-x^4}\mathrm{d}x$；

(5) $\int_{-1}^{1} \frac{x}{\sqrt{5-4x}}\mathrm{d}x$；

(6) $\int_1^4 \frac{\mathrm{d}x}{1+\sqrt{x}}$；

(7) $\int_0^4 \frac{x+2}{\sqrt{2x+1}}\mathrm{d}x$；

(8) $\int_0^1 \sqrt{4-x^2}\mathrm{d}x$；

(9) $\int_0^1 x^2\mathrm{e}^x \mathrm{d}x$；

(10) $\int_0^{\frac{\pi^2}{4}} \sin\sqrt{x}\mathrm{d}x$；

(11) $\int_0^{\frac{\pi}{2}} \mathrm{e}^x \sin x \mathrm{d}x$.

17. 求下列极限.

(1) $\lim\limits_{x\to 0}\frac{\int_0^x \sin t\mathrm{d}t}{x^2}$；

(2) $\lim\limits_{x\to 0}\frac{\int_0^{2x} \sin^2 t\mathrm{d}t}{x^3}$.

18. 设 $f(x)$ 在 $[-a, a]$ 上 $(a>0)$ 连续，证明 $\int_0^a f(a-x)\mathrm{d}x=\int_0^a f(x)\mathrm{d}x$.

19. 计算由曲线 $y=x^2+3$ 及 $y=1-x^2$ 与直线 $x=-2$ 及 $x=1$ 所围成的平面图形的面积.

20. 计算由曲线 $y^2=2x$ 与直线 $y=x-4$ 所围成平面图形的面积.

21. 计算由曲线 $y^2=x$ 与直线 $x-2y-3=0$ 所围成的平面图形的面积.

22. 计算由曲线 $y=x$，$y=\ln x$ 及 $y=0$，$y=1$ 所围成的平面图形的面积 S 及此平面图形绕 y 轴旋转一周所得旋转体的体积.

第 4 章　无 穷 级 数

级数是数列的推广，反过来又促进了数列的研究和应用. 级数分为数项级数和函数项级数，其区别在于前者的通项是数值，而后者的通项是函数. 本章主要讨论数项级数与函数项级数中比较常用的一类——幂级数.

4.1　数 项 级 数

4.1.1　数项级数的收敛性及其性质

1. 数项级数的收敛性

定义 4.1　设

$$\{a_n\}:\ a_1,\ a_2,\ \cdots,\ a_n,\ \cdots$$

是一个数列，将数列的所有项用加号连接起来，即

$$a_1 + a_2 + \cdots + a_n + \cdots,$$

记为 $\sum\limits_{n=1}^{\infty} a_n$，即

$$\sum_{n=1}^{\infty} a_n = a_1 + a_2 + \cdots + a_n + \cdots,$$

称为**数项级数**，简称**级数**，其中 $a_1,\ a_2,\ \cdots,\ a_n,\ \cdots$ 中的每一个都称为级数的**项**，a_n 称为级数的**通项**或**一般项**.

定义 4.2　对于级数 $\sum\limits_{n=1}^{\infty} a_n$，称 $S_n = \sum\limits_{k=1}^{n} a_k$ 为级数的**前 n 项部分和**，简称**部分和**. 通项为 S_n 的数列 $\{S_n\}$ 称为级数的**部分和数列**. 若 $\lim\limits_{n\to\infty} S_n = S$ 存在(即 S 为有限值)，则称级数 $\sum\limits_{n=1}^{\infty} a_n$ 收敛，并称部分和数列 $\{S_n\}$ 的极限 S 为它的**和**，也称级数 $\sum\limits_{n=1}^{\infty} a_n$ **收敛于** S，记为 $\sum\limits_{n=1}^{\infty} a_n = S$；若 $\lim\limits_{n\to\infty} S_n = S$ 不存在(即部分和数列 $\{S_n\}$ 没有有限极限)，则称级数 $\sum\limits_{n=1}^{\infty} a_n$ **发散**.

收敛的级数有和，发散的级数没有和.

例 1　设 $a \neq 0$，研究几何级数

$$\sum_{n=1}^{\infty} aq^{n-1} = a + aq + aq^2 + \cdots + aq^{n-1} + \cdots$$

的敛散性(即确定这个级数是收敛还是发散).

解 当 $q \neq \pm 1$ 时,部分和

$$S_n = \sum_{k=1}^{n} aq^{k-1} = a + aq + aq^2 + \cdots + aq^{n-1} = \frac{a(1-q^n)}{1-q}.$$

(1) 若 $|q| < 1$, 有

$$\lim_{n \to \infty} S_n = \lim_{n \to \infty} \frac{a(1-q^n)}{1-q} = \frac{a}{1-q},$$

则原级数收敛,其和为 $\frac{a}{1-q}$.

(2) 若 $|q| > 1$, 有

$$\lim_{n \to \infty} S_n = \lim_{n \to \infty} \frac{a(q^n-1)}{q-1} = \infty,$$

则原级数发散.

(3) 若 $q = 1$, 几何级数的前 n 项和

$$S_n = \sum_{k=1}^{n} a_k = na \to \infty \quad (n \to \infty),$$

故发散.

(4) 若 $q = -1$, 几何级数的前 n 项和

$$S_n = \sum_{k=1}^{n} (-1)^{k-1} a = \begin{cases} a, & n \text{ 为奇数}, \\ 0, & n \text{ 为偶数}. \end{cases}$$

因此,几何级数的部分和数列不收敛,从而原级数发散.

综上所述,几何级数 $\sum_{n=1}^{\infty} aq^{n-1}$ 在 $|q| < 1$ 时收敛,在 $|q| \geqslant 1$ 时发散.

例 2 证明级数

$$\frac{1}{1 \times 3} + \frac{1}{3 \times 5} + \cdots + \frac{1}{(2n-1)(2n+1)} + \cdots$$

收敛,并求其和.

证明 级数的通项

$$\frac{1}{(2n-1)(2n+1)} = \frac{1}{2}\left(\frac{1}{2n-1} - \frac{1}{2n+1}\right),$$

部分和为

$$\begin{aligned} S_n &= \frac{1}{1 \times 3} + \frac{1}{3 \times 5} + \cdots + \frac{1}{(2n-1)(2n+1)} \\ &= \frac{1}{2}\left[\left(1 - \frac{1}{3}\right) + \left(\frac{1}{3} - \frac{1}{5}\right) + \cdots + \left(\frac{1}{2n-1} - \frac{1}{2n+1}\right)\right] \\ &= \frac{1}{2}\left(1 - \frac{1}{2n+1}\right) \to \frac{1}{2} \quad (n \to \infty). \end{aligned}$$

所以，该级数收敛，其和是 $\frac{1}{2}$.

例 3 证明调和级数

$$\sum_{n=1}^{\infty}\frac{1}{n}=1+\frac{1}{2}+\frac{1}{3}+\cdots+\frac{1}{n}+\cdots$$

发散.

证明 调和级数 $\sum_{n=1}^{\infty}\frac{1}{n}$ 的部分和

$$S_n=1+\frac{1}{2}+\frac{1}{3}+\cdots+\frac{1}{n}$$

的子列

$$\begin{aligned}S_{2^n}&=1+\frac{1}{2}+\frac{1}{3}+\cdots+\frac{1}{2^n}\\&=1+\frac{1}{2}+\left(\frac{1}{3}+\frac{1}{4}\right)+\left(\frac{1}{5}+\frac{1}{6}+\frac{1}{7}+\frac{1}{8}\right)+\cdots+\\&\quad\left(\frac{1}{2^{n-1}+1}+\frac{1}{2^{n-1}+2}+\cdots+\frac{1}{2^n}\right)\\&\geqslant 1+\frac{1}{2}+\left(\frac{1}{4}+\frac{1}{4}\right)+\left(\frac{1}{8}+\frac{1}{8}+\frac{1}{8}+\frac{1}{8}\right)+\cdots+\left(\frac{1}{2^n}+\frac{1}{2^n}+\cdots+\frac{1}{2^n}\right)\\&=1+\frac{1}{2}+\frac{1}{2}+\frac{1}{2}+\cdots+\frac{1}{2}=1+\frac{n}{2}\to\infty\quad(n\to\infty).\end{aligned}$$

我们知道，当一个数列收敛时，它的每一个子列都收敛，且极限值相同. 所以调和级数 $\sum_{n=1}^{\infty}\frac{1}{n}$ 发散.

2. 收敛级数的性质

既然级数的收敛与否是由其部分和数列的收敛与否来确定，因此，借助收敛数列的有关性质，可以得到收敛级数的下列性质.

性质 1(级数收敛的必要条件) 设级数 $\sum_{n=1}^{\infty}a_n$ 收敛，则 $\lim_{n\to\infty}a_n=0$.

证明 设 $\sum_{n=1}^{\infty}a_n=S$, $\sum_{k=1}^{n}a_k=S_n$, 则 $\lim_{n\to\infty}S_n=S$, 故

$$\lim_{n\to\infty}a_n=\lim_{n\to\infty}(S_n-S_{n-1})=S-S=0.$$

注 性质 1 的逆不真. 例如调和级数 $\sum_{n=1}^{\infty}\frac{1}{n}$ 通项的极限 $\lim_{n\to\infty}\frac{1}{n}=0$, 但在例 3 中，已经知道它是发散的.

性质 2 设级数 $\sum_{n=1}^{\infty}a_n$ 收敛于 S, C 是任意常数，则级数 $\sum_{n=1}^{\infty}Ca_n$ 也收敛，其和为 CS.

证明 将级数 $\sum_{n=1}^{\infty} a_n$ 与 $\sum_{n=1}^{\infty} Ca_n$ 的部分和分别记为 S_n 与 T_n，则

$$\lim_{n\to\infty} S_n = \lim_{n\to\infty}(a_1 + a_2 + \cdots + a_n) = S.$$

于是

$$\begin{aligned}\lim_{n\to\infty} T_n &= \lim_{n\to\infty}(Ca_1 + Ca_2 + \cdots + Ca_n) = \lim_{n\to\infty} C(a_1 + a_2 + \cdots + a_n) \\ &= C\lim_{n\to\infty} S_n = CS.\end{aligned}$$

性质 2 说明，级数通项中的公因子可以"提出来"(当级数收敛时)，即

$$\sum_{n=1}^{\infty} Ca_n = C\sum_{n=1}^{\infty} a_n.$$

性质 3 设级数 $\sum_{n=1}^{\infty} a_n$ 收敛于 S，级数 $\sum_{n=1}^{\infty} b_n$ 收敛于 T，则级数 $\sum_{n=1}^{\infty}(a_n \pm b_n)$ 也收敛，且和为 $S \pm T$.

证明 将级数 $\sum_{n=1}^{\infty} a_n$ 与 $\sum_{n=1}^{\infty} b_n$ 的部分和分别记为 S_n 与 T_n，则

$$\lim_{n\to\infty} S_n = S,\ \lim_{n\to\infty} T_n = T.$$

于是级数 $\sum_{n=1}^{\infty}(a_n + b_n)$ 的部分和

$$\sum_{k=1}^{n}(a_k + b_k) = \sum_{k=1}^{n} a_k + \sum_{k=1}^{n} b_k = S_n + T_n \to S + T \quad (n \to \infty).$$

性质 3 说明，和的级数等于级数的和(当级数收敛时)，即

$$\sum_{n=1}^{\infty}(a_n + b_n) = \sum_{n=1}^{\infty} a_n + \sum_{n=1}^{\infty} b_n.$$

推论 设级数 $\sum_{n=1}^{\infty} a_n$ 收敛，级数 $\sum_{n=1}^{\infty} b_n$ 发散，则级数 $\sum_{n=1}^{\infty}(a_n + b_n)$ 发散.

证明(反证法) 若级数 $\sum_{n=1}^{\infty}(a_n + b_n)$ 收敛，由于级数 $\sum_{n=1}^{\infty} a_n$ 收敛，则由性质 3 及性质 2 可知，

$$\sum_{n=1}^{\infty} b_n = \sum_{n=1}^{\infty}(a_n + b_n - a_n) = \sum_{n=1}^{\infty}(a_n + b_n) + \sum_{n=1}^{\infty}(-a_n)$$

也收敛，矛盾.

性质 4 在收敛级数的项中任意加(有意义的)括号，再将括号内的各项相加，得到的新级数仍收敛，且有相同的和.(证明从略)

这里需要指出，性质 4 的逆:"若级数 $\sum_{n=1}^{\infty} a_n$ 的项经加括号后得到的新级数收敛，则 $\sum_{n=1}^{\infty} a_n$ 也收敛"是不成立的. 例如

$$(1-1)+(1-1)+\cdots+(1-1)+\cdots=0$$

收敛,但级数

$$\sum_{n=1}^{\infty}(-1)^{n-1}=1-1+1-1+\cdots+(-1)^{n-1}+\cdots$$

发散.

性质 5 去掉、添加或改变级数的有限个项不改变级数的敛散性,即原来收敛的级数仍收敛,原来发散的级数仍发散.

证明 这里仅证一种情形:去掉级数的有限个项.另外两种情形的证明过程类似.为确定计,不妨设去掉的是级数 $\sum\limits_{n=1}^{\infty} a_n$ 的第一、二、七项,即 a_1、a_2、a_7.设 $\sum\limits_{n=1}^{\infty} a_n$ 的部分和为 S_n,则 $n>7$ 时,由 $\sum\limits_{n=1}^{\infty} a_n$ 去掉 a_1、a_2、a_7 后得到级数的部分和

$$T_n=S_{n+3}-a_1-a_2-a_7,$$

由于 a_1、a_2、a_7 是常数,故当 $\lim\limits_{n\to\infty}S_n$ 存在时,$\lim\limits_{n\to\infty}T_n$ 也存在;当 $\lim\limits_{n\to\infty}S_n$ 不存在时,$\lim\limits_{n\to\infty}T_n$ 也不存在.故所证成立.

需要指出,变更级数的有限项虽然不改变它的敛散性,但在级数 $\sum\limits_{n=1}^{\infty} a_n$ 收敛时,去掉、添加或改变级数的有限个项以后得到的新级数的和与级数 $\sum\limits_{n=1}^{\infty} a_n$ 的和是不一致的.

4.1.2 正项级数

毫无疑问,数项级数的主要任务是判别收敛性(也称为敛散性,即确定一个级数收敛还是发散),以及在已经确定其收敛时求出它的和.一般而言,直接利用级数的前 n 项和来判断一个级数是否收敛是很难的,这有两个原因,一是部分和难以求出,二是即使能求出部分和,它的极限是否存在也难以判断.基于以上理由,人们一直在寻找其他判断级数收敛性的方法.正项级数的收敛性判别法就是在这样的背景下产生的.

定义 4.3 若 $a_n\geqslant 0\ (n=1,2,\cdots)$,则称级数 $\sum\limits_{n=1}^{\infty} a_n$ 为正项级数.

由于正项级数 $\sum\limits_{n=1}^{\infty} a_n$ 的部分和 $S_n=\sum\limits_{k=1}^{n} a_k$ 满足

$$S_1\leqslant S_2\leqslant\cdots\leqslant S_n\leqslant\cdots,$$

即部分和数列 $\{S_n\}$ 是单调增加的,因此有以下定理。

定理 4.1 正项级数 $\sum\limits_{n=1}^{\infty} a_n$ 收敛的充分必要条件是它的部分和数列有界.

以这个充分必要条件为基础,得到了有关正项级数的收敛性判别法.

1. 比较判别法

定理 4.2 设有正项级数 $\sum\limits_{n=1}^{\infty} a_n$ 与 $\sum\limits_{n=1}^{\infty} b_n$,且存在正整数 N,使当 $n>N$ 时,总有

$$a_n \leqslant Cb_n,$$

其中，C 为已知正数.那么

（1）若级数 $\sum_{n=1}^{\infty} b_n$ 收敛，则级数 $\sum_{n=1}^{\infty} a_n$ 也收敛；

（2）若级数 $\sum_{n=1}^{\infty} a_n$ 发散，则级数 $\sum_{n=1}^{\infty} b_n$ 也发散.

证明　由于变更级数的有限项对级数的收敛性没有影响，故不妨设 $a_n \leqslant Cb_n$ 对所有的正整数都成立.于是

$$S_n = \sum_{k=1}^{n} a_k \leqslant \sum_{k=1}^{n} Cb_k = C\sum_{k=1}^{n} b_k = CT_n,$$

（1）因级数 $\sum_{n=1}^{\infty} b_n$ 收敛，则由正项级数收敛的充分必要条件，其部分和 T_n 有上界，从而级数 $\sum_{n=1}^{\infty} a_n$ 的部分和 S_n 有上界，再由充分必要条件，知级数 $\sum_{n=1}^{\infty} a_n$ 收敛.

（2）因级数 $\sum_{n=1}^{\infty} a_n$ 发散，若级数 $\sum_{n=1}^{\infty} b_n$ 收敛，则由（1），知级数 $\sum_{n=1}^{\infty} a_n$ 也收敛，矛盾.

推论（比较判别法的极限形式）　设有正项级数 $\sum_{n=1}^{\infty} a_n$ 与 $\sum_{n=1}^{\infty} b_n$，且 $b_n \neq 0$ $(n = 1, 2, \cdots)$，$\lim\limits_{n\to\infty} \dfrac{a_n}{b_n} = l$ $(0 \leqslant l \leqslant +\infty)$，

（1）若级数 $\sum_{n=1}^{\infty} b_n$ 收敛，且 $0 \leqslant l < +\infty$，则级数 $\sum_{n=1}^{\infty} a_n$ 也收敛；

（2）若级数 $\sum_{n=1}^{\infty} b_n$ 发散，且 $0 < l \leqslant +\infty$，则级数 $\sum_{n=1}^{\infty} a_n$ 也发散.

证明　（1）若级数 $\sum_{n=1}^{\infty} b_n$ 收敛，且 $0 \leqslant l < +\infty$，则由数列极限存在的定义可知，存在确定的正整数 N，当 $n > N$ 时，有 $\left|\dfrac{a_n}{b_n} - l\right| < 1$，或

$$\frac{a_n}{b_n} < 1 + l,\ a_n < (1 + l)b_n,$$

故由定理 4.2，级数 $\sum_{n=1}^{\infty} a_n$ 收敛.

（2）若级数 $\sum_{n=1}^{\infty} b_n$ 发散，且 $0 < l < +\infty$，则由数列极限存在的定义可知，取 $\varepsilon = \dfrac{l}{2}$，存在确定的正整数 N，当 $n > N$ 时，有 $\left|\dfrac{a_n}{b_n} - l\right| < \dfrac{l}{2}$，得

$$\frac{a_n}{b_n} > \frac{l}{2},\quad a_n > \frac{l}{2} b_n,$$

故由定理 4.2,级数 $\sum_{n=1}^{\infty} a_n$ 发散.

又若级数 $\sum_{n=1}^{\infty} b_n$ 发散,且 $l=+\infty$,即 $\lim_{n\to\infty}\frac{a_n}{b_n}=+\infty$,则由数列极限存在的定义可知,取 $M=1$,存在确定的正整数 N,当 $n>N$ 时,有 $\left|\frac{a_n}{b_n}\right|>1$,或

$$a_n>b_n,$$

故由定理 4.2 知级数 $\sum_{n=1}^{\infty} a_n$ 发散.

例 4 讨论 p-级数(广义调和级数)

$$\sum_{n=1}^{\infty}\frac{1}{n^p}=1+\frac{1}{2^p}+\frac{1}{3^p}+\cdots+\frac{1}{n^p}+\cdots$$

的收敛性.

解 当 $p\leqslant 1$ 时,由于

$$\frac{1}{n^p}\geqslant\frac{1}{n}\quad(n=1,2,\cdots),$$

且调和级数 $\sum_{n=1}^{\infty}\frac{1}{n}$ 发散,故由比较判别法可知,当 $p\leqslant 1$ 时,$\sum_{n=1}^{\infty}\frac{1}{n^p}$ 发散.

当 $p>1$ 时,顺次用括号将该级数的一项、二项、四项、八项……括在一起,得

$$\begin{aligned}
&1+\left(\frac{1}{2^p}+\frac{1}{3^p}\right)+\left(\frac{1}{4^p}+\frac{1}{5^p}+\frac{1}{6^p}+\frac{1}{7^p}\right)+\left(\frac{1}{8^p}+\cdots+\frac{1}{15^p}\right)+\cdots\\
\leqslant\ &1+\left(\frac{1}{2^p}+\frac{1}{2^p}\right)+\left(\frac{1}{4^p}+\frac{1}{4^p}+\frac{1}{4^p}+\frac{1}{4^p}\right)+\left(\frac{1}{8^p}+\cdots+\frac{1}{8^p}\right)+\cdots\\
=\ &1+\frac{1}{2^{p-1}}+\frac{1}{4^{p-1}}+\frac{1}{8^{p-1}}+\cdots\\
=\ &1+\frac{1}{2^{p-1}}+\left(\frac{1}{2^{p-1}}\right)^2+\left(\frac{1}{2^{p-1}}\right)^3+\cdots,
\end{aligned}$$

由于 $\frac{1}{2^{p-1}}<1$,几何级数 $1+\frac{1}{2^{p-1}}+\left(\frac{1}{2^{p-1}}\right)^2+\left(\frac{1}{2^{p-1}}\right)^3+\cdots$ 收敛,所以 $\sum_{n=1}^{\infty}\frac{1}{n^p}$ 也收敛.

总之,广义调和级数 $\sum_{n=1}^{\infty}\frac{1}{n^p}$ 当 $p\leqslant 1$ 时发散,当 $p>1$ 时收敛.

例 5 判别下列级数的收敛性:

(1) $\sum_{n=1}^{\infty}\frac{1}{2^n-n}$; (2) $\sum_{n=1}^{\infty}\ln\left(1+\frac{1}{n}\right)$.

解 (1) 由于

$$\lim_{n\to\infty}\frac{\dfrac{1}{2^n-n}}{\dfrac{1}{2^n}}=\lim_{n\to\infty}\frac{2^n}{2^n-n}=\lim_{n\to\infty}\frac{1}{1-\dfrac{n}{2^n}}=1,$$

且级数 $\sum\limits_{n=1}^{\infty}\dfrac{1}{2^n}$ 是公比为 $\dfrac{1}{2}$ 的几何级数，因而收敛，故级数 $\sum\limits_{n=1}^{\infty}\dfrac{1}{2^n-n}$ 收敛.

(2) 由于

$$\lim_{n\to\infty}\frac{\ln\left(1+\dfrac{1}{n}\right)}{\dfrac{1}{n}}=\lim_{n\to\infty}\ln\left(1+\frac{1}{n}\right)^n=1,$$

且调和级数 $\sum\limits_{n=1}^{\infty}\dfrac{1}{n}$ 发散，故级数 $\sum\limits_{n=1}^{\infty}\ln\left(1+\dfrac{1}{n}\right)$ 发散.

2. 比式判别法与根式判别法

定理 4.3［达朗贝尔(D'Alembert)判别法］ 设 $a_n>0\ (n=1,2,\cdots)$，且

$$\lim_{n\to\infty}\frac{a_{n+1}}{a_n}=l,$$

数学家
达朗贝尔

则正项级数 $\sum\limits_{n=1}^{\infty}a_n$ 当 $l<1$ 时收敛，当 $l>1$ 时发散.

证明 (1) 设 $\lim\limits_{n\to\infty}\dfrac{a_{n+1}}{a_n}=l<1$，由极限定义，取 $\varepsilon=\dfrac{1-l}{2}$，存在正整数 N，当 $n>N$ 时，有 $\left|\dfrac{a_{n+1}}{a_n}-l\right|<\dfrac{1-l}{2}$，或 $l-\dfrac{1-l}{2}<\dfrac{a_{n+1}}{a_n}<l+\dfrac{1-l}{2}=\dfrac{1+l}{2}$，得

$$a_{n+1}<\frac{1+l}{2}a_n=ra_n\quad(n>N),$$

其中，正数 $r=\dfrac{1+l}{2}<1$. 于是，当 $n>N$ 时，有

$$a_{n+1}<ra_n<r^2a_{n-1}<\cdots<r^{n-N}a_{N+1}=ar^n,$$

这里，常数 $a=\dfrac{a_{N+1}}{r^N}$. 由于几何级数 $\sum\limits_{n=1}^{\infty}ar^n$ 收敛，故由比较判别法知正项级数 $\sum\limits_{n=1}^{\infty}a_n$，当 $l<1$ 时收敛.

(2) 设 $\lim\limits_{n\to\infty}\dfrac{a_{n+1}}{a_n}=l>1$，若 l 为有限实数，由极限定义，取 $\varepsilon=\dfrac{l-1}{2}$，存在正整数 N，当 $n>N$ 时，有 $\left|\dfrac{a_{n+1}}{a_n}-l\right|<\dfrac{l-1}{2}$，或 $\dfrac{1+l}{2}=l-\dfrac{l-1}{2}<\dfrac{a_{n+1}}{a_n}<l+\dfrac{l-1}{2}$，得

$$a_{n+1}>\frac{1+l}{2}a_n=ra_n\quad(n>N),$$

其中，正数 $r=\frac{1+l}{2}>1$. 于是，当 $n>N$ 时，有

$$a_{n+1}>ra_n>r^2a_{n-1}>\cdots>r^{n-N}a_{N+1}=ar^n,$$

这里，常数 $a=\frac{a_{N+1}}{r^N}$. 由于几何级数 $\sum_{n=1}^{\infty}ar^n$ 发散，故由比较判别法知正项级数 $\sum_{n=1}^{\infty}a_n$ 当 $l>1$ 时发散.

又若 $l=+\infty$，即 $\lim_{n\to\infty}\frac{a_{n+1}}{a_n}=+\infty$，取 $M=1$，存在正整数 N，当 $n>N$ 时，有 $\frac{a_{n+1}}{a_n}>1$，或 $a_{n+1}>a_n$，这说明从第 $N+1$ 项开始，恒有 $a_{n+1}>a_n$，因此 $\lim_{n\to\infty}a_n\neq 0$，故正项级数 $\sum_{n=1}^{\infty}a_n$ 发散.

定理 4.3 给出的判别法称为比值判别法(也称为达朗贝尔判别法)，因为它是利用级数的后项与前项的比值的极限来确定该级数是否收敛.

需要指出的是当 $l=1$，即 $\lim_{n\to\infty}\frac{a_{n+1}}{a_n}=1$ 时，比值判别法失效. 例如级数 $\sum_{n=1}^{\infty}\frac{1}{n}$，$\sum_{n=1}^{\infty}\frac{1}{n^2}$ 的 $\lim_{n\to\infty}\frac{a_{n+1}}{a_n}$ 都是 1，但是 $\sum_{n=1}^{\infty}\frac{1}{n}$ 发散，$\sum_{n=1}^{\infty}\frac{1}{n^2}$ 收敛. 因此，当 $\lim_{n\to\infty}\frac{a_{n+1}}{a_n}=1$ 时，需借助其他方法(比如比较判别法)来判定正项级数 $\sum_{n=1}^{\infty}a_n$ 的收敛性.

例 6 判别下列级数的收敛性：

(1) $\sum_{n=1}^{\infty}\frac{1}{2^n n}$； (2) $\sum_{n=1}^{\infty}\frac{2^n}{2n+1}$； (3) $\sum_{n=1}^{\infty}\frac{1}{n!}$； (4) $\sum_{n=1}^{\infty}n!$.

解 (1) 因 $\lim_{n\to\infty}\frac{a_{n+1}}{a_n}=\lim_{n\to\infty}\frac{\frac{1}{2^{n+1}(n+1)}}{\frac{1}{2^n n}}=\lim_{n\to\infty}\frac{2^n n}{2^{n+1}(n+1)}=\lim_{n\to\infty}\frac{n}{2(n+1)}=\frac{1}{2}<1$，

故级数 $\sum_{n=1}^{\infty}\frac{1}{2^n n}$ 收敛.

(2) 因 $\lim_{n\to\infty}\frac{a_{n+1}}{a_n}=\lim_{n\to\infty}\frac{\frac{2^{n+1}}{2n+3}}{\frac{2^n}{2n+1}}=\lim_{n\to\infty}\frac{2(2n+1)}{(2n+3)}=2>1$，故级数 $\sum_{n=1}^{\infty}\frac{2^n}{2n+1}$ 发散.

(3) 因 $\lim_{n\to\infty}\frac{a_{n+1}}{a_n}=\lim_{n\to\infty}\frac{\frac{1}{(n+1)!}}{\frac{1}{n!}}=\lim_{n\to\infty}\frac{1}{n+1}=0<1$，故级数 $\sum_{n=1}^{\infty}\frac{1}{n!}$ 收敛.

(4) 因 $\lim_{n\to\infty}\frac{a_{n+1}}{a_n}=\lim_{n\to\infty}\frac{(n+1)!}{n!}=\lim_{n\to\infty}(n+1)=+\infty>1$，故级数 $\sum_{n=1}^{\infty}n!$ 发散.

对上例中的(4)，还可以这样解：因 $\lim_{n\to\infty}a_n=\lim_{n\to\infty}n!\neq 0$，故级数 $\sum_{n=1}^{\infty}n!$ 发散.

定理 4.4[柯西(Cauchy)判别法] 设 $\lim\limits_{n\to\infty}\sqrt[n]{a_n}=l$，则正项级数 $\sum\limits_{n=1}^{\infty}a_n$ 当 $l<1$ 时收敛，当 $l>1$ 时发散.

证明 (1) 设 $\lim\limits_{n\to\infty}\sqrt[n]{a_n}=l<1$，由极限定义，取 $\varepsilon=\dfrac{1-l}{2}$，存在正整数 N，当 $n>N$ 时，有 $\left|\sqrt[n]{a_n}-l\right|<\dfrac{1-l}{2}$，或 $l-\dfrac{1-l}{2}<\sqrt[n]{a_n}<l+\dfrac{1-l}{2}=\dfrac{1+l}{2}$，得

$$a_n<\left(\frac{1+l}{2}\right)^n \quad (n>N),$$

由于几何级数 $\sum\limits_{n=1}^{\infty}\left(\dfrac{1+l}{2}\right)^n$ 收敛$\left(0<\dfrac{1+l}{2}<1\right)$，故 $\sum\limits_{n=1}^{\infty}a_n$ 当 $l<1$ 时收敛.

(2) 设 $\lim\limits_{n\to\infty}\sqrt[n]{a_n}=l>1$，$l$ 为有限实数，由极限定义，取 $\varepsilon=\dfrac{l-1}{2}$，存在正整数 N，当 $n>N$ 时，有 $\left|\sqrt[n]{a_n}-l\right|<\dfrac{l-1}{2}$，或$\dfrac{1+l}{2}<l-\dfrac{l-1}{2}<\sqrt[n]{a_n}<l+\dfrac{l-1}{2}$，得

$$a_n>\left(\frac{1+l}{2}\right)^n \quad (n>N),$$

由于几何级数 $\sum\limits_{n=1}^{\infty}\left(\dfrac{1+l}{2}\right)^n$ 发散$\left(\text{公比 }\dfrac{1+l}{2}>1\right)$，故 $\sum\limits_{n=1}^{\infty}a_n$ 当 $l>1$ 时发散.

又若 $l=+\infty$，即 $\lim\limits_{n\to\infty}\sqrt[n]{a_n}=+\infty$，取 $M=1$，存在正整数 N，当 $n>N$ 时，有 $\sqrt[n]{a_n}>1$，或 $a_n>1$，这说明从第 $N+1$ 项开始，恒有 $a_n>1$，因此 $\lim\limits_{n\to\infty}a_n\neq 0$，故正项级数 $\sum\limits_{n=1}^{\infty}a_n$ 发散.

定理 4.4 给出的判别法称为根式判别法(也称为柯西判别法)，它是利用级数通项的 n 次根的极限来判定正项级数收敛性.

这里，同样需要指出，当 $l=1$，即 $\lim\limits_{n\to\infty}\sqrt[n]{a_n}=1$ 时，比值判别法失效. 例如级数 $\sum\limits_{n=1}^{\infty}\dfrac{1}{n}$，$\sum\limits_{n=1}^{\infty}\dfrac{1}{n^2}$ 的 $\lim\limits_{n\to\infty}\sqrt[n]{a_n}$ 都是 1，但是 $\sum\limits_{n=1}^{\infty}\dfrac{1}{n}$ 发散，$\sum\limits_{n=1}^{\infty}\dfrac{1}{n^2}$ 收敛.

例 7 判别下列正项级数收敛性：

(1) $\sum\limits_{n=1}^{\infty}\dfrac{2^n}{n}$； (2) $\sum\limits_{n=2}^{\infty}\dfrac{1}{\ln^n n}$； (3) $\sum\limits_{n=1}^{\infty}\left(1-\dfrac{1}{n}\right)^{n^2}$.

解 (1) 因 $\lim\limits_{n\to\infty}\sqrt[n]{a_n}=\lim\limits_{n\to\infty}\sqrt[n]{\dfrac{2^n}{n}}=\lim\limits_{n\to\infty}\dfrac{2}{\sqrt[n]{n}}=2>1$，故正项级数 $\sum\limits_{n=1}^{\infty}\dfrac{2^n}{n}$ 发散.

(2) 因 $\lim\limits_{n\to\infty}\sqrt[n]{a_n}=\lim\limits_{n\to\infty}\sqrt[n]{\dfrac{1}{\ln^n n}}=\lim\limits_{n\to\infty}\dfrac{1}{\ln n}=0<1$，故正项级数 $\sum\limits_{n=2}^{\infty}\dfrac{1}{\ln^n n}$ 收敛.

(3) 因 $\lim\limits_{n\to\infty}\sqrt[n]{a_n}=\lim\limits_{n\to\infty}\sqrt[n]{\left(1-\dfrac{1}{n}\right)^{n^2}}=\lim\limits_{n\to\infty}\left(1-\dfrac{1}{n}\right)^n=\dfrac{1}{\mathrm{e}}<1$，故正项级数

$\sum\limits_{n=1}^{\infty}\left(1-\frac{1}{n}\right)^{n^2}$ 收敛.

从上面的讨论不难看出，比值判别法与根值判别法是利用正项级数通项的某个特征（后项与前项的比值的极限或通项的 n 次根的极限）来判定其是否收敛的，不像比较判别法那样需要将级数的通项与一个收敛性已知的某个正项级数（通常称为工具级数，最常用的工具级数是几何级数和广义调和级数）的通项进行比较. 因此，比值判别法与根值判别法在使用上更加方便. 但它们都有局限性：当极限为 1 时失效. 一般而言，当正项级数的通项中有含 n 的连乘因子，比如阶乘或双阶乘：

$$(2n-1)!! = 1\times 3\times 5\times\cdots\times(2n-1),\ (2n)!! = 2\times 4\times 6\times\cdots\times(2n)$$

时，可考虑使用比值判别法；当正项级数的通项中含有 n 的方幂时可考虑使用根值判别法.

4.1.3 任意项级数

上面讨论的是正项级数的常用判别法，它们的判定对象是同号级数（所有项都非负或所有项都非正的级数）. 下面我们将讨论任意项级数（级数的项中既有正项也有负项的级数）的收敛性问题.

1. 交错级数

定义 4.4 形如

$$a_1-a_2+a_3-a_4+\cdots+(-1)^{n-1}a_n+\cdots,$$

的级数被称为交错级数，其中 $a_n>0$（或 $a_n<0$） $(n=1,2,3,\cdots)$.

数学家
莱布尼茨

定理 4.5［莱布尼茨(Leibniz)判别法］ 设 $a_n>0$ $(n=1,2,3,\cdots)$，若

(1) $a_{n+1}\leqslant a_n$ $(n=1,2,3,\cdots)$；(2) $\lim\limits_{n\to\infty}a_n=0$，

则交错级数 $\sum\limits_{n=1}^{\infty}(-1)^{n-1}a_n$ 收敛.

证明 由于

$$S_{2n}=(a_1-a_2)+(a_3-a_4)+\cdots+(a_{2n-1}-a_{2n})\geqslant 0,$$

且数列 $\{S_{2n}\}$ 是单调增加的，又

$$S_{2n}=a_1-(a_2-a_3)-(a_4-a_5)-\cdots-(a_{2n-2}-a_{2n-1})-a_{2n}\leqslant a_1,$$

因此，$\{S_{2n}\}$ 有上界，故 $\{S_{2n}\}$ 收敛. 设 $\lim\limits_{n\to\infty}S_{2n}=S$，则

$$\lim_{n\to\infty}S_{2n+1}=\lim_{n\to\infty}(S_{2n}+a_{2n+1})=\lim_{n\to\infty}S_{2n}+\lim_{n\to\infty}a_{2n+1}=S+0=S.$$

既然数列 $\{S_n\}$ 的奇子列 $\{S_{2n+1}\}$ 与偶子列 $\{S_{2n}\}$ 都收敛于 S，因而

$$\lim_{n\to\infty}S_n=S.$$

故交错级数 $\sum\limits_{n=1}^{\infty}(-1)^{n-1}a_n$ 收敛，且 $\sum\limits_{n=1}^{\infty}(-1)^{n-1}a_n\leqslant a_1$.

例 8 判定下列交错级数的收敛性：

(1) $\sum_{n=1}^{\infty}(-1)^{n-1}\frac{1}{n}$；　　(2) $\sum_{n=2}^{\infty}(-1)^{n-1}\frac{1}{\ln n}$.

解 (1) 由于 $\frac{1}{n+1}<\frac{1}{n}$，且 $\lim_{n\to\infty}\frac{1}{n}=0$，故由莱布尼茨判别法知，交错级数 $\sum_{n=1}^{\infty}(-1)^{n-1}\frac{1}{n}$ 收敛.

(2) 由于 $\frac{1}{\ln(n+1)}<\frac{1}{\ln n}$，且 $\lim_{n\to\infty}\frac{1}{\ln n}=0$，故由莱布尼茨判别法知，交错级数 $\sum_{n=2}^{\infty}(-1)^{n-1}\frac{1}{\ln n}$ 收敛.

注 莱布尼茨判别法仅能作为肯定性结论，不能作为否定性结论，即定理 4.5 中条件(1)、(2)满足时，$\sum_{n=1}^{\infty}(-1)^{n-1}a_n$ 收敛，条件(1)、(2)不满足时，$\sum_{n=1}^{\infty}(-1)^{n-1}a_n$ 可能收敛，也可能发散.

2. 一般项级数

定义 4.5 若 $\sum_{n=1}^{\infty}|a_n|$ 收敛，则称级数 $\sum_{n=1}^{\infty}a_n$ 绝对收敛；若 $\sum_{n=1}^{\infty}|a_n|$ 发散，$\sum_{n=1}^{\infty}a_n$ 收敛，则称级数 $\sum_{n=1}^{\infty}a_n$ 条件收敛.

定理 4.6 若级数 $\sum_{n=1}^{\infty}a_n$ 绝对收敛，则级数 $\sum_{n=1}^{\infty}a_n$ 也收敛.

证明 令 $b_n=\frac{a_n+|a_n|}{2}$，则 $0\leqslant b_n\leqslant|a_n|$，由正项级数的比较判别法知，$\sum_{n=1}^{\infty}b_n$ 收敛，而 $a_n=2b_n-|a_n|$，由收敛级数的性质知，级数 $\sum_{n=1}^{\infty}a_n$ 收敛.

例 9 讨论级数 $\sum_{n=1}^{\infty}(-1)^{n-1}\frac{1}{n^{\alpha}}$ 的收敛性.

解 当 $\alpha>1$ 时，级数 $\sum_{n=1}^{\infty}(-1)^{n-1}\frac{1}{n^{\alpha}}$ 绝对收敛；当 $0<\alpha\leqslant1$ 时，由莱布尼茨判别法知，级数 $\sum_{n=1}^{\infty}(-1)^{n-1}\frac{1}{n^{\alpha}}$ 条件收敛；当 $\alpha\leqslant0$ 时，由于 $\left|(-1)^{n-1}\frac{1}{n^{\alpha}}\right|=\frac{1}{n^{\alpha}}\geqslant1$，有

$$\lim_{n\to\infty}(-1)^{n-1}\frac{1}{n^{\alpha}}\neq0,$$

故级数 $\sum_{n=1}^{\infty}(-1)^{n-1}\frac{1}{n^{\alpha}}$ 发散.

习题 4.1

1. 用级数收敛的定义证明下列级数收敛并求出它们的和.

(1) $1-\frac{2}{3}+\left(\frac{2}{3}\right)^2-\left(\frac{2}{3}\right)^3+\cdots$；　　(2) $\left(\frac{1}{2}+\frac{1}{3}\right)+\left(\frac{1}{2^2}+\frac{1}{3^2}\right)+\left(\frac{1}{2^3}+\frac{1}{3^3}\right)+\cdots$；

(3) $\frac{1}{1\times 4}+\frac{1}{4\times 7}+\frac{1}{7\times 10}+\cdots$；

(4) $\sum_{n=1}^{\infty}(\sqrt{n+2}-2\sqrt{n+1}+\sqrt{n})$；

(5) $\sum_{n=1}^{\infty}\frac{1}{(n+1)(n+2)(n+3)}$；

(6) $\sum_{n=1}^{\infty}\frac{2n-1}{3^n}$.

2. 判断下列级数的收敛性.

(1) $\frac{1}{2}+\frac{3}{4}+\frac{5}{6}+\frac{7}{8}+\cdots$；

(2) $1+\frac{1}{4}+\frac{1}{7}+\frac{1}{10}+\cdots$；

(3) $\sum_{n=2}^{\infty}\frac{1}{\sqrt{n}+(-1)^n}$；

(4) $\sum_{n=1}^{\infty}\frac{1}{10+\sqrt[n]{a}}\quad(a>0)$；

(5) $\frac{1}{\sqrt{2}-1}-\frac{1}{\sqrt{2}+1}+\frac{1}{\sqrt{3}-1}-\frac{1}{\sqrt{3}+1}+\cdots+\frac{1}{\sqrt{n}-1}-\frac{1}{\sqrt{n}+1}+\cdots$.

3. 判别下列正项级数的收敛性.

(1) $\sum_{n=1}^{\infty}\frac{1}{n^2+1}$；

(2) $\sum_{n=1}^{\infty}\frac{1}{(2n-1)^2}$；

(3) $\sum_{n=1}^{\infty}\frac{1}{n\sqrt{n+1}}$；

(4) $\sum_{n=1}^{\infty}\sin\frac{\pi}{n}$；

(5) $\sum_{n=1}^{\infty}\left(\frac{n}{2n-1}\right)^n$；

(6) $\sum_{n=1}^{\infty}\frac{1}{n5^{n-1}}$；

(7) $\sum_{n=1}^{\infty}\left(\frac{2n+1}{3n-1}\right)^{\frac{n}{2}}$；

(8) $\sum_{n=1}^{\infty}\frac{2n-1}{(\sqrt{3})^2}$；

(9) $\sum_{n=1}^{\infty}\frac{2^n n!}{n^n}$；

(10) $\sum_{n=1}^{\infty}\frac{3^n n!}{n^n}$；

(11) $\sum_{n=1}^{\infty}\frac{2\times 5\times 8\times\cdots\times(3n-1)}{1\times 5\times 9\times\cdots\times(4n-3)}$；

(12) $\sum_{n=1}^{\infty}\frac{2+(-1)^n}{2^n}$；

(13) $\sum_{n=1}^{\infty}\left(1-\cos\frac{1}{n}\right)$；

(14) $\sum_{n=1}^{\infty}\frac{(1\,000)^n}{n!}$；

(15) $\sum_{n=1}^{\infty}\frac{n^3}{3^n}$；

(16) $\sum_{n=1}^{\infty}2^n\sin\frac{\pi}{3^n}$；

(17) $\sum_{n=1}^{\infty}\frac{1}{1+a^n}\quad(a>0)$；

(18) $\sum_{n=1}^{\infty}\frac{a_n}{(10)^n}\quad(0\leqslant a_n\leqslant 9)$.

4. 设级数 $\sum_{n=1}^{\infty}a_n$ 收敛,下列级数是否收敛？若肯定,请说出理由；若否定,请给出反例.

(1) $\sum_{n=1}^{\infty}a_n^2$；

(2) $\sum_{n=1}^{\infty}\frac{a_n+a_{n+1}}{2}$；

(3) $\sum_{n=1}^{\infty}\sqrt{a_n}\quad(a_n>0)$；

(4) $\sum_{n=1}^{\infty}\sqrt{a_n a_{n+1}}\quad(a_n>0)$.

5. 若级数 $\sum_{n=1}^{\infty}a_n^2$ 与 $\sum_{n=1}^{\infty}b_n^2$ 都收敛,证明下列级数也收敛.

(1) $\sum_{n=1}^{\infty}|a_n b_n|$；

(2) $\sum_{n=1}^{\infty}(a_n+b_n)^2$；

(3) $\sum_{n=1}^{\infty}\frac{|a_n|}{n}$.

6. 设 $\{a_n\}$ 是非零等差数列,证明级数 $\sum_{n=1}^{\infty}\frac{1}{a_n}$ 发散.

7. 证明:(1) $\lim_{n\to\infty}\frac{a^n}{n!}=0$；(2) $\lim_{n\to\infty}\frac{n^n}{(n!)^2}=0$.

8. 下列级数中,哪些是绝对收敛的？哪些是条件收敛的？

(1) $\sum_{n=1}^{\infty}\frac{(-1)^n}{4n-3}$；

(2) $\sum_{n=1}^{\infty}\frac{(-1)^{n-1}}{\sqrt{2n-1}}$；

(3) $\sum_{n=1}^{\infty}(-1)^n\left(\frac{2n+7}{3n+1}\right)^n$；

(4) $\sum_{n=1}^{\infty}\frac{\sin nx}{n\sqrt{n}}$；　　(5) $\sum_{n=1}^{\infty}\frac{(-1)^n}{(2n+1)^2}$；　　(6) $\sum_{n=1}^{\infty}\frac{n\cos n}{2^n}$.

9. 已知级数 $\sum_{n=1}^{\infty}(-1)^n a_n = 2$，$\sum_{n=1}^{\infty}a_{2n-1} = 5$，求级数 $\sum_{n=1}^{\infty}a_n$ 的和.

10. 设级数 $\sum_{n=1}^{\infty}a_n$ 满足条件：(1) $\lim_{n\to\infty}a_n = 0$；(2) $\sum_{n=1}^{\infty}(a_{2n-1}+a_{2n})$ 收敛，证明级数 $\sum_{n=1}^{\infty}a_n$ 收敛.

4.2 幂 级 数

本节将在数项级数的基础上讨论一类特殊的函数项级数——幂级数，它是我们熟悉的多项式函数在无穷意义下的推广.

4.2.1 函数列与函数项级数的概念

定义 4.6 设 $u_n(x)$ $(n=1, 2, \cdots)$ 都是在区间 I 上有定义的函数，称 $\{u_n(x)\}$ 为区间 I 上的一个**函数列**. 对任意的 $x_0\in I$，得数列

$$u_n(x_0):\ u_1(x_0),\ u_2(x_0),\ u_3(x_0),\ \cdots,$$

若 $\lim_{n\to\infty}u_n(x_0)$ 存在，则称 x_0 是函数 $\{u_n(x)\}$ 的一个**收敛点**；若 $\lim_{n\to\infty}u_n(x_0)$ 不存在，则称 x_0 是函数 $\{u_n(x)\}$ 的一个**发散点**. $\{u_n(x)\}$ 的所有收敛点的全体 $D\subset I$ 称为函数列 $\{u_n(x)\}$ 的**收敛域**. 设 $D\subset I$ 是函数列 $\{u_n(x)\}$ 的收敛域，则对于 $x\in D$，$\lim_{n\to\infty}u_n(x)=f(x)$ 都存在，称 $f(x)$ 为函数列 $\{u_n(x)\}$ 的**极限函数**.

例如，设 $u_n(x)=x^n$ $(n=1, 2, \cdots)$，则函数列 $\{u_n(x)\}$ 的收敛域是 $(-1, 1]$，其极限函数为 $f(x)=\begin{cases}0, & x\in(-1, 1),\\ 1, & x=1.\end{cases}$

定义 4.7 设 $\{u_n(x)\}$ 是定义在区间 I 上的一个函数列，将其所有项按顺序用加号连接起来，即

$$\sum_{n=1}^{\infty}u_n(x)=u_1(x)+u_2(x)+u_3(x)+\cdots,$$

称 $\sum_{n=1}^{\infty}u_n(x)$ 为区间 I 上的一个**函数项级数**，有时简称级数，称其前 n 项和 $S_n(x)=\sum_{k=1}^{n}u_k(x)$ 为函数项级数 $\sum_{n=1}^{\infty}u_n(x)$ **部分和函数**，简称**部分和**，称函数列 $\{S_n(x)\}$ 的收敛点(发散点)为函数项级数 $\sum_{n=1}^{\infty}u_n(x)$ 的**收敛点(发散点)**，称函数列 $\{S_n(x)\}$ 的收敛域为函数项级数 $\sum_{n=1}^{\infty}u_n(x)$ 的**收敛域**，并称函数列 $\{S_n(x)\}$ 的极限函数为函数项级数 $\sum_{n=1}^{\infty}u_n(x)$ 的**和函数**. 当 $\sum_{n=1}^{\infty}u_n(x)$ 收敛时，称

$$r_n(x) = u_{n+1}(x) + u_{n+2}(x) + \cdots$$

为函数项级数 $\sum\limits_{n=1}^{\infty} u_n(x)$ 的**余项函数**.

显然，$\sum\limits_{n=1}^{\infty} u_n(x)$ 收敛的充分必要条件是 $\lim\limits_{n\to\infty} r_n(x) = 0$.

例如，函数项级数 $\sum\limits_{n=0}^{\infty} x^n$ 的部分和

$$S_n(x) = \sum_{k=0}^{n} x^n = \begin{cases} \dfrac{1-x^{n+1}}{1-x}, & x \neq 1, \\ n+1, & x = 1, \end{cases}$$

当且仅当 $x \in (-1, 1)$ 时，有 $\lim\limits_{n\to\infty} S_n(x) = \dfrac{1}{1-x}$，故函数项级数 $\sum\limits_{n=0}^{\infty} x^n$ 的收敛域为 $(-1, 1)$，和函数为 $S(x) = \dfrac{1}{1-x} \quad (x \in (-1, 1))$.

4.2.2 幂级数及其收敛域

定义 4.8 形如

$$\sum_{n=0}^{\infty} a_n x^n = a_0 + a_1 x + a_2 x^2 + \cdots + a_n x^n + \cdots \tag{4.2.1}$$

或

$$\sum_{n=0}^{\infty} a_n (x - x_0)^n = a_0 + a_1 (x - x_0) + a_2 (x - x_0)^2 + \cdots \tag{4.2.2}$$

的函数项级数称为**幂级数**，其中常数 $a_0, a_1, a_2, \cdots, a_n, \cdots$ 称为幂级数 $\sum\limits_{n=0}^{\infty} a_n x^n$ 的**系数**.

若在式(4.2.2)中令 $x - x_0 = t$，则式(4.2.2)即为式(4.2.1)，因此，除非特别声明，本书中提到的幂级数皆指式(4.2.1).

显然，$x = 0$ 是幂级数 $\sum\limits_{n=0}^{\infty} a_n x^n$ 的收敛点. 那么，若幂级数 $\sum\limits_{n=0}^{\infty} a_n x^n$ 有非零的收敛点时会是什么情况？

数学家
阿贝尔

定理 4.7［阿贝尔(Abel)定理］ 如果幂级数 $\sum\limits_{n=0}^{\infty} a_n x^n$ 在点 $x = x_0 \quad (x_0 \neq 0)$ 处收敛，则对一切满足 $|x| < |x_0|$ 的 x，$\sum\limits_{n=0}^{\infty} a_n x^n$ 都收敛；如果幂级数 $\sum\limits_{n=0}^{\infty} a_n x^n$ 在点 $x = x_0$ 处发散，则对一切满足 $|x| > |x_0|$ 的 x，$\sum\limits_{n=0}^{\infty} a_n x^n$ 都发散.

证明 (1) 设 $x = x_0 \quad (x_0 \neq 0)$ 是幂级数 $\sum\limits_{n=0}^{\infty} a_n x^n$ 的收敛点，则由级数收敛的必要条件，有 $\lim\limits_{n\to\infty} a_n x_0^n = 0$. 于是存在 $M > 0$，使得

$$|a_n x_0^n| \leqslant M \quad (n=0, 1, 2, \cdots).$$

幂级数 $\sum_{n=0}^{\infty} a_n x^n$ 一般项的绝对值

$$|a_n x^n| = \left|a_n x_0^n \frac{x^n}{x_0^n}\right| = |a_n x_0^n| \left|\frac{x^n}{x_0^n}\right| \leqslant M\left|\frac{x^n}{x_0^n}\right| = M\left|\frac{x}{x_0}\right|^n.$$

由于当 $|x|<|x_0|$ 时，几何级数 $\sum_{n=0}^{\infty} M\left|\frac{x}{x_0}\right|^n$ 收敛 $\left(\left|\frac{x}{x_0}\right|<1\right)$，故 $\sum_{n=0}^{\infty} |a_n x^n|$ 收敛，即 $\sum_{n=0}^{\infty} a_n x^n$ 绝对收敛.

(2) 设幂级数 $\sum_{n=0}^{\infty} a_n x^n$ 在点 $x=x_0$ 处发散，若存在 x_1 满足 $|x_1|>|x_0|$，使 $\sum_{n=0}^{\infty} a_n x_1^n$ 收敛，则与由(1)得 $\sum_{n=0}^{\infty} |a_n x_0^n|$ 收敛，矛盾.

阿贝尔定理告诉我们，当幂级数 $\sum_{n=0}^{\infty} a_n x^n$ 在点 $x=x_0$ $(x_0 \neq 0)$ 处收敛时，则区间 $(-|x_0|, |x_0|)$ 内的所有点都是收敛；当 $\sum_{n=0}^{\infty} a_n x^n$ 在点 $x=x_0$ 处发散时，则 $[-|x_0|, |x_0|]$ 外的所有点都是发散点.

设幂级数 $\sum_{n=0}^{\infty} a_n x^n$ 既有非零收敛点，又有发散点，则从原点出发向右走时，先经过的点都是收敛点，一旦遇到一个发散点，则以后的一切点都是发散点. 这样，在收敛点与发散点之间一定有一个边界 R，使得 $\sum_{n=0}^{\infty} a_n x^n$ 在 $(-R, R)$ 内收敛，在 $[-R, R]$ 外发散. 正数 R 被称为幂级数的**收敛半径**，开区间 $(-R, R)$ 称为**收敛区间**. 考虑到 $x=R$（或 $x=-R$）处幂级数可能收敛，也可能发散，因此，幂级数 $\sum_{n=0}^{\infty} a_n x^n$ 的收敛域应为 $(-R, R)$、$[-R, R)$、$(-R, R]$ 及 $[-R, R]$ 四种区间之一.

为了得到幂级数的收敛半径，给出以下定理.

定理 4.8 设幂级数 $\sum_{n=0}^{\infty} a_n x^n$，若 $\lim_{n\to\infty}\left|\frac{a_{n+1}}{a_n}\right| = l$，则收敛半径

$$R = \begin{cases} \frac{1}{l}, & 0<l<+\infty, \\ +\infty, & l=0, \\ 0, & l=+\infty. \end{cases}$$

证明 由正项级数的比值判别法知，

$$\lim_{n\to\infty}\left|\frac{a_{n+1}x^{n+1}}{a_n x^n}\right| = \lim_{n\to\infty}\left|\frac{a_{n+1}}{a_n}\right| |x| = l|x|,$$

(1) 若 $0<l<+\infty$，则当 $l|x|<1$ 或 $|x|<\frac{1}{l}$ 时，幂级数收敛；当 $l|x|>1$ 或 $|x|>\frac{1}{l}$ 时，幂级数发散. 所以收敛半径 $R=\frac{1}{l}$.

(2) 若 $l=0$，则对任意 x，都有 $l|x|=0<1$，故幂级数在整个 x 轴上收敛，所以收敛半径 $R=+\infty$.

(3) 若 $l=+\infty$，则除 $x=0$ 外，对一切 x，都有 $\lim\limits_{n\to\infty}\left|\frac{a_{n+1}x^{n+1}}{a_nx^n}\right|=+\infty$，故对任意 $x\neq 0$，幂级数都发散，所以收敛半径 $R=0$.

定理 4.9 设幂级数 $\sum\limits_{n=0}^{\infty}a_nx^n$，若 $\lim\limits_{n\to\infty}\sqrt[n]{|a_n|}=l$，则收敛半径

$$R=\begin{cases}\frac{1}{l}, & 0<l<+\infty,\\ +\infty, & l=0,\\ 0, & l=+\infty.\end{cases}$$

证明方法与定理 4.2 相同，这里从略.

例 1 确定下列幂级数的收敛域：

(1) $\sum\limits_{n=1}^{\infty}\frac{x^n}{n}$； (2) $\sum\limits_{n=1}^{\infty}n^nx^n$； (3) $\sum\limits_{n=1}^{\infty}\frac{x^n}{\sqrt{n!}}$.

解 (1) 由 $\lim\limits_{n\to\infty}\left|\frac{a_{n+1}}{a_n}\right|=\lim\limits_{n\to\infty}\frac{n}{n+1}=1$，得 $R=\frac{1}{1}=1$. 当 $x=1$ 时，$\sum\limits_{n=1}^{\infty}\frac{1}{n}$ 发散；当 $x=-1$ 时，$\sum\limits_{n=1}^{\infty}\frac{(-1)^n}{n}$ 收敛. 幂级数 $\sum\limits_{n=1}^{\infty}\frac{x^n}{n}$ 的收敛域为 $[-1,1)$.

(2) 由 $\lim\limits_{n\to\infty}\sqrt[n]{|a_n|}=\lim\limits_{n\to\infty}n=+\infty$，得 $R=0$，故幂级数 $\sum\limits_{n=1}^{\infty}n^nx^n$ 仅在点 $x=0$ 处收敛.

(3) 由 $\lim\limits_{n\to\infty}\left|\frac{a_{n+1}}{a_n}\right|=\lim\limits_{n\to\infty}\frac{\sqrt{n!}}{\sqrt{(n+1)!}}=\lim\limits_{n\to\infty}\frac{1}{\sqrt{n+1}}=0$，得 $R=+\infty$，所以幂级数 $\sum\limits_{n=1}^{\infty}\frac{x^n}{\sqrt{n!}}$ 的收敛域是 $(-\infty,+\infty)$.

例 2 求幂级数 $\sum\limits_{n=1}^{\infty}\frac{(2n)!x^{2n}}{(n!)^2}$ 的收敛域.

解 由于幂级数缺少奇次幂的项，不能直接用定理 4.8 或定理 4.9 求它的收敛半径，但可以采用定理 4.3 的证明方法.

将 $x\neq 0$ 看做参数，记 $a_n=\frac{(2n)!x^{2n}}{(n!)^2}$，由正项级数的比值判别法可得，

$$\lim_{n\to\infty}\left|\frac{a_{n+1}}{a_n}\right|=\lim_{n\to\infty}\left|\frac{\dfrac{[2(n+1)!]x^{2n+2}}{[(n+1)!]^2}}{\dfrac{(2n)!x^{2n}}{(n!)^2}}\right|=4x^2.$$

故当 $4x^2<1$ 或 $|x|<\frac{1}{2}$ 时,级数收敛;当 $4x^2>1$ 或 $|x|>\frac{1}{2}$ 时,级数发散. 所以收敛半径 $R=\frac{1}{2}$.

当 $x=\pm\frac{1}{2}$ 时,得级数 $\sum\limits_{n=1}^{\infty}\frac{(2n)!}{(n!)^2}\frac{1}{2^{2n}}$,由于

$$\begin{aligned}\frac{(2n)!}{(n!)^2}\frac{1}{2^{2n}}&=\frac{(2n)!}{(2\times4\times6\times\cdots\times2n)^2}=\frac{1}{2}\times\frac{3}{4}\times\frac{5}{6}\times\cdots\times\frac{2n-1}{2n}\\&=\frac{3}{2}\times\frac{5}{4}\times\frac{7}{6}\times\cdots\times\frac{2n-1}{2n-2}\times\frac{1}{2n}>\frac{1}{2n},\end{aligned}$$

且调和级数 $\sum\limits_{n=1}^{\infty}\frac{1}{2n}$ 发散,故正项级数 $\sum\limits_{n=1}^{\infty}\frac{(2n)!}{(n!)^2}\frac{1}{2^{2n}}$ 发散.

所以幂级数 $\sum\limits_{n=1}^{\infty}\frac{(2n)!x^{2n}}{(n!)^2}$ 的收敛域为 $\left(-\frac{1}{2},\ \frac{1}{2}\right)$.

例 3 确定幂级数 $\sum\limits_{n=1}^{\infty}\frac{(x-2)^{3n}}{3^n n^2}$ 的收敛域.

解 令 $y=(x-2)^3$,得幂级数 $\sum\limits_{n=1}^{\infty}\frac{y^n}{3^n n^2}$,不难求得其收敛域为 $[-3,\ 3]$,即

$$-3\leqslant y=(x-2)^3\leqslant 3,\ 2-\sqrt[3]{3}\leqslant x\leqslant 2+\sqrt[3]{3},$$

故幂级数 $\sum\limits_{n=1}^{\infty}\frac{(x-2)^{3n}}{3^n n^2}$ 的收敛域是 $[2-\sqrt[3]{3},\ 2+\sqrt[3]{3}]$.

4.2.3 幂级数的性质

定理 4.10(幂级数的四则运算) 设幂级数 $\sum\limits_{n=0}^{\infty}a_nx^n$ 与 $\sum\limits_{n=0}^{\infty}b_nx^n$ 分别在区间 $(-A,\ A)$ 与 $(-B,\ B)$ 内收敛,记 $C=\min\{A,\ B\}$,则当 $x\in(-C,\ C)$,有

$$\sum_{n=0}^{\infty}a_nx^n\pm\sum_{n=0}^{\infty}b_nx^n=\sum_{n=0}^{\infty}(a_n\pm b_n)x^n,$$

$$\sum_{n=0}^{\infty}a_nx^n\times\sum_{n=0}^{\infty}b_nx^n=\sum_{n=0}^{\infty}c_nx^n.$$

其中,$c_n=\sum\limits_{k=0}^{n}a_kb_{n-k}=a_0b_n+a_1b_{n-1}+a_2b_{n-2}+\cdots+a_nb_0$.(证明略)

例 4(幂级数的除法) 设 $b_0\neq 0$,$\dfrac{\sum\limits_{n=0}^{\infty}a_nx^n}{\sum\limits_{n=0}^{\infty}b_nx^n}=\sum\limits_{n=0}^{\infty}c_nx^n$,试确定 c_n $(n=0,\ 1,\ 2,\ \cdots)$.

解 由幂级数的乘法公式,得

$$\sum_{n=0}^{\infty} a_n x^n = \left(\sum_{n=0}^{\infty} b_n x^n\right)\left(\sum_{n=0}^{\infty} c_n x^n\right),$$

于是

$$b_0 c_0 = a_0,\ c_0 = \frac{a_0}{b_0},$$

$$b_0 c_1 + b_1 c_0 = a_1,\ c_1 = \frac{1}{b_0}(a_1 - b_1 c_0),$$

$$b_0 c_2 + b_1 c_1 + b_2 c_0 = a_2,\ c_2 = \frac{1}{b_0}(a_2 - b_1 c_1 - b_2 c_0),$$

$$\cdots$$

以此类推,可算出任意的 $c_n(n = 0,\ 1,\ 2,\ \cdots)$.

定理 4.11(和函数的性质)

(1)(连续性)幂级数 $\sum\limits_{n=0}^{\infty} a_n x^n$ 的和函数 $S(x)$ 在其收敛域上连续;

(2)(逐项可积性)幂级数 $\sum\limits_{n=0}^{\infty} a_n x^n$ 的和函数 $S(x)$ 在其收敛域上可积,且

$$\int_a^b S(x)\mathrm{d}x = \int_a^b \left(\sum_{n=0}^{\infty} a_n x^n\right)\mathrm{d}x = \sum_{n=0}^{\infty}\int_a^b a_n x^n \mathrm{d}x = \sum_{n=0}^{\infty} \frac{a_n}{n+1} x^{n+1},$$

其中,$[a,\ b]$ 是属于幂级数 $\sum\limits_{n=0}^{\infty} a_n x^n$ 收敛域内的任一闭区间;

(3)(逐项可微性)设幂级数 $\sum\limits_{n=0}^{\infty} a_n x^n$ 的收敛半径 $R > 0$,则对任意的 $|x| < R$,有

$$S'(x) = \frac{\mathrm{d}}{\mathrm{d}x}\left(\sum_{n=0}^{\infty} a_n x^n\right) = \sum_{n=0}^{\infty} (a_n x^n)' = \sum_{n=1}^{\infty} n a_n x^{n-1}.$$

其中,$\sum\limits_{n=1}^{\infty} n a_n x^{n-1}$ 及 $\sum\limits_{n=0}^{\infty}\int_0^x a_n t^n \mathrm{d}x = \sum\limits_{n=0}^{\infty} \frac{a_n}{n+1} x^{n+1}$ 与 $\sum\limits_{n=0}^{\infty} a_n x^n$ 有相同的收敛半径(但收敛域可能不同).(证明略)

例 5 设幂级数 $\sum\limits_{n=1}^{\infty} a_n x^n$ 的收敛半径为 3,求幂级数 $\sum\limits_{n=1}^{\infty} n a_n (x-1)^n$ 的收敛区间.

解 考察幂级数 $\sum\limits_{n=1}^{\infty} n a_n t^n$,其中 $t = x - 1$. 由于对 $\sum\limits_{n=1}^{\infty} n a_n t^{n-1}$ 逐项积分得 $\sum\limits_{n=1}^{\infty} a_n t^n$,二者积分半径相同,故级数 $\sum\limits_{n=1}^{\infty} n a_n t^n$ 的收敛半径也是 3,于是 $\sum\limits_{n=1}^{\infty} n a_n (x-1)^n$ 的收敛区间为 $-3 < x - 1 < 3$ 或$(-2,\ 4)$.

例 6 求幂级数 $\sum\limits_{n=1}^{\infty} \frac{x^n}{n}$ 的和函数.

解 幂级数 $\sum\limits_{n=1}^{\infty} \frac{x^n}{n}$ 的收敛域为 $[-1,\ 1)$. 当 $|x| < 1$ 时,

$$S(x)=\sum_{n=1}^{\infty}\frac{x^n}{n}=\sum_{n=1}^{\infty}\int_0^x t^{n-1}\mathrm{d}t=\int_0^x\left(\sum_{n=1}^{\infty}t^{n-1}\right)\mathrm{d}t=\int_0^x\frac{\mathrm{d}t}{1-t}=-\ln(1-x).$$

又当 $x=-1$ 时，

$$S(-1)=\lim_{x\to-1}S(x)=-\lim_{x\to-1}\ln(1-x)=-\ln 2.$$

故幂级数 $\sum_{n=1}^{\infty}\frac{x^n}{n}$ 的和函数为 $-\ln(1-x)\ (x\in[-1,1))$.

例 7 求幂级数 $\sum_{n=1}^{\infty}n(n+1)x^n$ 的和函数,并求级数 $\sum_{n=1}^{\infty}\frac{n(n+1)}{2^n}$ 的和.

解 幂级数 $\sum_{n=1}^{\infty}n(n+1)x^n$ 的收敛域为 $(-1,1)$. 当 $|x|<1$ 时,

$$\begin{aligned}S(x)&=\sum_{n=1}^{\infty}n(n+1)x^n=\sum_{n=1}^{\infty}(nx^{n+1})'=\left(\sum_{n=1}^{\infty}nx^{n+1}\right)'=\left(x^2\sum_{n=1}^{\infty}nx^{n-1}\right)'\\&=\left(x^2\sum_{n=1}^{\infty}(x^n)'\right)'=\left(x^2\left(\sum_{n=1}^{\infty}x^n\right)'\right)'=\left(x^2\left(\frac{x}{1-x}\right)'\right)'=\left(\frac{x^2}{(1-x)^2}\right)'\\&=\frac{2x}{(1-x)^3},\quad x\in(-1,1).\end{aligned}$$

$$\sum_{n=1}^{\infty}\frac{n(n+1)}{2^n}=S\left(\frac{1}{2}\right)=\frac{2\times\frac{1}{2}}{\left(1-\frac{1}{2}\right)^3}=8.$$

例 8 设年利率为 r,依复利(即每过一定时间,将存款所得利息自动转为本金再生利息,并逐期滚动,俗称驴打滚)计算.(1)在第 n 年年末提取 a 元,开始至少需要存入本金多少元?(2)在第 n 年年末提取 n^2 元 $(n=1,2,\cdots)$,并永远如此提取,问开始至少需存入本金多少元?

解 (1) 设第 n 年年末提取 a 元需本金至少为 B_n 元,则第 n 年末本金与利息之和为 $B_n(1+r)^n$,得 $a=B_n(1+r)^n$, $B_n=a(1+r)^{-n}$,于是开始至少需存入本金 A 应为

$$A=\sum_{n=1}^{\infty}B_n\geqslant\sum_{n=1}^{\infty}\frac{a}{(1+r)^n}=\frac{a}{1+r}\frac{1}{1-\frac{1}{1+r}}=\frac{a}{r}.$$

(2) 设第 n 年年末提取 n^2 元所需本金至少为 C_n 元,此时第 n 年年末本金与利息之和为 $C_n(1+r)^n$. 于是 $C_n(1+r)^n\geqslant n^2$,即 $C_n\geqslant\frac{n^2}{(1+r)^n}$. 如果永远这样提取,所需本金的总和 S 至少为

$$S=\sum_{n=1}^{\infty}C_n\geqslant\sum_{n=1}^{\infty}\frac{n^2}{(1+r)^n}.$$

令 $x=\dfrac{1}{1+r}$，得幂级数 $S=\sum\limits_{n=1}^{\infty}n^2x^n$ 的和函数为 $S=\dfrac{x(x+1)}{(1-x)^3}=\dfrac{(1+r)(2+r)}{r^3}$.

4.2.4 函数的幂级数展开

在收敛域内，通过幂级数可以求得它的和函数. 下面将把这个问题倒过来：将一个已知函数展开成幂级数.

如果函数 $f(x)$ 能够展开成幂级数，那么 $f(x)$ 与它的幂级数之间有什么关系呢？下面的定理很好地回答了这个问题.

定理 4.12 若函数 $f(x)$ 能够在区间 $(a-r,\ a+r)$ 内展开成幂级数

$$f(x)=\sum_{n=0}^{\infty}a_n(x-a)^n,\quad x\in(a-r,\ a+r),$$

则 $f(x)$ 在 $(a-r,\ a+r)$ 内存在任意阶导数，且

$$a_k=\frac{f^{(k)}(a)}{k!},\quad k=0,\ 1,\ 2,\ \cdots.$$

证明 由定理 4.12 知，$f(x)$ 在 $(a-r,\ a+r)$ 内存在任意阶导数. 显然 $f(a)=a_0$，当 $n\geqslant 1$ 时，有

$$f^{(k)}(x)=\sum_{n=k}^{\infty}n(n-1)\cdots(n-k+1)a_n(x-a)^{n-k},$$

故 $a_k=\dfrac{f^{(k)}(a)}{k!}$, $k=0,\ 1,\ 2,\ \cdots$.

推论 若函数 $f(x)$ 能够在区间 $(a-r,\ a+r)$ 内展开成幂级数，则其幂级数的展开式是唯一的，即

$$f(x)=\sum_{n=0}^{\infty}\frac{f^{(n)}(a)}{n!}(x-a)^n. \tag{4.2.3}$$

通常，称 $f(x)=\sum\limits_{n=0}^{\infty}\dfrac{f^{(n)}(a)}{n!}(x-a)^n$ 为函数 $f(x)$ 在点 a 处的**泰勒**(Taylor)**级数**，而将函数 $f(x)$ 在原点处的泰勒级数 $f(x)=\sum\limits_{n=0}^{\infty}\dfrac{f^{(n)}(0)}{n!}x^n$ 称为**麦克劳林**(Maclaurin)**级数**. 以下是大学数学中经常用到的几个麦克劳林级数.

(1) $e^x=\sum\limits_{n=0}^{\infty}\dfrac{x^n}{n!}=1+x+\dfrac{x^2}{2!}+\cdots+\dfrac{x^n}{n!}+\cdots$, $x\in(-\infty,\ +\infty)$;

(2) $\sin x=\sum\limits_{n=0}^{\infty}(-1)^n\dfrac{x^{2n+1}}{(2n+1)!}=x-\dfrac{x^3}{3!}+\cdots+(-1)^n\dfrac{x^{2n+1}}{(2n+1)!}+\cdots$, $x\in(-\infty,\ +\infty)$;

(3) $\cos x=\sum\limits_{n=0}^{\infty}(-1)^n\dfrac{x^{2n}}{(2n)!}=1-\dfrac{x^2}{2!}+\cdots+(-1)^n\dfrac{x^{2n}}{(2n)!}+\cdots$, $x\in(-\infty,\ +\infty)$;

(4) $\ln(1+x)=\sum_{n=1}^{\infty}(-1)^{n-1}\frac{x^n}{n}=x-\frac{x^2}{2}+\cdots+(-1)^{n-1}\frac{x^n}{n}+\cdots,\ x\in(-1,1]$;

(5) $(1+x)^{\alpha}=\sum_{n=0}^{\infty}\frac{\alpha(\alpha-1)\cdots(\alpha-n+1)}{n!}x^n$

$$=1+\alpha x+\frac{\alpha(\alpha-1)}{2!}x^2+\cdots+\frac{\alpha(\alpha-1)\cdots(\alpha-n+1)}{n!}x^n+\cdots,$$

其中，$x\in(-1,1)$，α 为常数.特别地，当 $\alpha=-1$ 时，有

$$\frac{1}{1+x}=\sum_{n=0}^{\infty}(-1)^n x^n=1-x+x^2-\cdots+(-1)^n x^n+\cdots,\ x\in(-1,1).$$

求一个函数在点 a 处的幂级数展开式，既可以先求出 $f^{(n)}(a)$，然后代入泰勒级数公式(4.2.3)，称为**直接法**；也可以将函数适当处理，再利用上面的几个已知的级数，通过级数的运算(包括四则运算、逐项积分、逐项求导)得到，称为**间接法**.

例 9 求函数 $\arctan x$ 的幂级数展开式.

解 $(\arctan x)'=\frac{1}{1+x^2}=\sum_{n=0}^{\infty}(-1)^n x^{2n}=1-x^2+x^4-\cdots+(-1)^n x^{2n}+\cdots$，上式两边积分，得

$$\arctan x=\sum_{n=0}^{\infty}\frac{(-1)^n}{2n+1}x^{2n+1}$$

$$=x-\frac{x^3}{3}+\frac{x^5}{5}-\cdots+\frac{(-1)^n}{2n+1}x^{2n+1}+\cdots,\ x\in[-1,1].$$

注 在上式中，令 $x=1$，得 $\frac{\pi}{4}=\sum_{n=0}^{\infty}\frac{(-1)^n}{2n+1}$，则 $\pi=4\sum_{n=0}^{\infty}\frac{(-1)^n}{2n+1}$，从而

$$\pi\approx 4\sum_{k=0}^{n}\frac{(-1)^k}{2k+1}.$$

这可作为圆周率 π 的近似计算公式.

例 10 将函数 $f(x)=\frac{\ln(1-x)}{1-x}$ 展开成幂级数.

解 $\frac{1}{1-x}=\sum_{n=0}^{\infty}x^n=1+x+x^2+\cdots+x^n+\cdots,\ x\in(-1,1)$,

$\ln(1-x)=-\sum_{n=1}^{\infty}\frac{x^n}{n}=-\left(x+\frac{x^2}{2}+\cdots+\frac{x^n}{n}+\cdots\right),\ x\in[-1,1)$,

故

$$f(x)=\frac{\ln(1-x)}{1-x}=-\left(\sum_{n=0}^{\infty}x^n\right)\left(\sum_{n=1}^{\infty}\frac{x^n}{n}\right)$$

$$=-\sum_{n=1}^{\infty}\left(1+\frac{1}{2}+\cdots+\frac{1}{n}\right)x^n,\ x\in(-1,1).$$

例 11 将函数 $f(x)=\frac{1}{x}$ 展开成 $(x-3)$ 的幂级数.

解 $f(x)=\dfrac{1}{3+x-3}=\dfrac{1}{3}\dfrac{1}{1+\dfrac{x-3}{3}}=\dfrac{1}{3}\sum\limits_{n=0}^{\infty}(-1)^n\left(\dfrac{x-3}{3}\right)^n$

$$=\sum_{n=0}^{\infty}\frac{(-1)^n}{3^{n+1}}(x-3)^n,$$

其中，$-1<\dfrac{x-3}{3}<1$，即 $x\in(0,6)$.

例 12 将函数 $\sin x$ 展开成 $\left(x-\dfrac{\pi}{4}\right)$ 的幂级数.

解 $\sin x=\sin\left(\dfrac{\pi}{4}+x-\dfrac{\pi}{4}\right)=\sin\dfrac{\pi}{4}\cos\left(x-\dfrac{\pi}{4}\right)+\cos\dfrac{\pi}{4}\sin\left(x-\dfrac{\pi}{4}\right)$

$$=\frac{\sqrt{2}}{2}\left[\cos\left(x-\frac{\pi}{4}\right)+\sin\left(x-\frac{\pi}{4}\right)\right]$$

$$=\frac{\sqrt{2}}{2}\left[\sum_{n=0}^{\infty}(-1)^n\frac{\left(x-\frac{\pi}{4}\right)^{2n}}{(2n)!}+\sum_{n=0}^{\infty}(-1)^n\frac{\left(x-\frac{\pi}{4}\right)^{2n+1}}{(2n+1)!}\right]$$

$$=\frac{\sqrt{2}}{2}\left[1+\left(x-\frac{\pi}{4}\right)-\frac{\left(x-\frac{\pi}{4}\right)^2}{2!}-\frac{\left(x-\frac{\pi}{4}\right)^3}{3!}+\cdots\right],\ x\in(-\infty,+\infty).$$

例 13 求函数 $f(x)=\arctan\dfrac{1+x}{1-x}$ 的幂级数展开式.

解 由于 $f(0)=\dfrac{\pi}{4}$，当 $x\in(-1,1)$ 时，

$$f'(x)=\frac{1}{1+x^2}=\sum_{n=0}^{\infty}(-1)^n x^{2n}=1-x^2+x^4-\cdots+(-1)^n x^{2n}+\cdots,$$

故

$$f(x)=\int_0^x f'(x)\mathrm{d}x+f(0)=\sum_{n=0}^{\infty}\frac{(-1)^n}{2n+1}x^{2n+1}+\frac{\pi}{4}$$

$$=\frac{\pi}{4}+\sum_{n=0}^{\infty}\frac{(-1)^n}{2n+1}x^{2n+1},\quad x\in[-1,1].$$

习题 4.2

1. 求下列幂级数的收敛半径和收敛域.

(1) $\sum\limits_{n=0}^{\infty}n^2x^n$；

(2) $\sum\limits_{n=1}^{\infty}(10x)^n$；

(3) $\sum\limits_{n=1}^{\infty}(nx)^n$；

(4) $\dfrac{x}{2}+\dfrac{x^2}{2\times4}+\dfrac{x^3}{2\times4\times6}+\cdots$；

(5) $\sum\limits_{n=1}^{\infty}\dfrac{x^n}{n^p}$，$p>0$；

(6) $\sum\limits_{n=0}^{\infty}\dfrac{(-1)^n}{3^n}x^n$；

(7) $\sum_{n=1}^{\infty}\left(1+\frac{1}{2}+\cdots+\frac{1}{n}\right)x^n$；

(8) $1-\frac{x}{5\sqrt{2}}+\frac{x^2}{5^2\sqrt{3}}-\frac{x^3}{5^3\sqrt{4}}+\cdots$；

(9) $\sum_{n=1}^{\infty}\left(1+\frac{1}{n}\right)^{n^2}x^n$；

(10) $\sum_{n=1}^{\infty}\frac{(x-2)^n}{(2n-1)2^n}$；

(11) $\sum_{n=0}^{\infty}\frac{(n+1)^5}{2n+1}x^{2n}$；

(12) $\sum_{n=1}^{\infty}(-1)^n\frac{(2n-1)!!}{(2n)!!}(x-1)^n$.

2. 求下列幂级数的和函数.

(1) $\sum_{n=1}^{\infty}\frac{x^n}{n(n+1)}$；

(2) $\sum_{n=0}^{\infty}\frac{(-1)^n}{(2n)!}x^{2n}$；

(3) $\sum_{n=0}^{\infty}\frac{(-1)^n}{2n+1}x^{2n+1}$；

(4) $\sum_{n=1}^{\infty}\frac{x^{2n-1}}{2n-1}$.

3. 将 x^4 展开成 $(x+1)$ 的幂级数.

4. 将下列函数展开成麦克劳林级数.

(1) $\cos^2 x$；

(2) $(1+x)e^x$；

(3) $\frac{1}{3-x}$；

(4) $\frac{x}{1+x-2x^2}$；

(5) $(1+x^2)\arctan x$；

(6) $[\ln(1-x)]^2$；

(7) $\int_0^x\frac{\sin t}{t}dt$；

(8) $\frac{d}{dx}\left(\frac{e^x-1}{x}\right)$.

5. 证明:若函数 $f(x)=\sum_{n=0}^{\infty}a_nx^n$ 是偶函数,则当 n 为奇数时, $a_n=0$；若函数 $f(x)$ 是奇函数,则当 n 为偶数时, $a_n=0$.

总习题 4

一、选择题

1. 若 $\lim_{n\to\infty}u_n=0$,则级数 $\sum_{n=1}^{\infty}u_n$(　　).

A. 一定收敛

B. 一定发散

C. 一定条件收敛

D. 可能收敛,也可能发散

2. 正项级数 $\sum_{n=1}^{\infty}u_n$ 收敛的充分必要条件是(　　).

A. $\lim_{n\to\infty}u_n=0$

B. $\{u_n\}$是递减数列

C. $\lim_{n\to\infty}S_n$ 存在(其中 $S_n=\sum_{k=1}^{n}u_k$)

D. $\lim_{n\to\infty}\frac{u_{n+1}}{u_n}=1$

3. 级数 $\sum_{n=1}^{\infty}\frac{3^n}{n+3}x^n$ 的收敛半径 R 为(　　).

A. 1　　B. 3　　C. $\frac{1}{3}$　　D. ∞

4. 若级数 $\sum_{n=1}^{\infty}\frac{1}{n^{p+1}}$ 发散,则(　　).

A. $p\leqslant 0$　　B. $p>0$　　C. $p\leqslant 1$　　D. $p<1$

5. 下列级数中,条件收敛的是(　　).

A. $\sum_{n=1}^{\infty}(-1)^n\frac{n}{n+1}$　　B. $\sum_{n=1}^{\infty}(-1)^n\frac{1}{\sqrt{n}}$　　C. $\sum_{n=1}^{\infty}(-1)^n\frac{1}{n^2}$　　D. $\sum_{n=1}^{\infty}(-1)^n\frac{1}{n^3}$

二、填空题

6. 级数 $1+\frac{1}{2!}+\frac{1}{3!}+\frac{1}{4!}+\frac{1}{5!}+\cdots$的和为____________.

7. 设级数 $\sum_{n=1}^{\infty} u_n$ 收敛,其和为 S,又 a 为不等于零的常数,则 $\sum_{n=1}^{\infty} au_n =$ ____________.

8. 设级数 $\sum_{n=1}^{\infty}(1-u_n)$ 收敛,则 $\lim_{n\to\infty} u_n =$ ____________.

9. 幂级数 $\sum_{n=1}^{\infty}\frac{x^n}{2^n}$ 的收敛域是____________.

三、解答题

10. 判别下列级数的敛散性.

(1) $\sum_{n=1}^{\infty}\sin\frac{1}{n^2}$;　(2) $\sum_{n=1}^{\infty}\ln\left(1+\frac{1}{n}\right)$;　(3) $\sum_{n=1}^{\infty}\frac{n!}{n^n}$;　(4) $\sum_{n=1}^{\infty}\left(\frac{2n+1}{3n-2}\right)^{2n}$.

11. 判别下列级数是绝对收敛,条件收敛,还是发散?

(1) $\sum_{n=1}^{\infty}(-1)^{n-1}\frac{n^2}{3^n}$;　(2) $\sum_{n=1}^{\infty}\frac{n^2\cos n}{3^n}$.

12. 证明级数 $\sum_{n=1}^{\infty}\frac{1}{\sqrt{n(n+1)}}$ 是发散的.

13. 求幂级数 $\sum_{n=0}^{\infty}\frac{(x-1)^n}{\sqrt{n+1}}$ 的收敛域.

14. 求幂级数 $\sum_{n=1}^{\infty}\frac{(x-1)^n}{2^n n}$ 的收敛域.

15. 求幂级数 $\sum_{n=1}^{\infty}\frac{x^{n+1}}{n}$ 的和函数.

16. 求幂级数 $\sum_{n=1}^{\infty} nx^{n-1}$ 的和函数.

17. 求幂级数 $\sum_{n=1}^{\infty} nx^n$ 的和函数.

18. 将函数 $f(x)=\frac{1}{x}$展开成 $x-3$ 的幂级数.

19. 将函数 $f(x)=\frac{1}{x^2+4x+3}$展开成 $x-1$ 的幂级数.

第 5 章　二元函数的微分与积分

我们在前边讨论的函数只含有一个自变量，这种函数叫做一元函数，一元微积分是研究一元函数的导数(或微分)与积分的. 人们在生产和社会实践中仅仅掌握一元函数的微积分往往是不够的，很多时候需要研究含有多个自变量的函数的相关性质，这就是多元微积分.

5.1　多元函数的基本概念

5.1.1　多元函数的概念

先看几个例子.

例 1　直角三角形的面积 A 与它的两个直角边的长 a，b 之间具有如下关系：

$$A = \frac{1}{2}ab,$$

其中，当 a，b 在集合 $\{(a, b) \mid a \geqslant 0, b \geqslant 0\}$ 内取定一对数值时，A 的值也随之被确定.

例 2　根据牛顿万有引力定律，质量分别为 m_1，m_2 的两个物体间万有引力的大小为

$$f = \frac{\mathrm{G}m_1 m_2}{r^2},$$

其中，r 为两个质点间的距离，G 为万有引力常数. 当 m_1，m_2，r 在集合

$$\{(m_1, m_2, r) \mid m_1 \geqslant 0, m_2 \geqslant 0, r \geqslant 0\}$$

内取定一组数值时，f 的值也随之被确定.

例 3　某公司生产某种商品的单位变动成本为

$$C = ax + by + cz,$$

其中，a，b，c 为生产该商品所需的三种原料的数量，为常数，x，y，z 分别为这三种原料的市场价格，是变量. 当 x，y，z 取定时，C 的值也随之被确定.

由上面的例子我们不难看出，在生产和社会实践活动中，常常会遇到含有多个自变量的函数关系，也就是多元函数.

定义 5.1　设有三个变量 x，y，z，D 是平面上的一个非空集合，如果变量 x，y 在 D 内任取一对数值，变量 z 按照确定的法则 f 有唯一确定的值与之对应，则称对应法则 f 为定义在 D 上的函数关系，简称函数，记为

$$z = f(x, y),\ (x, y) \in D.$$

其中，x，y 都是**自变量**，z 是**因变量**，D 为函数 f 的**定义域**.

由于上述定义中的函数有两个自变量，习惯上称之为**二元函数**，类似地，可定义三元函

数 $u=f(x,\ y,\ z)$ 和 n 元函数 $u=f(x_1,\ x_2,\ \cdots,\ x_n)$. 二元及二元以上的函数统称为**多元函数**.

我们知道,一般而言,一元函数 $y=f(x)$ 可以用 xOy 坐标平面上的一条曲线来表示,称其为函数 $y=f(x)$ 的图形. 同样道理,一般而言,二元函数 $z=f(x,\ y)$ 可用三维空间中的一张曲面来表示,称其为函数 $z=f(x,\ y)$ 的图形. 例如,函数 $z=x^2+y^2$ 的图形如图 5-1 所示,它是一个旋转抛物面,函数 $z=\sqrt{a^2-x^2-y^2}\quad(a>0)$ 的图形如图 5-2 所示,它是上半球面.

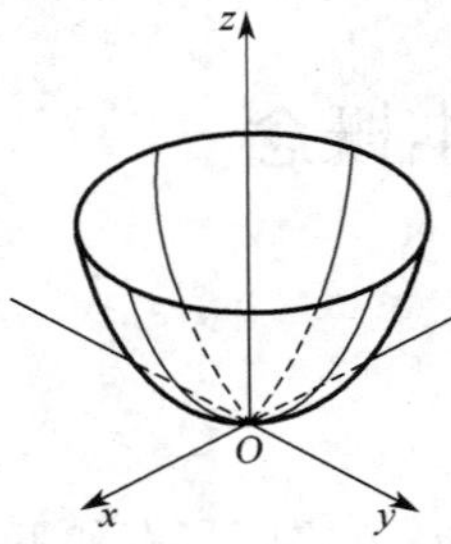

图 5-1

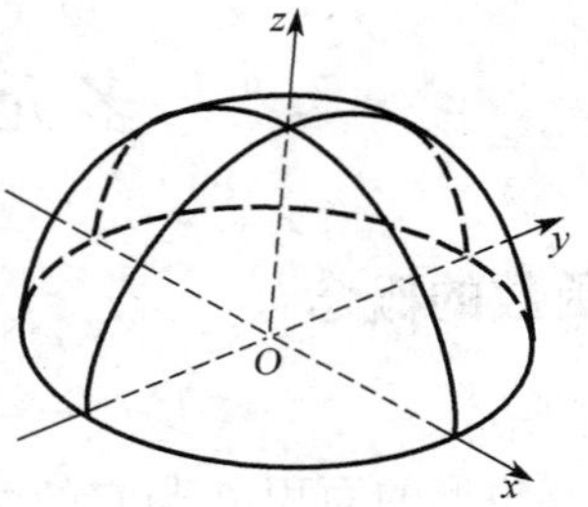

图 5-2

需要指出的是,三元及三元以上的函数没有几何表示.

例 4 求二元函数 $z=\sqrt{1-x^2+y^2}$ 的定义域.

解 该函数的定义域为 $D=\{(x,\ y)\mid x^2-y^2\leqslant 1\}$. 它是平面上的一个闭圆域(包括边界),俗称单位闭圆域,如图 5-3 所示.

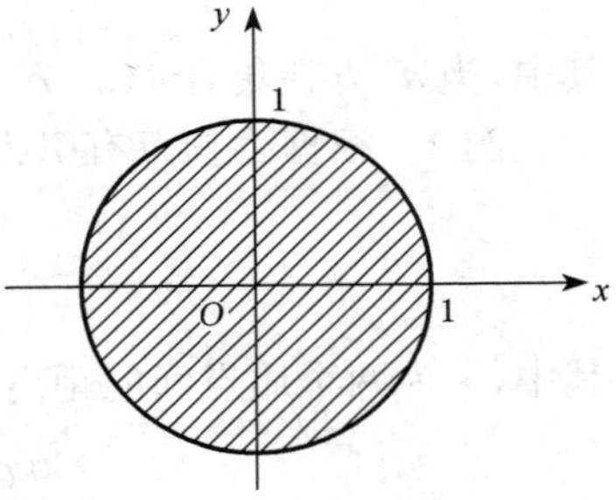

图 5-3

注 当多元函数有实际意义时,函数的定义域应为使函数有实际意义的自变量的全体(如上面的例 1、2、3). 对一般的多元函数,只需考虑使函数的表达式成立的自变量的范围(如本例).

例 5 求二元函数 $z=\ln(x+y+1)$ 的定义域.

解 该函数的定义域为 $D=\{(x,\ y)\mid x+y>-1\}$. 它是平面上位于直线 $x+y+1=0$ 上方的半平面区域(不含边界),如图 5-4 所示.

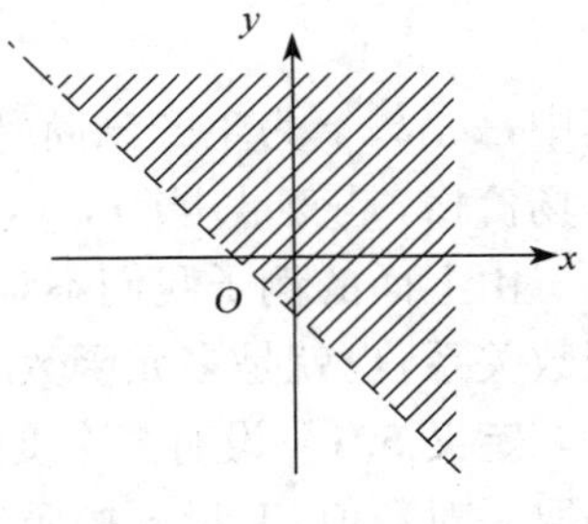

图 5-4

例 6 求三元函数 $u=\dfrac{1}{\sqrt{1-x^2-y^2-z^2}}$ 的定义域.

解 该函数的定义域为 $D=\{(x,\ y,\ z)\mid x^2+y^2+z^2<1\}$, 它是空间中的单位球域(不含边界).

5.1.2 多元函数的极限

和一元函数的情形一样,需要讨论多元函数的极限、连续等性质. 为方便起见,仅讨论二元函数的有关性质,一般的多元函数的性质类比可得.

当平面上动点 $P(x,\ y)$ 无限趋近于定点 $P_0(x_0,\ y_0)$, 即这两点间的距离

$$\rho=\sqrt{(x-x_0)^2+(y-y_0)^2}$$

趋于零时，记为

$$\rho\to 0,\ 或\ x\to x_0,\ y\to y_0,\ 或(x,\ y)\to(x_0,\ y_0),\ 或\begin{matrix}x\to x_0,\\ y\to y_0.\end{matrix}$$

定义 5.2 设二元函数 $f(x, y)$ 在区域 D 内有定义，点 $P_0(x_0, y_0)\in D$. 若对于任意的点 $P(x, y)\in D$，当 $\rho=\sqrt{(x-x_0)^2+(y-y_0)^2}\to 0$ 时，函数值 $f(x, y)$ 无限接近于某个确定的常数 A，则称当 $x\to x_0$，$y\to y_0$ 时，二元函数 $f(x, y)$ 的极限存在，且极限为 A，记为

$$\lim_{\substack{x\to x_0\\ y\to y_0}} f(x,\ y)=A,\ 或\lim_{P\to P_0} f(P)=A,\ 或\ f(x,\ y)\to A\ (\rho\to 0).$$

例 7 $\lim\limits_{\substack{x\to 1\\ y\to 2}}(2x+3y)=2\times 1+3\times 2=8.$

例 8 $\lim\limits_{\substack{x\to 0\\ y\to 0}}\dfrac{\sqrt{xy^2+1}-1}{xy^2}=\lim\limits_{\substack{x\to 0\\ y\to 0}}\dfrac{xy^2}{xy^2\sqrt{xy^2+1}+1}=\lim\limits_{\substack{x\to 0\\ y\to 0}}\dfrac{1}{\sqrt{xy^2+1}+1}=\dfrac{1}{2}.$

例 9 $\lim\limits_{\substack{x\to 0\\ y\to 4}}\dfrac{\sin xy}{x}=\lim\limits_{\substack{x\to 0\\ y\to 4}}\dfrac{\sin xy}{xy}y=1\times 4=4.$

例 10 $\lim\limits_{\substack{x\to 0\\ y\to 2}}(1+xy)^{\frac{1}{x}}=\lim\limits_{\substack{x\to 0\\ y\to 2}}[(1+xy)^{\frac{1}{xy}}]^y=e^2.$

5.1.3 多元函数的连续

函数的极限与函数值是两个完全不同的概念，当极限值等于函数值时，就产生了连续的概念.

定义 5.3 设二元函数 $f(x, y)$ 在点 $P_0(x_0, y_0)$ 的某个邻域内有定义，如果

$$\lim_{\substack{x\to x_0\\ y\to y_0}} f(x,\ y)=f(x_0,\ y_0),$$

则称函数 $f(x, y)$ 在点 $P_0(x_0, y_0)$ 处连续，点 $P_0(x_0, y_0)$ 称为函数 $f(x, y)$ 的连续点；否则，称函数 $f(x, y)$ 在点 $P_0(x_0, y_0)$ 处不连续，此时，点 $P_0(x_0, y_0)$ 称为函数 $f(x, y)$ 的间断点.

若二元函数 $f(x, y)$ 在区域 D 内的每一点都连续，则称 $f(x, y)$ 为区域 D 上的连续函数. 其图象为一连绵不断无缝隙的曲面.

当 $\lim\limits_{\substack{x\to x_0\\ y\to y_0}} f(x, y)$ 存在，但 $f(x_0, y_0)$ 无定义或 $\lim\limits_{\substack{x\to x_0\\ y\to y_0}} f(x, y)\neq f(x_0, y_0)$ 时，称 $P_0(x_0, y_0)$ 为 $f(x, y)$ 的**可去间断点**；当 $\lim\limits_{\substack{x\to x_0\\ y\to y_0}} f(x, y)$ 不存在时，称 $P_0(x_0, y_0)$ 为 $f(x, y)$ 的一般间断点.

与一元函数的情形类似，二元函数有以下几个与连续有关的性质：

(1) 两个连续的二元函数的和、差、积、商(分母不为零)仍为连续函数；

(2) 若二元函数 $f(x, y)$ 在有界闭区域 D 上连续，则 $f(x, y)$ 在 D 上有界；

(3) 若二元函数 $f(x, y)$ 在有界闭区域 D 上连续,则 $f(x, y)$ 在 D 上必有最大值和最小值;

(4) 若二元函数 $f(x, y)$ 在有界闭区域 D 上连续,则对介于 $f(x, y)$ 的最大值 M 和最小值 m 之间的任何常数 C, 至少存在一点 $(\xi, \eta) \in D$, 使得

$$f(\xi, \eta) = C.$$

习题 5.1

1. 设 $f(x, y) = \dfrac{xy}{x^2 + y^2}$, 求 $f(1, 1)$, $f(0, 2)$, $f\left(\dfrac{y}{x}, 1\right)$.

2. 设 $f(x, y) = x^2 + y^2 + xy\tan\dfrac{y}{x}$, 求 $f(tx, ty)$.

3. 求下列函数的定义域,并画出其图形.

(1) $z = \ln(x - \sqrt{y})$;

(2) $z = \arccos(x^2 - y)$;

(3) $z = \sqrt{xy}$;

(4) $z = \sqrt{x^2 + y^2 - 1} + \dfrac{3}{\sqrt{4 - x^2 - y^2}}$;

(5) $u = \dfrac{z}{\sqrt{x^2 + y^2 - 1}} + \sqrt{4 - x^2 - y^2}$.

4. 求下列函数极限.

(1) $\lim\limits_{\substack{x \to 0 \\ y \to \frac{\pi}{2}}} \sin(x + y)$;

(2) $\lim\limits_{\substack{x \to 0 \\ y \to 0}} \dfrac{x^2 y}{x^2 + y^2}$;

(3) $\lim\limits_{\substack{x \to 0 \\ y \to 0}} (x + y)\sin\dfrac{1}{x^2 + y^2}$;

(4) $\lim\limits_{\substack{x \to 0 \\ y \to 0}} \dfrac{\sqrt[3]{1 + xy} - 1}{xy}$.

5. 求函数 $f(x, y) = \begin{cases} \dfrac{\sin xy}{y}, & y \neq 0, \\ 0, & y = 0 \end{cases}$ 在下列点处是否连续?

(1) 原点; (2)(1, 1); (3)(1, 0); (4)(0, 1).

5.2 二元函数的偏导数与全微分

5.2.1 偏导数

由于二元函数 $z = f(x, y)$ 有两个自变量,因此笼统地谈二元函数的导数是没有意义的. 但若将其中一个自变量取为常数(例如 $y = y_0$), 即得一元函数 $z = f(x, y_0)$, 这时候是可以求导数的,这个导数被称为偏导数.

定义 5.4 设二元函数 $z = f(x, y)$ 在点 (x_0, y_0) 的某邻域内有定义,记

$$\Delta z_x = f(x_0 + \Delta x, y_0) - f(x_0, y_0), \ \Delta z_y = f(x_0, y_0 + \Delta y) - f(x_0, y_0),$$

如果极限

$$\lim_{\Delta x \to 0} \frac{\Delta z_x}{\Delta x} = \lim_{\Delta x \to 0} \frac{f(x_0 + \Delta x, y_0) - f(x_0, y_0)}{\Delta x}$$

$$\left(\text{或}\lim_{\Delta y\to 0}\frac{\Delta z_y}{\Delta y}=\lim_{\Delta y\to 0}\frac{f(x_0,\ y_0+\Delta y)-f(x_0,\ y_0)}{\Delta y}\right)$$

存在,则称此极限为函数 $f(x,\ y)$ 在点 $(x_0,\ y_0)$ 处关于 x (或 y) 的**偏导数**,记为

$$f'_x(x_0,\ y_0),\ \left.\frac{\partial z}{\partial x}\right|_{(x_0,\ y_0)},\ \left.\frac{\partial f(x,\ y)}{\partial x}\right|_{(x_0,\ y_0)},\ z'_x|_{(x_0,\ y_0)}$$

$$\left(f'_y(x_0,\ y_0),\ \left.\frac{\partial z}{\partial y}\right|_{(x_0,\ y_0)},\ \left.\frac{\partial f(x,\ y)}{\partial y}\right|_{(x_0,\ y_0)},\ z'_y|_{(x_0,\ y_0)}\right).$$

类似地,可以定义二元以上多元函数的偏导数.

设函数 $z=f(x,\ y)$ 在区域 D 内任何一点 $(x,\ y)$ 处的偏导数都存在,则称函数 $f(x,\ y)$ 在区域 D 内有对 x (或 y) 的**偏导函数**,简称为**偏导数**,记为

$$f'_x(x,\ y),\ \frac{\partial z}{\partial x},\ \frac{\partial f(x,\ y)}{\partial x},\ z'_x,$$

或

$$f'_y(x,\ y),\ \frac{\partial z}{\partial y},\ \frac{\partial f(x,\ y)}{\partial y},\ z'_y.$$

由上述定义不难看出,对二元函数的某一自变量求偏导数时,须把另一变量看做常数,仅对该自变量按一元函数的求导方法求导即可.这一方法也适用于二元以上函数求偏导数的情形.

例 1 求函数 $z=x^2y^2-3xy^3+y^4$ 在点 $(1,\ 1)$ 处的两个偏导数.

解 $\dfrac{\partial z}{\partial x}=2xy^2-3y^3$,$\dfrac{\partial z}{\partial y}=2x^2y-9xy^2+4y^3$,故

$$\left.\frac{\partial z}{\partial x}\right|_{(1,\ 1)}=2\times 1\times 1^2-3\times 1^3=-1,\ \left.\frac{\partial z}{\partial y}\right|_{(1,\ 1)}=2-9+4=-3$$

例 2 求函数 $u=x^y+y^z\ \ (x>1,\ y>1,\ z>1)$ 的偏导数.

解 $\dfrac{\partial u}{\partial x}=yx^{y-1}$,$\dfrac{\partial u}{\partial y}=x^y\ln x+zy^{z-1}$,$\dfrac{\partial u}{\partial z}=y^z\ln y$.

例 3 求函数 $r=\sqrt{x^2+y^2+z^2}$ 的偏导数.

解 $\dfrac{\partial r}{\partial x}=\dfrac{x}{\sqrt{x^2+y^2+z^2}}=\dfrac{x}{r}$,同理,$\dfrac{\partial r}{\partial y}=\dfrac{y}{r}$,$\dfrac{\partial r}{\partial z}=\dfrac{z}{r}$.

5.2.2 高阶偏导数

由于二元函数 $z=f(x,\ y)$ 的偏导数 $f'_x(x,\ y)$ 与 $f'_y(x,\ y)$ 仍然是自变量 $x,\ y$ 的函数,若 $f'_x(x,\ y)$ 与 $f'_y(x,\ y)$ 的偏导数存在,则称它们为函数 $z=f(x,\ y)$ 的**二阶偏导数**,记为

$$\frac{\partial^2 z}{\partial x^2}=\frac{\partial}{\partial x}\left(\frac{\partial z}{\partial x}\right)=f''_{xx}(x,\ y);$$

$$\frac{\partial^2 z}{\partial x \partial y} = \frac{\partial}{\partial y}\left(\frac{\partial z}{\partial x}\right) = f''_{xy}(x, y);$$

$$\frac{\partial^2 z}{\partial y \partial x} = \frac{\partial}{\partial x}\left(\frac{\partial z}{\partial y}\right) = f''_{yx}(x, y);$$

$$\frac{\partial^2 z}{\partial y^2} = \frac{\partial}{\partial y}\left(\frac{\partial z}{\partial y}\right) = f''_{yy}(x, y).$$

其中，$\frac{\partial^2 z}{\partial x \partial y}$ 和 $\frac{\partial^2 z}{\partial y \partial x}$ 称为函数 $z = f(x, y)$ 关于 x，y 的**混合偏导数**.

类似地，可以定义更高阶的偏导数.

例 4 求函数 $z = x^3 + 3x^2 y - y^3$ 的二阶偏导数.

解 $\frac{\partial z}{\partial x} = 3x^2 + 6xy$，$\frac{\partial z}{\partial y} = 3x^2 - 3y^2$.

$\frac{\partial^2 z}{\partial x^2} = 6x + 6y$，$\frac{\partial^2 z}{\partial x \partial y} = 6x$，$\frac{\partial^2 z}{\partial y \partial x} = 6x$，$\frac{\partial^2 z}{\partial y^2} = -6y$.

例 5 函数 $z = x^2 y e^y$ 的二阶偏导数.

解 $\frac{\partial z}{\partial x} = 2xye^y$，$\frac{\partial z}{\partial y} = x^2(1 + y)e^y$.

$\frac{\partial^2 z}{\partial x^2} = 2ye^y$，$\frac{\partial^2 z}{\partial x \partial y} = 2x(1 + y)e^y$，$\frac{\partial^2 z}{\partial y \partial x} = 2x(1 + y)e^y$，$\frac{\partial^2 z}{\partial y^2} = x^2(2 + y)e^y$.

在上面的两个例子中，所得到的两个混合偏导数都是相等的，这个结果不是偶然的，因为有如下定理：

定理 5.1（证明过程从略） 如果二元函数 $z = f(x, y)$ 的两个混合偏导数在点 (x, y) 处连续，则它们一定相等，即

$$\frac{\partial^2 z}{\partial x \partial y} = \frac{\partial^2 z}{\partial y \partial x}.$$

定理表明，当二阶混合偏导数连续时，求偏导数的顺序与结果无关.

5.2.3 全微分

1. 全微分的定义

定义 5.5 设二元函数 $z = f(x, y)$ 在点 (x, y) 的某个邻域内有定义，若函数在该点的增量

$$\Delta z = f(x + \Delta x, y + \Delta y) - f(x, y)$$

可表示为

$$\Delta z = A\Delta x + B\Delta y + o(\rho), \tag{5.2.1}$$

其中，A，B 为仅与 x，y 有关，而与 Δx，Δy 无关的常数，$\rho = \sqrt{\Delta x^2 + \Delta y^2}$，$o(\rho)$ 表示 ρ 的高阶无穷小，则称函数 $z = f(x, y)$ 在点 (x, y) 处可微，并称式(5.2.1)中的线性主部

$$\mathrm{d}z = A\Delta x + B\Delta y$$

为函数 $z = f(x, y)$ 在点 (x, y) 处的**全微分**.

注　式(5.2.1)也可表为

$$\Delta z = A\Delta x + B\Delta y + \alpha\Delta x + \beta\Delta y,$$

其中,α, β 满足:当 $\rho \to 0$ 时,$\alpha \to 0$, $\beta \to 0$. 事实上,当 $\alpha \to 0$, $\beta \to 0$, 有

$$\left|\frac{\alpha\Delta x + \beta\Delta y}{\rho}\right| \leqslant |\alpha| + |\beta| \to 0,$$

即 $\alpha\Delta x + \beta\Delta y = o(\rho)$.

由上面的定义,有

$$\Delta z = \mathrm{d}z + o(\rho) \quad (\rho \to 0).$$

因此,当 ρ 很小时,有 $\Delta z \approx \mathrm{d}z$. 这是**二元函数的近似计算公式**.

2. 可微的条件

利用可微的定义可以得出下列定理.

定理 5.2(可微的必要条件)　设函数 $z = f(x, y)$ 在点 (x, y) 处可微,则函数 $z = f(x, y)$ 在该点处的两个偏导数都存在,且

$$A = \frac{\partial z}{\partial x},\ B = \frac{\partial z}{\partial y}.$$

证明　由于函数 $z = f(x, y)$ 在点 (x, y) 处可微,故

$$\Delta z = A\Delta x + B\Delta y + o(\rho),$$

特别地,当 $\Delta y = 0$ 时,有

$$f(x + \Delta x, y) - f(x, y) = A\Delta x + o(\Delta x),$$

$$\frac{f(x + \Delta x, y) - f(x, y)}{\Delta x} = A + o(1),$$

于是,$A = \lim\limits_{\Delta x \to 0} \dfrac{f(x + \Delta x, y) - f(x, y)}{\Delta x} = \dfrac{\partial z}{\partial x}$. 同理可证 $B = \dfrac{\partial z}{\partial y}$.

根据定理 5.2,有 $\mathrm{d}z = \dfrac{\partial z}{\partial x}\Delta x + \dfrac{\partial z}{\partial y}\Delta y$, 注意到 x, y 都是自变量,从而 $\mathrm{d}x = \Delta x$, $\mathrm{d}y = \Delta y$, 故

$$\mathrm{d}z = \frac{\partial z}{\partial x}\mathrm{d}x + \frac{\partial z}{\partial y}\mathrm{d}y. \tag{5.2.2}$$

定理 5.3(可微的必要条件)　设函数 $z = f(x, y)$ 在点 (x, y) 处可微,则函数 $z = f(x, y)$ 在该点处连续.(证明过程略)

定理 5.4(可微的充分条件)　设函数 $z = f(x, y)$ 在点 (x, y) 处的两个偏导数都存在并且连续,则函数 $z = f(x, y)$ 在该点处可微.(证明过程略)

需要指出的是，上述的 3 个定理的逆都是不真的. 此外，以上几个定理的结论都可以推广到三元及三元以上函数.

例 6 求函数 $z = xy + x^4y^3$ 的全微分.

解 $\dfrac{\partial z}{\partial x} = y + 4x^3y^3$，$\dfrac{\partial z}{\partial y} = x + 3x^4y^2$，故

$$dz = \frac{\partial z}{\partial x}dx + \frac{\partial z}{\partial x}dy = (y + 4x^3y^3)dx + (x + 3x^4y^2)dy.$$

例 7 求函数 $z = \sqrt{x^2 + y^2}$ 在点 (1, 2) 处的全微分.

解 $\left.\dfrac{\partial z}{\partial x}\right|_{(1,\,2)} = \left.\dfrac{x}{\sqrt{x^2 + y^2}}\right|_{(1,\,2)} = \dfrac{1}{\sqrt{5}}$，$\left.\dfrac{\partial z}{\partial y}\right|_{(1,\,2)} = \left.\dfrac{y}{\sqrt{x^2 + y^2}}\right|_{(1,\,2)} = \dfrac{2}{\sqrt{5}}$，故

$$dz = \frac{\partial z}{\partial x}dx + \frac{\partial z}{\partial y}dy = \frac{1}{\sqrt{5}}(dx + 2dy).$$

例 8 某种型号的挖掘机的圆柱形立柱受压时发生形变，半径从 20 cm 增加到 20.05 cm，高度从 100 cm 减少到 99.8 cm，求此立柱体积变化的近似值.

解 设立柱的半径、高和体积依次为 r，h，V，则

$$V = \pi r^2 h.$$

由题意，r，h 的改变量分别为 $\Delta r = 0.05$ cm，$\Delta h = -0.2$ cm，因 $\dfrac{\partial V}{\partial r} = 2\pi rh$，$\dfrac{\partial V}{\partial h} = \pi r^2$，于是立柱体积 V 的改变量

$$\Delta V \approx dV = \frac{\partial V}{\partial r}dr + \frac{\partial V}{\partial h}dh = \pi r(2h dr + r dh) = \pi r(2h\Delta r + r\Delta h).$$

将 $r = 20$，$h = 100$，$\Delta r = 0.05$，$\Delta h = -0.2$ 代入上式，得

$$\Delta V \approx \pi \times 20[2 \times 100 \times 0.05 + 20 \times (-0.2)] = 120\pi \approx 377.$$

即立柱的体积增加了约 377 cm^3.

例 9 设 $u = \sqrt{x^2 + y^2 + z^2}$，求全微分.

解 $du = \dfrac{\partial u}{\partial x}dx + \dfrac{\partial u}{\partial y}dy + \dfrac{\partial u}{\partial z}dz = \dfrac{x dx + y dy + z dz}{\sqrt{x^2 + y^2 + z^2}}$.

习题 5.2

1. 求下列函数的偏导数.

(1) $z = x^3y^2 - x^2y^3 + y^5$；　(2) $z = \dfrac{x}{y}e^{x^2+y^2}$；　(3) $z = \ln(x^2 + y^2)$；

(4) $z = \dfrac{x(e^{x+y} + e^x)}{y^2}$；　(5) $z = \ln\dfrac{y}{x}$；　(6) $z = (x^2 + y^2)\ln(x + y)$；

(7) $u = \sin\dfrac{z}{x^2 - y^2}$；　(8) $u = x\arctan(xy + z^2)$；

(9) $u=\dfrac{z}{x^2+y^2}$；　　(10) $u=\displaystyle\int_z^{xy}\cos t\mathrm{d}t$.

2. 求下列函数的二阶导数.

(1) $z=\dfrac{y}{x}+\mathrm{e}^{\frac{y}{x}}$；　　(2) $z=x\sin\dfrac{y}{x}$；

(3) $z=\mathrm{e}^x\cos y$；　　(4) $z=\ln(2x^3+3y^2)$.

3. 求下列函数的全微分.

(1) $z=\ln(1+x^2+y^2)$；　　(2) $z=\dfrac{x}{\sqrt{x^2+y^2}}$；

(3) $z=\mathrm{e}^{\frac{y}{x}}$；　　(4) $u=z^{xy}$.

4. 求函数 $z=\mathrm{e}^{xy}$ 在 $x=2$，$y=1$，$\Delta x=0.1$，$\Delta y=0.2$ 时的全微分.

5. 利用全微分计算 $\sqrt{1.02^2+1.98^2}$ 的近似值.

6. 已知一圆柱形的无盖容器壁和底厚分别为 0.1 cm 和 0.2 cm，容器内高 20 cm，内半径10 cm，求该容器外壳体积的近似值.

5.3 复合函数的微分法

本节的主要任务是讨论二元复合函数以及隐函数的偏导数的求法.

5.3.1 二元复合函数的微分法

定理 5.5 设 $x=x(t)$，$y=y(t)$ 在点 t 处可导，$z=f(x,y)$ 在点 $(x,y)=(x(t),y(t))$ 处可微，则复合函数 $z=f[x(t),y(t)]$ 在点 t 处可导，且

$$\frac{\mathrm{d}z}{\mathrm{d}t}=\frac{\partial z}{\partial x}\frac{\mathrm{d}x}{\mathrm{d}t}+\frac{\partial z}{\partial y}\frac{\mathrm{d}y}{\mathrm{d}t}. \tag{5.3.1}$$

证明 由于函数 $z=f(x,y)$ 在点 (x,y) 处可微，故

$$\Delta z=\frac{\partial z}{\partial x}\Delta x+\frac{\partial z}{\partial y}\Delta y+\alpha\Delta x+\beta\Delta y,$$

其中，α，β 满足：当 $\rho\to 0$ 时，$\alpha\to 0$，$\beta\to 0$. 用 Δt 去除上式两端，得

$$\frac{\Delta z}{\Delta t}=\frac{\partial z}{\partial x}\frac{\Delta x}{\Delta t}+\frac{\partial z}{\partial y}\frac{\Delta y}{\Delta t}+\alpha\frac{\Delta x}{\Delta t}+\beta\frac{\Delta y}{\Delta t},$$

令 $\Delta t\to 0$（注意到此时 $\rho\to 0$），得

$$\frac{\mathrm{d}z}{\mathrm{d}t}=\frac{\partial z}{\partial x}\frac{\mathrm{d}x}{\mathrm{d}t}+\frac{\partial z}{\partial y}\frac{\mathrm{d}y}{\mathrm{d}t}.$$

定理 5.6 设 $u=u(x,y)$，$v=v(x,y)$ 在点 (x,y) 处的两个偏导数存在，$z=f(u,v)$ 在点 $(u,v)=(u(x,y),v(x,y))$ 处可微，则复合函数 $z=f[u(x,y),v(x,y)]$ 在点 (x,y) 处可导，且

$$\frac{\partial z}{\partial x}=\frac{\partial z}{\partial u}\frac{\partial u}{\partial x}+\frac{\partial z}{\partial v}\frac{\partial v}{\partial x},$$

$$\frac{\partial z}{\partial y}=\frac{\partial z}{\partial u}\frac{\partial u}{\partial y}+\frac{\partial z}{\partial v}\frac{\partial v}{\partial y}.$$

证明的方法与定理 5.5 相同,此处略去.

在下面的例题以及课后习题中,总假定所给函数有连续的偏导数.

例 1 求函数 $x^{\sin x}$ 的导数.

解 设 $z=u^v$, $u=x$, $v=\sin x$, 则

$$\begin{aligned}(x^{\sin x})'&=\frac{\mathrm{d}z}{\mathrm{d}x}=\frac{\partial z}{\partial u}\frac{\mathrm{d}u}{\mathrm{d}x}+\frac{\partial z}{\partial v}\frac{\mathrm{d}v}{\mathrm{d}x}=vu^{v-1}\times 1+u^v\ln u\cdot\cos x\\&=\sin x\times x^{\sin x-1}+x^{\sin x}\ln x\cdot\cos x.\end{aligned}$$

注 本例也可以应用一元函数中的对数求导法或指数求导法.

例 2 设 $y=f(x^2,\mathrm{e}^x)$, 求 y'.

解 设 $u=x^2$, $v=\mathrm{e}^x$, 则

$$y'=\frac{\partial y}{\partial u}\frac{\mathrm{d}u}{\mathrm{d}x}+\frac{\partial y}{\partial v}\frac{\mathrm{d}v}{\mathrm{d}x}=2xf_1+\mathrm{e}^xf_2.$$

这里的 f_1, f_2 分别表示函数 f 对第一、二个中间变量的偏导数.

例 3 设 $z=\mathrm{e}^{xy}\cos(x+y)$, 求 $\frac{\partial z}{\partial x}$, $\frac{\partial z}{\partial y}$.

解 设 $u=xy$, $v=x+y$, 则 $z=\mathrm{e}^u\cos v$, 有

$$\begin{aligned}\frac{\partial z}{\partial x}&=\frac{\partial z}{\partial u}\frac{\partial u}{\partial x}+\frac{\partial z}{\partial v}\frac{\partial v}{\partial x}=\mathrm{e}^u\cos v\cdot y+\mathrm{e}^u[-\sin(x+y)]\times 1\\&=y\mathrm{e}^{xy}\cos(x+y)-\mathrm{e}^{xy}\sin(x+y)\\&=\mathrm{e}^{xy}[y\cos(x+y)-\sin(x+y)];\end{aligned}$$

$$\begin{aligned}\frac{\partial z}{\partial y}&=\frac{\partial z}{\partial u}\frac{\partial u}{\partial y}+\frac{\partial z}{\partial v}\frac{\partial v}{\partial y}=\mathrm{e}^u\cos v\cdot x+\mathrm{e}^u[-\sin(x+y)]\times 1\\&=x\mathrm{e}^{xy}\cos(x+y)-\mathrm{e}^{xy}\sin(x+y)\\&=\mathrm{e}^{xy}[x\cos(x+y)-\sin(x+y)].\end{aligned}$$

例 4 设 $z=f(x^2+y^2,xy)$, 求 $\frac{\partial z}{\partial x}$, $\frac{\partial z}{\partial y}$.

解 记 $u=x^2+y^2$, $v=xy$, 则

$$\frac{\partial z}{\partial x}=\frac{\partial z}{\partial u}\frac{\partial u}{\partial x}+\frac{\partial z}{\partial v}\frac{\partial v}{\partial x}=2xf_1+yf_2;$$

$$\frac{\partial z}{\partial y}=\frac{\partial z}{\partial u}\frac{\partial u}{\partial y}+\frac{\partial z}{\partial v}\frac{\partial v}{\partial y}=2yf_1+xf_2.$$

这里的 f_1, f_2 分别表示函数 f 对第一、二个中间变量的偏导数.

以上求复合函数偏导数的公式可以推广到三元及三元以上的函数.

例 5 求 $u=f(x, xy, xyz)$ 的一阶偏导数.

解 设 $s=x,\ t=xy,\ w=xyz$，则

$$\frac{\partial u}{\partial x}=\frac{\partial u}{\partial s}\frac{\partial s}{\partial x}+\frac{\partial u}{\partial t}\frac{\partial t}{\partial x}+\frac{\partial u}{\partial w}\frac{\partial w}{\partial x}=f_1+yf_2+yzf_3;$$

$$\frac{\partial u}{\partial y}=\frac{\partial u}{\partial s}\frac{\partial s}{\partial y}+\frac{\partial u}{\partial t}\frac{\partial t}{\partial y}+\frac{\partial u}{\partial w}\frac{\partial w}{\partial y}=xf_2+xzf_3;$$

$$\frac{\partial u}{\partial z}=\frac{\partial u}{\partial s}\frac{\partial s}{\partial z}+\frac{\partial u}{\partial t}\frac{\partial t}{\partial z}+\frac{\partial u}{\partial w}\frac{\partial w}{\partial z}=xyf_3.$$

这里的 f_1，f_2，f_3 分别表示函数 f 对第一、二、三个中间变量的偏导数.

对复合函数的高阶偏导数，利用上面的公式同样可以计算.

例 6 设 $u=f(x+y+z, xyz)$，其中函数 f 具有二阶连续偏导数，求 $\dfrac{\partial^2 u}{\partial x^2}$，$\dfrac{\partial^2 u}{\partial x\partial y}$.

解 设 $s=x+y+z,\ t=xyz$，则

$$\frac{\partial u}{\partial x}=\frac{\partial u}{\partial s}\frac{\partial s}{\partial x}+\frac{\partial u}{\partial t}\frac{\partial t}{\partial x}=f_1+yzf_2,$$

这里的 f_1，f_2 分别表示函数 f 对第一、二个中间变量的偏导数.

对上式再求偏导数，得

$$\frac{\partial^2 u}{\partial x^2}=f_{11}+yzf_{12}+yz(f_{21}+yzf_{22})=f_{11}+2yzf_{12}+y^2z^2f_{22}.$$

$$\frac{\partial^2 u}{\partial x\partial y}=f_{11}+xzf_{12}+zf_2+yz(f_{21}+xzf_{22})=f_{11}+(xz+yz)f_{12}+zf_2+xyz^2f_{22}.$$

这里 f_{12} 表示函数 f 先对第一个中间变量，再对第二个中间变量的二阶偏导数，余类推. 注意到 f 具有二阶连续偏导数，故 $f_{12}=f_{21}$.

5.3.2 隐函数的偏导数

当函数 F 可微时，对由方程 $F(x, y)=0$ 所确定的隐函数 $y=y(x)$，可以求得它的导数；对由方程 $F(x, y, z)=0$ 所确定的隐函数 $z=z(x, y)$，也可以求得它的偏导数.

例 7 设函数 $y=y(x)$ 由方程 $\mathrm{e}^x-\mathrm{e}^y=xy$ 所确定，求 $\dfrac{\mathrm{d}y}{\mathrm{d}x}$.

解 方程两边对 x 求导，注意到 $y=y(x)$，得

$$\mathrm{e}^x-\mathrm{e}^y\frac{\mathrm{d}y}{\mathrm{d}x}=y+x\frac{\mathrm{d}y}{\mathrm{d}x},$$

这是一个关于 $\dfrac{\mathrm{d}y}{\mathrm{d}x}$ 的“一元一次方程”，解出 $\dfrac{\mathrm{d}y}{\mathrm{d}x}$，得

$$\frac{\mathrm{d}y}{\mathrm{d}x}=\frac{\mathrm{e}^x-y}{x+\mathrm{e}^y}.$$

例 8 设函数 $z=z(x, y)$ 由方程 $z^3+(x^2+y^2)z=3$ 所确定,求 $\frac{\partial z}{\partial x}, \frac{\partial z}{\partial y}$.

解 方程两边对 x 求导,注意到 $z=z(x, y)$,得

$$3z^2\frac{\partial z}{\partial x}+2xz+(x^2+y^2)\frac{\partial z}{\partial x}=0,$$

解出 $\frac{\partial z}{\partial x}$,得

$$\frac{\partial z}{\partial x}=-\frac{2xz}{x^2+y^2+3z^2};$$

所给方程两边再对 y 求导,注意到 $z=z(x, y)$,得

$$3z^2\frac{\partial z}{\partial y}+2yz+(x^2+y^2)\frac{\partial z}{\partial y}=0,$$

解出 $\frac{\partial z}{\partial y}$,得

$$\frac{\partial z}{\partial y}=-\frac{2yz}{x^2+y^2+3z^2}.$$

例 9 设 $z=\sin y+f(\sin x-\sin y)$,其中,$f$ 为可微函数,证明:

$$\frac{\partial z}{\partial x}\sec x+\frac{\partial z}{\partial y}\sec y=1.$$

证明 方程两边对 x 求导,得

$$\frac{\partial z}{\partial x}=f'(\sin x-\sin y)\cos x,$$

方程两边对 y 求导,得

$$\frac{\partial z}{\partial y}=\cos y-f'(\sin x-\sin y)\cos y,$$

于是,

$$\frac{\partial z}{\partial x}\sec x+\frac{\partial z}{\partial y}\sec y=1.$$

一般而言,一个方程可确定一个隐函数,由两个方程组成的方程组可确定两个隐函数.

例 10 设 $\begin{cases}xu-yv=0,\\ yu+xv=1,\end{cases}$ 且 $x^2+y^2\neq 0$,求 $\frac{\partial u}{\partial x}, \frac{\partial u}{\partial y}, \frac{\partial v}{\partial x}, \frac{\partial v}{\partial y}$.

解 将 x, y 看做自变量,u, v 看做因变量,方程组两边对 x 求偏导数,得

$$\begin{cases}u+x\frac{\partial u}{\partial x}-y\frac{\partial v}{\partial x}=0,\\ y\frac{\partial u}{\partial x}+v+x\frac{\partial v}{\partial x}=0,\end{cases}$$

这是一个关于 $\frac{\partial u}{\partial x}$, $\frac{\partial v}{\partial x}$ 的"二元一次方程组",解出 $\frac{\partial u}{\partial x}$, $\frac{\partial v}{\partial x}$, 得

$$\frac{\partial u}{\partial x}=-\frac{xu+yv}{x^2+y^2},\quad \frac{\partial v}{\partial x}=\frac{yu-xv}{x^2+y^2};$$

将方程组两边对 y 求偏导数,同理可得

$$\frac{\partial u}{\partial y}=\frac{xv-yu}{x^2+y^2},\quad \frac{\partial v}{\partial y}=-\frac{xu+yv}{x^2+y^2}.$$

例 11 设函数 $z=z(x, y)$ 由方程 $e^z-xyz=1$ 所确定,求 dz.

解 方程两边对 x 求导,得

$$e^z\frac{\partial z}{\partial x}-yz-xy\frac{\partial z}{\partial x}=0,\quad \frac{\partial z}{\partial x}=-\frac{yz}{xy-e^z},$$

所给方程两边再对 y 求导,得

$$e^z\frac{\partial z}{\partial y}-xz-xy\frac{\partial z}{\partial y}=0,\quad \frac{\partial z}{\partial y}=-\frac{xz}{xy-e^z},$$

故

$$dz=\frac{\partial z}{\partial x}dx+\frac{\partial z}{\partial y}dy=-\frac{yz\,dx+xz\,dy}{xy-e^z}.$$

5.3.3 复合函数的全微分及其不变性

若以 x 和 y 为自变量的二元函数 $z=f(x, y)$ 可微,则其全微分为

$$dz=\frac{\partial z}{\partial x}dx+\frac{\partial z}{\partial y}dy. \tag{5.3.2}$$

如果 x 和 y 作为中间变量,而 $x=x(s, t)$, $y=y(s, t)$ 是可微函数,则由复合函数的偏导数公式,有

$$\begin{aligned}dz&=\frac{\partial z}{\partial s}ds+\frac{\partial z}{\partial t}dt\\&=\left(\frac{\partial z}{\partial x}\frac{\partial x}{\partial s}+\frac{\partial z}{\partial y}\frac{\partial y}{\partial s}\right)ds+\left(\frac{\partial z}{\partial x}\frac{\partial x}{\partial t}+\frac{\partial z}{\partial y}\frac{\partial y}{\partial t}\right)dt\\&=\frac{\partial z}{\partial x}\left(\frac{\partial x}{\partial s}ds+\frac{\partial x}{\partial t}dt\right)+\frac{\partial z}{\partial y}\left(\frac{\partial y}{\partial s}ds+\frac{\partial y}{\partial t}dt\right),\end{aligned}$$

注意到 $dx=\frac{\partial x}{\partial s}ds+\frac{\partial x}{\partial t}dt$, $dy=\frac{\partial y}{\partial s}ds+\frac{\partial y}{\partial t}dt$, 这说明式(5.3.2)无论 x 和 y 为自变量还是中间变量都是成立的,这个性质被称为**一阶(全)微分形式的不变性**.

利用微分形式不变性,也可以计算函数的偏导数.

例 12 设 $z=e^{x+y}\cos(xy)$, 求 $\frac{\partial z}{\partial x}$, $\frac{\partial z}{\partial y}$.

解 令 $u=x+y,\ v=xy$，则 $z=\mathrm{e}^u\cos v$，

$$\begin{aligned}\mathrm{d}z&=\frac{\partial z}{\partial u}\mathrm{d}u+\frac{\partial z}{\partial v}\mathrm{d}v=\mathrm{e}^u\cos v\mathrm{d}u-\mathrm{e}^u\sin v\mathrm{d}v\\&=\mathrm{e}^u\cos v\left(\frac{\partial u}{\partial x}\mathrm{d}x+\frac{\partial u}{\partial y}\mathrm{d}y\right)-\mathrm{e}^u\sin v\left(\frac{\partial v}{\partial x}\mathrm{d}x+\frac{\partial v}{\partial y}\mathrm{d}y\right)\\&=\mathrm{e}^{x+y}\cos(xy)(\mathrm{d}x+\mathrm{d}y)-\mathrm{e}^{x+y}\sin(xy)(y\mathrm{d}x+x\mathrm{d}y)\\&=\mathrm{e}^{x+y}[\cos(xy)-y\sin(xy)]\mathrm{d}x+\mathrm{e}^{x+y}[\cos(xy)-x\sin(xy)]\mathrm{d}y,\end{aligned}$$

由微分形式不变性，得

$$\frac{\partial z}{\partial x}=\mathrm{e}^{x+y}[\cos(xy)-y\sin(xy)],$$

$$\frac{\partial z}{\partial y}=\mathrm{e}^{x+y}[\cos(xy)-x\sin(xy)].$$

习题 5.3

1. 求下列复合函数的导数或偏导数.

(1) 设 $z=\arctan(x+y),\ y=x^2$，求 $\dfrac{\mathrm{d}z}{\mathrm{d}x}$；

(2) 设 $z=(x^2+y^2)\mathrm{e}^{xy}$，求 $\dfrac{\partial z}{\partial x},\ \dfrac{\partial z}{\partial y}$；

(3) 设 $z=x^2+xy+y^2,\ x=t^2,\ y=\sin t$，求 $\dfrac{\mathrm{d}z}{\mathrm{d}t}$；

(4) 设 $u=f\left(\dfrac{x^2+y^2}{z}\right)\mathrm{e}^z$，求 $\dfrac{\partial u}{\partial x},\ \dfrac{\partial u}{\partial y},\ \dfrac{\partial u}{\partial z}$；

(5) 设 $u=f\left(xy,\ \dfrac{x}{y}\right)$，求 $\dfrac{\partial u}{\partial x},\ \dfrac{\partial u}{\partial y}$；

(6) 设 $u=f\left(\dfrac{x}{y},\ \dfrac{y}{z}\right)$，求 $\dfrac{\partial u}{\partial x},\ \dfrac{\partial u}{\partial y},\ \dfrac{\partial u}{\partial z}$.

2. 求由下列方程组所确定的函数的导数或偏导数.

(1) 设 $\begin{cases}z=\sqrt{x^2+y^2},\\x^2+y^2+z^2=1,\end{cases}$ 求 $\dfrac{\mathrm{d}y}{\mathrm{d}x},\ \dfrac{\mathrm{d}z}{\mathrm{d}x}$；

(2) 设 $\begin{cases}u=f(xu,\ y+v),\\v=g(u-x,\ vy),\end{cases}$ 其中 $f,\ g$ 具有连续的偏导数，求 $\dfrac{\partial u}{\partial x},\ \dfrac{\partial v}{\partial x}$.

3. 设 $z=f(u,\ x,\ y),\ u=x\mathrm{e}^y$，其中 f 具有连续的二阶偏导数，求 $\dfrac{\partial^2 z}{\partial x^2},\ \dfrac{\partial^2 z}{\partial x\partial y}$.

4. 设 $z=xy+xf(u),\ u=\dfrac{y}{x},\ f(u)$ 为可导函数，证明：

$$x\frac{\partial z}{\partial x}+y\frac{\partial z}{\partial y}=z+xy.$$

5.4　二元函数的极值与最值

在实际问题中，求函数的极大值或极小值(极大值与极小值统称极值)以及最大值或最

小值(最大值与最小值统称最值)是经常遇到的. 本节主要研究某些二元函数的极值与最值的求法.

5.4.1 二元函数的极值

先明确二元函数的极值的概念.

定义 5.6 设二元函数 $z=f(x, y)$ 在点 $P(x_0, y_0)$ 的某邻域内有定义,若对该邻域内的任一异于 P 的点 (x, y), 都有

$$f(x, y) \leqslant f(x_0, y_0) \quad (f(x, y) \geqslant f(x_0, y_0)),$$

则称函数 $f(x, y)$ 在点 $P(x_0, y_0)$ 处取得**极大值**(**极小值**),或称 $P(x_0, y_0)$ 是函数 $f(x, y)$ 的**极大值点**(**极小值点**).

极大值与极小值统称**极值**,极大值点与极小值点统称**极值点**.

例如,函数 $z=x^2+y^2$ 在点 $(0, 0)$ 处取得极小值 0,函数 $z=1-\sqrt{(x-1)^2+(y-1)^2}$ 在点 $(1, 1)$ 处取得极大值 1. 但点 $(0, 0)$ 不是函数 $z=xy$ 的极值点,因为点 $(0, 0)$ 处的函数值为 0,而在点 $(0, 0)$ 的任一邻域内,总有使函数值为正的点,也总有使函数值为负的点,因此点 $(0, 0)$ 既不是函数的极大值点,也不是函数的极小值点.

在一元函数中,函数在可导的极值点处的导数必为零,这就是著名的费马定理. 在多元函数中,也有相似的结论.

定理 5.7(取极值的必要条件) 设二元函数 $z=f(x, y)$ 在点 $P(x_0, y_0)$ 处的两个偏导数都存在,若点 $P(x_0, y_0)$ 是函数 $z=f(x, y)$ 的极值点,则

$$f'_x(x_0, y_0)=0, \quad f'_y(x_0, y_0)=0.$$

证明 不妨设点 $P(x_0, y_0)$ 是函数 $z=f(x, y)$ 的极大值点(极小值点的情形类似可证). 由定义 5.6,存在点 $P(x_0, y_0)$ 的一个邻域,使对该邻域内的任一异于 P 的点 (x, y), 都有

$$f(x, y)<f(x_0, y_0),$$

特别地,在该邻域内恒取 $y=y_0$, 有

$$f(x, y_0)<f(x_0, y_0).$$

这说明 $f(x_0, y_0)$ 是一元函数 $f(x, y_0)$ 的极大值,因此

$$f'_x(x_0, y_0)=0.$$

$f'_y(x_0, y_0)=0$ 类似可证.

从定理的证明过程不难看出,这个定理的结论对一般的多元函数也是成立的.

需要指出的是,定理 5.7 的逆是不成立的,即:若二元函数 $z=f(x, y)$ 在点 $P(x_0, y_0)$ 处的两个偏导数都存在,且

$$f'_x(x_0, y_0)=0, f'_y(x_0, y_0)=0,$$

点 $P(x_0, y_0)$ 也可能不是函数 $z=f(x, y)$ 的极值点. 如上面提到的点 $(0, 0)$ 不是函数 $z=xy$ 的极值点,但在 $(0, 0)$ 处, $z=xy$ 的两个偏导数都是零.

习惯上，将二元函数 $z=f(x,y)$ 的两个偏导数都为零的点称为该函数的**驻点**或**稳定点**. 因此，两个偏导数都存在的极值点一定是驻点，但驻点未必是极值点.

那么，如何判断一个驻点是否为函数的极值点呢？有如下的定理(证明过程略).

定理 5.8(取极值的充分条件)　设二元函数 $z=f(x,y)$ 在点 $P(x_0,y_0)$ 的某邻域内存在连续的二阶偏导数，且 $f'_x(x_0,y_0)=0$，$f'_y(x_0,y_0)=0$. 记

$$f''_{xx}(x_0,y_0)=A,\ f''_{xy}(x_0,y_0)=B,\ f''_{yy}(x_0,y_0)=C,\ \Delta=B^2-AC,$$

(1) 若 $\Delta>0$，则 $P(x_0,y_0)$ 不是 $f(x,y)$ 的极值点；

(2) 若 $\Delta<0$，$P(x_0,y_0)$ 是 $f(x,y)$ 的极值点，且当 $A>0$ (或 $C>0$) 时，$P(x_0,y_0)$ 是 $z=f(x,y)$ 极小值点，当 $A<0$ (或 $C<0$) 时，$P(x_0,y_0)$ 是 $f(x,y)$ 极大值点；

(3) 若 $\Delta=0$，点 $P(x_0,y_0)$ 可能是极值点，也可能不是极值点，此时需借助其他工具进一步讨论.

根据上面的两个定理，将求二元函数的极值的主要步骤归结如下：

第一步，解方程组

$$f'_x(x,y)=0,\ f'_y(x,y)=0,$$

求出函数 $f(x,y)$ 的所有驻点；

第二步，对上述的每一个驻点，确定 $\Delta=B^2-AC$ 的符号，从而判断该点是否为极值点；

第三步，当确定 $P(x_0,y_0)$ 是 $f(x,y)$ 的极值点后，根据 $f''_{xx}(x_0,y_0)=A$ 的符号进一步判定该点是极大值点还是极小值点.

例 1　求函数 $z=x^2-xy+y^2-2x+y+1$ 的极值.

解　解方程组

$$\begin{cases}\dfrac{\partial z}{\partial x}=2x-y-2=0,\\[2mm]\dfrac{\partial z}{\partial y}=-x+2y+1=0,\end{cases}$$

得 $x=1$，$y=0$. 在点 $(1,0)$ 处，

$$A=\frac{\partial^2 z}{\partial x^2}=2,\quad B=\frac{\partial^2 z}{\partial x\partial y}=-1,\quad C=\frac{\partial^2 z}{\partial y^2}=2,$$

因 $\Delta=B^2-AC=-3<0$，且 $A=2>0$，故点 $(1,0)$ 是极小值点，极小值为

$$z=1^2-1\times0+0^2-2\times1+0+1=0.$$

注　根据取极值的必要条件可知，本例的函数没有极大值.

例 2　求函数 $f(x,y)=x^3-y^3+3x^2+3y^2-9x$ 的极值.

解　解方程组

$$\begin{cases}\dfrac{\partial f}{\partial x}=3x^2+6x-9=0,\\[2mm]\dfrac{\partial f}{\partial y}=-3y^2+6y=0,\end{cases}$$

求得 4 个驻点 (1, 0), (1, 2), (−3, 0), (−3, 2). 再求出二阶偏导数

$$\frac{\partial^2 f}{\partial x^2}=6x+6,\quad \frac{\partial^2 f}{\partial x\partial y}=0,\quad \frac{\partial^2 f}{\partial y^2}=-6y+6.$$

在点 (1, 0) 处, $\Delta=B^2-AC=-12\times 6<0$, $A=12>0$, 故函数在点 (1, 0) 处取得极小值,极小值为 $f(1,0)=-5$;

在点 (1, 2) 处, $\Delta=B^2-AC=-12\times(-6)>0$, 故函数在点 (1, 2) 处不取极值;

在点 (−3, 0) 处, $\Delta=B^2-AC=-12\times(-6)>0$, 故函数在点 (−3, 0) 处不取极值;

在点 (−3, 2) 处, $\Delta=B^2-AC=-(-12)\times(-6)<0$, $A=-12<0$, 故函数在点 (−3, 2) 处取得极大值,且极大值为 $f(-3,2)=31$.

在讨论函数的极值点时,还应注意到这样一个现象:二元函数的极值还可以在其偏导数不存在的点处取得. 例如函数 $z=\sqrt{x^2+y^2}$ 在点 (0, 0) 处的两个偏导数都不存在,但点 (0, 0) 显然是该函数的最小值点. 因此,在求二元函数的极值时,除了驻点要考虑,偏导数不存在的点也应当加以考虑.

5.4.2 二元函数的最值

函数的最值与极值这两个概念是有区别的,最值指的是在某区域上的最大值与最小值,而极值则是某邻域内的较大值与较小值,换言之,最值是域概念,极值是点概念.

为了求出可微函数 $f(x, y)$ 在有界闭区域 D 上的最值,首先要求出 $f(x, y)$ 在 D 内的全部极值,还需要求出函数 $f(x, y)$ 在 D 的边界上的最值,然后将它们放在一起进行比较,其中最大的就是最大值,最小的就是最小值.

一般而言,求二元函数最值的问题比较复杂. 对大多数实际问题,根据经验,它一定存在最大值(或最小值),且一定在某区域内取得,如果在此区域内只有唯一的稳定点 P, 那么点 P 就是函数的最大值点(或最小值点),无需再判断.

例 3 现需要用钢板焊接一个容积为 V 的无盖长方体水箱,问怎样选取水箱的长、宽、高可使所用钢板最省?

解 设水箱的长、宽、高分别为 x、y、z, 由于 $V=xyz$, 得 $z=\frac{V}{xy}$, 水箱的表面积为

$$S=xy+\frac{V}{xy}(2x+2y)=xy+2V\left(\frac{1}{x}+\frac{1}{y}\right),$$

S 的定义域为 $D=\{(x, y)\mid x>0,\ y>0\}$. 所给即求问题二元函数 S 在区域 D 内的最小值.

解方程组

$$\begin{cases}\dfrac{\partial S}{\partial x}=y-\dfrac{2V}{x^2}=0,\\[2ex] \dfrac{\partial S}{\partial y}=x-\dfrac{2V}{y^2}=0,\end{cases}$$

得 S 在区域 D 内的唯一稳定点 $(\sqrt[3]{2V},\ \sqrt[3]{2V})$. 根据问题的实际意义,点 $(\sqrt[3]{2V},\ \sqrt[3]{2V})$ 即

为 S 的最小值点,此时

$$z=\frac{V}{\sqrt[3]{2V}\times\sqrt[3]{2V}}=\frac{\sqrt[3]{2V}}{2},$$

故当 $x=y=\sqrt[3]{2V}$, $z=\dfrac{\sqrt[3]{2V}}{2}$ 时,所用钢板最省.

注 在本例中,也可以用二阶偏导数的方法来判定稳定点 $(\sqrt[3]{2V},\sqrt[3]{2V})$ 为 S 的极小值点同时也是最小值点. 事实上,S 的二阶偏导数为

$$\frac{\partial^2 S}{\partial x^2}=\frac{4V}{x^3},\ \frac{\partial^2 S}{\partial x\partial y}=1,\ \frac{\partial^2 S}{\partial y^2}=\frac{4V}{y^3},$$

在点 $(\sqrt[3]{2V},\sqrt[3]{2V})$ 处,

$$\Delta=B^2-AC=1^2-\frac{16V^2}{(\sqrt[3]{2V})^6}=-3<0,\ A=2>0,$$

故点 $(\sqrt[3]{2V},\sqrt[3]{2V})$ 是 S 的极小值点.

例 4 将一长度为 a 的线段分为三段,使它们的乘积最大.

解 设第一、二段的长分别为 x、y, 则第三段的长为 $a-x-y$, 三段长度的乘积为

$$z=xy(a-x-y).$$

z 的定义域为 $D=\{(x,y)\mid 0<x<a,\ 0<y<a\}$. 解方程组

$$\begin{cases}\dfrac{\partial z}{\partial x}=ay-2xy-y^2=0,\\[2mm]\dfrac{\partial z}{\partial y}=ax-x^2-2xy=0,\end{cases}$$

得定义域内的唯一稳定点 $\left(\dfrac{a}{3},\dfrac{a}{3}\right)$. 根据问题的实际意义,点 $\left(\dfrac{a}{3},\dfrac{a}{3}\right)$ 即为 z 的最大值点,即当三段长都是 $\dfrac{a}{3}$, 也就是将线段三等分时,它们的乘积最大.

例 5 已知某一对变量 x 与 y 之间存在着线性关系,即 y 是 x 的线性函数 $y=ax+b$. 为了确定系数 a, b, 通常采用**最小二乘法**,也就是对其进行 n 次测量,得到 n 对数据

$$(x_1,y_1),(x_2,y_2),\cdots,(x_n,y_n),$$

由于存在测量误差,(x_i,y_i) $(i=1,2,\cdots,n)$ 一般而言未必共线. 取直线 $y=ax+b$ 上与 x_i 相对应的点的纵坐标与 y_i 的差的绝对值为

$$d_i=|ax_i+b-y_i|\quad(i=1,2,\cdots,n).$$

显然,若 (x_i,y_i) 在直线上,则 $d_i=0$; 若 (x_i,y_i) 不在直线上,则 $d_i\neq 0$ $(i=1,2,\cdots,n)$. 令

$$s(a, b)=\sum_{i=1}^{n}(ax_i+b-y_i)^2,$$

则 $s(a, b)$ 的最小值点 (a, b) 所对应的直线 $y=ax+b$ 即为变量 x 与 y 之间的线性关系. 下面用求二元函数极值的方法来确定系数 a, b.

因 $s(a, b)$ 是 a, b 的二元函数,故由极值存在的必要条件,有

$$\begin{cases} s'_a=2\sum_{i=1}^{n}(ax_i+b-y_i)x_i=0, \\ s'_b=2\sum_{i=1}^{n}(ax_i+b-y_i)=0, \end{cases}$$

即

$$\begin{cases} a\sum_{i=1}^{n}x_i^2+b\sum_{i=1}^{n}x_i=\sum_{i=1}^{n}x_iy_i, \\ a\sum_{i=1}^{n}x_i+nb=\sum_{i=1}^{n}y_i, \end{cases}$$

解出 a, b, 得

$$a=\frac{n\sum_{i=1}^{n}x_iy_i-\left(\sum_{i=1}^{n}x_i\right)\left(\sum_{i=1}^{n}y_i\right)}{n\sum_{i=1}^{n}x_i^2-\left(\sum_{i=1}^{n}x_i\right)^2}, \quad b=\frac{\left(\sum_{i=1}^{n}x_i^2\right)\left(\sum_{i=1}^{n}y_i\right)-\left(\sum_{i=1}^{n}x_iy_i\right)\left(\sum_{i=1}^{n}x_i\right)}{n\sum_{i=1}^{n}x_i^2-\left(\sum_{i=1}^{n}x_i\right)^2}.$$

注 按照上述方法得到的线性方程 $y=ax+b$ 称为**经验公式**.

5.4.3 条件极值与拉格朗日乘数法

在上面所讨论的极值问题中,对应函数的自变量,除了要求其限制在函数的定义域内以外,没有其他的附加条件. 下面将讨论另一类极值问题,在这些问题中函数的自变量不仅在其定义域内,还要受到某些特定条件的制约. 例如

(1) 求原点到曲线 $\varphi(x, y)=0$ 的最短距离. 这个问题是要求距离 $d=\sqrt{x^2+y^2}$ 在条件 $\varphi(x, y)=0$ 时的最小值,换言之,在求函数 $d=\sqrt{x^2+y^2}$ 的最小值时,点 (x, y) 必须限制在曲线 $\varphi(x, y)=0$ 上.

(2) 求表面积为 a^2 而体积最大的长方体. 若用 x、y、z 分别表示长方体的长、宽、高, V 表示其体积,问题即求在条件

$$2xy+2yz+2xz=a^2$$

的限制下,函数 $V=xyz$ 的最大值.

这类问题被称为**条件极值**问题,相应地,也将前面所讨论的极值问题称为**无条件极值**问题.

下面来讨论条件极值的求法.

(1) 求函数 $z=f(x, y)$ 在条件 $\varphi(x, y)=0$ 限制下的极值. 习惯上,将此类问题中的函数 $z=f(x, y)$ 称为**目标函数**,方程 $\varphi(x, y)=0$ 称为**联系方程**. 这里,函数 $f(x, y)$、$\varphi(x, y)$ 在某区域内都存在连续的偏导数,且 $\varphi'_x(x, y)$ 与 $\varphi'_y(x, y)$ 不同时为零(为确定起见,不妨假定 $\varphi'_y(x, y)\neq 0$).

设 $y=y(x)$ 是由方程 $\varphi(x, y)=0$ 确定的隐函数(不必用显函数形式表出),于是,问题转化为求函数 $z=f[x, y(x)]$ 的极值. 由极值存在的必要条件,在极值点处应有

$$\frac{\mathrm{d}z}{\mathrm{d}x}=0,$$

由于

$$\frac{\mathrm{d}z}{\mathrm{d}x}=f'_x(x, y)+f'_y(x, y)y'(x),\ y'(x)=-\frac{\varphi'_x(x, y)}{\varphi'_y(x, y)},$$

故

$$f'_x(x, y)-\frac{\varphi'_x(x, y)}{\varphi'_y(x, y)}f'_y(x, y)=0,$$

或

$$f'_x(x, y)\varphi'_y(x, y)-\varphi'_x(x, y)f'_y(x, y)=0.$$

因此,要求出极值点,就需要解方程组

$$\begin{cases}f'_x(x, y)\varphi'_y(x, y)-\varphi'_x(x, y)f'_y(x, y)=0,\\ \varphi(x, y)=0.\end{cases}\tag{5.4.1}$$

上述的推导过程比较烦琐. 为了便于记忆和操作,通常采用下面的方法——拉格朗日乘数法.

设辅助函数(称为**拉格朗日辅助函数**)

$$L(x, y, \lambda)\equiv f(x, y)+\lambda\varphi(x, y),\tag{5.4.2}$$

其中,λ 为辅助变量. 函数 $L(x, y, \lambda)$ 分别对 x, y, λ 求偏导数,再令这些偏导数为零,得

$$\begin{cases}L'_x(x, y, \lambda)\equiv f'_x(x, y)+\lambda\varphi'_x(x, y)=0,\\ L'_y(x, y, \lambda)\equiv f'_y(x, y)+\lambda\varphi'_y(x, y)=0,\\ L'_\lambda(x, y, \lambda)\equiv\varphi(x, y)=0.\end{cases}\tag{5.4.3}$$

将方程组(5.4.3)中的前两个方程联立,消去 λ,即得方程组(5.4.1). 因此,在求此类条件极值问题时,通常引入式(5.4.2)的拉格朗日辅助函数,然后求 $L(x, y, \lambda)$ 的无条件极值. 这个方法称为**拉格朗日乘数法**,参数 λ 称为**乘数**.

当然,用拉格朗日乘数法得到的点 (x, y) 也仅仅是稳定点,换句话说,(x, y) 可能是函数 $f(x, y)$ 的极值点,也可能不是函数 $f(x, y)$ 的极值点. 这时,需借助前面用过的其他方法,包括充分条件和实际背景,作进一步的判断.

(2) 求函数 $z=f(x, y, z, u)$ 在条件 $\varphi(x, y, z, u)=0$ 和 $\psi(x, y, z, u)=0$ 限制下的极值. 其中,函数 $z=f(x, y, z, u)$ 称为**目标函数**,方程 $\varphi(x, y, z, u)=0$ 和 $\psi(x, y, z, u)=0$ 称为**联系方程组**,函数 $f(x, y, z, u)$、$\varphi(x, y, z, u)$、$\psi(x, y, z, u)$ 都在某区域内有连续的

偏导数，且 $\varphi(x, y, z, u)$ 与 $\psi(x, y, z, u)$ 的各自 4 个偏导数不同时为零.

与前面的讨论相似，引入拉格朗日辅助函数

$$L(x, y, z, u, \lambda, \mu) \equiv f(x, y, z, u) + \lambda\varphi(x, y, z, u) + \mu\psi(x, y, z, u),$$

再将辅助函数 $L(x, y, z, u, \lambda, \mu)$ 分别对 x, y, z, u, λ, μ 求偏导数并令该偏导数为零，得方程组

$$\begin{cases} L'_x(x, y, z, u, \lambda, \mu) = f'_x(x, y, z, u) + \lambda\varphi'_x(x, y, z, u) + \mu\psi'_x(x, y, z, u) = 0, \\ L'_y(x, y, z, u, \lambda, \mu) = f'_y(x, y, z, u) + \lambda\varphi'_y(x, y, z, u) + \mu\psi'_y(x, y, z, u) = 0, \\ L'_z(x, y, z, u, \lambda, \mu) = f'_z(x, y, z, u) + \lambda\varphi'_z(x, y, z, u) + \mu\psi'_z(x, y, z, u) = 0, \\ L'_u(x, y, z, u, \lambda, \mu) = f'_u(x, y, z, u) + \lambda\varphi'_u(x, y, z, u) + \mu\psi'_u(x, y, z, u) = 0, \\ L'_\lambda(x, y, z, u, \lambda, \mu) = \varphi(x, y, z, u) = 0, \\ L'_\mu(x, y, z, u, \lambda, \mu) = \psi(x, y, z, u) = 0. \end{cases}$$

当上述方程组有解 (x_0, y_0, z_0, u_0) 时，则 (x_0, y_0, z_0, u_0) 即为目标函数 $z = f(x, y, z, u)$ 的稳定点.

例 6 求空间中的点 (a, b, c) 到平面 $Ax + By + Cz + D = 0$ 的距离.

解 设 (x, y, z) 为平面 $Ax + By + Cz + D = 0$ 上的任一点，题意即求函数

$$d = \sqrt{(x-a)^2 + (y-b)^2 + (z-c)^2}$$

在条件

$$Ax + By + Cz + D = 0$$

下的最小值. 由于 $d^2 = (x-a)^2 + (y-b)^2 + (z-c)^2$ 与 d 具有相同的极值点，令

$$\begin{aligned} &L = (x-a)^2 + (y-b)^2 + (z-c)^2 + \lambda(Ax + By + Cz + D), \\ &L'_x = 2(x-a) + \lambda A = 0, \\ &L'_y = 2(y-b) + \lambda B = 0, \\ &L'_z = 2(z-c) + \lambda C = 0, \\ &L'_\lambda = Ax + By + Cz + D = 0, \end{aligned}$$

由前三个方程得 $x = a - \dfrac{\lambda A}{2}$，$y = b - \dfrac{\lambda B}{2}$，$z = c - \dfrac{\lambda C}{2}$，代入 $Ax + By + Cz + D = 0$，得

$$\lambda = \frac{2(Aa + Bb + Cc)}{A^2 + B^2 + C^2},$$

故

$$x = a - \frac{A(Aa + Bb + Cc)}{A^2 + B^2 + C^2},\ y = b - \frac{B(Aa + Bb + Cc)}{A^2 + B^2 + C^2},\ z = c - \frac{C(Aa + Bb + Cc)}{A^2 + B^2 + C^2}$$

是唯一的稳定点. 根据问题的实际意义，最小值显然存在，因此，将稳定点的值代入 d^2 得最小值为

$$d^2 = \frac{(Aa + Bb + Cc + D)^2}{A^2 + B^2 + C^2}.$$

于是,点 (a, b, c) 到平面 $Ax + By + Cz + D = 0$ 的距离为

$$d = \frac{|Aa + Bb + Cc + D|}{\sqrt{A^2 + B^2 + C^2}}.$$

例 7 已知抛物面 $z = x^2 + y^2$ 被平面 $x + y + z = 1$ 所截得的交线是一个椭圆,求此椭圆到坐标原点的最长距离和最短距离.

解 题意即求函数 $d = \sqrt{x^2 + y^2 + z^2}$ 在条件 $z = x^2 + y^2$, $x + y + z = 1$ 下的最大值与最小值. 由于 $d^2 = x^2 + y^2 + z^2$ 与 d 的极值点相同,取辅助函数为

$$L = x^2 + y^2 + z^2 + \lambda(z - x^2 - y^2) + \mu(x + y + z - 1).$$

$$\begin{cases} L'_x = 2x - 2\lambda x + \mu = 0, \\ L'_y = 2y - 2\lambda y + \mu = 0, \\ L'_z = 2z + \lambda + \mu = 0, \\ L'_\lambda = z - x^2 - y^2 = 0, \\ L'_\mu = x + y + z - 1 = 0. \end{cases}$$

由前三个方程,得 $x = y = \frac{\mu}{2(\lambda - 1)}$, $z = -\frac{\lambda + \mu}{2}$,代入后两个方程,得

$$-\frac{\lambda + \mu}{2} = \frac{\mu^2}{2(\lambda - 1)^2}, \quad \frac{\mu}{\lambda - 1} - \frac{\lambda + \mu}{2} = 1,$$

或 $\frac{\mu}{\lambda - 1} = -1 \pm \sqrt{3}$, $-\frac{\lambda + \mu}{2} = 2 \mp \sqrt{3}$. 这样,得到两个稳定点

$$\left(\frac{-1 + \sqrt{3}}{2}, \frac{-1 + \sqrt{3}}{2}, 2 - \sqrt{3}\right), \left(\frac{-1 - \sqrt{3}}{2}, \frac{-1 - \sqrt{3}}{2}, 2 + \sqrt{3}\right).$$

根据实际意义,它们分别是目标函数的最小值点和最大值点. 将其代入目标函数,得

$$d_1 = \sqrt{\left(\frac{-1 + \sqrt{3}}{2}\right)^2 + \left(\frac{-1 + \sqrt{3}}{2}\right)^2 + (2 - \sqrt{3})^2} = \sqrt{9 - 5\sqrt{3}},$$

$$d_2 = \sqrt{\left(\frac{-1 - \sqrt{3}}{2}\right)^2 + \left(\frac{-1 - \sqrt{3}}{2}\right)^2 + (2 + \sqrt{3})^2} = \sqrt{9 + 5\sqrt{3}}.$$

故该椭圆到坐标原点的最长距离和最短距离分别是 $\sqrt{9 + 5\sqrt{3}}$ 和 $\sqrt{9 - 5\sqrt{3}}$.

例 8(消费者均衡原则) 微观经济学研究消费者行为时,所要阐述的核心问题是消费者均衡的原则. 所谓消费者均衡指的是一个有理性的消费者所采取的均衡购买行为. 进一步说,它是指保证消费者实现效用最大化的均衡购买行为.

人的需要或欲望是无限的,但满足需要的手段是有限的. 所以微观经济学所说的效用最

大化只能是一种有限制的效用最大化. 而这种限制的因素就是各种商品的价格和消费者的货币收入水平.

首先,引入一些名词解释:

总效用(TU)——消费者在一定时间内消费一定数量某种商品或商品组合所得到的总的满足.

边际效用(MU)——消费者在所有其他商品的消费水平保持不变时,增加消费一单位某种商品所带来的满足程度的增加,也就是指增加一单位某种商品所引起的总效用的增加. 边际效用的公式表达为

$$MU=\frac{\partial(TU)}{\partial Q}.$$

那么如何才能实现在制约条件下效用最大化的商品组合呢?

就是当消费者把全部收入用于购买各种商品时(为确定计,假定消费者购买的商品共两种 x, y, 则 $I=P_xQ_x+P_yQ_y$, I 为收入, P 为商品价格, Q 为商品数量), 消费者从所购买的每一种商品所得到的边际效用与其价格的比例都相同,这样的商品组合就是**最佳的或均衡的商品组合**. 即

$$\frac{MU_x}{MU_y}=\frac{P_x}{P_y} \quad 或 \quad \frac{MU_x}{P_x}=\frac{MU_y}{P_y}.$$

那么这一结论是如何推导出来的呢? 解决这一问题最直接的方法就是拉格朗日乘数法. 具体步骤如下:

设效用函数 $U(Q_x, Q_y)$, 为使它在制约条件 $I=P_xQ_x+P_yQ_y$ 下取得极值,首先建立拉格朗日辅助函数

$$L=U(Q_x, Q_y)+\lambda(I-P_xQ_x-P_yQ_y),$$

其中, λ 为参数. L 分别对 x、y、λ 求一阶偏导数,并令它们等于零,得

$$\begin{cases}\dfrac{\partial L}{\partial Q_x}=\dfrac{\partial U}{\partial Q_x}-\lambda P_x=0,\\ \dfrac{\partial L}{\partial Q_y}=\dfrac{\partial U}{\partial Q_y}-\lambda P_y=0,\\ \dfrac{\partial L}{\partial \lambda}=I-P_xQ_x-P_yQ_y=0.\end{cases}$$

前两个方程相除并整理,得

$$\frac{MU_x}{P_x}=\frac{MU_y}{P_y}.$$

若消费者要实现 n 种商品的效用最大化,按照上面的方法,同样可得边际效用的比率应该等于价格比率.

例 9 某公司通过电视和报纸两种形式作广告,已知销售收入 R (万元)与电视广告费 x (万元)、报纸广告费 y (万元)有如下关系:

$$R(x, y) = 13 + 15x + 33y - 8xy - 2x^2 - 10y^2.$$

(1) 在广告费不限的情况下，求最佳广告策略及获取的利润；

(2) 如果提供的广告费用是 2 万元，求相应的最佳广告策略及获取的利润.

解 利润函数为

$$L(x, y) = R(x, y) - (x + y) = 13 + 14x + 32y - 8xy - 2x^2 - 10y^2 \quad (x, y \geqslant 0).$$

(1) $\dfrac{\partial L}{\partial x} = 14 - 8y - 4x$，$\dfrac{\partial L}{\partial y} = 32 - 8x - 20y$，令 $\dfrac{\partial L}{\partial x} = 0$，$\dfrac{\partial L}{\partial y} = 0$，得唯一稳定点 $\left(\dfrac{3}{2}, 1\right)$. 根据问题的实际意义，$L$ 在 $x, y \geqslant 0$ 时存在最大值，因此最大值为 $L(1.5, 1) = 39.5$，即获取的利润为 39.5 万元.

(2) 问题即求 $L(x, y)$ 在条件 $x + y = 2$ 下的最大值. 将 $y = 2 - x$ 代入 $L(x, y)$，得

$$L = 37 + 6x - 4x^2 = 39\frac{1}{4} - 4\left(x - \frac{3}{4}\right)^2,$$

故当 $x = 0.75$，$y = 1.25$ 时，有最大利润 39.25 万元.

条件极值问题并非一定要用 Lagrange 乘数法来计算，如上面的例 9 中采用的就是将条件极值问题转换为普通的一元函数极值问题. 显然这个方法比直接应用 Lagrange 乘数法要简便得多.

习题 5.4

1. 求下列函数的极值.

(1) $z = x^2 - xy + y^2 + 9x - 6y + 20$；

(2) $z = 4(x - y) - x^2 - y^2$；

(3) $z = x^2 + (y - 1)^2$；

(4) $z = x^3 + 3xy^2 - 15x - 12y$.

2. 求下列函数的条件极值.

(1) $z = xy$，联系方程为 $x + y = 1$；

(2) $u = x - 2y + 2z$，联系方程为 $x^2 + y^2 + z^2 = 1$.

3. 求曲面 $z^2 - xy = 1$ 上到原点最近的点.

4. 求两个曲面 $x^2 - xy + y^2 - z^2 = 1$ 与 $x^2 + y^2 = 1$ 的交线上到原点最近的点.

5. 求函数 $z = x^2 - xy + y^2 + x - y + 1$ 在 $y = x + 2$，$x = 0$，$y = 0$ 所围成的闭区域上的最大值和最小值.

6. 分解已知正数 a 为 n 个正数，使它们的平方和为最小.

7. 已知矩形的周长为 $2p$，将它绕其一边旋转得到一个空间立体，求使所得立体体积最大的那个矩形.

8. 求抛物线 $y = x^2$ 与直线 $x - y - 2 = 0$ 之间的最小距离.

5.5 边际分析、弹性分析与经济问题的最优化

在一元函数的微分学中，研究了导数在经济分析(如边际分析、弹性分析)中的应用，本节将把边际和弹性的概念推广到多元函数的微分学中，以赋予其更加丰富的经济含义，并把

多元函数的极值(最值)应用到经济领域中,以讨论经济学中最优化问题.

5.5.1 边际分析

1. 边际函数

定义 5.7 设二元函数 $z=f(x, y)$ 在点 (x_0, y_0) 处存在偏导数,称

$$f_x(x_0, y_0)=\lim_{\Delta x\to 0}\frac{\Delta z_x}{\Delta x}=\lim_{\Delta x\to 0}\frac{f(x_0+\Delta x, y_0)-f(x_0, y_0)}{\Delta x}$$

为 $f(x, y)$ 在点 (x_0, y_0) 处对 x 的边际.

同理,称

$$f_y(x_0, y_0)=\lim_{\Delta y\to 0}\frac{\Delta z_y}{\Delta y}=\lim_{\Delta y\to 0}\frac{f(x_0, y_0+\Delta y)-f(x_0, y_0)}{\Delta y}$$

为 $f(x, y)$ 在点 (x_0, y_0) 处对 y 的边际.

一般地,$f_x(x, y)$, $f_y(x, y)$ 分别称为 $f(x, y)$ 对 x, y 的**边际函数**.

2. 经济研究中的边际函数

1) 边际需求

设有两种商品 A_1 和 A_2,其价格分别为 P_1 和 P_2,社会需求量分别为 Q_1 和 Q_2,需求函数分别为

$$Q_1=Q_1(P_1, P_2),\ Q_2=Q_2(P_1, P_2),$$

称 Q_1, Q_2 对价格 P_1, P_2 的偏导数为边际需求函数.

例 1 设有商品 A_1, A_2,其价格分别为 P_1 和 P_2,其社会需求函数分别为

$$Q_1=22-2P_1-P_2,\ Q_2=10-P_1-2P_2,$$

求其边际需求函数,并作出经济解释.

解 四个边际需求函数分别为

$$\frac{\partial Q_1}{\partial P_1}=-2,\ \frac{\partial Q_1}{\partial P_2}=-1,$$
$$\frac{\partial Q_2}{\partial P_1}=-1,\ \frac{\partial Q_2}{\partial P_2}=-2.$$

分析:$\frac{\partial Q_1}{\partial P_1}$, $\frac{\partial Q_2}{\partial P_2}$ 分别是 Q_1, Q_2 关于自身价格的边际需求,一般应有 $\frac{\partial Q_1}{\partial P_1}<0$,$\frac{\partial Q_2}{\partial P_2}<0$;$\frac{\partial Q_1}{\partial P_2}$, $\frac{\partial Q_2}{\partial P_1}$ 分别是 Q_1, Q_2 关于相关价格的边际需求,存在以下两种情况:

(1) $\frac{\partial Q_1}{\partial P_2}>0$, $\frac{\partial Q_2}{\partial P_1}>0$,说明两种商品属于替代关系(即相互竞争的),因为两种商品中任何一种价格的提高,都将引起另一种商品需求的增加.

(2) $\frac{\partial Q_1}{\partial P_2}<0$，$\frac{\partial Q_2}{\partial P_1}<0$，说明两种商品属于互补关系（即相互配套的），因为两种商品中任何一种价格的提高，都将引起另一种商品需求的减少.

因此，例 1 中的两种商品属于互补关系，即相互配套的.

2) 边际成本

设某厂生产甲乙两种产品，产量分别为 x，y，其总成本函数为

$$C = 4x^2 + 2y^2 + 8x + 5y + 3xy,$$

则甲产品的边际成本为

$$\frac{\partial C}{\partial x} = 8x + 3y + 8,$$

乙产品的边际成本为

$$\frac{\partial C}{\partial y} = 4y + 3x + 5.$$

5.5.2 弹性分析

1. 偏弹性函数

定义 5.8 设二元函数 $z=f(x, y)$ 在点 (x_0, y_0) 处存在偏导数，函数的相对改变量 $\frac{\Delta z_x}{z_0}$ 与自变量 x 的相对改变量 $\frac{\Delta x}{x_0}$ 之比

$$\frac{\dfrac{\Delta z_x}{z_0}}{\dfrac{\Delta x}{x_0}}$$

称为函数 $z=f(x, y)$ 在点 (x_0, y_0) 处对 x 从 x_0 到 $x_0+\Delta x$ 两点间的偏弹性. 而极限

$$\left.\frac{E_z}{E_x}\right|_{(x_0, y_0)} = \lim_{\Delta x\to 0}\frac{x_0}{z_0}\frac{\Delta z_x}{\Delta x} = \frac{x_0}{f(x_0, y_0)}f_x(x_0, y_0)$$

称为 $f(x, y)$ 在点 (x_0, y_0) 处对 x 的**偏弹性**.

同样地，称

$$\left.\frac{E_z}{E_y}\right|_{(x_0, y_0)} = \lim_{\Delta y\to 0}\frac{y_0}{z_0}\frac{\Delta z_y}{\Delta y} = \frac{y_0}{f(x_0, y_0)}f_y(x_0, y_0)$$

为 $f(x, y)$ 在点 (x_0, y_0) 处对 y 的**偏弹性**.

一般地，称

$$\frac{E_z}{E_x} = \frac{x}{f(x, y)}f_x(x, y), \quad \frac{E_z}{E_y} = \frac{y}{f(x, y)}f_y(x, y)$$

分别为 $f(x, y)$在点(x, y)处对 x 和 y 的**偏弹性函数**.

2. 需求价格偏弹性

设有两种相关商品 A_1, A_2,其价格分别为 P_1, P_2,其社会需求函数 Q_1, Q_2 分别为

$$Q_1 = Q_1(P_1, P_2), Q_2 = Q_2(P_1, P_2),$$

称

$$E_{11} = \frac{EQ_1}{EP_1} = \frac{P_1}{Q_1}\frac{\partial Q_1}{\partial P_1} \quad 和 \quad E_{22} = \frac{EQ_2}{EP_2} = \frac{P_2}{Q_2}\frac{\partial Q_2}{\partial P_2}$$

为需求的**直接价格偏弹性**;

称

$$E_{12} = \frac{EQ_1}{EP_2} = \frac{P_2}{Q_1}\frac{\partial Q_1}{\partial P_2} \quad 和 \quad E_{21} = \frac{EQ_2}{EP_1} = \frac{P_1}{Q_2}\frac{\partial Q_2}{\partial P_1}$$

为需求的**交叉价格偏弹性**.

例 2 设某商品的需求函数为

$$Q = 4\ 850 - 5P_1 + 0.1M + 1.5P_2,$$

其中,P_1 为该商品的价格,P_2 为相关商品的价格,M 是收入水平,当 $M=10\ 000$, $P_1=10$, $P_2=8$ 时,求该商品的直接价格偏弹性、交叉价格偏弹性及收入价格偏弹性.

解 当 $M=10\ 000$, $P_1=10$,$P_2=8$ 时,

$$Q = 4\ 850 - 5\times 10 + 0.1\times 10\ 000 + 1.5\times 8 = 5\ 812.$$

该商品的直接价格偏弹性为

$$\frac{EQ}{EP_1} = \frac{P_1}{Q}\frac{\partial Q}{\partial P_1} = \frac{10}{5\ 812}\times(-5) \approx -0.009;$$

该商品的交叉价格偏弹性为

$$\frac{EQ}{EP_2} = \frac{P_2}{Q}\frac{\partial Q}{\partial P_2} = \frac{10}{5\ 812}\times 1.5 \approx 0.002;$$

该商品的收入价格编弹性为

$$\frac{EQ}{EM} = \frac{M}{Q}\frac{\partial Q}{\partial M} = \frac{10\ 000}{5\ 812}\times 0.1 \approx 0.172.$$

5.5.3 经济问题的最优化

多元函数的无条件极值和条件极值,在经济学中有着广泛而深入的应用.下面将通过简单而常见的例题来介绍经济问题的最优化方法.

例 3 某企业生产两种产品 A, B,其产量分别为 x, y,设该企业的利润函数为

$$L = 80x - 2x^2 - xy - 3y^2 + 100y,$$

同时该企业要求两种产品的产量满足附加条件

$$x+y=12,$$

试求该企业的最大利润.

解 先构造拉格朗日函数

$$F(x, y)=80x-2x^2-xy-3y^2+100y+\lambda(x+y-12).$$

解方程组

$$\begin{cases}F'_x(x, y)=80-4x-y+\lambda=0,\\ F'_y(x, y)=-x-6y+100+\lambda=0,\\ x+y-12=0.\end{cases}$$

解得 $x=5$, $y=7$, $\lambda=-53$,即当企业生产 5 个 A 单位产品,7 个 B 单位产品时利润最大,且最大利润为 868 元.

例 4 某企业为生产甲、乙两种型号的产品,投入的固定成本为 10 000 万元. 设该企业生产甲、乙两种产品的产量分别为 x 和 y,且规定两种产品每件的边际成本分别为 $20+\frac{x}{2}$, $6+y$.

(1) 求生产甲、乙两种产品的总成本函数 $C(x, y)$.

(2) 当总产量为 50 件时,甲、乙两种产品的产量分别为多少时可使总成本最小? 求最小成本.

(3) 求总产量为 50 件且总成本最小时甲产品的边际成本,并解释其经济意义.

解 由题意知,

(1) $C'_x(x, y)=20+\frac{x}{2}$,对 x 积分得

$$C(x, y)=20x+\frac{x^2}{4}+D(y),$$

$C'_y(x, y)=D'(y)=6+y$,对 y 积分得

$$D(y)=6y+\frac{y^2}{2}+C,$$

所以

$$C(x, y)=20x+\frac{x^2}{4}+6y+\frac{y^2}{2}+C.$$

又 $C(0,0)=10\ 000$,所以 $C=10\ 000$,故

$$C(x, y)=20x+\frac{x^2}{4}+6y+\frac{y^2}{2}+10\ 000.$$

(2) $x+y=50$,把 $y=50-x$ 代入总成本函数 $C(x, y)$ 表达式,得

$$C(x, 50-x)=\frac{3x^2}{4}-36x+11\ 550.$$

记 $C(x)=C(x, 50-x)$，令

$$C'(x)=\left(\frac{3x^2}{4}-36x+11\ 550\right)'=0,$$

得

$$x=24, y=50-24=26,$$

这时总成本最小，最小值为 11 118 万元.

(3) $C'_x(x, y)\Big|_{(24, 26)}=32$(万元/件).

经济意义：总产量为 50 件，当甲产品的产量为 24 件时，每增加一件甲产品，则甲产品的成本增加 32 万元.

习题 5.5

1. 确定下列每对需求函数的四个边际需求，并说明两种商品关系的性质(竞争的或互补的).

(1) $Q_1=4P_1^{-\frac{1}{3}}P_2^{\frac{2}{3}}$, $Q_2=6P_1^{\frac{1}{4}}P_2^{-\frac{1}{2}}$;

(2) $Q_1=ae^{P_2-P_1}$, $Q_2=be^{P_1-P_2}$ $(a>0, b>0)$.

2. 设两种产品的产量和的联合成本函数为

$$C=C(Q)=15+2Q_1^2+Q_1Q_2+5Q_2^2.$$

(1) 求成本 C 关于 Q_1, Q_2 的边际成本;

(2) 当 $Q_1=3$, $Q_2=6$ 时，求边际成本.

3. 设两种商品的需求量 Q_1, Q_2 与其价格 P_1, P_2 的关系如下：

$$Q_1=1\ 600-P_1+\frac{1\ 000}{P_2}-P_2^2, Q_2=29+\frac{100}{P_1}-P_2.$$

当 $P_1=1\ 000$, $P_2=20$ 时，求需求的直接价格偏弹性和交叉价格偏弹性.

4. 把正数 a 分解成 3 个正数之和，如何分解可以使这三个正数的乘积最大?

5. 某厂生产甲、乙两种产品，其销售单价分别为 10 万元和 9 万元，若生产 x 件甲产品和 y 件乙产品的总成本(单位为万元)为

$$C=400+2x+3y+0.01(3x^2+xy+3y^2),$$

又已知两种产品的总产量为 100 件，求企业获得最大利润时两种产品的产量.

6. 生产两种仪器，数量分别为 Q_1, Q_2，总成本函数为

$$C=Q_1^2+2Q_2^2-Q_1Q_2.$$

若两种仪器的总产量为 8 台，要使成本最低，两种仪器各生产多少台?

5.6 二重积分

将一元函数定积分的概念进行推广，可得到二重积分.

5.6.1　二重积分的概念

1. 引例

例 1（曲顶柱体的体积）　设空间立体 V 的底是 xOy 面上的有界闭区域 D，其侧面是以 D 的边界曲线为准线而母线平行于 z 轴的柱面，V 的顶是连续曲面 $z=f(x, y)$ $(z \geqslant 0, (x, y) \in D)$，求曲顶柱体 V 的体积 V （V 的体积仍用 V 表示）.

解　已知平顶柱体的体积＝底面积×高，可以借助计算平面上曲边梯形面积的方法来计算曲顶柱体 V.

如图 5-5 所示，用 xOy 面上的一组曲线网将闭区域 D 分成 n 个小闭区域 $\sigma_1, \sigma_2, \cdots, \sigma_n$，它们的面积设为

$$\Delta\sigma_1, \Delta\sigma_2, \cdots, \Delta\sigma_n,$$

分别以 $\sigma_1, \sigma_2, \cdots, \sigma_n$ 的边界曲线为准线，作平行于 z 轴的母线，得到 n 个小曲顶柱体. 显然，这 n 个小曲顶柱体的体积之和就是 V. 当 σ_i 的直径（区域中两点间距离的最大值）很小时，函数 $f(x, y)$ 在 σ_i 上的变化也很小，此时小曲顶柱体可近似看作平顶柱体，于是

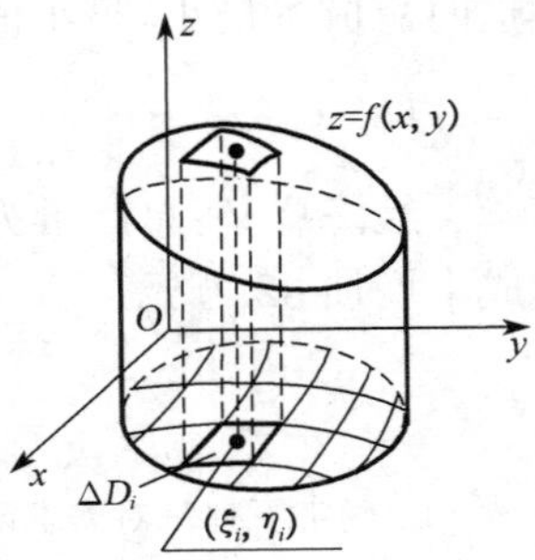

图 5-5

$$f(\xi_i, \eta_i)\Delta\sigma_i$$

就可以作为第 i 个小曲顶柱体的体积的近似值（$(\xi_i, \eta_i) \in \sigma_i$ 是小闭区域 σ_i 上的某一点，$i=1, 2, \cdots, n$），因此

$$V \approx \sum_{i=1}^{n} f(\xi_i, \eta_i)\Delta\sigma_i.$$

令 n 个小闭区域 $\sigma_1, \sigma_2, \cdots, \sigma_n$ 的直径中的最大值 $\lambda \to 0$，上述和式的极限就应该是所求的曲顶柱体的体积，即

$$V = \lim_{\lambda \to 0}\sum_{i=1}^{n} f(\xi_i, \eta_i)\Delta\sigma_i.$$

例 2（平面薄片的质量）　设平面薄片占有 xOy 面上的有界闭区域 D，它在点 (x, y) 处的面密度为 $\mu = f(x, y)$ $(\mu > 0)$，其中 $f(x, y)$ 在 D 上连续，求该平面薄片的质量 M.

解　已知均匀薄片的质量＝面密度×面积，用 xOy 面上的一组曲线网将闭区域 D 分成 n 个小闭区域 $\sigma_1, \sigma_2, \cdots, \sigma_n$，它们的面积设为

$$\Delta\sigma_1, \Delta\sigma_2, \cdots, \Delta\sigma_n.$$

当 σ_i 的直径很小时，

$$f(\xi_i, \eta_i)\Delta\sigma_i \quad (\xi_i, \eta_i) \in \sigma_i$$

就可以作为第 i 个小区域的质量的近似值 $(i=1, 2, \cdots, n)$，因此

$$M \approx \sum_{i=1}^{n} f(\xi_i, \eta_i)\Delta\sigma_i.$$

令 n 个小闭区域 $\sigma_1, \sigma_2, \cdots, \sigma_n$ 的直径中的最大值 $\lambda \to 0$，上述和式的极限就应该是所求的平面薄片的质量，即

$$M = \lim_{\lambda \to 0} \sum_{i=1}^{n} f(\xi_i, \eta_i) \Delta\sigma_i.$$

2. 二重积分的定义

从以上两个例子不难看出，它们都是通过"分割、代替、求和、取极限"来得到所需要的计算结果，抽去它们的实际意义，就得到了二重积分.

定义 5.9 设 $f(x, y)$ 是有界闭区域 D 上的有界函数，用 xOy 面上的一组曲线网将闭区域 D 分成 n 个小闭区域 $\sigma_1, \sigma_2, \cdots, \sigma_n$，它们的面积设为 $\Delta\sigma_1, \Delta\sigma_2, \cdots, \Delta\sigma_n$，记 $\sigma_1, \sigma_2, \cdots, \sigma_n$ 的直径中的最大值为 λ，在 σ_i 上任取一点 $(\xi_i, \eta_i) \in \sigma_i$，$i = 1, 2, \cdots, n$，作和

$$\sum_{i=1}^{n} f(\xi_i, \eta_i) \Delta\sigma_i,$$

若当 $\lambda \to 0$ 时，上述和式的极限总存在，则称此极限为函数 $f(x, y)$ 在区域 D 上的**二重积分**，记作 $\iint\limits_D f(x, y) \mathrm{d}\sigma$，即

$$\iint\limits_D f(x, y) \mathrm{d}\sigma = \lim_{\lambda \to 0} \sum_{i=1}^{n} f(\xi_i, \eta_i) \Delta\sigma_i.$$

其中，x 和 y 称为积分变量，$\sum\limits_{i=1}^{n} f(\xi_i, \eta_i) \Delta\sigma_i$ 称为积分和，$\iint$ 称为二重积分号，$f(x, y)$ 称为被积函数，$f(x, y)\mathrm{d}\sigma$ 称为被积表达式，$\mathrm{d}\sigma$ 称为面积元素，D 称为积分区域.

在二重积分的定义中，划分有界闭区域 D 的一组曲线网是任意的，例如可以用平行于坐标轴的直线网. 此时，除了包含边界的一些小闭区域外，其余的小闭区域都是矩形域，设矩形域 σ_i 的边长为 Δx_i，Δy_i，则 $\Delta\sigma_i = \Delta x_i \cdot \Delta y_i$. 因此在直角坐标系中，常常把面积元素 $\mathrm{d}\sigma$ 记作 $\mathrm{d}x\mathrm{d}y$，而把二重积分记作

$$\iint\limits_D f(x, y) \mathrm{d}x\mathrm{d}y.$$

需要指出的是，当 $f(x, y)$ 在有界闭区域 D 上连续时，极限 $\lim\limits_{\lambda \to 0} \sum\limits_{i=1}^{n} f(\xi_i, \eta_i) \Delta\sigma_i$ 一定存在. 因此，从现在起，本书所讨论的被积函数 $f(x, y)$ 都是连续的.

由定义 5.7 可知，曲顶柱体的体积是函数 $f(x, y)$ 在底 D 上的二重积分

$$V = \iint\limits_D f(x, y) \mathrm{d}x\mathrm{d}y;$$

平面薄片的质量是其密度函数 $f(x, y)$ 在所占区域 D 上的二重积分

$$M = \iint\limits_D f(x, y) \mathrm{d}x\mathrm{d}y.$$

这是二重积分的几何意义与物理意义. 特别地，当 $f(x, y) = 1$ 时，有

$$\iint_D 1\mathrm{d}x\mathrm{d}y = \iint_D \mathrm{d}x\mathrm{d}y = D \text{ 的面积},$$

这是因为高为 1 的柱体体积在数值上与底面积相等.

5.6.2 二重积分的性质

既然二重积分的定义与一元函数的定积分相似,它们也有几乎相同的性质.

性质 1 设 k_1, k_2 为常数,则

$$\iint_D [k_1 f(x, y) + k_2 g(x, y)]\mathrm{d}\sigma = k_1\iint_D f(x, y)\mathrm{d}\sigma + k_2\iint_D g(x, y)\mathrm{d}\sigma.$$

性质 2 设 D 可分为 D_1, D_2 两个除边界外没有公共点的区域,则

$$\iint_D f(x, y)\mathrm{d}\sigma = \iint_{D_1} f(x, y)\mathrm{d}\sigma + \iint_{D_2} f(x, y)\mathrm{d}\sigma.$$

性质 3 设在 D 上恒有,$f(x, y) \leqslant g(x, y)$,则

$$\iint_D f(x, y)\mathrm{d}\sigma \leqslant \iint_D g(x, y)\mathrm{d}\sigma.$$

性质 4

$$\left|\iint_D f(x, y)\mathrm{d}\sigma\right| \leqslant \iint_D |f(x, y)|\mathrm{d}\sigma.$$

性质 5 设 M, m 分别是 $f(x, y)$ 在 D 上的最大值与最小值,则

$$m\Delta D \leqslant \iint_D f(x, y)\mathrm{d}\sigma \leqslant M\Delta D.$$

这里 ΔD 表示积分区域 D 的面积.

性质 6(积分中值定理) 设 $f(x, y)$ 在有界区域 D 上连续,ΔD 为 D 的面积,则在 D 上至少存在一点 (ξ, η),使得

$$\iint_D f(x, y)\mathrm{d}\sigma = f(\xi, \eta)\Delta D.$$

以上性质的证明与定积分的相应性质的证明几乎相同,这里从略.

5.6.3 直角坐标系中二重积分的计算

按照二重积分的定义来计算二重积分,即按照“分割、代替、求和、取极限”步骤来计算,既复杂,也不现实. 人们通常采用累次积分的方法,即将二重积分化为两次定积分.

为了便于理解,不妨假设被积函数 $f(x, y) \geqslant 0$,并且区域 D 可以用不等式

$$\varphi_1(x) \leqslant y \leqslant \varphi_2(x),\ a \leqslant x \leqslant b$$

来表示,其中 $\varphi_1(x)$, $\varphi_2(x)$ 都在闭区间 $[a, b]$ 上连续. 这种区域通常称为 x 型区域(图 5-6).

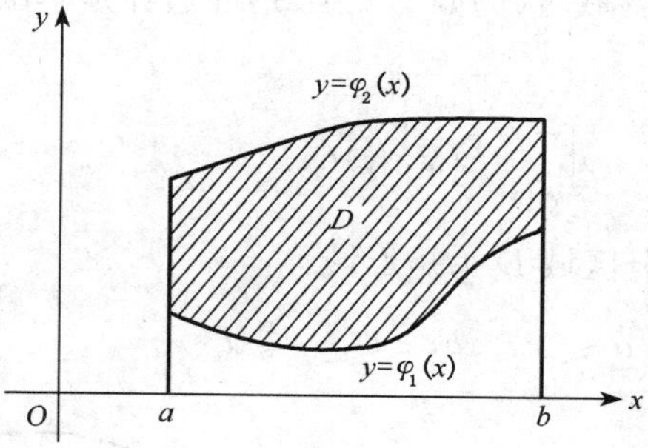

图 5-6

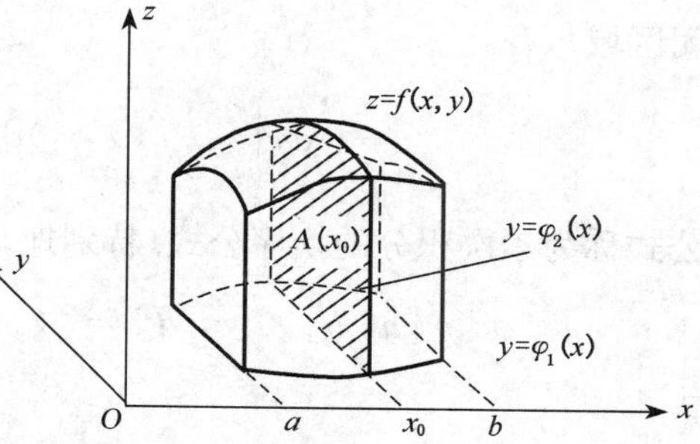

图 5-7

按照二重积分的几何意义，$\iint\limits_D f(x, y)\mathrm{d}\sigma$ 的值等于以 D 为底，曲面 $z=f(x, y)$ 为顶的曲顶柱体 V 的体积. 在区间 $[a, b]$ 上任取一点 x_0，由定积分的几何意义知，平面 $x=x_0$ 截曲顶柱体 V 的截面面积(图 5-7)为

$$A(x_0)=\int_{\varphi_1(x_0)}^{\varphi_2(x_0)} f(x_0, y)\mathrm{d}y.$$

一般地，过区间 $[a, b]$ 上任一点 x 且平行于 yOz 面的平面截曲顶柱体 V 的截面面积为

$$A(x)=\int_{\varphi_1(x)}^{\varphi_2(x)} f(x, y)\mathrm{d}y,$$

于是，曲顶柱体 V 的体积

$$V=\int_a^b A(x)\mathrm{d}x=\int_a^b\left[\int_{\varphi_1(x)}^{\varphi_2(x)} f(x, y)\mathrm{d}y\right]\mathrm{d}x.$$

易于理解，对一般的 x 型区域 D 上的二重积分(取消 $f(x, y)\geqslant 0$ 的限制)，同样有

$$\iint\limits_D f(x, y)\mathrm{d}x\mathrm{d}y=\int_a^b\left[\int_{\varphi_1(x)}^{\varphi_2(x)} f(x, y)\mathrm{d}y\right]\mathrm{d}x.$$

上式右端是两次定积分——先对 y 积分，再对 x 积分，通常称为累次积分. 为了方便，上式也记作

$$\iint\limits_D f(x, y)\mathrm{d}x\mathrm{d}y=\int_a^b\mathrm{d}x\int_{\varphi_1(x)}^{\varphi_2(x)} f(x, y)\mathrm{d}y.$$

类似地，当积分区域 D 为 y 型区域，即 D 可以表示为

$$\psi_1(y)\leqslant x\leqslant\psi_2(y),\ c\leqslant y\leqslant d,$$

其中，$\psi_1(y)$，$\psi_2(y)$ 都在闭区间 $[c, d]$ 上连续(图 5-8)时，有

$$\iint\limits_D f(x, y)\mathrm{d}x\mathrm{d}y=\int_c^d\mathrm{d}y\int_{\psi_1(y)}^{\psi_2(y)} f(x, y)\mathrm{d}x.$$

即二重积分 $\iint\limits_D f(x, y)\mathrm{d}x\mathrm{d}y$ 可以通过先对 x 积分，再对 y 积分的累次积分来计算.

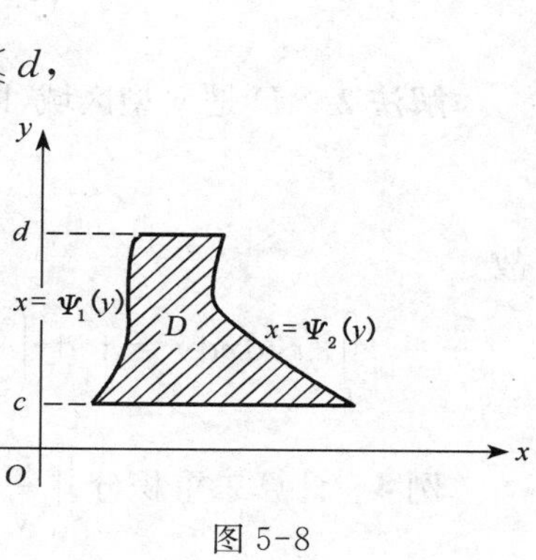

图 5-8

显然，当积分区域 D 既是 x 型区域，又是 y 型区域时（例如单位圆域，即边界是单位圆的有界闭区域），有

$$\int_a^b \mathrm{d}x\int_{\varphi_1(x)}^{\varphi_2(x)} f(x,\ y)\mathrm{d}y = \int_c^d \mathrm{d}y\int_{\psi_1(y)}^{\psi_2(y)} f(x,\ y)\mathrm{d}x.$$

这个公式称为累次积分的换序公式. 特别地，当积分区域 D 为矩形域

$$[a,\ b]\times[c,\ d] = \{(x,\ y)\mid a\leqslant x\leqslant b,\ c\leqslant y\leqslant d\}$$

时，有

$$\int_a^b \mathrm{d}x\int_c^d f(x,\ y)\mathrm{d}y = \int_c^d \mathrm{d}y\int_a^d f(x,\ y)\mathrm{d}x.$$

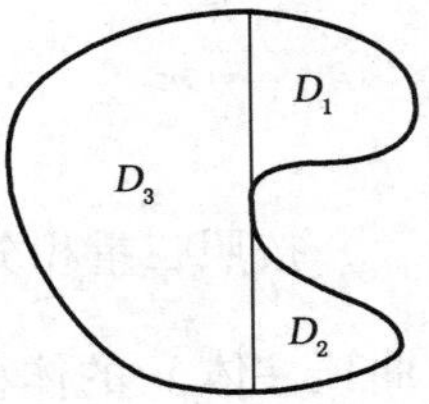

图 5-9

当积分区域 D 既不是 x 型区域，又不是 y 型区域（图 5-9）时，总可以利用平行于坐标轴的直线，将其化为有限个 x 型区域或 y 型区域的并，这样，由二重积分的性质 2，仍然可以进行计算. 例如在图 5-9 中，有

$$\iint_D f(x,\ y)\mathrm{d}\sigma = \iint_{D_1} f(x,\ y)\mathrm{d}\sigma + \iint_{D_2} f(x,\ y)\mathrm{d}\sigma + \iint_{D_3} f(x,\ y)\mathrm{d}\sigma.$$

再根据 D_1, D_2, D_3 具体是 x 型区域，还是 y 型区域分别将其化为累次积分.

例 3 计算二重积分 $\iint\limits_D 2xy\,\mathrm{d}x\mathrm{d}y$，其中 D 是由直线 $x=2$, $y=1$ 和 $y=x$ 所围成的闭区域（图 5-10）.

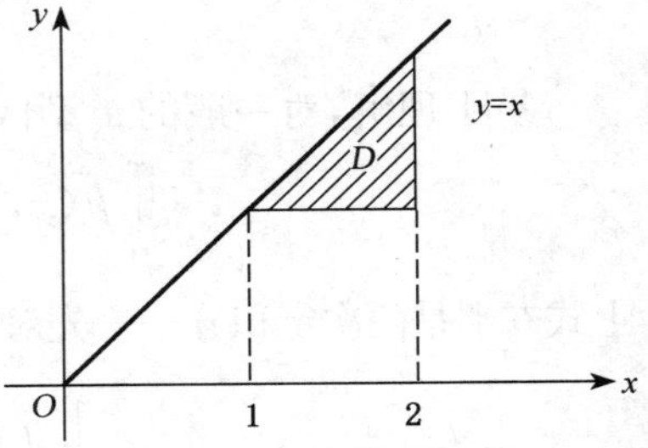

图 5-10

解法 1 D 是 x 型区域，即 D 可以表示为

$$1\leqslant y\leqslant x,\ 1\leqslant x\leqslant 2,$$

故

$$\begin{aligned}\iint_D 2xy\,\mathrm{d}x\mathrm{d}y &= \int_1^2 \mathrm{d}x\int_1^x 2xy\,\mathrm{d}y\\ &= \int_1^2 x(x^2-1)\mathrm{d}x\\ &= \left(2y^2-\frac{1}{4}y^4\right)\Big|_1^2 = \frac{9}{4}.\end{aligned}$$

解法 2 D 是 y 型区域，即 D 又可以表示为

$$y\leqslant x\leqslant 2,\ 1\leqslant y\leqslant 2,$$

故

$$\iint_D 2xy\,\mathrm{d}x\mathrm{d}y = \int_1^2 \mathrm{d}y\int_y^2 2xy\,\mathrm{d}x = \int_1^2 y(4-y^2)\mathrm{d}y = \left(2y^2-\frac{1}{4}y^4\right)\Big|_1^2 = \frac{9}{4}.$$

例 4 计算二重积分 $\iint\limits_D \frac{x^2}{y^2}\mathrm{d}x\mathrm{d}y$，其中 D 是由直线 $x=2$, $y=x$ 和双曲线 $xy=1$ 所围

成的闭区域(图 5-11).

解法 1(按先 y 后 x 的次序化为累次积分)　将区域 D 投影到 x 轴上,得闭区域 $[1, 2]$,有

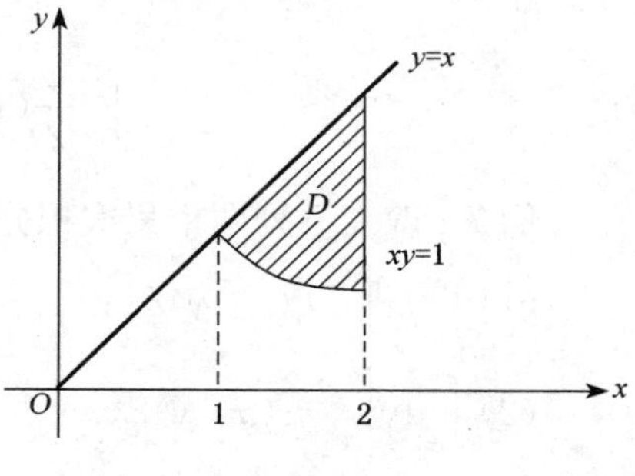

图 5-11

$$\iint_D \frac{x^2}{y^2}\mathrm{d}x\mathrm{d}y = \int_1^2 \mathrm{d}x\int_{\frac{1}{x}}^{x} \frac{x^2}{y^2}\mathrm{d}y$$

$$= \int_1^2 (x^3 - x)\mathrm{d}x$$

$$= \left(2y^2 - \frac{1}{4}y^4\right)\Big|_1^2$$

$$= \frac{9}{4}.$$

解法 2(按先 x 后 y 的次序化为累次积分)　将区域 D 投影到 y 轴上,得闭区域 $\left[\frac{1}{2}, 2\right]$,区域 D 可分为两个小区域:D_1 的 y 在 $\left[\frac{1}{2}, 1\right]$ 上,$\frac{1}{y} \leqslant x \leqslant 2$;$D_2$ 的 y 在 $[1, 2]$ 上,$y \leqslant x \leqslant 2$,于是

$$\iint_D \frac{x^2}{y^2}\mathrm{d}x\mathrm{d}y = \iint_{D_1} \frac{x^2}{y^2}\mathrm{d}x\mathrm{d}y + \iint_{D_2} \frac{x^2}{y^2}\mathrm{d}x\mathrm{d}y = \int_{\frac{1}{2}}^1 \mathrm{d}y\int_{\frac{1}{y}}^2 \frac{x^2}{y^2}\mathrm{d}x + \int_1^2 \mathrm{d}y\int_y^2 \frac{x^2}{y^2}\mathrm{d}x = \frac{9}{4}.$$

这个例子说明,选取不同的累次积分顺序,计算的工作量可以有很大差别.下面的例题则给出了另一个事实:若累次积分的顺序没选好,二重积分甚至“算不出”.

例 5　计算二重积分 $\iint\limits_D x^2 \mathrm{e}^{-y^2}\mathrm{d}x\mathrm{d}y$,其中 D 是由直线 $x = 0$, $y = 1$ 和 $y = x$ 所围成的闭区域(图 5-12).

解　按先 x 后 y 的次序化为累次积分,则

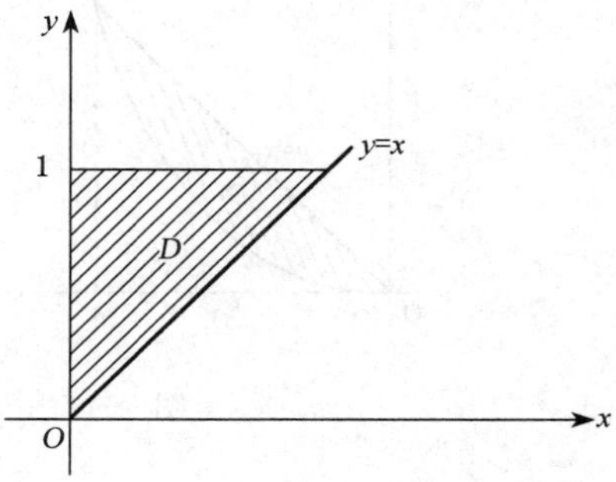

图 5-12

$$\iint_D x^2 \mathrm{e}^{-y^2}\mathrm{d}x\mathrm{d}y = \int_0^1 \mathrm{d}y\int_0^y x^2 \mathrm{e}^{-y^2}\mathrm{d}x$$

$$= \frac{1}{3}\int_0^1 y^3 \mathrm{e}^{-y^2}\mathrm{d}y$$

$$= \frac{1}{6} - \frac{1}{3\mathrm{e}}.$$

注　若按先 y 后 x 的次序化为累次积分,则

$$\iint_D x^2 \mathrm{e}^{-y^2}\mathrm{d}x\mathrm{d}y = \int_0^1 \mathrm{d}x\int_x^1 x^2 \mathrm{e}^{-y^2}\mathrm{d}y = \int_0^1 x^2\mathrm{d}x\int_x^1 \mathrm{e}^{-y^2}\mathrm{d}y,$$

由于函数 e^{-y^2} 的原函数不能用初等函数表示,因此这个累次积分顺序无效.

例 6　计算四个平面 $x + y + z = 1$, $x = 0$, $y = 0$, $z = 0$ 所围成的四面体的体积.

解　将该四面体向 xOy 面投影,得闭区域 D(图 5-13),其边界为直线 $x + y = 1$, $x = 0$ 和 $y = 0$. 由二重积分的几何意义,四面体的体积

$$\iint_D (1-x-y)\,dx\,dy = \int_0^1 dx \int_0^{1-x} (1-x-y)\,dy$$

$$= \int_0^1 \frac{1}{2}(1-x)^2\,dx = \frac{1}{6}.$$

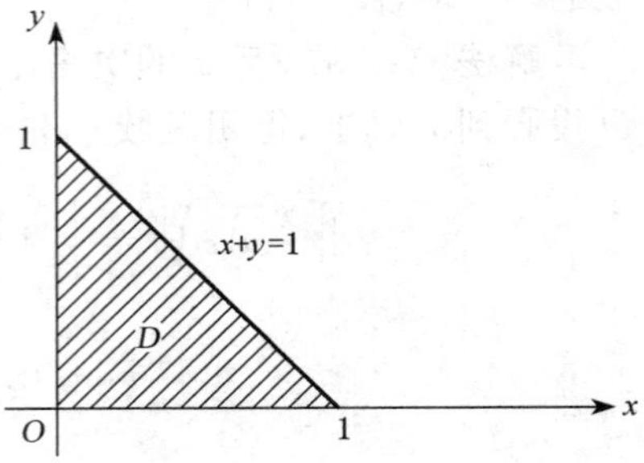

图 5-13

例 7 改变下列两个累次积分的顺序：

(1) $\int_0^1 dx \int_{x^2}^{x} f(x, y)\,dy$；

(2) $\int_0^1 dy \int_y^{2-y} f(x, y)\,dx$.

解 对累次积分的换序问题，首先需要解决的问题是原来的二重积分的积分区域是什么. 这需要将化二重积分为累次积分的思路"倒过来".

(1) 该累次积分所对应的二重积分的积分区域 D：$x^2 \leqslant y \leqslant x$，$0 \leqslant x \leqslant 1$（图 5-14），故

$$\int_0^1 dx \int_{x^2}^{x} f(x, y)\,dy = \int_0^1 dy \int_y^{\sqrt{y}} f(x, y)\,dx.$$

(2) 该累次积分所对应的二重积分的积分区域 D：$y \leqslant x \leqslant 2-y$，$0 \leqslant y \leqslant 1$（图 5-15），故

$$\int_0^1 dy \int_y^{2-y} f(x, y)\,dx = \int_0^1 dx \int_0^{x} f(x, y)\,dy + \int_1^2 dx \int_0^{2-x} f(x, y)\,dy.$$

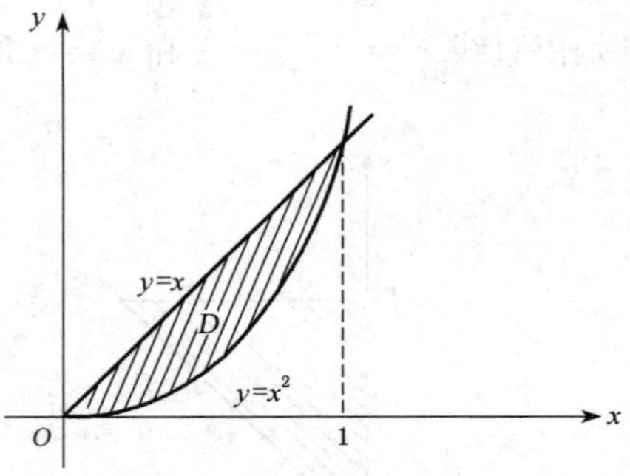

图 5-14

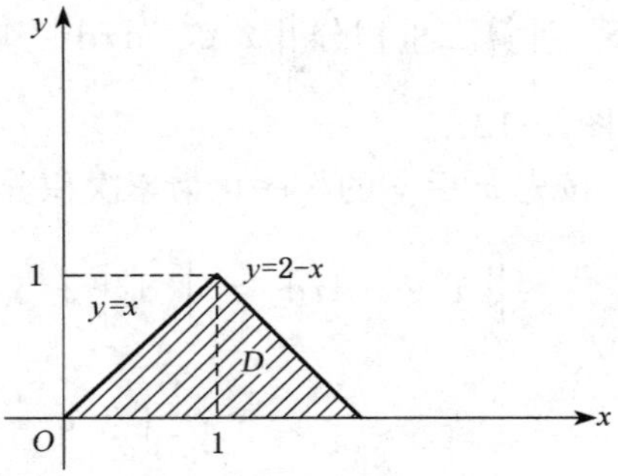

图 5-15

5.6.4 极坐标在计算二重积分中的应用

对有些二重积分，积分区域 D 的边界曲线若用极坐标方程表示会更方便，且被积函数用极坐标表示也比较简单，这时，可以考虑用极坐标来计算二重积分.

由二重积分的定义，有

$$\iint_D f(x, y)\,d\sigma = \lim_{\lambda \to 0} \sum_{i=1}^{n} f(\xi_i, \eta_i)\Delta\sigma_i,$$

其中的分割是利用平面曲线网得到的. 在直角坐标系下，利用平行于坐标轴的直线网来分割

最为方便，那么在极坐标系下，应当是取同心圆 $\rho=\rho_i$ 与射线 $\theta=\theta_i$ 构成的曲线网对 D 分割比较方便(图 5-16).

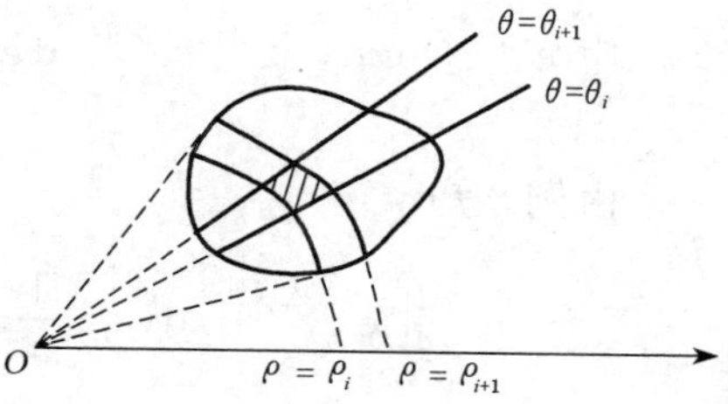

图 5-16

设 D 被上述曲线网分割为 n 个小闭区域，则除了包含边界的一些小闭区域外，其余的小闭区域都是两个扇形的差，故其面积

$$\Delta\sigma_i=\frac{1}{2}(\rho_i+\Delta\rho_i)^2\Delta\theta_i-\frac{1}{2}\rho_i^2\Delta\theta_i\approx\bar{\rho}_i\Delta\rho_i\Delta\theta_i,$$

其中，$\bar{\rho}_i$ 为区间 $[\rho_i,\ \rho_i+\Delta\rho_i]$ 上的一个值，满足 $\xi_i=\bar{\rho}_i\cos\bar{\theta}_i$，$\eta_i=\bar{\rho}_i\sin\bar{\theta}_i$，这里 $(\xi_i,\ \eta_i)$ 是第 i 个小闭区域内对应点 $(\bar{\rho}_i,\ \bar{\theta}_i)$ 的直角坐标，于是，

$$\lim_{\lambda\to 0}\sum_{i=1}^{n}f(\xi_i,\ \eta_i)\Delta\sigma_i=\lim_{\lambda\to 0}\sum_{i=1}^{n}f(\bar{\rho}_i\cos\bar{\theta}_i,\ \bar{\rho}_i\sin\bar{\theta}_i)\bar{\rho}_i\Delta\rho_i\Delta\theta_i,$$

即

$$\iint_D f(x,\ y)\mathrm{d}x\mathrm{d}y=\iint_D f(\rho\cos\theta,\ \rho\sin\theta)\rho\,\mathrm{d}\rho\,\mathrm{d}\theta.$$

这个公式是二重积分由直角坐标化为极坐标的变换公式，在二重积分的计算中非常有用.

例 8 计算二重积分 $\iint_D \mathrm{e}^{-x^2-y^2}\mathrm{d}x\mathrm{d}y$，其中 D 是圆心在原点、半径为 a 的闭圆域.

解 在极坐标系下，D 可表示为

$$0\leqslant\rho\leqslant a,\ 0\leqslant\theta\leqslant 2\pi,$$

故

$$\begin{aligned}\iint_D \mathrm{e}^{-x^2-y^2}\mathrm{d}x\mathrm{d}y&=\iint_D \mathrm{e}^{-\rho^2}\rho\,\mathrm{d}\rho\,\mathrm{d}\theta=\int_0^{2\pi}\mathrm{d}\theta\int_0^a \mathrm{e}^{-\rho^2}\rho\,\mathrm{d}\rho\\&=\int_0^{2\pi}\frac{1}{2}(1-\mathrm{e}^{-a^2})\mathrm{d}\theta=\pi(1-\mathrm{e}^{-a^2}).\end{aligned}$$

例 9 利用二重积分计算概率积分 $\int_0^{+\infty}\mathrm{e}^{-x^2}\mathrm{d}x$.

解 $\int_0^{+\infty}\mathrm{e}^{-x^2}\mathrm{d}x=\lim\limits_{a\to+\infty}\int_0^a \mathrm{e}^{-x^2}\mathrm{d}x$，为了算出 $\int_0^a \mathrm{e}^{-x^2}\mathrm{d}x$，可这样处理：

$$\left(\int_0^a \mathrm{e}^{-x^2}\mathrm{d}x\right)^2=\left(\int_0^a \mathrm{e}^{-x^2}\mathrm{d}x\right)\left(\int_0^a \mathrm{e}^{-y^2}\mathrm{d}y\right)=\iint_D \mathrm{e}^{-x^2-y^2}\mathrm{d}x\mathrm{d}y,$$

其中，D 是正方形区域：$0\leqslant x\leqslant a,\ 0\leqslant y\leqslant a$.

设 D_1，D_2 是圆心在原点、半径分别是 $a,\sqrt{2}a$，位于第一象限的 1/4 圆域(图 5-17)，则 $D_1\subset D\subset D_2$. 因 $\mathrm{e}^{-x^2-y^2}>0$，故

$$\iint\limits_{D_1} e^{-x^2-y^2}\,dxdy < \iint\limits_{D} e^{-x^2-y^2}\,dxdy < \iint\limits_{D_2} e^{-x^2-y^2}\,dxdy.$$

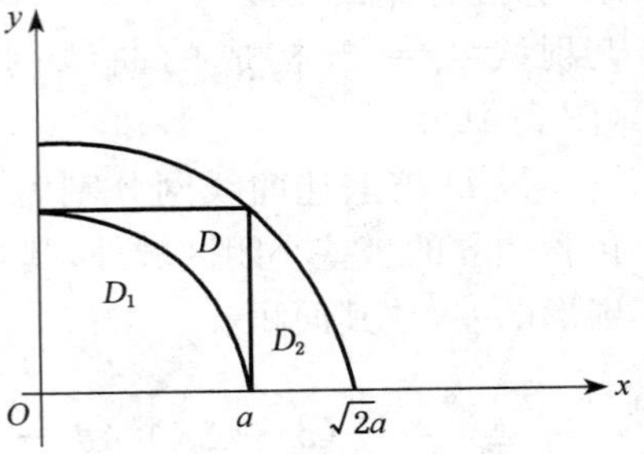

图 5-17

由例 8 知

$$\iint\limits_{D_1} e^{-x^2-y^2}\,dxdy = \frac{1}{4}\pi(1-e^{-a^2}),$$

$$\iint\limits_{D_2} e^{-x^2-y^2}\,dxdy = \frac{1}{4}\pi(1-e^{-2a^2}),$$

即

$$\frac{\pi}{4}(1-e^{-a^2}) < \left(\int_0^a e^{-x^2}\,dx\right)^2 < \frac{\pi}{4}(1-e^{-2a^2}).$$

于是

$$\frac{1}{2}\sqrt{\pi(1-e^{-a^2})} < \int_0^a e^{-x^2}\,dx < \frac{1}{2}\sqrt{\pi(1-e^{-2a^2})},$$

令 $a\to+\infty$，得

$$\frac{\sqrt{\pi}}{2} \leqslant \int_0^{+\infty} e^{-x^2}\,dx \leqslant \frac{\sqrt{\pi}}{2},$$

故

$$\int_0^{+\infty} e^{-x^2}\,dx = \frac{\sqrt{\pi}}{2}.$$

习题 5.6

1. 计算下列二重积分.

(1) $\iint\limits_D (x+2y)\,d\sigma$，其中 D：$0\leqslant x\leqslant 2$，$0\leqslant y\leqslant 2$；

(2) $\iint\limits_D \cos(x+y)\,d\sigma$，其中 D 是由 $x=0$，$y=\pi$，$y=x$ 所围成的区域；

(3) $\iint\limits_D xy\,dxdy$，其中 D 是由直线 $y=x$ 与抛物线 $y=x^2$ 所围成的区域；

(4) $\iint\limits_D (x^2+y)\,dxdy$，其中 D 是由 $y=x^2$，$y^2=x$ 所围成的区域.

2. 将下列二重积分化为不同次序的累次积分.

(1) $\iint\limits_D f(x,y)\,dxdy$，其中 D 是由直线 $x+y=1$，$x-y=1$ 与 $x=0$ 所围成的区域；

(2) $\iint\limits_D f(x,y)\,dxdy$，其中 D 是由直线 $y=x$，$y=3x$，$x=1$ 与 $x=3$ 所围成的区域；

(3) $\iint\limits_D f(x,y)\,dxdy$，其中 D 是由曲线 $y=x^2$ 与 $y=4-x^2$ 所围成的区域；

(4) $\iint\limits_D f(x, y)\mathrm{d}x\mathrm{d}y$，其中 D 是以曲线 $x^2+y^2=2y$ 为边界的圆域.

3. 改变下列累次积分的顺序.

(1) $\int_0^1 \mathrm{d}y\int_y^{\sqrt{y}} f(x, y)\mathrm{d}x$；

(2) $\int_0^2 \mathrm{d}x\int_x^{2x} f(x, y)\mathrm{d}y$；

(3) $\int_2^{\mathrm{e}} \mathrm{d}x\int_0^{\ln x} f(x, y)\mathrm{d}y$；

(4) $\int_0^{2a} \mathrm{d}x\int_{\sqrt{2ax-x^2}}^{\sqrt{2ax}} f(x, y)\mathrm{d}y \quad (a>0)$；

(5) $\int_0^1 \mathrm{d}x\int_0^x f(x, y)\mathrm{d}y+\int_1^2 \mathrm{d}x\int_0^{2-x} f(x, y)\mathrm{d}y$.

4. 应用极坐标变换计算下列二重积分.

(1) $\iint\limits_D \arctan\dfrac{y}{x}\mathrm{d}x\mathrm{d}y$，其中 D 是圆 $x^2+y^2=1$，$x^2+y^2=4$ 及直线 $y=0$，$y=x$ 在第一象限所界定的区域；

(2) $\iint\limits_D (4-x-y)\mathrm{d}x\mathrm{d}y$，其中 D 是圆域 $x^2+y^2\leqslant 2y$；

(3) $\iint\limits_D \sqrt{R^2-x^2-y^2}\mathrm{d}x\mathrm{d}y$，其中 D 是圆域 $x^2+y^2\leqslant Rx \quad (R>0)$；

(4) $\iint\limits_D (x+y)\mathrm{d}x\mathrm{d}y$，其中 D 是 $x^2+y^2=x+y$ 所围成的区域.

5. 计算下列曲线所围成的平面图形的面积.

(1) $y=x^2$，$y=x+2$；

(2) $y=\sin x$，$y=\cos x$，$0\leqslant x\leqslant\dfrac{\pi}{4}$；

(3) $r=a(1+\cos\theta)$，$r=a\cos\theta \quad (a>0)$；

(4) $(x^2+y^2)^2=2a^2(x^2-y^2)$，$x^2+y^2\geqslant a^2 \quad (a>0)$.

6. 计算下列曲面所围成的空间立体的体积.

(1) $z=1+x+y$，$z=0$，$x+y=1$，$x=0$，$y=0$；

(2) $x+y+z=a$，$x^2+y^2=R^2$，$x\geqslant 0$，$y\geqslant 0$，$z\geqslant 0 \quad (a>\sqrt{2}R)$；

(3) $z=x^2+y^2$，$y=1$，$z=0$，$y=x^2$；

(4) $z=x^2+y^2$，$x^2+y^2=x$，$x^2+y^2=2x$，$z=0$.

7. 计算二重积分 $\iint\limits_D [x+y]\mathrm{d}x\mathrm{d}y$，其中 D：$0\leqslant x\leqslant 2$，$0\leqslant y\leqslant 2$，$[x]$ 表示 x 的整数部分.

8. 计算二重积分 $\iint\limits_D |x+y|\mathrm{d}x\mathrm{d}y$，其中 D：$-1\leqslant x\leqslant 1$，$-1\leqslant y\leqslant 1$.

总习题 5

一、选择题

1. 二元函数 $z=\dfrac{1}{\ln(xy)}$ 的定义域为(　　).

A. $\{(x, y)|xy\neq 0\}$

B. $\{(x, y)|x>0, y>0, xy\neq 1\}$

C. $\{(x, y)|x<0, y<0, xy\neq 1\}$

D. $\{(x, y)|xy>0, xy\neq 1\}$

2. $\lim\limits_{(x, y)\to(0, 2)}\dfrac{\sin(xy)}{x}$ 为(　　).

A. 0　　B. 1　　C. 2　　D. 不存在

3. 函数 $f(x, y)=\begin{cases}\dfrac{xy}{x^2+y^2}, & (x, y)\neq(0, 0),\\ 0, & (x, y)=(0, 0)\end{cases}$ 在点(0, 0)处(　　).

A. 连续但不可偏导　　B. 可偏导但不连续

C. 连续且可偏导但不可微分　　D. 可微分

4. 函数 $z=f(x, y)$ 在点 (x_0, y_0) 处的两个偏导数存在是函数在该点连续的(　　).

A. 充分非必要条件　　B. 必要非充分条件

C. 充分必要条件　　D. 既非充分条件又非必要条件

5. 设 $D=\{(x, y)\mid 1\leqslant x^2+y^2\leqslant 9\}$,则 $\iint\limits_D \mathrm{d}x\mathrm{d}y$ 为(　　).

A. π　　B. 2π　　C. 3π　　D. 8π

6. 设积分区域为 $D: x^2+y^2\leqslant 1$, f 是 D 上的连续函数,则 $\iint\limits_D f(\sqrt{x^2+y^2})\mathrm{d}x\mathrm{d}y$ 为(　　).

A. $2\pi\int_0^1 rf(r)\mathrm{d}r$　　B. $4\pi\int_0^1 rf(r)\mathrm{d}r$　　C. $2\pi\int_0^1 f(r^2)\mathrm{d}r$　　D. $2\pi\int_0^1 f(r)\mathrm{d}r$.

二、填空题

7. $\lim\limits_{(x, y)\to(0, 0)}\dfrac{\sqrt{xy+1}-1}{\sqrt{xy}}=$ ________.

8. 设 $f(x, y)=\dfrac{x-3y}{x^2+y^2}$,则 $f_x(2,-1)=$ ________.

9. 设 $z=\mathrm{e}^{x-2y}$,而 $x=\sin t, y=t^2$,则 $\dfrac{\mathrm{d}z}{\mathrm{d}t}=$ ________.

10. 函数 $z=\mathrm{e}^x+\sin y$ 的全微分 $dz=$ ________.

11. $1.97^{1.05}$ 的近似值(精确到小数点后两位,$\ln 2\approx 0.69$)为________.

12. 交换二次积分次序,则 $\int_0^1\mathrm{d}y\int_{y^2}^{\sqrt{y}} f(x, y)\mathrm{d}x=$ ________.

13. 交换二次积分次序,则 $\int_0^1\mathrm{d}y\int_{\sqrt{y}}^{2-y} f(x, y)\mathrm{d}x=$ ________.

14. 交换二次积分次序,则 $\int_0^1\mathrm{d}x\int_0^{x^2} f(x, y)\mathrm{d}y+\int_1^2\mathrm{d}x\int_0^{2-x} f(x, y)\mathrm{d}y=$ ________.

15. 设 $D: 0\leqslant x\leqslant 1, 0\leqslant y\leqslant 1$ 则 $\iint\limits_D x\mathrm{e}^{xy}\mathrm{d}x\mathrm{d}y=$ ________.

16. 设 $D: 0\leqslant x\leqslant 1, 0\leqslant y\leqslant x$ 则 $\iint\limits_D xy^2\mathrm{d}x\mathrm{d}y=$ ________.

17. 设 D 是由 $x=0$, $y=\pi$, $y=x$ 所围成的区域,则 $\iint\limits_D\cos(x+y)\mathrm{d}x\mathrm{d}y=$ ________.

18. $\int_0^1\mathrm{d}x\int_0^{\sqrt{1-x^2}}\mathrm{d}y=$ ________.

19. 设 D 是由 $y=x$, $y=2x$, $y=-1$ 围成的区域,将 $I=\iint\limits_D f(x, y)\mathrm{d}x\mathrm{d}y$ 化为累次积分为 $I=$ ________________.

三、解答与证明题

20. 设 $z=f(x+y, xy)$, f 具有二阶连续偏导数,求 $\dfrac{\partial z}{\partial x}$, $\dfrac{\partial^2 z}{\partial y^2}$.

21. 设 $x^2+y^2+z^2-4z=0$,求 $\dfrac{\partial^2 z}{\partial x^2}$.

22. 设 $z=e^u\sin v$, $u=xy$, $v=x+y$, 求 $\frac{\partial z}{\partial x}$ 与 $\frac{\partial z}{\partial y}$.

23. 设 $r=\sqrt{x^2+y^2+z^2}$, 证明: $\frac{\partial^2 r}{\partial x^2}+\frac{\partial^2 r}{\partial y^2}+\frac{\partial^2 r}{\partial z^2}=\frac{2}{r}$.

24. 设 $\begin{cases}x=e^u+u\sin v\\ y=e^u-u\cos v\end{cases}$, 求 $\frac{\partial u}{\partial x}$, $\frac{\partial v}{\partial y}$.

25. 求函数 $f(x, y)=x^2+xy+y^2-3x-6y$ 的极值.

26. 求二元函数 $f(x, y)=4(x-y)-x^2-y^2$ 的极值.

27. 在两直角边分别为 a、b 的直角三角形中内接一个矩形,求矩形的最大面积.

28. 在平面 xoy 上求一点,使它到 $x=0$, $y=0$, $x+2y-16=0$ 三直线的距离平方和最小.

29. 计算二重积分 $\iint\limits_D x^2\,dxdy$, 其中 $D=\{(x, y)\mid |x|+|y|\leqslant 1\}$.

30. 计算积分 $\iint\limits_D xy\,dxdy$, 其中 D 是 xOy 平面上第一象限内直线 $x=0$ 与 $y=2$、抛物线 $y=\frac{1}{2}x^2$ 所围成的闭区域.

31. 计算 $I=\iint\limits_D x\sqrt{1-x^2+y^2}\,dxdy$, 其中 D 由 $y=x$, $y=-1$, $x=1$ 所围成.

32. 计算 $I=\iint\limits_D (x^2+y^2)\,dxdy$, 其中 D 是由不等式 $\sqrt{2x-x^2}\leqslant y\leqslant\sqrt{4-x^2}$ 所围成的区域.

33. 计算由曲面 $x+y+z=a$, $x^2+y^2=R^2$, $x\geqslant 0$, $y\geqslant 0$, $z\geqslant 0$ $(a>\sqrt{2}R)$ 所围成的空间立体的体积.

第 6 章　常微分方程与差分方程

在生产和社会实践活动中，人们经常需要处理一些含有未知函数的导数或微分的等式，这就是微分方程，差分方程是一类特殊的微分方程. 本章将主要讨论与常微分方程有关的一些常见问题，包括微分方程的基本概念、一阶常微分方程的解法、二阶常系数线性微分方程等. 在本章的最后部分，将介绍差分方程的一些基本知识.

6.1　微分方程的基本概念

先引入两个例子.

例 1　设平面上的一条曲线通过点(1, 2)，且其上每一处的切线的斜率都等于该点横坐标的二倍，求该曲线的方程.

解　设所求曲线的方程为 $y = y(x)$，由导数的几何意义，未知函数 $y = y(x)$ 应满足关系式

$$\frac{\mathrm{d}y}{\mathrm{d}x} = 2x. \tag{6.1.1}$$

此外，由于曲线通过点(1, 2)，故 $y = y(x)$ 还应满足条件

$$y(1) = 2. \tag{6.1.2}$$

在式(6.1.1)两边同时取不定积分，得 $y = \int 2x\mathrm{d}x$，即

$$y = x^2 + C, \tag{6.1.3}$$

将式(6.1.2) 即“$x = 1$ 时，$y = 2$”代入式(6.1.3)，得 $2 = 1^2 + C$，故 $C = 1$. 把 $C = 1$ 代入式(6.1.3)，即得所求曲线方程为

$$y = x^2 + 1.$$

例 2　一质量为 m 的物体，在距地面高度 h_0 处开始自由下落，求该物体下落时的高度 h 与时间 t 的关系.

解　由牛顿第二定律，有

$$m\frac{\mathrm{d}^2h}{\mathrm{d}t^2} = -mg, \tag{6.1.4}$$

$$h(0) = h_0, \quad h'(0) = 0, \tag{6.1.5}$$

其中，式(6.1.4)右端取负号的原因是：高度增加的方向与重力加速度 g 的方向相反. 将等式(6.1.4)两边的非零常数 m 约去后，得$\frac{\mathrm{d}^2h}{\mathrm{d}t^2} = -g$，再连续积分两次，得

$$h = -\frac{1}{2}gt^2 + C_1 t + C_2. \tag{6.1.6}$$

为了确定常数 C_1，C_2，将 $h(0)=h_0$ 代入，得 $C_2=h_0$；对式(6.1.6)求导，得 $h'(t)=-gt+C_1$，将 $h'(0)=0$ 代入，得 $C_1=0$. 故该物体下落时的高度 h 与时间 t 的关系为

$$h = h_0 - \frac{1}{2}gt^2, \quad 0 \leqslant t \leqslant \sqrt{\frac{2h_0}{g}}.$$

其中，函数的定义域(自变量 t 的范围)的右端点是令 $h=0$ 得到的.

由上面的两个例子不难看出，在生产和社会实践活动中，常常会遇到含有未知函数的导数或微分的关系式，这就是微分方程.

定义 6.1 含有未知函数的导数或微分的方程称为**微分方程**. 当微分方程中未知函数为一元函数时，称该方程为**常微分方程**；当微分方程中未知函数为多元函数时，称该方程为**偏微分方程**(此时微分方程中含有未知函数的偏导数). 为方便计，有时将微分方程简称为**方程**. 微分方程中所含未知函数导数的最高阶数称为该方程的**阶**.

例如：

(1) $\dfrac{dy}{dx}=3x$；　　(2) $\dfrac{d^2h}{dt^2}=-g$；

(3) $(x^2+y^2)dx+2xydy=0$；　　(4) $y''+2y'-4y-x^2+1=0$；

(5) $\dfrac{\partial^2 u}{\partial x^2}+\dfrac{\partial^2 u}{\partial y^2}=0$；　　(6) $\dfrac{dy}{dx}-\dfrac{2y}{x+1}=(x+1)^2$

都是微分方程. 其中，(1)、(2)、(3)、(4)、(6)都是常微分方程；(5)是偏微分方程；(1)、(3)、(6)是一阶常微分方程；(2)、(4)是二阶常微分方程；(5)是二阶偏微分方程.

本章仅讨论常微分方程.

定义 6.2 满足微分方程的函数称为该方程的**解**，求一个方程解的过程称为**解微分方程**. 如果一个微分方程的一个解中含有独立的任意常数，即每个任意常数和该解中的其他任意常数没有任何关系，且独立的任意常数的个数与该方程的阶数相同，则称这个解为该微分方程的**通解**，不含任意常数的解称为**特解**. 由通解确定特解需要有与通解中任意常数的个数相同的已知条件，这些条件称为**定解条件**，常见的定解条件为**初值条件**(也称为**初始条件**). 微分方程与其初始条件合在一起，称为微分方程的**初值问题**.

例如，在例 1 中，方程 $\dfrac{dy}{dx}=2x$ 的通解是 $y=x^2+C$，$y=x^2+1$ 是满足初值条件 $y(1)=2$ 的特解，或说 $y=x^2+1$ 是初值问题

$$\begin{cases} \dfrac{dy}{dx}=2x, \\ y(1)=2 \end{cases}$$

的解. 在例 2 中，方程 $m\dfrac{d^2h}{dt^2}=-mg$ 的通解是 $h=-\dfrac{1}{2}gt^2+C_1t+C_2$，$h=h_0-\dfrac{1}{2}gt^2$ 是满足初值条件 $h(0)=h_0$，$h'(0)=0$ 的特解，或说 $h=h_0-\dfrac{1}{2}gt^2$ 是初值问题

$$\begin{cases} m\dfrac{d^2h}{dt^2}=-mg, \\ h(0)=h_0,\ h'(0)=0 \end{cases}$$

的解.

需要指出的是,一个微分方程的阶数与其通解中所含的独立任意常数的个数,以及初始条件的个数,三者是相同的.

n 阶微分方程的一般形式为

$$F(x,\ y,\ y',\ \cdots,\ y^{(n)})=0,$$

它的初始条件为

$$y\Big|_{x=x_0}=y_0,\ y'\Big|_{x=x_0}=y_1,\ y''\Big|_{x=x_0}=y_2,\ \cdots,\ y^{(n-1)}\Big|_{x=x_0}=y_{n-1},$$

其中,y_0, y_1, y_2, $\cdots$, y_{n-1} 都是已知数.

例 3 验证函数 $y=C_1\cos x+C_2\sin x+\frac{1}{2}e^x$ 是方程 $y''+y=e^x$ 的通解(其中 C_1, C_2 是任意常数),并求此微分方程满足初始条件 $y\Big|_{x=0}=\frac{1}{2}$, $y'\Big|_{x=0}=1$ 的特解.

证明 由 $y=C_1\cos x+C_2\sin x+\frac{1}{2}e^x$ 得

$$y'=-C_1\sin x+C_2\cos x+\frac{1}{2}e^x,\ y''=-C_1\cos x-C_2\sin x+\frac{1}{2}e^x,$$

将以上结果代入所给方程,得

$$\text{左}=\left(-C_1\cos x-C_2\sin x+\frac{1}{2}e^x\right)+\left(C_1\cos x+C_2\sin x+\frac{1}{2}e^x\right)=e^x=\text{右}.$$

故 $y=C_1\cos x+C_2\sin x+\frac{1}{2}e^x$ 是方程 $y''+y=e^x$ 的解,又由于它含有两个独立的任意常数 C_1, C_2(C_1, C_2 不能合并),因此函数 $y=C_1\cos x+C_2\sin x+\frac{1}{2}e^x$ 是方程 $y''+y=e^x$ 的通解.

将初始条件 $y\Big|_{x=0}=\frac{1}{2}$, $y'\Big|_{x=0}=1$ 代入通解及其导数 $y'=-C_1\sin x+C_2\cos x+\frac{1}{2}e^x$,得

$$\begin{cases} C_1+\dfrac{1}{2}=\dfrac{1}{2}, \\ C_2+\dfrac{1}{2}=1, \end{cases}$$

即 $C_1=0$, $C_2=\frac{1}{2}$. 故此微分方程满足所给初始条件的特解为

$$y=\frac{1}{2}\sin x+\frac{1}{2}e^x.$$

习题 6.1

1. 指出下列微分方程的阶数.

(1) $y' = x^2 + y^2$；

(2) $x(y')^2 + 2yy' + y^2 = 0$；

(3) $\left(\frac{\mathrm{d}y}{\mathrm{d}x}\right)^{\frac{3}{2}} = x^4 + 1$；

(4) $x\frac{\mathrm{d}^2 y}{\mathrm{d}x^2} + \frac{\mathrm{d}y}{\mathrm{d}x} + y\sin x = 0$；

(5) $y^2 y''' + xy'' - y = \arctan x$；

(6) $y^{(4)} - 2y''' + y'' = \mathrm{e}^x$.

2. 判断下列各题中的函数是否为所给微分方程的解？

(1) $x^2\mathrm{d}y = y\mathrm{d}x$，$y = x^3 + 1$；

(2) $y'' + y' = 0$，$y = 2\cos x - 3\sin x$；

(3) $y'' = x^2 + y^2$，$y = \ln x$；

(4) $\frac{\mathrm{d}y}{\mathrm{d}x} + \frac{x+y}{x} = 0$，$y = \frac{1-x^2}{2x}$.

3. 平面上一条曲线在点(x, y)处的切线被两坐标轴所截得的线段恰好被切点平分，试确定此曲线所满足的微分方程.

4. 通达公司去年的边际收益是收益的$\frac{1}{12}$，试用微分方程表示该公司的收益.

6.2　一阶微分方程

本节将讨论一阶微分方程的解法. 一阶微分方程的一般形式为

$$F(x, y, y') = 0,$$

当 y' 可以解出时，即可写成

$$y' = f(x, y).$$

6.2.1　可分离变量方程

如果一阶微分方程可以化为

$$g(y)\mathrm{d}y = h(x)\mathrm{d}x \tag{6.2.1}$$

的形式，则称这个微分方程为**可分离变量方程**.

对式(6.2.1)的两端积分，得

$$\int g(y)\mathrm{d}y = \int h(x)\mathrm{d}x + C,$$

此即为可分离变量方程的通解.

例 1　求解微分方程 $y' = y^2\sin x$.

解　显然 $y = 0$ 是所给方程的解. 当 $y \neq 0$ 时，分离变量，得

$$\frac{\mathrm{d}y}{y^2} = \sin x\mathrm{d}x,$$

两边积分，得

$$\int\frac{\mathrm{d}y}{y^2} = \int\sin x\mathrm{d}x,$$

$$\frac{1}{y} = \cos x + C,$$

故所给微分方程的通解为 $y=\dfrac{1}{\cos x+C}$（C 为任意常数）.

在例 1 中，通解 $y=\dfrac{1}{\cos x+C}$ 并不包括 $y=0$ 这一特解，即无论通解中的任意常数 C 取何值，都得不到 $y=0$. 这种现象说明了这样一个事实：一般而言，通解不是微分方程的所有解.

如果一个微分方程的特解不属于通解，则称这个特解为**奇解**. 因此，$y=0$ 是微分方程 $y'=y^2\sin x$ 的奇解.

在求通解时，可以不考虑奇解；当要求解某个方程时，则既要求出通解，也要求出奇解.

例 2　求微分方程 $\dfrac{dy}{dx}=2xy$ 的通解.

解　当 $y\neq 0$ 时，分离变量，得

$$\frac{dy}{y}=2x\,dx,$$

两边积分，得

$$\int\frac{dy}{y}=\int 2x\,dx,$$

$$\ln|y|=x^2+C_1,$$

$$y=Ce^{x^2}\quad (C=e^{C_1}\neq 0).$$

注意到 $y=0$ 也是所给方程的解，因此，所给方程的通解为

$$y=Ce^{x^2}\quad (C\text{ 为任意常数，包括 }C=0).$$

这里的 $y=0$ 由于被通解所包含，因此它不是奇解.

例 3　求解初值问题

$$\begin{cases} y'=3(x-1)^2(1+y^2),\\ y\big|_{x=1}=0. \end{cases}$$

解　分离变量，得

$$\frac{dy}{1+y^2}=3(x-1)^2\,dx,$$

两边积分，得所给微分方程的通解为

$$\arctan y=(x-1)^3+C,$$

将初始条件 $y\big|_{x=1}=0$ 代入通解，得 $C=0$，故所求初值问题的解为

$$\arctan y=(x-1)^3.$$

6.2.2　齐次方程

如果一阶微分方程可以化为

$$\frac{\mathrm{d}y}{\mathrm{d}x}=f\left(\frac{y}{x}\right) \tag{6.2.2}$$

的形式，则称该微分方程为**齐次方程**.

当一个微分方程为齐次方程时，做变量替换 $u=\frac{y}{x}$ 或 $y=xu$，则

$$\frac{\mathrm{d}y}{\mathrm{d}x}=u+x\frac{\mathrm{d}u}{\mathrm{d}x},$$

代入式(6.2.2)，得

$$u+x\frac{\mathrm{d}u}{\mathrm{d}x}=f(u),$$

或

$$\frac{\mathrm{d}u}{f(u)-u}=\frac{\mathrm{d}x}{x}.$$

从而齐次方程被化为变量可分离方程.

例 4　求微分方程$\frac{\mathrm{d}y}{\mathrm{d}x}=\frac{x^2+y^2}{2xy}$的通解.

解　原方程即

$$\frac{\mathrm{d}y}{\mathrm{d}x}=\frac{1+\left(\frac{y}{x}\right)^2}{\frac{2y}{x}},$$

这是一个齐次方程. 作变量替换 $u=\frac{y}{x}$，则化为

$$u+x\frac{\mathrm{d}u}{\mathrm{d}x}=\frac{1+u^2}{2u},$$

$$x\frac{\mathrm{d}u}{\mathrm{d}x}=\frac{1+u^2}{2u}-u=\frac{1-u^2}{2u},$$

$$\frac{2u\mathrm{d}u}{1-u^2}=\frac{\mathrm{d}x}{x},$$

两边积分，得

$$\ln|1-u^2|=-\ln|x|+\ln C.$$

再将 $u=\frac{y}{x}$ 代回上式，得原方程的通解为

$$\ln\left|1-\left(\frac{y}{x}\right)^2\right|=-\ln|x|+\ln C,$$

或

$$x^2-y^2=Cx.$$

例 5　求微分方程$(1+\mathrm{e}^{-\frac{x}{y}})y\mathrm{d}x=(x-y)\mathrm{d}y$的通解.

解　原方程可写成

$$\frac{\mathrm{d}x}{\mathrm{d}y}=\frac{x-y}{(1+\mathrm{e}^{-\frac{x}{y}})y}=\frac{\frac{x}{y}-1}{1+\mathrm{e}^{-\frac{x}{y}}},$$

故该方程为齐次方程. 令 $x=uy$,即 x, u 都是 y 的函数,则

$$\frac{\mathrm{d}x}{\mathrm{d}y}=u+y\frac{\mathrm{d}u}{\mathrm{d}y},$$

代入上式,得

$$u+y\frac{\mathrm{d}u}{\mathrm{d}y}=\frac{u-1}{1+\mathrm{e}^{-u}},$$

$$y\frac{\mathrm{d}u}{\mathrm{d}y}=\frac{u-1}{1+\mathrm{e}^{-u}}-u=-\frac{1+u\mathrm{e}^{-u}}{1+\mathrm{e}^{-u}}=-\frac{u+\mathrm{e}^{u}}{1+\mathrm{e}^{u}},$$

分离变量,得

$$\frac{(1+\mathrm{e}^{u})\mathrm{d}u}{u+\mathrm{e}^{u}}=-\frac{\mathrm{d}y}{y},$$

两边积分,得

$$\ln|u+\mathrm{e}^{u}|=\ln C-\ln|y|,$$

$$y(u+\mathrm{e}^{u})=C.$$

将 $u=\frac{x}{y}$ 代回上式,即得原方程的通解为

$$y\mathrm{e}^{\frac{x}{y}}+x=C.$$

例 6 求方程 $(2x+y-4)\mathrm{d}x+(x+y-1)\mathrm{d}y=0$ 的通解.

解 将所给方程恒等变形为

$$\frac{\mathrm{d}y}{\mathrm{d}x}=-\frac{2x+y-4}{x+y-1}=-\frac{2(x-3)+(y+2)}{(x-3)+(y+2)},$$

令 $X=x-3$, $Y=y+2$, 得

$$\frac{\mathrm{d}Y}{\mathrm{d}X}=-\frac{2X+Y}{X+Y}=-\frac{2+\frac{Y}{X}}{1+\frac{Y}{X}}.$$

再令 $\frac{Y}{X}=u$,则 $\frac{\mathrm{d}Y}{\mathrm{d}X}=u+X\frac{\mathrm{d}u}{\mathrm{d}X}$, 得

$$u+X\frac{\mathrm{d}u}{\mathrm{d}X}=-\frac{2+u}{1+u},\quad X\frac{\mathrm{d}u}{\mathrm{d}X}=-\frac{2+2u+u^2}{1+u},$$

分离变量,得

$$\frac{u+1}{u^2+2u+2}\mathrm{d}u=-\frac{\mathrm{d}X}{X},$$

两边积分, 得 $\ln(u^2+2u+2)=-2\ln|X|+\ln C$, $X^2(u^2+2u+2)=C$. 将 x, y 代回并化

简，得所给方程的通解为

$$2x^2+2xy+y^2-8x-2y=C.$$

6.2.3 一阶线性方程

形如

$$y'+P(x)y=Q(x) \tag{6.2.3}$$

的微分方程被称为一阶线性微分方程，简称**一阶线性方程**. 如果 $Q(x)\equiv 0$, 即

$$y'+P(x)y=0, \tag{6.2.4}$$

则称为一阶齐次线性微分方程或**一阶齐次线性方程**. 相应地，也称式(6.2.3) 为**一阶非齐次线性方程**. 当式(6.2.4) 与式(6.2.3) 中 $P(x)$ 相同时，即式(6.2.4) 是由式(6.2.3) 中取 $Q(x)\equiv 0$ 得到的，称式(6.2.4) 是式(6.2.3) 的**对应齐次方程**.

一阶齐次线性方程(6.2.4)是可分离变量的方程. 分离变量，得

$$\frac{dy}{y}=-P(x)dx,$$

两边积分，得通解

$$y=Ce^{-\int P(x)dx}. \tag{6.2.5}$$

为了求得一阶非齐次线性方程(6.2.3)($Q(x)\neq 0$) 的通解，可以应用常数变易法，将方程(6.2.4)的通解(6.2.5)中的任意常数 C 换为 $C(x)$，得

$$y=C(x)e^{-\int P(x)dx}, \tag{6.2.6}$$

其中，$C(x)$为待定函数. 假定式(6.2.6)是一阶非齐次线性方程(6.2.3)的通解，为了确定 $C(x)$，将 $y=C(x)e^{-\int P(x)dx}$
与

$$y'=C'(x)e^{-\int P(x)dx}-C(x)P(x)e^{-\int P(x)dx}$$

代入式(6.2.3)，得

$$C'(x)e^{-\int P(x)dx}=Q(x),$$
$$C'(x)=Q(x)e^{\int P(x)dx},$$
$$C(x)=\int Q(x)e^{\int P(x)dx}dx+C.$$

于是，一阶非齐次线性方程(6.2.3)的通解为

$$y=\left[\int Q(x)e^{\int P(x)dx}dx+C\right]e^{-\int P(x)dx}. \tag{6.2.7}$$

上面方法的特点是，先求出一阶线性非齐次方程的对应齐次方程的通解(6.2.5)，将其中的任意常数 C 换为 $C(x)$，得到式(6.2.6)，并设其为一阶线性非齐次方程(6.2.3)的解，将

其代入方程(6.2.3)，确定 $C(x)$. 这种方法称为**常数变易法**.

在解一阶线性方程时，可以用常数变易法，也可以将式(6.2.7)当作公式使用，俗称**公式法**.

例 7 求方程 $\dfrac{\mathrm{d}y}{\mathrm{d}x}-\dfrac{2y}{x+1}=(x+1)^2$ 的通解.

解法 1(常数变易法) 先求对应齐次方程 $\dfrac{\mathrm{d}y}{\mathrm{d}x}-\dfrac{2y}{x+1}=0$ 的通解. 由分离变量法，得

$$\frac{\mathrm{d}y}{y}=\frac{2\mathrm{d}x}{x+1},$$

$$\ln|y|=2\ln|x+1|+\ln C,$$

$$y=C(x+1)^2.$$

再求原方程的通解. 把上述对应齐次方程通解中的任意常数 C 换为 $C(x)$，即设原方程的通解为 $y=C(x)(x+1)^2$，代入原方程，得

$$C'(x)(x+1)^2+2C(x)(x+1)-\frac{2C(x)(x+1)^2}{x+1}=(x+1)^2,$$

$$C'(x)=1,$$

$$C(x)=x+C,$$

故所求一阶线性非齐次方程的通解为

$$y=(x+C)(x+1)^2.$$

解法 2(公式法) 将 $P(x)=-\dfrac{2}{x+1}$，$Q(x)=(x+1)^2$ 代入式(6.2.7)，得所求一阶线性非齐次方程的通解为

$$\begin{aligned}y&=\left[\int(x+1)^2\mathrm{e}^{-\int\frac{2\mathrm{d}x}{x+1}}\mathrm{d}x+C\right]\mathrm{e}^{\int\frac{2\mathrm{d}x}{x+1}}=\left[\int(x+1)^2\mathrm{e}^{-2\ln|x+1|}\mathrm{d}x+C\right]\mathrm{e}^{2\ln|x+1|}\\&=\left[\int(x+1)^2\mathrm{e}^{\ln\frac{1}{(x+1)^2}}\mathrm{d}x+C\right]\mathrm{e}^{\ln(x+1)^2}=\left[\int\mathrm{d}x+C\right](x+1)^2\\&=(x+C)(x+1)^2.\end{aligned}$$

例 8 求微分方程 $y\ln y\mathrm{d}x+(x-\ln y)\mathrm{d}y=0$ 的通解.

解 把 y 看作自变量，则原方程可表示为

$$\frac{\mathrm{d}x}{\mathrm{d}y}+\frac{1}{y\ln y}=\frac{1}{y}.$$

这是一个一阶线性方程，由公式(6.2.7)得其通解为

$$\begin{aligned}y&=\left[\int\frac{1}{y}\mathrm{e}^{\int\frac{\mathrm{d}y}{y\ln y}}\mathrm{d}y+C\right]\mathrm{e}^{-\int\frac{\mathrm{d}y}{y\ln y}}=\left[\int\frac{1}{y}\mathrm{e}^{\ln|\ln y|}\mathrm{d}y+C\right]\mathrm{e}^{-\ln|\ln y|}\\&=\left[\int\frac{1}{y}|\ln y|\mathrm{d}y+C\right]\frac{1}{|\ln y|}=\frac{1}{2}|\ln y|+\frac{C}{|\ln y|}.\end{aligned}$$

例 9 求方程 $2x^2y'+xy+x^4y^3=0$ 的通解.

解 在方程两边同时除以 x^2y^3，并令 $z=\dfrac{1}{y^2}$，得

$$z' - \frac{z}{x} = x^2,$$

由一阶线性方程的求解公式(6.2.7),有

$$z = \left[C + \int x^2 e^{-\int \frac{dx}{x}} dx\right] e^{\int \frac{dx}{x}} = \left[C + \int x dx\right] x = Cx + \frac{1}{2}x^3.$$

将 $z = \frac{1}{y^2}$ 代回,得

$$\frac{1}{y^2} = Cx + \frac{1}{2}x^3,\text{或 } y^2\left(Cx + \frac{1}{2}x^3\right) = 1$$

即为原方程的通解.

注 形如 $y' + yp(x) = y^n q(x)\ (n \neq 0,\ n \neq 1)$ 的方程称为**伯努利(Bernoulli)方程**,其解法是将方程两边同时除以 y^n,再令 $z = \frac{1}{y^{n-1}}$ 换元,得到一阶线性方程. 本例中所给的方程就是一个 $n = 3$ 时的伯努利方程.

数学家
伯努利

6.2.4 一阶微分方程的应用举例

微分方程在日常生活与生产实践中有着极其广泛的应用,下面给出两个应用一阶微分方程解决实际问题的例子.

例 10 设跳伞员开始跳伞后所受的空气阻力与他下落的速度成正比(比例系数为常数 $k>0$),起跳时的速度为零. 求下落的速度与时间之间的函数关系.

解 这是一个运动问题,可以利用牛顿第二定律 $F=ma$ 建立微分方程.

首先,设下落速度为 $v(t)$,则加速度 $a=v'(t)$,由题意得 $F=mg-kv$,于是,由牛顿第二定律可得到速度 $v(t)$ 应满足的微分方程为

$$mg - kv = mv'.$$

又

$$v\Big|_{t=0} = 0,$$

至此,这个运动问题化为一个初值问题

$$\begin{cases} mv' = mg - kv, \\ v(0) = 0. \end{cases}$$

解此初值问题,这是一个一阶线性非齐次微分方程,方程的通解为

$$v = \left(\frac{mg}{k} + C\right)e^{-\frac{k}{m}t},$$

由 $v\Big|_{t=0}=0$,得

$$C = -\frac{mg}{k},$$

所以,所求特解为

$$v=\frac{mg}{k}(1-e^{-\frac{k}{m}t}).$$

即得所求的函数关系.

从上式可以看出,当 t 充分大时,速度 v 近似为常量$\frac{mg}{k}$.也就是说,跳伞之初是加速运动,但逐渐趋向于匀速运动.正因为如此,跳伞员才得以安全着陆.

例 11 某湖泊的水量为 V,每年以均匀速度排入湖泊中的含污染物 A 的污水量为 V 的 1/6,同时每年以均匀速度将 V 的 1/3 排出湖泊,以保持湖泊的常年水量为 V.现在,经测量发现湖水中污染物 A 的含量为 $5m_0$,超过了国家标准的 4 倍.为了治理湖水的污染问题,规定从明年年初起执行限排标准:排入湖泊中的污水含 A 浓度不得高过$\frac{m_0}{V}$.

问在执行这样的规定后,至少须经多少年,湖泊内污染物 A 的含量才会降至不超过 m_0(这里假定湖水中含 A 浓度始终是均匀的)?

解 设在时刻 t 时湖泊中污染物 A 的含量为 $m=m(t)$,由于

湖泊中污染物 A 的改变量 = 排入量 − 排出量,

故在时间段$[t,\ t+\Delta t]$上湖泊中污染物 A 的改变量

$$dm=\left(\frac{V}{6}\frac{m_0}{V}-\frac{V}{3}\frac{m}{V}\right)dt=\frac{1}{6}(m_0-2m)dt.$$

这是一个变量可分离方程.由分离变量法解得

$$m=\frac{m_0}{2}+Ce^{-\frac{t}{2}}.$$

将初始条件 $m(0)=5m_0$ 代入,得 $C=\frac{9m_0}{2}$,从而 $m=\frac{m_0}{2}(1+9e^{-\frac{t}{2}})$.

令 $m=m_0$,得 $1+9e^{-\frac{t}{2}}=2$,$e^{-\frac{t}{2}}=\frac{1}{9}$,$t=6\ln 3\approx 6.592$.这说明至少须经 7 年,湖泊内污染物 A 的含量才会降至不超过 m_0.

习题 6.2

1. 求下列可分离变量的微分方程的通解.

(1) $\frac{dy}{dx}=\frac{x(1+y^2)}{y(1+x^2)}$; (2) $\frac{dy}{dx}=\frac{x}{y}e^{x^2+y^2}$;

(3) $y'=\cot x\tan y$; (4) $(e^{x+y}+e^x)dx+(e^{x+y}+e^y)dy=0$.

2. 求下列齐次方程的通解.

(1) $\frac{dy}{dx}=\frac{y}{x}+e^{\frac{y}{x}}$; (2) $xy'=x\sin\frac{y}{x}+y$;

(3) $(y^2-2xy)dx=(x^2-2xy)dy$; (4) $(1+2e^{\frac{x}{y}})dx+2e^{\frac{x}{y}}\left(-\frac{x}{y}\right)dy=0$.

3. 求下列一阶线性方程的通解.

(1) $y'-\dfrac{2y}{x+1}=(x+1)^3$;

(2) $x\mathrm{d}y-y\mathrm{d}x=y^2\mathrm{e}^y\mathrm{d}y$;

(3) $\dfrac{\mathrm{d}x}{\mathrm{d}t}+x\cos t=\sin 2t$;

(4) $(x^2-1)\mathrm{d}y+(2xy-\cos x)\mathrm{d}x=0$.

4. 求解下列初值问题.

(1) $\begin{cases}\dfrac{\mathrm{d}y}{\mathrm{d}x}=-\dfrac{y}{x}+\dfrac{\sin x}{x},\\ y\left(\dfrac{\pi}{2}\right)=1;\end{cases}$

(2) $\begin{cases}y'=\dfrac{x}{y}+\dfrac{y}{x},\\ y(1)=1.\end{cases}$

5. 求方程$\dfrac{\mathrm{d}y}{\mathrm{d}x}=\dfrac{x-y-1}{x+y-3}$的通解.

6. 求下列微分方程的通解.

(1) $\dfrac{\mathrm{d}y}{\mathrm{d}x}=\dfrac{y}{2x}+\dfrac{x^2}{2y}$;

(2) $y'+2xy+xy^4=0$.

6.3 可降阶的高阶微分方程

二阶及二阶以上的微分方程称为高阶微分方程. 本节主要讨论几类可以通过降阶法来求解的高阶方程.

6.3.1 $y^{(n)}=f(x)$型的微分方程

这类方程的特点是除 $y^{(n)}$ 外,方程中不含未知函数 y 及 y', y'', …, $y^{(n-1)}$. 求解方程时,对 $y^{(n)}=f(x)$ 两边连续积分 n 次,得

$$y^{(n-1)}=\int f(x)\mathrm{d}x=\varphi(x)+C_1=g_1(x,C_1),$$

$$y^{(n-2)}=\int g_1(x,C_1)\mathrm{d}x=g_2(x,C_1,C_2),$$

$$\vdots$$

$$y=\int g_{n-1}(x,C_1,C_2,\cdots,C_{n-1})\mathrm{d}x=g_n(x,C_1,C_2,\cdots,C_n).$$

例 1 求微分方程 $y^{(5)}=x+\mathrm{e}^x$ 的通解.

解 对所给方程连续积分,得

$$y^{(4)}=\frac{1}{2}x^2+\mathrm{e}^x+C_1',$$

$$y'''=\frac{1}{6}x^3+\mathrm{e}^x+C_1'x+C_2',$$

$$y''=\frac{1}{24}x^4+\mathrm{e}^x+\frac{1}{2}C_1'x^2+C_2'x+C_3',$$

$$y'=\frac{1}{120}x^5+\mathrm{e}^x+\frac{1}{6}C_1'x^3+\frac{1}{2}C_2'x^2+C_3'x+C_4',$$

$$\begin{aligned}y&=\frac{1}{720}x^6+\mathrm{e}^x+\frac{1}{24}C_1'x^4+\frac{1}{6}C_2'x^3+\frac{1}{2}C_3'x^2+C_4'x+C_5'\\&=\frac{1}{720}x^6+\mathrm{e}^x+C_1x^4+C_2x^3+C_3x^2+C_4x+C_5.\end{aligned}$$

故所给方程的通解为 $y=\frac{1}{720}x^6+e^x+C_1x^4+C_2x^3+C_3x^2+C_4x+C_5$.

6.3.2 $F(x, y', y'')=0$ 型的微分方程

对形如 $F(x, y', y'')=0$(注意方程不显含未知函数 y) 的二阶微分方程,可通过换元 $y'=p$,实现降阶. 事实上,由于 $y''=\frac{dp}{dx}$,代入原方程,得

$$F\left(x, p, \frac{dp}{dx}\right)=0,$$

这是关于自变量 x 与未知函数 p 的一阶微分方程.

例 2 求微分方程 $x^2y''+xy'=1$ 的通解.

解 作变量替换 $y'=p$,则 $y''=\frac{dp}{dx}$,原方程化为 $x^2\frac{dp}{dx}+xp=1$ 或

$$\frac{dp}{dx}+\frac{p}{x}=\frac{1}{x^2},$$

由一阶线性方程的通解公式,得

$$\begin{aligned} p&=\left[\int\frac{1}{x^2}e^{\int\frac{dx}{x}}dx+C_1\right]e^{-\int\frac{dx}{x}}=\left[\int\frac{1}{x^2}e^{\ln x}dx+C_1\right]e^{-\ln x}\\ &=\left[\int\frac{1}{x}dx+C_1\right]\frac{1}{x}=\frac{1}{x}(\ln x+C_1), \end{aligned}$$

即 $y'=\frac{1}{x}(\ln x+C_1)$. 两边积分,得

$$y=\frac{1}{2}\ln^2x+C_1\ln x+C_2$$

即为所给方程的通解.

注 在求解微分方程时,为使计算过程简便,一般取未知函数的最简形式. 如上例中,取 $\frac{1}{x}$ 的原函数为 $\ln x$ 而不是通常的 $\ln|x|$. 当然,这样做可能失去一部分解(例如上例中得到的仅为 $x>0$ 时的通解).

6.3.3 $F(y, y', y'')=0$ 型的微分方程

对不显含自变量 x 的二阶微分方程 $F(y, y', y'')=0$,也可以通过变量替换实现降阶. 事实上,令 $y'=p(y)$, 则

$$y''=\frac{dp}{dx}=\frac{dp}{dy}\frac{dy}{dx}=p\frac{dp}{dy},$$

代入 $F(y, y', y'')=0$, 得

$$F\left(y, p, p\frac{dp}{dy}\right)=0,$$

这是关于自变量 y 与未知函数 p 的一阶微分方程.

例 3 求微分方程 $y''+(y')^2=0$ 的通解.

解 令 $y'=p(y)$,则 $y''=p\frac{\mathrm{d}p}{\mathrm{d}y}$,代入方程,得

$$p\frac{\mathrm{d}p}{\mathrm{d}y}+p^2=0,$$

$$p\left(\frac{\mathrm{d}p}{\mathrm{d}y}+p\right)=0,$$

得 $p=0$ 或 $\frac{\mathrm{d}p}{\mathrm{d}y}+p=0$.

由 $p=0$ 即 $y'=0$,得 $y=C_0$.

由 $\frac{\mathrm{d}p}{\mathrm{d}y}+p=0$ 分离变量,得

$$\frac{\mathrm{d}p}{p}=-\mathrm{d}y,$$

两边积分,得

$$\ln p=-y+\ln C_1,$$

$$p=C_1\mathrm{e}^{-y},$$

即

$$\frac{\mathrm{d}y}{\mathrm{d}x}=C_1\mathrm{e}^{-y},$$

再分离变量,得

$$\mathrm{e}^y\mathrm{d}y=C_1\mathrm{d}x,$$

两边积分,得

$$\mathrm{e}^y=C_1x+C_2$$

即为原方程的通解.

注 由 $y'=0$ 得到的 $y=C_0$ 虽然也是方程的解,但由于其中只含有一个任意常数,故它不是所求的通解.

6.3.4 应用举例

例 4 位于坐标原点的我舰向位于 x 轴上距原点一个单位的点 A 处的敌舰发射制导鱼雷,且鱼雷永远对准敌舰.设敌舰以最大速度 v_0 沿平行于 y 轴的直线行驶,又设鱼雷的速度是敌舰的 5 倍.求鱼雷的行进轨迹的曲线方程及敌舰行驶多远时将被鱼雷击中?

解 在时刻 t 时敌舰的坐标为 $Q(1, v_0t)$,鱼雷行进轨迹曲线上此时的点为 $P(x, y)$,由于鱼雷永远对准敌舰,故

$$y'=\frac{v_0t-y}{1-x}.$$

因鱼雷的速度为 $5v_0$,故有 $OP=\int_0^x\sqrt{1+y'^2}\,\mathrm{d}x=5v_0t$,于是

$$\frac{1}{5}\int_0^x \sqrt{1+y'^2}\,\mathrm{d}x - y = (1-x)y'.$$

两边求导,得

$$(1-x)y'' = \frac{1}{5}\sqrt{1+y'^2},$$

其初始条件为 $y(0)=0,\ y'(0)=0$.

令 $y'=p$,则 $(1-x)p'=\frac{1}{5}\sqrt{1+p^2}$. 分离变量后积分,得

$$\ln(p+\sqrt{1+p^2}) = \frac{1}{5}\ln(1-x) + \ln C_1,$$

或

$$\ln(y'+\sqrt{1+y'^2}) = \frac{1}{5}\ln(1-x) + \ln C_1,$$

$$y'+\sqrt{1+y'^2} = \frac{C_1}{\sqrt[5]{1-x}}.$$

将初始条件 $y'(0)=0$ 代入,得 $C_1=1$,上式化为

$$y'+\sqrt{1+y'^2} = \frac{1}{\sqrt[5]{1-x}}. \tag{6.3.1}$$

两边同乘以 $y'-\sqrt{1+y'^2}$,并整理,得

$$\sqrt{1+y'^2} - y' = \sqrt[5]{1-x}, \tag{6.3.2}$$

式(6.3.1)与式(6.3.2)相减,并整理,得

$$y' = \frac{1}{2}\left(\frac{1}{\sqrt[5]{1-x}} - \sqrt[5]{1-x}\right),$$

$$y = \frac{1}{2}\left[-\frac{5}{4}(1-x)^{\frac{4}{5}} + \frac{5}{6}(1-x)^{\frac{6}{5}}\right] + C_2,$$

将 $y(0)=0$ 代入,得 $C_2=\frac{5}{24}$,上式化为 $y=-\frac{5}{8}(1-x)^{\frac{4}{5}}+\frac{5}{12}(1-x)^{\frac{6}{5}}+\frac{5}{24}$. 这就是鱼雷的行进轨迹的曲线方程.

当 $x=1$ 时,$y=\frac{5}{24}$,这表明当敌舰行驶$\frac{5}{24}$个单位时,将被鱼雷击中.

习题 6.3

1. 求下列微分方程的通解.

(1) $y'''=xe^x$;

(2) $(1+x^2)y''+(y')^2+1=0$;

(3) $1+(y')^2=2yy''$;

(4) $y^3y''=1$;

(5) $y''=1+(y')^2$;

(6) $y''=(y')^3+y'$.

2. 设地球质量为 M,半径为 R. 地面上有一质量为 m 的火箭以初速度 $v_0=\sqrt{\frac{2GM}{R}}$ 垂直向上发射,试

确定火箭高度 r 与时间 t 之间的关系.

6.4　二阶常系数线性微分方程

在 6.3 节中,讨论了部分可通过降阶法来求解的高阶微分方程. 对其他的高阶微分方程的求解问题,目前还没有十分有效的方法,但对其中的一类特殊情形——高阶常系数线性微分方程的研究,已经得到了完整的结论. 本节将主要讨论二阶常系数线性微分方程的解法.

6.4.1　二阶线性方程解的结构

形如

$$y''+P(x)y'+Q(x)y=f(x) \tag{6.4.1}$$

的方程称为**二阶线性方程**. 当 $f(x)=0$, 即

$$y''+P(x)y'+Q(x)y=0 \tag{6.4.2}$$

时,称为**二阶齐次线性方程**; 当 $f(x)\neq 0$, 称(6.4.1)为**二阶非齐次线性方程**. 当方程(6.4.2)与方程(6.4.1)中的 $P(x)$, $Q(x)$相同时,称方程(6.4.2)是方程(6.4.1)的对应齐次方程.

定理 6.1　设 $y_1(x)$, $y_2(x)$都是二阶齐次微分方程(6.4.2)的解,则

$$y=C_1y_1(x)+C_2y_2(x)$$

也是方程(6.4.2)的解. 其中 C_1, C_2 为任意常数.

证明　由于 $y_1(x)$, $y_2(x)$都是二阶齐次微分方程(6.4.2)的解,故

$$y_1''(x)+P(x)y_1'(x)+Q(x)y_1(x)=0,$$
$$y_2''(x)+P(x)y_2'(x)+Q(x)y_2(x)=0.$$

将 $y=C_1y_1(x)+C_2y_2(x)$, $y'=C_1y_1'(x)+C_2y_2'(x)$ 及 $y''=C_1y_1''(x)+C_2y_2''(x)$ 代入方程(6.4.2), 得

$$[C_1y_1''(x)+C_2y_2''(x)]+P(x)[C_1y_1'(x)+C_2y_2'(x)]+Q(x)[C_1y_1(x)+C_2y(x)]=$$
$$C_1[y_1''(x)+P(x)y_1'(x)+Q(x)y_1(x)]+C_2[y_2''(x)+P(x)y_2'(x)+Q(x)y_2(x)]=0.$$

所以, $y=C_1y_1(x)+C_2y_2(x)$ 是方程(6.4.2) 的解.

定理 6.1 称为齐次线性微分方程解的**叠加定理**或**叠加原理**.

需要指出的是,这里的 $y=C_1y_1(x)+C_2y_2(x)$ 虽然形式上含有两个任意常数,但不一定是方程(6.4.2) 的通解. 例如, $\sin x$ 与 $2\sin x$ 都是方程

$$y''+y=0$$

的解,由叠加原理,有

$$y=C_1\sin x+C_2(2\sin x) \tag{6.4.3}$$

也是 $y''+y=0$ 的解. 但将式(6.4.3) 稍加变形, 得

$$y=(C_1+2C_2)\sin x=C\sin x.$$

这说明式(6.4.3)中形式上的两个任意常数可以合并成一个，故 C_1，C_2 不独立，因此它不是方程 $y''+y=0$ 的通解.

方程(6.4.2)的两个解 $y_1(x)$，$y_2(x)$满足什么通解，才能保证 $y=C_1y_1(x)+C_2y_2(x)$ 是其通解呢？为此，需要引入两个函数线性无关的概念.

定义 6.3 如果两个函数 $y_1(x)$，$y_2(x)$ 的比值不恒为常数，则称 $y_1(x)$，$y_2(x)$ **线性无关**，否则，称它们**线性相关**.

例如，由于 $\frac{\sin x}{\cos x}=\tan x$ 不恒为常数，故 $\sin x$ 与 $\cos x$ 线性无关；由于 $\frac{\sin x}{2\sin x}=\frac{1}{2}$ 恒为常数，因而 $\sin x$ 与 $2\sin x$ 线性相关.

定理 6.2 若 $y_1(x)$，$y_2(x)$是二阶齐次方程(6.4.2)的两个线性无关解，则

$$y=C_1y_1(x)+C_2y_2(x)$$

是方程(6.4.2)的通解. 其中 C_1，C_2 为任意常数.

证明 由叠加定理知，$y=C_1y_1(x)+C_2y_2(x)$ 是方程(6.4.2)的解. 又 $y_1(x)$，$y_2(x)$ 线性无关，因此 C_1，C_2 独立. 故 $y=C_1y_1(x)+C_2y_2(x)$ 是方程(6.4.2)的通解.

例如，已知 $\sin x$ 与 $\cos x$ 是二阶齐次线性方程 $y''+y=0$ 的两个线性无关的特解，故该方程的通解为

$$y=C_1\sin x+C_2\cos x.$$

定理 6.3 设 y^* 是二阶非齐次线性方程(6.4.1)的一个特解，Y 是与方程(6.4.1)对应的齐次线性方程(6.4.2)的通解，则

$$y=Y+y^*$$

是二阶非齐次线性方程(6.4.1)的通解.

证明 由条件知

$$(y^*)''+P(x)(y^*)'+Q(x)y^*=f(x),$$
$$Y''+P(x)Y'+Q(x)Y=0,$$

两式相加，得

$$(Y+y^*)''+P(x)(Y+y^*)'+Q(x)(Y+y^*)=f(x),$$

所以，$y=Y+y^*$ 是二阶非齐次线性方程(6.4.1)的解. 由于Y是二阶齐次方程的通解，因此它含有两个独立的任意常数，从而 $y=Y+y^*$ 中也含有两个独立的任意常数，因而它是二阶非齐次线性方程(6.4.1)的通解.

例如，$Y=C_1\sin x+C_2\cos x$ 是方程 $y''+y=0$ 的通解，容易验证 $y^*=x^2-2$ 是方程 $y''+y=x^2$ 的一个特解，故

$$y=Y+y^*=C_1\sin x+C_2\cos x+x^2-2$$

是方程 $y''+y=x^2$ 的通解.

定理 6.4 设二阶非齐次线性方程(6.4.1) 右端的函数 $f(x)=f_1(x)+f_2(x)$，即

$$y'' + P(x)y' + Q(x)y = f_1(x) + f_2(x), \tag{6.4.4}$$

而 y_1^* 与 y_2^* 分别是方程

$$y'' + P(x)y' + Q(x)y = f_1(x)$$

与

$$y'' + P(x)y' + Q(x)y = f_2(x)$$

的特解，则 $y_1^* + y_2^*$ 是方程(6.4.4)的解.

证明 由于 y_1^* 是方程 $y'' + P(x)y' + Q(x)y = f_1(x)$ 的解，故

$$(y_1^*)'' + P(x)(y_1^*)' + Q(x)y_1^* = f_1(x),$$

同理

$$(y_2^*)'' + P(x)(y_2^*)' + Q(x)y_2^* = f_2(x),$$

上述两式相加，得

$$(y_1^* + y_2^*)'' + P(x)(y_1^* + y_2^*)' + Q(x)(y_1^* + y_2^*) = f_1(x) + f_2(x).$$

故 $y_1^* + y_2^*$ 是方程(6.4.4)的解.

6.4.2 二阶常系数齐次线性微分方程解法

形如

$$y'' + py' + qy = 0 \tag{6.4.5}$$

(p, q 都是确定的实常数)的方程被称为**二阶常系数齐次线性微分方程**. 它是二阶齐次线性微分方程(6.4.2)的特殊情况.

由前面的讨论知，要求出方程(6.4.5)的通解，只需要找到它的两个线性无关的特解即可. 根据方程(6.4.5)的特征，猜想它可能有形如 $y = e^{\lambda x}$(λ 为常数)的特解. 将

$$y = e^{\lambda x}, \quad y' = \lambda e^{\lambda x}, \quad y'' = \lambda^2 e^{\lambda x}$$

代入方程(6.4.5)，得

$$(\lambda^2 + p\lambda + q)e^{\lambda x} = 0,$$

由于 $e^{\lambda x} \neq 0$，得

$$\lambda^2 + p\lambda + q = 0. \tag{6.4.6}$$

因此只要 λ 的值满足式(6.4.6)，函数 $y = e^{\lambda x}$ 即是方程(6.4.5)的一个特解. 据此，称代数方程(6.4.6)是二阶常系数齐次线性微分方程(6.4.5)的**特征方程**；特征方程(6.4.6)的根是二阶常系数齐次线性微分方程(6.4.5)的**特征根**.

根据特征根的不同情况，二阶常系数齐次线性微分方程(6.4.5)的通解可分为三种不同形式.

(1) 当特征方程(6.4.6)有两个不相等的实数根 λ_1，λ_2 时，$y_1 = e^{\lambda_1 x}$，$y_2 = e^{\lambda_2 x}$ 是该方程的两个特解，由于 $e^{\lambda_1 x}$，$e^{\lambda_2 x}$ 线性无关，此时方程的通解为

$$y = C_1 e^{\lambda_1 x} + C_2 e^{\lambda_2 x}.$$

(2) 当特征方程(6.4.6)有两个相等的实数根$\lambda_1 = \lambda_2 = \lambda$时,得到一个特解$y_1 = e^{\lambda x}$,为了找到另外一个与 y_1 线性无关的特解 y_2,令

$$y_2 = u(x) y_1 = u(x) e^{\lambda x},$$

对 y_2 求导,得

$$y_2' = [u'(x) + \lambda u(x)] e^{\lambda x},$$
$$y_2'' = [u''(x) + 2\lambda u'(x) + \lambda^2 u(x)] e^{\lambda x},$$

代入方程(6.4.5)后整理,得

$$u''(x) + (2\lambda + p) u'(x) + (\lambda^2 + p\lambda + q) u(x) = 0.$$

由于 λ 是二重特征根,故

$$\lambda^2 + p\lambda + q = 0, \quad 2\lambda + p = 0,$$

从而 $u''(x) = 0$, $u(x) = k_1 x + k_2$,其中 k_1, k_2 为任意常数.

取 $u(x) = x$,得 $y_2 = x e^{\lambda x}$ 为方程(6.4.5)的特解,它与 $y_1 = e^{\lambda x}$ 线性无关,故此时二阶常系数齐次线性方程(6.4.5)的通解为

$$y = C_1 e^{\lambda x} + C_2 x e^{\lambda x} = (C_1 + C_2 x) e^{\lambda x}.$$

(3) 当特征方程(6.4.6)有一对共轭复数根 $\alpha \pm i\beta$ 时,得到两个线性无关的复函数特解

$$y_1 = e^{(\alpha + i\beta)x} = e^{\alpha x}(\cos\beta x + i\sin\beta x),$$
$$y_2 = e^{(\alpha - i\beta)x} = e^{\alpha x}(\cos\beta x - i\sin\beta x).$$

为了得到用实函数表示的特解,利用叠加定理,得

$$e^{\alpha x}\cos\beta x = \frac{1}{2}(y_1 + y_2), \quad e^{\alpha x}\sin\beta x = \frac{1}{2i}(y_1 - y_2)$$

也是方程(6.4.5)的解. 由于 $e^{\alpha x}\cos\beta x$ 与 $e^{\alpha x}\sin\beta x$ 线性无关,故此时二阶常系数齐次线性方程(6.4.5)的通解为

$$y = e^{\alpha x}(C_1\cos\beta x + C_2\sin\beta x).$$

综上所述,设二阶常系数齐次线性方程(6.4.5)有两个特征根 λ_1, λ_2,则当 λ_1, λ_2 是两个不相等的实数根时,原方程的通解为

$$y = C_1 e^{\lambda_1 x} + C_2 e^{\lambda_2 x};$$

当 $\lambda_1 = \lambda_2 = \lambda$, 即方程(6.4.5)有两个相等的实数根时,原方程的通解为

$$y = (C_1 + C_2 x) e^{\lambda x};$$

当 λ_1, λ_2 是有一对共轭复数根 $\alpha \pm i\beta$ 时,原方程的通解为

$$y = e^{\alpha x}(C_1\cos\beta x + C_2\sin\beta x).$$

例 1 求微分方程 $y''+5y'+6y=0$ 的通解.

解 所给方程的特征方程为 $\lambda^2+5\lambda+6=0$，它有两个不相等的实数根 $\lambda_1=-2$，$\lambda_2=-3$，故所求方程的通解为

$$y=C_1\mathrm{e}^{-2x}+C_2\mathrm{e}^{-3x}.$$

例 2 求解初值问题

$$\begin{cases}\dfrac{\mathrm{d}^2x}{\mathrm{d}t^2}+2\dfrac{\mathrm{d}x}{\mathrm{d}t}+x=0,\\ x(0)=4,\ x'(0)=2.\end{cases}$$

解 所给方程的特征方程为 $\lambda^2+2\lambda+1=0$，它有两个相等的实数根 $\lambda_1=\lambda_2=-1$，故所求方程的通解为

$$x=(C_1+C_2t)\mathrm{e}^{-t}.$$

将初始条件 $x(0)=4$ 代入通解，得 $C_1=4$，从而

$$x=(4+C_2t)\mathrm{e}^{-t}.$$

对 t 求导，得

$$x'=[C_2-(4+C_2t)]\mathrm{e}^{-t}.$$

再将初始条件 $x'(0)=2$ 代入，得 $C_2=6$. 因此，所求初值问题的解为

$$x=(4+6t)\mathrm{e}^{-t}.$$

例 3 求微分方程 $y''+2y'+2y=0$ 的通解.

解 所给方程的特征方程为 $\lambda^2+2\lambda+2=0$，它有一对共轭的复数根 $-1\pm\mathrm{i}$，故所求方程的通解为

$$y=\mathrm{e}^{-x}(C_1\cos x+C_2\sin x).$$

6.4.3 二阶常系数非齐次线性微分方程解法

二阶常系数非齐次线性微分方程的一般形式为

$$y''+py'+qy=f(x). \tag{6.4.7}$$

其中，p，q 都是确定的实常数，$f(x)\neq 0$.

由定理 3，需要求得它的对应齐次方程(6.4.5)的通解，再找出方程(6.4.7)自身的一个特解，然后将二者相加，即为方程(6.4.7)的通解. 由于二阶常系数齐次线性微分方程的通解问题已经解决，因此现在的任务就是如何求出二阶常系数非齐次线性微分方程的特解. 求常系数非齐次线性微分方程的特解通常有两种方法：待定系数法和微分算子法.

1. 求二阶常系数非齐次线性微分方程特解的待定系数法

待定系数法的具体做法是根据 $f(x)$ 的特征选取适当的待定函数，称为**待定特解**.

(1) 当 $f(x)=p_m(x)=a_0x^m+a_1x^{m-1}+\cdots+a_{m-1}x+a_m(a_0\neq 0)$ 时，由于 $f(x)$ 是 m 次多项式，可以猜想方程(6.4.7)的一个特解也是 m 次多项式，即设方程(6.4.7)的一个特解为

$$y^* = A_0x^m + A_1x^{m-1} + \cdots + Aa_{m-1}x + A_m,$$

其中,y^* 的系数 A_0, A_1, …, A_m 待定. 将 y^* 及其一阶、二阶导数代入方程(6.4.7),利用多项式相等的充分必要条件是同次幂的系数相等,即可确定 A_0, A_1, …, A_m 的值.

例 4 求微分方程 $y'' + y' - y = 2x$ 的一个特解.

解 由于所给方程的右端是一个一次多项式,设其有特解

$$y^* = ax + b,$$

其中,a, b 是待定系数. 对 y^* 分别求一阶、二阶导数,得

$$(y^*)' = a, \quad (y^*)'' = 0,$$

将 y^* 及其一阶、二阶导数代入所给方程,得

$$a - (ax + b) = 2x.$$

比较上式两边的同次幂系数,得

$$\begin{cases} -a = 2, \\ a - b = 0, \end{cases}$$

即 $a = b = -2$. 故函数 $y^* = -2x - 2$ 是所给方程的一个特解.

(2) 当 $f(x) = e^{\lambda x}$ 时(其中 λ 是确定的常数),可猜想方程(6.4.7)的一个特解为

$$y^* = Ae^{\lambda x},$$

其中,A 为待定系数.

例 5 求微分方程 $y'' - 4y = e^x$ 的一个特解.

解 设所给方程有特解 $y^* = Ae^x$,将 y^* 及其一阶、二阶导数代入所给方程,得

$$(A - 4A)e^x = e^x,$$

故 $A - 4A = 1$,即 $A = -\frac{1}{3}$. 所以 $y^* = -\frac{1}{3}e^x$ 是所给方程的一个特解.

这里需要指出的是,当 λ 是方程(6.4.7)对应齐次方程(6.4.5)的特征根时,方程(6.4.7)的待定特解就不能再设为 $y^* = Ae^{\lambda x}$. 例如微分方程 $y'' - 4y = e^{2x}$(注意到 $\lambda = 2$ 是其对应齐次方程的特征根),若将 $y^* = Ae^{2x}$ 及其一阶、二阶导数代入,得

$$0 = 4Ae^{2x} - 4Ae^{2x} = e^{2x},$$

矛盾. 因此需要对待定特解进行调整,可设

$$y^* = Axe^{\lambda x} \quad 或 \quad y^* = Ax^2e^{\lambda x},$$

其中,当 λ 是特征方程(6.4.6)的单根时,取 $y^* = Axe^{\lambda x}$;当 λ 是特征方程(6.4.6)的二重根时,取 $y^* = Ax^2e^{\lambda x}$.

例 6 求微分方程 $y'' - 2y' + y = 2e^x$ 的通解.

解 对应齐次方程的特征方程为

$$\lambda^2 - 2\lambda + 1 = 0,$$

它有两个相等的实数根$\lambda_1 = \lambda_2 = 1$，得对应齐次方程的通解为$y = (C_1 + C_2 x)e^x$. 由于$f(x) = 2e^x$中的指数函数$e^x$对应的$\lambda = 1$是对应齐次方程的二重根，应设所给方程有特解

$$y^* = Ax^2 e^x.$$

对$y^* = Ax^2 e^x$依次求一阶、二阶导数，得

$$(y^*)' = A(2x + x^2)e^x, \quad (y^*)'' = A(2 + 4x + x^2)e^x,$$

将y^*及其一阶、二阶导数代入所给方程，得

$$A(2 + 4x + x^2)e^x - 2A(2x + x^2)e^x + Ax^2 e^x = 2e^x,$$

故$2A = 2$，$A = 1$. 于是所给方程的通解为

$$y = (C_1 + C_2 x)e^x + x^2 e^x.$$

例 7 求微分方程$y'' + 3y' + 2y = (x+1)e^{-x}$的一个特解.

解 $f(x) = (x+1)e^{-x}$是上述(1)与(2)两种情形的结合，且其中的指数函数e^{-x}对应的$\lambda = -1$是对应齐次方程的单根. 设所给方程有特解

$$y^* = x(Ax + B)e^{-x},$$

其中，A，B为待定系数. 于是

$$\begin{aligned}(y^*)' &= [(2Ax + B) - (Ax^2 + Bx)]e^{-x} = [B + (2A - B)x - Ax^2]e^{-x},\\ (y^*)'' &= \{2A - B - 2Ax - [B + (2A - B)x - Ax^2]\}e^{-x}\\ &= [2(A - B) - (4Ax - B)x + Ax^2]e^{-x},\end{aligned}$$

将y^*及其一阶、二阶导数代入所给方程，并整理得

$$2Ax + 2A + B = x + 1,$$

故$A = \dfrac{1}{2}$，$B = 0$. 于是$y^* = \dfrac{1}{2}x^2 e^{-x}$为所给方程的一个特解.

(3) 当$f(x) = e^{\alpha x}(a\cos\beta x + b\sin\beta x)$(其中$a$，$b$，$\alpha$，$\beta$都是确定实数)时，取待定特解，需分两种情形：若复数$\alpha \pm i\beta$是对应齐次方程的特征根，则设特解为

$$y^* = xe^{\alpha x}(A\cos\beta x + B\sin\beta x);$$

若$\alpha \pm i\beta$不是对应齐次方程的特征根，则设特解为

$$y^* = e^{\alpha x}(A\cos\beta x + B\sin\beta x),$$

其中，A，B为待定系数.

例 8 求微分方程$y'' + 3y' - 4y = 4\sin x$的一个特解.

解 由于$f(x) = 4\sin x$对应的复数为$\pm i$不是对应齐次方程的特征根，可设所给方程有特解

$$y^* = A\cos x + B\sin x,$$

其中，A，B为待定系数. 将y^*及其一阶导数

$$(y^*)' = -A\sin x + B\cos x,$$

二阶导数

$$(y^*)'' = -A\cos x - B\sin x$$

代入所给方程,并整理后比较等号两边 $\cos x$ 与 $\sin x$ 的系数,得

$$\begin{cases} -5A + 3B = 0, \\ -3A - 5B = 4. \end{cases}$$

故 $A = -\dfrac{6}{17}$, $B = -\dfrac{10}{17}$. 于是,所给方程的一个特解为

$$y^* = -\frac{6}{17}\cos x - \frac{10}{17}\sin x.$$

例 9 求微分方程 $y'' + y = x\cos x$ 的一个特解.

解 由于 $f(x) = x\cos x$ 的函数 $\cos x$ 对应复数 $\pm \mathrm{i}$,它是对应齐次方程的特征根,x 是一次多项式,可设所给方程有特解

$$y^* = x[(Ax + B)\cos x + (Cx + D)\sin x],$$

其中,A, B, C, D 为待定系数. 将 y^* 及其一阶导数

$$\begin{aligned}(y^*)' &= (2Ax + B)\cos x - (Ax^2 + Bx)\sin x + (2Cx + D)\sin x + (Cx^2 + Dx)\cos x \\ &= [Cx^2 + (2A + D)x + B]\cos x + [-Ax^2 + (2C - B)x + D]\sin x,\end{aligned}$$

二阶导数

$$\begin{aligned}(y^*)'' = &(2Cx + 2A + D)\cos x - [Cx^2 + (2A + D)x + B]\sin x + \\ &[-2Ax + (2C - B)]\sin x + [-Ax^2 + (2C - B)x + D]\cos x \\ = &[-Ax^2 + (4C - B)x + 2(A + D)]\cos x + \\ &[-Cx^2 + (-4A - D)x + 2(C - B)]\sin x\end{aligned}$$

代入所给方程,得

$$[-Ax^2 + (4C - B)x + 2(A + D)]\cos x + [-Cx^2 + (-4A - D)x + 2(C - B)]\sin x + x[(Ax + B)\cos x + (Cx + D)\sin x] = x\cos x,$$

合并同类项,得

$$4Cx\cos x + 2(A + D)\cos x - 4Ax\sin x + 2(C - B)\sin x = x\cos x,$$

比较等号两边同类项的系数,得

$$4C = 1, \quad 2(A + D) = 0, \quad -4A = 0, \quad 2(C - B) = 0,$$

故 $A = 0$, $B = C = \dfrac{1}{4}$, $D = 0$. 于是,所给方程有特解为

$$y^* = \frac{1}{4}x\cos x + \frac{1}{4}x^2\sin x.$$

* 2. 求二阶常系数非齐次线性微分方程特解的微分算子法

1）算子多项式

已知函数 $y=y(x)$，设

$$D=\frac{\mathrm{d}}{\mathrm{d}x},\ Dy=\frac{\mathrm{d}y}{\mathrm{d}x}=y';$$

$$D^2=\frac{\mathrm{d}^2}{\mathrm{d}x^2},\ D^2y=\frac{\mathrm{d}^2y}{\mathrm{d}x^2}=y'';$$

$$\vdots$$

$$D^n=\frac{\mathrm{d}^n}{\mathrm{d}x^n},\ D^ny=\frac{\mathrm{d}^ny}{\mathrm{d}x^n}=y^{(n)}\,(n=1,\ 2,\ \cdots).$$

约定 $D^0=1$，即 $D^0y=y$.

记号 $D^n(n=0,\ 1,\ 2,\ \cdots)$ 统称为**微分算子**，$D^n+a_1D^{n-1}+\cdots+a_{n-1}D+a_n$ 称为 n 阶**算子多项式**. 这里 $a_1,\ \cdots,\ a_{n-1},\ a_n$ 都是常数，$aD^ky=a\dfrac{\mathrm{d}^ky}{\mathrm{d}x^k}=y^{(k)}(k=0,\ 1,\ 2,\ \cdots)$.

利用算子多项式，n 阶常系数非齐次微分方程

$$y^{(n)}+a_1y^{(n-1)}+\cdots+a_{n-1}y'+a_ny=f(x),\qquad(6.4.8)$$

可以写成 $P_n(D)y=f(x)$，其中 $P_n(D)=D^n+a_1D^{n-1}+\cdots+a_{n-1}D+a_n$. 与方程(6.4.8)对应的齐次方程 $P_n(D)y=0$. 例如，微分方程 $y''+y'=\cos x$ 可以写成$(D^2+D)y=\cos x$；微分方程 $y''-2y'+3y=0$ 可以写成$(D^2-2D+3)y=0$.

2）算子多项式的运算

定义两个算子多项式 $P(D)$，$Q(D)$的加法与乘法运算为

$$[P(D)+Q(D)]y=P(D)y+Q(D)y;$$
$$[P(D)Q(D)]y=P(D)[Q(D)y].$$

算子多项式的四则运算满足多项式运算的一切规则，特别地，还可以对算子多项式进行因式分解. 例如 $D^2-3D+2=(D-1)(D-2)$，即

$$(D^2-3D+2)y=(D-1)[(D-2)y]=(D-1)(y'-2y)=y''-3y'+3y.$$

3）逆算子

设 $P(D)$是算子多项式，满足 $P(D)g(x)=f(x)$，记 $g(x)=\dfrac{1}{P(D)}f(x)$，称$\dfrac{1}{P(D)}$为 $P(D)$ 的**逆算子**. 例如

$$D(x^2)=2x,\quad \frac{1}{D}(2x)=x^2;$$

$$D^2(x^2)=2,\quad \frac{1}{D^2}(2)=x^2.$$

从某种意义上讲，逆算子$\dfrac{1}{P(D)}$可以说成是 $P(D)$的逆映射，即$\dfrac{1}{P(D)}f(x)$ 可以看作是求 $f(x)$ 的原象. 注意到 $D^2(x^2)=2$，$D^2(x^2+x-2)=2$，因此，$\dfrac{1}{P(D)}f(x)$ 是不唯一的.

容易验证，逆算子$\frac{1}{P(D)}$有如下性质：

$$\frac{1}{P(D)}[af(x)+bg(x)]=a\frac{1}{P(D)}f(x)+b\frac{1}{P(D)}g(x);$$

$$\frac{1}{P(D)}\mathrm{Re}[u(x)+\mathrm{i}v(x)]=\mathrm{Re}\left[\frac{1}{P(D)}u(x)+\mathrm{i}\frac{1}{P(D)}v(x)\right],$$

$$\frac{1}{P(D)}\mathrm{Im}[u(x)+\mathrm{i}v(x)]=\mathrm{Im}\left[\frac{1}{P(D)}u(x)+\mathrm{i}\frac{1}{P(D)}v(x)\right].$$

这里$\mathrm{i}=\sqrt{-1}$，$u(x)$，$v(x)$都是实函数，$\mathrm{Re}\,z$，$\mathrm{Im}\,z$分别表示复数z的实部和虚部.

4）常系数非齐次线性微分方程的算子解法

利用微分算子，方程(6.4.8)可记为$P(D)y=f(x)$，从而

$$y=\frac{1}{P(D)}f(x),$$

其中，$P(D)=D^n+a_1D^{n-1}+\cdots+a_{n-1}D+a_n$.

据此可求得方程(6.4.8)的特解y^*.

(1) 当自由项$f(x)$为多项式，即$f(x)=b_0+b_1x+b_2x^2+\cdots+b_kx^k$时，为了计算特解，通常需要利用 Taylor 公式，将$\frac{1}{P(D)}$形式上化为D的多项式：

$$\frac{1}{P(D)}=c_0+c_1D+c_2D^2+\cdots,$$

注意到当$n>k$时，$D^nf(x)=0$，故可取$\frac{1}{P(D)}=c_0+c_1D+c_2D^2+\cdots+c_kD^k$，则

$$y^*=\frac{1}{P(D)}f(x)=(c_0+c_1D+c_2D^2+\cdots+c_kD^k)f(x). \tag{6.4.9}$$

例 10 求方程$2y''+2y'+y=x^2+2x-1$的一个特解.

解 由式(6.4.9)得所给方程的一个特解为

$$y^*=\frac{1}{2D^2+2D+1}(x^2+2x-1).$$

将$\frac{1}{2D^2+2D+1}$形式上展开成泰勒公式，得

$$\begin{aligned}\frac{1}{2D^2+2D+1}&=1-(2D^2+2D)+(2D^2+2D)^2-\cdots\\&=1-2D+2D^2+\cdots,\end{aligned}$$

则所求特解为

$$\begin{aligned}y^*&=\frac{1}{2D^2+2D+1}(x^2+2x-1)=(1-2D+2D^2)(x^2+2x-1)\\&=(1-2D+2D^2)(x^2+2x-1)=x^2-2x-1.\end{aligned}$$

例 11 求方程 $y''+y'=x^2+1$ 的一个特解.

解 由式(6.4.9)得所给方程的一个特解为

$$y^*=\frac{1}{D^2+D}(x^2+1)=\frac{1}{D}\left[\frac{1}{D+1}(x^2+1)\right]=\frac{1}{D}[(1-D+D^2)(x^2+1)]$$
$$=\frac{1}{D}(x^2-2x+3)=\frac{x^3}{3}-x^2+3x.$$

(2) 当自由项 $f(x)=e^{\lambda x}v(x)$ 时，可以证明

$$\frac{1}{P(D)}e^{\lambda x}v(x)=e^{\lambda x}\frac{1}{P(D+\lambda)}v(x), \tag{6.4.10}$$

这里的 λ 可以是实数,也可以是虚数.(证明过程略)

例 12 求方程 $y''-2y'+y=xe^x$ 的一个特解.

解 由式(6.4.10)得所给方程的一个特解为

$$y^*=\frac{1}{D^2-2D+1}(xe^x)=\frac{1}{(D-1)^2}(xe^x)=e^x\left[\frac{1}{(D+1-1)^2}x\right]$$
$$=e^x\left[\frac{1}{D^2}x\right]=\frac{x^3}{6}e^x.$$

例 13 求方程 $y''-6y'+13y=e^{3x}\sin 2x$ 的一个特解.

解 由式(6.4.10)得所给方程的一个特解为

$$y^*=\frac{1}{D^2-6D+13}(e^{3x}\sin 2x)=e^{3x}\frac{1}{(D+3)^2-6(D+3)+13}\sin 2x$$
$$=e^{3x}\frac{1}{D^2+4}\mathrm{Im}\,e^{2xi}=e^{3x}\mathrm{Im}\left(\frac{1}{D^2+4}e^{2xi}\right)$$
$$=e^{3x}\mathrm{Im}\left(e^{2xi}\frac{1}{(D+2i)^2+4}1\right)=e^{3x}\mathrm{Im}\left(e^{2xi}\frac{1}{D(D+4i)}1\right)$$
$$=e^{3x}\mathrm{Im}\left(e^{2xi}\frac{1}{D}\left(\frac{1}{4i}\right)\right)=e^{3x}\mathrm{Im}\left(\frac{xe^{2xi}}{4i}\right)=-\frac{x}{4}e^{3x}\cos 2x.$$

3. 欧拉方程

形如

$$x^n y^{(n)}+a_1x^{n-1}y^{(n-1)}+\cdots+a_{n-1}xy'+a_ny=f(x) \tag{6.4.11}$$

的线性方程称为**欧拉方程**.

对于欧拉方程，作变换 $x=e^t$,记 $D=\frac{d}{dt}$,则

$$x^ky^{(k)}=D(D-1)\cdots(D-k+1)y,\quad k=1,2,\cdots,n,$$

可将其化为常系数线性方程.

例 14 求方程 $x^3y'''+x^2y''-4xy'=3x^2$ 的通解.

解 令 $x=e^t$,对所给方程作变换,并记 $D=\frac{d}{dt}$, 得

$$D(D-1)(D-2)y+D(D-1)y-4Dy=3e^{2t},$$

化简后得

$$(D^3-2D^2-3D)y=3e^{2t}. \tag{$*$}$$

方程($*$)对应齐次方程的特征根为 0, 3, -1, 对应齐次方程的通解为 $C_1+C_2e^{3t}+C_3e^{-t}$. 下面用算子解法求方程($*$)的一个特解 y^*.

$$\begin{aligned}y^* &= \frac{1}{D^3-2D^2-3D}(3e^{2t})=e^{2t}\frac{1}{(D+2)^3-2(D+2)^2-3(D+2)}\times 3\\&=e^{2t}\frac{1}{D^3+4D^2+D-6}\times 3=e^{2t}\frac{1}{(D-1)(D+2)(D+3)}\times 3\\&=e^{2t}\frac{1}{(D-1)(D+2)}\times 1=e^{2t}\frac{1}{(D-1)}\times\frac{1}{2}=-\frac{1}{2}e^{2t}.\end{aligned}$$

因此,方程($*$)的通解为

$$y=C_1+C_2e^{3t}+C_3e^{-t}-\frac{1}{2}e^{2t}.$$

将 $x=e^t$ 代回,得所给方程的通解为 $y=C_1+C_2x^3+\dfrac{C_3}{x}-\dfrac{1}{2}x^2$.

6.4.4 二阶常系数线性微分方程的应用举例

和一阶微分方程一样,二阶常系数线性微分方程也有着广泛的实际应用,这里仅举一个数学上的例子.

例 15 设 $u=u(\sqrt{x^2+y^2})$ 具有连续的二阶偏导数,且满足

$$\frac{\partial^2 u}{\partial x^2}+\frac{\partial^2 u}{\partial y^2}-\frac{1}{x}\frac{\partial u}{\partial x}+u=x^2+y^2,$$

试求函数 u 的表达式.

解 设 $r=\sqrt{x^2+y^2}$, 则

$$\frac{\partial u}{\partial x}=\frac{du}{dr}\frac{\partial r}{\partial x}=\frac{x}{r}\frac{du}{dr},\ \frac{\partial u}{\partial x}=\frac{du}{dr}\frac{\partial r}{\partial x}=\frac{y}{r}\frac{du}{dr},$$

$$\frac{\partial^2 u}{\partial x^2}=\frac{\partial}{\partial x}\left(\frac{x}{r}\frac{du}{dr}\right)=\frac{y^2}{r^3}\frac{du}{dr}+\frac{x}{r}\left(\frac{d^2u}{dr^2}\frac{\partial r}{\partial x}\right)=\frac{y^2}{r^3}\frac{du}{dr}+\frac{x^2}{r^2}\frac{d^2u}{dr^2},$$

$$\frac{\partial^2 u}{\partial y^2}=\frac{\partial}{\partial y}\left(\frac{x}{r}\frac{du}{dr}\right)=\frac{x^2}{r^3}\frac{du}{dr}+\frac{y}{r}\left(\frac{d^2u}{dr^2}\frac{\partial r}{\partial y}\right)=\frac{x^2}{r^3}\frac{du}{dr}+\frac{y^2}{r^2}\frac{d^2u}{dr^2}.$$

将上述结果代入原方程,并化简,得

$$\frac{d^2u}{dr^2}+u=r^2.$$

解此二阶常系数线性微分方程,得它的通解为 $u=C_1\cos r+C_2\sin r+r^2-2$, 故函数 u 的表达式为

$$u = C_1\cos\sqrt{x^2+y^2} + C_2\sin\sqrt{x^2+y^2} + x^2 + y^2 - 2,$$

其中,C_1, C_2 为任意常数.

习题 6.4

1. 求下列齐次线性微分方程的通解.

(1) $y''-4y'+4y=0$;

(2) $y''+4y'-5y=0$;

(3) $y''-4y'+13y=0$;

(4) $4\dfrac{d^2x}{dt^2}-20\dfrac{dx}{dt}+25x=0$.

2. 求下列非齐次线性微分方程的通解.

(1) $y''-4y'+4y=x^2e^{2x}$;

(2) $y''+y'-2y=10\sin x$;

(3) $y''-2y'+2y=e^x\cos x$;

(4) $y''+y=e^x+\cos x$.

3. 设二阶常系数非齐次线性微分方程 $y''+\alpha y'+\beta y=\gamma e^x$ 的一个特解为 $y=e^{2x}+(1+x)e^x$,试确定常数 α, β, γ, 并求该方程的通解.

6.5 微分方程在经济管理中的应用

在经济管理中经常要研究各经济变量之间的联系及其变化的内在规律.下面通过几个例子介绍微分方程在经济管理中的应用.

6.5.1 供需平衡的市场模型

例 1 已知某商品的需求量 D 和供给量 S 都是价格 p 的函数,$D=\dfrac{a}{p^2}$, $S=bp$,其中,a, b 均为正常数,价格 p 是时间 t 的函数且满足方程$\dfrac{dp}{dt}=k[D(p)-S(p)]$($k$ 为正常数).假设 $t=0$ 时价格为 1,试求:(1)需求量等于供应量时的均衡价格 p_0;(2)价格函数 $p(t)$;(3)极限 $\lim\limits_{t\to\infty}p(t)$.

解 (1) 当需求量等于供应量时,有

$$\frac{a}{p^2}=bp,$$

因此,均衡价格为 $p_0=\sqrt[3]{\dfrac{a}{b}}$.

(2) 由题意知

$$\frac{dp}{dt}=k[D(p)-S(p)]=k\left[\frac{a}{p^2}-bp\right]=\frac{kb}{p^2}\left[\frac{a}{b}-p^3\right],$$

因此,$\dfrac{dp}{dt}==\dfrac{kb}{p^2}[p_0^3-p^3]$,故$\dfrac{p^2\,dp}{p^3-p_0^3}=-kb\,dt$.两边积分,得

$$p^3=p_0^3+Ce^{-3kbt}.$$

由条件 $p(0)=1$,得 $C=1-p_0^3$,故价格函数为 $p(t)=\sqrt[3]{p_0^3+(1-p_0^3)e^{-3bt}}$.

(3) $\lim\limits_{t\to\infty}p(t)=\lim\limits_{t\to\infty}\sqrt[3]{p_0^3+(1-p_0^3)e^{-3bt}}=p_0$.

6.5.2 新技术推广模型

例 2 设有某项新技术需要推广,在 t 时刻已掌握该项技术的人数为 $x(t)$,由于新技术性能良好,同时,考虑到新技术推广的权限(需要掌握该项技术的总人数为 N),若新技术推广的速率与已掌握新技术的人数与尚待推广人数的乘积成正比($k>0$ 为比例常数),且初始时刻已掌握该技术的人数为$\frac{1}{5}N$,求:(1) 已掌握新技术人数 $x(t)$ 的表达式;(2)求 $x(t)$ 增长最快的时刻 T.

解 (1) 由题意知

$$\begin{cases}\dfrac{dx}{dt}=kx(N-x), & (6.5.1)\\ x\Big|_{t=0}=\dfrac{1}{5}N, & (6.5.2)\end{cases}$$

方程(6.5.1)为可分离变量的微分方程,解得

$$x(t)=\frac{N}{1+Ce^{-kNt}},$$

代入式(6.5.2),得 $C=4$,故

$$x(t)=\frac{N}{1+4e^{-kNt}}.$$

(2) 由上式可得

$$\frac{dx}{dt}=\frac{4N^2ke^{-kNt}}{(1+4e^{-kNt})^2}$$

以及

$$\frac{d^2x}{dt^2}=\frac{4N^2ke^{-kNt}(4e^{-kNt}-1)}{(1+4e^{-kNt})^3}.$$

令$\frac{d^2x}{dt^2}=0$,得 $T=\frac{\ln 4}{kN}$.

当 $t<T$ 时,$\frac{d^2x}{dt^2}>0$;

当 $t>T$ 时,$\frac{d^2x}{dt^2}<0$.

故当 $t=\frac{\ln 4}{kN}$时,$\frac{dx}{dt}=x(t)$取得最大值,即此时 $x(t)$ 的增长速度最快.

注:方程(6.5.1)通常被称为**逻辑斯谛**(Logistic)方程. 此方程在经济学、管理学、生物医

学等领域都有着非常重要的应用.

6.5.3 储蓄、投资与国民收入关系模型

例 3 在宏观经济研究中,发现某地区的国民收入 Y,国民储蓄 S 和投资 I 均为时间 t 的函数,且在任一时刻 t,储蓄 $S(t)$ 为国民收入的 1/8 倍,投资额 $I(t)$ 是国民收入增长率的 1/4 倍. $t=0$ 时,国民收入为 20 亿元. 设在 t 时刻的储蓄全部用于投资. 试求国民收入函数.

解 根据题设,可建立起关于储蓄、投资和国民收入关系问题的数学模型:

$$\begin{cases} S=\dfrac{1}{8}Y, & (6.5.3)\\ I=\dfrac{1}{4}\dfrac{\mathrm{d}Y}{\mathrm{d}t}, & (6.5.4)\\ S=I, & (6.5.5)\\ Y\Big|_{t=0}=20. & (6.5.3)\end{cases}$$

由式(6.5.3)、式(6.5.4)、式(6.5.5)可得关于国民收入的微分方程初值问题

$$\begin{cases} \dfrac{\mathrm{d}Y}{\mathrm{d}t}=\dfrac{1}{2}Y,\\ Y\Big|_{t=0}=20.\end{cases}$$

求解得国民收入函数为

$$Y(t)=20\mathrm{e}^{\frac{1}{2}t}.$$

又由式(6.5.3)、式(6.5.5)可得储蓄函数和投资函数为

$$S(t)=I(t)=\frac{5}{2}\mathrm{e}^{\frac{1}{2}t}.$$

习题 6.5

1. 某部门办公用品的月平均成本 C 与部门员工人数 x 有如下关系:

$$C'=c^2\mathrm{e}^{-x}-2c,$$

且 $C(0)=1$,求 $C(x)$.

2. 已知某商品的需求价格弹性为 $\dfrac{EQ}{EP}=-P(\ln P+1)$,且当 $P=1$ 时,需求量 $Q=1$. (1) 求商品对价格的需求函数; (2) 当 $P\to+\infty$ 时,需求量是否趋于稳定?

3. 设 $Y=Y(t)$ 为国民收入,$D=D(t)$ 为国民债务,有如下经济模型:

$$\begin{cases} \dfrac{\mathrm{d}Y}{\mathrm{d}t}=\rho Y, & \rho>0,\text{且为常数},\\ \dfrac{\mathrm{d}D}{\mathrm{d}t}=kY, & k>0,\text{且为常数}.\end{cases}$$

(1) 若 $Y(0)=Y_0$, $D(0)=D_0$,求 $Y(t)$, $D(t)$;(2) 求 $\lim\limits_{t\to+\infty}\frac{D(t)}{Y(t)}$.

6.6 差分方程的解法及其在经济学中的应用

差分方程是用某种递推关系定义一个数列的方程式,即数列的每一项是前一项的函数.差分方程是离散化的微分方程,是微分方程理论的一个重要分支.一个微分方程不一定可以解出精确解,若把它变成差分方程,就可以求出近似解.

在这一节里,主要讨论一些较简单差分方程的解法.由于许多方法与微分方程的有关内容是平行的,为节省篇幅,有些差分方程只给出解法,而将推导过程略去.

6.6.1 差分的概念

设函数 $y=f(x)$ 中的自变量 x 取所有非负整数,并计其数值为 y_i,则其值可以排列成一个数列 y_0, y_1, y_2, …, y_n, …,差 $y_{x+1}-y_x$ 称为函数 $y=f(x)$ 的**差分**,也称**一阶差分**,记为 Δy_x,即 $\Delta y_x=y_{x+1}-y_x$.

二阶差分就是一阶差分的差分,即

$$\Delta^2 y_x=\Delta(\Delta y_x)=\Delta y_{x+1}-\Delta y_x=y_{x+2}-y_{x+1}-(y_{x+1}-y_x).$$

同样可定义三阶差分、四阶差分以及更高阶的差分.二阶及二阶以上的差分统称为**高阶差分**.

6.6.2 差分的性质

(1) $\Delta(ay_x+bz_x)=a\Delta y_x+b\Delta z_x$,其中 a, b 为常数;

(2) $\Delta(y_xz_x)=y_{x+1}\Delta z_x+zx\Delta y_x=z_{x+1}\Delta y_x+y_x\Delta z_x$.

例 1 求 $y_t=te^t+2t^2-1$ 的差分.

解
$$\begin{aligned}\Delta y_t&=\Delta(te^t)+2\Delta(t^2)-\Delta(1)=t\Delta(\mathrm{e}^t)+\mathrm{e}^{t+1}2\Delta(t)+2(2t+1)\\&=\mathrm{e}^t[t(\mathrm{e}-1)+\mathrm{e}]+4t+2.\end{aligned}$$

例 2 已知 $f(x)=x^2$,步长 $h=0.1$,求 $x=1$ 点的二阶差分.

解 点列为 $y_n=f(1+0.1n)=f(1+nh)$,

$$\Delta f(1)=f(1+h)-f(1)=1.1^2-1=0.21,$$
$$\Delta f(1+h)=f(1+2h)-f(1+h)=1.2^2-1.1^2=0.23,$$
$$\begin{aligned}\Delta^2 f(1)&=\Delta f(\Delta f(1))=\Delta(f(1+h)-f(1))=\Delta f(1+h)-\Delta f(1)\\&=0.23-0.21=0.02.\end{aligned}$$

6.6.3 差分方程的概念

含有自变量、自变量的未知函数及其差分的方程称为**差分方程**,简称**方程**.差分方程中未知函数差分的最高阶数(或方程中未知函数的最大下标与最小下标之差)称为该差分方程的**阶**.例如

$$y_{n+3}-2y_{n+1}+3y_n=2\text{（三阶）};$$
$$\Delta^3 y_n-3\Delta^2 y_n+y_n=y_n\text{（三阶）};$$
$$y_{n-2}-2y_{n-4}=y_{n+2}\text{（六阶）}.$$

代入方程能使方程成为恒等式的函数(数列)$\{y_n\}$称为**差分方程的解**；差分方程的解中，含有独立的任意常数，且任意常数的个数等于差分方程的阶数的解称为**通解**；不含任意常数的解称为**特解**.

6.6.4 一阶常系数线性差分方程的解法

一阶常系数线性差分方程的一般形式为

$$y_{x+1}+ay_x=f(x), \tag{6.6.1}$$

其中，常数 $a\neq 0$. 对应的一阶常系数线性齐次差分方程为

$$y_{x+1}+ay_x=0. \tag{6.6.2}$$

齐次方程(6.6.2)的通解为 $y_x=C(-a)^x$，其中 C 是一个任意常数. 若给定初始条件 $y_0=C_0$，则 $y_x=C_0(-a)^x$ 即为满足该条件的特解.

对非齐次方程(6.6.1)，其通解为其一个特解 y_x^* 与对应齐次方程的通解之和. 表 6-1 总结了几种常见情形下非齐次方程特解所应具有的形式($Q_m(x)$是待定系数的 m 次多项式，A，B 为待定常数).

表 6-1

$f(x)$的形式	方程中系数 a 的取值	特解 y_x^* 的形式
m 次多项式 $P_m(x)$	$a+1\neq 0$	$Q_m(x)$
	$a+1=0$	$xQ_m(x)$
$mb^x(m\neq 0,\ b\neq 1)$	$a+b\neq 0$	Ab^x
	$a+b=0$	Axb^x
$m\cos\omega x+n\sin\omega x$ $m,\ n,\ \omega$ 是常数，$\omega\neq 0,\ \pi,\ 2\pi$		$A\cos\omega x+B\sin\omega x$

注：$\omega=0$ 或 $\omega=2\pi$ 时，$A\cos\omega x+B\sin\omega x=A$；
$\omega=\pi$ 时，$A\cos\omega x+B\sin\omega x=A(-1)^x$.

例 3 求差分方程 $y_{t+1}+7y_t=16$ 满足 $y_0=5$ 的特解.

解 设该方程有特解 $y_t^*=B$，代入方程，得 $B=2$. 故原方程的通解为

$$y_t=2+C(-7)^t.$$

再由初始条件 $y_0=5$，得 $C=3$，故 $y_t=2+3(-7)^t$ 即为所求的解.

例 4 求差分方程 $y_{t+1}-y_t=t2^t$ 的通解.

解 齐次差分方程 $y_{t+1}-y_t=0$ 的通解为 C（C 为任意常数）. 设 $y_t^*=(at+b)2^t$ 是原方程的一个特解，代入原方程，得

$$[a(t+1)+b]2^{t+1}-(at+b)2^t=t2^t,$$

得$(a-1)t+(2a+b)=0$,故$a=1$, $b=-2$,即$y_t^*=(t-2)2^t$. 所以$y=C+(t-2)2^t$为所给差分方程的通解.

例 5 设某人从银行贷款A元,月息为r,n个月连本带息还完. 如果每月的还款数额相同,问他每月需还款多少元?

解 设他每月需还款x元,并记A_t为第t月末的贷款余额,则

$$A_{t+1}=(1+r)A_t-x, \quad A_0=A.$$

对应齐次方程的通解为$y_t=C(1+r)^t$,设$y=B$是$A_{t+1}=(1+r)A_t-x$的特解,得$B=\dfrac{x}{r}$,

故方程$A_{t+1}=(1+r)A_t-x$的通解为$y_t=C(1+r)^t+\dfrac{x}{r}$.

将$A_0=A$代入,得$A=C(1+r)^0+\dfrac{x}{r}$, $C=A-\dfrac{x}{r}$,故

$$y_t=\left(A-\frac{x}{r}\right)(1+r)^t+\frac{x}{r},$$

从而

$$y_n=\left(A-\frac{x}{r}\right)(1+r)^n+\frac{x}{r}.$$

令$y_n=0$,得$\left(A-\dfrac{x}{r}\right)(1+r)^n+\dfrac{x}{r}=0$, $x=\dfrac{Ar(1+r)^n}{(1+r)^n-1}$.

6.6.5 二阶常系数线性差分方程

二阶常系数线性差分方程的一般形式为

$$y_{x+2}+py_{x+1}+qy_x=f(x), \tag{6.6.3}$$

其中,$p\neq 0$, $q\neq 0$为常数. 方程(6.6.3)对应的二阶常系数线性齐次差分方程为

$$y_{x+2}+py_{x+1}+qy_x=0. \tag{6.6.4}$$

齐次方程(6.6.4)的**特征方程**为

$$\lambda^2+p\lambda+q=0, \tag{6.6.5}$$

特征方程(6.6.5)的根称为齐次方程(6.6.4)的**特征根**.

1. 二阶常系数齐次方程的通解

(1) 若方程(6.6.5)有两个不相等的实数根λ_1, λ_2,则λ_1^x, λ_2^x为差分方程(6.6.4)的两个线性无关的特解,其通解为

$$y_x=C_1\lambda_1^x+C_2\lambda_2^x.$$

(2) 若方程(6.6.5)有两个相等的实数根$\lambda_1=\lambda_2=\lambda$,则$\lambda^x$, $x\lambda^x$为差分方程(6.6.4)的两个线性无关的特解,其通解为

$$y_x=(C_1+C_2x)\lambda^x.$$

(3) 若方程(6.6.5)有一对共轭复数根 $\alpha \pm i\beta$，记 $r=\sqrt{\alpha^2+\beta^2}$，$\omega=\arctan\dfrac{\beta}{\alpha}$，则差分方程(6.6.4)有两个线性无关的特解 $r^x\cos\omega x$，$r^x\sin\omega x$，其通解为

$$y_x=r^x(C_1\cos\omega x+C_2\sin\omega x).$$

例 6 求差分方程 $y_{x+2}-2y_{x+1}+2y_x=0$ 的通解.

解 特征方程有一对共轭复数根 $1\pm i$，得 $r=\sqrt{2}$，$\omega=\dfrac{\pi}{4}$，故该差分方程的通解为

$$y_x=2^{\frac{x}{2}}\left(C_1\cos\frac{\pi}{4}x+C_2\sin\frac{\pi}{4}x\right).$$

2. 二阶常系数非齐次方程的通解

二阶常系数非齐次线性差分方程(6.6.3)的通解可表示为其自身的一个特解与对应齐次方程的通解之和. 与一阶常系数非齐次线性差分方程的情形类似，根据方程(6.6.3)右端函数 $f(x)$ 的特点，其特解通常可以用待定系数法求出.

例 7 求差分方程 $y_{x+2}-5y_{x+1}+6y_x=10$ 的通解.

解 因对应齐次方程有两个不相等的特征根 2 和 3，故 $C_1 2^x+C_2 3^x$ 为对应齐次方程的通解. 设原方程的特解为 $y_x=A$，代入得 $A=5$. 故原方程的通解为

$$y_x=C_1 2^x+C_2 3^x+5.$$

注 当二阶常系数非齐次线性差分方程(6.6.3)的右端函数为 $a\lambda^x$ 时，所选的特解的待定形式应为 $Ax^k\lambda^x$，其中 $k=0, 1, 2$ 对应的 λ 是对应齐次方程的非、单、二重特征根.

例 8 求差分方程 $4y_{x+2}-4y_{x+1}+y_x=\dfrac{5}{2^x}$ 的通解.

解 因对应齐次方程有两个相等的特征根 $\dfrac{1}{2}$，故 $(C_1+C_2x)\left(\dfrac{1}{2}\right)^x$ 为应齐次方程的通解. 注意到 $\dfrac{1}{2}$ 是二重特征根，可设原方程的特解为 $y_x=Ax^2\left(\dfrac{1}{2}\right)^x$，代入得 $A=\dfrac{5}{2}$. 故原方程的通解为 $y_x=\left(C_1+C_2x+\dfrac{5}{2}x^2\right)\left(\dfrac{1}{2}\right)^x$.

例 9 [斐波那契(Fibonacci)兔子问题]假定有一雄一雌一对家兔(刚出生)，幼兔长一个月即成为成年家兔，若成年家兔每月都产下一雄一雌一对小兔，如此一代一代繁衍下去，问第 n 月后有多少对家兔?

解 设第 n 月后的家兔对数为 y_n，则

$$\begin{cases}y_{n+2}=y_{n+1}+y_n,\\ y_0=y_1=1.\end{cases}$$

这是一个二阶常系数齐次差分方程，特征根为 $\lambda=\dfrac{1\pm\sqrt{5}}{2}$，得通解为

$$y_n=C_1\left(\frac{1+\sqrt{5}}{2}\right)^n+C_2\left(\frac{1-\sqrt{5}}{2}\right)^n.$$

将 $y_0=y_1=1$ 代入，得 $1=C_1+C_2$，$1=C_1\left(\frac{1+\sqrt{5}}{2}\right)+C_2\left(\frac{1-\sqrt{5}}{2}\right)$，从而

$$C_1=\frac{1+\sqrt{5}}{2\sqrt{5}},\quad C_2=-\frac{1-\sqrt{5}}{2\sqrt{5}},$$

于是，$y_n=\frac{1}{\sqrt{5}}\left[\left(\frac{1+\sqrt{5}}{2}\right)^{n+1}-\left(\frac{1-\sqrt{5}}{2}\right)^{n+1}\right]$.

6.6.6 差分方程在经济学中的应用

例 10 设某产品在时间 t 时的价格 p_t、总供给 R_t 与总需求 Q_t 三者之间有如下关系：

$$R_t=2p_t+1,\ Q_t=-4p_{t-1}+5,\ R_t=Q_t,\ t=0,1,2,\cdots.$$

试推出 p_t 满足的差分方程，并求满足 $p(0)=p_0$ 的解.

分析 将三个方程联立，消去 R_t 和 Q_t，即得到 p_t 的差分方程.

解 $2p_t=R_t-1=Q_t-1=-4p_{t-1}+4$，故 $p_t+2p_{t-1}=2$ 为所求的差分方程.

由于 $a=2\neq1$，将 $p_t=A$ 代入该差分方程，得 $A=\frac{2}{3}$，因此 $p_t=C(-2)^t+\frac{2}{3}$ 为该方程的通解.

将 $p(0)=p_0$ 代入通解，得 $p_0=C+\frac{2}{3}$，$C=p_0-\frac{2}{3}$. 所以满足 $p(0)=p_0$ 的解为

$$p_t=\left(p_0-\frac{2}{3}\right)(-2)^t+\frac{2}{3}.$$

习题 6.6

1. 求下列函数的差分.

(1) $y_t=t^2$； (2) $y_t=a^t$； (3) $y_t=\log_a t$； (4) $y_t=\sin at$.

2. 求下列一阶常系数差分方程的通解.

(1) $4y_{t+1}+16y_t=20$； (2) $2y_{t+1}+10y_t=5t$；

(3) $y_{t+1}-2y_t=2^t$； (4) $y_{t+1}-y_t=4\cos\frac{\pi}{3}t$.

3. 求下列方程满足给定条件的特解.

(1) $y_{t+1}-y_t=2^t$，$y_0=3$； (2) $y_{t+1}+4y_t=17\cos\frac{\pi}{2}t$，$y_0=1$.

4. 求下列二阶常系数差分方程的通解.

(1) $y_{x+2}+y_{x+1}-2y_x=12$； (2) $y_{x+2}-4y_{x+1}+4y_x=5+x$.

5. 某公司在每年支出总额比前一年增加 10% 的基础上再追加 100 万元，若以 C_t 表示第 t 年的支出总额(单位：万元)，求 C_t 满足的差分方程；若 2005 年该公司的支出总额为 2 000 万元，问 3 年后支出总额为多少万元?

总习题 6

一、选择题

1. 微分方程 $y'=2xy$ 的通解为(　　).

A. $y=e^{x^2}+C$　　B. $y=Ce^{x^2}$　　C. $y=e^{Cx^2}$　　D. $y=Ce^x$

2. 函数 $y=c_1e^{2x+c_2}$ 是微分方程 $y''-y'-2y=0$ 的(　　).

A. 通解　　B. 特解

C. 不是解　　D. 解,但既不是通解,也不是特解

3. 设线性无关的函数 y_1, y_2, y_3 都是二阶非齐次线性微分方程 $y''+p(x)y'+q(x)y=f(x)$ 的解,C_1, C_2 是任意常数,则该方程的通解是(　　).

A. $C_1y_1+C_2y_2+y_3$　　B. $C_1y_1+C_2y_2-(C_1+C_2)y_3$

C. $C_1y_1+C_2y_2-(1-C_1-C_2)y_3$　　D. $C_1y_1+C_2y_2+(1-C_1-C_2)y_3$

4. 微分方程 $xy'+y=\sqrt{x^2+y^2}$ 是(　　).

A. 可分离变量的微分方程　　B. 齐次微分方程

C. 一阶线性齐次微分方程　　D. 一阶线性非齐次微分方程

二、填空题

5. 微分方程 $xy'=y\ln y$ 的通解是____________.

6. 方程 $y'=y^2\sin x$ 的奇解为________.

7. 微分方程 $3x^2+5x-5y'=0$ 的通解是____________.

8. 微分方程 $4\dfrac{d^2s}{dt^2}-20\dfrac{ds}{dt}+25s=0$ 的通解为____________.

三、解答题

9. 求微分方程$\dfrac{dy}{dx}=2xy$ 的通解.

10. 求下列一阶微分方程满足所给初始条件的特解.

(1) $\dfrac{dy}{dx}+\dfrac{y}{x}=\dfrac{\sin x}{x}$, $y(\pi)=1$;　　(2) $y'-2y=e^x-x$, $y(0)=\dfrac{5}{4}$.

11. 求解微分方程:$y'''=e^{2x}-\cos x$.

12. 求方程$\dfrac{dy}{dx}+3y=8$ 满足初始条件 $y\Big|_{x=0}=2$ 的特解.

13. 求微分方程 $y''-4y=e^{2x}$ 的通解.

14. 求微分方程 $y''-5y'+6y=xe^{2x}$ 的通解.

15. 设函数 $y=(1+x)^2u(x)$ 是方程 $y'-\dfrac{2y}{x+1}=(x+1)^3$ 的通解,求 $u(x)$.

16. 求下列伯努利方程的通解.

(1) $2x^2y'+xy+x^4y^3=0$;　　(2) $y'-\dfrac{y}{1+x}+y^2=0$

17. 求解下列初值问题:$y''+(y')^2=1$, $y(0)=0$, $y'(0)=0$.

18. 求微分方程 $x^2y''+xy'=1$ 的通解.

19. 求下列方程的通解.

(1) $y''-4y'-5y=0$;　　(2) $y''-4y'-5=0$;

(3) $y''-4y'+4y=x^2e^{2x}$;　　(4) $y''+y'-2y=8\sin 2x$.

第 7 章　线 性 代 数

线性代数是大学数学的重要组成部分，在自然科学和工程技术等领域中有着广泛的应用. 本章主要讨论线性代数的一些基本内容：行列式，矩阵，向量组，线性方程组，特征值以及二次型.

在本章中，如不加说明，提到的数都是指实数.

7.1　行　列　式

行列式的概念起源于解一次方程组，是一个常用的数学工具. 本节主要介绍 n 阶行列式的定义，行列式的基本性质以及行列式的按一行(或一列)展开规则.

7.1.1　二阶行列式与三阶行列式

二阶行列式的概念起源于解二元线性方程组(即二元一次方程组)

$$\begin{cases} a_{11}x_1 + a_{12}x_2 = b_1, \\ a_{21}x_1 + a_{22}x_2 = b_2, \end{cases} \tag{7.1.1}$$

由消元法可知，当 $a_{11}a_{22} - a_{12}a_{21} \neq 0$ 时，方程组(7.1.1)的解为

$$x_1 = \frac{b_1 a_{22} - a_{12}b_2}{a_{11}a_{22} - a_{12}a_{21}}, \quad x_2 = \frac{a_{11}b_2 - b_1 a_{21}}{a_{11}a_{22} - a_{12}a_{21}}. \tag{7.1.2}$$

为了便于记忆，用符号

$$\begin{vmatrix} a_{11} & a_{12} \\ a_{21} & a_{22} \end{vmatrix} \tag{7.1.3}$$

表示代数和 $a_{11}a_{22}-a_{12}a_{21}$，并称式(7.1.3)为二阶行列式，$a_{11}a_{22}-a_{12}a_{21}$ 为二阶行列式(7.1.3)的值. 计算行列式就是求出它的值.

在二阶行列式(7.1.3)中，数 $a_{ij}\ (i,j=1,2)$ 称为元素，它的第一个下标 i 称为该元素的行标，表明该元素位于行列式的第 i 行，第二个下标 j 称为该元素的列标，表明该元素位于行列式的第 j 列.

在二阶行列式(7.1.3)中，称 a_{11}，a_{22} 为主对角线元素，a_{12}，a_{21} 为副对角线元素，于是行列式(7.1.3)的值为其主对角线元素之积与副对角线元素之积的差. 这种计算二阶行列式的方法叫做对角线法则.

称式(7.1.3)为方程组(7.1.1)的系数行列式，将行列式 D 的第一列和第二列元素分别换成方程组(7.1.1)的常数项，就得到了行列式

$$d_1=\begin{vmatrix} b_1 & a_{12} \\ b_2 & a_{22} \end{vmatrix}=b_1a_{22}-a_{12}b_2,\quad d_2=\begin{vmatrix} a_{11} & b_1 \\ a_{21} & b_2 \end{vmatrix}=a_{11}b_2-b_1a_{21},$$

于是式(7.1.2)可以写成

$$x_1=\frac{d_1}{d},\quad x_2=\frac{d_2}{d}.$$

同样,由三元一次方程组可以引入三阶行列式

$$d=\begin{vmatrix} a_{11} & a_{12} & a_{13} \\ a_{21} & a_{22} & a_{23} \\ a_{31} & a_{32} & a_{33} \end{vmatrix}, \tag{7.1.4}$$

它的值为

$$a_{11}a_{22}a_{33}+a_{12}a_{23}a_{31}+a_{13}a_{21}a_{32}-a_{13}a_{22}a_{31}-a_{12}a_{21}a_{33}-a_{11}a_{23}a_{32}. \tag{7.1.5}$$

式(7.1.5)是六项之和,其中每一项都是位于行列式(7.1.4)中不同行不同列的三个元素的积,其规律遵循如下图所示的对角线法则,图中有三条实线看作是平行于对角线的联线,三条虚线看作是平行于副对角线的联线,实线上三元素乘积冠正号,虚线上三元素乘积冠负号.

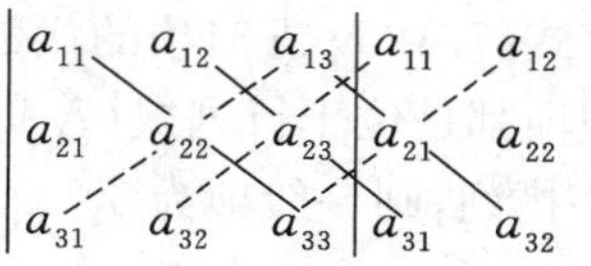

例 1 计算三阶行列式

$$d=\begin{vmatrix} 2 & 1 & -4 \\ 2 & -2 & 1 \\ 4 & -3 & -2 \end{vmatrix}.$$

解 按对角线法则,有

$$\begin{aligned} d &= 2\times(-2)\times(-2)+1\times1\times4+(-4)\times2\times(-3)- \\ &\quad (-4)\times(-2)\times4-1\times2\times(-2)-2\times1\times(-3) \\ &= 8+4+24-32+4+6=14. \end{aligned}$$

7.1.2 排列

为了将二阶行列式和三阶行列式推广到 n 阶行列式,要用到 n 元排列的奇偶性质.

定义 7.1 由 n 个数码 1, 2, …, n 组成的一个有序数组称为一个 n 元排列.

例如,312, 213 都是三元排列,3214 是一个四元排列.

显然,n 元排列共有 $n!$个,如三元排列共有 $3!=6$ 个,它们是:

123, 132, 231, 213, 312, 321.

在三元排列中，除 123 是按自然顺序外，其余排列中都有较大数码排列在较小数码的前面. 例如，312 中，3 排在 1 的前面，这时说 3 与 1 构成一个逆序，同样 3 与 2 也构成一个逆序.

定义 7.2 在一个 n 元排列中，如果有两个数，前面的数大于后面的数，那么就说它们构成一个逆序. 一个排列中逆序的总数称为这个排列的逆序数. 逆序数为偶数的排列称为偶排列，逆序数为奇数的排列称为奇排列.

若将 n 元排列 $i_1 i_2 \cdots i_n$ 的逆序数记为 $\tau(i_1 i_2 \cdots i_n)$，则按定义 7.1.2 有

$$\tau(i_1 i_2 \cdots i_n) = \sum_{i=1}^{n-1} m_i,$$

其中，m_i 为排在 i 前面并且比 i 大的数码的个数，$i = 1, 2, \cdots, n-1$.

例如，在六元排列 543162 中，$m_1 = 3$, $m_2 = 4$, $m_3 = 2$, $m_4 = 1$, $m_5 = 0$，所以

$$\tau(543162) = \sum_{i=1}^{5} m_i = 3+4+2+1+0 = 10,$$

从而 543162 为偶排列.

7.1.3 n 阶行列式

利用排列的奇偶性来考察三阶行列式，可以看出：

(1) 三阶行列式(7.1.4)的值式(7.1.5)是 3!项的代数和.

(2) 式(7.1.5)中的每个乘积项都是位于行列式(7.1.4)中不同行不同列的 3 个元素的乘积. 若将元素的行标按自然顺序排列，则一般项为 $a_{1j_1} a_{2j_2} a_{3j_3}$，其中 $j_1 j_2 j_3$ 为三元排列.

(3) 当 $\tau(j_1 j_2 j_3)$ 为偶数时，项 $a_{1j_1} a_{2j_2} a_{3j_3}$ 带正号；当 $\tau(j_1 j_2 j_3)$ 为奇数时，项 $a_{1j_1} a_{2j_2} a_{3j_3}$ 带负号，即项 $a_{1j_1} a_{2j_2} a_{3j_3}$ 所带的符号为 $(-1)^{\tau(j_1 j_2 j_3)}$.

综上所述，式(7.1.5)可以表示为

$$\sum_{j_1 j_2 j_3} (-1)^{\tau(j_1 j_2 j_3)} a_{1j_1} a_{2j_2} a_{3j_3},$$

这里 $\sum\limits_{j_1 j_2 j_3}$ 表示对所有三元排列 $j_1 j_2 j_3$ 求和.

容易看出二阶行列式也有同样的结构规律，由此可以给出 n 阶行列式的定义.

定义 7.3 称

$$\begin{vmatrix} a_{11} & a_{12} & \cdots & a_{1n} \\ a_{21} & a_{22} & \cdots & a_{2n} \\ \vdots & \vdots & & \vdots \\ a_{n1} & a_{n2} & \cdots & a_{nn} \end{vmatrix}$$

为 n 阶行列式，简记为 $|a_{ij}|_n$，它的值为

$$\sum_{j_1 j_2 \cdots j_n} (-1)^{\tau(j_1 j_2 \cdots j_n)} a_{1j_1} a_{2j_2} \cdots a_{nj_n}.$$

这里 $\sum\limits_{j_1j_2\cdots j_n}$ 表示对所有 n 元排列 $j_1j_2\cdots j_n$ 求和. 数 a_{ij} 称为行列式的元素.

例 2 计算 n 阶上三角行列式

$$D=\begin{vmatrix} a_{11} & a_{12} & \cdots & a_{1n} \\ 0 & a_{22} & \ddots & \vdots \\ \vdots & \ddots & \ddots & a_{n-1,\,n} \\ 0 & \cdots & 0 & a_{nn} \end{vmatrix}.$$

解 由定义 7.3,行列式 D 的值为

$$\sum_{j_1j_2\cdots j_n}(-1)^{\tau(j_1j_2\cdots j_n)}a_{1j_1}a_{2j_2}\cdots a_{nj_n}.$$

由于在行列式 D 的第 n 行中,除了 a_{nn} 外其余元素都为零, 这说明当 $j_n\neq n$ 时, 相应的项都为零. 因此在考虑可能的非零项时,第 n 行元素只能取 a_{nn}.

在第 n 行取定元素 a_{nn} 后,再考虑第 $n-1$ 行元素的取法. 由于第 $n-1$ 行的元素除了 $a_{n-1,\,n}$ 和 $a_{n-1,\,n-1}$ 外,其余的都为零,而第 n 列元素已经取了 a_{nn},因此 $a_{n-1,\,n}$ 不能再取,所以只能取 $a_{n-1,\,n-1}$.

依此下去,可知除了 $a_{11}a_{22}\cdots a_{nn}$ 这一项,其余的乘积项都为零. 而该项的列标排列 $12\cdots n$ 是一个偶排列,所以

$$D_n=a_{11}a_{22}\cdots a_{nn}.$$

即上三角行列式 D 等于主对角线上元素的乘积.

7.1.4 行列式的性质

n 阶行列式的值是 $n!$ 项的代数和,当 n 较大时,$n!$ 是一个很大的数,因此用定义 7.3 计算行列式是很困难的. 下面将给出行列式的一些基本性质,利用这些性质可以简化行列式的计算.

将行列式

$$D=\begin{vmatrix} a_{11} & a_{12} & \cdots & a_{1n} \\ a_{21} & a_{22} & \cdots & a_{2n} \\ \vdots & \vdots & & \vdots \\ a_{n1} & a_{n2} & \cdots & a_{nn} \end{vmatrix}$$

的行与列按原有顺序对换,得到的行列式

$$\begin{vmatrix} a_{11} & a_{21} & \cdots & a_{n1} \\ a_{12} & a_{22} & \cdots & a_{n2} \\ \vdots & \vdots & & \vdots \\ a_{1n} & a_{2n} & \cdots & a_{nn} \end{vmatrix}$$

叫做 D 的转置行列式,记为 D^{T} 或 D'.

性质 1 行列式 D 与它的转置行列式 D^{T} 的值相等.

由性质 1 和例 2 可知,

$$\begin{vmatrix} 0 & \cdots & 0 & a_{1n} \\ \vdots & \iddots & a_{2,n-1} & a_{2n} \\ 0 & \iddots & \iddots & \vdots \\ a_{n1} & a_{n2} & \cdots & a_{nn} \end{vmatrix} = (-1)^{\frac{n(n-1)}{2}} a_{1n} a_{2,n-1} \cdots a_{n1}.$$

性质 2 若交换行列式 $D = |a_{ij}|_n$ 中第 i 行与第 j 行的对应元素($i < j$),则两个行列式相差一个符号,即

$$\begin{vmatrix} a_{11} & a_{12} & \cdots & a_{1n} \\ \vdots & \vdots & & \vdots \\ a_{j1} & a_{j2} & \cdots & a_{jn} \\ \vdots & \vdots & & \vdots \\ a_{i1} & a_{i2} & \cdots & a_{in} \\ \vdots & \vdots & & \vdots \\ a_{n1} & a_{n2} & \cdots & a_{n3} \end{vmatrix} = -D.$$

性质 3 用 k 乘以行列式 $D = |a_{ij}|_n$ 的第 i 行元素,等于用 k 乘以 D, 即

$$\begin{vmatrix} a_{11} & a_{12} & \cdots & a_{1n} \\ \vdots & \vdots & & \vdots \\ ka_{i1} & ka_{i2} & \cdots & ka_{in} \\ \vdots & \vdots & & \vdots \\ a_{n1} & a_{n2} & \cdots & a_{nn} \end{vmatrix} = kD.$$

性质 3 相当于说:若行列式的某一行元素有公因数 k,则可以将 k 提到行列式符号外面来.

性质 4 将行列式 $D = |a_{ij}|_n$ 的第 i 行元素的 k 倍加到第 j 行的对应元素上, 所得的行列式的值不变,即

$$\begin{vmatrix} a_{11} & a_{12} & \cdots & a_{1n} \\ \vdots & \vdots & & \vdots \\ a_{i1} & a_{i2} & \cdots & a_{in} \\ \vdots & \vdots & & \vdots \\ a_{j1}+ka_{i1} & a_{j2}+ka_{i2} & \cdots & a_{jn}+ka_{in} \\ \vdots & \vdots & & \vdots \\ a_{n1} & a_{n2} & \cdots & a_{nn} \end{vmatrix} = D.$$

性质 5 若行列式中有两行元素对应成比例,那么这个行列式为零. 特别地,若行列式中有两行元素对应相等,或有一行元素全为零,那么这个行列式为零.

性质 6 若行列式的第 i 行元素都是两个数的和，那么这个行列式等于两个行列式的和，这两个行列式的第 i 行元素分别为对应的两个数之一，其余各行元素与原行列式对应元素相同，即

$$\begin{vmatrix} a_{11} & a_{12} & \cdots & a_{1n} \\ \vdots & \vdots & & \vdots \\ b_{i1}+c_{i1} & b_{i2}+c_{i2} & \cdots & b_{in}+c_{in} \\ \vdots & \vdots & & \vdots \\ a_{n1} & a_{n2} & \cdots & a_{nn} \end{vmatrix} = \begin{vmatrix} a_{11} & a_{12} & \cdots & a_{1n} \\ \vdots & \vdots & & \vdots \\ b_{i1} & b_{i2} & \cdots & b_{in} \\ \vdots & \vdots & & \vdots \\ a_{n1} & a_{n2} & \cdots & a_{nn} \end{vmatrix} + \begin{vmatrix} a_{11} & a_{12} & \cdots & a_{1n} \\ \vdots & \vdots & & \vdots \\ c_{i1} & c_{i2} & \cdots & c_{in} \\ \vdots & \vdots & & \vdots \\ a_{n1} & a_{n2} & \cdots & a_{nn} \end{vmatrix}.$$

由性质 1 可知，性质 2 至性质 6 对于列也成立.

例 3 计算行列式

$$D = \begin{vmatrix} 1+a & 2+a & 3+a \\ 1+b & 2+b & 3+b \\ 1+c & 2+c & 3+c \end{vmatrix}.$$

解 将行列式 D 的第 1 列的 -1 倍分别加到第 2 列和第 3 列，则由性质 4 和性质 5 得

$$D = \begin{vmatrix} 1+a & 1 & 2 \\ 1+b & 1 & 2 \\ 1+c & 1 & 2 \end{vmatrix} = 0.$$

例 4 计算四阶行列式

$$D = \begin{vmatrix} -2 & -1 & 5 & 3 \\ 1 & 13 & -9 & 7 \\ 3 & 5 & -1 & -5 \\ 2 & -7 & 8 & -10 \end{vmatrix}.$$

解 可以利用行列式的性质将行列式化成上三角行列式.

$$D = -\begin{vmatrix} 1 & 13 & -9 & 7 \\ -2 & -1 & 5 & 3 \\ 3 & 5 & -1 & -5 \\ 2 & -7 & 8 & -10 \end{vmatrix} = -\begin{vmatrix} 1 & 13 & -9 & 7 \\ 0 & 25 & -13 & 17 \\ 0 & -34 & 26 & -26 \\ 0 & -33 & 26 & -24 \end{vmatrix}$$

$$= -\begin{vmatrix} 1 & 13 & -9 & 7 \\ 0 & -9 & 13 & -9 \\ 0 & -34 & 26 & -26 \\ 0 & 1 & 0 & 2 \end{vmatrix} = \begin{vmatrix} 1 & 13 & -9 & 7 \\ 0 & 1 & 0 & 2 \\ 0 & -34 & 26 & -26 \\ 0 & -9 & 13 & -9 \end{vmatrix}$$

$$= \begin{vmatrix} 1 & 13 & -9 & 7 \\ 0 & 1 & 0 & 2 \\ 0 & 0 & 26 & 42 \\ 0 & 0 & 13 & 9 \end{vmatrix} = 2\begin{vmatrix} 1 & 13 & -9 & 7 \\ 0 & 1 & 0 & 2 \\ 0 & 0 & 13 & 21 \\ 0 & 0 & 13 & 9 \end{vmatrix}$$

$$=2\begin{vmatrix}1 & 13 & -9 & 7\\0 & 1 & 0 & 2\\0 & 0 & 13 & 21\\0 & 0 & 0 & -12\end{vmatrix}.$$

$$=2\times1\times1\times13\times(-12)=-312.$$

例 5 计算四阶行列式

$$D=\begin{vmatrix}a & b & c & d\\a & a+b & a+b+c & a+b+c+d\\a & 2a+b & 3a+2b+c & 4a+3b+2c+d\\a & 3a+b & 6a+3b+c & 10a+6b+3c+d\end{vmatrix}.$$

解 将 D 的第 1 行的 -1 倍加到其余各行,并依此下去得

$$D=\begin{vmatrix}a & b & c & d\\a & a+b & a+b+c & a+b+c+d\\a & 2a+b & 3a+2b+c & 4a+3b+2c+d\\a & 3a+b & 6a+3b+c & 10a+6b+3c+d\end{vmatrix}$$

$$=\begin{vmatrix}a & b & c & d\\0 & a & a+b & a+b+c\\0 & a & 2a+b & 3a+2b+c\\0 & a & 3a+b & 6a+3b+c\end{vmatrix}=\begin{vmatrix}a & b & c & d\\0 & a & a+b & a+b+c\\0 & 0 & a & 2a+b\\0 & 0 & a & 3a+b\end{vmatrix}$$

$$=\begin{vmatrix}a & b & c & d\\0 & a & a+b & a+b+c\\0 & 0 & a & 2a+b\\0 & 0 & 0 & a\end{vmatrix}=a^4.$$

例 6 计算 n 阶行列式

$$D=\begin{vmatrix}a & b & b & \cdots & b\\b & a & b & \cdots & b\\b & b & a & \cdots & b\\\vdots & \vdots & \vdots & & \vdots\\b & b & b & \cdots & a\end{vmatrix}.$$

解 这个行列式的特点是每一行的元素中有一个是 a,其余 $n-1$ 个是 b,于是将其余各列的 1 倍全加到第一列,得

$$D=\begin{vmatrix}a+(n-1)b & b & b & \cdots & b\\a+(n-1)b & a & b & \cdots & b\\a+(n-1)b & b & a & \cdots & b\\\vdots & \vdots & \vdots & & \vdots\\a+(n-1)b & b & b & \cdots & a\end{vmatrix},$$

再将所得行列式的第 1 行的 -1 倍加到其余各行，得

$$D=\begin{vmatrix} a+(n-1)b & b & b & \cdots & b \\ 0 & a-b & 0 & \cdots & 0 \\ 0 & 0 & a-b & \cdots & 0 \\ \vdots & \vdots & \vdots & & \vdots \\ 0 & 0 & 0 & \cdots & a-b \end{vmatrix}=[a+(n-1)b](a-b)^{n-1}.$$

例 7 计算行列式

$$D=\begin{vmatrix} 1+a_1 & 1 & 1 & \cdots & 1 \\ 1 & 1+a_2 & 1 & \cdots & 1 \\ 1 & 1 & 1+a_3 & \cdots & 1 \\ \vdots & \vdots & \vdots & & \vdots \\ 1 & 1 & 1 & \cdots & 1+a_n \end{vmatrix},$$

其中，$a_1a_2\cdots a_n\neq 0$.

解 先将行列式 D 的第 1 行的 1 倍加到其余各行，再将所得行列式的第 i 行的 $-\frac{1}{a_i}$ 倍加到第 1 行($i=2, 3, \cdots, n$)，得

$$D=\begin{vmatrix} 1+a_1 & 1 & 1 & \cdots & 1 \\ -a_1 & a_2 & 0 & \cdots & 0 \\ -a_1 & 0 & a_3 & \cdots & 0 \\ \vdots & \vdots & \vdots & & \vdots \\ -a_1 & 0 & 0 & \cdots & a_n \end{vmatrix}=\begin{vmatrix} 1+a_1+\sum\limits_{i=2}^{n}\frac{a_1}{a_i} & 0 & 0 & \cdots & 0 \\ -a_1 & a_2 & 0 & \cdots & 0 \\ -a_1 & 0 & a_3 & \cdots & 0 \\ \vdots & \vdots & \vdots & & \vdots \\ -a_1 & 0 & 0 & \cdots & a_n \end{vmatrix}$$

$$=a_1a_2\cdots a_n\left(1+\sum_{i=1}^{n}a_i\right).$$

7.1.5 行列式的按一行(或一列)展开规则

一般地，低阶行列式的计算要比高阶行列式的计算简单些，能否将高阶行列式转化为低阶行列式呢？这就是下面要介绍的行列式按一行(或一列)展开规则，为此，先引入代数余子式的概念.

定义 7.4 在 n 阶行列式 $D=|a_{ij}|_n$ 中，划去元素 a_{ij} 所在的第 i 行与第 j 列元素，由剩下的元素按原来的顺序构成的 $n-1$ 阶行列式叫做元素 a_{ij} 的**余子式**，记为 M_{ij}；$(-1)^{i+j}M_{ij}$ 叫做元素 a_{ij} 的**代数余子式**，记为 A_{ij}.

例如，在四阶行列式

$$\begin{vmatrix} 1 & 0 & 5 & -4 \\ -2 & 3 & 8 & 11 \\ 15 & -9 & 12 & 7 \\ 10 & -14 & 6 & 13 \end{vmatrix}$$

中,元素 8 的余子式和代数余子式分别为

$$M_{23}=\begin{vmatrix}1 & 0 & -4\\ 15 & -9 & 7\\ 10 & -14 & 13\end{vmatrix},$$

$$A_{23}=(-1)^{2+3}M_{23}=-M_{23}.$$

定理 7.1 $n\ (n>1)$ 阶行列式 $D=|a_{ij}|_n$ 等于它的任意一行(或一列)元素与其对应的代数余子式的乘积之和,即

$$D=a_{i1}A_{i1}+a_{i2}A_{i2}+\cdots+a_{in}A_{in},\quad i=1,2,\cdots,n, \tag{7.1.6}$$

或

$$D=a_{1j}A_{1j}+a_{2j}A_{2j}+\cdots+a_{nj}A_{nj},\quad j=1,2,\cdots,n, \tag{7.1.7}$$

这里 A_{ij} 为 D 中元素 a_{ij} 的代数余子式.

定理 7.1 叫做行列式的按行(列)展开法则. 式(7.1.6)叫做将行列式 D 按第 i 行展开,式(7.1.7)叫做将行列式 D 按第 j 列展开.

例 8 计算行列式

$$D=\begin{vmatrix}5 & 1 & 0 & 0 & 0\\ 3 & 7 & -2 & -4 & 2\\ -1 & 2 & 3 & -1 & 3\\ 2 & 5 & 1 & 4 & 5\\ 0 & 2 & 0 & 0 & 0\end{vmatrix}.$$

解 在行列式 D 中,由于第 5 行零元素最多,所以将 D 按第 5 行展开,得

$$D=2\times(-1)^{5+2}\begin{vmatrix}5 & 0 & 0 & 0\\ 3 & -2 & -4 & 2\\ -1 & 3 & -1 & 3\\ 2 & 1 & 4 & 5\end{vmatrix},$$

再将右端行列式按第 1 行展开,得

$$D=-2\times(-1)^{1+1}\times5\begin{vmatrix}-2 & -4 & 2\\ 3 & -1 & 3\\ 1 & 4 & 5\end{vmatrix}=-10\begin{vmatrix}-2 & 0 & 0\\ 3 & -7 & 6\\ 1 & 2 & 6\end{vmatrix},$$

最后将右边的三阶行列式按第 1 行展开,得

$$D=(-10)\times(-2)\times(-1)^{1+1}\begin{vmatrix}-7 & 6\\ 2 & 6\end{vmatrix}=20\times[(-7)\times6-6\times2]=-1\,080.$$

例 9 证明

$$\begin{vmatrix} a_{11} & a_{12} & 0 & 0 \\ a_{21} & a_{22} & 0 & 0 \\ a_{31} & a_{32} & a_{33} & a_{34} \\ a_{41} & a_{42} & a_{43} & a_{44} \end{vmatrix} = \begin{vmatrix} a_{11} & a_{12} \\ a_{21} & a_{22} \end{vmatrix} \begin{vmatrix} a_{33} & a_{34} \\ a_{43} & a_{44} \end{vmatrix}.$$

证明 将左式按第一行展开,得

$$\text{左边} = a_{11} \begin{vmatrix} a_{22} & 0 & 0 \\ a_{32} & a_{33} & a_{34} \\ a_{42} & a_{43} & a_{44} \end{vmatrix} - a_{12} \begin{vmatrix} a_{21} & 0 & 0 \\ a_{31} & a_{33} & a_{34} \\ a_{41} & a_{43} & a_{44} \end{vmatrix} = a_{11}a_{22} \begin{vmatrix} a_{33} & a_{34} \\ a_{43} & a_{44} \end{vmatrix} - a_{12}a_{21} \begin{vmatrix} a_{33} & a_{34} \\ a_{43} & a_{44} \end{vmatrix}$$

$$= (a_{11}a_{22} - a_{12}a_{21}) \begin{vmatrix} a_{33} & a_{34} \\ a_{43} & a_{44} \end{vmatrix} = \begin{vmatrix} a_{11} & a_{12} \\ a_{21} & a_{22} \end{vmatrix} \begin{vmatrix} a_{33} & a_{34} \\ a_{43} & a_{44} \end{vmatrix} = \text{右边}.$$

例 10 n 阶行列式

$$d_n = \begin{vmatrix} 1 & 1 & \cdots & 1 & 1 \\ a_1 & a_2 & \cdots & a_{n-1} & a_n \\ a_1^2 & a_2^2 & \cdots & a_{n-1}^2 & a_n^2 \\ \vdots & \vdots & & \vdots & \vdots \\ a_1^{n-1} & a_2^{n-1} & \cdots & a_{n-1}^{n-1} & a_n^{n-1} \end{vmatrix}$$

称为范德蒙德(Vandermonde)行列式,记为 $V(a_1, a_2, \cdots, a_n)$,证明

$$V(a_1, a_2, \cdots, a_n) = \prod_{1 \leqslant i < j \leqslant n} (a_j - a_i),$$

这里 $\prod$ 是连乘符号,上式右端为所有满足 $1 \leqslant i < j \leqslant n$ 的因子 $a_j - a_i$ 的连乘积.

证明 对 n 用数学归纳法.

当 $n = 2$ 时,有

$$V(a_1, a_2) = \begin{vmatrix} 1 & 1 \\ a_1 & a_2 \end{vmatrix} = a_2 - a_1,$$

这时结论成立.

设 $V(a_1, a_2, \cdots, a_{n-1}) = \prod\limits_{1 \leqslant i < j \leqslant n-1} (a_j - a_i)$,对于 $V(a_1, a_2, \cdots, a_n)$,从第 $n-1$ 行起到第 1 行止,依次将每行的 $-a_n$ 倍加到下一行,得

$$V(a_1, a_2, \cdots, a_n) = \begin{vmatrix} 1 & 1 & \cdots & 1 & 1 \\ a_1 - a_n & a_2 - a_n & \cdots & a_{n-1} - a_n & 0 \\ a_1(a_1 - a_n) & a_2(a_2 - a_n) & \cdots & a_{n-1}(a_{n-1} - a_n) & 0 \\ \vdots & \vdots & & \vdots & \vdots \\ a_1^{n-2}(a_1 - a_n) & a_2^{n-2}(a_2 - a_n) & \cdots & a_{n-1}^{n-2}(a_{n-1} - a_n) & 0 \end{vmatrix},$$

将右式按第 n 列展开后，再按列提取公因数，得

$$V(a_1, a_2, \cdots, a_n) = (-1)^{1+n}\begin{vmatrix} a_1-a_n & a_2-a_n & \cdots & a_{n-1}-a_n \\ a_1(a_1-a_n) & a_2(a_2-a_n) & \cdots & a_{n-1}(a_{n-1}-a_n) \\ a_1^2(a_1-a_n) & a_2^2(a_2-a_n) & \vdots & a_{n-1}^2(a_{n-1}-a_n) \\ \vdots & \vdots & & \vdots \\ a_1^{n-2}(a_1-a_n) & a_2^{n-2}(a_2-a_n) & \vdots & a_{n-1}^{n-2}(a_{n-1}-a_n) \end{vmatrix}$$

$$= (-1)^{1+n}(a_1-a_n)(a_2-a_n)\cdots(a_{n-1}-a_n)\begin{vmatrix} 1 & 1 & \cdots & 1 & 1 \\ a_1 & a_2 & \cdots & a_{n-2} & a_{n-1} \\ a_1^2 & a_2^2 & \cdots & a_{n-2}^2 & a_{n-1}^2 \\ \vdots & \vdots & & \vdots & \vdots \\ a_1^{n-2} & a_2^{n-2} & \cdots & a_{n-2}^{n-2} & a_{n-1}^{n-2} \end{vmatrix}$$

$$= (a_n-a_1)(a_n-a_2)\cdots(a_n-a_{n-1})V(a_1, a_2, \cdots, a_{n-1}),$$

于是由归纳假设得

$$V(a_1, a_2, \cdots, a_n) = (a_n-a_1)(a_n-a_2)\cdots(a_n-a_{n-1})\prod_{1\leqslant i<j\leqslant n-1}(a_j-a_i)$$

$$= \prod_{1\leqslant i<j\leqslant n}(a_j-a_i).$$

例 11 对于 n 阶行列式

$$D_n = \begin{vmatrix} \alpha+\beta & \alpha\beta & 0 & \cdots & 0 \\ 1 & \alpha+\beta & \alpha\beta & \ddots & \vdots \\ 0 & 1 & \ddots & \ddots & 0 \\ \vdots & \ddots & \ddots & \alpha+\beta & \alpha\beta \\ 0 & \cdots & 0 & 1 & \alpha+\beta \end{vmatrix},$$

证明

$$D_n = \alpha^n + \alpha^{n-1}\beta + \cdots + \alpha\beta^{n-1} + \beta^n.$$

特别地，若 $\alpha \neq \beta$，则 $D_n = \dfrac{\alpha^{n+1}-\beta^{n+1}}{\alpha-\beta}$.

证明 对 n 用数学归纳法.

当 $n=1$ 时，$D_1 = \alpha+\beta$；

当 $n=2$ 时，$D_2 = \begin{vmatrix} \alpha+\beta & \alpha\beta \\ 1 & \alpha+\beta \end{vmatrix} = (\alpha+\beta)^2 - \alpha\beta = \alpha^2+\alpha\beta+\beta^2$.

设

$$D_{n-1} = \alpha^{n-1} + \alpha^{n-2}\beta + \cdots + \alpha\beta^{n-2} + \beta^{n-1},$$
$$D_{n-2} = \alpha^{n-2} + \alpha^{n-3}\beta + \cdots + \alpha\beta^{n-3} + \beta^{n-2},$$

将 D_n 按第 1 行展开，可得

$$D_n=(\alpha+\beta)d_{n-1}-\alpha\beta d_{n-2},$$

于是由归纳假设,有

$$\begin{aligned}D_n&=(\alpha+\beta)(\alpha^{n-1}+\alpha^{n-2}\beta+\cdots+\alpha\beta^{n-2}+\beta^{n-1})-\\&\quad\alpha(\alpha^{n-2}+\alpha^{n-3}\beta+\cdots+\alpha\beta^{n-3}+\beta^{n-2})\\&=\alpha^n+\alpha^{n-1}\beta+\cdots+\alpha\beta^{n-1}+\beta^n.\end{aligned}$$

利用定理 7.1 可以证明下列事实.

定理 7.2 行列式 $D=|a_{ij}|_n$ 中某一行(列)元素与另一行对应元素的代数余子式的乘积之和为零, 即

$$a_{k1}A_{i1}+a_{k2}A_{i2}+\cdots+a_{kn}A_{in}=0,\quad k\neq i,$$

或

$$a_{1l}A_{1j}+a_{2l}A_{2j}+\cdots+a_{nl}A_{nj}=0,\quad l\neq j,$$

这里 A_{ij} 为元素 a_{ij} 的代数余子式.

习题 7.1

1. 用对角线法则计算下列行列式.

(1) $\begin{vmatrix}0&a&b\\-a&0&c\\-b&-c&0\end{vmatrix}$; (2) $\begin{vmatrix}a&b&c\\b&c&a\\c&a&b\end{vmatrix}$; (3) $\begin{vmatrix}a&b&a+b\\b&a+b&a\\a+b&a&b\end{vmatrix}$.

2. 用 n 阶行列式定义计算下列行列式.

(1) $\begin{vmatrix}a_1&0&b_1&0\\0&c_1&0&d_1\\a_2&0&b_2&0\\0&c_2&0&d_2\end{vmatrix}$; (2) $\begin{vmatrix}0&1&0&\cdots&0\\0&0&2&\cdots&0\\\vdots&\vdots&\vdots&&\vdots\\0&0&0&\cdots&n-1\\n&0&0&\cdots&0\end{vmatrix}$; (3) $\begin{vmatrix}a_1&a_2&a_3&a_4&a_5\\b_1&b_2&b_3&b_4&b_5\\c_1&c_2&0&0&0\\d_1&d_2&0&0&0\\e_1&e_2&0&0&0\end{vmatrix}$.

3. 计算下列行列式.

(1) $\begin{vmatrix}246&427&327\\1\,014&543&443\\-342&721&621\end{vmatrix}$; (2) $\begin{vmatrix}a^2&(a+1)^2&(a+2)^2&(a+3)^2\\b^2&(b+1)^2&(b+2)^2&(b+3)^2\\c^2&(c+1)^2&(c+2)^2&(c+3)^2\\d^2&(d+1)^2&(d+2)^2&(d+3)^2\end{vmatrix}$;

(3) $D_n=\begin{vmatrix}a_1-b_1&a_1-b_2&\cdots&a_1-b_n\\a_2-b_1&a_2-b_2&\cdots&a_2-b_n\\\vdots&\vdots&&\vdots\\a_n-b_1&a_n-b_2&\cdots&a_n-b_n\end{vmatrix}$ $(n>2)$;

(4) $\begin{vmatrix}1&1&1&\cdots&1\\1&0&1&\cdots&1\\1&1&0&\cdots&1\\\vdots&\vdots&\vdots&&\vdots\\1&1&1&\cdots&0\end{vmatrix}$; (5) $\begin{vmatrix}0&1&1&\cdots&1\\1&0&1&\cdots&1\\1&1&0&\cdots&1\\\vdots&\vdots&\vdots&&\vdots\\1&1&1&\cdots&0\end{vmatrix}$;

(6) $\begin{vmatrix} a_1-b & a_2 & \cdots & a_n \\ a_1 & a_2-b & \cdots & a_n \\ \vdots & \vdots & & \vdots \\ a_1 & a_2 & \cdots & a_n-b \end{vmatrix}$;　　(7) $\begin{vmatrix} x_1 & \cdots & x_{n-1} & x_n+y \\ x_1 & \cdots & x_{n-1}+y & x_n \\ \vdots & & \vdots & \vdots \\ x_1+y & \cdots & x_{n-1} & x_n \end{vmatrix}$;

(8) $\begin{vmatrix} x & y & 0 & \cdots & 0 \\ 0 & x & y & \cdots & 0 \\ 0 & 0 & x & \cdots & 0 \\ \vdots & \vdots & \vdots & & \vdots \\ y & 0 & 0 & \cdots & x \end{vmatrix}$;　　(9) $\begin{vmatrix} a^n & (a-1)^n & \cdots & (a-n)^n \\ a^{n-1} & (a-1)^{n-1} & \cdots & (a-n)^{n-1} \\ \vdots & \vdots & & \vdots \\ a & a-1 & \cdots & a-n \\ 1 & 1 & \cdots & 1 \end{vmatrix}$;

(10) $\begin{vmatrix} a_n & & & & & b_n \\ & \ddots & & & \iddots & \\ & & a_1 & b_1 & & \\ & & c_1 & d_1 & & \\ & \iddots & & & \ddots & \\ c_n & & & & & d_n \end{vmatrix}$,其他元素为零.

7.2　矩　　阵

在 7.1 节,由方程个数与未知量个数相等的线性方程组引入了行列式的概念.若要讨论一般的线性方程组,还要用到矩阵的有关知识.

本节主要讨论矩阵的运算,可逆矩阵及其逆矩阵,矩阵的初等变换以及分块矩阵等基本内容.

7.2.1　矩阵的概念

1. 矩阵

定义 7.5　由 $m\times n$ 个数 $a_{ij}(i=1,2,\cdots,m,\ j=1,2,\cdots,n)$ 排成的表

$$\begin{pmatrix} a_{11} & a_{12} & \cdots & a_{1n} \\ a_{21} & a_{22} & \cdots & a_{2n} \\ \vdots & \vdots & & \vdots \\ a_{m1} & a_{m2} & \cdots & a_{mn} \end{pmatrix}$$

叫做一个 m 行 n 列矩阵,简称为 $\boldsymbol{m\times n}$ **矩阵**,数 a_{ij} 称为这个矩阵的**元素**$(i=1,2,\cdots,m;\ j=1,2,\cdots,n)$.

矩阵常用大写拉丁字母 $\boldsymbol{A}$, $\boldsymbol{B}$, $\boldsymbol{C}$,…表示.有时为了明确起见,m 行 n 列矩阵 $\boldsymbol{A}$ 可写成 $\boldsymbol{A}_{m\times n}$;当 $\boldsymbol{A}$ 的元素为 $a_{ij}(i=1,2,\cdots,m;\ j=1,2,\cdots,n)$ 时,还可写成 $\boldsymbol{A}=(a_{ij})$ 或 $\boldsymbol{A}=(a_{ij})_{m\times n}$.

2. 矩阵的相等

定义 7.6　若 $m\times n$ 阶 $\boldsymbol{A}=(a_{ij})_{m\times n}$ 与 $\boldsymbol{B}=(b_{ij})_{m\times n}$ 的对应元素分别相等,则称 $\boldsymbol{A}$ 与 $\boldsymbol{B}$

相等，记为 $\boldsymbol{A}=\boldsymbol{B}$.

3. 一些特殊矩阵

当 $m=n$ 时，$\boldsymbol{A}_{n\times n}$ 叫做 n 阶矩阵，或 n 阶方阵.

在 n 阶矩阵 $\boldsymbol{A}$ 中，从左上角元素到右下角元素的连线叫做 $\boldsymbol{A}$ 的主对角线，主对角线下方元素全为零的矩阵

$$\begin{pmatrix} a_{11} & a_{12} & \cdots & a_{1n} \\ 0 & a_{22} & \cdots & a_{2n} \\ \vdots & \ddots & \ddots & \vdots \\ 0 & \cdots & 0 & a_{nn} \end{pmatrix}$$

称为上**三角矩阵**. 主对角线上方和下方元素全为零的矩阵称为**对角矩阵**.

特别地，对角元素都是 k 的对角矩阵称为数量矩阵，对角线元素都是 1 的对角矩阵称为单位矩阵，记为 $\boldsymbol{E}$ 或 $\boldsymbol{I}$.

元素全为零的矩阵叫做零矩阵，$m\times n$ 零矩阵记为 $\boldsymbol{0}_{m\times n}$ 或 $\boldsymbol{0}$.

4. 方阵的行列式

虽然矩阵和行列式在形式有些类似之处，但是它们的本质是大不相同的，其主要区别：

(1) 行列式表示一个数，而矩阵是一张由数字作成的表，没有“值”的含义.

(2) 行列式的行数与列数必须相同，而矩阵却没有这个要求.

(3) 行列式与矩阵的记号也是不同的，一个是 $|a_{ij}|_n$，一个是 $(a_{ij})_{m\times n}$.

设 $\boldsymbol{A}=(a_{ij})_{n\times n}$ 为 n 阶方阵，称行列式 $|a_{ij}|_n$ 为 $\boldsymbol{A}$ 的行列式，记为 $|\boldsymbol{A}|$.

7.2.2 矩阵的运算

1. 矩阵的加法

定义 7.7 将两个 $m\times n$ 矩阵 $\boldsymbol{A}=(a_{ij})$ 和 $\boldsymbol{B}=(b_{ij})$ 的对应元素相加，得到的矩阵

$$\begin{pmatrix} a_{11}+b_{11} & a_{12}+b_{12} & \cdots & a_{1n}+b_{1n} \\ a_{21}+b_{21} & a_{22}+b_{22} & \cdots & a_{2n}+b_{2n} \\ \vdots & \vdots & & \vdots \\ a_{m1}+b_{m1} & a_{m2}+b_{m2} & \cdots & a_{mn}+b_{mn} \end{pmatrix}$$

叫做矩阵 $\boldsymbol{A}$ 与 $\boldsymbol{B}$ 的和，记为 $\boldsymbol{A}+\boldsymbol{B}$. 求矩阵和的运算叫做矩阵的加法.

注意：只有行数和列数分别对应相同的矩阵(叫做同型矩阵)才可以相加.

把矩阵 $(-a_{ij})$ 称为矩阵 $\boldsymbol{A}=(a_{ij})$ 的负矩阵，记为 $-\boldsymbol{A}$.

矩阵的加法满足下列运算规律：

$$\boldsymbol{A}+\boldsymbol{B}=\boldsymbol{B}+\boldsymbol{A}; \tag{7.2.1}$$

$$(\boldsymbol{A}+\boldsymbol{B})+\boldsymbol{C}=\boldsymbol{A}+(\boldsymbol{B}+\boldsymbol{C}); \tag{7.2.2}$$

$$\boldsymbol{A}+\boldsymbol{0}=\boldsymbol{A}; \tag{7.2.3}$$

$$\boldsymbol{A}+(-\boldsymbol{A})=\boldsymbol{0}. \tag{7.2.4}$$

其中，$\boldsymbol{A}$，$\boldsymbol{B}$，$\boldsymbol{C}$ 是 $m\times n$ 矩阵，$\boldsymbol{0}$ 是 $m\times n$ 阶零矩阵.

利用矩阵的负矩阵，可以定义 $m\times n$ 矩阵 $\boldsymbol{A}$，$\boldsymbol{B}$ 的差为：

$$\boldsymbol{A}-\boldsymbol{B}=\boldsymbol{A}+(-\boldsymbol{B}),$$

由此可知，矩阵加法的移项法则成立：$\boldsymbol{A}+\boldsymbol{B}=\boldsymbol{C}\Leftrightarrow\boldsymbol{A}=\boldsymbol{C}-\boldsymbol{B}$.

2. 数与矩阵的乘法

定义 7.8 设 k 是一个数，用 k 与 $m\times n$ 矩阵 $\boldsymbol{A}=(a_{ij})$ 的每个元素相乘，得到的矩阵

$$\begin{pmatrix} ka_{11} & ka_{12} & \cdots & ka_{1n} \\ ka_{21} & ka_{22} & \cdots & ka_{2n} \\ \vdots & \vdots & & \vdots \\ ka_{m1} & ka_{m2} & \cdots & ka_{mn} \end{pmatrix}$$

叫做 k 与矩阵 $\boldsymbol{A}$ 的数量乘积，记为 $k\boldsymbol{A}$. 求数与矩阵的数量乘积的运算叫做矩阵的数乘运算.

矩阵的数乘运算满足下列运算规律：

$$k(\boldsymbol{A}+\boldsymbol{B})=k\boldsymbol{A}+k\boldsymbol{B}; \tag{7.2.5}$$

$$(k+l)\boldsymbol{A}=k\boldsymbol{A}+l\boldsymbol{A}; \tag{7.2.6}$$

$$k(l\boldsymbol{A})=(kl)\boldsymbol{A}; \tag{7.2.7}$$

$$1\boldsymbol{A}=\boldsymbol{A}. \tag{7.2.8}$$

其中，$\boldsymbol{A}$，$\boldsymbol{B}$ 是 $m\times n$ 矩阵，k，l 是数.

利用矩阵的数乘运算，对角元素为 k 的数量矩阵可以记为 $k\boldsymbol{E}$.

3. 矩阵的乘法

定义 7.9 设 $\boldsymbol{A}=(a_{ij})_{s\times n}$，$\boldsymbol{B}=(b_{ij})_{n\times p}$ 是矩阵，记

$$c_{ij}=a_{i1}b_{1j}+a_{i2}b_{2j}+\cdots+a_{in}b_{nj},\quad i=1,2,\cdots,s;\ j=1,2,\cdots,p,$$

则称矩阵 $(c_{ij})_{s\times p}$ 为 $\boldsymbol{A}$ 与 $\boldsymbol{B}$ 的积，记为 $\boldsymbol{AB}$. 求矩阵积的运算叫做矩阵的乘法.

注意：矩阵 $\boldsymbol{A}$ 与 $\boldsymbol{B}$ 可乘的条件是，矩阵 $\boldsymbol{A}$ 的列数等于矩阵 $\boldsymbol{B}$ 的行数. 而乘积 $\boldsymbol{AB}$ 的行数与列数分别为 $\boldsymbol{A}$ 的行数与 $\boldsymbol{B}$ 的列数.

例 1 设

$$\boldsymbol{A}=\begin{pmatrix} 1 & 0 & -1 & 2 \\ -1 & 1 & 3 & 0 \\ 0 & 5 & -1 & 4 \end{pmatrix},\ \boldsymbol{B}=\begin{pmatrix} 0 & 3 & 4 \\ 1 & 2 & 1 \\ 3 & 1 & -1 \\ -1 & 2 & 1 \end{pmatrix},$$

求 $\boldsymbol{AB}$，$\boldsymbol{BA}$.

解 根据矩阵乘法的定义，$\boldsymbol{A}$ 与 $\boldsymbol{B}$，$\boldsymbol{B}$ 与 $\boldsymbol{A}$ 都是可乘的，并且

$$\boldsymbol{AB}=\begin{pmatrix} 1 & 0 & -1 & 2 \\ -1 & 1 & 3 & 0 \\ 0 & 5 & -1 & 4 \end{pmatrix}\begin{pmatrix} 0 & 3 & 4 \\ 1 & 2 & 1 \\ 3 & 1 & -1 \\ -1 & 2 & 1 \end{pmatrix}=\begin{pmatrix} -5 & 6 & 7 \\ 10 & 2 & -6 \\ -2 & 17 & 10 \end{pmatrix},$$

$$BA = \begin{pmatrix} 0 & 3 & 4 \\ 1 & 2 & 1 \\ 3 & 1 & -1 \\ -1 & 2 & 1 \end{pmatrix} \begin{pmatrix} 1 & 0 & -1 & 2 \\ -1 & 1 & 3 & 0 \\ 0 & 5 & -1 & 4 \end{pmatrix} = \begin{pmatrix} -3 & 23 & 5 & 16 \\ -1 & 7 & 4 & 6 \\ 2 & -4 & 1 & 2 \\ -3 & 7 & 6 & 2 \end{pmatrix}.$$

例 2 设

$$A = \begin{pmatrix} -2 & 4 \\ 1 & -2 \end{pmatrix}, B = \begin{pmatrix} 2 & 4 \\ -3 & -6 \end{pmatrix}, C = \begin{pmatrix} -2 & 0 \\ -5 & -8 \end{pmatrix},$$

求 AB, BA, AC.

解 A 与 B,B 与 A,B 与 C 都是可乘的,并且

$$AB = \begin{pmatrix} -16 & -32 \\ 8 & 16 \end{pmatrix}, BA = \begin{pmatrix} 0 & 0 \\ 0 & 0 \end{pmatrix}, AC = \begin{pmatrix} -16 & -32 \\ 8 & 16 \end{pmatrix}.$$

由例 2 可以看出下列事实:

(1) 矩阵的乘法不满足交换律,即一般地 $AB \neq BA$.

(2) 矩阵的乘法不满足消去律,即由 $AB = AC$, $A \neq 0$ 不能得到 $B = C$.

(3) 两个不为零的矩阵的乘积可能是零矩阵,如 $B \neq 0$, $A \neq 0$,但是 $BA = 0$.

在可乘的前提下,矩阵的乘法满足下列运算规律:

$$(AB)C = A(BC); \tag{7.2.9}$$

$$(A+B)C = AC + BC; \tag{7.2.10}$$

$$A(B+C) = AB + AC; \tag{7.2.11}$$

$$k(AB) = (kA)B = A(kB). \tag{7.2.12}$$

设 A 为 $n \times n$ 矩阵,利用矩阵乘法的定义,可以定义矩阵 A 的方幂:

$$A^0 = E, A^{k+1} = A^k A \quad (k \text{ 为非负整数}).$$

根据乘法结合律不难证明有:

$$A^s A^t = A^{s+t}, \tag{7.2.13}$$

$$(A^s)^t = A^{st}, \tag{7.2.14}$$

其中,s, t 为自然数. 但一般地,$(AB)^s \neq A^s B^s$.

例 3 设 $f(x) = x^2 + 2x + 3$, $A = \begin{pmatrix} 2 & 3 \\ -1 & 1 \end{pmatrix}$,求 $f(A)$.

解
$$\begin{aligned} f(A) &= A^2 + 2A + 3E \\ &= \begin{pmatrix} 2 & 3 \\ -1 & 1 \end{pmatrix}^2 + 2\begin{pmatrix} 2 & 3 \\ -1 & 1 \end{pmatrix} + 3\begin{pmatrix} 1 & 0 \\ 0 & 1 \end{pmatrix} \\ &= \begin{pmatrix} 1 & 9 \\ -3 & -2 \end{pmatrix} + \begin{pmatrix} 4 & 6 \\ -2 & 2 \end{pmatrix} + \begin{pmatrix} 3 & 0 \\ 0 & 3 \end{pmatrix} = \begin{pmatrix} 8 & 15 \\ -5 & 3 \end{pmatrix}. \end{aligned}$$

4. 矩阵的转置

定义 7.10 将矩阵

$$
\boldsymbol{A}=\begin{pmatrix} a_{11} & a_{12} & \cdots & a_{1n} \\ a_{21} & a_{22} & \cdots & a_{2n} \\ \vdots & \vdots & & \vdots \\ a_{s1} & a_{s2} & \cdots & a_{sn} \end{pmatrix}
$$

的行与列按原有次序互换,所得到的矩阵

$$
\begin{pmatrix} a_{11} & a_{21} & \cdots & a_{s1} \\ a_{12} & a_{22} & \cdots & a_{s2} \\ \vdots & \vdots & & \vdots \\ a_{1n} & a_{2n} & \cdots & a_{sn} \end{pmatrix}
$$

称为 $\boldsymbol{A}$ 的转置,记为 $\boldsymbol{A}^{\mathrm{T}}$(或 $\boldsymbol{A}'$).

例 4 设

$$
\boldsymbol{A}=\begin{pmatrix} 2 & 0 & -1 \\ 1 & 3 & 2 \end{pmatrix}, \quad \boldsymbol{B}=\begin{pmatrix} 1 & 7 & -1 \\ 4 & 2 & 3 \\ 2 & 0 & 1 \end{pmatrix},
$$

求 $(\boldsymbol{AB})^{\mathrm{T}}$, $\boldsymbol{A}^{\mathrm{T}}\boldsymbol{B}^{\mathrm{T}}$, $\boldsymbol{B}^{\mathrm{T}}\boldsymbol{A}^{\mathrm{T}}$.

解 由于 $\boldsymbol{AB}=\begin{pmatrix} 2 & 0 & -1 \\ 1 & 3 & 2 \end{pmatrix}\begin{pmatrix} 1 & 7 & -1 \\ 4 & 2 & 3 \\ 2 & 0 & 1 \end{pmatrix}=\begin{pmatrix} 0 & 14 & -3 \\ 17 & 13 & 10 \end{pmatrix}$,

所以

$$
(\boldsymbol{AB})^{\mathrm{T}}=\begin{pmatrix} 0 & 17 \\ 14 & 13 \\ -3 & 10 \end{pmatrix}.
$$

由于 $\boldsymbol{A}^{\mathrm{T}}$ 和 $\boldsymbol{B}^{\mathrm{T}}$ 分别为 3×2 和 3×3 矩阵,所以 $\boldsymbol{A}^{\mathrm{T}}\boldsymbol{B}^{\mathrm{T}}$ 无意义,而

$$
\boldsymbol{B}^{\mathrm{T}}\boldsymbol{A}^{\mathrm{T}}=\begin{pmatrix} 1 & 4 & 2 \\ 7 & 2 & 0 \\ -1 & 3 & 1 \end{pmatrix}\begin{pmatrix} 2 & 1 \\ 0 & 3 \\ -1 & 2 \end{pmatrix}=\begin{pmatrix} 0 & 17 \\ 14 & 13 \\ -3 & 10 \end{pmatrix}.
$$

矩阵的转置满足下列算律:

$$
(\boldsymbol{A}^{\mathrm{T}})^{\mathrm{T}}=\boldsymbol{A}; \tag{7.2.15}
$$

$$
(\boldsymbol{A}+\boldsymbol{B})^{\mathrm{T}}=\boldsymbol{A}^{\mathrm{T}}+\boldsymbol{B}^{\mathrm{T}}; \tag{7.2.16}
$$

$$
(k\boldsymbol{A})^{\mathrm{T}}=k\boldsymbol{A}^{\mathrm{T}}; \tag{7.2.17}
$$

$$
(\boldsymbol{AB})^{\mathrm{T}}=\boldsymbol{B}^{\mathrm{T}}\boldsymbol{A}^{\mathrm{T}}. \tag{7.2.18}
$$

定义 7.11 设 $\boldsymbol{A}$ 为 n 阶方阵，若 $\boldsymbol{A}^{\mathrm{T}}=\boldsymbol{A}$，则称矩阵 $\boldsymbol{A}$ 为对称矩阵；若 $\boldsymbol{A}^{\mathrm{T}}=-\boldsymbol{A}$，则称矩阵 $\boldsymbol{A}$ 为反对称矩阵.

显然，若 $\boldsymbol{A}=(a_{ij})_{n\times n}$ 为对称矩阵，则有 $a_{ij}=a_{ji}(i,\ j=1,\ 2,\ \cdots,\ n)$. 若 $\boldsymbol{A}=(a_{ij})_{n\times n}$ 为反对称矩阵，则有 $a_{ij}=-a_{ji}(i,\ j=1,\ 2,\ \cdots,\ n)$，特别是有，$a_{ii}=0\ (i=1,\ 2,\ \cdots,\ n)$.

例 5 证明：任意 n 阶矩阵都可以表成一个对称矩阵和一个反对称矩阵的和，并且这种表示法是唯一的.

证明 设 $\boldsymbol{A}$ 是 n 阶矩阵，记

$$\boldsymbol{B}=\frac{1}{2}(\boldsymbol{A}+\boldsymbol{A}^{\mathrm{T}}),\quad \boldsymbol{C}=\frac{1}{2}(\boldsymbol{A}-\boldsymbol{A}^{\mathrm{T}}),$$

则有 $\boldsymbol{A}=\boldsymbol{B}+\boldsymbol{C}$. 由于

$$\boldsymbol{B}^{\mathrm{T}}=\left(\frac{1}{2}(\boldsymbol{A}+\boldsymbol{A}^{\mathrm{T}})\right)^{\mathrm{T}}=\frac{1}{2}(\boldsymbol{A}+\boldsymbol{A}^{\mathrm{T}})^{\mathrm{T}}=\frac{1}{2}(\boldsymbol{A}^{\mathrm{T}}+(\boldsymbol{A}^{\mathrm{T}})^{\mathrm{T}})=\frac{1}{2}(\boldsymbol{A}^{\mathrm{T}}+\boldsymbol{A})=\boldsymbol{B},$$

$$\boldsymbol{C}^{\mathrm{T}}=\left(\frac{1}{2}(\boldsymbol{A}-\boldsymbol{A}^{\mathrm{T}})\right)^{\mathrm{T}}=\frac{1}{2}(\boldsymbol{A}-\boldsymbol{A}^{\mathrm{T}})^{\mathrm{T}}=\frac{1}{2}(\boldsymbol{A}^{\mathrm{T}}-(\boldsymbol{A}^{\mathrm{T}})^{\mathrm{T}})=\frac{1}{2}(\boldsymbol{A}^{\mathrm{T}}-\boldsymbol{A})=-\boldsymbol{C}$$

即 $\boldsymbol{B}$ 是对称矩阵，$\boldsymbol{C}$ 是反对称矩阵，所以 n 阶矩阵 $\boldsymbol{A}$ 可以表成对称矩阵 $\boldsymbol{B}=\frac{1}{2}(\boldsymbol{A}+\boldsymbol{A}^{\mathrm{T}})$ 与反对称矩阵 $\boldsymbol{C}=\frac{1}{2}(\boldsymbol{A}-\boldsymbol{A}^{\mathrm{T}})$ 的和.

若 $\boldsymbol{A}$ 还可以表成：$\boldsymbol{A}=\boldsymbol{B}_1+\boldsymbol{C}_1$，其中 $\boldsymbol{B}_1$，$\boldsymbol{C}_1$ 分别是对称矩阵与反对称矩阵，则

$$\boldsymbol{A}^{\mathrm{T}}=(\boldsymbol{B}_1+\boldsymbol{C}_1)^{\mathrm{T}}=\boldsymbol{B}_1^{\mathrm{T}}+\boldsymbol{C}_1^{\mathrm{T}}=\boldsymbol{B}_1-\boldsymbol{C}_1,$$

于是由 $\boldsymbol{A}=\boldsymbol{B}_1+\boldsymbol{C}_1$，$\boldsymbol{A}^{\mathrm{T}}=\boldsymbol{B}_1-\boldsymbol{C}_1$ 解得

$$\boldsymbol{B}_1=\frac{1}{2}(\boldsymbol{A}+\boldsymbol{A}^{\mathrm{T}})=\boldsymbol{B},\ \boldsymbol{C}_1=\frac{1}{2}(\boldsymbol{A}-\boldsymbol{A}^{\mathrm{T}})=\boldsymbol{C}.$$

所以，表示法是唯一的.

例 6 设 $\boldsymbol{A}$，$\boldsymbol{B}$ 是 n 阶方阵，k 是实数，m 是自然数，则有

(1) $|\boldsymbol{A}^{\mathrm{T}}|=|\boldsymbol{A}|$，

(2) $|k\boldsymbol{A}|=k^{n-1}|\boldsymbol{A}|$，

(3) $|\boldsymbol{AB}|=|\boldsymbol{A}||\boldsymbol{B}|$，特别是有 $|\boldsymbol{A}^m|=|\boldsymbol{A}|^m$，

但一般地，$|\boldsymbol{A}+\boldsymbol{B}|\neq|\boldsymbol{A}|+|\boldsymbol{B}|$.

7.2.3 可逆矩阵

在矩阵理论及应用中，可逆矩阵占有重要的地位.

1. 可逆矩阵的概念

定义 7.12 设 $\boldsymbol{A}$ 是 n 阶矩阵，若存在 n 阶矩阵 $\boldsymbol{B}$，使得

$$\boldsymbol{AB}=\boldsymbol{BA}=\boldsymbol{E},$$

这里 $\boldsymbol{E}$ 是单位矩阵，则称 $\boldsymbol{A}$ 是可逆矩阵，并且称 $\boldsymbol{B}$ 为 $\boldsymbol{A}$ 的逆矩阵.

从定义 7.12 可以看出，若 $\boldsymbol{AB}=\boldsymbol{BA}=\boldsymbol{E}$，则 $\boldsymbol{B}$ 也是可逆矩阵，并且 $\boldsymbol{A}$ 是 $\boldsymbol{B}$ 的逆矩阵，即 $\boldsymbol{A}$ 和 $\boldsymbol{B}$ 互为逆矩阵.

注意：并不是每个矩阵都有逆矩阵. 例如，n 阶零矩阵没有逆矩阵，这是因为任何矩阵与零矩阵相乘都不是单位矩阵.

显然，若矩阵 $\boldsymbol{A}$ 可逆，则其逆矩阵是唯一的，将其记为 $\boldsymbol{A}^{-1}$.

2. 可逆矩阵的性质

利用定义 7.12 可以证明可逆矩阵有如下的基本性质.

性质 1 若 n 阶矩阵 $\boldsymbol{A}$ 可逆，则 $\boldsymbol{A}$ 的逆矩阵 $\boldsymbol{A}^{-1}$ 也可逆，并且

$$(\boldsymbol{A}^{-1})^{-1}=\boldsymbol{A}.$$

性质 2 若 n 阶矩阵 $\boldsymbol{A}$ 可逆，则 $\boldsymbol{A}$ 的转置 $\boldsymbol{A}^{\mathrm{T}}$ 也可逆，并且

$$(\boldsymbol{A}^{\mathrm{T}})^{-1}=(\boldsymbol{A}^{-1})^{\mathrm{T}}.$$

性质 3 若 n 阶矩阵 $\boldsymbol{A}$ 可逆，k 为非零数，则矩阵 $k\boldsymbol{A}$ 可逆，并且

$$(k\boldsymbol{A})^{-1}=\frac{1}{k}\boldsymbol{A}^{-1}.$$

性质 4 若 n 阶矩阵 $\boldsymbol{A}$，$\boldsymbol{B}$ 都可逆，则矩阵 $\boldsymbol{A}$ 与 $\boldsymbol{B}$ 的乘积 $\boldsymbol{AB}$ 也可逆，并且

$$(\boldsymbol{AB})^{-1}=\boldsymbol{B}^{-1}\boldsymbol{A}^{-1}.$$

3. 矩阵可逆的条件

为了给出矩阵可逆的条件，先引入伴随矩阵的概念.

定义 7.13 设 n 阶矩阵 $\boldsymbol{A}=(a_{ij})$ 为 n 阶矩阵，由行列式 $|\boldsymbol{A}|$ 中元素 a_{ij} 的代数余子式 A_{ij} 作成的矩阵

$$\boldsymbol{A}^{*}=\begin{pmatrix} A_{11} & A_{21} & \cdots & A_{n1} \\ A_{12} & A_{22} & \cdots & A_{n2} \\ \vdots & \vdots & & \vdots \\ A_{1n} & A_{2n} & \cdots & A_{nn} \end{pmatrix}$$

称为矩阵 $\boldsymbol{A}$ 的**伴随矩阵**，记为 $\boldsymbol{A}^{*}$.

对于 n 阶矩阵 $\boldsymbol{A}=(a_{ij})$，利用定理 7.1 和定理 7.2 可以证明

$$\boldsymbol{AA}^{*}=\boldsymbol{A}^{*}\boldsymbol{A}=|\boldsymbol{A}|\boldsymbol{E}.$$

由此可以得到下述定理.

定理 7.3 方阵 $\boldsymbol{A}$ 可逆的一个充分必要条件是 $\boldsymbol{A}$ 的行列式 $|\boldsymbol{A}|\neq 0$，并且当 $\boldsymbol{A}$ 可逆时有

$$\boldsymbol{A}^{-1}=\frac{1}{|\boldsymbol{A}|}\boldsymbol{A}^{*}.$$

例 7 判别下面矩阵

$$A=\begin{pmatrix}-2 & 3 & -1\\ 0 & 7 & 4\\ 1 & 5 & 6\end{pmatrix}$$

是否可逆？若可逆，求其逆矩阵.

解 由于矩阵 A 的行列式

$$|A|=\begin{vmatrix}-2 & 3 & -1\\ 0 & 7 & 4\\ 1 & 5 & 6\end{vmatrix}=-25\neq 0,$$

所以由定理 7.3 知矩阵 A 可逆. 而由

$$A_{11}=22,\quad A_{12}=4,\quad A_{13}=-7,$$
$$A_{21}=-23,\quad A_{22}=-11,\quad A_{23}=13,$$
$$A_{31}=19,\quad A_{32}=8,\quad A_{33}=-14,$$

有

$$A^*=\begin{pmatrix}22 & -23 & 19\\ 4 & -11 & 8\\ -7 & 13 & -14\end{pmatrix}$$

所以

$$A^{-1}=\frac{1}{|A|}A^*=-\frac{1}{25}\begin{pmatrix}22 & -23 & 19\\ 4 & -11 & 8\\ -7 & 13 & -14\end{pmatrix}.$$

例 8 已知 $\begin{pmatrix}2 & 5\\ 1 & 3\end{pmatrix}X=\begin{pmatrix}4 & -6\\ 2 & 1\end{pmatrix}$，求矩阵 X.

解 设

$$A=\begin{pmatrix}2 & 5\\ 1 & 3\end{pmatrix},\quad B=\begin{pmatrix}4 & -6\\ 2 & 1\end{pmatrix},$$

由于

$$|A|=\begin{vmatrix}2 & 5\\ 1 & 3\end{vmatrix}=1\neq 0,$$

所以矩阵 A 可逆. 用矩阵 A^{-1} 左乘方程 $AX=B$ 两端，得 $A^{-1}AX=A^{-1}B$，于是有 $X=A^{-1}B$，而

$$A^{-1}=\frac{1}{|A|}A^*=\begin{pmatrix}3 & -5\\ -1 & 2\end{pmatrix},$$

所以

$$\boldsymbol{X}=\begin{pmatrix}3&-5\\-1&2\end{pmatrix}\begin{pmatrix}4&-6\\2&1\end{pmatrix}=\begin{pmatrix}2&-23\\0&8\end{pmatrix}.$$

由定理 7.3 容易得到下述推论.

推论 若 n 阶矩阵 $\boldsymbol{A}$, $\boldsymbol{B}$ 满足 $\boldsymbol{AB}=\boldsymbol{E}$（或 $\boldsymbol{BA}=\boldsymbol{E}$），则 $\boldsymbol{A}$, $\boldsymbol{B}$ 都是可逆矩阵，并且 $\boldsymbol{A}^{-1}=\boldsymbol{B}$, $\boldsymbol{B}^{-1}=\boldsymbol{A}$.

例 9 设方阵 $\boldsymbol{A}$ 满足 $\boldsymbol{A}^2-\boldsymbol{A}-2\boldsymbol{E}=0$，证明 $\boldsymbol{A}$ 及 $\boldsymbol{A}+2\boldsymbol{E}$ 都可逆，并求 $\boldsymbol{A}^{-1}$ 及 $(\boldsymbol{A}+2\boldsymbol{E})^{-1}$.

解 由 $\boldsymbol{A}^2-\boldsymbol{A}-2\boldsymbol{E}=\boldsymbol{0}$，有 $\boldsymbol{A}^2-\boldsymbol{A}=2\boldsymbol{E}$，于是 $(\boldsymbol{A}-\boldsymbol{E})\boldsymbol{A}=2\boldsymbol{E}$，即 $\frac{1}{2}(\boldsymbol{A}-\boldsymbol{E})\boldsymbol{A}=\boldsymbol{E}$，从而由推论知矩阵 $\boldsymbol{A}$ 可逆，并且

$$\boldsymbol{A}^{-1}=\frac{1}{2}(\boldsymbol{A}-\boldsymbol{E}).$$

又由 $\boldsymbol{A}^2-\boldsymbol{A}-2\boldsymbol{E}=0$，有 $\boldsymbol{A}+2\boldsymbol{E}=\boldsymbol{A}^2$. 而由 $\boldsymbol{A}$ 可逆知 $\boldsymbol{A}^2$ 可逆，于是 $\boldsymbol{A}+2\boldsymbol{E}$ 可逆，并且

$$(\boldsymbol{A}+2\boldsymbol{E})^{-1}=(\boldsymbol{A}^2)^{-1}=(\boldsymbol{A}^{-1})^2=\left(\frac{1}{2}(\boldsymbol{A}-\boldsymbol{E})\right)^2=\frac{1}{4}(3\boldsymbol{E}-\boldsymbol{A}).$$

7.2.4 矩阵的初等变换

利用矩阵的初等变换，可以很方便地求出可逆矩阵的逆矩阵.

1. 矩阵的初等变换

定义 7.14 矩阵的初等行(列)变换指的是下列三种变换：

(1) 换法变换：互换矩阵中某两行(列)的对应元素.

(2) 倍法变换：用一个非零数乘矩阵的某一行(列)元素.

(3) 消法变换：将矩阵的某一行(列)元素的倍数加到另一行(列)对应元素上.

矩阵的初等行变换与初等列变换统称为矩阵的初等变换.

对矩阵 $\boldsymbol{A}$ 作初等变换得到矩阵 $\boldsymbol{B}$ 的过程用 $\boldsymbol{A}\to\boldsymbol{B}$ 表示.

2. 初等矩阵

定义 7.15 对单位矩阵只作一次初等变换，所得到的矩阵称为初等矩阵.

由于矩阵的初等变换有三类，所以初等矩阵也有三类：

(1) 交换单位矩阵 $\boldsymbol{E}$ 的第 i 行与第 j 行，得到的初等矩阵叫做初等换法阵，记为 $\boldsymbol{E}(i,j)$.

(2) 用非零数 k 乘以单位矩阵 $\boldsymbol{E}$ 的第 i 行，得到的初等矩阵叫做初等倍法阵，记为 $\boldsymbol{E}(i(k))$.

(3) 将单位矩阵 $\boldsymbol{E}$ 的第 j 行的 k 倍加到第 i 行，得到的初等矩阵叫做初等消法阵，记为 $\boldsymbol{E}(i,j(k))$.

注意：如果对单位矩阵 $\boldsymbol{E}$ 作列的初等变换，则 $\boldsymbol{E}(i,j(k))$ 的含义是将单位矩阵 $\boldsymbol{E}$ 的第 i 列的 k 倍加到第 j 列.

显然，$|\boldsymbol{E}(i,j)|=-1$，$|\boldsymbol{E}(i(k))|=k$，$|\boldsymbol{E}(i,j(k))|=1$，所以初等矩阵都是可逆矩阵，且有

$$\boldsymbol{E}(i,j)^{-1}=\boldsymbol{E}(i,j),\ \boldsymbol{E}(i(k))^{-1}=\boldsymbol{E}\left(i\left(\frac{1}{k}\right)\right),\ \boldsymbol{E}(i,j(k))^{-1}=\boldsymbol{E}(i,j(-k)).$$

初等变换与初等矩阵的关系可以用“行左列右，变换相同”这八个字来理解. 即若对矩阵 $\boldsymbol{A}$ 作一次初等行变换得到矩阵 $\boldsymbol{B}$，那么对单位矩阵作同样的行变换可以得到一个初等矩阵，用这个初等矩阵左乘以 $\boldsymbol{A}$，也得到矩阵 $\boldsymbol{B}$. 而对矩阵 $\boldsymbol{A}$ 作列的初等变换，则要用相应的初等矩阵右乘以 $\boldsymbol{A}$. 如

$$\boldsymbol{A}=\begin{pmatrix}1&1&1\\1&2&3\\2&3&4\end{pmatrix}\to\begin{pmatrix}1&1&1\\0&1&2\\0&1&2\end{pmatrix}\to\begin{pmatrix}1&0&-1\\0&1&2\\0&0&0\end{pmatrix}\to\begin{pmatrix}1&0&0\\0&1&0\\0&0&0\end{pmatrix}=\boldsymbol{B}.$$

对单位矩阵 $\boldsymbol{E}$ 分别作一次相同的初等变换，得到的初等矩阵分别为

$$\begin{pmatrix}1&0&0\\-1&1&0\\0&0&1\end{pmatrix},\ \begin{pmatrix}1&0&0\\0&1&0\\-2&0&1\end{pmatrix},\ \begin{pmatrix}1&-1&0\\0&1&0\\0&0&1\end{pmatrix},$$

$$\begin{pmatrix}1&0&0\\0&1&0\\0&-1&1\end{pmatrix},\ \begin{pmatrix}1&0&1\\0&1&0\\0&0&1\end{pmatrix},\ \begin{pmatrix}1&0&0\\0&1&-2\\0&0&1\end{pmatrix},$$

于是有

$$\boldsymbol{B}=\begin{pmatrix}1&0&0\\0&1&0\\0&-1&1\end{pmatrix}\begin{pmatrix}1&-1&0\\0&1&0\\0&0&1\end{pmatrix}\begin{pmatrix}1&0&0\\0&1&0\\-2&0&1\end{pmatrix}\begin{pmatrix}1&0&0\\-1&1&0\\0&0&1\end{pmatrix}\boldsymbol{A}\begin{pmatrix}1&0&1\\0&1&0\\0&0&1\end{pmatrix}\begin{pmatrix}1&0&0\\0&1&-2\\0&0&1\end{pmatrix},$$

若令

$$\boldsymbol{P}=\begin{pmatrix}1&0&0\\0&1&0\\0&-1&1\end{pmatrix}\begin{pmatrix}1&-1&0\\0&1&0\\0&0&1\end{pmatrix}\begin{pmatrix}1&0&0\\0&1&0\\-2&0&1\end{pmatrix}\begin{pmatrix}1&0&0\\-1&1&0\\0&0&1\end{pmatrix}=\begin{pmatrix}2&-1&0\\-1&1&0\\-1&-1&1\end{pmatrix},$$

$$\boldsymbol{Q}=\begin{pmatrix}1&0&1\\0&1&0\\0&0&1\end{pmatrix}\begin{pmatrix}1&0&0\\0&1&-2\\0&0&1\end{pmatrix}=\begin{pmatrix}1&0&1\\0&1&-2\\0&0&1\end{pmatrix},$$

则 $\boldsymbol{P}$, $\boldsymbol{Q}$ 都是可逆矩阵，且有 $\boldsymbol{PAQ}=\boldsymbol{B}$.

利用矩阵的初等变换与初等矩阵的关系可以证明：方阵 $\boldsymbol{A}$ 可逆的一个充分必要条件是 $\boldsymbol{A}$ 可以经过一系列初等行变换化为单位矩阵.

3. 用初等行变换求逆矩阵

利用初等行变换求逆矩阵的方法是：构造 $n\times 2n$ 矩阵 $(\boldsymbol{A},\boldsymbol{E})$，用一系列初等行变换将左边的 $\boldsymbol{A}$ 化成单位矩阵 $\boldsymbol{E}$，则右边的 $\boldsymbol{E}$ 就变成了 $\boldsymbol{A}^{-1}$.

例 10 用矩阵的初等变换求矩阵

$$A=\begin{pmatrix}0&1&2\\1&1&4\\2&-1&0\end{pmatrix}$$

的逆矩阵.

解 对矩阵(A, E)作初等行变换,得

$$(A, E)=\left(\begin{array}{ccc|ccc}0&1&2&1&0&0\\1&1&4&0&1&0\\2&-1&0&0&0&1\end{array}\right)\to\left(\begin{array}{ccc|ccc}1&1&4&0&1&0\\0&1&2&1&0&0\\2&-1&0&0&0&1\end{array}\right)$$

$$\to\left(\begin{array}{ccc|ccc}1&1&4&0&1&0\\0&1&2&1&0&0\\0&-3&-8&0&-2&1\end{array}\right)\to\left(\begin{array}{ccc|ccc}1&1&4&0&1&0\\0&1&2&1&0&0\\0&0&-2&3&-2&1\end{array}\right)$$

$$\to\left(\begin{array}{ccc|ccc}1&1&0&6&-3&2\\0&1&0&4&-2&1\\0&0&-2&3&-2&1\end{array}\right)\to\left(\begin{array}{ccc|ccc}1&0&0&2&-1&1\\0&1&0&4&-2&1\\0&0&1&-\frac{3}{2}&1&-\frac{1}{2}\end{array}\right),$$

所以

$$A^{-1}=\begin{pmatrix}2&-1&1\\4&-2&1\\-\frac{3}{2}&1&-\frac{1}{2}\end{pmatrix}.$$

例 11 已知矩阵

$$A=\begin{pmatrix}0&3&3\\1&1&0\\-1&2&3\end{pmatrix}$$

满足$AB=A+2B$,求矩阵B.

解 因为$AB=A+2B$,所以$(A-2E)B=A$. 用初等行变换法可以求得

$$(A-2E)^{-1}=\frac{1}{2}\begin{pmatrix}-1&3&3\\-1&1&3\\1&1&-1\end{pmatrix},$$

所以

$$B=\frac{1}{2}\begin{pmatrix}-1&3&3\\-1&1&3\\1&1&-1\end{pmatrix}\begin{pmatrix}0&3&3\\1&1&0\\-1&2&3\end{pmatrix}$$

$$=\frac{1}{2}\begin{pmatrix}0&6&6\\-2&4&6\\2&2&0\end{pmatrix}=\begin{pmatrix}0&3&3\\-1&2&3\\1&1&0\end{pmatrix}.$$

7.2.5 矩阵的分块

分块是将高阶矩阵转化为低阶矩阵的一种运算技巧,其基本思想是用若干条纵线和横线将矩阵的元素分若干个小矩阵,每个小矩阵都称为 $\boldsymbol{A}$ 的块,以块为元素的矩阵就叫做分块矩阵.

如 3×4 矩阵

$$\boldsymbol{A}=\begin{pmatrix}a_{11} & a_{12} & a_{13} & a_{14}\\ a_{21} & a_{22} & a_{23} & a_{24}\\ a_{31} & a_{32} & a_{33} & a_{34}\end{pmatrix}$$

可以分块为

$$\boldsymbol{A}=\left(\begin{array}{cc:cc}a_{11} & a_{12} & a_{13} & a_{14}\\ a_{21} & a_{22} & a_{23} & a_{24}\\ \hdashline a_{31} & a_{32} & a_{33} & a_{34}\end{array}\right)=\begin{pmatrix}\boldsymbol{A}_{11} & \boldsymbol{A}_{12}\\ \boldsymbol{A}_{21} & \boldsymbol{A}_{22}\end{pmatrix},$$

其中,

$$\boldsymbol{A}_{11}=\begin{pmatrix}a_{11} & a_{12}\\ a_{21} & a_{22}\end{pmatrix},\quad \boldsymbol{A}_{12}=\begin{pmatrix}a_{13} & a_{14}\\ a_{23} & a_{24}\end{pmatrix},$$

$$\boldsymbol{A}_{21}=(a_{31}\quad a_{32}),\quad \boldsymbol{A}_{21}=(a_{33}\quad a_{34}).$$

同一矩阵采用不同的分法可得到不同的分块矩阵,对矩阵进行分块的目的在于揭示矩阵中某些部分的特性及它们之间的联系,以便于讨论与矩阵乘法,方阵行列式,求逆矩阵等有关问题.

例 12 设 $\boldsymbol{A}$, $\boldsymbol{D}$ 分别为 m 阶矩阵和 n 阶矩阵,关于分块矩阵

$$\boldsymbol{F}=\begin{pmatrix}\boldsymbol{A} & \boldsymbol{B}\\ \boldsymbol{C} & \boldsymbol{D}\end{pmatrix},$$

有如下结论:

(1) 当 $\boldsymbol{B}=\boldsymbol{0}$ 或 $\boldsymbol{C}=\boldsymbol{0}$ 时,有 $|\boldsymbol{F}|=|\boldsymbol{A}||\boldsymbol{D}|$.

(2) $\begin{vmatrix}\boldsymbol{0} & \boldsymbol{A}\\ \boldsymbol{D} & \boldsymbol{0}\end{vmatrix}=(-1)^{mn}\begin{vmatrix}\boldsymbol{A} & \boldsymbol{0}\\ \boldsymbol{0} & \boldsymbol{D}\end{vmatrix}=(-1)^{mn}|\boldsymbol{A}||\boldsymbol{D}|$.

(3) 当 $\boldsymbol{B}=0$ 或 $\boldsymbol{C}=0$ 时,若 $\boldsymbol{A}$, $\boldsymbol{D}$ 都可逆,则 $\boldsymbol{F}$ 也可逆,且

$$\begin{pmatrix}\boldsymbol{A} & \boldsymbol{0}\\ \boldsymbol{C} & \boldsymbol{D}\end{pmatrix}^{-1}=\begin{pmatrix}\boldsymbol{A}^{-1} & \boldsymbol{0}\\ -\boldsymbol{D}^{-1}\boldsymbol{C}\boldsymbol{A}^{-1} & \boldsymbol{D}^{-1}\end{pmatrix},\quad \begin{pmatrix}\boldsymbol{A} & \boldsymbol{B}\\ \boldsymbol{0} & \boldsymbol{D}\end{pmatrix}^{-1}=\begin{pmatrix}\boldsymbol{A}^{-1} & -\boldsymbol{A}^{-1}\boldsymbol{B}\boldsymbol{D}^{-1}\\ \boldsymbol{0} & \boldsymbol{D}^{-1}\end{pmatrix}.$$

例 13 设 $\boldsymbol{A}=(a_{ij})_{m\times n}$, $\boldsymbol{B}=(b_{ij})_{n\times t}$,将矩阵 $\boldsymbol{B}$ 按列分块,即 $\boldsymbol{B}=(\boldsymbol{B}_1, \boldsymbol{B}_2, \cdots, \boldsymbol{B}_t)$,则有

$$\boldsymbol{AB}=\boldsymbol{A}(\boldsymbol{B}_1, \boldsymbol{B}_2, \cdots, \boldsymbol{B}_t)=(\boldsymbol{AB}_1, \boldsymbol{AB}_2, \cdots, \boldsymbol{AB}_t),$$

将矩阵 $\boldsymbol{B}$ 按行分块,即

$$B=\begin{pmatrix}B_1\\B_2\\\vdots\\B_n\end{pmatrix},$$

则有

$$AB=\begin{pmatrix}a_{11}&a_{12}&\cdots&a_{1n}\\a_{21}&a_{22}&\cdots&a_{2n}\\\vdots&\vdots&&\vdots\\a_{m1}&a_{m2}&\cdots&a_{mn}\end{pmatrix}\begin{pmatrix}B_1\\B_2\\\vdots\\B_n\end{pmatrix}=\begin{pmatrix}a_{11}B_1+a_{12}B_2+\cdots+a_{1n}B_n\\a_{21}B_1+a_{22}B_2+\cdots+a_{2n}B_n\\\vdots\\a_{m1}B_1+a_{m2}B_2+\cdots+a_{mn}B_n\end{pmatrix}.$$

习题 7.2

1. 设

$$A=\begin{pmatrix}2&4&1\\0&3&5\end{pmatrix},B=\begin{pmatrix}-1&3&1\\2&0&5\end{pmatrix},C=\begin{pmatrix}0&1&2\\-3&-1&3\end{pmatrix},$$

求 $3A-2B+C$.

2. 计算.

(1) $(1,2,3)\begin{pmatrix}4\\5\\6\end{pmatrix}$； (2) $\begin{pmatrix}1\\2\\3\end{pmatrix}(4,5,6)$； (3) $(x,y,z)\begin{pmatrix}1&2&3\\4&5&6\\7&8&9\end{pmatrix}\begin{pmatrix}x\\y\\z\end{pmatrix}$；

(4) $\begin{pmatrix}1&1\\0&1\end{pmatrix}^n$； (5) $\begin{pmatrix}\lambda&1&0\\0&\lambda&1\\0&0&\lambda\end{pmatrix}^n$.

3. 求下列矩阵的逆矩阵.

(1) $\begin{pmatrix}1&2&2\\2&1&-2\\2&-2&1\end{pmatrix}$； (2) $\begin{pmatrix}1&0&0&0\\1&2&0&0\\2&1&3&0\\1&2&1&4\end{pmatrix}$；

(3) $\begin{pmatrix}5&2&0&0\\2&1&0&0\\0&0&8&3\\0&0&5&2\end{pmatrix}$； (4) $\begin{pmatrix}1&1&1&1\\1&1&-1&-1\\1&-1&1&-1\\1&-1&-1&1\end{pmatrix}$.

4. 求解下列矩阵方程.

(1) $\begin{pmatrix}2&5\\1&3\end{pmatrix}X=\begin{pmatrix}4&-6\\2&1\end{pmatrix}$； (2) $X\begin{pmatrix}2&1&-1\\2&1&0\\1&-1&1\end{pmatrix}=\begin{pmatrix}1&-1&3\\4&3&2\end{pmatrix}$；

(3) $\begin{pmatrix}0&1&0\\1&0&0\\0&0&1\end{pmatrix}X\begin{pmatrix}1&0&0\\0&0&1\\0&1&0\end{pmatrix}=\begin{pmatrix}1&-4&3\\2&0&-1\\1&-2&0\end{pmatrix}$.

5. 设矩阵 A 满足 $A^2+A-4E=0$，证明 $A-E$ 可逆，并求 $(A-E)^{-1}$.

6. 设 $A=\begin{pmatrix}\frac{1}{2} & 0 & 0\\ 0 & \frac{1}{4} & 0\\ 0 & 0 & \frac{1}{7}\end{pmatrix}$ 为对角阵，矩阵 B 满足 $A^{-1}BA=6A+BA$，求 B.

7. 设 $A=\begin{pmatrix}2 & 1\\ -1 & 2\end{pmatrix}$，$B$ 满足 $BA=B+2E$，求 $|B|$.

8. 设 A, B 为 n 阶矩阵，$|A|=2$，$|B|=-3$，求 $|2A^{*}B^{-1}|$.

9. 设三阶矩阵 A 的行列式为 $\frac{1}{2}$，求 $|(3A)^{-1}-2A^{*}|$.

10. 三阶矩阵 $A=(a_{ij})$ 满足 $A^{*}=A^{\mathrm{T}}$，若 a_{11}，a_{12}，a_{13} 是三个相等的正数，求 a_{11}.

11. 设 $A=\begin{pmatrix}1 & 0 & 0\\ 2 & 2 & 0\\ 3 & 4 & 5\end{pmatrix}$，求 $(A^{*})^{-1}$.

12. 设 $a<0$，$\boldsymbol{\alpha}=(a, 0, \cdots, 0, a)^{\mathrm{T}}$ 是 n 维向量，$E-\boldsymbol{\alpha}\boldsymbol{\alpha}^{\mathrm{T}}$ 的逆矩阵为 $E+\frac{1}{a}\boldsymbol{\alpha}\boldsymbol{\alpha}^{\mathrm{T}}$，求 a.

13. 设 $A=\begin{pmatrix}1 & 0 & 0\\ 0 & -2 & 0\\ 0 & 0 & 1\end{pmatrix}$，$A^{*}BA=2BA-8E$，求 B.

7.3 n 维 向 量

7.3.1 向量组的线性相关性

1. n 维向量

定义 7.16 称 $n\times 1$ 矩阵为 n 维列向量，$1\times n$ 矩阵为 n 维行向量，统称为 n 维向量.

n 维向量的元素称为分量，分量全为零的向量称为零向量.

若不加说明，本节中所说的 n 维列向量均指 n 维行向量.

用小写希腊字母 $\boldsymbol{\alpha}$, $\boldsymbol{\beta}$, $\boldsymbol{\gamma}$, $\cdots$ 表示 n 维向量，和矩阵一样，n 维向量也有加法和数乘运算.

由若干个 n 维向量作成的集合称为一个 n 维向量组，简称为向量组. 如对于矩阵 $A=(a_{ij})_{m\times n}$，记 $\boldsymbol{\alpha}_i=(a_{i1}, a_{i2}, \cdots, a_{in})$，$i=1, 2, \cdots, m$，则 $\boldsymbol{\alpha}_1$, $\boldsymbol{\alpha}_2$, $\cdots$, $\boldsymbol{\alpha}_m$ 为矩阵 A 的行向量组.

2. 向量组的线性组合

定义 7.17 设 $\boldsymbol{\alpha}$, $\boldsymbol{\beta}_1$, $\boldsymbol{\beta}_2$, $\cdots$, $\boldsymbol{\beta}_s$ 为 n 维向量，如果有 s 个数 k_1, k_2, $\cdots$, k_s，使 $\boldsymbol{\alpha}=k_1\boldsymbol{\beta}_1+k_2\boldsymbol{\beta}_2+\cdots+k_s\boldsymbol{\beta}_s$，则称 $\boldsymbol{\alpha}$ 为向量组 $\boldsymbol{\beta}_1$, $\boldsymbol{\beta}_2$, $\cdots$, $\boldsymbol{\beta}_s$ 的一个线性组合，这时也称 $\boldsymbol{\alpha}$ 可由向量组 $\boldsymbol{\beta}_1$, $\boldsymbol{\beta}_2$, $\cdots$, $\boldsymbol{\beta}_s$ 线性表示.

显然，零向量可以由任意一个向量组线性表示. 一个向量组中的每一个向量都可以由这个向量组线性表示. 任意 n 维向量都可以由 n 维基本向量组

$$e_1=(1, 0, \cdots, 0),\ e_2=(0, 1, 0, \cdots, 0),\ \cdots,\ e_n=(0, \cdots, 0, 1)$$

线性表示.

定义 7.18 设有两个 n 维向量组

$$\boldsymbol{A}: \boldsymbol{\alpha}_1, \boldsymbol{\alpha}_2, \cdots, \boldsymbol{\alpha}_s,$$
$$\boldsymbol{B}: \boldsymbol{\beta}_1, \boldsymbol{\beta}_2, \cdots, \boldsymbol{\beta}_t,$$

若向量组 $\boldsymbol{A}$ 中的每个向量 $\boldsymbol{\alpha}_i$ 都可以由向量组 $\boldsymbol{B}$ 线性表示,则称向量组 $\boldsymbol{A}$ 可以由向量组 $\boldsymbol{B}$ 线性表示. 若向量组 $\boldsymbol{A}$ 与向量组 $\boldsymbol{B}$ 可以互相线性表示,则称向量组 $\boldsymbol{A}$ 与向量组 $\boldsymbol{B}$ 等价.

例如,向量组 $\boldsymbol{\alpha}_1 = (1, 1, 1)$, $\boldsymbol{\alpha}_2 = (1, 1, 0)$, $\boldsymbol{\alpha}_3 = (1, 0, 0)$ 与三维基本向量组 $\boldsymbol{e}_1$, $\boldsymbol{e}_2$, $\boldsymbol{e}_3$ 等价.

3. 向量组的线性相关性

定义 7.19 对于 n 维向量组

$$\boldsymbol{A}: \boldsymbol{\alpha}_1, \boldsymbol{\alpha}_2, \cdots, \boldsymbol{\alpha}_s,$$

若有不全为零的数 $k_1, k_2, \cdots, k_s$ 使

$$k_1\boldsymbol{\alpha}_1 + k_2\boldsymbol{\alpha}_2 + \cdots + k_s\boldsymbol{\alpha}_s = \boldsymbol{0},$$

称向量组 $\boldsymbol{A}$ 是线性相关的,否则称 $\boldsymbol{A}$ 是线性无关的.

从定义 7.19 可以看出,一个向量 $\boldsymbol{\alpha}$ 线性无关的充分必要条件是 $\boldsymbol{\alpha} \neq 0$. 含有零向量的向量组是线性相关的. 基本向量组是线性无关的.

注意:向量组 $\boldsymbol{A}$: $\boldsymbol{\alpha}_1, \boldsymbol{\alpha}_2, \cdots, \boldsymbol{\alpha}_s$ 线性无关的含义是若

$$k_1\boldsymbol{\alpha}_1 + k_2\boldsymbol{\alpha}_2 + \cdots + k_s\boldsymbol{\alpha}_s = \boldsymbol{0}$$

成立,则必有 $k_1 = k_2 = \cdots = k_s = 0$.

例 1 若向量组 $\boldsymbol{\alpha}_1, \boldsymbol{\alpha}_2, \boldsymbol{\alpha}_3$ 线性无关,证明向量组

$$\boldsymbol{\beta}_1 = \boldsymbol{\alpha}_1 + \boldsymbol{\alpha}_2, \quad \boldsymbol{\beta}_2 = \boldsymbol{\alpha}_2 + \boldsymbol{\alpha}_3, \quad \boldsymbol{\beta}_3 = \boldsymbol{\alpha}_3 + \boldsymbol{\alpha}_1$$

也线性无关.

证明 设 $k_1\boldsymbol{\beta}_1 + k_2\boldsymbol{\beta}_2 + k_3\boldsymbol{\beta}_3 = \boldsymbol{0}$,即 $k_1(\boldsymbol{\alpha}_1 + \boldsymbol{\alpha}_2) + k_2(\boldsymbol{\alpha}_2 + \boldsymbol{\alpha}_3) + k_3(\boldsymbol{\alpha}_3 + \boldsymbol{\alpha}_1) = \boldsymbol{0}$,则

$$(k_1 + k_3)\boldsymbol{\alpha}_1 + (k_1 + k_2)\boldsymbol{\alpha}_2 + (k_2 + k_3)\boldsymbol{\alpha}_3 = \boldsymbol{0},$$

于是由 $\boldsymbol{\alpha}_1, \boldsymbol{\alpha}_2, \boldsymbol{\alpha}_3$ 线性无关得 $k_1 + k_3 = k_1 + k_2 = k_2 + k_3 = 0$,解之得 $k_1 = 0$, $k_2 = 0$, $k_3 = 0$,所以向量组 $\boldsymbol{\beta}_1, \boldsymbol{\beta}_2, \boldsymbol{\beta}_3$ 线性无关.

容易证明,向量组的线性相关性具有如下的基本性质.

性质 1 向量组 $\boldsymbol{\alpha}_1, \boldsymbol{\alpha}_2, \cdots, \boldsymbol{\alpha}_s (s \geqslant 2)$ 线性相关的充分必要条件是向量组中至少有一个向量可以由其余 $s-1$ 个向量线性表示.

性质 2 若向量组 $\boldsymbol{\alpha}_1, \boldsymbol{\alpha}_2, \cdots, \boldsymbol{\alpha}_s$ 线性无关,而向量组 $\boldsymbol{\alpha}_1, \boldsymbol{\alpha}_2, \cdots, \boldsymbol{\alpha}_s, \boldsymbol{\beta}$ 线性相关,则向量 $\boldsymbol{\beta}$ 可以由向量组 $\boldsymbol{\alpha}_1, \boldsymbol{\alpha}_2, \cdots, \boldsymbol{\alpha}_s$ 唯一地线性表示.

性质 3 如果一个向量组的一部分向量线性相关,那么这个向量组线性相关.

性质 3 的一个等价命题是:如果一个向量组线性无关,那么这个向量组的任意一部分向量也线性无关.

性质 4 若 $m > n$,则 m 个 n 维向量 $\boldsymbol{\alpha}_1, \boldsymbol{\alpha}_2, \cdots, \boldsymbol{\alpha}_m$ 线性相关.

性质 5 若 n 维向量组

$$\boldsymbol{\alpha}_1 = (\boldsymbol{a}_{i1}, \boldsymbol{a}_{i2}, \cdots, \boldsymbol{a}_{in}), \quad i = 1, 2, \cdots, s$$

线性无关,则 $n+m$ 维向量组

$$\boldsymbol{\beta}_i = (\boldsymbol{a}_{i1}, \cdots, \boldsymbol{a}_{in}, \boldsymbol{a}_{i,\, n+1}, \cdots, \boldsymbol{a}_{i,\, n+m}), \quad i = 1, 2, \cdots, s$$

也线性无关.

7.3.2 向量组的秩

定义 7.20 设 $\boldsymbol{\alpha}_{i_1}, \boldsymbol{\alpha}_{i_2}, \cdots, \boldsymbol{\alpha}_{i_r}$ 是向量组 $\boldsymbol{A}$: $\boldsymbol{\alpha}_1, \boldsymbol{\alpha}_2, \cdots, \boldsymbol{\alpha}_s$ 的一个部分组,若

(1) $\boldsymbol{\alpha}_{i_1}, \boldsymbol{\alpha}_{i_2}, \cdots, \boldsymbol{\alpha}_{i_r}$ 是线性无关的;

(2) 向量组 $\boldsymbol{A}$ 中的每个向量都可以由 $\boldsymbol{\alpha}_{i_1}, \boldsymbol{\alpha}_{i_2}, \cdots, \boldsymbol{\alpha}_{i_r}$ 线性表示,则称 $\boldsymbol{\alpha}_{i_1}, \boldsymbol{\alpha}_{i_2}, \cdots, \boldsymbol{\alpha}_{i_r}$ 为向量组 $\boldsymbol{A}$ 的一个极大线性无关部分组(简称为极大无关组),极大无关组中所含向量的个数叫做向量组 $\boldsymbol{A}$ 的秩,记为 $R(\boldsymbol{A})$.

只含零向量的向量组没有极大无关组,规定它的秩为零.

若向量组的秩大于零,则它有极大无关组,这时有下列结论.

性质 6 任意一个极大线性无关组都与向量组本身等价.

性质 7 一个向量组的任意两个极大线性无关组都等价.

性质 8 设有两个 n 维向量组

$$\boldsymbol{A}: \boldsymbol{\alpha}_1, \boldsymbol{\alpha}_2, \cdots, \boldsymbol{\alpha}_s,$$
$$\boldsymbol{B}: \boldsymbol{\beta}_1, \boldsymbol{\beta}_2, \cdots, \boldsymbol{\beta}_t,$$

(1) 若向量组 $\boldsymbol{A}$ 可以由向量组 $\boldsymbol{B}$ 线性表示,则 $R(\boldsymbol{A}) \leqslant R(\boldsymbol{B})$.

(2) 若向量组 $\boldsymbol{A}$ 与向量组等价,则 $R(\boldsymbol{A}) = R(\boldsymbol{B})$.

7.3.3 矩阵的秩

矩阵的秩是矩阵的一个重要数字特征,矩阵的很多性质都与它有关.

1. 矩阵秩的概念

定义 7.21 矩阵 $\boldsymbol{A}$ 的行(列)向量组的秩称为矩阵 $\boldsymbol{A}$ 的秩,记为 $R(\boldsymbol{A})$.

显然,$R(\boldsymbol{0}) = 0$, $R(\boldsymbol{A}_{m\times n}) \leqslant \min\{m, n\}$.

形如

$$\boldsymbol{A} = \begin{pmatrix} 1 & 2 & 3 & 2 & 1 \\ 0 & 2 & 1 & -1 & 4 \\ 0 & 0 & 1 & 0 & 3 \\ 0 & 0 & 0 & 0 & 0 \end{pmatrix}, \boldsymbol{B} = \begin{pmatrix} 1 & 0 & 3 & 2 & 1 \\ 0 & 2 & 1 & -1 & 4 \\ 0 & 0 & 0 & 1 & 3 \\ 0 & 0 & 0 & 0 & 0 \end{pmatrix}, \boldsymbol{C} = \begin{pmatrix} 1 & 0 & 0 & 1 \\ 0 & 1 & 0 & 2 \\ 0 & 0 & 1 & -1 \\ 0 & 0 & 0 & 0 \end{pmatrix}$$

的矩阵叫做阶梯形矩阵(其特点是,可以从左上角住右下角画出一条阶梯形线,使得阶梯形线下方的元素全为零),其中 $\boldsymbol{C}$ 叫做最简阶梯形矩阵,它们的秩是一目了然的.

2. 用矩阵的初等变换求矩阵的秩

求矩阵秩的理论依据是:矩阵的初等变换不改变矩阵的秩. 方法是用矩阵的初等变换将矩阵化为阶梯形矩阵,然后由阶梯形矩阵的秩得到原矩阵的秩.

例 2 求矩阵

$$\boldsymbol{A}=\begin{pmatrix}1 & 1 & 2 & 5 & 7\\ 1 & 2 & 3 & 7 & 10\\ 1 & 3 & 4 & 9 & 13\\ 1 & 4 & 5 & 11 & 16\end{pmatrix}$$

的秩.

解 对 $\boldsymbol{A}$ 施行初等变换,将其化为阶梯形矩阵:

$$\boldsymbol{A}\rightarrow\begin{pmatrix}1 & 1 & 2 & 5 & 7\\ 0 & 1 & 1 & 2 & 3\\ 0 & 2 & 2 & 4 & 6\\ 0 & 3 & 3 & 6 & 9\end{pmatrix}\rightarrow\begin{pmatrix}1 & 1 & 2 & 5 & 7\\ 0 & 1 & 1 & 2 & 3\\ 0 & 0 & 0 & 0 & 0\\ 0 & 0 & 0 & 0 & 0\end{pmatrix},$$

得到的矩阵的秩为 2, 所以 $R(\boldsymbol{A})=2$.

3. 矩阵秩的基本性质

定理 7.4 设 $\boldsymbol{A}$, $\boldsymbol{B}$ 为 $m\times n$ 矩阵,$\boldsymbol{C}$ 为 $n\times s$ 矩阵. 则

(1) $(\boldsymbol{A}^{\mathrm{T}})=R(\boldsymbol{A})$;

(2) $R(\boldsymbol{A}+\boldsymbol{B})\leqslant R(\boldsymbol{A})+R(\boldsymbol{B})$;

(3) $R(\boldsymbol{AC})\leqslant\min\{R(\boldsymbol{A}),R(\boldsymbol{C})\}$,特别地,若 $m=n$,且 $\boldsymbol{A}$ 是可逆矩阵,则 $R(\boldsymbol{AC})=R(\boldsymbol{C})$;

(4) 若 $\boldsymbol{AC}=\boldsymbol{0}$,则 $R(\boldsymbol{A})+R(\boldsymbol{C})\leqslant n$.

4. 行列式为零的条件

在 7.1 节中,我们看到,有两行成比例只是行列式为零的充分条件而非必要条件,利用矩阵的秩,有如下结论:

定理 7.5 n 阶矩阵 $\boldsymbol{A}$ 的行列式等于零的一个充分必要条件是 $\boldsymbol{A}$ 的秩小于 n,即 $\boldsymbol{A}$ 的行(列)向量组是线性相关的.

推论 n 阶矩阵 $\boldsymbol{A}$ 可逆的一个充分必要条件是 $R(\boldsymbol{A})=n$.

习题 7.3

1. 判断下列向量组是否线性相关.

(1) $\boldsymbol{\alpha}_1=(1,1,1)$, $\boldsymbol{\alpha}_2=(1,2,3)$, $\boldsymbol{\alpha}_3=(1,3,6)$;

(2) $\boldsymbol{\alpha}_1=(2,-1,3,1)$, $\boldsymbol{\alpha}_2=(2,-1,4,-1)$, $\boldsymbol{\alpha}_3=(4,-2,5,4)$;

(3) $\boldsymbol{\alpha}_1=(2,2,7,-1)$, $\boldsymbol{\alpha}_2=(3,-1,2,4)$, $\boldsymbol{\alpha}_3=(1,1,3,1)$.

2. 判别下列向量组的线性相关性.

(1) $\boldsymbol{\alpha}_1-\boldsymbol{\alpha}_2$, $\boldsymbol{\alpha}_2-\boldsymbol{\alpha}_3$, $\boldsymbol{\alpha}_3-\boldsymbol{\alpha}_1$;

(2) $\boldsymbol{\alpha}_1+\boldsymbol{\alpha}_2$, $\boldsymbol{\alpha}_2+\boldsymbol{\alpha}_3$, $\boldsymbol{\alpha}_3+\boldsymbol{\alpha}_1$;

(3) $\boldsymbol{\alpha}_1-2\boldsymbol{\alpha}_2$, $\boldsymbol{\alpha}_2-2\boldsymbol{\alpha}_3$, $\boldsymbol{\alpha}_3-2\boldsymbol{\alpha}_1$;

(4) $\boldsymbol{\alpha}_1+2\boldsymbol{\alpha}_2$, $\boldsymbol{\alpha}_2+2\boldsymbol{\alpha}_3$, $\boldsymbol{\alpha}_3+2\boldsymbol{\alpha}_1$.

3. 设 $\boldsymbol{\alpha}_1=(1,1,1)^{\mathrm{T}}$, $\boldsymbol{\alpha}_2=(1,2,3)^{\mathrm{T}}$, $\boldsymbol{\alpha}_3=(1,3,t)^{\mathrm{T}}$,

(1) t 为何值时,向量组 $\boldsymbol{\alpha}_1$, $\boldsymbol{\alpha}_2$, $\boldsymbol{\alpha}_3$ 线性无关;

(2) t 为何值时，向量组 $\boldsymbol{\alpha}_1, \boldsymbol{\alpha}_2, \boldsymbol{\alpha}_3$ 线性相关；

(3) 当向量组 $\boldsymbol{\alpha}_1, \boldsymbol{\alpha}_2, \boldsymbol{\alpha}_3$ 线性相关时，将 $\boldsymbol{\alpha}_3$ 表成 $\boldsymbol{\alpha}_1, \boldsymbol{\alpha}_2$ 的线性组合.

4. 设 s 维向量组 $\boldsymbol{\alpha}_1, \boldsymbol{\alpha}_2, \cdots, \boldsymbol{\alpha}_s$ 线性无关，证明向量组

$$\begin{aligned}\boldsymbol{\beta}_1 &= \boldsymbol{\alpha}_2 + \boldsymbol{\alpha}_3 + \cdots + \boldsymbol{\alpha}_s, \\ \boldsymbol{\beta}_2 &= \boldsymbol{\alpha}_1 + \boldsymbol{\alpha}_3 + \cdots + \boldsymbol{\alpha}_s, \\ &\vdots \\ \boldsymbol{\beta}_s &= \boldsymbol{\alpha}_1 + \boldsymbol{\alpha}_2 + \cdots + \boldsymbol{\alpha}_{s-1}\end{aligned}$$

线性无关.

5. 设 n 维向量组 $\boldsymbol{\alpha}_1, \boldsymbol{\alpha}_2, \cdots, \boldsymbol{\alpha}_s$ 线性无关，试讨论向量组

$$\boldsymbol{\beta}_1 = \boldsymbol{\alpha}_1 + \boldsymbol{\alpha}_2, \boldsymbol{\beta}_2 = \boldsymbol{\alpha}_2 + \boldsymbol{\alpha}_3, \cdots, \boldsymbol{\beta}_s = \boldsymbol{\alpha}_s + \boldsymbol{\alpha}_1$$

的线性相关性.

6. 求下列矩阵的秩.

(1) $\begin{pmatrix} 3 & 1 & 0 & 2 \\ 1 & -1 & 2 & -1 \\ 1 & 3 & -4 & 4 \end{pmatrix}$；　　(2) $\begin{pmatrix} 1 & 2 & 2 & 2 & 1 \\ 0 & 2 & 1 & 5 & -1 \\ 2 & 0 & 3 & -1 & 3 \\ 1 & 1 & 0 & 4 & -1 \end{pmatrix}$.

7. 设 $\boldsymbol{A} = \begin{pmatrix} 1 & 2 & -2 \\ 4 & t & 3 \\ 3 & -1 & 1 \end{pmatrix}$，$\boldsymbol{B}$ 为三阶非零矩阵，且 $\boldsymbol{AB} = \boldsymbol{0}$，求 t 的值.

8. 已知向量组 $\boldsymbol{\alpha}_1, \boldsymbol{\alpha}_2, \boldsymbol{\alpha}_3$；$\boldsymbol{\alpha}_1, \boldsymbol{\alpha}_2, \boldsymbol{\alpha}_3, \boldsymbol{\alpha}_4$；$\boldsymbol{\alpha}_1, \boldsymbol{\alpha}_2, \boldsymbol{\alpha}_3, \boldsymbol{\alpha}_5$ 的秩分别为 3, 3, 4，求向量组 $\boldsymbol{\alpha}_1, \boldsymbol{\alpha}_2, \boldsymbol{\alpha}_3, \boldsymbol{\alpha}_5 - \boldsymbol{\alpha}_4$ 的秩.

9. 设矩阵 $\boldsymbol{A} = \begin{pmatrix} 0 & 1 & 0 & 0 \\ 0 & 0 & 1 & 0 \\ 0 & 0 & 0 & 1 \\ 0 & 0 & 0 & 0 \end{pmatrix}$，求 $\boldsymbol{A}^3$ 的秩.

7.4 线性方程组

在这一节中，利用行列式，矩阵，向量组等知识讨论线性方程组有解性判定，解的个数判定，解的结构以及求解方法等问题.

7.4.1 线性方程组的基本概念

n 元一次方程组

$$\begin{cases} a_{11}x_1 + a_{12}x_2 + \cdots + a_{1n}x_n = b_1, \\ a_{21}x_1 + a_{22}x_2 + \cdots + a_{2n}x_n = b_2, \\ \qquad\qquad \vdots \\ a_{m1}x_1 + a_{m2}x_2 + \cdots + a_{mn}x_n = b_m, \end{cases} \tag{7.4.1}$$

叫做 n 元线性方程组，简称为方程组. 方程组(7.4.1)可简记为

$$\sum_{j=1}^{n} a_{ij}x_j = b_i, \quad i=1, 2, \cdots, m.$$

若记 $\mathbf{A}=(a_{ij})_{m\times n}$　$\boldsymbol{x}=(x_1, x_2, \cdots, x_n)^{\mathrm{T}}$　$\boldsymbol{b}=(b_1, b_2, \cdots, b_m)^{\mathrm{T}}$,则方程组(7.4.1)可表示为 $\mathbf{A}\boldsymbol{x}=\boldsymbol{b}$,称 $\mathbf{A}$ 为方程组(7.4.1)的**系数矩阵**,$\overline{\mathbf{A}}=(\mathbf{A}, \boldsymbol{b})$ 为方程组(7.4.1)的**增广矩阵**,

设 $\boldsymbol{\alpha}=(c_1, c_2, \cdots, c_n)^{\mathrm{T}}$,若分别用 $c_1, c_2, \cdots, c_n$ 代替 $x_1, x_2, \cdots, x_n$ 后,方程组(7.4.1)中的每个方程都成为恒等式,则称 $\boldsymbol{\alpha}$ 为方程组(7.4.1)的一个解. 即 $\boldsymbol{\alpha}$ 为方程组(7.4.1)的一个解当且仅当 $\mathbf{A}\boldsymbol{\alpha}=\boldsymbol{b}$.

设矩阵 $\mathbf{A}$ 的列向量组为 $\boldsymbol{\alpha}_1, \boldsymbol{\alpha}_2, \cdots, \boldsymbol{\alpha}_n$,则 $\boldsymbol{\alpha}$ 为方程组(7.4.1)的一个解当且仅当 $c_1\boldsymbol{\alpha}_1+c_2\boldsymbol{\alpha}_2+\cdots+c_n\boldsymbol{\alpha}_n=\boldsymbol{b}$.

常数项全为零的的方程组

$$\sum_{j=1}^{n} a_{ij}x_j = 0, \quad i=1, 2, \cdots, m \tag{7.4.2}$$

叫做齐次线性方程组. 显然,零向量是齐次线性方程组的一个解,称之为零解,齐次线性方程组的其他解都叫做非零解.

7.4.2　克拉默法则

在 7.1 节中,我们看到,当系数矩阵的行列式不为零时,二元线性方程组(7.1.1)有解,并且解可以用行列式表示. 当 $m=n$ 时,这一事实对线性方程组(7.4.1)也成立.

定理 7.6(克拉默(Cramer)法则)　若线性方程组

$$\sum_{j=1}^{n} a_{ij}x_j = b_i, \quad i=1, 2, \cdots, n$$

的系数矩阵 $\mathbf{A}=(a_{ij})_{n\times n}$ 的行列式 $|\mathbf{A}|\neq 0$,则该方程组有唯一解

$$\left(\frac{d_1}{|\mathbf{A}|}, \frac{d_2}{|\mathbf{A}|}, \cdots, \frac{d_n}{|\mathbf{A}|}\right)^{\mathrm{T}},$$

其中,d_j 是用 $\boldsymbol{b}=(b_1, b_2, \cdots, b_n)^{\mathrm{T}}$ 换 $|\mathbf{A}|$ 的第 j 列所得到的行列式,即

$$d_j=\begin{vmatrix} a_{11} & \cdots & a_{1\,j-1} & b_1 & a_{1\,j+1} & \cdots & a_{1n} \\ a_{21} & \cdots & a_{2\,j-1} & b_2 & a_{2\,j+1} & \cdots & a_{2n} \\ \vdots & & \vdots & \vdots & \vdots & & \vdots \\ a_{n1} & \cdots & a_{n\,j-1} & b_n & a_{n\,j+1} & \cdots & a_{nn} \end{vmatrix}, j=1, 2, \cdots, n.$$

推论　如果齐次线性方程组

$$\sum_{j=1}^{n} a_{ij}x_j = 0, \quad i=1, 2, \cdots, n$$

的系数矩阵的行列式不为零,那么它仅有零解.

7.4.3　线性方程组有解性判别定理

定理 7.7(线性方程组有解的判别定理)　线性方程组(7.4.1)有解的充分必要条件是它

的系数矩阵与增广矩阵有相同的秩.

当方程组有解时,关于解的个数,有如下结论.

定理 7.8 若线性方程组(7.4.1)有解,则当 $R(\boldsymbol{A})=n$ 时,方程组有唯一解;当 $R(\boldsymbol{A})<n$ 时,方程组有无穷多解.

对于齐次线性方程组,有下列结论.

推论 1 若齐次线性方程组(7.4.2)的系数矩阵的秩小于 n,则方程组有非零解.

推论 2 在齐次线性方程组(7.4.2)中,若 $m<n$,则方程组有非零解.

例 1 当 k 为何值时,方程组

$$\begin{cases} kx_1+x_2+x_3=1, \\ x_1+kx_2+x_3=k, \\ x_1+x_2+kx_3=k^2 \end{cases}$$

有唯一解?有无穷多解?

解 方程组的系数行列式为

$$d=\begin{vmatrix} k & 1 & 1 \\ 1 & k & 1 \\ 1 & 1 & k \end{vmatrix}=(k+2)(k-1)^2.$$

(1) 当 $k\neq -2$ 且 $k\neq 1$ 时,有 $d\neq 0$,于是由定理 7.6,方程组有唯一解.

(2) 当 $k=1$ 时,方程组的系数矩阵和增广矩阵分别为

$$\boldsymbol{A}=\begin{pmatrix} 1 & 1 & 1 \\ 1 & 1 & 1 \\ 1 & 1 & 1 \end{pmatrix},\quad \overline{\boldsymbol{A}}=\begin{pmatrix} 1 & 1 & 1 & 1 \\ 1 & 1 & 1 & 1 \\ 1 & 1 & 1 & 1 \end{pmatrix},$$

显然有 $R(\boldsymbol{A})=R(\overline{\boldsymbol{A}})=1<3$,所以由定理 7.8 知方程组有无穷多解.

(3) 当 $\lambda=-2$ 时,对增广矩阵 $\overline{\boldsymbol{A}}$ 作初等行变换:

$$\overline{\boldsymbol{A}}=\begin{pmatrix} -2 & 1 & 1 & 1 \\ 1 & -2 & 1 & -2 \\ 1 & 1 & -2 & 4 \end{pmatrix}\to\begin{pmatrix} 0 & 3 & -3 & 9 \\ 0 & -3 & 3 & -6 \\ 1 & 1 & -2 & 4 \end{pmatrix}\to\begin{pmatrix} 0 & 0 & 0 & 3 \\ 0 & -3 & 3 & -6 \\ 1 & 1 & -2 & 4 \end{pmatrix},$$

于是有 $R(\boldsymbol{A})=2<3=R(\overline{\boldsymbol{A}})$,从而由定理 7.7 知方程组无解.

7.4.4 消元法

在中学代数中,已经掌握了用消元法解二元、三元一次方程组.在线性代数中,解线性方程组还是用消元法,但是求解过程是利用矩阵完成的.

先看一个例子.

例 2 解线性方程组

$$\begin{cases} 2x_1-x_2+3x_3=1, \\ 4x_1+2x_2+5x_3=4, \\ 2x_1\qquad\ +2x_3=6. \end{cases}$$

解 用消元法，并且把解法过程与增广矩阵的变化过程进行对照.

消元法过程	相应系数组成表变化过程
$\begin{cases}2x_1-x_2+3x_3=1,\\4x_1+2x_2+5x_3=4,\\2x_1\qquad+2x_3=6,\end{cases}$	$\begin{pmatrix}2&-1&3&1\\4&2&5&4\\2&0&2&6\end{pmatrix}$
-2 乘以第 1 个方程加到第 2 个方程， -1 乘以第 1 个方程加到第 3 个方程：	第 1 行的 -2 倍加到第 2 行， 第 1 行的 -1 倍加到第 3 行：
$\begin{cases}2x_1-x_2+3x_3=1,\\4x_2-x_3=2,\\x_2-x_3=5,\end{cases}$	$\begin{pmatrix}2&-1&3&1\\0&4&-1&2\\0&1&-1&5\end{pmatrix}$
互换第 2 个方程与第 3 个方程：	互换第 2 行与第 3 行：
$\begin{cases}2x_1-x_2+3x_3=1,\\x_2-x_3=5,\\4x_2-x_3=2,\end{cases}$	$\begin{pmatrix}2&-1&3&1\\0&1&-1&5\\0&4&-1&2\end{pmatrix}$
-4 乘以第 2 个方程加到第 3 个方程：	第 2 行的 -4 倍加到第 3 行：
$\begin{cases}2x_1-x_2+3x_3=1,\\x_2-x_3=5,\\3x_3=-18,\end{cases}$	$\begin{pmatrix}2&-1&3&1\\0&1&-1&5\\0&0&3&-18\end{pmatrix}$
$\frac{1}{3}$乘以第 3 个方程：	$\frac{1}{3}$乘以第 3 行：
$\begin{cases}2x_1-x_2+3x_3=1,\\x_2-x_3=5,\\x_3=-6,\end{cases}$	$\begin{pmatrix}2&-1&3&1\\0&1&-1&5\\0&0&1&-6\end{pmatrix}$
-3 乘以第 3 个方程加到第 1 个方程， 1 乘以第 3 个方程加到第 2 个方程：	第 3 行的 -3 倍加到第 1 行， 第 3 行的 1 倍加到第 2 行：
$\begin{cases}2x_1-x_2=19,\\x_2=-1,\\x_3=-6,\end{cases}$	$\begin{pmatrix}2&-1&0&19\\0&1&0&-1\\0&0&1&-6\end{pmatrix}$
1 乘以第 2 个方程加到第 1 个方程：	第 2 行的 1 倍加到第 1 行：
$\begin{cases}2x_1=18,\\x_2=-1,\\x_3=-6,\end{cases}$	$\begin{pmatrix}2&0&0&18\\0&1&0&-1\\0&0&1&-6\end{pmatrix}$
$\frac{1}{2}$乘以第 1 个方程：	用$\frac{1}{2}$乘以第 1 行：
$\begin{cases}x_1=9,\\x_2=-1,\\x_3=-6,\end{cases}$	$\begin{pmatrix}1&0&0&9\\0&1&0&-1\\0&0&1&-6\end{pmatrix}$

最后得原方程组的解为$(9, -1, -6)^T$.

不难看出,用消元法解线性方程组实质上是反复对方程组施行如下三种变换:

(1) 用一个非零数乘某一个方程两端,称为倍法变换;

(2) 用一个数乘某一个方程两端加到另一个方程上去,称为消法变换;

(3) 互换两个方程的位置,称为换法变换.

这三种变换统称为**线性方程组的初等变换**.

从例 2 可以看出,对方程组进行初等变换,实际上是对方程组的增广矩阵作初等行变换.

例 3 解线性方程组

$$\begin{cases}2x_1 - x_2 + 3x_3 = 1,\\ 4x_1 - 2x_2 + 5x_3 = 4,\\ 2x_1 - x_2 + 4x_3 = -1.\end{cases}$$

解 对方程组的增广矩阵作行初等变换,得

$$\overline{\boldsymbol{A}} \to \begin{pmatrix}2 & -1 & 3 & 1\\ 0 & 0 & -1 & 2\\ 0 & 0 & 1 & -2\end{pmatrix} \to \begin{pmatrix}2 & -1 & 0 & 7\\ 0 & 0 & -1 & 2\\ 0 & 0 & 0 & 0\end{pmatrix} \to \begin{pmatrix}1 & -\frac{1}{2} & 0 & \frac{7}{2}\\ 0 & 0 & 1 & -2\\ 0 & 0 & 0 & 0\end{pmatrix} = \overline{\boldsymbol{B}}.$$

于是原方程组与矩阵 $\overline{\boldsymbol{B}}$ 对应的方程组

$$\begin{cases}x_1 - \frac{1}{2}x_2 = \frac{7}{2},\\ x_3 = -2\end{cases}$$

同解,从而方程组的所有解为

$$\left[\frac{1}{2}(7 + x_2), x_2, -2\right]^T,$$

其中,x_2 可以任意取值,这样的未知量称为自由未知量.

用消元法解线性方程组的一般步骤:

(1) 对方程组的增广矩阵 $\overline{\boldsymbol{A}}$ 作初等行变换,将其化成阶梯形矩阵 $\overline{\boldsymbol{B}}$,

(2) 若 $R(\boldsymbol{A}) \neq R(\overline{\boldsymbol{A}})$,则方程组无解,结束;若 $R(\boldsymbol{A}) = R(\overline{\boldsymbol{A}})$,对 $\overline{\boldsymbol{B}}$ 作初等行变换,将其化成最简阶梯形矩阵 $\overline{\boldsymbol{C}}$,

(3) 若 $r = n$,由 $\overline{\boldsymbol{C}}$ 写出方程组的唯一解;若 $r < n$,由 $\overline{\boldsymbol{C}}$ 选取自由未知量,并写出所有解.

例 4 当 a, b 取何值时,方程组

$$\begin{cases}ax_1 + x_2 + x_3 = 4,\\ x_1 + bx_2 + x_3 = 3,\\ x_1 + 2bx_2 + x_3 = 4\end{cases}$$

有解? 在有无穷多解时求出所有解.

解 对方程组的增广矩阵作初等行变换，将其化成阶梯形矩阵，

$$\overline{\mathbf{A}} \to \begin{pmatrix} 1 & b & 1 & 3 \\ a & 1 & 1 & 4 \\ 1 & 2b & 1 & 4 \end{pmatrix} \to \begin{pmatrix} 1 & b & 1 & 3 \\ 0 & 1-ab & 1-a & 4-3a \\ 0 & b & 0 & 1 \end{pmatrix}$$

$$\to \begin{pmatrix} 1 & b & 1 & 3 \\ 0 & 1 & 1-a & 4-2a \\ 0 & b & 0 & 1 \end{pmatrix} \to \begin{pmatrix} 1 & b & 1 & 3 \\ 0 & 1 & 1-a & 4-2a \\ 0 & 0 & b(a-1) & 1+2ab-4b \end{pmatrix} = \overline{\boldsymbol{B}},$$

(1) 当 $b \neq 0$ 且 $a \neq 1$ 时，$R(\mathbf{A}) = R(\overline{\mathbf{A}}) = 3$，这时方程组有唯一解.

(2) 当 $b = 0$ 时，

$$\overline{\boldsymbol{B}} = \begin{pmatrix} 1 & 0 & 1 & 3 \\ 0 & 1 & 1-a & 4-2a \\ 0 & 0 & 0 & 1 \end{pmatrix},$$

由于 $R(\mathbf{A}) = 2 < 3 = R(\overline{\mathbf{A}})$，所以由定理 7.7 知方程组无解.

(3) 当 $a = 1$ 时，

$$\overline{\boldsymbol{B}} = \begin{pmatrix} 1 & b & 1 & 3 \\ 0 & 1 & 0 & 2 \\ 0 & 0 & 0 & 1-2b \end{pmatrix}.$$

若 $b = \dfrac{1}{2}$，则 $R(\mathbf{A}) = R(\overline{\mathbf{A}}) = 2 < 3$，这时方程组有无穷多解，用初等行变换将 $\overline{\boldsymbol{B}}$ 化为最简阶梯形矩阵，

$$\overline{\boldsymbol{B}} = \begin{pmatrix} 1 & \frac{1}{2} & 1 & 3 \\ 0 & 1 & 0 & 2 \\ 0 & 0 & 0 & 0 \end{pmatrix} \to \begin{pmatrix} 1 & 0 & 1 & 2 \\ 0 & 1 & 0 & 2 \\ 0 & 0 & 0 & 0 \end{pmatrix},$$

取 x_3 为自由未知量，得方程组的所有解为 $(2-x_3,\ 2,\ x_3)^{\mathrm{T}}$.

若 $b \neq \dfrac{1}{2}$，则 $R(\mathbf{A}) = 2 < R(\overline{\mathbf{A}}) = 3$，这时方程组无解.

7.4.5 线性方程组解的结构

在线性方程组有无穷多解的情况下，所谓解的结构问题就是解与解之间的关系问题.

1. 齐次线性方程组解的结构

容易证明，齐次线性方程组

$$\sum_{j=1}^{n} a_{ij} x_j = 0, \quad i = 1,\ 2,\ \cdots,\ m \tag{7.4.2}$$

的两个解之和还是方程组解，一个解的倍数还是方程组解. 从而一组解的线性组合还是方程组的解.

反之,若齐次线性方程组(7.4.2)有非零解,则方程组(7.4.2)的系数矩阵 $\boldsymbol{A}$ 可以经矩阵的初等行变换化成最简阶梯形矩阵(必要时可以作列的换法变换):

$$\begin{pmatrix} 1 & 0 & \cdots & 0 & c_{1,r+1} & c_{1,r+2} & \cdots & c_{1n} \\ 0 & 1 & \cdots & 0 & c_{2,r+1} & c_{2,r+2} & \cdots & c_{2n} \\ \vdots & \vdots & & \vdots & \vdots & & \vdots & \vdots \\ 0 & 0 & \cdots & 1 & c_{r,r+1} & c_{r,r+1} & \cdots & c_{rn} \\ 0 & 0 & \cdots & 0 & 0 & \cdots & 0 & 0 \\ 0 & 0 & \cdots & 0 & 0 & \cdots & 0 & 0 \\ \vdots & \vdots & & \vdots & \vdots & & \vdots & \vdots \\ 0 & 0 & \cdots & 0 & 0 & \cdots & 0 & 0 \end{pmatrix}.$$

其中,r 为矩阵 $\boldsymbol{A}$ 的秩,以 $x_{r+1}, x_{r+2}, \cdots, x_n$ 为自由未知量,分别取 $(x_{r+1}, x_{r+2}, \cdots, x_n)^{\mathrm{T}}$ 为 $n-r$ 维基本向量,得到方程组(7.4.2)的 $n-r$ 个解

$$\boldsymbol{\eta}_1=(-c_{1,r+1}, -c_{2,r+1}, \cdots, -c_{r,r+1}, 1, 0, \cdots, 1)^{\mathrm{T}},$$
$$\boldsymbol{\eta}_2=(-c_{1,r+2}, -c_{2,r+2}, \cdots, -c_{r,r+2}, 0, 1, 0, \cdots, 1)^{\mathrm{T}},$$
$$\vdots$$
$$\boldsymbol{\eta}_{n-r}=(-c_{1n}, -c_{2n}, \cdots, -c_{rn}, 0, \cdots, 0, 1)^{\mathrm{T}},$$

容易证明:

(1) 方程组(7.4.2)的任意一个解都可以由 $\boldsymbol{\eta}_1, \boldsymbol{\eta}_2, \cdots, \boldsymbol{\eta}_{n-r}$ 线性表示,

(2) $\boldsymbol{\eta}_1, \boldsymbol{\eta}_2, \cdots, \boldsymbol{\eta}_{n-r}$ 是线性无关的.

称 $\boldsymbol{\eta}_1, \boldsymbol{\eta}_2, \cdots, \boldsymbol{\eta}_{n-r}$ 为方程组(7.4.2)的一个基础解系. 通过上面的讨论可知,齐次线性方程组(7.4.2)的所有解为

$$k_1\boldsymbol{\eta}_1+k_2\boldsymbol{\eta}_2+\cdots+k_{n-r}\boldsymbol{\eta}_{n-r},$$

其中,$k_1, k_2, \cdots, k_{n-r}$ 为任意数.

例 5 求齐次线性方程组

$$\begin{cases} x_1+2x_2+3x_3-x_4=0, \\ 3x_1+2x_2+x_3-x_4=0 \end{cases}$$

的所有解.

解 对方程组的系数矩阵作初等行变换,将其化为简阶梯形矩阵:

$$\boldsymbol{A}=\begin{pmatrix} 1 & 2 & 3 & -1 \\ 3 & 2 & 1 & -1 \end{pmatrix} \to \begin{pmatrix} 1 & 2 & 3 & -1 \\ 0 & -4 & -8 & 2 \end{pmatrix} \to \begin{pmatrix} 1 & 0 & -1 & 0 \\ 0 & 1 & 2 & -\frac{1}{2} \end{pmatrix}=\boldsymbol{B},$$

取 x_3, x_4 为自由未知量. 将(1, 0)与(0, 1)分别赋予 (x_3, x_4),得到齐次线性方程组的一个基础解系为 $\boldsymbol{\eta}_1=(1, -2, 1, 0)^{\mathrm{T}}$, $\boldsymbol{\eta}_2=\left(0, \frac{1}{2}, 0, 1\right)^{\mathrm{T}}$,于是方程组的所有解为

$$k_1\boldsymbol{\eta}_1+k_2\boldsymbol{\eta}_2,$$

其中，k_1，k_2 为任意数.

2. 非齐次线性方程组解的结构

当常数项不全为零时，方程组(7.4.1)叫做非齐次线性方程组. 对于非齐次线性方程组(7.4.1)，将它的常数项换为 0，就得到齐次线性方程组(7.4.2). 称齐次线性方程组(7.4.2)称为线性方程组(7.4.1)的导出组.

容易证明线性方程组(7.4.1)的解具有如下性质：

性质 1 线性方程组(7.4.1)的两个解的差是它的导出组(7.4.2)的解.

性质 2 线性方程组(7.4.1)的一个解与它的导出组(7.4.2)的一个解之和是方程组(7.4.1)的一个解.

性质 3 当线性方程组(7.4.1)有无穷多解时，设 $\boldsymbol{\gamma}_0$ 是方程组(7.4.1)的一个特解，$\boldsymbol{\eta}_1$，$\boldsymbol{\eta}_2$，…，$\boldsymbol{\eta}_{n-r}$ 为导出组(7.4.2)的一个基础解系，则线性方程组(7.4.1)的所有解为

$$\boldsymbol{\gamma}_0+k_1\boldsymbol{\eta}_1+k_2\boldsymbol{\eta}_2+\cdots+k_{n-r}\boldsymbol{\eta}_{n-r},$$

其中，k_1，k_2，…，k_{n-r} 为任意数.

例 6 求线性方程组

$$\begin{cases} x_1+2x_2+3x_3-x_4=1, \\ 2x_1+3x_2+x_3+x_4=1, \\ 2x_1+2x_2+2x_3-x_4=1, \\ 5x_1+5x_2+2x_3=2 \end{cases}$$

的所有解.

解 对方程组的增广矩阵作初等行变换，将其化为最简阶梯形矩阵，

$$\overline{\boldsymbol{A}}=\begin{pmatrix} 1 & 2 & 3 & -1 & 1 \\ 2 & 3 & 1 & 1 & 1 \\ 2 & 2 & 2 & -1 & 1 \\ 5 & 5 & 2 & 0 & 2 \end{pmatrix}\rightarrow\begin{pmatrix} 1 & 2 & 3 & -1 & 1 \\ 0 & -1 & -5 & 3 & -1 \\ 0 & -1 & 1 & -2 & 0 \\ 0 & -5 & -13 & 5 & -3 \end{pmatrix}$$

$$\rightarrow\begin{pmatrix} 1 & 0 & -7 & 5 & -1 \\ 0 & 1 & 5 & -3 & 1 \\ 0 & 0 & 6 & -5 & 1 \\ 0 & 0 & 12 & -10 & 2 \end{pmatrix}\rightarrow\begin{pmatrix} 1 & 0 & 0 & -\frac{5}{6} & \frac{1}{6} \\ 0 & 1 & 0 & \frac{7}{6} & \frac{1}{6} \\ 0 & 0 & 1 & -\frac{5}{6} & \frac{1}{6} \\ 0 & 0 & 0 & 0 & 0 \end{pmatrix}=\overline{\boldsymbol{B}},$$

取 x_4 为自由未知量. 令 $x_4=0$，得原线性方程组的一个特解为

$$\boldsymbol{\gamma}_0=\left(\frac{1}{6},\frac{1}{6},\frac{1}{6},0\right)^{\mathrm{T}}.$$

令 $x_4=6$，得导出组一个基础解系为

$$\boldsymbol{\eta}=(5,-7,5,6)^{\mathrm{T}},$$

因此,线性方程组的所有解为

$$\boldsymbol{\gamma}_0 + k\boldsymbol{\eta},$$

其中,k 为任意实数.

例 7 已知四元非齐次线性方程组 $\boldsymbol{AX} = \boldsymbol{b}$ 的系数矩阵的秩为 3,$\boldsymbol{\alpha}_1$,$\boldsymbol{\alpha}_2$,$\boldsymbol{\alpha}_3$ 是它的 3 个解,其中,$\boldsymbol{\alpha}_1 = (2, 3, 4, 5)^{\mathrm{T}}$,$\boldsymbol{\alpha}_2 + \boldsymbol{\alpha}_3 = (2, 4, 6, 8)^{\mathrm{T}}$,试求该方程组的所有解.

解 由于 $\boldsymbol{\alpha}_1$,$\boldsymbol{\alpha}_2$,$\boldsymbol{\alpha}_3$ 是方程组 $\boldsymbol{AX} = \boldsymbol{b}$ 的解,所以 $\boldsymbol{A\alpha}_i = \boldsymbol{b}$,$i = 1, 2, 3$,从而

$$\boldsymbol{A}\left[\frac{1}{2}(\boldsymbol{\alpha}_2 + \boldsymbol{\alpha}_3)\right] = \boldsymbol{b}, \quad \boldsymbol{A}\left[\boldsymbol{\alpha}_1 - \frac{1}{2}(\boldsymbol{\alpha}_2 + \boldsymbol{\alpha}_3)\right] = \boldsymbol{0},$$

即

$$\boldsymbol{\alpha}_1 - \frac{1}{2}(\boldsymbol{\alpha}_2 + \boldsymbol{\alpha}_3) = (1, 1, 1, 1)^{\mathrm{T}}$$

是导出组 $\boldsymbol{AX} = \boldsymbol{0}$ 的一个非零解. 由于 $R(\boldsymbol{A}) = 3$,所以齐次线性方程组 $\boldsymbol{AX} = \boldsymbol{0}$ 的基础解系中仅含一个解向量,因此 $\boldsymbol{\alpha}_1 - \frac{1}{2}(\boldsymbol{\alpha}_2 + \boldsymbol{\alpha}_3)$ 是方程组 $\boldsymbol{AX} = \boldsymbol{0}$ 的一个基础解系. 从而方程组的所有解为

$$\boldsymbol{\alpha}_1 + k\begin{pmatrix}1\\1\\1\\1\end{pmatrix} = \begin{pmatrix}2\\3\\4\\5\end{pmatrix} + k\begin{pmatrix}1\\1\\1\\1\end{pmatrix}.$$

习题 7.4

1. 若线性方程组

$$\begin{cases} x_1 + x_2 = -a_1, \\ x_2 + x_3 = a_2, \\ x_3 + x_4 = -a_3, \\ x_4 + x_1 = a_4 \end{cases}$$

有解,求 a_1,a_2,a_3,a_4 所满足的条件.

2. 求下列线性方程组的所有解.

(1) $\begin{cases} x_1 - x_2 - x_3 + x_4 = 0, \\ x_1 - x_2 + x_3 - 3x_4 = 0, \\ x_1 - x_2 - 2x_3 + 3x_4 = 0; \end{cases}$

(2) $\begin{cases} x_1 - 3x_2 - 4x_3 + 2x_4 = 0, \\ x_1 - x_2 + 2x_3 + x_4 = 0, \\ x_1 - x_2 + x_4 = 0; \end{cases}$

(3) $\begin{cases} x_1 - x_2 + 5x_3 - x_4 = 0, \\ x_1 + x_2 - 2x_3 + 3x_4 = 0, \\ 3x_1 - x_2 + 8x_3 + x_4 = 0, \\ x_1 + 3x_2 - 9x_3 + 7x_4 = 0; \end{cases}$

(4) $\begin{cases} 3x_1 + 4x_2 + 2x_3 + 2x_4 - 2x_5 = 2, \\ 2x_1 + 3x_2 + x_3 + x_4 - 3x_5 = 0, \\ 3x_1 + 5x_2 + x_3 + x_4 - 7x_5 = -2; \end{cases}$

(5) $\begin{cases} x_1 + 2x_2 + 3x_3 - x_4 = 1, \\ 3x_1 + 2x_2 + x_3 - x_4 = 1, \\ 2x_1 + 3x_2 + x_3 + x_4 = 1, \\ 2x_1 + 2x_2 + 2x_3 - x_4 = 1. \end{cases}$

3. 问 λ 为何值时，线性方程组

$$\begin{cases} x_1 + x_3 = \lambda, \\ 4x_1 + x_2 + 2x_3 = \lambda + 2, \\ 6x_1 + x_2 + 4x_3 = 2\lambda + 3 \end{cases}$$

有解，并求所有解.

4. a，b 为何值时，线性方程组

$$\begin{cases} x_1 + x_2 + x_3 + x_4 = 0, \\ x_2 + 2x_3 + 2x_4 = 1, \\ -x_2 + (a-3)x_3 - 2x_4 = b, \\ 3x_1 + 2x_2 + x_3 + ax_4 = -1 \end{cases}$$

有唯一解？无解？有无穷多解？并求出有无穷多解时的所有解.

5. 设 n 阶矩阵 $\boldsymbol{A} = \begin{pmatrix} 2a & 1 & & \\ a^2 & 2a & \ddots & \\ & \ddots & \ddots & 1 \\ & & a^2 & 2a \end{pmatrix}$，$\boldsymbol{b} = (1, 0, \cdots, 0)^{\mathrm{T}}$，

(1) 证明 $|\boldsymbol{A}| = (n+1)a^n$.

(2) a 为何值时，方程组 $\boldsymbol{AX} = \boldsymbol{b}$ 有唯一解，求出唯一解.

(3) a 为何值时，方程组 $\boldsymbol{AX} = \boldsymbol{b}$ 有无穷多解？并求出所有解.

6. 当 k_1，k_2 各取何值时，线性方程组

$$\begin{cases} x_1 + x_2 + 2x_3 + 3x_4 = 1, \\ x_1 + 3x_2 + 6x_3 + x_4 = 3, \\ 3x_1 - x_2 - k_1 x_3 + 15x_4 = 3, \\ x_1 - 5x_2 - 10x_3 + 12x_4 = k_2 \end{cases}$$

无解？有唯一解？有无穷多解？有无穷多解时，求其所有解.

7. 设线性方程组

$$\begin{cases} x_1 + a_1 x_2 + a_1^2 x_3 = a_1^3, \\ x_1 + a_2 x_2 + a_2^2 x_3 = a_2^3, \\ x_1 + a_3 x_2 + a_3^2 x_3 = a_3^3, \\ x_1 + a_4 x_2 + a_4^2 x_3 = a_4^3. \end{cases}$$

(1) 证明：若 a_1，a_2，a_3，a_4 两两不等，则方程组无解.

(2) 设 $a_1 = a_3 = k \neq 0$，$a_2 = a_4 = -k$，且 $\boldsymbol{\beta}_1 = (-1, 1, 1)^{\mathrm{T}}$，$\boldsymbol{\beta}_2 = (1, 1, -1)^{\mathrm{T}}$ 是方程组的两个解，求方程组的所有解.

8. 设 $\sum_{i=1}^{n} a_i \neq 0$，讨论 a_1，a_2，$\cdots$，a_n 满足何关系时，方程组

$$\begin{cases}(a_1+b)x_1+a_2x_2+\cdots+a_nx_n=0,\\ a_1x_1+(a_2+b)x_2+\cdots+a_nx_n=0,\\ \qquad\vdots\\ a_1x_1+a_2x_2+\cdots+(a_n+b)x_n=0,\end{cases}$$

(1) 仅有零解；

(2) 有非零解，并求一个基础解系.

7.5 矩阵的特征值

方阵的特征值，特征向量以及对角化方法是线性代数的重要内容，本节先讨论矩阵特征值的概念，求法和基本性质，在引入相似矩阵的基础上，主要讨论矩阵与对角矩阵相似的条件以及具体方法，最后给出实对称矩阵可以对角化的结论.

在本节中，如不加说明，所提到的矩阵都是指方阵.

7.5.1 特征值的概念与基本性质

1. 特征值与特征向量的概念

定义 7.22 设 $\boldsymbol{A}$ 是一个 n 阶矩阵，λ 是一个复数，若有 n 维非零列向量 $\boldsymbol{\alpha}$，使得

$$\boldsymbol{A\alpha}=\lambda\boldsymbol{\alpha}, \tag{7.5.1}$$

则称 λ 为矩阵 $\boldsymbol{A}$ 的一个特征值，$\boldsymbol{\alpha}$ 为矩阵 $\boldsymbol{A}$ 的对应于特征值 λ 的一个特征向量.

用定义 7.22 可以证明，若 $\boldsymbol{\alpha}_1, \boldsymbol{\alpha}_2, \cdots, \boldsymbol{\alpha}_s$ 都是矩阵 $\boldsymbol{A}$ 的对应特征值 λ 的特征向量，$k_1, k_2, \cdots, k_s$ 是一组不全为零的数，则 $k_1\boldsymbol{\alpha}_1+k_2\boldsymbol{\alpha}_2+\cdots+k_s\boldsymbol{\alpha}_s$ 也是矩阵 $\boldsymbol{A}$ 的对应特征值 λ 的特征向量.

例 1 考虑 n 阶数量矩阵 $k\boldsymbol{E}$，由于对任意非零的 n 维列向量 $\boldsymbol{\alpha}$，都有 $(k\boldsymbol{E})(\boldsymbol{\alpha})=k\boldsymbol{\alpha}$，所以 k 是数量矩阵 $k\boldsymbol{E}$ 的特征值，而任意 n 维非零向量 $\boldsymbol{\alpha}$ 都 $k\boldsymbol{E}$ 的对应于特征值 k 的特征向量.

例 2 设 λ 是 n 阶矩阵 $\boldsymbol{A}$ 的一个特征值，

(1) 证明 λ^2 是矩阵 $\boldsymbol{A}^2$ 的一个特征值.

(2) 若 $\boldsymbol{A}$ 是可逆矩阵，证明 $\lambda\neq 0$，并且 $\dfrac{1}{\lambda}$ 是矩阵 $\boldsymbol{A}^{-1}$ 的一个特征值.

证明 设 $\boldsymbol{\alpha}$ 是矩阵 $\boldsymbol{A}$ 的对应于特征值 λ 的一个特征向量，即 $\boldsymbol{A\alpha}=\lambda\boldsymbol{\alpha}$.

(1) 由于

$$\boldsymbol{A}^2\boldsymbol{\alpha}=\boldsymbol{A}(\boldsymbol{A\alpha})=\boldsymbol{A}(\lambda\boldsymbol{\alpha})=\lambda(\boldsymbol{A\alpha})=\lambda(\lambda\boldsymbol{\alpha})=\lambda^2\boldsymbol{\alpha},$$

而 $\boldsymbol{\alpha}\neq 0$，所以 λ^2 是矩阵 $\boldsymbol{A}^2$ 的一个特征值，并且 $\boldsymbol{\alpha}$ 也是矩阵 $\boldsymbol{A}^2$ 的对应特征值 λ^2 的一个特征向量.

(2) 由于 $\boldsymbol{A}$ 是可逆矩阵，所以 $\boldsymbol{A}^{-1}$ 存在，于是由 $\boldsymbol{A\alpha}=\lambda\boldsymbol{\alpha}$，有 $\boldsymbol{\alpha}=\lambda\boldsymbol{A}^{-1}\boldsymbol{\alpha}$，由于 $\boldsymbol{\alpha}\neq 0$，所以 $\lambda\neq 0$，并且 $\boldsymbol{A}^{-1}\boldsymbol{\alpha}=\dfrac{1}{\lambda}\boldsymbol{\alpha}$，因此 $\dfrac{1}{\lambda}$ 是矩阵 $\boldsymbol{A}^{-1}$ 的一个特征值，并且 $\boldsymbol{\alpha}$ 也是矩阵 $\boldsymbol{A}^{-1}$ 的对应特征值 $\dfrac{1}{\lambda}$ 的一个特征向量.

同样可以证明，若 λ 是 n 阶矩阵 $\boldsymbol{A}$ 的一个特征值，则

(1) $k\lambda$ 是矩阵 $k\boldsymbol{A}$ 的一个特征值；

(2) λ^m 是矩阵 $\boldsymbol{A}^m$ 的一个特征值；

(3) 设 $f(x)=a_0+a_1x+a_2x^2+\cdots+a_sx^s$，则 $f(\lambda)$ 是矩阵 $f(\boldsymbol{A})$ 的一个特征值；

(4) 若 $\boldsymbol{A}$ 是可逆矩阵，则 $\dfrac{|\boldsymbol{A}|}{\lambda}$ 是 $\boldsymbol{A}$ 的伴随矩阵 $\boldsymbol{A}^*$ 的一个特征值；

(5) 若 $\boldsymbol{A}^2=\boldsymbol{E}$，则 λ 只可能为 1 或 -1；

(6) 若 $\boldsymbol{A}^2=\boldsymbol{A}$，则 λ 只可能为 1 或 0；

(7) 若 $\boldsymbol{A}^k=\boldsymbol{0}$，则 λ 只可能为 0.

2. 特征值与特征向量的求法

为了讨论特征值与特征向量的求法，先给出矩阵的特征多项式的概念.

定义 7.23 设 $\boldsymbol{A}=(a_{ij})_{n\times n}$ 是一个 n 阶矩阵，则 n 阶行列式

$$|\lambda\boldsymbol{E}-\boldsymbol{A}|=\begin{vmatrix}\lambda-a_{11} & -a_{12} & \cdots & -a_{1n}\\ -a_{21} & \lambda-a_{22} & \cdots & -a_{2n}\\ \vdots & \vdots & & \vdots\\ -a_{n1} & -a_{n2} & \cdots & \lambda-a_{nn}\end{vmatrix}$$

是关于 λ 的一个 n 次多项式，称之为矩阵 $\boldsymbol{A}$ 的特征多项式，记作 $f_A(\lambda)$，即 $f_A(\lambda)=|\lambda\boldsymbol{E}-\boldsymbol{A}|$.

例 3 矩阵

$$\boldsymbol{A}=\begin{pmatrix}1&0&0\\0&2&0\\0&0&3\end{pmatrix},\quad \boldsymbol{B}=\begin{pmatrix}3&4\\5&2\end{pmatrix}$$

的特征多项式分别为

$$f_A(\lambda)=|\lambda\boldsymbol{E}-\boldsymbol{A}|=\begin{vmatrix}\lambda-1&0&0\\0&\lambda-2&0\\0&0&\lambda-3\end{vmatrix}=(\lambda-1)(\lambda-2)(\lambda-3).$$

$$f_B(\lambda)=|\lambda\boldsymbol{E}-\boldsymbol{B}|=\begin{vmatrix}\lambda-3&-4\\-5&\lambda-2\end{vmatrix}=(\lambda-7)(\lambda+2).$$

下面讨论特征值与特征向量的求法.

设 $\boldsymbol{\alpha}$ 是矩阵 $\boldsymbol{A}$ 对应特征值 λ_0 的一个特征向量，即 $\boldsymbol{A\alpha}=\lambda_0\boldsymbol{\alpha}$，并且 $\boldsymbol{\alpha}\neq\boldsymbol{0}$，于是 $(\lambda_0\boldsymbol{E}-\boldsymbol{A})\boldsymbol{\alpha}=\boldsymbol{0}$，这表明 $\boldsymbol{\alpha}$ 是齐次线性方程组 $(\lambda_0\boldsymbol{E}-\boldsymbol{A})\boldsymbol{X}=\boldsymbol{0}$ 的非零解，从而方程组 $(\lambda_0\boldsymbol{E}-\boldsymbol{A})\boldsymbol{X}=\boldsymbol{0}$ 的系数行列式 $|\lambda_0\boldsymbol{E}-\boldsymbol{A}|=0$，所以 λ_0 是矩阵 $\boldsymbol{A}$ 的特征多项式 $|\lambda\boldsymbol{E}-\boldsymbol{A}|$ 的一个根.

反之，若 λ_0 是矩阵 $\boldsymbol{A}$ 的特征多项式 $|\lambda\boldsymbol{E}-\boldsymbol{A}|$ 的一个根，即 $|\lambda_0\boldsymbol{E}-\boldsymbol{A}|=0$，于是齐次线性方程组 $(\lambda_0\boldsymbol{E}-\boldsymbol{A})\boldsymbol{X}=\boldsymbol{0}$ 有非零解 $\boldsymbol{\alpha}$，即 $(\lambda_0\boldsymbol{E}-\boldsymbol{A})\boldsymbol{\alpha}=\boldsymbol{0}$，于是有 $\boldsymbol{A\alpha}=\lambda_0\boldsymbol{\alpha}$，且 $\boldsymbol{\alpha}\neq\boldsymbol{0}$，所以特征多项式 $|\lambda\boldsymbol{E}-\boldsymbol{A}|$ 的根 λ_0 是矩阵 $\boldsymbol{A}$ 的特征值，而齐次线性方程组 $(\lambda_0\boldsymbol{E}-\boldsymbol{A})\boldsymbol{X}=\boldsymbol{0}$ 的非零解 $\boldsymbol{\alpha}$ 是矩阵 $\boldsymbol{A}$ 的对应于特征值 λ_0 的特征向量.

综上可知，λ_0 为矩阵 $\boldsymbol{A}$ 的特征值当且仅当 λ_0 是特征多项式 $f_A(\lambda)$ 的根；$\boldsymbol{\alpha}$ 是矩阵 $\boldsymbol{A}$ 对应特征值 λ_0 的特征向量当且仅当 $\boldsymbol{\alpha}$ 是齐次线性方程组 $(\lambda_0\boldsymbol{E}-\boldsymbol{A})\boldsymbol{X}=\boldsymbol{0}$ 的非零解.

求矩阵的特征值与特征向量的步骤如下：

(1) 计算矩阵 $\boldsymbol{A}$ 的特征多项式 $|\lambda\boldsymbol{E}-\boldsymbol{A}|$，它的 n 个根 $\lambda_1, \lambda_2, \cdots, \lambda_n$ 就是矩阵 $\boldsymbol{A}$ 的全部特征值.

(2) 对于特征值 λ_i，解齐次方程组 $(\lambda_i\boldsymbol{E}-\boldsymbol{A})\boldsymbol{X}=\boldsymbol{0}$，求出一个基础解系 $\boldsymbol{\alpha}_1, \boldsymbol{\alpha}_2, \cdots, \boldsymbol{\alpha}_{t_i}$，则 $\boldsymbol{\alpha}_1, \boldsymbol{\alpha}_2, \cdots, \boldsymbol{\alpha}_{t_i}$ 就是矩阵 $\boldsymbol{A}$ 的对应于特征值 λ_i 的 t_i 个线性无关的特征向量，从而矩阵 $\boldsymbol{A}$ 对应特征值 λ_i 的全部特征向量为

$$k_1\boldsymbol{\alpha}_1+k_2\boldsymbol{\alpha}_2+\cdots+k_{t_i}\boldsymbol{\alpha}_{t_i},$$

其中，$k_1, k_2, \cdots, k_{t_i}$ 是不全为零的数.

例 4 求矩阵

$$\boldsymbol{A}=\begin{pmatrix}1&2&2\\2&1&2\\2&2&1\end{pmatrix}$$

的特征值与特征向量.

解 矩阵 $\boldsymbol{A}$ 的特征多项式

$$\begin{aligned}f_A(\lambda)=|\lambda\boldsymbol{E}-\boldsymbol{A}|&=\begin{vmatrix}\lambda-1&-2&-2\\-2&\lambda-1&-2\\-2&-2&\lambda-1\end{vmatrix}\\&=\begin{vmatrix}\lambda-5&-2&-2\\\lambda-5&\lambda-1&-2\\\lambda-5&-2&\lambda-1\end{vmatrix}=\begin{vmatrix}\lambda-5&-2&-2\\0&\lambda+1&0\\0&0&\lambda+1\end{vmatrix}\\&=(\lambda+1)^2(\lambda-5),\end{aligned}$$

所以矩阵 $\boldsymbol{A}$ 的特征值为 $\lambda_1=\lambda_2=-1, \lambda_3=5$.

对于特征值 $\lambda_1=\lambda_2=-1$，解对应的齐次线性方程组 $(-\boldsymbol{E}-\boldsymbol{A})\boldsymbol{X}=\boldsymbol{0}$，即

$$\begin{cases}-2x_1-2x_2-2x_3=0,\\-2x_1-2x_2-2x_3=0,\\-2x_1-2x_2-2x_3=0,\end{cases}$$

得一个基础解系

$$\boldsymbol{\alpha}_1=\begin{pmatrix}-1\\1\\0\end{pmatrix},\quad \boldsymbol{\alpha}_2=\begin{pmatrix}-1\\0\\1\end{pmatrix},$$

所以，矩阵 $\boldsymbol{A}$ 对应特征值 $\lambda_1=\lambda_2=-1$ 的全部特征向量为

$$k_1\boldsymbol{\alpha}_1+k_2\boldsymbol{\alpha}_2,$$

其中，k_1，k_2 为不全为零的数.

对于特征值 $\lambda_3=5$，解对应的齐次线性方程组 $(5\boldsymbol{E}-\boldsymbol{A})\boldsymbol{X}=\boldsymbol{0}$，即

$$\begin{cases}4x_1-2x_2-2x_3=0,\\-2x_1+4x_2-2x_3=0,\\-2x_1-2x_2+4x_3=0,\end{cases}$$

得一个基础解系

$$\boldsymbol{\alpha}_3=\begin{pmatrix}1\\1\\1\end{pmatrix},$$

所以矩阵 $\boldsymbol{A}$ 的对应于特征值 $\lambda_3=5$ 的全部特征向量为 $k\boldsymbol{\alpha}_3$，其中 $k\neq 0$.

3. 特征值，特征向量与特征多项式的基本性质

首先讨论特征值的基本性质.

设矩阵 $\boldsymbol{A}=(a_{ij})_{n\times n}$ 的 n 个特征值为 $\lambda_1,\lambda_2,\cdots,\lambda_n$，则

$$\begin{aligned}f_A(\lambda)&=(\lambda-\lambda_1)(\lambda-\lambda_2)\cdots(\lambda-\lambda_n)\\&=\lambda^n-(\lambda_1+\lambda_2+\cdots+\lambda_n)\lambda^{n-1}+\cdots+(-1)^n\lambda_1\lambda_2\cdots\lambda_n,\end{aligned}\tag{7.5.2}$$

而在矩阵 $\boldsymbol{A}$ 的特征多项式

$$f_A(\lambda)=|\lambda\boldsymbol{E}-\boldsymbol{A}|=\begin{vmatrix}\lambda-a_{11}&-a_{12}&\cdots&-a_{1n}\\-a_{21}&\lambda-a_{22}&\cdots&-a_{2n}\\\vdots&\vdots&&\vdots\\-a_{n1}&-a_{n2}&\cdots&\lambda-a_{nn}\end{vmatrix}$$

的展开式中，有一项是对角元素的乘积

$$\begin{aligned}&(\lambda-a_{11})(\lambda-a_{22})\cdots(\lambda-a_{nn})\\&=\lambda^n-(a_{11}+a_{22}+\cdots+a_{nn})\lambda^{n-1}+\cdots(-1)^n a_{11}a_{22}\cdots a_{nn},\end{aligned}$$

由于在展开式中，其他乘积项中 λ 的次数都不超过 $n-2$，因此上式中 λ 的 n 次项和 $n-1$ 次项就是展开式中 λ 的 n 次项和 $n-1$ 次项. 其次，在特征多项式 $f_A(\lambda)$ 中取 $\lambda=0$，可以得到展开式中的常数项为 $(-1)^n|\boldsymbol{A}|$，于是

$$f_A(\lambda)=\lambda^n-(a_{11}+a_{22}+\cdots+a_{nn})\lambda^{n-1}+\cdots+(-1)^n|\boldsymbol{A}|.\tag{7.5.3}$$

比较式(7.5.2)，式(7.5.3)中同次项的系数，可以得到下述结论.

定理 7.9 设 $\lambda_1,\lambda_2,\cdots,\lambda_n$ 是 n 阶矩阵 $\boldsymbol{A}$ 的全部特征值，则

$$|\boldsymbol{A}|=\lambda_1\lambda_2\cdots\lambda_n,$$

$$\operatorname{tr}(\boldsymbol{A})=\sum_{i=1}^{n}a_{ii}=\lambda_1+\lambda_2+\cdots+\lambda_n.$$

其中，$\operatorname{tr}(\boldsymbol{A})$ 表示矩阵 $\boldsymbol{A}$ 的对角元素之和，称之为矩阵 $\boldsymbol{A}$ 的迹.

例 5 已知三阶矩阵 $\boldsymbol{A}$ 的特征值为 1，2，3，求行列式 $|\boldsymbol{A}^3-5\boldsymbol{A}^2+7\boldsymbol{A}|$.

解 由矩阵 $\boldsymbol{A}$ 的特征值为 1，2，3 可知，$\boldsymbol{A}^3-5\boldsymbol{A}^2+7\boldsymbol{A}$ 的特征值为

$$1^3-5\times 1^2+7\times 1=3,$$
$$2^3-5\times 2^2+7\times 2=2,$$
$$3^3-5\times 3^2+7\times 3=3,$$

因此由定理 7.9 得，

$$|\boldsymbol{A}^3-5\boldsymbol{A}^2+7\boldsymbol{A}|=3\times 2\times 3=18.$$

下面讨论特征向量的性质.

定理 7.10 矩阵对应不同特征值的特征向量是线性无关的.

用定理 7.10 和数学归纳法可以证明：如果 λ_1，λ_2，…，λ_s 是矩阵 $\boldsymbol{A}$ 的互不相同的特征值，$\boldsymbol{\alpha}_{i1}$，$\boldsymbol{\alpha}_{i2}$，…，$\boldsymbol{\alpha}_{ir_i}$ 是对应特征值 λ_i 的线性无关的特征向量，$i=1,2,\cdots,s$. 则向量组

$$\boldsymbol{\alpha}_{11},\boldsymbol{\alpha}_{12},\cdots,\boldsymbol{\alpha}_{1r_1},\boldsymbol{\alpha}_{21},\boldsymbol{\alpha}_{22},\cdots,\boldsymbol{\alpha}_{2r_2},\cdots,\boldsymbol{\alpha}_{s1},\boldsymbol{\alpha}_{s2},\cdots,\boldsymbol{\alpha}_{sr_s}$$

是线性无关的.

7.5.2 矩阵的对角化问题

对角矩阵是一类特殊的易于计算的矩阵，本节先给出相似矩阵的概念与基本性质，然后讨论一个矩阵与对角矩阵相似的条件.

1. 矩阵的相似

定义 7.24 设 $\boldsymbol{A}$，$\boldsymbol{B}$ 是 n 阶矩阵，若有可逆矩阵 $\boldsymbol{P}$，使

$$\boldsymbol{B}=\boldsymbol{P}^{-1}\boldsymbol{A}\boldsymbol{P},$$

则称矩阵 $\boldsymbol{A}$ 相似于 $\boldsymbol{B}$，记作 $\boldsymbol{A}\sim\boldsymbol{B}$.

相似是 n 阶矩阵之间的一个等价关系，即对于 n 阶矩阵 $\boldsymbol{A}$，$\boldsymbol{B}$，$\boldsymbol{C}$ 有：$\boldsymbol{A}\sim\boldsymbol{A}$；若 $\boldsymbol{A}\sim\boldsymbol{B}$，则 $\boldsymbol{B}\sim\boldsymbol{A}$；若 $\boldsymbol{A}\sim\boldsymbol{B}$，$\boldsymbol{B}\sim\boldsymbol{C}$，则 $\boldsymbol{A}\sim\boldsymbol{C}$.

定理 7.11 相似的矩阵有相同的特征值.

定理 7.11 的逆命题是不成立的，即有相同特征值的矩阵未必相似. 如矩阵

$$\boldsymbol{A}=\begin{pmatrix}1&0\\0&1\end{pmatrix},\ \boldsymbol{B}=\begin{pmatrix}1&1\\0&1\end{pmatrix}$$

的特征值都是 $\lambda_1=\lambda_2=1$，但是它们是不相似的.

虽然相似的矩阵有相同的特征值，但是相同特征值所对应的特征向量未必是相同的. 事实上，设 $\boldsymbol{B}=\boldsymbol{P}^{-1}\boldsymbol{A}\boldsymbol{P}$，$\lambda$ 是 $\boldsymbol{A}$，$\boldsymbol{B}$ 的特征值，$\boldsymbol{\alpha}$ 是 $\boldsymbol{A}$ 对应特征值 λ 的特征向量，则 $\lambda\boldsymbol{\alpha}=\boldsymbol{A}\boldsymbol{\alpha}=\boldsymbol{P}\boldsymbol{B}\boldsymbol{P}^{-1}\boldsymbol{\alpha}$，于是 $\boldsymbol{B}\boldsymbol{P}^{-1}\boldsymbol{\alpha}=\lambda\boldsymbol{P}^{-1}\boldsymbol{\alpha}$，这表明 $\boldsymbol{P}^{-1}\boldsymbol{\alpha}$ 才是矩阵 $\boldsymbol{B}$ 的对应于特征值 λ 的特征向量.

相似矩阵具有下列基本性质.

性质 若 $\boldsymbol{A}\sim\boldsymbol{B}$，则

（1）$k\boldsymbol{A}\sim k\boldsymbol{B}$；

（2）$\boldsymbol{A}^m\sim\boldsymbol{B}^m$；

(3) 设 $f(x)=a_0+a_1x+a_2x^2+\cdots+a_sx^s$,则 $f(\boldsymbol{A})\sim f(\boldsymbol{B})$;

(4) 若 $\boldsymbol{A}$ 可逆,则 $\boldsymbol{B}$ 也可逆,且 $\boldsymbol{A}^{-1}\sim\boldsymbol{B}^{-1}$;

(5) $|\boldsymbol{A}|=|\boldsymbol{B}|$;

(6) $\mathrm{tr}\boldsymbol{A}=\mathrm{tr}\boldsymbol{B}$.

2. 矩阵可以对角化的一个充分必要条件

若一个矩阵与对角矩阵相似,就说这个矩阵可以对角化.

定理 7.12 设 $\boldsymbol{A}$ 是一个 n 阶矩阵,则 $\boldsymbol{A}$ 可以对角化的一个充分必要条件是 $\boldsymbol{A}$ 有 n 个线性无关的特征向量.

证明 充分性.设矩阵 $\boldsymbol{A}$ 有 n 个线性无关的特征向量 $\boldsymbol{\alpha}_1,\boldsymbol{\alpha}_2,\cdots,\boldsymbol{\alpha}_n$,它们所对应的特征值依次为 $\lambda_1,\lambda_2,\cdots,\lambda_n$,即

$$\boldsymbol{A}\boldsymbol{\alpha}_i=\lambda_i\boldsymbol{\alpha}_i,\quad i=1,2,\cdots,n. \tag{7.5.4}$$

以 $\boldsymbol{\alpha}_1,\boldsymbol{\alpha}_2,\cdots,\boldsymbol{\alpha}_n$ 为列向量作矩阵 $\boldsymbol{P}=(\boldsymbol{\alpha}_1,\boldsymbol{\alpha}_2,\cdots,\boldsymbol{\alpha}_n)$,则由 $\boldsymbol{\alpha}_1,\boldsymbol{\alpha}_2,\cdots,\boldsymbol{\alpha}_n$ 线性无关知 $\boldsymbol{P}$ 是一个可逆矩阵,从而由式(7.5.4)有,

$$\begin{aligned}\boldsymbol{AP}&=\boldsymbol{A}(\boldsymbol{\alpha}_1,\boldsymbol{\alpha}_2,\cdots,\boldsymbol{\alpha}_n)=(\boldsymbol{A}\boldsymbol{\alpha}_1,\boldsymbol{A}\boldsymbol{\alpha}_2,\cdots,\boldsymbol{A}\boldsymbol{\alpha}_n)=(\lambda_1\boldsymbol{\alpha}_1,\lambda_2\boldsymbol{\alpha}_2,\cdots,\lambda_n\boldsymbol{\alpha}_n)\\&=(\boldsymbol{\alpha}_1,\boldsymbol{\alpha}_2,\cdots,\boldsymbol{\alpha}_n)\begin{pmatrix}\lambda_1&0&\cdots&0\\0&\lambda_2&\cdots&0\\\vdots&\vdots&&\vdots\\0&0&\cdots&\lambda_n\end{pmatrix}=\boldsymbol{P\Lambda},\end{aligned}$$

其中,

$$\boldsymbol{\Lambda}=\begin{pmatrix}\lambda_1&0&\cdots&0\\0&\lambda_2&\cdots&0\\\vdots&\vdots&&\vdots\\0&0&\cdots&\lambda_n\end{pmatrix},$$

于是有 $\boldsymbol{P}^{-1}\boldsymbol{AP}=\boldsymbol{\Lambda}$,因此矩阵 $\boldsymbol{A}$ 可以对角化.

必要性 若矩阵 $\boldsymbol{A}$ 可以对角化,设矩阵 $\boldsymbol{A}$ 与对角矩阵 $\boldsymbol{\Lambda}$ 相似,则有可逆矩阵 $\boldsymbol{P}$ 使 $\boldsymbol{P}^{-1}\boldsymbol{AP}=\boldsymbol{\Lambda}$,即 $\boldsymbol{AP}=\boldsymbol{P\Lambda}$.将矩阵 $\boldsymbol{P}$ 按列分块为 $\boldsymbol{P}=(\boldsymbol{\alpha}_1,\boldsymbol{\alpha}_2,\cdots,\boldsymbol{\alpha}_n)$,则由 $\boldsymbol{AP}=\boldsymbol{P\Lambda}$ 有

$$\boldsymbol{A}\boldsymbol{\alpha}_i=\lambda_i\boldsymbol{\alpha}_i,\ i=1,2,\cdots,n,$$

而由矩阵 $\boldsymbol{P}$ 可逆知向量组 $\boldsymbol{\alpha}_1,\boldsymbol{\alpha}_2,\cdots,\boldsymbol{\alpha}_n$ 是线性无关的,所以 $\boldsymbol{\alpha}_1,\boldsymbol{\alpha}_2,\cdots,\boldsymbol{\alpha}_n$ 是 n 个线性无关的特征向量.

推论 设 $\boldsymbol{A}$ 是一个 n 阶矩阵,若 $\boldsymbol{A}$ 有 n 个不同的特征值,则 $\boldsymbol{A}$ 可以对角化.

由定理 7.12 的证明可知,若矩阵 $\boldsymbol{A}$ 相似于对角矩阵 $\boldsymbol{\Lambda}$,则对角矩阵 $\boldsymbol{\Lambda}$ 的主对角线元素就是 $\boldsymbol{A}$ 的所有特征值.

例 6 矩阵

$$\boldsymbol{A}=\begin{pmatrix}1&2&2\\2&1&2\\2&2&1\end{pmatrix}$$

是否可以对角化？若 $\boldsymbol{A}$ 可以对角化，求可逆矩阵 $\boldsymbol{P}$ 以及对角矩阵 $\boldsymbol{P}^{-1}\boldsymbol{AP}$.

解 由例 4 知，矩阵 $\boldsymbol{A}$ 的特征值为 $\lambda_1=\lambda_2=-1$，$\lambda_3=5$.

对于特征值 $\lambda_1=\lambda_2=-1$，有两个线性无关的特征向量

$$\boldsymbol{\alpha}_1=\begin{pmatrix}-1\\1\\0\end{pmatrix},\quad \boldsymbol{\alpha}_2=\begin{pmatrix}-1\\0\\1\end{pmatrix},$$

对于特征值 $\lambda_3=5$，有一个线性无关的特征向量

$$\boldsymbol{\alpha}_3=\begin{pmatrix}1\\1\\1\end{pmatrix},$$

而由定理 7.10，矩阵 $\boldsymbol{A}$ 的三个特征向量 $\boldsymbol{\alpha}_1,\boldsymbol{\alpha}_2,\boldsymbol{\alpha}_3$ 是线性无关的，于是由定理7.12，矩阵 $\boldsymbol{A}$ 可以对角化. 令

$$\boldsymbol{P}=(\boldsymbol{\alpha}_1,\boldsymbol{\alpha}_2,\boldsymbol{\alpha}_3)=\begin{pmatrix}-1&-1&1\\1&0&1\\0&1&1\end{pmatrix},$$

则 $\boldsymbol{P}$ 是一个可逆矩阵，并且

$$\boldsymbol{P}^{-1}\boldsymbol{AP}=\begin{pmatrix}-1&0&0\\0&-1&0\\0&0&5\end{pmatrix}.$$

例 7 设

$$\boldsymbol{A}=\begin{pmatrix}0&0&1\\1&1&a\\1&0&0\end{pmatrix},$$

当 a 取何值时，矩阵 $\boldsymbol{A}$ 可以对角化？

解 矩阵 $\boldsymbol{A}$ 的特征多项式为

$$f_A(\lambda)=\begin{vmatrix}\lambda&0&-1\\-1&\lambda-1&-a\\-1&0&\lambda\end{vmatrix}=(\lambda-1)^2(\lambda+1),$$

所以，矩阵 $\boldsymbol{A}$ 的特征值为 $\lambda_1=\lambda_2=1$，$\lambda_3=-1$.

易知，矩阵 $\boldsymbol{A}$ 对应特征值 $\lambda_3=-1$ 的线性无关的特征向量只有一个，因此由定理 7.12，矩阵 $\boldsymbol{A}$ 可以对角化的充分必要条件是矩阵 $\boldsymbol{A}$ 的对应于特征值 $\lambda_1=\lambda_2=1$ 的线性无关的特征向量个数为 2，即相应齐次线性方程组的系数矩阵

$$\boldsymbol{E}-\boldsymbol{A}=\begin{pmatrix}1&0&-1\\-1&0&-a\\-1&0&1\end{pmatrix}$$

的秩为 1,观察可知，当且仅当 $a=-1$ 时,$R(\boldsymbol{E}-\boldsymbol{A})=1$.

因此，当且仅当 $a=-1$ 时矩阵 $\boldsymbol{A}$ 可以对角化.

例 8 设矩阵

$$\boldsymbol{A}=\begin{pmatrix}1 & 4 & 2\\ 0 & -3 & 4\\ 0 & 4 & 3\end{pmatrix},$$

求 $\boldsymbol{A}^{100}$.

解 矩阵 $\boldsymbol{A}$ 的特征多项式为

$$f(\lambda)=\begin{vmatrix}\lambda-1 & -4 & -2\\ 0 & \lambda+3 & -4\\ 0 & -4 & \lambda-3\end{vmatrix}=(\lambda-1)(\lambda-5)(\lambda+5),$$

所以,矩阵 $\boldsymbol{A}$ 的特征值为 $\lambda_1=1$, $\lambda_2=5$, $\lambda_3=-5$,于是矩阵 $\boldsymbol{A}$ 可以对角化.

容易求得,矩阵 $\boldsymbol{A}$ 对应特征值 λ_1, λ_2, λ_3 的特征向量分别为

$$\boldsymbol{\alpha}_1=\begin{pmatrix}1\\0\\0\end{pmatrix},\quad \boldsymbol{\alpha}_2=\begin{pmatrix}2\\1\\2\end{pmatrix},\quad \boldsymbol{\alpha}_3=\begin{pmatrix}1\\-2\\1\end{pmatrix},$$

由定理 7.10,向量组 $\boldsymbol{\alpha}_1$, $\boldsymbol{\alpha}_2$, $\boldsymbol{\alpha}_3$ 是线性无关的,令

$$\boldsymbol{P}=(\boldsymbol{\alpha}_1,\boldsymbol{\alpha}_2,\boldsymbol{\alpha}_3)=\begin{pmatrix}1 & 2 & 1\\ 0 & 1 & -2\\ 0 & 2 & 1\end{pmatrix},$$

则 $\boldsymbol{P}$ 是一个可逆矩阵,且

$$\boldsymbol{P}^{-1}\boldsymbol{A}\boldsymbol{P}=\begin{pmatrix}1 & 0 & 0\\ 0 & 5 & 0\\ 0 & 0 & -5\end{pmatrix},$$

即

$$\boldsymbol{A}=\boldsymbol{P}\begin{pmatrix}1 & 0 & 0\\ 0 & 5 & 0\\ 0 & 0 & -5\end{pmatrix}\boldsymbol{P}^{-1},$$

于是

$$\boldsymbol{A}^{100}=\boldsymbol{P}\begin{pmatrix}1 & 0 & 0\\ 0 & 5 & 0\\ 0 & 0 & -5\end{pmatrix}^{100}\boldsymbol{P}^{-1}=\boldsymbol{P}\begin{pmatrix}1 & 0 & 0\\ 0 & 5^{100} & 0\\ 0 & 0 & (-5)^{100}\end{pmatrix}\boldsymbol{P}^{-1}$$

$$=\begin{pmatrix}1 & 2 & 1\\ 0 & 1 & -2\\ 0 & 2 & 1\end{pmatrix}\begin{pmatrix}1 & 0 & 0\\ 0 & 5^{100} & 0\\ 0 & 0 & (-5)^{100}\end{pmatrix}\begin{pmatrix}1 & 0 & -1\\ 0 & \frac{1}{5} & \frac{2}{5}\\ 0 & -\frac{2}{5} & \frac{1}{5}\end{pmatrix}$$

$$= \begin{pmatrix} 1 & 0 & 5^{100}-1 \\ 0 & 5^{100} & 0 \\ 0 & 0 & 5^{100} \end{pmatrix}.$$

7.5.3 实对称矩阵

实对称矩阵是一类可以对角化的矩阵，为了讨论实对称矩阵的对角化问题，要用到向量内积的一些结果.

如不加说明，本节中所提到的向量都是实的 n 维列向量.

1. 向量的内积

定义 7.25 对于 n 维实向量 $\boldsymbol{\alpha}=(a_1, a_2, \cdots, a_n)^{\mathrm{T}}$，$\boldsymbol{\beta}=(b_1, b_2, \cdots, b_n)^{\mathrm{T}}$，称实数

$$\boldsymbol{\alpha}^{\mathrm{T}}\boldsymbol{\beta}=a_1b_1+a_2b_2+\cdots+a_nb_n$$

为向量 $\boldsymbol{\alpha}$ 与 $\boldsymbol{\beta}$ 的内积，记为 $(\boldsymbol{\alpha}, \boldsymbol{\beta})$.

如果 $\boldsymbol{\alpha}=(a_1, a_2, \cdots, a_n)$，$\boldsymbol{\beta}=(b_1, b_2, \cdots, b_n)$ 是实的 n 维行向量，则

$$(\boldsymbol{\alpha}, \boldsymbol{\beta})=\boldsymbol{\alpha}\boldsymbol{\beta}^{\mathrm{T}}=a_1b_1+a_2b_2+\cdots+a_nb_n.$$

不难证明，向量的内积具有下列性质.

(1) $(\boldsymbol{\alpha}, \boldsymbol{\beta})=(\boldsymbol{\beta}, \boldsymbol{\alpha})$.

(2) $(k\boldsymbol{\alpha}, \boldsymbol{\beta})=k(\boldsymbol{\alpha}, \boldsymbol{\beta})$；$(\boldsymbol{\alpha}+\boldsymbol{\beta}, \boldsymbol{\gamma})=(\boldsymbol{\alpha}, \boldsymbol{\gamma})+(\boldsymbol{\beta}, \boldsymbol{\gamma})$.

(3) $(\boldsymbol{\alpha}, \boldsymbol{\alpha})\geqslant 0$；当且仅当 $\boldsymbol{\alpha}=\mathbf{0}$ 时，$(\boldsymbol{\alpha}, \boldsymbol{\alpha})=0$.

这里 $\boldsymbol{\alpha}, \boldsymbol{\beta}, \boldsymbol{\gamma}$ 是任意 n 维向量，k 是任意实数.

2. 向量的长度、夹角与正交

定义 7.26 设 $\boldsymbol{\alpha}=(a_1, a_2, \cdots, a_n)^{\mathrm{T}}$ 是实向量，称

$$\sqrt{(\boldsymbol{\alpha}, \boldsymbol{\alpha})}=\sqrt{a_1^2+a_2^2+\cdots+a_n^2}$$

为向量 $\boldsymbol{\alpha}$ 的长度，记作 $\|\boldsymbol{\alpha}\|$.

当 $\|\boldsymbol{\alpha}\|=1$ 时，称 $\boldsymbol{\alpha}$ 为单位向量.

显然，若 $\boldsymbol{\alpha}\neq\mathbf{0}$，则 $\dfrac{1}{\|\boldsymbol{\alpha}\|}\boldsymbol{\alpha}$ 是一个单位向量；由一个非零向量 $\boldsymbol{\alpha}$ 求单位向量的过程叫做将向量 $\boldsymbol{\alpha}$ 单位化.

定义 7.27 设 $\boldsymbol{\alpha}, \boldsymbol{\beta}$ 为 n 维实向量，若 $(\boldsymbol{\alpha}, \boldsymbol{\beta})=0$，则称向量 $\boldsymbol{\alpha}$ 与 $\boldsymbol{\beta}$ 正交.

显然，只有零向量才与自己正交.

例 9 n 个 n 维基本列向量

$$\boldsymbol{e}_1=\begin{pmatrix} 1 \\ 0 \\ \vdots \\ 0 \end{pmatrix}, \boldsymbol{e}_2=\begin{pmatrix} 0 \\ 1 \\ \vdots \\ 0 \end{pmatrix}, \cdots, \boldsymbol{e}_n=\begin{pmatrix} 0 \\ \vdots \\ 0 \\ 1 \end{pmatrix}$$

中的每一个都是单位向量，并且它们是两两正交的.

3. 标准正交组

定义 7.28 一组两两正交的非零 n 维实向量称为一个正交向量组.

如向量组

$$\boldsymbol{\alpha}_1=(0,1,0),\ \boldsymbol{\alpha}_2=(1,0,1),\ \boldsymbol{\alpha}_3=(1,0,-1)$$

是一个正交向量组.

我们约定,由一个非零向量组成的向量组是正交向量组. 容易证明,正交向量组是线性无关的. 用得比较多的正交向量组是标准正交组.

定义 7.29 由单位向量组成的正交向量组称为标准正交组.

如向量组

$$\boldsymbol{e}_1=\begin{pmatrix}1\\0\\0\end{pmatrix},\ \boldsymbol{e}_2=\begin{pmatrix}0\\1\\0\end{pmatrix},\ \boldsymbol{e}_3=\begin{pmatrix}0\\0\\1\end{pmatrix}$$

和向量组

$$\boldsymbol{\alpha}_1=\begin{pmatrix}0\\1\\0\end{pmatrix},\ \boldsymbol{\alpha}_2=\begin{pmatrix}\frac{1}{\sqrt{2}}\\0\\\frac{1}{\sqrt{2}}\end{pmatrix},\ \boldsymbol{\alpha}_3=\begin{pmatrix}-\frac{1}{\sqrt{2}}\\0\\\frac{1}{\sqrt{2}}\end{pmatrix}$$

都是标准正交组.

从一个线性无关的向量组 $\boldsymbol{\alpha}_1,\boldsymbol{\alpha}_2,\cdots,\boldsymbol{\alpha}_s$ 出发,利用下述的施密特(Schmidt)正交化方法,可以求得一个标准正交组.

施密特(Schmidt)正交化方法 设 $\boldsymbol{\alpha}_1,\boldsymbol{\alpha}_2,\cdots,\boldsymbol{\alpha}_s$ 是线性无关的实向量组,令

$$\begin{aligned}
\boldsymbol{\beta}_1&=\boldsymbol{\alpha}_1,\\
\boldsymbol{\beta}_2&=\boldsymbol{\alpha}_2-\frac{(\boldsymbol{\beta}_1,\boldsymbol{\alpha}_2)}{(\boldsymbol{\beta}_1,\boldsymbol{\beta}_1)}\boldsymbol{\beta}_1,\\
&\vdots\\
\boldsymbol{\beta}_s&=\boldsymbol{\alpha}_s-\frac{(\boldsymbol{\beta}_1,\boldsymbol{\alpha}_s)}{(\boldsymbol{\beta}_1,\boldsymbol{\beta}_1)}\boldsymbol{\beta}_1-\frac{(\boldsymbol{\beta}_2,\boldsymbol{\alpha}_s)}{(\boldsymbol{\beta}_2,\boldsymbol{\beta}_2)}\boldsymbol{\beta}_2-\cdots-\frac{(\boldsymbol{\beta}_{s-1},\boldsymbol{\alpha}_s)}{(\boldsymbol{\beta}_{s-1},\boldsymbol{\beta}_{s-1})}\boldsymbol{\beta}_{s-1},
\end{aligned}$$

则 $\boldsymbol{\beta}_1,\boldsymbol{\beta}_2,\cdots,\boldsymbol{\beta}_s$ 是一个正交向量组,再令

$$\boldsymbol{\eta}_1=\frac{\boldsymbol{\beta}_1}{\|\boldsymbol{\beta}_1\|},\ \boldsymbol{\eta}_2=\frac{\boldsymbol{\beta}_2}{\|\boldsymbol{\beta}_2\|},\ \cdots,\ \boldsymbol{\eta}_s=\frac{\boldsymbol{\beta}_s}{\|\boldsymbol{\beta}_s\|},$$

则 $\boldsymbol{\eta}_1,\boldsymbol{\eta}_2,\cdots,\boldsymbol{\eta}_s$ 是一个标准正交组.

例 10 已知向量组

$$\boldsymbol{\alpha}_1=(1,1,0,0),\ \boldsymbol{\alpha}_2=(1,0,1,0),\ \boldsymbol{\alpha}_3=(-1,0,0,1),\ \boldsymbol{\alpha}_4=(1,-1,-1,1)$$

是线性无关的,用施密特(Schmidt)正交化方法求一个标准正交组.

解 先将向量组 $\boldsymbol{\alpha}_1,\boldsymbol{\alpha}_2,\boldsymbol{\alpha}_3,\boldsymbol{\alpha}_4$ 正交化,得

$$\boldsymbol{\beta}_1=\boldsymbol{\alpha}_1=(1,1,0,0),$$

$$\boldsymbol{\beta}_2=\boldsymbol{\alpha}_2-\frac{(\boldsymbol{\beta}_1,\boldsymbol{\alpha}_2)}{(\boldsymbol{\beta}_1,\boldsymbol{\beta}_1)}\boldsymbol{\beta}_1=\left(\frac{1}{2},-\frac{1}{2},1,0\right),$$

$$\boldsymbol{\beta}_3=\boldsymbol{\alpha}_3-\frac{(\boldsymbol{\beta}_1,\boldsymbol{\alpha}_3)}{(\boldsymbol{\beta}_1,\boldsymbol{\beta}_1)}\boldsymbol{\beta}_1-\frac{(\boldsymbol{\beta}_2,\boldsymbol{\alpha}_3)}{(\boldsymbol{\beta}_2,\boldsymbol{\beta}_2)}\boldsymbol{\beta}_2=\left(-\frac{1}{3},\frac{1}{3},\frac{1}{3},1\right),$$

$$\boldsymbol{\beta}_4=\boldsymbol{\alpha}_4-\frac{(\boldsymbol{\beta}_1,\boldsymbol{\alpha}_4)}{(\boldsymbol{\beta}_1,\boldsymbol{\beta}_1)}\boldsymbol{\beta}_1-\frac{(\boldsymbol{\beta}_2,\boldsymbol{\alpha}_4)}{(\boldsymbol{\beta}_2,\boldsymbol{\beta}_2)}\boldsymbol{\beta}_2-\frac{(\boldsymbol{\beta}_3,\boldsymbol{\alpha}_4)}{(\boldsymbol{\beta}_3,\boldsymbol{\beta}_3)}\boldsymbol{\beta}_3=(1,-1,-1,1),$$

则 $\boldsymbol{\beta}_1,\boldsymbol{\beta}_2,\boldsymbol{\beta}_3,\boldsymbol{\beta}_4$ 是一个正交向量组. 再将向量组 $\boldsymbol{\beta}_1,\boldsymbol{\beta}_2,\boldsymbol{\beta}_3,\boldsymbol{\beta}_4$ 单位化,得

$$\boldsymbol{\eta}_1=\frac{1}{\|\boldsymbol{\beta}_1\|}\boldsymbol{\beta}_1=\left(\frac{1}{\sqrt{2}},\frac{1}{\sqrt{2}},0,0\right),$$

$$\boldsymbol{\eta}_2=\frac{1}{\|\boldsymbol{\beta}_2\|}\boldsymbol{\beta}_2=\left(\frac{1}{\sqrt{6}},\frac{1}{\sqrt{6}},\frac{2}{\sqrt{6}},0\right),$$

$$\boldsymbol{\eta}_3=\frac{1}{\|\boldsymbol{\beta}_3\|}\boldsymbol{\beta}_3=\left(-\frac{1}{\sqrt{12}},\frac{1}{\sqrt{12}},\frac{1}{\sqrt{12}},\frac{3}{\sqrt{12}}\right),$$

$$\boldsymbol{\eta}_4=\frac{1}{\|\boldsymbol{\beta}_4\|}\boldsymbol{\beta}_4=\left(\frac{1}{2},-\frac{1}{2},-\frac{1}{2},\frac{1}{2}\right),$$

则 $\boldsymbol{\eta}_1,\boldsymbol{\eta}_2,\boldsymbol{\eta}_3,\boldsymbol{\eta}_4$ 是一个标准正交组.

利用向量的长度和正交性,可以讨论一类特殊的矩阵——正交矩阵.

4. 正交矩阵

定义 7.30 设 $\boldsymbol{A}$ 是一个 n 阶实矩阵,若 $\boldsymbol{A}^{\mathrm{T}}\boldsymbol{A}=\boldsymbol{E}$,则称 $\boldsymbol{A}$ 是一个正交矩阵.

如矩阵

$$\begin{pmatrix}1&0&0\\0&1&0\\0&0&1\end{pmatrix},\quad\begin{pmatrix}\frac{1}{\sqrt{3}}&\frac{1}{\sqrt{3}}&\frac{1}{\sqrt{3}}\\-\frac{1}{\sqrt{2}}&0&\frac{1}{\sqrt{2}}\\\frac{1}{\sqrt{6}}&-\frac{2}{\sqrt{6}}&\frac{1}{\sqrt{6}}\end{pmatrix},\quad\begin{pmatrix}1&0&0\\0&\cos\theta&\sin\theta\\0&-\sin\theta&\cos\theta\end{pmatrix}$$

都是正交矩阵.

由定义 7.30 不难证明,若 $\boldsymbol{A},\boldsymbol{B}$ 都是 n 阶正交矩阵,则 $|\boldsymbol{A}|=1$ 或 $|\boldsymbol{A}|=-1$. 并且 $\boldsymbol{AB}$ 也是正交矩阵.

设正交矩阵 $\boldsymbol{A}$ 的列向量组为 $\boldsymbol{\alpha}_1,\boldsymbol{\alpha}_2,\cdots,\boldsymbol{\alpha}_n$,即 $\boldsymbol{A}=(\boldsymbol{\alpha}_1,\boldsymbol{\alpha}_2,\cdots,\boldsymbol{\alpha}_n)$,则

$$\boldsymbol{A}^{\mathrm{T}}=\begin{pmatrix}\boldsymbol{\alpha}_1^{\mathrm{T}}\\\boldsymbol{\alpha}_2^{\mathrm{T}}\\\vdots\\\boldsymbol{\alpha}_n^{\mathrm{T}}\end{pmatrix},$$

于是由 $\boldsymbol{A}^{\mathrm{T}}\boldsymbol{A}=\boldsymbol{E}$,有

$$(\boldsymbol{\alpha}_i, \boldsymbol{\alpha}_j) = \boldsymbol{\alpha}_i^{\mathrm{T}}\boldsymbol{\alpha}_j = \begin{cases} 1, & i = j, \\ 0 & i \neq j, \end{cases} \quad i, j = 1, 2, \cdots, n,$$

即正交矩阵的列向量组是一个标准正交组. 反之,若 n 阶实矩阵 $\boldsymbol{A}$ 的列向量组是一个标准正交组,则 $\boldsymbol{A}$ 一定是一个正交矩阵.

又由 $\boldsymbol{A}^{\mathrm{T}}\boldsymbol{A} = \boldsymbol{E}$ 可知,$\boldsymbol{A}$ 是一个可逆矩阵,且 $\boldsymbol{A}^{-1} = \boldsymbol{A}^{\mathrm{T}}$,从而 $\boldsymbol{A}\boldsymbol{A}^{\mathrm{T}} = \boldsymbol{E}$,于是仿上可知,正交矩阵的行向量组也是一个标准正交组.

综上所述,有如下定理.

定理 7.13 设 $\boldsymbol{A}$ 是一个 n 阶实矩阵,则下列条件是等价的.

(1) $\boldsymbol{A}$ 是一个正交矩阵, 即 $\boldsymbol{A}^{\mathrm{T}}\boldsymbol{A} = \boldsymbol{E}$.

(2) $\boldsymbol{A}$ 是可逆矩阵,且 $\boldsymbol{A}^{-1} = \boldsymbol{A}^{\mathrm{T}}$ 是正交矩阵.

(3) $\boldsymbol{A}\boldsymbol{A}^{\mathrm{T}} = \boldsymbol{E}$.

(4) $\boldsymbol{A}$ 的列向量组是一个标准正交组.

(5) $\boldsymbol{A}$ 的行向量组是一个标准正交组.

例 11 设 $\boldsymbol{A}$ 是 n 阶正交矩阵,若 $|\boldsymbol{A}| = -1$,证明 $|\boldsymbol{A}+\boldsymbol{E}| = 0$.

证明 由 $\boldsymbol{A}$ 是正交矩阵有 $\boldsymbol{A}^{\mathrm{T}}\boldsymbol{A} = \boldsymbol{E}$,于是由 $|\boldsymbol{A}| = -1$ 得

$$\begin{aligned} |\boldsymbol{A}+\boldsymbol{E}| &= |\boldsymbol{A}+\boldsymbol{A}^{\mathrm{T}}\boldsymbol{A}| = |(\boldsymbol{E}+\boldsymbol{A}^{\mathrm{T}})\boldsymbol{A}| = |\boldsymbol{E}+\boldsymbol{A}^{\mathrm{T}}||\boldsymbol{A}| = -|\boldsymbol{E}+\boldsymbol{A}^{\mathrm{T}}| \\ &= -|(\boldsymbol{E}+\boldsymbol{A})^{\mathrm{T}}| = -|\boldsymbol{E}+\boldsymbol{A}|^{\mathrm{T}} = -|\boldsymbol{E}+\boldsymbol{A}| = -|\boldsymbol{A}+\boldsymbol{E}|, \end{aligned}$$

所以 $|\boldsymbol{A}+\boldsymbol{E}| = 0$.

5. 实对称矩阵对角化

实对称矩阵的特征值与特征向量具有下列性质.

性质 1 实对称矩阵的特征值都是实数.

性质 2 实对称矩阵对应不同特征值的特征向量是正交的.

性质 3 设 λ_0 是实对称矩阵 $\boldsymbol{A}$ 的一个 r 重特征值,则对应 λ_0 的线性无关的特征向量恰有 r 个.

利用上述结论可以证明如下定理.

定理 7.14 设 $\boldsymbol{A}$ 是一个 n 阶实对称矩阵,则有 n 阶正交矩阵 $\boldsymbol{P}$,使

$$\boldsymbol{P}^{\mathrm{T}}\boldsymbol{A}\boldsymbol{P} = \boldsymbol{P}^{-1}\boldsymbol{A}\boldsymbol{P}$$

为对角矩阵.

对于实对称矩阵 $\boldsymbol{A}$,求正交矩阵 $\boldsymbol{P}$,使 $\boldsymbol{P}^{\mathrm{T}}\boldsymbol{A}\boldsymbol{P}$ 为对角阵的步骤如下:

(1) 求出 $\boldsymbol{A}$ 的全部不同的特征值 $\lambda_1, \lambda_2, \cdots, \lambda_s$,设它们的重数依次为 $r_1, r_2, \cdots, r_s$.

(2) 对于每个特征值 λ_i,求出齐次线性方程组 $(\lambda_i\boldsymbol{E}-\boldsymbol{A})\boldsymbol{X}=0$ 的一个基础解系. 由这组向量出发,用施密特(Schmidt) 正交方法求一个标准正交组 $\boldsymbol{\eta}_{i1}, \boldsymbol{\eta}_{i2}, \cdots, \boldsymbol{\eta}_{ir_i}$, $i = 1, 2, \cdots, s$.

(3) 令

$$\boldsymbol{P} = (\boldsymbol{\eta}_{11}, \boldsymbol{\eta}_{12}, \cdots, \boldsymbol{\eta}_{1r_1}, \boldsymbol{\eta}_{21}, \boldsymbol{\eta}_{22}, \cdots, \boldsymbol{\eta}_{2r_2}, \cdots, \boldsymbol{\eta}_{s1}, \boldsymbol{\eta}_{s2}, \cdots, \boldsymbol{\eta}_{sr_s}),$$

则 $\boldsymbol{P}$ 是一个正交矩阵,并且 $\boldsymbol{P}^{\mathrm{T}}\boldsymbol{A}\boldsymbol{P}$ 为对角阵.

例 12 设

$$A=\begin{pmatrix}4&2&2\\2&4&2\\2&2&4\end{pmatrix},$$

求一个正交矩阵 $\boldsymbol{P}$,使 $\boldsymbol{P}^{\mathrm{T}}\boldsymbol{AP}$ 为对角阵.

解 矩阵 $\boldsymbol{A}$ 的特征多项式为

$$f_A(\lambda)=\begin{vmatrix}\lambda-4&-2&-2\\-2&\lambda-4&-2\\-2&-2&\lambda-4\end{vmatrix}=(\lambda-2)^2(\lambda-8),$$

所以矩阵 $\boldsymbol{A}$ 的特征值为 $\lambda_1=\lambda_2=2,\ \lambda_3=8$.

对于特征值 $\lambda_1=\lambda_2=2$,解对应的齐次线性方程组

$$\begin{cases}-2x_1-2x_2-2x_3\\-2x_1-2x_2-2x_3=0,\\-2x_1-2x_2-2x_3\end{cases}$$

得一个基础解系

$$\boldsymbol{\alpha}_1=\begin{pmatrix}-1\\1\\0\end{pmatrix},\quad \boldsymbol{\alpha}_2=\begin{pmatrix}-1\\0\\1\end{pmatrix},$$

将 $\boldsymbol{\alpha}_1$, $\boldsymbol{\alpha}_2$ 正交单位化,得

$$\boldsymbol{\eta}_1=\begin{pmatrix}-\frac{1}{\sqrt{2}}\\\frac{1}{\sqrt{2}}\\0\end{pmatrix},\quad \boldsymbol{\eta}_2=\begin{pmatrix}-\frac{1}{\sqrt{6}}\\-\frac{1}{\sqrt{6}}\\\frac{2}{\sqrt{6}}\end{pmatrix}.$$

对于特征值 $\lambda_3=8$,解对应的齐次线性方程组

$$\begin{pmatrix}4&-2&-2\\-2&4&-2\\-2&-2&4\end{pmatrix}\begin{pmatrix}x_1\\x_2\\x_3\end{pmatrix}=0,$$

得一个基础解系

$$\boldsymbol{\alpha}_3=\begin{pmatrix}1\\1\\1\end{pmatrix},$$

将 $\boldsymbol{\alpha}_3$ 单位化,得

$$\boldsymbol{\eta}_3=\begin{pmatrix}\frac{1}{\sqrt{3}}\\ \frac{1}{\sqrt{3}}\\ \frac{1}{\sqrt{3}}\end{pmatrix},$$

令

$$\boldsymbol{P}=(\boldsymbol{\eta}_1,\ \boldsymbol{\eta}_2,\ \boldsymbol{\eta}_3)=\begin{pmatrix}-\frac{1}{\sqrt{2}} & -\frac{1}{\sqrt{6}} & \frac{1}{\sqrt{3}}\\ \frac{1}{\sqrt{2}} & -\frac{1}{\sqrt{6}} & \frac{1}{\sqrt{3}}\\ 0 & \frac{2}{\sqrt{6}} & \frac{1}{\sqrt{3}}\end{pmatrix},$$

则 $\boldsymbol{P}$ 是一个正交矩阵，并且

$$\boldsymbol{P}^{\mathrm{T}}\boldsymbol{AP}=\begin{pmatrix}2 & 0 & 0\\ 0 & 2 & 0\\ 0 & 0 & 8\end{pmatrix}.$$

习题 7.5

1. 求下列矩阵的特征值与特征向量.

(1) $\boldsymbol{A}=\begin{pmatrix}2 & -1 & 2\\ 5 & -3 & 3\\ -1 & 0 & -2\end{pmatrix}$；　　(2) $\boldsymbol{A}=\begin{pmatrix}0 & 0 & 0 & 1\\ 0 & 0 & 1 & 0\\ 0 & 1 & 0 & 0\\ 1 & 0 & 0 & 0\end{pmatrix}$.

2. 设 $\boldsymbol{\alpha}$, $\boldsymbol{\beta}$ 是 n 维非零列向量，记 $\boldsymbol{A}=\boldsymbol{\alpha\beta}^{\mathrm{T}}$，若 $\boldsymbol{\alpha}^{\mathrm{T}}\boldsymbol{\beta}=0$，求：

(1) $\boldsymbol{A}^2$；　(2) $\boldsymbol{A}$ 的特征值和特征向量.

3. 设三阶矩阵 $\boldsymbol{A}$ 的特征值为 1, 2, 2，求 $|4\boldsymbol{A}^{-1}-\boldsymbol{E}|$.

4. 若四阶矩阵 $\boldsymbol{A}$, $\boldsymbol{B}$ 相似，矩阵 $\boldsymbol{A}$ 的特征值为 2^{-1}, 3^{-1}, 4^{-1}, 5^{-1}，求 $|\boldsymbol{B}^{-1}-\boldsymbol{E}|$.

5. 求可逆矩阵 $\boldsymbol{P}$，使 $\boldsymbol{P}^{-1}\boldsymbol{AP}$ 为对角矩阵.

(1) $\boldsymbol{A}=\begin{pmatrix}3 & 2 & -1\\ -2 & -2 & 2\\ 3 & 6 & -1\end{pmatrix}$；　　(2) $\boldsymbol{A}=\begin{pmatrix}1 & 1 & 1 & 1\\ 1 & 1 & -1 & -1\\ 1 & -1 & 1 & -1\\ 1 & -1 & -1 & 1\end{pmatrix}$.

6. 设 n 阶矩阵 $\boldsymbol{A}=\begin{pmatrix}1 & b & \cdots & b\\ b & 1 & \cdots & b\\ \vdots & \vdots & & \vdots\\ b & b & \cdots & 1\end{pmatrix}$，求：

(1) $\boldsymbol{A}$ 的特征值和特征向量；　(2) 可逆矩阵 $\boldsymbol{P}$，使 $\boldsymbol{P}^{-1}\boldsymbol{AP}$ 为对角矩阵.

7. 设 $\boldsymbol{A}=\begin{pmatrix}1 & 4 & 2\\ 0 & -3 & 4\\ 0 & 4 & 3\end{pmatrix}$，求 $\boldsymbol{A}^{100}$.

8. 设矩阵

$$\boldsymbol{A}=\begin{pmatrix}-2&0&0\\2&x&2\\3&1&1\end{pmatrix},\quad \boldsymbol{B}=\begin{pmatrix}-1&0&0\\0&2&0\\0&0&y\end{pmatrix}$$

相似,求:

(1) x, y 的值;

(2) 可逆矩阵 $\boldsymbol{P}$,使 $\boldsymbol{P}^{-1}\boldsymbol{A}\boldsymbol{P}=\boldsymbol{B}$.

9. 设 $\boldsymbol{\alpha}$ 为 n 维向量,$\boldsymbol{\alpha}^{\mathrm{T}}\boldsymbol{\alpha}=1$,证明 $\boldsymbol{A}=\boldsymbol{E}-2\boldsymbol{\alpha}\boldsymbol{\alpha}^{\mathrm{T}}$ 是正交矩阵.

10. 对向量组 $\boldsymbol{\alpha}_1=(1,0,-1,1)^{\mathrm{T}}$, $\boldsymbol{\alpha}_2=(1,-1,0,1)^{\mathrm{T}}$, $\boldsymbol{\alpha}_3=(-1,1,1,0)^{\mathrm{T}}$ 施行施密特正交化方法,求一个标准正交组.

11. 求正交矩阵 $\boldsymbol{P}$,使 $\boldsymbol{P}^{-1}\boldsymbol{A}\boldsymbol{P}=\boldsymbol{P}^{\mathrm{T}}\boldsymbol{A}\boldsymbol{P}$ 为对角矩阵:

(1) $\boldsymbol{A}=\begin{pmatrix}2&-2&0\\-2&1&-2\\0&-2&0\end{pmatrix}$;　　(2) $\boldsymbol{A}=\begin{pmatrix}2&2&-2\\2&5&-4\\-2&-4&5\end{pmatrix}$.

12. 已知三阶实对称矩阵 $\boldsymbol{A}$ 的各行元素之和都为 3,向量 $\boldsymbol{\alpha}_1=(-1,2,-1)^{\mathrm{T}}$, $\boldsymbol{\alpha}_2=(0,-1,1)^{\mathrm{T}}$ 是齐次线性方程组 $\boldsymbol{AX}=\boldsymbol{0}$ 的解.

(1) 求 $\boldsymbol{A}$ 的特征值和特征向量.

(2) 求正交矩阵 $\boldsymbol{Q}$ 和对角矩阵 $\boldsymbol{\Lambda}$,使得 $\boldsymbol{Q}^{\mathrm{T}}\boldsymbol{A}\boldsymbol{Q}=\boldsymbol{\Lambda}$.

(3) 求 $\boldsymbol{A}$ 及 $\left(\boldsymbol{A}-\frac{3}{2}\boldsymbol{E}\right)^6$.

13. 设三阶实对称矩阵 $\boldsymbol{A}$ 的特征值为 1, 2, 3, $\boldsymbol{\alpha}_1=(-1,-1,1)^{\mathrm{T}}$, $\boldsymbol{\alpha}_2=(1,-2,-1)^{\mathrm{T}}$ 分别是 $\boldsymbol{A}$ 的属于特征值 1, 2 的特征向量,求:

(1) $\boldsymbol{A}$ 的属于特征值 3 的特征向量.

(2) $\boldsymbol{A}$.

7.6 二　次　型

二次型,特别是正定二次型,在数学的许多分支中有着广泛的应用. 本节在用矩阵表示二次型的基础上,主要讨论二次型的标准形,正定二次型等基本内容.

7.6.1 二次型的基本概念

1. 二次型及其矩阵表示

定义 7.31 关于变量 $x_1, x_2, \cdots, x_n$ 的二次齐次多项式

$$\begin{aligned}f(x_1,x_2,\cdots,x_n)=&a_{11}x_1^2+2a_{12}x_1x_2+2a_{13}x_1x_3+\cdots+2a_{1n}x_1x_n+\\&a_{22}x_2^2+2a_{23}x_2x_3+\cdots+2a_{2n}x_2x_n+\cdots+a_{nn}x_n^2\end{aligned}\tag{7.6.1}$$

称为 n 元二次型,简称为二次型.

如 $f(x_1,x_2,x_3)=x_1^2+2x_1x_2+2x_1x_3+2x_2^2+8x_2x_3+5x_3^2$ 是一个三元二次型.

系数全为实数的二次型称为优质实二次型,本节只讨论实二次型.

令 $a_{ij}=a_{ji}(i>j)$. 由于 $x_ix_j=x_jx_i$, 所以二次型(7.6.1)可表示为

$$f(x_1, x_2, \cdots, x_n) = \sum_{i=1}^{n} \sum_{j=1}^{n} a_{ij} x_i x_j. \qquad (7.6.2)$$

再令 $\boldsymbol{A} = (a_{ij})_{n \times n}$，由于 $a_{ij} = a_{ji}(i > j)$，所以 $\boldsymbol{A}^{\mathrm{T}} = \boldsymbol{A}$，即 $\boldsymbol{A}$ 是一个对称矩阵，并且二次型(7.6.1)可以用矩阵的乘法表示为

$$f(x_1, x_2, \cdots, x_n) = \boldsymbol{X}^{\mathrm{T}} \boldsymbol{A} \boldsymbol{X}, \qquad (7.6.3)$$

其中，$\boldsymbol{X}^{\mathrm{T}} = (x_1, x_2, \cdots, x_n)$.

二次型(7.6.1)与对称矩阵 $\boldsymbol{A}$ 是互相唯一确定的，称对称矩阵 $\boldsymbol{A}$ 为二次型(7.6.1)的矩阵. 矩阵 $\boldsymbol{A}$ 的秩也称为二次型(7.6.1)的秩.

二次型

$$f(x_1, x_2, \cdots, x_n) = d_1 x_1^2 + d_2 x_2^2 + \cdots + d_n x_n^2$$

叫做标准二次型，它的矩阵是对角矩阵

$$\begin{pmatrix} d_1 & 0 & \cdots & 0 \\ 0 & d_2 & \cdots & 0 \\ \vdots & \vdots & & \vdots \\ 0 & 0 & \cdots & d_n \end{pmatrix}.$$

例 1 二次型

$$f(x_1, x_2, x_3) = x_1^2 + 2x_1x_2 + 2x_1x_3 + 5x_3^2$$

的矩阵为

$$\begin{pmatrix} 1 & 1 & 1 \\ 1 & 0 & 0 \\ 1 & 0 & 5 \end{pmatrix},$$

于是这个二次型可以用矩阵乘积表示为

$$f(x_1, x_2, x_3) = (x_1, x_2, x_3) \begin{pmatrix} 1 & 1 & 1 \\ 1 & 0 & 0 \\ 1 & 0 & 5 \end{pmatrix} \begin{pmatrix} x_1 \\ x_2 \\ x_3 \end{pmatrix}.$$

例 2 若二次型 $f(x_1, x_2, x_3, x_4)$ 的矩阵为

$$\begin{pmatrix} 1 & 0 & 2 & 0 \\ 0 & 2 & 3 & 1 \\ 2 & 3 & 0 & 2 \\ 0 & 1 & 2 & 0 \end{pmatrix},$$

则这个二次型为

$$f(x_1, x_2, x_3, x_4) = x_1^2 + 2x_2^2 + 4x_1x_3 + 6x_2x_3 + 2x_2x_4 + 4x_3x_4.$$

例 3 设

$$B = \begin{pmatrix} 1 & 2 & 3 \\ 4 & 5 & 6 \\ 7 & 8 & 9 \end{pmatrix},$$

则

$$f(x_1, x_2, x_3) = (x_1, x_2, x_3)\begin{pmatrix} 1 & 2 & 3 \\ 4 & 5 & 6 \\ 7 & 8 & 9 \end{pmatrix}\begin{pmatrix} x_1 \\ x_2 \\ x_3 \end{pmatrix}$$

是一个二次型,它的矩阵为

$$\frac{1}{2}(B + B^{\mathrm{T}}) = \begin{pmatrix} 1 & 3 & 5 \\ 3 & 5 & 7 \\ 5 & 7 & 9 \end{pmatrix}.$$

2. 线性替换

讨论二次型的一个重要任务是用变量的线性替换将其化为标准二次型.

定义 7.32 设 $x_1, x_2, \cdots, x_n$ 与 $y_1, y_2, \cdots, y_n$ 是两组变量,称关系式

$$\begin{cases} x_1 = c_{11}y_1 + c_{12}y_2 + \cdots + c_{1n}y_n, \\ x_2 = c_{21}y_1 + c_{22}y_2 + \cdots + c_{2n}y_n, \\ \vdots \\ x_n = c_{n1}y_1 + c_{n2}y_2 + \cdots + c_{nn}y_n \end{cases}$$

为由 $x_1, x_2, \cdots, x_n$ 到 $y_1, y_2, \cdots, y_n$ 的一个线性替换,简称为线性替换.

线性替换可以写成矩阵形式

$$X = CY, \tag{7.6.4}$$

其中,

$$X = \begin{pmatrix} x_1 \\ x_2 \\ \vdots \\ x_n \end{pmatrix}, Y = \begin{pmatrix} y_1 \\ y_2 \\ \vdots \\ y_n \end{pmatrix}, C = \begin{pmatrix} c_{11} & c_{12} & \cdots & c_{1n} \\ c_{21} & c_{22} & \cdots & c_{2n} \\ \vdots & \vdots & & \vdots \\ c_{n1} & c_{n2} & \cdots & c_{nn} \end{pmatrix}.$$

如果行列式 $|C| \neq 0$,那么称线性替换(7.6.4)是非退化的.

非退化的线性替换将二次型化为标准二次型.

3. 矩阵的合同

定义 7.33 设 A, B 是 n 阶矩阵,若有 n 阶可逆矩阵 C,使 $B = C^{\mathrm{T}}AC$,则称矩阵 A, B 是合同的.

容易看出,若二次型 $f(x_1, x_2, \cdots, x_n) = X^{\mathrm{T}}AX$ 经过非退化线性替换 $X = CY$ 化为二

次型 $\boldsymbol{Y}^{\mathrm{T}}\boldsymbol{BY}$,则前后两个二次型的矩阵 $\boldsymbol{A}$, $\boldsymbol{B}$ 是合同的,并且有 $\boldsymbol{B}=\boldsymbol{C}^{\mathrm{T}}\boldsymbol{AC}$.

合同是 n 阶矩阵之间的一个等价关系,即对于 n 阶矩阵 $\boldsymbol{A}$, $\boldsymbol{B}$, $\boldsymbol{C}$ 有:$\boldsymbol{A}$ 与 $\boldsymbol{A}$ 合同;若 $\boldsymbol{A}$ 与 $\boldsymbol{B}$ 合同,则 $\boldsymbol{B}$ 与 $\boldsymbol{A}$ 合同;若 $\boldsymbol{A}$ 与 $\boldsymbol{B}$ 合同,$\boldsymbol{B}$ 与 $\boldsymbol{C}$ 合同,则 $\boldsymbol{A}$ 与 $\boldsymbol{C}$ 合同.

矩阵的合同具有下列性质.

性质 若矩阵 $\boldsymbol{A}$ 与 $\boldsymbol{B}$ 合同,则

(1) 矩阵 $k\boldsymbol{A}$ 与 $k\boldsymbol{B}$ 合同.

(2) 如果 $\boldsymbol{A}$ 可逆,那么 $\boldsymbol{B}$ 可逆,并且 $\boldsymbol{A}^{-1}$ 与 $\boldsymbol{B}^{-1}$ 合同,$\boldsymbol{A}^*$ 与 $\boldsymbol{B}^*$ 合同.

(3) 矩阵 $\boldsymbol{A}$, $\boldsymbol{B}$ 有相同的秩,对称性与反对称性.

7.6.2 用正交线性替换化实二次型为标准型

二次型经过非退化线性替换所化成的标准二次型称为二次型的标准型.

定义 7.34 设 $\boldsymbol{P}$ 是一个 n 阶正交矩阵,称线性替换 $\boldsymbol{X}=\boldsymbol{PY}$ 为一个正交线性替换.

用定理 7.14 不难证明下述结论.

定理 7.15 实二次型 $f(x_1, x_2, \cdots, x_n)=\boldsymbol{X}^{\mathrm{T}}\boldsymbol{AX}$ 可以经过正交线性替换 $\boldsymbol{X}=\boldsymbol{PY}$ 化成标准形

$$\lambda_1 y_1^2+\lambda_2 y_2^2+\cdots+\lambda_n y_n^2,$$

其中,λ_1, λ_2, $\cdots$, λ_n 是对称矩阵 $\boldsymbol{A}$ 的全部特征值.

例 4 用正交线性替换将二次型

$$f(x_1, x_2, x_3)=4x_1^2+4x_1x_2+4x_1x_3+4x_2^2+4x_3^2+4x_2x_3$$

化为标准型.

解 二次型 $f(x_1, x_2, x_3)$ 的矩阵为

$$\boldsymbol{A}=\begin{pmatrix}4&2&2\\2&4&2\\2&2&4\end{pmatrix},$$

由 7.5 节例 12,

$$\boldsymbol{P}=(\boldsymbol{\eta}_1, \boldsymbol{\eta}_2, \boldsymbol{\eta}_3)=\begin{pmatrix}-\frac{1}{\sqrt{2}}&-\frac{1}{\sqrt{6}}&\frac{1}{\sqrt{3}}\\\frac{1}{\sqrt{2}}&-\frac{1}{\sqrt{6}}&\frac{1}{\sqrt{3}}\\0&\frac{2}{\sqrt{6}}&\frac{1}{\sqrt{3}}\end{pmatrix}$$

是一个正交矩阵,并且

$$\boldsymbol{P}^{-1}\boldsymbol{AP}=\boldsymbol{P}^{\mathrm{T}}\boldsymbol{AP}=\begin{pmatrix}2&0&0\\0&2&0\\0&0&8\end{pmatrix},$$

于是二次型 $f(x_1, x_2, x_3)$ 可以经过正交线性替换

$$\begin{pmatrix} x_1 \\ x_2 \\ x_3 \end{pmatrix} = \boldsymbol{P} \begin{pmatrix} y_1 \\ y_2 \\ y_3 \end{pmatrix}$$

化成标准形

$$2y_1^2 + 2y_2^2 + 8y_3^2.$$

在二次型 $f(x_1, x_2, \cdots, x_n)$ 的标准型中，系数为正数的平方项个数称为 $f(x_1, x_2, \cdots, x_n)$ 的正惯性指数；系数为负数的平方项个数称为 $f(x_1, x_2, \cdots, x_n)$ 的负惯性指数；正惯性指数与负惯性指数的差称为 $f(x_1, x_2, \cdots, x_n)$ 的符号差.

关于实对称矩阵的合同问题，有如下事实.

实对称矩阵 $\boldsymbol{A}$ 合同于对角阵

$$\begin{pmatrix} \boldsymbol{E}_p & 0 & 0 \\ 0 & -\boldsymbol{E}_{r-p} & 0 \\ 0 & 0 & 0 \end{pmatrix},$$

其中，p，r 分别为实二次型 $f(x_1, x_2, \cdots, x_n) = \boldsymbol{X}^{\mathrm{T}}\boldsymbol{A}\boldsymbol{X}$ 的正惯性指数和秩. 从而两个 n 阶实对称矩阵合同的充分必要条件是它们有相同的秩和相同的正惯性指数.

7.6.3 正定二次型

定义 7.35 设 $f(x_1, x_2, \cdots, x_n)$ 是一个实二次型，若对于任意一组不全为零的实数 $c_1, c_2, \cdots, c_n$，都有 $f(c_1, c_2, \cdots, c_n) > 0$，则称 $f(x_1, x_2, \cdots, x_n)$ 是正定二次型，并且称矩阵 $\boldsymbol{A}$ 为正定矩阵.

例 5 二次型

$$f(x_1, x_2, x_3) = x_1^2 + 2x_2^2 + 5x_3^2$$

是正定的. 而实二次型

$$f(x_1, x_2, x_3) = x_1^2 + 2x_2^2 + 5x_3^2 + 4x_1x_2$$

不是正定的.

例 6 标准实二次型

$$f(x_1, x_2, \cdots, x_n) = d_1x_1^2 + d_2x_2^2 + \cdots + d_nx_n^2$$

正定的充分必要条件是 $d_i > 0$, $i = 1, 2, \cdots, n$.

例 7 若实二次型 $f(x_1, x_2, \cdots, x_n) = \sum\limits_{i=1}^{n}\sum\limits_{j=1}^{n} a_{ij}x_ix_j$ 中某个平方项 $a_{kk}x_k^2$ 的系数 a_{kk} 小于或等于零，则 $f(x_1, x_2, \cdots, x_n)$ 不是正定二次型.

容易证明下列基本事实.

若实二次型 $f(x_1, x_2, \cdots, x_n) = \boldsymbol{X}^{\mathrm{T}}\boldsymbol{A}\boldsymbol{X}$ 经非退化线性替换 $\boldsymbol{X} = \boldsymbol{C}\boldsymbol{Y}$ 化为二次型 $\boldsymbol{Y}^{\mathrm{T}}\boldsymbol{B}\boldsymbol{Y}$，则二次型 $\boldsymbol{X}^{\mathrm{T}}\boldsymbol{A}\boldsymbol{X}$ 正定当且仅当二次型 $\boldsymbol{Y}^{\mathrm{T}}\boldsymbol{B}\boldsymbol{Y}$ 正定.

若 n 阶实对称矩阵 $\boldsymbol{A}$ 与 $\boldsymbol{B}$ 合同，则矩阵 $\boldsymbol{A}$ 正定的充分必要条件是矩阵 $\boldsymbol{B}$ 正定.

为了讨论正定二次型的判定方法，先给出顺序主子式的概念.

定义 7.36 n 阶矩阵 $\boldsymbol{A}$ 的子式

$$\boldsymbol{P}_k=\begin{vmatrix} a_{11} & a_{12} & \cdots & a_{1k} \\ a_{21} & a_{22} & \cdots & a_{2k} \\ \vdots & \vdots & & \vdots \\ a_{k1} & a_{k2} & \cdots & a_{kk} \end{vmatrix}$$

称为 $\boldsymbol{A}$ 的 k 阶顺序主子式，$k=1, 2, \cdots, n$.

定理 7.16 对于实二次型 $f(x_1, x_2, \cdots, x_n)=\boldsymbol{X}^{\mathrm{T}}\boldsymbol{A}\boldsymbol{X}$，其中，$\boldsymbol{A}$ 是对称矩阵，则下列条件是等价的：

(1) 二次型 $f(x_1, x_2, \cdots, x_n)=\boldsymbol{X}^{\mathrm{T}}\boldsymbol{A}\boldsymbol{X}$ 是正定的；

(2) 二次型 $f(x_1, x_2, \cdots, x_n)$的正惯性指数等于 n；

(3) 矩阵 $\boldsymbol{A}$ 的特征值都是正实数；

(4) 矩阵 $\boldsymbol{A}$ 的顺序主子式全大于零；

(5) 矩阵 $\boldsymbol{A}$ 与单位矩阵合同.

例 8 判断下列二次型是否为正定二次型？

(1) $f(x_1, x_2, x_3)=5x_1^2+x_2^2+5x_3^2+4x_1x_2-8x_1x_3-4x_2x_3$.

(2) $f(x_1, x_2, x_3)=4x_1^2+x_2^2+5x_3^2+4x_1x_2-8x_1x_3-4x_2x_3$.

解 (1) 二次型 $f(x_1, x_2, x_3)$的矩阵为

$$\boldsymbol{A}=\begin{pmatrix} 5 & 2 & -4 \\ 2 & 1 & -2 \\ -4 & -2 & 5 \end{pmatrix},$$

它的三个顺序主子式分别为

$$5>0,\ \begin{vmatrix} 5 & 2 \\ 2 & 1 \end{vmatrix}=1>0,\ \begin{vmatrix} 5 & 2 & -4 \\ 2 & 1 & -2 \\ -4 & -2 & 5 \end{vmatrix}=1>0,$$

所以，$f(x_1, x_2, x_3)$是正定二次型.

(2) 二次型 $f(x_1, x_2, x_3)$的矩阵为

$$\boldsymbol{A}=\begin{pmatrix} 4 & 2 & -4 \\ 2 & 1 & -2 \\ -4 & -2 & 5 \end{pmatrix},$$

由于它的二阶顺序主子式

$$\begin{vmatrix} 4 & 2 \\ 2 & 1 \end{vmatrix}=0,$$

所以 $f(x_1, x_2, x_3)$不是正定二次型.

例 9 λ 取什么值时，二次型

$$f(x_1, x_2, x_3, x_4) = \lambda(x_1^2 + x_2^2 + x_3^2) + 2x_1x_2 - 2x_1x_3 - 2x_2x_3 + x_4^2$$

是正定二次型.

解 二次型 $f(x_1, x_2, x_3, x_4)$的矩阵

$$\boldsymbol{A} = \begin{pmatrix} \lambda & 1 & -1 & 0 \\ 1 & \lambda & -1 & 0 \\ -1 & -1 & \lambda & 0 \\ 0 & 0 & 0 & 1 \end{pmatrix}$$

的各阶顺序主子式依次为

$$\lambda, \begin{vmatrix} \lambda & 1 \\ 1 & \lambda \end{vmatrix} = \lambda^2 - 1, \begin{vmatrix} \lambda & 1 & -1 \\ 1 & \lambda & -1 \\ -1 & -1 & \lambda \end{vmatrix} = \begin{vmatrix} \lambda & 1 & -1 & 0 \\ 1 & \lambda & -1 & 0 \\ -1 & -1 & \lambda & 0 \\ 0 & 0 & 0 & 1 \end{vmatrix} = \lambda^3 - 3\lambda + 2,$$

所以当且仅当 $\lambda > 0$, $\lambda^2 - 1 > 0$, $\lambda^3 - 3\lambda + 2 > 0$ 时,二次型 $f(x_1, x_2, x_3, x_4)$ 是正定的,即当且仅当 $\lambda > 1$ 时,二次型 $f(x_1, x_2, x_3, x_4)$ 是正定的.

习题 7.6

1. 求正交变换 $\boldsymbol{X} = \boldsymbol{PY}$, 将下列二次型化为标准型.

(1) $f(x_1, x_2, x_3) = 2x_1^2 + 3x_2^2 + 3x_3^2 + 4x_2x_3$;

(2) $f(x_1, x_2, x_3, x_4) = x_1^2 + x_2^2 + x_3^2 + x_4^2 + 2x_1x_2 + 2\sqrt{3}x_2x_3$.

2. 设二次型 $f(x_1, x_2, x_3) = ax_1^2 + ax_2^2 + (a-1)x_3^2 + 2x_1x_3 - 2x_2x_3$,

(1) 求二次型 f 的矩阵的所有特征值.

(2) 若二次型 f 的规范型为 $y_1^2 + y_2^2$, 求 a.

3. 若二次型 $f = x_1^2 + x_2^2 + 4x_3^2 + 2\alpha x_1x_2 + 2x_1x_2 + 2\beta x_2x_3$ 经正交变换 $x = \boldsymbol{P}y$ 化成 $f = y_2^2 + 2y_3^2$, 求 $\boldsymbol{\alpha}$, $\boldsymbol{\beta}$.

4. 设 $b > 0$, 二次型 $f = ax_1^2 + 2x_2^2 - 2x_3^2 + 2x_1x_2 + 2bx_1x_3$ 的矩阵的特征值之和为 1, 特征值之积为 -12,

(1) 求 a, b 的值.

(2) 求正交变换将 f 化成标准型.

5. 判断下列二次型的正定性.

(1) $f(x_1, x_2, x_3) = -2x_1^2 - 6x_2^2 - 4x_3^2 + 2x_1x_2 + 2x_1x_3$;

(2) $f(x_1, x_2, x_3, x_4) = x_1^2 + 3x_2^2 + 9x_3^2 + 19x_4^2 - 2x_1x_2 + 4x_1x_3 - 2x_1x_4 - 6x_2x_4 - 12x_3x_4$.

6. 设 $\boldsymbol{A}$ 为正定矩阵,证明 $\boldsymbol{A}$ 可逆,且 $\boldsymbol{A}^{-1}$ 也是正定矩阵.

7. 设 $\boldsymbol{A} = \begin{pmatrix} 1 & 0 & 1 \\ 0 & 2 & 0 \\ 1 & 0 & 1 \end{pmatrix}$, 求对角矩阵 $\boldsymbol{\Lambda}$, 使 $\boldsymbol{B} = (k\boldsymbol{E} + \boldsymbol{A})^2$ 与 $\boldsymbol{A}$ 相似. 并求 k 为何值时, $\boldsymbol{B}$ 为正定矩阵.

8. 设 $\boldsymbol{A}$ 为 $m \times n$ 实矩阵,证明:当 $k > 0$ 时, $\boldsymbol{B} = k\boldsymbol{E} + \boldsymbol{A}^{\mathrm{T}}\boldsymbol{A}$ 是正定矩阵.

9. 设三阶实对称矩阵 $\boldsymbol{A}$ 的秩为 2, 且满足 $\boldsymbol{A}^2 + 2\boldsymbol{A} = 0$,

(1) 求 $\boldsymbol{A}$ 的特征值.

(2) 当 k 为何值时, $\boldsymbol{A} + k\boldsymbol{E}$ 为正定矩阵.

总习题 7

一、选择题

1. 设 $\boldsymbol{D}=\begin{vmatrix} c & d \\ a & b \end{vmatrix}=3$,则 $D_1=\begin{vmatrix} 3c & 3d \\ 3a & 3b \end{vmatrix}$ 等于( ).

A. -9　　B. 27　　C. -27　　D. 9

2. 设 $\boldsymbol{A}, \boldsymbol{B}$ 均为 n 阶方阵,则下列正确的是( )

A. $(\boldsymbol{AB})^{\mathrm{T}}=\boldsymbol{A}^{\mathrm{T}}\boldsymbol{B}^{\mathrm{T}}$　　B. $\boldsymbol{AB}=\boldsymbol{0}$ 且 $|\boldsymbol{A}|\neq 0$,则 $\boldsymbol{B}=\boldsymbol{0}$

C. $\boldsymbol{A}^2-\boldsymbol{B}^2=(\boldsymbol{A}+\boldsymbol{B})(\boldsymbol{A}-\boldsymbol{B})$　　D. $|\boldsymbol{A}+\boldsymbol{B}|=|\boldsymbol{A}|+|\boldsymbol{B}|$

3. 矩阵 $\boldsymbol{A}$ 的右边乘以初等矩阵 $P[8(-3)+9]$ 相当于( ).

A. 矩阵 $\boldsymbol{A}$ 的第 8 行的 -3 倍加到第 9 行

B. 矩阵 $\boldsymbol{A}$ 的第 8 列的 -3 倍加到第 9 列

C. 矩阵 $\boldsymbol{A}$ 的第 9 列的 -3 倍加到第 8 列

D. 矩阵 $\boldsymbol{A}$ 的第 9 行的 -3 倍加到第 8 列

4. n 维向量组 $\boldsymbol{\alpha}_1, \boldsymbol{\alpha}_2, \boldsymbol{\alpha}_3, \cdots, \boldsymbol{\alpha}_s, (3\leqslant s\leqslant n)$ 线性无关的充要条件是( ).

A. 存在一组不全为零的数 $k_1, k_2, \cdots, k_s$,使 $k_1\boldsymbol{\alpha}_1+k_2\boldsymbol{\alpha}_2+\cdots+k_s\boldsymbol{\alpha}_s\neq\boldsymbol{0}$

B. $\boldsymbol{\alpha}_1, \boldsymbol{\alpha}_2, \cdots, \boldsymbol{\alpha}_s$ 的一个部分组是线性无关的

C. $\boldsymbol{\alpha}_1, \boldsymbol{\alpha}_2, \cdots, \boldsymbol{\alpha}_s$ 中任意一个向量都不能由其余向量线性表示

D. $\boldsymbol{\alpha}_1, \boldsymbol{\alpha}_2, \cdots, \boldsymbol{\alpha}_s$ 中任意一个向量都能由其余向量线性表示

5. 设 $\boldsymbol{\alpha}_1, \boldsymbol{\alpha}_2$ 为非齐次线性方程组 $\boldsymbol{AX}=\boldsymbol{\beta}(\boldsymbol{\beta}\neq\boldsymbol{0})$ 的解向量,则下列向量中是仍是 $\boldsymbol{AX}=\boldsymbol{\beta}(\boldsymbol{\beta}\neq\boldsymbol{0})$ 的解向量的为( ).

A. $\frac{1}{2}\boldsymbol{\alpha}_1-2\boldsymbol{\alpha}_2$　　B. $\frac{1}{2}(\boldsymbol{\alpha}_1+\boldsymbol{\alpha}_2)$　　C. $\boldsymbol{\alpha}_1-\boldsymbol{\alpha}_2$　　D. $\boldsymbol{\alpha}_1+2\boldsymbol{\alpha}_2$

二、填空题

6. 行列式展开式中某一项为 $a_{32}a_{14}a_{23}a_{41}$,则此项前面的符号为________(正,负).

7. 已知 $\boldsymbol{A}=(1, 2, 3)$, $\boldsymbol{B}=\begin{pmatrix} 1 \\ 2 \\ 3 \end{pmatrix}$,则 $\boldsymbol{BA}=$__________.

8. $\begin{pmatrix} 1 & 0 & 0 \\ 0 & 1 & 0 \\ 1 & 0 & 1 \end{pmatrix}\begin{pmatrix} 9 & 8 & 7 \\ 6 & 5 & 4 \\ 3 & 2 & 1 \end{pmatrix}\begin{pmatrix} 1 & 0 & 0 \\ 0 & 1 & 0 \\ -1 & 0 & 1 \end{pmatrix}=$________.

9. 根据四维向量空间 R^4 中内积的定义,两个向量 $\boldsymbol{\alpha}=(1, 2, 0, 2)^{\mathrm{T}}$ 与 $\boldsymbol{\beta}=(2, 1, 0, 2)^{\mathrm{T}}$ 的内积为________.

10. 已知矩阵 $\begin{pmatrix} -2 & 3 & 2 \\ 0 & 1 & 1 \\ 0 & 2 & x \end{pmatrix}$ 与 $\begin{pmatrix} y & 0 & 0 \\ 0 & 2 & 0 \\ 0 & 0 & -1 \end{pmatrix}$ 相似,$xy=$________.

三、计算题

11. 求 $\boldsymbol{D}=\begin{vmatrix} 1 & 3 & 3 & 3 \\ 3 & 1 & 3 & 3 \\ 3 & 3 & 1 & 3 \\ 3 & 3 & 3 & 1 \end{vmatrix}$ 的行列式.

12. 已知 $\boldsymbol{X}\begin{pmatrix} 2 & 1 & -1 \\ 2 & 1 & 0 \\ 1 & -1 & 1 \end{pmatrix}=\begin{pmatrix} 1 & 0 & 0 \\ 0 & 1 & 0 \\ 1 & 0 & 1 \end{pmatrix}$,求矩阵 $\boldsymbol{X}$.

13. 求齐次线性方程组$\begin{cases}x_1+x_2-x_3-x_4=0,\\2x_1-5x_2+5x_3+5x_4=0,\\x_1-6x_2+6x_3+6x_4=0\end{cases}$的一个基础解系，并求其通解.

14. 已知矩阵 $\boldsymbol{A}=\begin{pmatrix}-2&1&1\\0&2&0\\-4&3&3\end{pmatrix}$，求可逆矩阵 $\boldsymbol{P}$，使得 $\boldsymbol{P}^{-1}\boldsymbol{AP}$ 为对角矩阵.

四、证明题

15. 设 n 阶方阵 $\boldsymbol{A}$ 满足 $\boldsymbol{A}^2+2\boldsymbol{A}+4\boldsymbol{E}=\boldsymbol{0}$，证明：$\boldsymbol{A}+\boldsymbol{E}$ 可逆，并求 $(\boldsymbol{A}+\boldsymbol{E})^{-1}$.

16. 已知向量组 $\boldsymbol{\alpha}_1$，$\boldsymbol{\alpha}_2$ 线性无关，证明：$\boldsymbol{\beta}_1=\boldsymbol{\alpha}_1+\boldsymbol{\alpha}_2$，$\boldsymbol{\beta}_2=2\boldsymbol{\alpha}_1-\boldsymbol{\alpha}_2$ 线性无关.

17. 设 $\boldsymbol{\alpha}_1$，$\boldsymbol{\alpha}_2$ 是矩阵 $\boldsymbol{A}$ 对应特征值 λ_1，λ_2 的特征向量，若 $\lambda_1\neq\lambda_2$，证明：$\boldsymbol{\alpha}_1+\boldsymbol{\alpha}_2$ 不是矩阵 $\boldsymbol{A}$ 的特征向量.

第 8 章　概率论与数理统计

自然界和社会上发生的现象是多种多样的. 有一类现象,在一定条件下必然发生,这类现象称为确定性现象. 在自然界和社会上也还存在着另外一类现象,在一定的条件下,可能出现这样的结果,也可能出现那样的结果,而在试验或观察之前不能预知确切的结果,但人们经过长期实践并深入研究之后,发现这类现象在大量重复试验或观察下,它的结果却呈现出某种规律性. 这种在个别试验中其结果呈现出不确定性,在大量重复试验中其结果又具有统计规律性的现象,称之为随机现象. 概率论与数理统计是研究和揭示随机现象统计规律性的一门数学科学.

8.1　随机事件与概率

8.1.1　随机事件及其运算

在一定条件下,对自然与社会现象进行的观察或实验称为试验,在概率论中,将满足下述条件的试验称为随机试验:

(1) 试验在相同的条件下是可以重复进行的;

(2) 试验的结果不至一个,但全部可能结果事先是知道的;

(3) 每一次试验都会出现上述全部可能结果中的某一个结果,至于是哪一个结果则事先无法预知.

例 1　(1) 抛一枚硬币,观察正面朝上的次数;

(2) 掷一颗骰子,出现的点数;

(3) 单位时间内,某电话交换台被呼叫的次数;

(4) 某种型号灯泡的使用寿命;

(5) 测量某物理量(长度、直径等)的误差.

定义 8.1　随机试验的每一个可能的结果组成的集合称为样本空间, 记 $\Omega=\{\omega\}$, 样本空间的元素 ω,即 Ω 的每一个结果,称为样本点.

例 2　例 1 中随机现象的样本空间:

(1) 抛一枚硬币的样本空间: $\Omega_1=\{\omega_1,\ \omega_2\}$,其中 ω_1 表示正面朝上,ω_2 表示反面朝上.

(2) 掷一颗骰子的样本空间: $\Omega_2=\{1,\ 2,\ \cdots,\ 6\}$.

(3) 单位时间内某电话交换台被呼叫的次数的样本空间: $\Omega_3=\{0,\ 1,\ 2,\ \cdots\}$.

(4) 某种型号灯泡的使用寿命的样本空间: $\Omega_4=\{t\mid t\geqslant 0\}$.

(5) 测量误差的样本空间: $\Omega_5=\{x\mid -\infty<x<+\infty\}$.

定义 8.2　随机试验的某些样本点组成的集合称为随机事件,简称事件,一般用大写的字母 $A,\ B,\ C,\ \cdots$表示. 由样本空间 Ω 中的单个元素组成的子集称为基本事件. 而样本空间的最大子集(即 Ω 本身)称为必然事件. 样本空间的最小子集(即空集$\varnothing$)称为不可能事件.

1. 随机事件的关系

1) 包含关系

如果 A 中的样本点都是 B 中的样本点，则称 A 包含于 B(图 8-1)，或称 B 包含 A，也称 A 为 B 的子事件，记为 $A \subset B$ 或 $B \supset A$. 这是指事件 A 发生必然导致事件 B 发生.

2) 相等关系

A 中的样本点都是 B 中的样本点，同时 B 中的样本点又都是 A 中的样本点，即 $A \subset B$ 且 $B \subset A$，则称事件 A 与事件 B 相等，记为 $A = B$.

3) 互不相容关系

如果 A 与 B 没有相同的样本点(图 8-2)，则称 A 与 B 互不相容. 这是指事件 A 与事件 B 不能同时发生.

2. 事件间的运算

(1) 事件 A 与 B 的并(和)，事件 $A \cup B = \{x \mid x \in A$ 或 $x \in B\}$ 称为事件 A 与事件 B 的和事件(图 8-3).

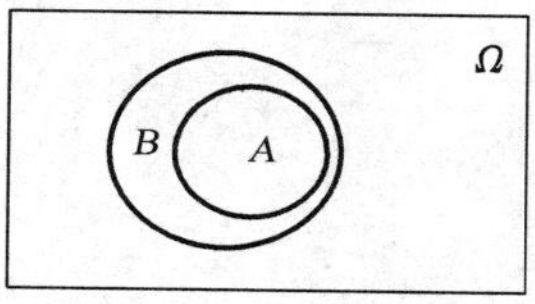

图 8-1

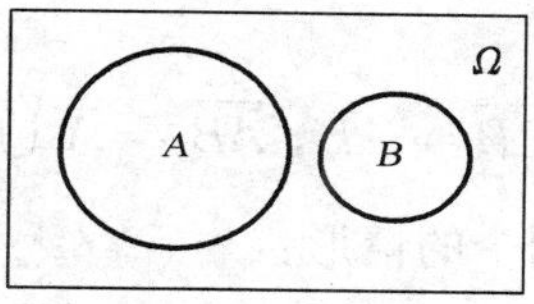

图 8-2

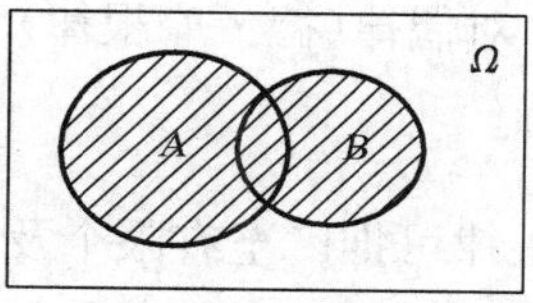

图 8-3

当且仅当事件 A 与 B 中至少有一个发生时，事件 $A \cup B$ 发生.

事件的并运算可推广至有限个或可列个的情形

$$\bigcup_{i=1}^{n} A_i \quad 或 \quad \bigcup_{i=1}^{\infty} A_i.$$

(2) 事件 A 与 B 的交(积)，事件 $A \cap B = \{x \mid x \in A$ 且 $x \in B\}$. 称为事件 A 与事件 B 的积事件(图 8-4). 当且仅当 A，B 同时发生时，事件 $A \cap B$ 发生. $A \cap B$ 也记作 AB.

事件的交运算可推广至有限个或可列个的情形：

$$\bigcap_{i=1}^{n} A_i \quad 或 \quad \bigcap_{i=1}^{\infty} A_i.$$

(3) 事件 A 与事件 B 的差，事件 $A - B = \{x \mid x \in A$ 且 $x \notin B\}$ 称为事件 A 与事件 B 的差事件(图 8-5) 当且仅当 A 发生，B 不发生时，事件 $A - B$ 发生.

(4) 对立事件.

若 $A \cup B = \Omega$，$A \cap B = \varnothing$，则称事件 A 与事件 B 互为逆事件(图 8-6) 又称事件 A 与事件 B 互为对立事件，这指的是对每次试验而言，事件 A，B 中必有一个发生，且仅有一个发生. A 的对立事件记为 $\overline{A}$.

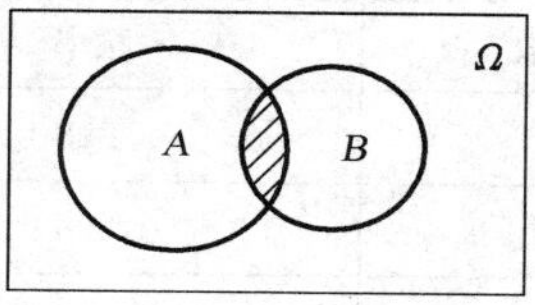

图 8-4

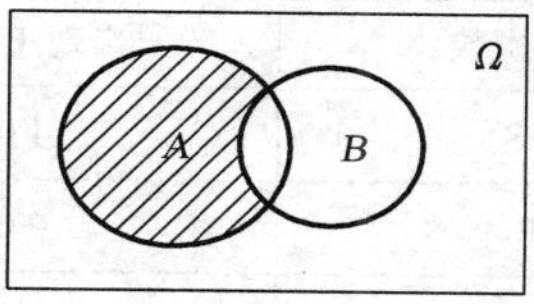

图 8-5

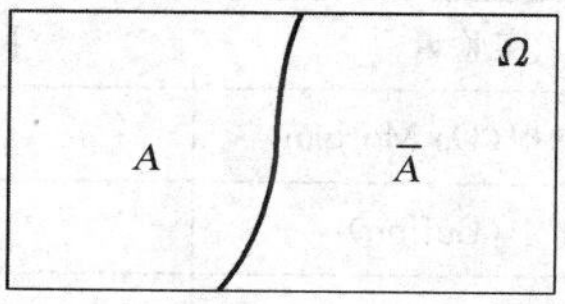

图 8-6

例 3 设 A, B, C 是某个随机现象的三个事件，则

(1) 事件"A 发生，B, C 都不发生"可表示为：$A\overline{B}\overline{C}$；

(2) 事件"A, B 都发生，C 不发生"可表示为：$AB\overline{C}$；

(3) 事件"三个事件都发生"可表示为：ABC；

(4) 事件"三个事件中至少有一个出现"可表示为：$A \cup B \cup C$.

在进行事件运算时，经常要用到下述定律. 设 A, B, C 为事件，则有

(1) 交换律

$$A \cup B = B \cup A,\ AB = BA.$$

(2) 结合律

$$(A \cup B) \cup C = A \cup (B \cup C),\ (AB)C = A(BC).$$

(3) 分配律

$$(A \cup B) \cap C = AC \cup BC,\ (A \cap B) \cup C = (A \cup C) \cap (B \cup C).$$

(4) 对偶律(德·摩根律)

$$\overline{A \cup B} = \overline{A}\overline{B},\ \overline{AB} = \overline{A} \cup \overline{B}.$$

德·摩根律可推广至有限个及可列个的情形：

$$\overline{\bigcup_{i=1}^{n} A_i} = \bigcap_{i=1}^{n} \overline{A}_i,\ \overline{\bigcap_{i=1}^{n} A_i} = \bigcup_{i=1}^{n} \overline{A}_i,$$

$$\overline{\bigcup_{i=1}^{\infty} A_i} = \bigcap_{i=1}^{\infty} \overline{A}_i,\ \overline{\bigcap_{i=1}^{\infty} A_i} = \bigcup_{i=1}^{\infty} \overline{A}_i$$

定义 8.3 在相同的条件下，进行 n 次试验，则在 n 次试验中，事件 A 发生的次数为 $n(A)$，称为事件 A 出现的频数，与试验次数 n 的比值 n_A/n，称为事件 A 出现的频率. 记 $f_n(A)$.

由定义，易见频率具有下述基本性质：

(1) 非负性 $f_n(A) \geqslant 0$；

(2) 正则性 $f_n(\Omega) = 1$；

(3) 有限可加性 若 $A_1, A_2, \cdots, A_m$，两两互不相容，则 $f(\bigcup_{i=1}^{m} A_i) = \sum_{i=1}^{m} f(A_i)$.

例 4 说明频率稳定性的例子.

历史上有不少人做过抛硬币的试验，其结果见表 8-1，从表中的数据可知：出现正面的频率逐渐稳定在 0.5.

表 8-1 **历史上抛硬币试验的若干结果**

实验者	抛硬币次数	出现正面次数	频率
德·摩根(De Morgan)	2 048	1 061	0.518 1
蒲丰(Buffon)	4 040	2 048	0.506 9
费勒(Feller)	10 000	4 979	0.497 9

续表

实验者	抛硬币次数	出现正面次数	频率
皮尔逊(Pearson)	12 000	6 019	0.501 6
皮尔逊	24 000	12 012	0.500 5

人们的长期实践表明:随着试验重复次数 n 的增加,频率 $f_n(A)$ 会稳定在某一常数 p 附近,称这个常数为频率的稳定值.把这个频率的稳定值称为事件 A 出现的概率.

粗略地,也可以这样用频率来定义概率

$$P(A) \approx f_n(A) \quad (n\text{ 足够大}).$$

定义 8.4 设 Ω 为一个样本空间,对 Ω 中的任一随机事件 A,定义一个实数值 $P(A)$ 满足:

(1) 非负性 $P(A) \geqslant 0$;

(2) 正则性 $P(\Omega) = 1$;

(3) 可列可加性 若 $A_1, A_2, \cdots$,两两互不相容,有

$$P(\bigcup_{i=1}^{\infty} A_i) = \sum_{i=1}^{\infty} P(A_i),$$

则称 $P(A)$ 为事件 A 的概率.

概率的性质:

性质 1 $P(\varnothing) = 0$.

性质 2 (有限可加性)若有限个事件 $A_1, A_2, \cdots, A_n$ 互不相容,则

$$P(\bigcup_{i=1}^{n} A_i) = \sum_{i=1}^{n} P(A_i).$$

性质 3 对任一事件 A,则 $P(\overline{A}) = 1 - P(A)$.

性质 4 若 $A \supset B$,则 $P(A - B) = P(A) - P(B)$.

推论 (单调性)若 $A \supset B$,则 $P(A) \geqslant P(B)$.

性质 5 对任意两个事件 A, B,则 $P(A - B) = P(A) - P(AB)$.

性质 6 (加法公式)对任意两个事件 A, B,则

$$P(A \cup B) = P(A) + P(B) - P(AB).$$

对任意 n 个事件 $A_1, A_2, \cdots, A_n$,则

$$P(\bigcup_{i=1}^{n} A_i) = \sum_{i=1}^{n} P(A_i) - \sum_{1 \leqslant i < j \leqslant n} P(A_i A_j) + \sum_{1 \leqslant i < j < k \leqslant n} P(A_i A_j A_k) + \cdots + (-1)^{n-1} P(A_1 A_2 \cdots A_n).$$

推论 (半可加性)对任意两个事件 A, B,有

$$P(A \cup B) \leqslant P(A) + P(B).$$

8.1.2 古典概型概率

古典概型的特征：

(1) 样本空间 Ω 中只有有限个样本点，$\Omega = \{\omega_1, \omega_2, \cdots, \omega_n\}$；

(2) 每个样本点发生的可能性相等，$P(\omega_1) = P(\omega_2) = \cdots = P(\omega_n) = \dfrac{1}{n}$；

(3) 若事件 A 含有 k 个样本点，则事件 A 的概率为

$$P(A) = \frac{\text{事件 } A \text{ 所含样本点的个数}}{\Omega \text{ 中所有样本点的个数}} = \frac{k}{n}.$$

例 5 抛两枚硬币，记 $A=$“一个正面朝上，一个反面朝上”，$B=$“两个正面朝上”，$C=$“至少一个正面朝上”，求 $P(A)$，$P(B)$，$P(C)$.

解 此试验的样本空间为 $\Omega=\{$(正，正)，(正，反)，(反，正)，(反，反)$\}$，

由于 $A=\{$(正，反)，(反，正)$\}$，所以 $P(A)=\dfrac{1}{2}$；

由于 $B=\{$(正，正)$\}$，所以 $P(B)=\dfrac{1}{4}$；

由于 $C=\{$(正，正)，(正，反)，(反，正)$\}$，所以 $P(C)=\dfrac{3}{4}$.

例 6 设袋中有 5 只白球，7 只黑球. 从中任取 3 只，求至少取到 1 只白球的概率.

解 记“取出的 3 只中至少有 1 只白球”为事件 A，则 A 的对立事件为“取到的 3 只球全是黑球”，从而

$$P(\overline{A}) = \frac{\binom{7}{3}}{\binom{12}{3}} = \frac{7}{44} = 0.159,$$

所以

$$P(A) = 1 - P(\overline{A}) = \frac{37}{44} = 0.841.$$

例 7 (抽样问题)一批产品共有 N 个，其中 M 个是次品，$N-M$ 个是正品. 从中随机取出 n 个，试求事件 $A_m=$“取出的 n 个产品中有 m 个次品”的概率.

解 利用排列组合知识，有

$$P(A_m) = \frac{\binom{M}{m}\binom{N-M}{n-m}}{\binom{N}{n}},\ m = 0, 1, \cdots, r,\ r = \min(n, M).$$

几何概型的基本思想是：

(1) 样本空间 Ω 充满某个区域，其度量(长度、面积或体积等)大小可用 S_Ω 表示；

(2) 任意一点落在度量相同的子区域内是等可能的，与子区域的形状及子区域在 Ω 中

位置无关；

(3) 设事件 A 为 Ω 中的某个子区域，其度量大小可用 S_A 表示，则事件 A 的概率为

$$P(A)=\frac{S_A}{S_\Omega}.$$

例 8 (会面问题)甲乙两人相约 7 点到 8 点在某地会面，先到者等候另一人 20 min，如果超过 20 min 对方仍未到达就离去不再等候，试求这两人能会面的概率.

解 设甲于 7 点 x 分到达会面地点，乙于 7 点 y 分到达会面地点.

已知 $0\leqslant x\leqslant 60$, $0\leqslant y\leqslant 60$. 所有可能的结果，即样本空间 Ω，可表示为 $\{(x, y)\mid 0\leqslant x\leqslant 60, 0\leqslant y\leqslant 60\}$. 它在平面直角坐标系中对应于一个边长为 60 的正方形，面积为 $S_\Omega=60^2$.

设 A 是甲乙两人能会面的事件，两人能会面的充要条件为 $|x-y|\leqslant 20$，所以它可表示为 $A=\{(x, y)\mid |x-y|\leqslant 20, 0\leqslant x\leqslant 60, 0\leqslant y\leqslant 60\}$. 与 A 对应的区域即图 8-7 中用阴影标出的部分，它的面积等于 $S_A=60^2-40^2$.

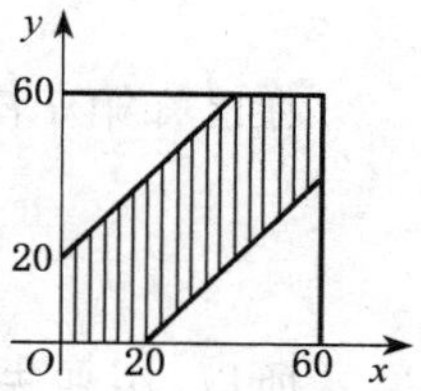

图 8-7

根据几何概率的定义，所求概率为

$$P(A)=\frac{S_A}{S_\Omega}=\frac{60^2-40^2}{60^2}=\frac{5}{9}.$$

8.1.3 条件概率

条件概率是概率论中的一个重要而实用的概念，所考虑的是在已知事件 A 发生条件下，事件 B 发生的概率.

定义 8.5 设 A, B 是两个随机事件，且 $P(A)>0$，

$$P(B\mid A)=\frac{P(AB)}{P(A)}$$

称为在事件 A 发生条件下事件 B 发生的条件概率.

不难验证，条件概率 $P(\cdot\mid A)$ 满足概率定义中的三条公理，即

(1) 非负性　对于任一事件 B，有 $P(B\mid A)\geqslant 0$；

(2) 正则性　$P(\Omega\mid A)=1$；

(3) 可列可加性　若 B_1, B_2, …，两两互不相容，则 $P(\bigcup\limits_{i=1}^{\infty}B_i\mid A)=\sum\limits_{i=1}^{\infty}P(B_i\mid A)$.

乘法定理 设 $P(A)>0$，则

$$P(AB)=P(A)P(B\mid A).$$

一般，设 A_1, A_2, …, A_n 为 n 个事件，$n\geqslant 2$, $P(A_1A_2\cdots A_{n-1})>0$，则

$$P(A_1A_2\cdots A_n)=P(A_1)P(A_2\mid A_1)P(A_3\mid A_1A_2)\cdots P(A_n\mid A_1A_2\cdots A_{n-1}).$$

例 9 (抽签问题)5 个签中有一个为实物签，5 人轮流抽取，求恰好第三人抽中实物签的概率.

解 记 $A_i=$“第 i 人抽中实物签”，$i=1, 2, 3, 4, 5$. 则所求概率为

$$P(\overline{A}_1\ \overline{A}_2\ A_3)=P(\overline{A}_1)P(\overline{A}_2 \mid \overline{A}_1)P(A_3 \mid \overline{A}_1\ \overline{A}_2)=\frac{4}{5}\times\frac{3}{4}\times\frac{1}{3}=\frac{1}{5}.$$

例 10 在 12 件产品中，已知有 7 件是正品，5 件是次品，从中任意取 3 次，每次取一件，取后不放回，求第 1 次取到正品，第 2 次取到次品，第 3 次又取到正品的概率.

解 设 $A_i=\{$第 i 次取到正品$\}$，$\overline{A}_i=\{$第 i 次取到次品$\}$ $(i=1,\ 2,\ 3)$.

第 1 次取到正品的概率为

$$P(A_1)=\frac{7}{12}.$$

在已知第 1 次取到正品的条件下，第 2 次取到次品的概率为

$$P(\overline{A}_2 \mid A_1)=\frac{5}{11}.$$

在已知第 1 次取到正品、第 2 次取到次品的条件下，第 3 次取到正品的概率为

$$P(A_3 \mid A_1\overline{A}_2)=\frac{6}{10}.$$

所以，用乘法公式就可以求得第 1 次取到正品、第 2 次取到次品、第 3 次又取到正品的概率为

$$P(A_1\overline{A}_2A_3)=P(A_1)P(\overline{A}_2 \mid A_1)P(A_3 \mid A_1\overline{A}_2)=\frac{7}{12}\times\frac{5}{11}\times\frac{6}{10}=\frac{7}{44}.$$

定理 8.1（全概率公式） 设 $B_1,\ B_2,\ \cdots,\ B_n$ 是样本空间 Ω 的一个分割（图 8-8），即

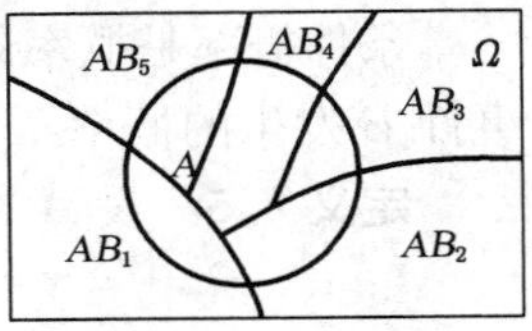

图 8-8

(1) $B_1,\ B_2,\ \cdots,\ B_n$ 互不相容；

(2) $\bigcup\limits_{i=2}^{n} B_i=\Omega$.

如果 $P(B_i)>0,\ i=1,\ 2,\ \cdots,\ n$，则对任一事件 A，有

$$P(A)=\sum_{i=1}^{n}P(B_i)P(A \mid B_i).$$

证明 因为

$$A=A\Omega=A(\bigcup_{i=1}^{n}B_i)=\bigcup_{i=1}^{n}(AB_i),$$

且 $AB_1,\ AB_2,\ \cdots,\ AB_n$ 互不相容，则由可加性可得

$$P(A)=P(\bigcup_{i=1}^{n}(AB_i))=\sum_{i=1}^{n}P(AB_i),$$

再将 $P(AB_i)=P(B_i)P(A \mid B_i),\ i=1,\ 2,\ \cdots,\ n$，代入上式即得

$$P(A)=\sum_{i=1}^{n}P(B_i)P(A \mid B_i).$$

定理 8.2（贝叶斯公式） 设 $B_1,\ B_2,\ \cdots,\ B_n$ 是样本空间 Ω 的一个分割，即

(1) $B_1,\ B_2,\ \cdots,\ B_n$ 互不相容；

(2) $\bigcup\limits_{i=1}^{n} B_i = \Omega$.

如果 $P(A) > 0$, $P(B_i) > 0$, $i = 1, 2, \cdots, n$, 则

$$P(B_i \mid A) = \frac{P(B_i)P(A \mid B_i)}{\sum\limits_{j=1}^{n} P(B_j)P(A \mid B_j)}, \; i = 1, 2, \cdots, n.$$

例 11 工厂有甲、乙、丙三个车间,生产同一螺钉,各个车间的产量分别占总产量的 25%, 35%, 40%,各个车间成品中次品的百分比分别为 5%, 4%, 2%,如从该厂产品中抽取一件,

(1) 求取到是次品的概率;

(2) 若取到的是次品,求它是乙车间生产的概率.

解 记事件 B_1, B_2, B_3 为取到甲、乙、丙车间生产的产品,事件 A="取到次品".

(1) 由全概率公式,有

$$\begin{aligned} P(A) &= P(B_1)P(A \mid B_1) + P(B_2)P(A \mid B_2) + P(B_3)P(A \mid B_3) \\ &= 0.25 \times 0.05 + 0.35 \times 0.04 + 0.4 \times 0.02 \\ &= 0.0125 + 0.014 + 0.08 = 0.0345. \end{aligned}$$

(2) 由贝叶斯公式,有

$$P(B_2 \mid A) = \frac{P(B_2)P(A \mid B_2)}{P(A)} = \frac{0.35 \times 0.04}{0.035} = 0.406.$$

8.1.4 随机事件的独立性

从概率的角度看,如果事件 B 的发生不影响事件 A 的发生,即 $P(A \mid B) = P(A)$,由此又可推出 $P(B \mid A) = P(B)$,即事件 A 的发生也不影响事件 B 的发生. 可见独立性是相互的,它们等价于

$$P(AB) = P(A)P(B).$$

定义 8.6 设 A, B 是两个事件,如果 $P(AB) = P(A)P(B)$ 成立,则称事件 A 与 B 相互独立,简称 A 与 B 独立.

在许多实际问题中,可以根据经验来判断事件间的独立性.

性质 1 若事件 A 与 B 独立,则 A 与 $\overline{B}$ 独立;$\overline{A}$ 与 B 独立;$\overline{A}$ 与 $\overline{B}$ 独立.

首先研究三个事件的独立性,对此给出以下的定义.

定义 8.7 设 A, B, C 是三个事件,如果有

$$\begin{cases} P(AB) = P(A)P(B), \\ P(BC) = P(B)P(C), \\ P(AC) = P(A)P(C), \end{cases}$$

则称 A, B, C 两两独立. 若还有

$$P(ABC) = P(A)P(B)P(C),$$

则称 A, B, C 相互独立.

推广到三个以上事件的相互独立性.

定义 8.8 设有 n 个事件 $A_1, A_2, \cdots, A_n$,若

$$P(A_{i_1}A_{i_2}\cdots A_{i_k}) = P(A_{i_1})P(A_{i_2})\cdots P(A_{i_k}) \quad (2 \leqslant i_k \leqslant n)$$

成立,则称 n 事件 $A_1, A_2, \cdots, A_n$ 相互独立.

例 12 设三事件 A, B, C 相互独立,试证 $A-B$ 与 C 相互独立.

证明 因为

$$\begin{aligned} P((A-B)C) &= P((A\overline{B})C) = P(A\overline{B}C) = P(A)P(\overline{B})P(C) \\ &= P(A\overline{B})P(C) = P(A-B)P(C). \end{aligned}$$

8.1.5 伯努利概型

将随机试验 E 重复进行 n 次,每次试验的结果互不影响,即每次试验结果出现的概率都不依赖于其他各次试验的结果,这样的试验称为 n 重独立试验.特别是,若在 n 重独立试验中,每次试验的结果只有两个:A 与 $\overline{A}$,且 $P(A) = p$, $P(\overline{A}) = q$ $(0 < p < 1,\ p + q = 1)$,则这样的试验称为伯努利(Bernoulli)试验或伯努利概型.

定理 8.3 在伯努利概型中,设事件 A 在每次试验中发生的概率 $P(A) = p$ $(0<p<1)$,则在 n 次独立试验中恰好发生 k 次的概率

$$P_n(k) = \binom{n}{k} p^k q^{n-k},$$

其中,$p + q = 1$, $k = 0, 1, 2, \cdots, n$.

证明 设事件 A_i 表示"事件 A 在第 i 次试验中发生",则有

$$P(A_i) = p,\ P(\overline{A}_i) = 1 - p = q \quad (i = 1, 2, \cdots, n).$$

因为各次试验是相互独立的,所以事件 $A_1, A_2, \cdots, A_n$ 是相互独立的.由此可见,n 次独立试验中事件 A 在指定的 k 次(例如,在前面 k 次)试验中发生而在其余 $n-k$ 次试验中不发生的概率为

$$\begin{aligned} P(A_1\cdots A_k\overline{A_{k+1}}\cdots\overline{A_n}) &= P(A_1)\cdots P(A_k)P(\overline{A_{k+1}})\cdots P(\overline{A_n}) \\ &= \underbrace{p\cdots p}_{n\text{个}} \cdot \underbrace{q\cdots q}_{(n-k)\text{个}} = p^k q^{n-k}. \end{aligned}$$

由于事件 A 在 n 次独立试验中恰好发生 k 次共有 $\binom{n}{k}$ 种不同的方式,每一种方式对应一个事件,易知这 $\binom{n}{k}$ 个事件是互不相容的,所以根据概率的可加性得

$$P_n(k) = \binom{n}{k} p^k q^{n-k},\ k = 0, 1, 2, \cdots, n.$$

由于上式右端正好是二项式 $(p+q)^n$ 的展开式中的第 $k+1$ 项,所以通常把这个公式称为二项概率公式.

例 13 某车间有 12 台车床，每台车床由于种种原因，时常需要停车，各台车床是否停车是相互独立的. 若每台车床在任一时刻处于停车的概率为$\frac{1}{3}$，求任一时刻车间里恰有 4 台车床处于停车状态的概率.

解 任一时刻对一台车床的观察可以看作是一次试验，实验的结果只有两种：开动或停车. 因为各台车床开动或停车是相互独立的，所以对 12 台车床的观察就是 12 次独立试验. 于是，可以用二项概率公式计算得

$$P_{12}(4)=\binom{12}{4}\left(\frac{1}{3}\right)^4\left(\frac{2}{3}\right)^8=0.238.$$

习题 8.1

1. 用事件 A, B, C 的运算关系式表示下列事件：

(1) 3 个事件都不出现；

(2) 不多于 1 个事件出现；

(3) 不多于 2 个事件出现；

(4) 3 个事件中至少有 2 个出现.

2. 从一批由 45 件正品，5 件次品组成的产品中任取 3 件产品，求其中恰有 1 件次品的概率.

3. 掷两颗骰子，求下列事件的概率：

(1)点数之和为 7；(2)点数之和不超过 5；(3)点数之和为偶数.

4. 已知 $A\subset B$, $P(A)=0.4$, $P(B)=0.6$，求

(1)$P(\bar{A})$, $P(\bar{B})$；(2)$P(A\cup B)$；(3)$P(AB)$；(4)$P(\bar{B}A)$, $P(\bar{A}\,\bar{B})$；(5)$P(\bar{A}B)$.

5. 设 A, B 是两个事件，已知 $P(A)=0.5$, $P(B)=0.7$, $P(A\cup B)=0.8$，试求 $P(A-B)$ 及 $P(B-A)$.

6. 已知随机事件 A 的概率 $P(A)=0.5$，随机事件 B 的概率 $P(B)=0.6$，条件概率 $P(B\mid A)=0.8$，试求 $P(AB)$ 及 $P(\bar{A}\,\bar{B})$.

7. 发报台分别以概率 0.6, 0.4 发出“·”和“—”，由于通信受到干扰，当发出“·”时，分别以概率 0.8 和 0.2 收到“·”和“—”，同样，当发出信号“—”时，分别以 0.9 和 0.1 的概率收到“—”和“·”. 求(1)收到信号“·”的概率；(2)当收到“·”时，发出“·”的概率.

8. 设 A 与 B 独立，且 $P(A)=p$, $P(B)=q$，求下列事件的概率：$P(A\cup B)$, $P(A\cup\bar{B})$, $P(\bar{A}\cup\bar{B})$.

9. 甲、乙、丙三人同时独立地向同一目标各射击一次，命中率分别为 1/3, 1/2, 2/3，求目标被命中的概率.

10. 将一枚均匀硬币连续独立抛掷 10 次，恰有 5 次出现正面的概率是多少？

8.2 随机变量及其分布

为了全面地研究随机试验的结果，深刻揭示随机现象的统计规律性，有必要将随机试验的结果数量化，从而需要引入随机变量的概念.

8.2.1 随机变量及其分布

定义 8.9 设随机试验的样本空间为 $\Omega=\{\omega\}$, $X=X(\omega)$ 是定义在样本空间 Ω 上的实

值单值函数. 称 $X=X(\omega)$ 为随机变量.

例 1 将一枚硬币抛掷 3 次. 关心 3 次抛掷中, 出现正面 H 的总次数, 而对正面 H, 反面 T 出现的顺序不关心. 比如说, 仅关心出现 H 的总次数为 2, 而不在乎出现的是"HHT""HTH"还是"THH", 记 3 次抛掷中出现 H 的总数, 则对样本空间 $\Omega=\{\omega\}$ 中的每一个样本点 ω, X 都有一个值与之对应, 即有

样本点	HHH	HHT	HTH	THH	TTH	THT	HTT	TTT
X 的取值	3	2	2	2	1	1	1	0

定义在样本空间 Ω 上的实值函数 $X=X(\omega)$ 称为随机变量, 常用大写字母 X, Y, Z 等表示随机变量, 其取值用小写字母 x, y, z 等表示.

定义 8.10 设 X 是一个随机变量, 对任意实数 x, 称

$$F(x)=P(X\leqslant x)$$

为随机变量 X 的分布函数, 且称 X 服从 $F(x)$, 记为 $X\sim F(x)$.

定理 8.4 任一分布函数 $F(x)$ 具有如下三条基本性质:

(1) 单调性 $F(x)$ 是定义在整个实数轴 $(-\infty,+\infty)$ 上的单调非减函数, 即对任意的 $x_1<x_2$, 有 $F(x_1)\leqslant F(x_2)$.

(2) 有界性 对任意的 x, 有 $0\leqslant F(x)\leqslant 1$, 且

$$F(-\infty)=\lim_{x\to-\infty}F(x)=0,\ F(+\infty)=\lim_{x\to+\infty}F(x)=1.$$

(3) 右连续性 $F(x)$ 是 x 的右连续函数, 即对任意的 x_0, 有

$$\lim_{x\to x_0^+}F(x)=F(x_0).$$

例 2 设随机变量 X 的分布函数为

$$F(x)=\begin{cases}0, & x<0,\\ 0.2, & 0\leqslant x<1,\\ 0.5, & 1\leqslant x<2,\\ 0.6, & 2\leqslant x<3,\\ 1, & x\geqslant 3.\end{cases}$$

试求 (1) $P(1<X\leqslant 3)$; (2) $P(X>2)$; (3) $P(X=1.5)$.

解 (1) $P(1<X\leqslant 3)=F(3)-F(1)=1-0.5=0.5$;

(2) $P(X>2)=1-F(2)=1-0.6=0.4$;

(3) $P(X=1.5)=F(1.5)-F(1.5-0)=0.5-0.5=0$.

有些随机变量, 它全部可能取到的不相同的值是有限个或可列无限多个, 则称其为离散随机变量.

定义 8.11 设 X 是一个离散型随机变量, 其所有可能的取值是 x_1, x_2, $\cdots$, x_i, 则称 X 取 x_i 的概率

$$p_i=P(X=x_i),\ i=1,2,\cdots$$

为 X 的概率分布律或简称为分布律,记为 $X \sim \{p_i\}$,分布律也可用列表的方法来表示:

X	x_1	x_2	$\cdots$	x_i	$\cdots$
p	p_1	p_2	$\cdots$	p_i	$\cdots$

或记成

$$X \sim \begin{pmatrix} x_1 & x_2 & \cdots & x_i & \cdots \\ p_1 & p_2 & \cdots & p_i & \cdots \end{pmatrix}.$$

分布律的基本性质:

(1) $p_i \geqslant 0,\ i = 1,\ 2,\ \cdots$;

(2) $\sum\limits_{i=1}^{\infty} p_i = 1$.

由离散型随机变量 X 的分布律很容易写出 X 的分布函数:

$$F(x) = \sum_{x_i \leqslant x} p_i.$$

注 离散型随机变量 X 的分布函数 $F(x)$ 是阶梯状的,X 的每个可能取值点都是 $F(x)$ 的跳跃间断点,而在其他点 $F(x)$ 处连续.

例 3 设离散型随机变量 X 的分布律为

X	-1	2	3
P	0.25	0.5	0.25

试求 $P(X \leqslant 0.5)$, $P(1.5 < X \leqslant 2.5)$,并写出 X 的分布函数.

解

$$P(X \leqslant 0.5) = P(X = -1) = 0.25,$$

$$P(1.5 < X \leqslant 2.5) = P(X = 2) = 0.5,$$

$$F(x) = \begin{cases} 0, & x < -1, \\ 0.25, & -1 \leqslant x < 2, \\ 0.75, & 2 \leqslant x < 3, \\ 1, & x \geqslant 3. \end{cases}$$

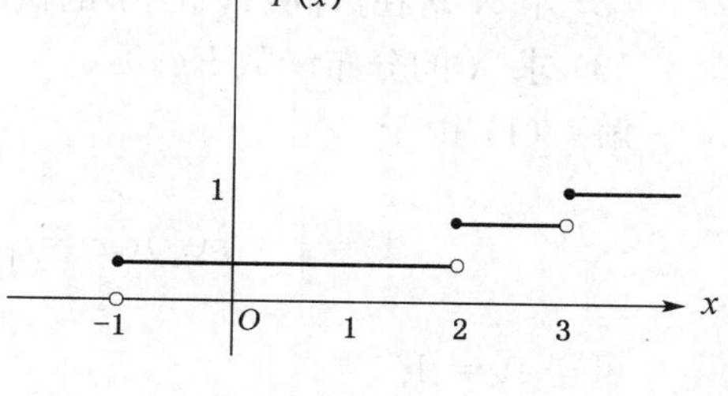

图 8-9

$F(x)$ 的图形如图 8-9 所示.

例 4 设随机变量 X 的分布函数为

$$F(x) = \begin{cases} 0, & x < 0, \\ 0.3, & 0 \leqslant x < 1, \\ 0.5, & 1 \leqslant x < 2, \\ 0.7, & 2 \leqslant x < 3, \\ 1, & x \geqslant 3. \end{cases}$$

则 X 的分布律为

X	0	1	2	3
P	0.3	0.2	0.2	0.3

定义 8.12 如果对于随机变量 X 的分布函数 $F(x)$，存在一个非负函数 $f(x)$，使对于任意实数 x，有

$$F(x)=\int_{-\infty}^{x}f(t)\mathrm{d}t,$$

则称 X 为连续型随机变量，其中函数 $f(x)$ 称为 X 的概率密度函数，简称为密度函数.

由定义知道，密度函数 $f(x)$ 具有以下基本性质：

(1) $f(x)\geqslant 0$.

(2) $\int_{-\infty}^{+\infty}f(x)\mathrm{d}x=1$.

(3) $P(x\in I)=\int\limits_{x\in I}f(x)\mathrm{d}x$，其中 I 为某一区间.

(4) 若 X 为连续型随机变量，则

$$P(a<X<b)=P(a\leqslant X<b)=P(a<X\leqslant b)=P(a\leqslant X\leqslant b).$$

(5) 若密度函数 $f(x)$ 在点 x 处连续，则有

$$F'(x)=f(x).$$

例 5 设连续型随机变量 X 的概率密度为：

$$f(x)=\begin{cases}\dfrac{A}{(x+1)^2}, & x>0,\\ 0, & x\leqslant 0.\end{cases}$$

(1) 求未知常数 A；

(2) 求 X 落在区间(1, 3)中的概率 $P\{1<X<3\}$；

(3) 求 X 的分布函数 $F(x)$.

解 (1) 由于

$$1=\int_{-\infty}^{+\infty}f(x)\mathrm{d}x=\int_{0}^{+\infty}\frac{A}{(x+1)^2}\mathrm{d}x=-\frac{A}{x+1}\Big|_{0}^{+\infty}=A,$$

可得 $A=1$.

(2) $P\{0<X<3\}=\int_{0}^{3}\dfrac{1}{(x+1)^2}\mathrm{d}x=-\dfrac{1}{x+1}\Big|_{0}^{3}=\dfrac{3}{4}$.

(3) $F(x)=\int_{-\infty}^{x}f(t)\mathrm{d}t=\begin{cases}\int_{-\infty}^{0}0\mathrm{d}t+\int_{0}^{x}\dfrac{1}{(t+1)^2}\mathrm{d}t=\dfrac{x}{x+1}, & x>0,\\ \int_{-\infty}^{0}0\mathrm{d}t=0, & x\leqslant 0.\end{cases}$

8.2.2 常用离散分布

1. 两点分布

若离散型随机变量 X 的分布律为

X	0	1
P	$1-p$	p

则称这个分布为两点分布(或 0—1 分布),记为 $X \sim B(1, p)$.

2. 二项分布

若离散型随机变量 X 的分布律为

$$P(X=k)=\binom{n}{k}p^k(1-p)^{n-k},\ k=0,1,2,\cdots,n,$$

则称这个分布为二项分布,记为 $X \sim B(n, p)$.

例 6 设 $X \sim B(2, p)$, $Y \sim B(3, p)$. 若 $P(X \geqslant 1)=\frac{5}{9}$,试求 $P(Y \geqslant 1)$.

解 由 $P(X \geqslant 1)=\frac{5}{9}$,知 $P(X=0)=\frac{4}{9}$,所以 $(1-p)^2=\frac{4}{9}$,由此得 $p=\frac{1}{3}$. 再由 $P(Y \geqslant 1)=1-P(Y=0)=1-\left(1-\frac{1}{3}\right)^3=\frac{19}{27}$.

3. 泊松分布

若离散型随机变量 X 的分布律为

$$P(X=k)=\frac{\lambda^k}{k!}e^{-\lambda},\ k=0,1,2,\cdots,$$

其中,参数 $\lambda>0$. 则称这个分布为泊松分布,记为 $X \sim P(\lambda)$.

例 7 设 $X \sim P(\lambda)$,且有 $P(X=1)=P(X=2)$,试求 $P(X \geqslant 1)$.

解 由 $\frac{\lambda^1}{1!}e^{-\lambda}=\frac{\lambda^2}{2!}e^{-\lambda}$,得 $\lambda^2-2\lambda=0$,从而 $\lambda=2$. 于是有

$$P(X \geqslant 1)=1-P(X=0)=1-\frac{2^0}{0!}e^{-2}=1-e^{-2}=0.8647.$$

4. 几何分布

在伯努利试验中,若 p 为事件 A 在每次试验中发生的概率,事件 A 首次发生所需的试验次数 k 的概率

$$P\{X=k\}=p(1-p)^{k-1},\quad k=1,2,\cdots,$$

则称这个分布为几何分布,记 $X \sim g(k)$.

5. 超几何分布

一批产品共有 N 个,其中 M 个是次品,$N-M$ 个是正品. 从中随机取出 n 个,取出的 n

个产品中有 k 个次品的概率为

$$P\{X=k\}=\frac{\binom{M}{k}\binom{N-M}{n-k}}{\binom{N}{n}},\ m=0,\ 1,\ \cdots,\ r,\ r=\min(n,\ M).$$

则称这个分布为超几何分布，记 $X\sim H(n,\ M,\ N)$.

8.2.3 常用连续分布

1. 均匀分布

若连续型随机变量 X 的密度函数(图 8-10)为

$$f(x)=\begin{cases}\dfrac{1}{b-a}, & a<x<b,\\ 0, & \text{其他},\end{cases}$$

则称 X 服从区间 $(a,\ b)$ 上的均匀分布，记为 $X\sim U(a,\ b)$，其分布函数(图 8-11)为

$$F(x)=\begin{cases}0, & x<a,\\ \dfrac{x-a}{b-a}, & a\leqslant x<b,\\ 1, & x\geqslant b.\end{cases}$$

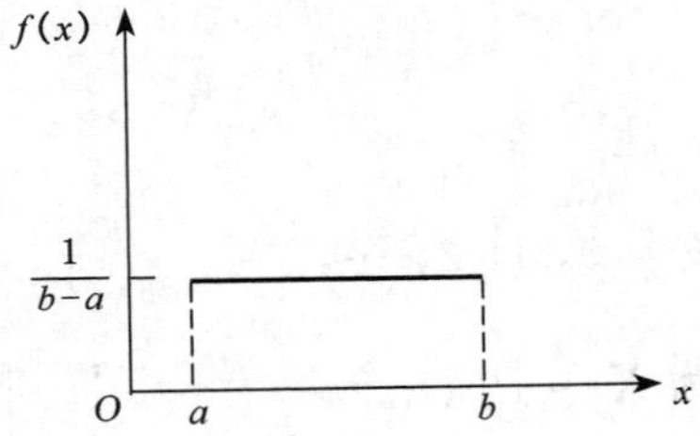

图 8-10

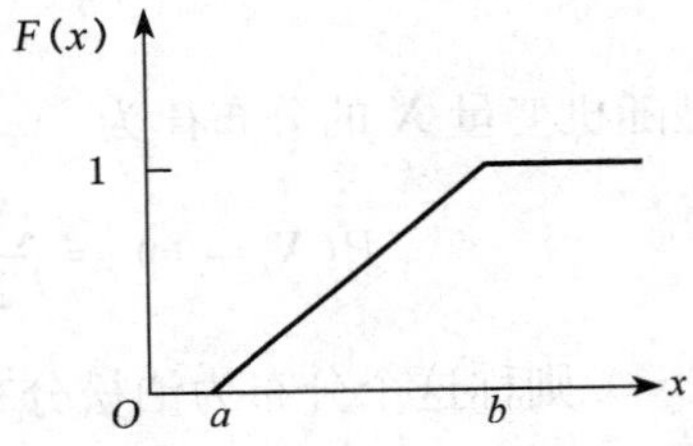

图 8-11

例 8 设随机变量 X 服从区间 $(0,\ 5)$ 上的均匀分布，现对 X 进行 4 次独立观测，试求至少有 3 次观测值大于 2 的概率.

解 设 Y 是 3 次独立观测中观测值大于 2 的次数，则 $Y\sim B(4,\ p)$，其中 $p=P(X>2)$. 由 $X\sim U(0,\ 5)$，知 X 的密度函数为

$$f(x)=\begin{cases}\dfrac{1}{5}, & 0<x<5,\\ 0, & \text{其他}.\end{cases}$$

所以

$$p=P(X>2)=\int_2^5\frac{1}{5}\mathrm{d}x=\frac{3}{5},$$

于是

$$P(Y \geqslant 3)=P(Y=3)+P(Y=4)=\binom{4}{3}p^3(1-p)^1+\binom{4}{4}p^4(1-p)^0$$

$$=4\times\left(\frac{3}{5}\right)^3\times\left(\frac{2}{5}\right)+\left(\frac{3}{5}\right)^4=0.3456.$$

2. 指数分布

若连续型随机变量 X 的密度函数为

$$f(x)=\begin{cases}\lambda e^{-\lambda x}, & x>0,\\ 0, & \text{其他},\end{cases}\quad \lambda>0,$$

则称 X 服从参数为 λ 的指数分布,记为 $X \sim E(\lambda)$.

例 9 设某电子产品的使用寿命 X 服从参数为 $\lambda=\frac{1}{1000}$ 的指数分布,试求该电子产品的使用寿命超过 2 000 h 的概率.

解 由 $X \sim E\left(\frac{1}{1000}\right)$, 知

$$f(x)=\begin{cases}\frac{1}{1000}e^{-\frac{x}{1000}}, & x>0,\\ 0, & \text{其他}.\end{cases}$$

于是

$$P(X \geqslant 2000)=\int_{2000}^{+\infty}\frac{1}{1000}e^{-\frac{x}{1000}}dx=-e^{-\frac{x}{1000}}\Big|_{2000}^{+\infty}=e^{-2}=0.1353.$$

3. 正态分布

若连续型随机变量 X 的密度函数为

$$f(x)=\frac{1}{\sqrt{2\pi}\sigma}e^{-\frac{(x-\mu)^2}{2\sigma^2}},\quad -\infty<x<+\infty,$$

则称 X 服从参数为 μ, σ^2 的正态分布,记为 $X \sim N(\mu, \sigma^2)$. 其中参数 $-\infty<\mu<+\infty$, $\sigma>0$. 其密度函数 $f(x)$ 图形如图 8-12 所示. 其对称轴为 $x=\mu$. $f(x)$ 在 $x=\mu$ 处取最大值 $\frac{1}{\sqrt{2\pi}\sigma}$,曲线上对应于 $x=\mu\pm\sigma$ 的点为拐点.

正态分布 $N(\mu, \sigma^2)$ 的分布函数为

$$F(x)=\frac{1}{\sqrt{2\pi}\sigma}\int_{-\infty}^{x}e^{-\frac{(t-\mu)^2}{2\sigma^2}}dt.$$

它是一条光滑上升的 S 形曲线,如图 8-13 所示.

特别,当 $\mu=0, \sigma=1$ 时,X 服从标准正态分布. 其密度函数用为 $\varphi(x)$ 表示,分布函数用 $\Phi(x)$ 表示,即有

$$\varphi(x)=\frac{1}{\sqrt{2\pi}}e^{-\frac{x^2}{2}},\ -\infty<x<+\infty,$$

$$\Phi(x)=\frac{1}{\sqrt{2\pi}}\int_{-\infty}^{x}e^{-\frac{t^2}{2}}dt,\ -\infty<x<+\infty.$$

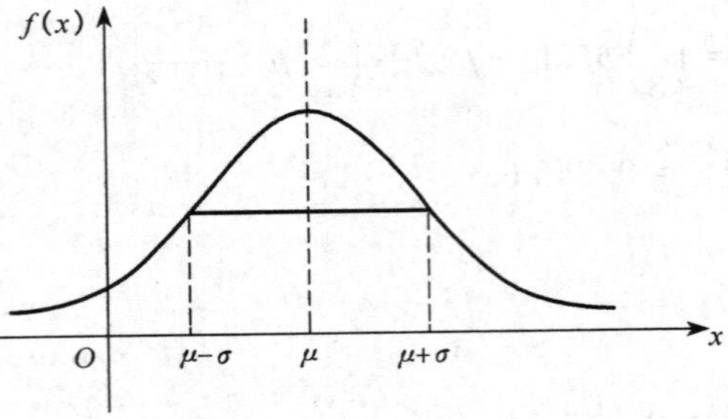

图 8-12

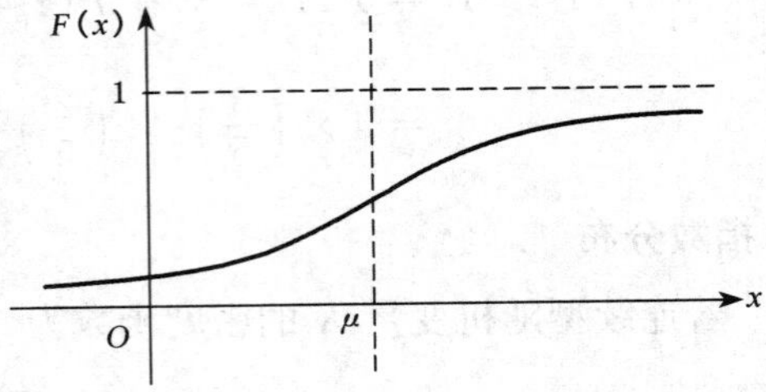

图 8-13

易知

(1) $\Phi(-x)=1-\Phi(x)$;

(2) $P(X>x)=1-\Phi(x)$;

(3) $P(|X|<c)=2\Phi(c)-1$.

定理 8.5 若 $X\sim N(\mu,\sigma^2)$,则 $Y=\dfrac{X-\mu}{\sigma}\sim N(0,1)$.

例 10 设 $X\sim N(108,3^2)$,试求 $P(102<X<117)$.

解 $$P(102<X<107)=\Phi\left(\frac{117-108}{3}\right)-\Phi\left(\frac{102-108}{3}\right)$$
$$=\Phi(3)-\Phi(-2)=\Phi(3)+\Phi(2)-1$$
$$=0.9987+0.9772-1=0.9759.$$

8.2.4 随机变量函数的分布

设 $y=g(x)$ 是定义在实数轴上的一个函数,X 是一个随机变量,那么 $Y=g(X)$ 作为 X 的一个函数,同样也是一个随机变量. 所要研究的问题是:已知 X 的分布,如何求 $Y=g(X)$ 的分布.

1. 离散型随机变量函数的分布

设 X 是一个离散型随机变量,X 的分布律为

X	x_1	x_2	…	x_i	…
P	p_1	p_2	…	p_i	…

则 $Y=g(X)$ 也是一个离散型随机变量,此时 Y 的分布律可表示为

Y	$g(x_1)$	$g(x_2)$	…	$g(x_i)$	…
P	p_1	p_2	…	p_i	…

当 $g(x_1),g(x_2),\cdots,g(x_i),\cdots$中有某些值相等时,则把那些相等的值分别合并,并将对应的概率相加即可.

例 11 已知 X 的分布律为

X	-2	-1	0	1	2
P	0.2	0.1	0.1	0.3	0.3

(1) 求 $Y_1=2X+1$ 的分布律；

(2) 求 $Y_2=X^2+X$ 的分布律.

解 (1) $Y_1=2X+1$ 的分布律为

Y_1	-3	-1	1	3	5
P	0.2	0.1	0.1	0.3	0.3

(2) $Y_2=X^2+X$ 的分布律为

Y_2	0	2	6
P	0.2	0.5	0.3

2. 连续型随机变量函数的分布

定理 8.6 设 X 是连续型随机变量，其密度函数为 $f_X(x)$. $Y=g(X)$ 是另一个随机变量. 若 $y=g(x)$ 严格单调，其反函数 $h(y)$ 有连续导函数，则 $Y=g(X)$ 的密度函数为

$$f_Y(y)=\begin{cases} f_X[h(y)]\,|\,h'(y)\,|, & a<y<b, \\ 0, & \text{其他}. \end{cases}$$

其中，$a=\min\{g(-\infty),\ g(+\infty)\}$，$b=\max\{g(-\infty),\ g(+\infty)\}$.

例 12 设随机变量 X 服从标准正态分布 $N(0,1)$，试求 $Y=X^2$ 的分布.

解 由于 $Y=X^2\geqslant 0$，所以当 $y\leqslant 0$ 时，$F_Y(y)=P(Y\leqslant y)=0$；

$y>0$ 时，$F_Y(y)=P(Y\leqslant y)=P(X^2\leqslant y)=P(-\sqrt{y}\leqslant X\leqslant \sqrt{y})$

$$=\int_{-\sqrt{y}}^{\sqrt{y}}\varphi(t)\,\mathrm{d}t,$$

从而

$$f_Y(y)=F'_Y(y)=\varphi(\sqrt{y})\,\frac{1}{2\sqrt{y}}-\varphi(-\sqrt{y})\left(-\frac{1}{2\sqrt{y}}\right)=\varphi(\sqrt{y})\,y^{-\frac{1}{2}},$$

于是

$$f_Y(y)=\begin{cases} \dfrac{1}{\sqrt{2\pi}}y^{-\frac{1}{2}}\mathrm{e}^{-\frac{y}{2}}, & y>0, \\ 0, & \text{其他}. \end{cases}$$

习题 8.2

1. 一袋中装有 5 只球，编号为 1, 2, 3, 4, 5，在袋中同时取 3 只，以 X 表示取出的 3 只球中的最大号码，写出随机变量 X 的分布律.

2. 设有 15 只产品中有 2 只次品，任取 3 次，每次任取 1 只，不放回抽样. 以 X 表示取出次品的只数. 求

(1) X 的分布律；

(2) X 的分布函数.

3. 一电话总机每分钟收到呼唤的次数服从参数为 4 的泊松分布. 求

(1) 某一分钟恰有 8 次呼唤的概率；

(2) 某一分钟的呼唤次数大于 3 的概率.

4. 设连续型随机变量 X 的分布函数为

$$F(x)=\begin{cases}A+Be^{-2x}, & x>0,\\ 0, & x\leqslant 0.\end{cases}$$

试求:(1)A, B 的值;(2)$P(-1<X<1)$;(3)概率密度函数 $f(x)$.

5. 设连续型随机变量 X 的概率密度为:

$$f(x)=\begin{cases}\dfrac{A}{(x+1)^2}, & x>0,\\ 0, & x\leqslant 0.\end{cases}$$

(1) 求未知常数 A;

(2) 求 X 落在区间(1, 3) 中的概率 $P\{1<X<3\}$;

(3) 求 X 的分布函数 $F(x)$.

6. 设 $X\sim N(3, 2^2)$,

(1) 求 $P(2<X\leqslant 5)$, $P(-4<X\leqslant 10)$, $P(2<|X|\leqslant 5)$, $P(X>3)$;

(2) 确定 c 使得 $P(X>c)=P(X\leqslant c)$.

7. 设随机变量 X 的分布律为

X	-2	-1	0	1	2
P	0.1	0.3	0.1	0.1	0.4

求 $Y=2X+1$ 的分布律.

8. 设 $X\sim N(0, 1)$,

(1) 求 $Y=2X^2+1$ 的密度函数;

(2) 求 $Y=|X|$ 的密度函数.

8.3 多维随机变量及其分布

8.3.1 多维随机变量及其分布

以上讨论了一维随机变量,所谓一维随机变量是指随机试验的结果和一维实数之间的某个对应关系. 而在许多实际问题中,对于某些试验结果需要用两个或两个以上随机变量来描述. 例如调查某地区儿童发育情况,对这一地区儿童进行抽查,需要考察其年龄、身高及体重等随机变量. 一般地说,每个试验结果可以有 n 个数值与之对应,此时就称这种对应关系是一个 n 维随机变量,也称为 n 维随机向量. 在一维随机变量的基础上,现在给出 n 维随机变量的定义.

定义 8.13 设 X_1, X_2, …, X_n 是定义在样本空间 Ω 上的 n 个随机变量,则由它们构成的一个 n 维向量 $(X_1, X_2, \cdots, X_n)$ 叫做定义在 Ω 上的 n 维随机变量或 n 维随机向量.

类似于一维随机变量的分布函数,给出二维随机变量的分布函数的定义.

定义 8.14 设 (X, Y) 是二维随机变量,对于任意实数 x, y,二元函数

$$F(x, y)=P\{(X\leqslant x)\cap(Y\leqslant y)\}\overset{\text{记成}}{=}P\{X\leqslant x, Y\leqslant y\}$$

称为二维随机变量(X, Y)的分布函数(联合分布函数),或称为随机变量 X 和 Y 的联合分布函数.

注 这里“$X \leqslant x, Y \leqslant y$”等价于“$X \leqslant x$”$\cap$“$Y \leqslant y$”.

如果将二维随机变量(X, Y)看成是平面上随机点的坐标,则分布函数$F(x, y)$在点(x, y)处的函数值就是随机点(X, Y)落在以(x, y)为顶点而位于该点下方的无穷矩形(图 8-14)内的概率.

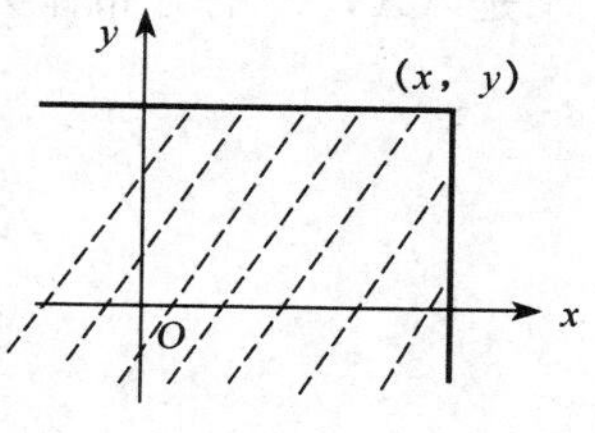

图 8-14

分布函数$F(x, y)$具有以下性质:

(1) $F(x, y)$是关于每个变量单调不减的函数,即对于任意的 $x_1 < x_2$, $F(x_1, y) \leqslant F(x_2, y)$;对于任意的 $y_1 < y_2$, $F(x, y_1) \leqslant F(x, y_2)$.

(2) $0 \leqslant F(x, y) \leqslant 1$,且有 $F(-\infty, y) = 0$, $F(x, -\infty) = 0$, $F(+\infty, +\infty) = 1$.

(3) $F(x, y)$ 关于 x, y 是右连续的,即 $F(x+0, y) = F(x, y+0) = F(x, y)$.

(4) 设 $x_1 < x_2$, $y_1 < y_2$,则有

$$F(x_2, y_2) - F(x_1, y_2) - F(x_2, y_1) + F(x_1, y_1) \geqslant 0.$$

定义 8.15 如果二维随机变量(X, Y)一切可能取到的值是有限对或可列无限对时,则称(X, Y)为二维离散型随机变量.

设二维随机变量(X, Y)一切可能取到的值为(x_i, y_i), $i, j = 1, 2, \cdots$, $p_{ij} = P(X = x_i, Y = y_j)$, $i, j = 1, 2, \cdots$ 为二维离散型随机变量(X, Y)的分布律,或 X 和 Y 的联合分布律.

也能用表格来表示 X 和 Y 的联合分布律,见下表.

X	Y			
	y_1	y_2	y_j	$\cdots$
x_1	p_{11}	p_{12}	p_{1j}	$\cdots$
x_2	p_{21}	p_{22}	p_{2j}	$\cdots$
x_i	p_{i1}	p_{i2}	p_{ij}	$\cdots$
$\vdots$	$\vdots$	$\vdots$	$\vdots$	

联合分布律具有以下两个基本性质:

(1) $p_{ij} \geqslant 0$, $i, j = 1, 2, \cdots$;

(2) $\sum\limits_{i=1}^{\infty} \sum\limits_{j=1}^{\infty} p_{ij} = 1$.

离散型随机变量 X 和 Y 的联合分函数为

$$F(x, y) = \sum_{x_i \leqslant x} \sum_{y_j \leqslant y} p_{ij}.$$

例 1 设随机变量 X 在 1, 2, 3, 4 四个整数中任取一数,另一个随机变量 Y 在 $1 \sim X$ 中任取一整数,试求(X, Y)的分布律.

解 $\{X = i, Y = j\}$ 的取值情况是:$i = 1, 2, 3, 4$, j 取不大于 i 的正整数,由乘法公

式知

$$P\{X=i, Y=j\}=P\{X=i\}P(Y=j \mid X=i)=\frac{1}{4}\cdot\frac{1}{i}.$$

于是,(X, Y)的分布律为

X	Y			
	1	2	3	4
1	1/4	0	0	0
2	1/8	1/8	0	0
3	1/12	1/12	1/12	0
4	1/16	1/16	1/16	1/16

由全概率公式知

$$P(Y=2)=\sum_{i=1}^{4}P(X=i)P(Y=2 \mid X=i)=\sum_{i=2}^{4}P(X=i)P(Y=2 \mid X=i)$$

$$=\frac{1}{2}\times\frac{1}{4}+\frac{1}{3}\times\frac{1}{4}+\frac{1}{4}\times\frac{1}{4}=\frac{13}{48}.$$

例 2 设(X, Y)的联合分布律为

X	Y	
	0	1
0	1/4	1/4
1	1/4	1/4

试求(X, Y)的联合分布函数$F(x, y)$.

解 由图 8-14 的方法,可得(X, Y)的联合分布函数为

$$F(x, y)=\begin{cases}0, & x<0,\ y<0, \\ \dfrac{1}{4}, & 0\leqslant x<1,\ 0\leqslant y<1, \\ \dfrac{1}{2}, & 0\leqslant y<1,\ x\geqslant 1 \text{ 或 } 0\leqslant x<1,\ y\geqslant 1, \\ 1, & x\geqslant 1,\ y\geqslant 1.\end{cases}$$

定义 8.16 对于二维随机变量(X, Y)的分布函数$F(x, y)$,如果存在非负函数$f(x, y)$,使对于任意实数x, y,有

$$F(x, y)=\int_{-\infty}^{x}\int_{-\infty}^{y}f(u, v)\mathrm{d}v\mathrm{d}u,$$

则称(X, Y)为二维连续型随机变量,函数$f(x, y)$称为二维随机变量(X, Y)的概率密度函数(简称为密度函数),或称为随机变量X和Y的联合密度函数.

联合密度函数$f(x, y)$具有以下性质:

(1) $f(x, y)\geqslant 0$;

(2) $\int_{-\infty}^{+\infty}\int_{-\infty}^{+\infty} f(x, y)\mathrm{d}x\mathrm{d}y = 1$;

(3) 设 D 是 xOy 平面上的区域,则随机点 (X, Y) 落在 D 内的概率为

$$P((X, Y) \in D) = \iint_D f(x, y)\mathrm{d}x\mathrm{d}y;$$

(4) 若 $f(x, y)$ 在点 (x, y) 处连续,则有

$$\frac{\partial^2 F(x, y)}{\partial x \partial y} = f(x, y).$$

例 3 设二维随机变量 (X, Y) 具有联合密度函数

$$f(x, y) = \begin{cases} Ax, & 0 < x < 1,\ 0 < y < x, \\ 0, & \text{其他}. \end{cases}$$

(1) 试求常数 A;(2) 求分布函数 $F(x, y)$;(3) 求概率 $P(Y \leqslant 1/2)$.

解 (1) 由

$$1 = \int_{-\infty}^{+\infty}\int_{-\infty}^{+\infty} f(x, y)\mathrm{d}x\mathrm{d}y = \int_0^1 Ax\,\mathrm{d}x\int_0^x \mathrm{d}y = A\int_0^1 x^2\,\mathrm{d}x = \frac{1}{3}A,$$

得 $A = 3$.

(2) 当 $x < 0$ 或 $y < 0$ 时,由 $f(u, v)$ 知 $F(x, y) = 0$;
当 $0 \leqslant x < 1,\ 0 < y < x$ 时,

$$F(x, y) = \int_0^y 3u\mathrm{d}u\int_0^u \mathrm{d}v + \int_y^x 3u\mathrm{d}u\int_0^y \mathrm{d}v = \frac{y}{2}(3x^2 - y^2);$$

当 $0 \leqslant x < 1,\ y \geqslant x$ 时,

$$F(x, y) = \int_0^x 3u\mathrm{d}u\int_0^u \mathrm{d}v = x^3;$$

当 $x \geqslant 1,\ 0 \leqslant y < 1$ 时,

$$F(x, y) = \int_0^y 3u\mathrm{d}u\int_0^u \mathrm{d}v + \int_y^1 3u\mathrm{d}u\int_0^y \mathrm{d}v = \frac{y}{2}(3 - y^2);$$

当 $x \geqslant 1,\ y \geqslant 1$ 时,

$$F(x, y) = \int_0^1 3u\mathrm{d}u\int_0^u \mathrm{d}v = 1.$$

综上,得

$$F(x, y) = \begin{cases} 0, & x < 0 \text{ 或 } y < 0, \\ \dfrac{y}{2}(3x^2 - y^2), & 0 \leqslant x < 1,\ 0 \leqslant y < x, \\ x^3, & 0 \leqslant x < 1,\ y \geqslant x, \\ \dfrac{y}{2}(3 - y^2), & x \geqslant 1,\ 0 \leqslant y < 1, \\ 1, & x \geqslant 1,\ y \geqslant 1. \end{cases}$$

(3) $P(Y \leqslant 1/2) = \int_0^{1/2} 3x\mathrm{d}x \int_0^x \mathrm{d}y + \int_{1/2}^1 3x\mathrm{d}x \int_0^{1/2} \mathrm{d}y = 11/16.$

常见的二维分布：

(1) 二维均匀分布. 设 G 是平面上的一个有界闭区域，其面积为 S_G，令

$$f(x, y) = \begin{cases} \dfrac{1}{S_G}, & (x, y) \in G, \\ 0, & \text{其他}, \end{cases}$$

则 $f(x, y)$ 是一个密度函数，以 $f(x, y)$ 为密度函数的二维联合分布称为区域 G 上二维均匀分布.

(2) 二维正态分布. 设 $\mu_1, \mu_2, \sigma_1, \sigma_2, \rho$ 为常数，且 $\sigma_1 > 0, \sigma_2 > 0, |\rho| < 1$，令

$$f(x, y) = \frac{1}{2\pi\sigma_1\sigma_2\sqrt{1-\rho^2}} \exp\left\{-\frac{1}{2(1-\rho^2)}\left[\frac{(x-\mu_1)^2}{\sigma_1^2} - 2\rho\frac{(x-\mu_1)(y-\mu_2)}{\sigma_1\sigma_2} + \frac{(y-\mu_2)^2}{\sigma_2^2}\right]\right\}$$
$$(-\infty < x < +\infty, -\infty < y < +\infty).$$

记作 $(X, Y) \sim N(\mu_1, \mu_2, \sigma_1^2, \sigma_2^2, \rho)$.

8.3.2 边缘分布、条件分布与随机变量的独立性

二维随机变量 (X, Y) 作为一个整体，具有联合分布函数 $F(x, y)$，而 X 和 Y 都是随机变量，各自有分布函数，将它们分别记为 $F_X(x)$ 和 $F_Y(y)$，分别称为二维随机变量 (X, Y) 关于 X 和关于 Y 的边缘分布函数. 边缘分布函数可以由 (X, Y) 的联合分布函数所确定，事实上，

$$F_X(x) = P(X \leqslant x) = P(X \leqslant x, Y < +\infty) = F(x, +\infty),$$
$$F_Y(y) = P(Y \leqslant y) = P(X < +\infty, Y \leqslant y) = F(+\infty, y).$$

1. 二维离散型随机变量的边缘分布

设 (X, Y) 是二维离散随机变量，其联合分布律为

$$p_{ij} = P(X = x_i, Y = y_j), \quad i, j = 1, 2, \cdots,$$

则 (X, Y) 关于 X 和 Y 的两个边缘分布律分别为

$$P(X = x_i) = \sum_j p_{ij} = p_{i\cdot}, \quad i = 1, 2, \cdots$$

和

$$P(Y = y_j) = \sum_i p_{ij} = p_{\cdot j}, \quad j = 1, 2, \cdots.$$

例 4 设 (X, Y) 的联合分布律为

X	Y			
	1	2	3	4
1	1/4	0	0	0
2	1/8	1/8	0	0
3	1/12	1/12	1/12	0
4	1/16	1/16	1/16	1/16

试求关于 X 和 Y 的边缘分布律.

解 由下表

X	Y				p_{i}
	1	2	3	4	
1	1/4	0	0	0	1/4
2	1/8	1/8	0	0	1/4
3	1/12	1/12	1/12	0	1/4
4	1/16	1/16	1/16	1/16	1/4
$p_{\cdot j}$	25/48	13/48	7/48	3/48	1

得 X 和 Y 的边缘分布律如下：

X	1	2	3	4
P	1/4	1/4	1/4	1/4

和

Y	1	2	3	4
P	25/48	13/48	7/48	3/48

2. 二维连续型随机变量的边缘分布

二维连续型随机变量(X, Y)的密度函数为 $f(x, y)$，由于

$$F_X(x)=F(x,+\infty)=\int_{-\infty}^{x}\left[\int_{-\infty}^{+\infty}f(x, y)\mathrm{d}y\right]\mathrm{d}x,$$

则(X, Y)关于 X 边缘分布概率密度函数为

$$f_X(x)=\int_{-\infty}^{+\infty}f(x, y)\mathrm{d}y.$$

(X, Y)关于 Y 边缘分布概率密度函数为

$$f_Y(y)=\int_{-\infty}^{+\infty}f(x, y)\mathrm{d}x.$$

例 5 设二维随机变量(X, Y)具有联合概率密度

$$f(x, y)=\begin{cases}A\mathrm{e}^{-2(x+y)}, & x>0, y>0,\\ 0, & \text{其他}.\end{cases}$$

试求二维随机变量(X, Y)的边缘概率密度$f_X(x)$和$f_Y(y)$.

解

$$f_X(x)=\int_{-\infty}^{+\infty}f(x, y)\mathrm{d}y=\begin{cases}\int_0^{+\infty}4\mathrm{e}^{-2(x+y)}\mathrm{d}y, & x>0,\\ 0, & x\leqslant 0\end{cases}=\begin{cases}2\mathrm{e}^{-2x}, & x>0,\\ 0, & x\leqslant 0.\end{cases}$$

$$f_Y(y)=\int_{-\infty}^{+\infty}f(x, y)\mathrm{d}x=\begin{cases}\int_0^{+\infty}4\mathrm{e}^{-2(x+y)}\mathrm{d}x, & y>0,\\ 0, & y\leqslant 0\end{cases}=\begin{cases}2\mathrm{e}^{-2y}, & y>0,\\ 0, & y\leqslant 0.\end{cases}$$

例 6 设$G=\{(x, y)\mid 0<x<1, x^2<y<x\}$(图 8-15),随机变量$(X, Y)$在区域$G$上服从二维均匀分布,试求关于$X$和$Y$的边缘密度函数.

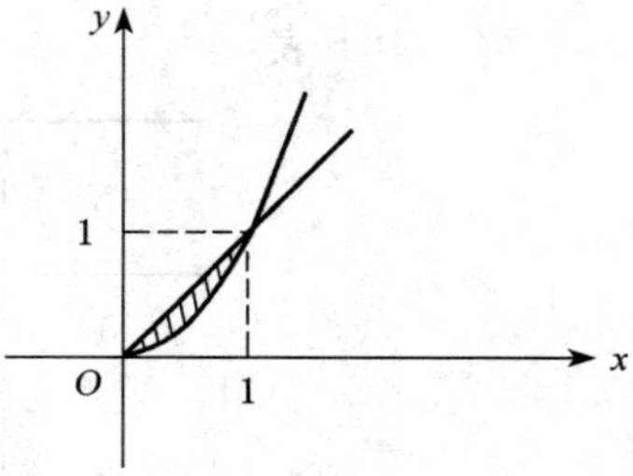

图 8-15

解 先求得区域G的面积

$$S_G=\int_0^1(x-x^2)\mathrm{d}x=\frac{1}{6},$$

则随机变量X和Y的联合密度函数为

$$f(x, y)=\begin{cases}6, & 0<x<1, x^2<y<x,\\ 0, & 其他.\end{cases}$$于是

$$f_X(x)=\int_{-\infty}^{+\infty}f(x, y)\mathrm{d}y=\begin{cases}\int_{x^2}^{x}6\mathrm{d}y, & 0<x<1,\\ 0, & 其他\end{cases}=\begin{cases}6(x-x^2), & 0<x<1,\\ 0, & 其他.\end{cases}$$

及

$$f_Y(y)=\int_{-\infty}^{+\infty}f(x, y)\mathrm{d}x=\begin{cases}\int_{y}^{\sqrt{y}}6\mathrm{d}x, & 0<y<1,\\ 0, & 其他\end{cases}=\begin{cases}6(\sqrt{y}-y), & 0<y<1,\\ 0, & 其他.\end{cases}$$

3. 离散型随机变量的条件分布

设二维离散随机变量(X, Y)的联合分布律为

$$p_{ij}=P(X=x_i, Y=y_j), \quad i, j=1, 2, \cdots.$$

仿照条件概率的定义,给出离散型随机变量的条件分布列.

定义 8.17 对一切使$P(Y=y_j)=p_{\cdot j}>0$的y_j,

$$p_{i|j}=P(X=x_i\mid Y=y_j)=\frac{P(X=x_i, Y=y_j)}{P(Y=y_j)}=\frac{p_{ij}}{p_{\cdot j}}, i=1, 2, \cdots$$

称为给定$Y=y_j$条件下X的条件分布律. 同理,对一切使$P(X=x_i)=p_{i\cdot}>0$的x_i,

$$p_{j|i}=P(Y=Y_j\mid X=x_i)=\frac{P(X=x_i, Y=y_j)}{P(X=x_i)}=\frac{p_{ij}}{p_{i\cdot}}, j=1, 2, \cdots$$

称为给定$X=x_i$条件下Y的条件分布律.

有了条件分布律,就可以给出离散型随机变量的条件分布函数.

定义 8.18 给定$Y=y_j$条件下X的条件分布函数为

$$F(x \mid Y = y_j) = \sum_{x_i \leqslant x} P(X = x_i \mid Y = y_j) = \sum_{x_i \leqslant x} p_{i|j},$$

给定 $X = x_i$ 条件下 Y 的条件分布函数为

$$F(y \mid X = x_i) = \sum_{y_j \leqslant y} P(Y = y_{ji} \mid X = x) = \sum_{y_j \leqslant y} p_{j|i}.$$

例 7 设二维离散随机变量(X, Y)的联合分布律为

X	Y			$p_{i\cdot}$
	1	2	3	
1	0.1	0.3	0.2	0.6
2	0.2	0.05	0.15	0.4
$p_{\cdot j}$	0.3	0.35	0.5	1

用第一行各元素分别除以 0.6，就可得给定 $X = 1$ 条件下，Y 的条件分布为

$Y \mid X=1$	1	2	3
P	1/6	1/2	1/3

用第二列各元素分别除以 0.35，就可得给定 $Y=2$ 条件下，X 的条件分布为

$X \mid Y=2$	1	2
P	6/7	1/7

4. 连续型随机变量的条件分布

设二维连续型随机变量(X, Y)的联合密度函数为 $f(x, y)$，边缘密度函数为 $f_X(x)$，$f_Y(y)$. 定义连续型随机变量的条件分布如下.

定义 8.19 对一切使 $f_Y(y) > 0$ 的 y，给定 $Y = y$ 的条件下 X 的条件分布函数和条件密度函数分别为

$$F(x \mid y) = \int_{-\infty}^{x} \frac{f(u, y)}{f_Y(y)} \mathrm{d}u,$$

$$f(x \mid y) = \frac{f(x, y)}{f_Y(y)}.$$

同理，对一切使 $f_X(x) > 0$ 的 x，给定 $X = x$ 的条件下 Y 的条件分布函数和条件密度函数分别为

$$F(y \mid x) = \int_{-\infty}^{y} \frac{f(x, v)}{f_X(x)} \mathrm{d}v,$$

$$f(y \mid x) = \frac{f(x, y)}{f_X(x)}.$$

例 8 设(X, Y)服从 $G = \{(x, y) \mid x^2 + y^2 \leqslant 1\}$ 上的均匀分布，试求给定 $Y = y$ 条件下 X 的条件密度函数 $f(x \mid y)$.

解 因为

$$f(x, y)=\begin{cases}\dfrac{1}{\pi}, & x^2+y^2\leqslant 1,\\ 0, & \text{其他},\end{cases}$$

可得 Y 的边缘密度函数为

$$f_Y(y)=\begin{cases}\dfrac{2}{\pi}\sqrt{1-y^2}, & -1\leqslant y\leqslant 1,\\ 0, & \text{其他}.\end{cases}$$

所以当 $-1<y<1$ 时，有

$$\begin{aligned} f(x \mid y) &= \frac{f(x, y)}{f_Y(y)} \\ &= \begin{cases}\dfrac{1}{2\sqrt{1-y^2}}, & -\sqrt{1-y^2}\leqslant x\leqslant \sqrt{1-y^2},\\ 0, & \text{其他}.\end{cases}\end{aligned}$$

5. 随机变量的独立性

定义 8.20 设 $F(x, y)$ 及 $F_X(x)$，$F_Y(y)$ 分别是二维随机变量 (X, Y) 的分布函数及边缘分布函数. 若对于任意实数 x，y，

$$F(x, y)=F_X(x)F_Y(y),$$

则称随机变量 X 和 Y 是相互独立的.

在离散随机变量场合，X 和 Y 相互独立的充分必要条件是，对于 (X, Y) 的所有可能取值 (x_i, y_j)，有

$$P(X=x_i, Y=y_j)=P(X=x_i)P(Y=y_j);$$

在连续随机变量场合，X 和 Y 相互独立的充分必要条件是，对于任意实数 x，y，有 $f(x, y)=f_X(x)f_Y(y)$.

例 9 若 (X, Y) 的联合密度函数为

$$f(x, y)=\begin{cases}8xy, & 0\leqslant x\leqslant y\leqslant 1,\\ 0, & \text{其他}.\end{cases}$$

问 X，Y 是否独立？

解 先求出两个边缘密度函数

$$f_X(x)=\int_{-\infty}^{+\infty} f(x, y)\mathrm{d}y=\begin{cases}\displaystyle\int_x^1 8xy\,\mathrm{d}x, & 0\leqslant x\leqslant 1,\\ 0, & \text{其他}\end{cases}=\begin{cases}4x(1-x^2), & 0\leqslant x\leqslant 1,\\ 0, & \text{其他}\end{cases}$$

及

$$f_Y(y)=\int_{-\infty}^{+\infty} f(x, y)\mathrm{d}x=\begin{cases}\displaystyle\int_0^y 8xy\,\mathrm{d}x, & 0\leqslant y\leqslant 1,\\ 0, & \text{其他}\end{cases}=\begin{cases}4y^3, & 0\leqslant y\leqslant 1,\\ 0, & \text{其他}.\end{cases}$$

因为 $f(x, y) \neq f_X(x) f_Y(y)$，所以 X 和 Y 不独立.

8.3.3 两个随机变量的函数的分布

前文已经讨论了一维随机变量的函数的分布，本节将讨论两个随机变量的函数的分布.

1. 和的分布

已知(X, Y)的概率密度为 $f(x, y)$，则 $Z=X+Y$ 的概率密度函数为 $f_Z(z)=\int_{-\infty}^{\infty} f(z-y, y)\mathrm{d}y$ 或 $f_Z(z)=\int_{-\infty}^{\infty} f(x, z-x)\mathrm{d}x$.

若 X 与 X 相互独立，则 $Z=X+Y$ 的概率密度函数

$$f_Z(z)=\int_{-\infty}^{\infty} f_X(z-y) f_Y(y)\mathrm{d}y=\int_{-\infty}^{\infty} f_X(x) f_Y(z-x)\mathrm{d}x.$$

2. 极大(小)值的分布

设 $X_1, X_2, \cdots, X_n$ 相互独立，其分布函数分别为 $F_1(x_1), F_2(x_2), \cdots F_n(x_n)$，记

$$M=\max\{X_1, X_2, \cdots, X_n\},$$
$$N=\min\{X_1, X_2, \cdots, X_n\},$$

则 M 和 N 的分布函数分别为

$$F_M(z)=F_1(z)F_2(z)\cdots F_n(z),$$
$$F_N(z)=1-\prod_{i=1}^{n}[1-F_i(z)].$$

特别是，当 $X_1, X_2, \cdots, X_n$ 独立同分布(分布函数相同)时，则有

$$F_M(z)=(F(z))^n,$$
$$F_N(z)=1-(1-F(z))^n.$$

下面将以例子的形式介绍几种方法.

例 10 设(X, Y)的联合分布律如下：

X \ Y	-1	1	2
-1	5/20	2/20	6/20
2	3/20	3/20	1/20

试求：(1) $Z_1=X+Y$；(2) $Z_2=X-Y$；(3) $Z_3=\max\{X, Y\}$ 的分布律.

解

$Z_1=X+Y$	-2	0	1	3	4
P	5/20	2/20	9/20	3/20	1/20

$Z_2=X-Y$	-3	-2	0	1	3
P	6/20	2/20	6/20	3/20	3/20

$Z_3=\max\{X, Y\}$	-1	1	2
P	5/20	2/20	13/20

例 11 设随机变量 X, Y 相互独立，且均服从 $N(0, 1)$. 求 $Z=X+Y$ 的概率密度.

解 由于 X, Y 均服从 $N(0, 1)$，所以它们的概率密度分别为

$$f_X(x)=\frac{1}{\sqrt{2\pi}}\mathrm{e}^{-\frac{x^2}{2}} \text{ 和 } f_Y(y)=\frac{1}{\sqrt{2\pi}}\mathrm{e}^{-\frac{y^2}{2}}.$$

因为 X, Y 相互独立，$Z=X+Y$ 的概率密度为

$$\begin{aligned} f_Z(z)&=\int_{-\infty}^{+\infty} f_X(x)f_Y(z-x)\mathrm{d}x=\int_{-\infty}^{+\infty}\frac{1}{\sqrt{2\pi}}\mathrm{e}^{-\frac{x^2}{2}}\frac{1}{\sqrt{2\pi}}\mathrm{e}^{-\frac{(z-x)^2}{2}}\mathrm{d}x \\ &=\int_{-\infty}^{+\infty}\frac{1}{2\pi}\mathrm{e}^{-\frac{2x^2-2xz+z^2}{2}}\mathrm{d}x=\frac{1}{\sqrt{2\pi}\sqrt{2}}\mathrm{e}^{-\frac{z^2}{4}}\int_{-\infty}^{+\infty}\frac{1}{\sqrt{2\pi}}\mathrm{e}^{-\frac{\left(\sqrt{2}x-\frac{z}{\sqrt{2}}\right)^2}{2}}\mathrm{d}\left(\sqrt{2}x-\frac{z}{\sqrt{2}}\right) \\ &=\frac{1}{\sqrt{2\pi}\sqrt{2}}\mathrm{e}^{-\frac{z^2}{4}}\times 1=\frac{1}{\sqrt{2\pi}\sqrt{2}}\mathrm{e}^{-\frac{z^2}{2(\sqrt{2})^2}}. \end{aligned}$$

即 $X\sim N(0, (\sqrt{2})^2)$，也就是 $X\sim N(0, 2)$.

可以看出，正态分布具有可加性，即 $X\sim N(\mu_1, \sigma_1^2)$，$Y\sim N(\mu_2, \sigma_2^2)$，且 X 和 Y 相互独立，则 $Z=X+Y\sim N(\mu_1+\mu_2, \sigma_1^2+\sigma_2^2)$.

同理，泊松分布具有可加性，即设 $X\sim P(\lambda_1)$，$Y\sim P(\lambda_2)$，且 X 和 Y 相互独立，证明 $Z=X+Y\sim P(\lambda_1+\lambda_2)$.

二项分布具有可加性，即设 $X\sim B(m, p)$，$Y\sim B(n, p)$，且 X 和 Y 相互独立，则 $Z=X+Y\sim B(m+n, p)$.

习题 8.3

1. 100 件产品中有 50 件一等品，30 件二等品，20 件三等品. 从中不放回地任取 5 件，以 X, Y 分别表示取出的 5 件一等品、二等品的件数，求 (X, Y) 的联合分布律.

2. 设二维随机变量 (X, Y) 具有密度函数

$$f(x, y)=\begin{cases} Axy, & 0<x<1, 0<y<1, \\ 0, & \text{其他}. \end{cases}$$

(1) 试求常数 A；(2) 求分布函数 $F(x, y)$；(3) 求概率 $P(Y\leqslant 1/2)$；(4) $P(X=Y)$.

3. 设二维离散型随机 (X, Y) 的可能值为

$$(0, 0), (-1, 1), (-1, 2), (1, 0),$$

且取这些值的概率依次为 1/6, 1/3, 1/12, 5/12，试求 X 与 Y 各自的边缘分布律.

4. 设二维随机变量 (X, Y) 具有密度函数

$$f(x, y)=\begin{cases} \mathrm{e}^{-y}, & 0<x<y, \\ 0, & \text{其他}. \end{cases}$$

试求关于 X, Y 的边缘密度函数 $f_X(x)$, $f_Y(y)$.

5. 设随机变量 X 与 Y 相互独立,其联合分布律为

X	Y		
	y_1	y_2	y_3
x_1	a	$1/9$	c
x_2	$1/9$	b	$1/3$

试求联合分布律中的 a, b, c.

6. 设二维随机变量(X, Y)具有密度函数

$$f(x, y)=\begin{cases}3x, & 0<x<1,\ 0<y<x,\\ 0, & \text{其他}.\end{cases}$$

试求(1)边缘密度函数 $f_X(x)$和 $f_Y(y)$;(2)X 与 Y 是否相互独立?

7. 设二维随机变量(X, Y)其联合分布律为

X	Y		
	y_1	y_2	y_3
0	0.05	0.15	0.20
1	0.07	0.11	0.22
2	0.04	0.07	0.09

试求(1)$Z_1=X+Y$;(2)$Z_2=X-Y$;(3)$Z_3=\max\{X, Y\}$;(4)$Z_4=\min\{X, Y\}$ 的分布律.

8. 设随机变量 X 和 Y 的分布律分别为

X	-1	0	1
P	1/4	1/2	1/4

Y	0	1
P	1/2	1/2

已知 $P(XY=0)=1$,试求 $Z=\max\{X, Y\}$ 的分布律.

9. 设二维随机变量(X, Y)具有联合密度函数

$$f(x, y)=\begin{cases}6\mathrm{e}^{-2x-3y}, & x>0,\ y>0,\\ 0, & \text{其他}.\end{cases}$$

试求条件密度函数 $f(x|y)$及 $f(y|x)$.

8.4 随机变量的数字特征

本节介绍随机变量的常用数字特征:数学期望、方差、矩等.

8.4.1 数学期望

定义 8.21 设离散型随机变量 X 的分布律为 $P(X=x_i)=p_i$, $i=1, 2, \cdots$, 如果

$$\sum_{k=1}^{+\infty}|x_k|p_k<+\infty,$$

则称

$$E(X)=\sum_{i=1}^{+\infty}x_ip_i.$$

为随机变量 X 的数学期望，或称为该分布的数学期望，简称期望或均值. 若 $\sum_{k=1}^{+\infty}|x_k|p_k$ 不收敛，则称 X 的数学期望不存在.

类似地，给出连续型随机变量的数学期望的定义.

定义 8.22 设连续型随机变量 X 的密度函数为 $f(x)$.

如果

$$\int_{-\infty}^{+\infty}|x|f(x)\mathrm{d}x<+\infty,$$

则称

$$E(X)=\int_{-\infty}^{+\infty}xf(x)\mathrm{d}x$$

为随机变量 X 的数学期望，或称为该分布的数学期望，简称期望或均值. 若 $\int_{-\infty}^{+\infty}|x|f(x)\mathrm{d}x$ 不收敛，则称 X 的数学期望不存在.

例 1 袋中有 2 只白球，3 只红球，从中任意取出 2 只球，设 X 是取到的白球数. 求 X 的数学期望 $E(X)$.

解 X 的取值只能是 0，1，2. X 的概率分布为

X	0	1	2
$P(X=k)$	0.3	0.6	0.1

由数学期望的定义可知

$$E(X)=0\times0.3+1\times0.6+2\times0.1=0.8.$$

例 2 设在某一规定的时间间隔里，某电气设备用于最大负荷的时间 X(以 min 计)是一个随机变量，其密度函数为

$$f(x)=\begin{cases}\dfrac{1}{1\,500^2}x, & 0\leqslant x\leqslant 1\,500,\\ \dfrac{-1}{1\,500^2}(x-3\,000), & 1\,500<x<3\,000,\\ 0, & \text{其他}.\end{cases}$$

求 $E(X)$.

解 $E(X)=\int_{-\infty}^{+\infty}xf(x)\mathrm{d}x=\int_0^{1500}x\dfrac{1}{1\,500^2}x\mathrm{d}x+\int_{500}^{3000}x\dfrac{-1}{1\,500^2}(x-3\,000)\mathrm{d}x$

$=500+1\,000=1\,500(\text{min}).$

定理 8.7 设 Y 是随机变量 X 的函数：$Y=g(X)$(g 为连续函数).

(1) X 是离散型随机变量，它的分布律为 $P(X=x_i)=p_i$，$i=1,2,\cdots$，若 $\sum_{i=1}^{+\infty}g(x_i)p_i$

绝对收敛，则有

$$E(Y)=E[g(X)]=\sum_{i=1}^{+\infty}g(x_i)p_i.$$

(2) X 是连续型随机变量，它的密度函数为 $f(x)$. 若$\int_{-\infty}^{+\infty}g(x)f(x)\mathrm{d}x$ 绝对收敛，则有

$$E(Y)=E[g(X)]=\int_{-\infty}^{+\infty}g(x)f(x)\mathrm{d}x.$$

类似于一维随机变量的数学期望,此定理还可以推广到多维随机变量函数的数学期望.

定理 8.8 设 Z 是二维随机变量(X, Y) 的函数:$Z=g(X, Y)$(g 为连续函数).

(1) 若二维随机变量(X, Y)的联合分布律 $P(X=x_i, Y=y_j)=p_{ij}, i, j=1, 2, \cdots$则有

$$E(Z)=E(g(X, Y))=\sum_{j=1}^{\infty}\sum_{i=1}^{\infty}g(x_i, y_j)p_{ij}.$$

(2) 若二维随机变量(X, Y)的联合密度函数为 $f(x, y)$,则有

$$E(Z)=E(g(X, Y))=\int_{-\infty}^{\infty}\int_{-\infty}^{\infty}g(x, y)f(x, y)\mathrm{d}x\mathrm{d}y.$$

例 3 X 的概率分布为

X	-2	-1	0	1	2	3
$P\{X=x_i\}$	0.1	0.2	0.25	0.2	0.15	0.1

求 $Y=X^2$ 的数学期望 $E(Y)$.

解 $E(Y)=E(X)^2$

$$\begin{aligned}&=(-2)^2\times 0.1+(-1)^2\times 0.2+0^2\times 0.25\\&\quad+1^2\times 0.2+2^2\times 0.15+3^2\times 0.1=2.3.\end{aligned}$$

例 4 设 X 在区间$(0, a)$内服从均匀分布$(a>0)$, $Y=kX^2(k>0)$,求 Y 的数学期望 $E(Y)$.

解 X 的密度函数为

$$f(x)=\begin{cases}\dfrac{1}{a}, & 0<x<a,\\ 0, & \text{其他}.\end{cases}$$

由 $Y=kX^2$, 有

$$\begin{aligned}E(Y)&=\int_{-\infty}^{+\infty}g(x)f(x)\mathrm{d}x=\int_{-\infty}^{+\infty}kx^2f(x)\mathrm{d}x\\&=\int_{-\infty}^{0}kx^2f(x)\mathrm{d}x+\int_{0}^{a}kx^2f(x)\mathrm{d}x+\int_{a}^{+\infty}kx^2f(x)\mathrm{d}x\\&=\int_{0}^{a}kx^2\cdot\frac{1}{a}\mathrm{d}x=\frac{ka^2}{3}.\end{aligned}$$

例 5 设随机变量(X, Y) 服从二维正态分布,其密度函数为 $f(x, y)=\dfrac{1}{2\pi}\mathrm{e}^{-\frac{x^2+y^2}{2}}$,求 $Z=\sqrt{X^2+Y^2}$ 的 数学期望 $E(Z)$.

解 $E(Z)=\int_{-\infty}^{+\infty}\int_{-\infty}^{+\infty}\sqrt{x^2+y^2}\cdot\frac{1}{2\pi}e^{-\frac{x^2+y^2}{2}}dxdy=\frac{1}{2\pi}\int_0^{2\pi}d\theta\int_0^{+\infty}r\cdot e^{-\frac{r^2}{2}}rdr$

$$=\frac{1}{2\pi}\cdot 2\pi\int_0^{+\infty}r^2\cdot e^{-\frac{r^2}{2}}dr=\sqrt{2\pi}\int_0^{+\infty}\frac{1}{\sqrt{2\pi}}e^{-\frac{r^2}{2}}dr=\sqrt{2\pi}\cdot\frac{1}{2}=\sqrt{\frac{\pi}{2}}.$$

现在给出数学期望的几个性质,以下设所遇到的随机变量的数学期望是存在的.

性质1 设 C 是常数,则有 $E(C)=C$.

性质2 设 X 是一个随机变量,C 是常数,则有 $E(CX)=CE(X)$.

性质3 设 X, Y 是两个随机变量,则有 $E(X+Y)=E(X)+E(Y)$.

推论 设有随机变量 $X_1, X_2, \cdots, X_n$ 则有 $E\left(\sum\limits_{i=1}^{n}X_i\right)=\sum\limits_{i=1}^{n}E(X_i)$.

性质4 设 X, Y 是两个独立的随机变量,则有 $E(XY)=E(X)E(Y)$.

例6 一辆航运客车载有 20 名旅客自机场开出,途经 10 个站点. 设每名旅客在各个站点下车是等可能的,且各旅客是否下车相互独立. 以 X 表示停车的次数,求 $E(X)$.

解 引入随机变量 $X_i=\begin{cases}0, & \text{在第 } i \text{ 站没有人下车}, \\ 1, & \text{在第 } i \text{ 站有人下车},\end{cases}\quad i=1, 2, \cdots, 10.$

易知
$$X_i=X_1+X_2+\cdots+X_{10}.$$

按题意,任一旅客在第 i 站不下车的概率是$\frac{9}{10}$,因此 20 名旅客都不在第 i 站下车的概率为$\left(\frac{9}{10}\right)^{20}$,在第 i 站有人下车的概率为 $1-\left(\frac{9}{10}\right)^{20}$,即

$$P(X_i=0)=\left(\frac{9}{10}\right)^{20}, P(X_i=1)=1-\left(\frac{9}{10}\right)^{20}, i=1, 2, \cdots, 10.$$

因此,

$$E(X)=E(X_1+X_2+\cdots+X_{10})=E(X_1)+E(X_2)+\cdots+E(X_{10})$$
$$=10\left[1-\left(\frac{9}{10}\right)^{20}\right]=8.784(\text{次}).$$

8.4.2 方差

定义 8.23 设 X 是一个随机变量,若 $E[X-E(X)]^2$ 存在,则称 $E[X-E(x)]^2$ 为 X 的方差,记为 $D(X)$ 或 $\mathrm{Var}(X)$,即

$$D(X)=\mathrm{Var}(X)=E[X-E(X)]^2.$$

称方差的算术平方根 $\sqrt{D(X)}$ 为随机变量 X 的标准差或均方差,记为 $\sigma(X)$.

由定义知道,对于离散型随机变量有

$$D(X)=\sum_{i=1}^{\infty}[x_i-E(X)]^2\cdot p_i,$$

其中,$P(X=x_i)=p_i$, $i=1, 2, \cdots$ 为 X 的分布律.

对于连续型随机变量有

$$D(X)=\int_{-\infty}^{+\infty}[x-E(X)]^2 f(x)\mathrm{d}x,$$

其中,$f(x)$为 X 的密度函数.

由数学期望的性质 1、性质 2、性质 3 得,随机变量 X 的方差可按下面公式计算:

$$D(X)=E(X^2)-[E(X)]^2.$$

现在给出方差的几个常用性质,设所遇到的以下假设所涉及的随机变量的数学期望是存在的.

性质 1 设 C 是常数,则有 $D(C)=0$.

反之,若 $D(X)=0$,则存在常数 C,使 $P\{X=C\}=1$,且 $C=E(X)$.

性质 2 X 是一个随机变量,C 是常数,则有 $D(CX)=C^2D(X)$.

性质 3 设 X, Y 是两个随机变量,则有

$$D(X+Y)=D(X)+D(Y)+2E\{[X-E(X)][Y-E(Y)]\}.$$

特别是,若 X, Y 相互独立,则有 $D(X\pm Y)=D(X)+D(Y)$.

这一性质可推广到任意有限多个相互独立的随机变量之和的情况.

常用离散型和连续型分布见表 8-2.

表 8-2 常用离散型和连续型分布

分布名称	分布记号	概率分布或概率密度	数学期望	方差
0-1 分布	$B(1, p)$	$P\{X=k\}=p^k(1-p)^{1-k}$, $k=0, 1$	p	$p(1-p)$
二项分布	$B(n, p)$	$P\{X=k\}=C_n^k p^k(1-p)^{n-k}$, $k=0, 1, \cdots, n$	np	$np(1-p)$
泊松分布	$P(\lambda)$	$P\{X=k\}=\dfrac{\lambda^k}{k!}e^{-\lambda}$, $k=0, 1, 2, \cdots$	λ	λ
几何分布	$g(k)$	$P\{X=k\}=(1-p)^{k-1}p$, $k=1, 2, \cdots$	$\dfrac{1}{p}$	$\dfrac{1-p}{p^2}$
超几何分布	$H(n, M, N)$	$P\{X=k\}=\dfrac{\binom{M}{k}\binom{N-M}{n-k}}{\binom{N}{n}}$, $k=0, 1, \cdots, n$	$\dfrac{nM}{N}$	$\dfrac{nM}{N}\left(1-\dfrac{M}{N}\right)\dfrac{N-n}{N-1}$
均匀分布	$U(a, b)$	$f(x)=\begin{cases}\dfrac{1}{b-a}, & a\leqslant x\leqslant b,\\ 0, & \text{其他}\end{cases}$	$\dfrac{a+b}{2}$	$\dfrac{(b-a)^2}{12}$
指数分布	$E(\lambda)$	$f(x)=\begin{cases}\lambda e^{-\lambda x}, & x>0,\\ 0, & x\leqslant 0\end{cases}$	$\dfrac{1}{\lambda}$	$\dfrac{1}{\lambda^2}$
正态分布	$N(\mu, \sigma^2)$	$f(x)=\dfrac{1}{\sqrt{2\pi}\sigma}e^{-\frac{(x-\mu)^2}{2\sigma^2}}$	μ	σ^2

定理 8.9 设随机变量 X 的数学期望 $E(X)=\mu$，方差 $D(X)=\sigma^2$，则对任意常数 $\varepsilon>0$，有

$$P\{|X-\mu|\geqslant\varepsilon\}\leqslant\frac{\sigma^2}{\varepsilon^2}$$

成立.

这一不等式称为切比雪夫不等式.

证明 只就连续型随机变量的情况来证明. 设随机变量 X 的概率密度为 $f(x)$，则有

$$P(|X-\mu|\geqslant\varepsilon)=\int_{|x-\mu|\geqslant\varepsilon}f(x)\mathrm{d}x\leqslant\int_{|x-\mu|\geqslant\varepsilon}\frac{|x-\mu|^2}{\varepsilon^2}f(x)\mathrm{d}x$$

$$\leqslant\frac{1}{\varepsilon^2}\int_{-\infty}^{+\infty}(x-\mu)^2f(x)\mathrm{d}x=\frac{\sigma^2}{\varepsilon^2}.$$

切比雪夫不等式也可以写成如下形式：

$$P(|X-\mu|<\varepsilon)\geqslant 1-\frac{\sigma^2}{\varepsilon^2}.$$

8.4.3 协方差与相关系数

对于二维随机变量 (X, Y)，除了讨论了 X 与 Y 的数学期望和方差以外，还需要讨论两个随机变量之间相互关系的数字特征，本节讨论有关这方面的数字特征.

由方差的性质可知，若 X 与 Y 是相互独立的，则 $E\{[X-E(X)][Y-E(Y)]\}=0$. 也就是说当 $E\{[X-E(X)][Y-E(Y)]\}\neq 0$ 时，X 与 Y 一定不独立；而存在着一定的关系.

定义 8.24 量 $E[(X-E(X))(Y-E(Y))]$ 称为随机变量 X 与 Y 的协方差. 记为 $\mathrm{Cov}(X, Y)$，即

$$\mathrm{Cov}(X, Y)=E[(X-E(X))(Y-E(Y))].$$

而

$$\rho_{XY}=\frac{\mathrm{Cov}(X, Y)}{\sqrt{D(X)}\sqrt{D(Y)}}$$

称为随机变量 X 与 Y 的相关系数，ρ_{XY} 是一个无量纲的量.

由定义，知

$$\mathrm{Cov}(X, Y)=\mathrm{Cov}(Y, X),\quad \mathrm{Cov}(X, X)=D(X).$$

将 $\mathrm{Cov}(X, X)$ 的定义展开，得

$$\mathrm{Cov}(X, X)=E(XY)-E(X)E(Y).$$

协方差具有下列性质：

(1) $\mathrm{Cov}(aX, bY)=ab\mathrm{Cov}(X, Y)$，$a$，$b$ 是常数.

(2) $\mathrm{Cov}(X_1+X_2, Y)=\mathrm{Cov}(X_1, Y)+\mathrm{Cov}(X_2, Y)$.

下面以定理的形式给出 ρ_{XY} 两条重要的性质.

定理 8.10 设随机变量 X 与 Y 的相关系数为 ρ_{XY}，则

(1) $|\rho_{XY}| \leqslant 1$；

(2) $|\rho_{XY}| = 1$ 的充要条件是存在常数 a，b 使 $P\{Y = a + bX\} = 1$.
其中，当 $\rho_{XY} = 1$ 时，有 $a > 0$；当 $\rho_{XY} = -1$ 时，有 $a < 0$.

证明 (略).

由定理8.10(2)知，X，Y之间以概率1存在线性关系. ρ_{XY} 是一个可以用来表征 X，Y 之间线性关系紧密程度的量. 当 $|\rho_{XY}|$ 较大时，通常说 X，Y 之间线性关系程度较好；当 $|\rho_{XY}|$ 较小时，通常说 X，Y 之间线性关系程度较差.

当 $\rho_{XY} = 0$ 时，称 X 和 Y 不相关.

假设随机变量 X 与 Y 的相关系数 ρ_{XY} 存在. 当 X 和 Y 相互独立时，$\rho_{XY}=0$，即 X 和 Y 不相关. 反之，若 X 和 Y 不相关，X 和 Y 不一定独立.

例 7 设(X, Y)的联合概率分布为

X	Y	
	0	1
0	0.3	0.3
1	0.3	0.1

求 X 与 Y 的协方差 $\mathrm{Cov}(X, X)$和相关系数 ρ_{XY}.

解 易知 $E(X) = E(Y) = 0.4$，$D(X) = D(Y) = 0.24$.

$$E(XY) = \sum_{i=1}^{2}\sum_{j=1}^{2} x_i y_j P\{X = x_i, Y = y_j\}$$
$$= 0 \times 0 \times 0.3 + 0 \times 1 \times 0.3 + 1 \times 0 \times 0.3 + 1 \times 1 \times 0.1 = 0.1.$$
$$\mathrm{Cov}(X, X) = E(XY) - E(X)E(Y) = 0.1 - 0.4 \times 0.4 = 0.1 - 0.16 = -0.06,$$
$$\rho_{XY} = \frac{\mathrm{Cov}(X, Y)}{\sqrt{D(X)D(Y)}} = \frac{-0.06}{\sqrt{0.24 \times 0.24}} = \frac{-0.06}{0.24} = -0.25.$$

例 8 设二维随机变量(X, Y)的概率密度函数为

$$f(x, y) = \begin{cases} \dfrac{1}{\pi}, & x^2 + y^2 \leqslant 1, \\ 0, & \text{其他}. \end{cases}$$

试验证 X 和 Y 不相关，但 X 和 Y 不是相互独立的.

解 先求边缘密度函数

$$f_X(x) = \int_{-\infty}^{+\infty} f(x, y)\mathrm{d}y = \begin{cases} \displaystyle\int_{-\sqrt{1-x^2}}^{\sqrt{1-x^2}} \frac{1}{\pi}\mathrm{d}y, & -1 \leqslant x \leqslant 1, \\ 0, & \text{其他} \end{cases}$$
$$= \begin{cases} \dfrac{2\sqrt{1-x^2}}{\pi}, & -1 \leqslant x \leqslant 1, \\ 0, & \text{其他} \end{cases}$$

及

$$f_Y(y)=\int_{-\infty}^{+\infty}f(x,\ y)\mathrm{d}x=\begin{cases}\int_{-\sqrt{1-y^2}}^{\sqrt{1-y^2}}\frac{1}{\pi}\mathrm{d}x, & -1\leqslant y\leqslant 1,\\ 0, & \text{其他}\end{cases}$$

$$=\begin{cases}\frac{2\sqrt{1-y^2}}{\pi}, & -1\leqslant y\leqslant 1,\\ 0, & \text{其他}.\end{cases}$$

经计算知，$E(X)=E(Y)=E(XY)=0$，$\mathrm{Cov}(X,\ Y)=E(XY)-E(X)E(Y)=0$，从而 X 和 Y 不相关，但由于 $f_X(x)\cdot f_Y(y)\neq f(x,\ y)$，所以 X 和 Y 不独立.

例 9（二维正态分布） 设 $(X,\ Y)$ 服从二维正态分布，它的概率密度为

$$f(x,\ y)=\frac{1}{2\pi\sigma_1\sigma_2\sqrt{1-\rho^2}}\exp\left\{-\frac{1}{2(1-\rho^2)}\left[\frac{(x-\mu_1)^2}{\sigma_1^2}-2\rho\frac{(x-\mu_1)(y-\mu_2)}{\sigma_1\sigma_2}+\frac{(y-\mu_2)^2}{\sigma_2^2}\right]\right\}$$

（μ_1，μ_2，σ_1，σ_2，ρ 为 5 个常数，且 $\sigma_1>0$，$\sigma_2>0$，$|\rho|<1$，$-\infty<x<+\infty$，$-\infty<y<+\infty$）.

X 和 Y 的协方差和相关系数是

$$\rho_{XY}=\frac{\mathrm{Cov}(X,\ Y)}{\sqrt{D(X)}\sqrt{D(Y)}}=\rho.$$

注：若 $(X,\ Y)$ 服从二维正态分布，那么 X 和 Y 相互独立的充要条件为 $\rho=0$.

8.4.4 其他特征数

前面讨论了随机变量的数学期望、方差及协方差这些数字特征，本节再介绍矩、分位数这几个重要的特征数.

定义 8.25 设 X，Y 是随机变量，k，l 是正整数. 若以下的数学期望都存在，则称

$$\mu_k=E(X^k)$$

为 X 的 k 阶原点矩.

$$v_k=E(X-E(X))^k$$

为 X 的 k 阶中心矩.

$$E[(X-E(X))^k(Y-E(Y))^l]$$

为 X 和 Y 的 $k+l$ 阶混合中心矩.

显然，X 的数学期望 $E(X)$ 就是一阶原点矩，方差 $D(X)$ 就是二阶中心矩，协方差 $\mathrm{Cov}(X,\ Y)$ 就是 X 和 Y 的二阶混合中心矩.

定义 8.26 设随机变量 X 的分布函数为 $F(X)$，密度函数为 $f(x)$. 对任意的 $p\in(0,\ 1)$，称满足条件

$$P(X\leqslant x_p)=F(x_p)=\int_{-\infty}^{x_p}f(x)\mathrm{d}x=p$$

的 x_p 为此分布的 p 分位数(或分位点),又称下侧 p 分位数.

同理,称满足条件

$$P(x > x'_p) = 1 - P(X \leqslant x'_p) = 1 - F(x'_p) = \int_{x'_p}^{+\infty} f(x)\mathrm{d}x = p$$

的 x'_p为此分布的上侧 p 分位数.

下侧分位数和上侧分位数是可以相互转换的,其转换公式为

$$x'_p = x_{1-p}; \quad x_p = x'_{1-p}.$$

习题 8.4

1. 设随机变量的分布律为

X	-2	0	2
P	0.4	0.3	0.3

求 $E(X)$, $E(X^2)$, $E(3X^2+5)$.

2. 设随机变量 X 服从瑞利分布,其密度函数为

$$f(x) = \begin{cases} \dfrac{x}{\sigma^2}\mathrm{e}^{-\frac{x^2}{2\sigma^2}}, & x > 0, \\ 0, & x \leqslant 0, \end{cases}$$

其中,$\sigma>0$ 是常数,求 $E(X)$, $D(X)$.

3. 设随机变量 X 密度函数为

$$f(x) = \begin{cases} \mathrm{e}^{-x}, & x > 0, \\ 0, & x \leqslant 0. \end{cases}$$

求(1)$Y = 2X$;(2)$Y = \mathrm{e}^{-2x}$ 的数学期望.

4. 设(X, Y)的联合分布律为

X	Y		
	1	2	3
-1	0.2	0.1	0.0
0	0.1	0.0	0.3
1	0.1	0.1	0.1

(1) 求 $E(X)$, $E(Y)$;(2) 设 $Z = (X-Y)^2$,求 $E(Z)$.

5. 设(X, Y)密度函数为

$$f(x, y) = \begin{cases} 12y^2, & 0 \leqslant y \leqslant x \leqslant 1, \\ 0, & \text{其他}. \end{cases}$$

求 $E(X)$, $E(Y)$, $E(XY)$, $E(X^2+Y^2)$.

6. 设随机变量 X 的密度函数为

$$f(x)=\begin{cases}1+x, & -1\leqslant x<0,\\ 1-x, & 0<x\leqslant 1,\\ 0, & \text{其他}.\end{cases}$$

求 $D(3X+2)$.

7. 设二维随机变量 (X, Y) 的联合密度函数为

$$f(x, y)=\begin{cases}3x, & 0<y<x<1,\\ 0, & \text{其他}.\end{cases}$$

求 X 与 Y 的相关系数.

8. 设随机变量 (X, Y) 具有密度函数

$$f(x, y)=\begin{cases}1, & 0<x<1, |y|<x,\\ 0, & \text{其他}.\end{cases}$$

求 $E(X)$, $E(Y)$, $\mathrm{Cov}(X, Y)$.

9. 设随机变量 (X, Y) 具有密度函数

$$f(x, y)=\begin{cases}\dfrac{1}{8}(x+y), & 0\leqslant x\leqslant 2, 0\leqslant y\leqslant 2,\\ 0, & \text{其他}.\end{cases}$$

求 $E(X)$, $E(Y)$, $\mathrm{Cov}(X, Y)$, ρ_{XY}, $D(X+Y)$.

8.5 大数定律与中心极限定理

8.5.1 大数定律

概率论和数理统计是研究随机现象统计规律性的一门科学,随着实验的次数增大时,事件发生的频率逐渐稳定于某个常数. 在实践中,人们还认识到大量观测值的算术平均值也具有稳定性. 这种稳定性就是本节要讨论的大数定律的客观背景.

定义 8.27 设 $X_1, X_2, \cdots, X_n, \cdots$ 是随机变量序列,令 $Y_n=\frac{1}{n}\sum_{i=1}^{n}X_i$, $n\geqslant 1$. 如果存在常数列 $a_1, a_2, \cdots$,对于任意的 $\varepsilon>0$, 有

$$\lim_{n\to\infty}P\{|Y_n-a_n|<\varepsilon\}=1$$

成立,则称随机变量序列 $\{X_n\}$ 服从大数定律.

其等价形式是对任意 $\varepsilon>0$, 有

$$\lim_{n\to\infty}P\{|Y_n-a_n|\geqslant\varepsilon\}=0.$$

定理 8.11(切比雪夫大数定律) 设 $X_1, X_2, \cdots, X_n, \cdots$ 是一列两两不相关的随机变量序列,且设它们的方差一致有界,即存在常数 $C>0$, 使得

$$D(X_i)\leqslant C, \quad i=1, 2, \cdots,$$

则对任意的 $\varepsilon>0$, 有

$$\lim_{n\to\infty}P\left(\left|\frac{1}{n}\sum_{i=1}^{n}X_i-E\left(\frac{1}{n}\sum_{i=1}^{n}X_i\right)\right|<\varepsilon\right)=1.$$

定理 8.12(伯努利大数定律) 设μ_n是n重伯努利试验中事件A出现的次数,事件A在每次试验中出现的概率为$p(0<p<1)$,则对任意的$\varepsilon>0$,有

$$\lim_{n\to\infty}P\left(\left|\frac{\mu_n}{n}-p\right|<\varepsilon\right)=1.$$

定理 8.13(辛钦大数定律) 设$X_1, X_2, \cdots, X_n, \cdots$是一列相互独立同分布的随机变量序列,且数学期望存在并记为$E(X_i)=u$, $i=1, 2, \cdots$,则对任意的$\varepsilon>0$,有

$$\lim_{n\to\infty}P\{|\overline{X}_n-u|<\varepsilon\}=1$$

成立.

8.5.2 中心极限定理

在实际问题的研究中,常常需要考虑许多随机因素所产生的总的影响.如果一个量是由大量相互独立的随机因素的影响所造成,而每一个因素在总影响中所起的作用不大,则这种量(随机变量的和)一般都服从或近似服从正态分布.中心极限定理将研究这种量的统计规律,下面给出常见的中心极限定理.

定理 8.14(林德贝格-勒维定理) 设$X_1, X_2, \cdots, X_n, \cdots$是一列相互独立同分布的随机变量,且$E(X_i)=\mu$, $D(X_i)=\sigma^2$, $i=1, 2, \cdots$存在.记$X=\sum\limits_{i=1}^{n}X_i$,则对任意实数$x$有

$$\lim_{n\to\infty}P\left(\frac{X-n\mu}{\sigma\sqrt{n}}\leqslant x\right)=\frac{1}{\sqrt{2\pi}}\int_{-\infty}^{x}\mathrm{e}^{-\frac{x^2}{2}}\mathrm{d}x=\Phi(x).$$

定理 8.15(棣莫佛-拉普拉斯定理) 设μ_n是n重伯努利试验中事件A出现的次数,又A在每次试验中出现的概率为$p(0<p<1)$,则对任意实数x,有

$$\lim_{n\to\infty}P\left\{\frac{\mu_n-np}{\sqrt{np(1-p)}}\leqslant x\right\}=\frac{1}{\sqrt{2\pi}}\int_{-\infty}^{x}\mathrm{e}^{-\frac{x^2}{2}}\mathrm{d}x=\Phi(x).$$

例 1 在 0, 1, …, 9 中随机取数 10 000 次,求数字 8 出现的次数不超过 970 次的概率.

解 记

$$X_i=\begin{cases}1, & \text{第 } i \text{ 次取到数字 } 8,\\ 0, & \text{第 } i \text{ 次未取到数字 } 8,\end{cases}\quad i=1, 2, \cdots, 10\,000,$$

则$X_i\sim B(1, 0.1)$,即$p=0.1$, $1-p=0.9$.

设$\mu_{10\,000}$="10 000 次取数中数字 8 出现的次数",则$\mu_{10\,000}=\sum\limits_{i=1}^{10\,000}X_i$.

由棣莫佛-拉普拉斯定理,有

$$P(\mu_{10\,000} \leqslant 970) = P\left(\frac{\mu_{10\,000} - 10\,000 \times 0.1}{\sqrt{10\,000 \times 0.1 \times 0.9}} \leqslant \frac{970 - 10\,000 \times 0.1}{\sqrt{10\,000 \times 0.1 \times 0.9}}\right)$$

$$\approx \Phi\left(\frac{970 - 10\,000 \times 0.1}{\sqrt{10\,000 \times 0.1 \times 0.9}}\right) = \Phi(-1)$$

$$= 1 - \Phi(1) = 1 - 0.841\,3 = 0.158\,7.$$

习题 8.5

1. 设 ξ_1, ξ_2, … 为相互独立的随机变量序列,且 $\xi_i (i = 1, 2, \cdots)$ 服从参数为 λ 的泊松分布,记 $\Phi(x) = \int_{-\infty}^{x} \frac{1}{\sqrt{2\pi}} e^{-\frac{x^2}{2}} dx$,则 $\lim\limits_{n\to\infty} P\left\{\frac{\sum\limits_{i=1}^{n} \xi_i - n\lambda}{\sqrt{n\lambda}} \leqslant x\right\} =$ ________.

2. 设 μ_n 为 n 次独立重复试验中事件 A 出现的次数,p 是事件 A 在每次试验中出现的概率,ε 为大于零的数,则 $\lim\limits_{n\to\infty} P\left\{\left|\frac{\mu_n}{n} - P\right| < \varepsilon\right\} =$ ________.

3. 设 X_1, X_2, …, X_n, … 是相互独立的随机变量序列,且都服从参数为 λ 的泊松分布,则当 n 充分大时,$\sum\limits_{i=1}^{n} X_i$ 近似服从________.

4. 某厂产品次品率为 1%,今任取 500 个,则根据中心极限定理估计其中次品不超过 5 个的概率为________.

8.6 统计量及其分布

8.6.1 随机样本

在一个统计问题中,把试验的全部可能的观察值称为总体,每一个观察值称为个体. 总体中所包含的个体的个数称为总体的容量. 容量为有限的称为有限总体,容量为无限的称为无限总体.

总体中的每一个个体是随机试验的一个观察值,因此它是某一随机变量 X 的值,这样,一个总体对应于一个随机变量 X. 对总体的研究就是对一个随机变量 X 的研究,X 的分布函数和数字特征就称为总体的分布函数和数字特征. 今后将不区分总体与相应的随机变量,统称为总体 X.

为了了解总体的分布,在相同的条件下对总体 X 进行 n 次重复、独立的观察. 将 n 次观察结果按试验的次序记为 X_1, X_2, …, X_n. 由于 X_1, X_2, …, X_n 是对随机变量 X 观察的结果,且各次观察是在相同的条件下独立进行的,所以有理由认为 X_1, X_2, …, X_n 是相互独立的,且都是与 X 具有相同分布的随机变量. 这样得到的 X_1, X_2, …, X_n 称为来自总体 X 的一个简单随机样本,简称样本,n 称为这个样本的容量,样本中的个体称为样品. 以后如无特别说明,所提到的样本都是指简单随机样本.

当 n 次观察一经完成,就得到一组实数 x_1, x_2, …, x_n,它们依次是随机变量 X_1, X_2, …, X_n 的观察值,称为样本值.

对于有限总体,采用放回抽样即可得到简单随机样本,但放回抽样使用起来不方便,当总体所含个体总数与样本量相比很大时,在实际中使用不放回抽样也可使样本独立性得到满足. 对无限总体来说,因为抽取一个个体不影响它的分布,所以,用不放回抽样总是可以较容易地实现样本的随机性以及独立性.

简单随机样本由于其独立并与总体同分布,所以有时也简称为来自总体 X 的独立同分布样本(简记为 iid).

设总体 X 具有分布函数 $F(x)$,则样本 $X_1, X_2, \cdots, X_n$ 的联合分布函数为

$$F(x_1, x_2, \cdots, x_n) = \prod_{i=1}^{n} F(x_i).$$

8.6.2 统计量及其分布

定义 8.28 设 $X_1, X_2, \cdots, X_n$ 为来自总体 X 的一个样本,若样本函数 $g(X_1, X_2, \cdots, X_n)$ 中不含有任何未知参数,则称 $g(X_1, X_2, \cdots, X_n)$ 为统计量.

例如,设 $X_1, X_2, \cdots, X_n$ 为来自正态总体 $N(\mu, \sigma^2)$ 的样本,$\overline{X} = \frac{1}{n}\sum_{i=1}^{n} X_i$ 是统计量,而 $\frac{1}{n}\sum_{i=1}^{n}(X_i - \mu)^2$ 当 μ 为已知数时是统计量,当 μ 为未知参数时就不是统计量.

显然,由于 $X_1, X_2, \cdots, X_n$ 都是随机变量,而统计量 $g(X_1, X_2, \cdots, X_n)$ 是随机变量的函数,因此统计量是一个随机变量.

设 $x_1, x_2, \cdots, x_n$ 是 $X_1, X_2, \cdots, X_n$ 的一组观察值,则统计量 $g(X_1, X_2, \cdots, X_n)$ 的观察值是 $g(x_1, x_2, \cdots, x_n)$.

定义 8.29 设 $X_1, X_2, \cdots, X_n$ 为来自总体 X 的一个样本,$x_1, x_2, \cdots, x_n$ 是这一样本的观察值,统计量

$$\overline{X} = \frac{1}{n}\sum_{i=1}^{n} X_i$$

称为样本均值;统计量

$$S^2 = \frac{1}{n-1}\sum_{i=1}^{n}(X_i - \overline{X})^2 = \frac{1}{n-1}\left(\sum_{i=1}^{n} X_i^2 - n\overline{X}^2\right)$$

称为样本方差;统计量

$$S = \sqrt{S^2} = \sqrt{\frac{1}{n-1}\sum_{i=1}^{n}(X_i - \overline{X})^2}$$

称为样本标准差;统计量

$$A_k = \frac{1}{n}\sum_{i=1}^{n} X_i^k, \quad k = 1, 2, \cdots$$

称为样本 k 阶(原点)矩;统计量

$$B_k = \frac{1}{n}\sum_{i=1}^{n}(X_i - \overline{X})^k, \quad k = 2, 3, \cdots$$

称为样本 k 阶中心矩.

它们的观察值分别为

$$\bar{x}=\frac{1}{n}\sum_{i=1}^{n}x_i;$$

$$s^2=\frac{1}{n-1}\sum_{i=1}^{n}(x_i-\bar{x})^2=\frac{1}{n-1}\left(\sum_{i=1}^{n}x_i^2-n\bar{x}^2\right);$$

$$s=\sqrt{s^2}=\sqrt{\frac{1}{n-1}\sum_{i=1}^{n}(x_i-\bar{x})^2};$$

$$a_k=\frac{1}{n}\sum_{i=1}^{n}x_i^k,\quad k=1,2,\cdots;$$

$$b_k=\frac{1}{n}\sum_{i=1}^{n}(x_i-\bar{x})^k,\quad k=2,3,\cdots.$$

这些观察值仍分别称为样本均值、样本方差、样本标准差、样本 k 阶(原点)矩以及样本 k 阶中心矩.

定理 8.16 假设总体 X 存在二阶矩,记 $E(X)=\mu$, $D(X)=\sigma^2$, $X_1, X_2, \cdots, X_n$ 为来自总体 X 的一个样本,则有

(1) $E(\overline{X})=\mu$, $D(\overline{X})=\sigma^2/n$;

(2) $E(S^2)=\sigma^2$.

证明 (1) 因为 $X_1, X_2, \cdots, X_n$ 独立同分布,所以有

$$E(\overline{X})=E\left(\frac{1}{n}\sum_{i=1}^{n}X_i\right)=\frac{1}{n}E\left(\sum_{i=1}^{n}X_i\right)=\frac{1}{n}\sum_{i=1}^{n}E(X_i)=\frac{1}{n}n\mu=\mu;$$

$$D(\overline{X})=D\left(\frac{1}{n}\sum_{i=1}^{n}X_i\right)=\frac{1}{n^2}\sum_{i=1}^{n}D(X_i)=\frac{1}{n^2}n\sigma^2=\frac{\sigma^2}{n}.$$

(2) $$E(S^2)=E\left[\frac{1}{n-1}\left(\sum_{i=1}^{n}X_i^2-n\overline{X}^2\right)\right]=\frac{1}{n-1}\left[\sum_{i=1}^{n}E(X_i^2)-nE(\overline{X}^2)\right]$$
$$=\frac{1}{n-1}\left[\sum_{i=1}^{n}(\sigma^2+\mu^2)-n\left(\frac{\sigma^2}{n}+\mu^2\right)\right]=\sigma^2.$$

定义 8.30 设 $X_1, X_2, \cdots, X_n$ 为来自总体 X 的一个样本, 其样本值为 $x_1, x_2, \cdots, x_n$,将 $x_1, x_2, \cdots, x_n$ 按自小到大的次序排列,为 $x_{(1)}\leqslant x_{(2)}\leqslant\cdots\leqslant x_{(n)}$,定义如下函数

$$F_n(x)=\begin{cases}0, & x<x_{(1)},\\ \dfrac{k}{n}, & x_{(k)}\leqslant x<x_{(k+1)},\quad k=1,2,\cdots,n-1,\\ 1, & x\geqslant x_{(n)},\end{cases}$$

则 $F_n(x)$是一个非减的右连续函数,且满足 $F_n(-\infty)=0$ 和 $F_n(+\infty)=0$. 由此可见 $F_n(x)$ 是一个分布函数,并称 $F_n(x)$为经验分布函数.

格里文科(Glivenko)在 1933 年证明的一个结果说明,当 n 充分大时,经验分布函数

$F_n(x)$是总体分布函数 $F(x)$一个良好的近似. 因此，以样本推断总体有了理论依据.

8.6.3 三大抽样分布

1. χ^2 分布

设 $X_1, X_2, \cdots, X_n$ 是来自于总体 $N(0, 1)$的样本，则称统计量

$$\chi^2 = X_1^2 + X_2^2 + \cdots + X_n^2$$

服从自由度为 n 的 χ^2 分布，记为 $\chi^2 \sim \chi^2(n)$.

$\chi^2(n)$分布的概率密度函数为

$$f(y) = \begin{cases} \dfrac{1}{2^{\frac{n}{2}}\Gamma(n/2)} y^{\frac{n}{2}-1} \mathrm{e}^{-\frac{y}{2}}, & y > 0, \\ 0 & \text{其他}. \end{cases}$$

$f(y)$的图形如图 8-16 所示.

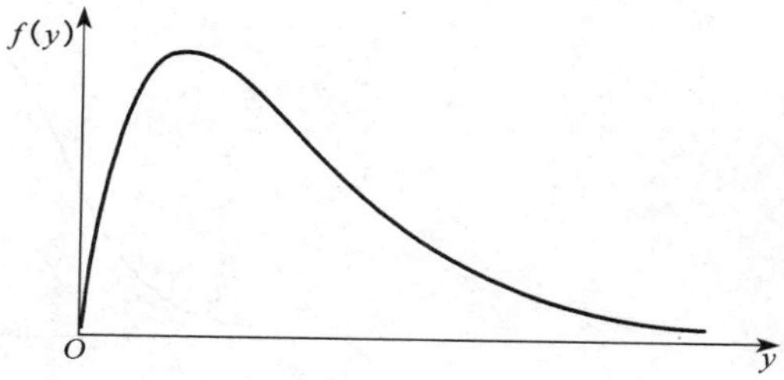

图 8-16

χ^2 分布具有可加性，即若 $X \sim \chi^2(m)$，$Y \sim \chi^2(n)$，且 X, Y 相互独立，则

$$X + Y \sim \chi^2(m + n).$$

χ^2 分布的数学期望与方差：

设 $\chi^2 \sim \chi^2(n)$，则 $E(\chi^2) = n$, $D(\chi^2) = 2n$.

χ^2 分布的分位数：

设 $\chi^2 \sim \chi^2(n)$，对于给定的$\alpha(0 < \alpha < 1)$，称满足条件

$$P\{\chi^2 \leqslant \chi^2_{1-\alpha}(n)\} = \int_{-\infty}^{\chi^2_{1-\alpha}(n)} f(y)\mathrm{d}y = 1 - \alpha$$

的 $\chi^2_{1-\alpha}(n)$是自由度为 n 的 χ^2 分布的 $1-\alpha$ 分位数(图 8-17).

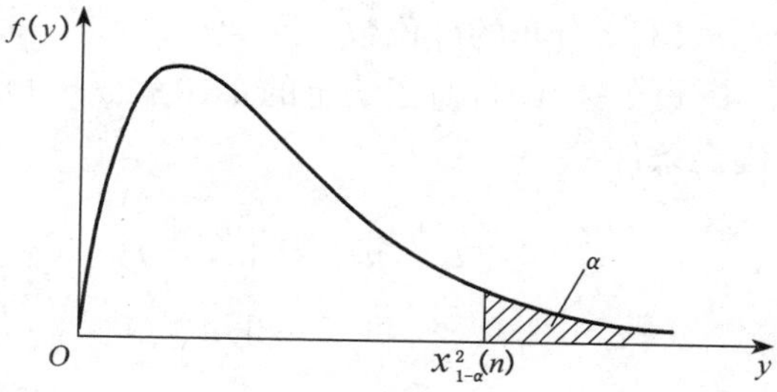

图 8-17

例 1 设 $X_1, X_2, \cdots, X_{10}$ 取自正态总体 $N(0, 0.3^2)$，求 $E\left(\sum_{i=1}^{10} X_i^2\right)$.

解
$$\frac{1}{0.3^2} \sum_{i=1}^{10} X_i^2 \sim \chi^2(10).$$

则 $E\left(\frac{1}{0.3^2} \sum_{i=1}^{10} X_i^2\right) = 10$，从而 $E\left(\sum_{i=1}^{10} X_i^2\right) = 0.09 \times 10 = 0.9$.

2. t 分布

设 $X \sim N(0, 1)$，$Y \sim \chi^2(n)$，且 X, Y 相互独立，则称统计量

$$t=\frac{X}{\sqrt{Y/n}}$$

为服从自由度为 n 的 t 分布,记为$t \sim t(n)$.

t 分布是由英国统计学家哥塞特(Gosset)发现的,他于 1908 年以“Student”的笔名发表了这个分布,故后人也称 t 分布为学生氏分布.

(1) t 分布的概率密度函数及图象(图8-18)

$$f(y)=\frac{\Gamma[(n+1)/2]}{\sqrt{n\pi}\cdot\Gamma(n/2)}\left(1+\frac{y^2}{n}\right)^{-(n+1)/2},-\infty<y<+\infty.$$

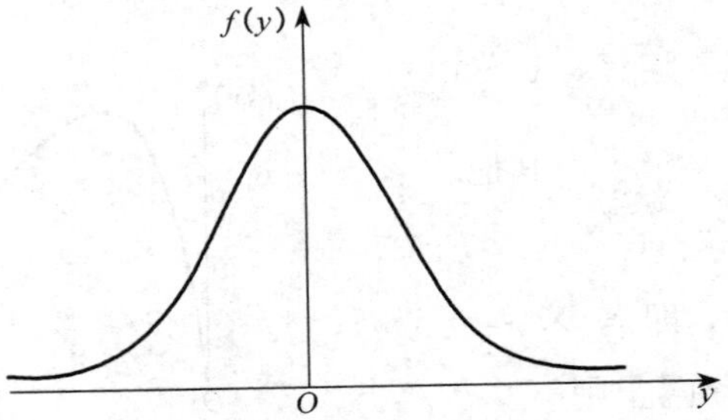

图 8-18

(2) t 分布的数学期望与方差

若 $t\sim t(n)$,则 $E(t)=0$, $D(t)=\frac{n}{n-2}$ $(n>2)$.

(3) t 分布的分位数

设 $t\sim t(n)$,对于给定的 α $(0<\alpha<1)$,称满足条件

$$P\{t\leqslant t_{1-\alpha}(n)\}=\int_{-\infty}^{t_{1-\alpha}(n)}f(y)\mathrm{d}y=1-\alpha$$

的 $t_{1-\alpha}(n)$ 为 $t(n)$ 分布的 $1-\alpha$ 分位数(图 8-19).

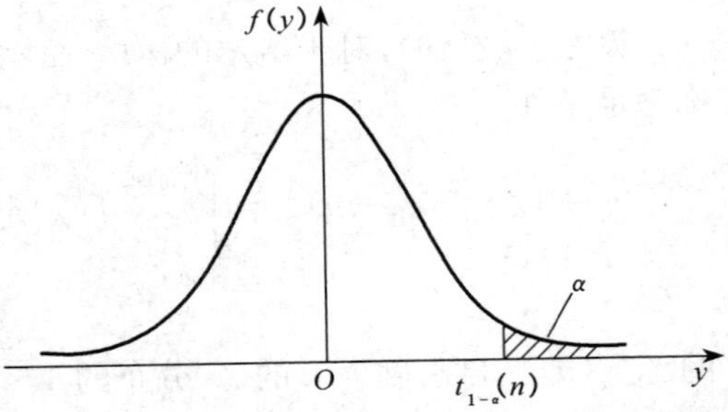

图 8-19

例 2 设 $X\sim N(0,1)$, $X_1, X_2, \cdots, X_5$ 是取自总体 X 的一个样本,求常数 C,使统计量

$$\frac{C(X_1+X_2)}{\sqrt{X_3^2+X_4^2+X_5^2}}$$

服从 t 分布.

解 由于 $X_i\sim N(0,1)$, $i=1,2,\cdots,5$,且它们相互独立,故

$$X_1+X_2\sim N(0,2),\ X_3^2+X_4^2+X_5^2\sim\chi^2(3),$$

且两者相互独立,由 t 分布定义,要使

$$\frac{C(X_1+X_2)}{\sqrt{X_3^2+X_4^2+X_5^2}}=\frac{C(X_1+X_2)/\sqrt{3}}{\sqrt{(X_3^2+X_4^2+X_5^2)/3}}$$

服从 t 分布，则 $\frac{C}{\sqrt{3}}(X_1+X_2)$ 必须服从 $N(0, 1)$，由 $X_1+X_2\sim N(0, 2)$ 得

$$\frac{C}{\sqrt{3}}(X_1+X_2)\sim N\left(0, 2\left(\frac{C}{\sqrt{3}}\right)^2\right),$$

则必须有 $\frac{2C^2}{3}=1$，故当 $C=\pm\sqrt{\frac{3}{2}}$ 时，该统计量服从自由度为 3 的 t 分布.

3. *F* 分布

设 $X\sim\chi^2(m)$，$Y\sim\chi^2(n)$，且 X，Y 相互独立，则称统计量

$$F=\frac{X/m}{Y/n}$$

为服从自由度为 m 和 n 的 F 分布，记为 $F\sim F(m, n)$.

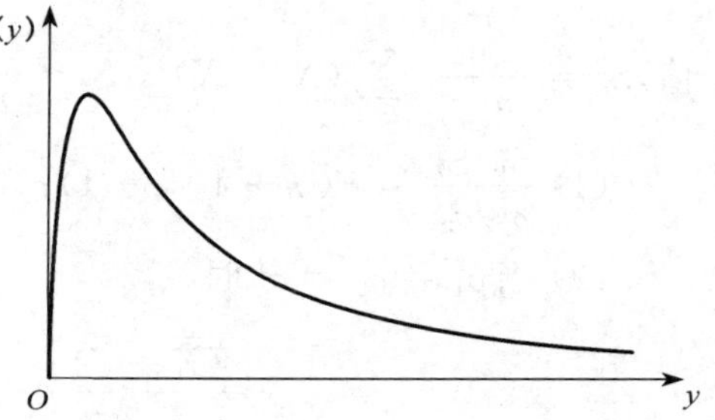

图 8-20

(1) F 分布概率密度函数与图象(图 8-20)

$$f(y)=\begin{cases}\dfrac{\Gamma\left(\frac{m+n}{2}\right)\left(\frac{m}{n}\right)^{\frac{m}{2}}}{\Gamma\left(\frac{m}{2}\right)\Gamma\left(\frac{n}{2}\right)}y^{\frac{m}{2}-1}\left[1+\left(\frac{m}{n}y\right)\right]^{-\frac{m+n}{2}}, & y>0.\\ 0 & \text{其他.}\end{cases}$$

(2) F 分布的数学期望与方差

设 $F\sim F(m, n)$，则 $E(F)=\frac{n}{n-2}(n>2)$，$D(F)=\frac{2n^2(m+n-2)}{m(n-2)^2(n-4)}$ $(n>4)$.

(3) F 分布的分位数

设 $F\sim F(m, n)$，对于给定的 α $(0<\alpha<1)$，称满足条件

$$\begin{aligned}P(F\leqslant F_{1-\alpha}(m, n))&=\int_{-\infty}^{F_{1-\alpha}(m, n)}f(y)\mathrm{d}y\\&=1-\alpha\end{aligned}$$

的 $F_{1-\alpha}(m, n)$ 为 $F(m, n)$ 分布的 $1-\alpha$ 分位数(图 8-21).

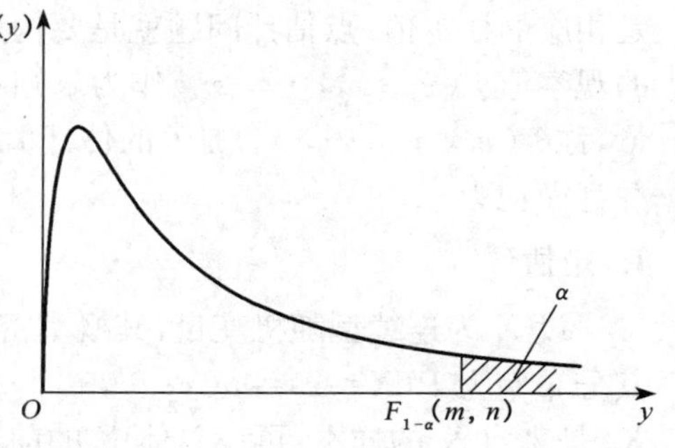

图 8-21

由 F 分布的构造可知，若 $F\sim F(m, n)$，则 $\frac{1}{F}\sim F(n, m)$.

定理 8.17 $X_1, X_2, \cdots, X_n$ 是正态总体 $N(\mu, \sigma^2)$ 的样本，$\overline{X}$ 和 S^2 分别是样本均值和样本方差，则有

(1) $\overline{X} \sim N(\mu, \sigma^2/n)$；

(2) $\dfrac{(n-1)S^2}{\sigma^2} \sim \chi^2(n-1)$；

(3) $\overline{X}$与 S^2 独立；

(4) $\dfrac{\overline{X}-\mu}{S/\sqrt{n}} \sim t(n-1)$.

证明 （略）.

定理 8.18 设$X_1, X_2, \cdots, X_m$与$Y_1, Y_2, \cdots, Y_n$分别是正态总体$N(\mu_1, \sigma_1^2)$和$N(\mu_2, \sigma_2^2)$的样本，且这两个样本相互独立，设$\overline{X} = \dfrac{1}{m}\sum\limits_{i=1}^{m} X_i$，$\overline{Y} = \dfrac{1}{n}\sum\limits_{i=1}^{n} Y_i$分别是这两个样本的均值，$S_1^2 = \dfrac{1}{m-1}\sum\limits_{i=1}^{m}(X_i - \overline{X})^2$，$S_2^2 = \dfrac{1}{n_2 - 1}\sum\limits_{i=1}^{n}(Y_i - \overline{Y})^2$ 分别是这两个样本的方差，则有

(1) $\dfrac{S_1^2/S_2^2}{\sigma_1^2/\sigma_2^2} \sim F(m-1, n-1)$；

(2) 当 $\sigma_1^2 = \sigma_2^2 = \sigma^2$ 时，

$$\frac{(\overline{X}-\overline{Y}) - (\mu_1 - \mu_2)}{S_w\sqrt{\dfrac{1}{m} + \dfrac{1}{n}}} \sim t(m+n-2),$$

其中，$S_w^2 = \dfrac{(m-1)S_1^2 + (n-1)S_2^2}{m+n-2}$，$S_w = \sqrt{S_w^2}$.

8.6.4 参数估计

一般场合，常用θ表示参数，参数θ所有可能取值组成的集合称为参数空间，常用Θ表示，如果Θ是一维的，则θ表示单个参数，如果Θ是多维的，则θ表示参数向量. 参数估计问题就是根据样本对上述各种参数作出估计.

参数估计有两种形式，即点估计与区间估计. 现只研究点估计. 设总体 X 的分布函数 $F(x;\theta)$的形式已知，θ未知，是待估参数. $X_1, X_2, \cdots, X_n$ 是 X 的一个样本，$x_1, x_2, \cdots, x_n$ 是相应的样本值. 点估计问题就是要构造一个适当的统计量记作$\hat{\theta}(X_1, X_2, \cdots, X_n)$，用它的观察值$\hat{\theta}(x_1, x_2, \cdots, x_n)$作为未知参数$\theta$的近似值，称$\hat{\theta}(X_1, X_2, \cdots, X_n)$是$\theta$的估计量，称$\hat{\theta}(x_1, x_2, \cdots, x_n)$是$\theta$的估计值. 在不致混淆的情况下估计量和估计值统称为估计，并都简记为$\hat{\theta}$.

1. 矩估计

设 X 为连续型随机变量，其概率密度为 $f(x;\theta_1, \theta_2, \cdots, \theta_k)$，或 X 为离散型随机变量，其分布率为 $P(X=x) = p(x;\theta_1, \theta_2, \cdots, \theta_k)$，其中$\theta_1, \theta_2, \cdots, \theta_k$ 为待估参数，$X_1, X_2, \cdots, X_n$ 是来自 X 的样本，再设总体 X 的前k 阶矩

$$\mu_l = E(X^l) = \begin{cases} \displaystyle\int_{-\infty}^{\infty} x^l f(x;\theta_1, \theta_2, \cdots, \theta_k)\mathrm{d}x & (X \text{ 为连续型随机变量}), \\ \displaystyle\sum_{x\in R_X} x^l p(x;\theta_1, \theta_2, \cdots, \theta_k) & (X \text{ 为离散型随机变量}). \end{cases}$$

$l=1, 2, \cdots, k$ (其中,R_X 是 X 可能取值的范围)存在. 一般来说它们是 $\theta_1, \theta_2, \cdots, \theta_k$ 的函数.

用样本矩去替换总体矩,矩可以是原点矩也可以是中心矩. 用样本矩作为相应的总体矩的估计量,用样本矩的连续函数作为相应的总体矩的连续函数的估计量. 这种参数估计的方法就称为矩估计法. 矩估计法的具体做法如下:

设

$$\begin{cases} \mu_1 = \mu_1(\theta_1, \theta_2, \cdots, \theta_k), \\ \mu_2 = \mu_2(\theta_1, \theta_2, \cdots, \theta_k), \\ \quad\vdots \\ \mu_k = \mu_k(\theta_1, \theta_2, \cdots, \theta_k). \end{cases}$$

这是一个包含 k 个未知参数 $\theta_1, \theta_2, \cdots, \theta_k$ 的方程组. 一般来说,可以从中解出 $\theta_1, \theta_2, \cdots, \theta_k$,得到

$$\begin{cases} \theta_1 = \theta_1(\mu_1, \mu_2, \cdots, \mu_k), \\ \theta_2 = \theta_2(\mu_1, \mu_2, \cdots, \mu_k), \\ \quad\vdots \\ \theta_k = \theta_k(\mu_1, \mu_2, \cdots, \mu_k). \end{cases} \tag{8.6.1}$$

以样本矩 $A_l = \dfrac{1}{n}\sum_{i=1}^{n} X_i^l$ 分别代替式(8.6.1)中的 $\mu_l(l=1, 2, \cdots, k)$,以

$$\hat{\theta}_l = \hat{\theta}_l(A_1, A_2, \cdots, A_k),\ l = 1, 2, \cdots, k$$

作为 $\theta_l(l=1, 2, \cdots, k)$ 的估计量,这种估计量称为 $\theta_l(l=1, 2, \cdots, k)$ 矩估计量,矩估计量的观察值称为矩估计值. 在不引起混淆的情况下统称为参数 $\theta_l(l=1, 2, \cdots, k)$ 的矩估计,简记为 ME(Moment Estimate).

例 3 设总体 X 服从参数为 $\theta(>0)$ 的指数分布,其密度函数为

$$f(x; \lambda) = \begin{cases} \dfrac{1}{\theta}\mathrm{e}^{-\frac{1}{\theta}x}, & x > 0, \\ 0, & x \leqslant 0. \end{cases}$$

$X_1, X_2, \cdots, X_n$ 是来自 X 的一个样本,试求 θ 的矩估计量.

解 由 $\mu_1 = E(X) = \theta$,得 $\theta = \mu_1$,用 $A_1 = \dfrac{1}{n}\sum_{i=1}^{n} X_i = \overline{X}$ 代替 μ_1 得到 θ 的矩估计量为 $\hat{\theta} = \overline{X}$.

例 4 设总体 X 在区间 (a, b) 上服从均匀分布,a, b 未知,$X_1, X_2, \cdots, X_n$ 是来自 X 的一个样本,试求 a, b 的矩估计量.

解 $\mu_1 = E(X) = \dfrac{a+b}{2}$,

$$\mu_2 = E(X^2) = D(X) + [E(X)]^2 = \frac{(b-a)^2}{12} + \frac{(a+b)^2}{4},$$

即
$$\begin{cases}a+b=2\mu_1,\\ b-a=\sqrt{12(\mu_2-\mu_1^2)}.\end{cases}$$

解此方程组得

$$a=\mu_1-\sqrt{3(\mu_2-\mu_1^2)},\quad b=\mu_1+\sqrt{3(\mu_2-\mu_1^2)},$$

分别以 A_1, A_2 代替 μ_1, μ_2,得到 a, b 的矩估计量分别为

$$\hat{a}=A_1-\sqrt{3(A_2-A_1^2)},\quad \hat{b}=A_1+\sqrt{3(A_2-A_1^2)},$$

其中,$A_1=\frac{1}{n}\sum\limits_{i=1}^{n}X_i=\overline{X}$, $A_2=\frac{1}{n}\sum\limits_{i=1}^{n}X_i^2$.

例 5 设总体 X 的均值 μ 及方差 σ^2 都存在,且有 $\sigma^2>0$. 但 μ 和 σ^2 均未知. 又设 X_1, X_2, …, X_n 是来自 X 的一个样本,试求 μ 和 σ^2 的矩估计量.

解 由 $\mu_1=E(X)=\mu$,

$$\mu_2=E(X^2)=D(X)+[E(X)]^2=\sigma^2+\mu^2,$$

解得
$$\begin{cases}\mu=\mu_1,\\ \sigma^2=\mu_2-\mu_1^2.\end{cases}$$

分别以 A_1, A_2 代替上式中的 μ_1, μ_2,得到 μ 和 σ^2 矩估计量分别为

$$\hat{\mu}=A_1=\overline{X},$$
$$\hat{\sigma}^2=A_2-A_1^2=\frac{1}{n}\sum_{i=1}^{n}X_i^2-\overline{X}^2=\frac{1}{n}\sum_{i=1}^{n}(X_i-\overline{X})^2.$$

例 6 设总体 X 的密度函数为 $f(x;\theta)=\frac{1}{2\theta}e^{-\frac{|x|}{\theta}}(-\infty<x<\infty,\ \theta>0)$, X_1, X_2, …, X_n 是来自 X 的一个样本,求 θ 的矩估计量.

解 $f(x;\theta)$ 中含有一个参数,但是由于

$$\mu_1=E(X)=\int_{-\infty}^{\infty}x\frac{1}{2\theta}e^{-\frac{|x|}{\theta}}dx=0$$

不含 θ,不能由此解出 θ,需继续求总体的二阶原点矩,

$$\mu_2=E(X^2)=\int_{-\infty}^{\infty}x^2\frac{1}{2\theta}e^{-\frac{|x|}{\theta}}dx=\frac{2}{2\theta}\int_0^{\infty}x^2e^{-\frac{x}{\theta}}dx$$
$$=\theta^2\int_0^{\infty}\left(\frac{x}{\theta}\right)^2e^{-\frac{x}{\theta}}d\left(\frac{x}{\theta}\right)=\theta^2\Gamma(3)=2\theta^2.$$

用 $A_2=\frac{1}{n}\sum\limits_{i=1}^{n}X_i^2$ 替换 μ_2,得到 θ 的矩估计量为

$$\hat{\theta}=\sqrt{\frac{1}{2}A_2}=\sqrt{\frac{1}{2n}\sum_{i=1}^{n}X_i^2}.$$

2. 最大似然估计

若总体 X 为离散型,其分布律为 $P(X=x)=p(x;\theta)$, $\theta\in\Theta$ 的形式已知,θ 为待估参数,Θ 是 θ 的可能的取值范围. 设 $X_1, X_2, \cdots, X_n$ 是来自 X 的一个样本,$x_1, x_2, \cdots, x_n$ 是相应的样本值. 易知 $X_1, X_2, \cdots, X_n$ 取相应的样本值 $x_1, x_2, \cdots, x_n$ 的概率,亦即$\{X_1=x_1, X_2=x_2, \cdots, X_n=x_n\}$ 发生的概率为

$$\prod_{i=1}^{n} p(x_i;\theta), \quad \theta\in\Theta.$$

这一概率随 θ 的变化而变化,它是 θ 的函数,记作 $L(\theta)$,即

$$L(\theta)=\prod_{i=1}^{n} p(x_i;\theta), \quad \theta\in\Theta.$$

称这里的 $L(\theta)$ 为样本的似然函数(注意,这里的 $x_1, x_2, \cdots, x_n$ 是已知的样本值,它们都是常数).

关于最大似然估计法,有以下直观的想法:现在对样本进行了一次观测,得到了样本值 $x_1, x_2, \cdots, x_n$,这说明取到这一样本值的概率 $L(\theta)$ 较大. 基于这样的想法,首先,我们不会考虑 Θ 中那些不能使这组样本值 $x_1, x_2, \cdots, x_n$ 出现的值作为 θ 的估计. 其次,如果已知 $\theta=\theta_0\in\Theta$ 使 $L(\theta)$ 取很大值,而 Θ 中的其他 θ 使 $L(\theta)$ 取很小值,我们自然认为取 θ_0 作为 θ 的估计较为合理. 最大似然估计法,就是固定样本值 $x_1, x_2, \cdots, x_n$,在 θ 取值的可能范围 Θ 内挑选一个值 $\hat{\theta}$ 使似然函数 $L(\theta)$ 达到最大值,将这个值 $\hat{\theta}$ 作为参数 θ 的估计值. 由于这个 $\hat{\theta}$ 与 $x_1, x_2, \cdots, x_n$ 有关,常记作 $\hat{\theta}(x_1, x_2, \cdots, x_n)$,称为参数 θ 的最大似然估计值,而相应的统计量 $\hat{\theta}(X_1, X_2, \cdots, X_n)$称为参数 θ 的最大似然估计量. 在不引起混淆的情况下,统称为参数 θ 的**最大似然估计**,简记为 **MLE**(Maximum Likelihood Estimate).

若总体 X 为连续型,其概率密度函数为 $f(x;\theta)$, $\theta\in\Theta$ 的形式已知,θ 为待估参数,Θ 是 θ 的可能的取值范围. 设 $X_1, X_2, \cdots, X_n$ 是来自 X 的样本,则 $X_1, X_2, \cdots, X_n$ 的联合密度函数为

$$\prod_{i=1}^{n} f(x_i;\theta).$$

考虑取 θ 的估计值$\hat{\theta}(x_1, x_2, \cdots, x_n)$使函数

$$L(\theta)=\prod_{i=1}^{n} f(x_i;\theta), \theta\in\Theta$$

取到最大值. 与离散型的情形一样,称这里的 $L(\theta)$ 为样本的似然函数,称$\hat{\theta}(x_1, x_2, \cdots, x_n)$为参数 θ 的最大似然估计值,而相应的统计量$\hat{\theta}(X_1, X_2, \cdots, X_n)$称为参数 θ 的最大似然估计量.

$f(x;\theta)$关于 θ 可微,这时$\hat{\theta}$ 常可从方程

$$\frac{\mathrm{d}}{\mathrm{d}\theta}L(\theta)=0$$

解得,又因为 $L(\theta)$ 与 $\ln L(\theta)$ 在同一 θ 处取到极值,因此,θ 的最大似然估计$\hat{\theta}$ 也可以从方程

$$\frac{\mathrm{d}}{\mathrm{d}\theta}\ln L(\theta)=0 \tag{8.6.2}$$

解得,而从后一方程求解往往比较方便. 式(8.6.2)称为对数似然方程.

最大似然估计法也适用于分布中含多个未知参数 $\theta_1, \theta_2, \cdots, \theta_k \in \Theta^k$ 的情形,这时似然函数 $L(\theta_1, \theta_2, \cdots, \theta_k)$ 是关于未知参数 $\theta_1, \theta_2, \cdots, \theta_k$ 的函数. 在 Θ^k 中选取使得 $L(\theta_1, \theta_2, \cdots, \theta_k)$ 取得最大值的 $\hat{\theta}_1, \hat{\theta}_2, \cdots, \hat{\theta}_k$ 作为 $\theta_1, \theta_2, \cdots, \theta_k$ 的估计量. 分别令

$$\frac{\partial}{\partial\theta_i}L(\theta_1, \theta_2, \cdots, \theta_k)=0,\ i=1, 2, \cdots, k$$

或令

$$\frac{\partial}{\partial\theta_i}\ln L(\theta_1, \theta_2, \cdots, \theta_k)=0,\ i=1, 2, \cdots, k, \tag{8.6.3}$$

称式(8.6.3)为对数似然方程组,解方程组即可得各未知参数的最大似然估计值 $\hat{\theta}_i(x_1, x_2, \cdots, x_n)$, $i=1, 2, \cdots, k$ 及相应的最大似然估计量 $\hat{\theta}(X_1, X_2, \cdots, X_n)$, $i=1, 2, \cdots, k$.

例 7 设总体 X 服从参数 λ 的泊松分布, $X_1, X_2, \cdots, X_n$ 是来自总体 X 的一个样本, $x_1, x_2, \cdots, x_n$ 为相应的样本值,求参数 λ 的最大似然估计量.

解 由于 X 服从参数 λ 的泊松分布,其分布律为

$$P(x=k)=\frac{\lambda^k \mathrm{e}^{-k}}{k!},\ k=0, 1, 2, \cdots, \lambda>0.$$

所以,样本的似然函数为

$$L(\lambda)=\prod_{i=1}^{n}P(X=x_i)=\prod_{i=1}^{n}\frac{\lambda^{x_i}\mathrm{e}^{-\lambda}}{x_i!}=\frac{\lambda^{\sum\limits_{i=1}^{n}x_i}\mathrm{e}^{-n\lambda}}{\prod\limits_{i=1}^{n}x_i!}.$$

取自然对数得

$$\ln L(\lambda)=\left(\sum_{i=1}^{n}x_i\right)\ln\lambda-n\lambda-\sum_{i=1}^{n}\ln x_i!.$$

令

$$\frac{\mathrm{d}}{\mathrm{d}\lambda}\ln L(\lambda)=\frac{1}{\lambda}\sum_{i=1}^{n}x_i-n=0,$$

得唯一解 $\hat{\lambda}=\frac{1}{n}\sum\limits_{i=1}^{n}x_i=\bar{x}$. 由于当 $\lambda<\bar{x}$, $\frac{\mathrm{d}}{\mathrm{d}\lambda}\ln L(\lambda)>0$,故 $\ln L(\lambda)$ 关于 λ 单调增加;而当 $\lambda>\bar{x}$ 时, $\frac{\mathrm{d}}{\mathrm{d}\lambda}\ln L(\lambda)<0$,故 $\ln L(\lambda)$ 关于 λ 单调减少,所以当 $\lambda=\bar{x}$ 时, $\ln L(\lambda)$ 有极大值,即最大值. $\hat{\lambda}=\bar{x}$ 为 λ 的最大似然估计值,相应的最大似然估计量为 $\hat{\lambda}=\overline{X}$.

例 8 设总体 $X\sim N(\mu, \sigma^2)$, μ, σ^2 为未知参数, $X_1, X_2, \cdots, X_n$ 是来自 X 的一个样本, $x_1, x_2, \cdots, x_n$ 是相应的样本值,求 μ, σ^2 的最大似然估计量.

解 X 的概率密度为

$$f(x;\ \mu,\ \sigma^2)=\frac{1}{\sqrt{2\pi}\sigma}e^{-\frac{1}{2\sigma^2}(x-\mu)^2}.$$

似然函数为

$$L(\mu,\ \sigma^2)=\prod_{i=1}^{n}\frac{1}{\sqrt{2\pi}\sigma}e^{-\frac{1}{2\sigma^2}(x_i-\mu)^2}=(2\pi)^{-\frac{n}{2}}(\sigma^2)^{-\frac{n}{2}}e^{-\frac{1}{2\sigma^2}\sum_{i=1}^{n}(x_i-\mu)^2}.$$

两边取对数得

$$\ln L(\mu,\ \sigma^2)=-\frac{n}{2}\ln(2\pi)-\frac{n}{2}\ln(\sigma^2)-\frac{1}{2\sigma^2}\sum_{i=1}^{n}(x_i-\mu)^2.$$

令

$$\begin{cases}\dfrac{\partial}{\partial u}\ln L(\mu,\ \sigma^2)=\dfrac{1}{\sigma^2}\sum\limits_{i=1}^{n}(x_i-\mu)=0,\\ \dfrac{\partial}{\partial u}\ln L(\mu,\ \sigma^2)=-\dfrac{n}{2\sigma^2}+\dfrac{n}{2(\sigma^2)^2}\sum\limits_{i=1}^{n}(x_i-\mu)^2=0.\end{cases}$$

由前一式解得$\hat{\mu}=\frac{1}{n}\sum_{i=1}^{n}x_i=\overline{x}$,代入后一式得$\hat{\sigma}^2=\frac{1}{n}\sum_{i=1}^{n}(x_i-\overline{x})^2$,因此得到$\mu$, σ^2 的最大似然估计量为

$$\hat{\mu}=A_1=\overline{X},$$
$$\hat{\sigma}^2=\frac{1}{n}\sum_{i=1}^{n}(X_i-\overline{X})^2,$$

与它们的矩估计量相同.

例 9 设总体 X 在区间$(a,\ b)$上服从均匀分布,a, b 未知,$X_1,\ X_2,\ \cdots,\ X_n$ 是来自 X 的一个样本,$x_1,\ x_2,\ \cdots,\ x_n$ 是相应的样本值,试求 a, b 的最大似然估计量.

解 记 $x_{(1)}=\min\{x_1,\ x_2,\ \cdots,\ x_n\}$, $x_{(n)}=\max\{x_1,\ x_2,\ \cdots,\ x_n\}$. X 的密度函数为

$$f(x;\ a,\ b)=\begin{cases}\dfrac{1}{b-a}, & a<x<b,\\ 0, & \text{其他}.\end{cases}$$

由于 $a\leqslant x_1,\ x_2,\ \cdots,\ x_n\leqslant b$,等价于 $a\leqslant x_{(1)},\ x_{(n)}\leqslant b$. 似然函数为

$$L(a,\ b)=\frac{1}{(b-a)^n},\ a\leqslant x_{(1)},\ b\geqslant x_{(n)}.$$

对于满足 $a\leqslant x_{(1)},\ b\geqslant x_{(n)}$ 的任意 a, b 有

$$L(a,\ b)=\frac{1}{(b-a)^n}\leqslant\frac{1}{(x_{(n)}-x_{(1)})^n},$$

即 $L(a,\ b)$ 在 $a=x_{(1)},\ b=x_{(n)}$ 时取到最大值$\frac{1}{(x_{(n)}-x_{(1)})^n}$,故 a, b 的最大似然估计值为

$$\hat{a}=x_{(1)},\quad b=x_{(n)},$$

a，b 的最大似然估计量为

$$\hat{a} = X_{(1)}, \quad b = X_{(n)}.$$

习题 8.6

1. 设 X_1，X_2，…，X_{10} 是来自两点分布 $B(1, p)$ 的一个样本（$0<p<1$，p 未知），指出以下样本的函数中哪些是统计量，哪些不是统计量，为什么？

(1) $T_1 = \frac{1}{10}\sum_{i=1}^{10} X_i$；　　(2) $T_2 = X_{10} - E(X_1)$；

(3) $T_3 = X_i - p$；　　(4) $T_4 = \max\{X_1, X_2, \cdots, X_{10}\}$.

2. 设总体 $X \sim N(0, 1)$，X_1，X_2，…，X_n 是来自总体 X 的简单随机样本，求下列统计量的分布.

(1) $Y_1 = \sum_{i=1}^{10} X_i^2$；　　(2) $Y_2 = \frac{X_1 - X_2}{\sqrt{X_3^2 + X_4^2}}$；　　(3) $Y_3 = \frac{(n-3)\sum_{i=1}^{3} X_i^2}{3\sum_{i=4}^{n} X_i^2}$.

3. 设总体分布列为 $P(X=k) = \frac{1}{k}$，$k=1, 2, \cdots, N-1$，N 是未知参数，X_1，X_2，…，X_n 是一个样本，试求未知参数的矩估计.

4. 设总体 X 的密度函数如下，X_1，X_2，…，X_n 是一个样本，试求未知参数的矩估计量与最大似然估计.

(1) $f(x; \theta) = (\theta+1)x^{\theta}$，$0<x<1$，$\theta(>0)$ 是未知参数.

(2) $f(x; \theta) = \sqrt{\theta}x^{\sqrt{\theta}-1}$，$0<x<1$，$\theta(>0)$ 是未知参数.

总习题 8

一、选择题

1. 在同一样本空间中，事件“A 发生，B 不发生，C 发生”可表示为（　　）.

A. $A\cup\bar{B}\cup C$　　B. $A\bar{B}C$　　C. $(A\cup\bar{B})C$　　D. $A(\bar{B}\cup C)$

2. 设随机变量 $X\sim B(100, 0.01)$，则 $E(X^2)=$（　　）.

A. 1　　B. 0.99　　C. 1.99　　D. 0.01

3. 设随机变量 X，Y 相互独立，且 $D(X)=3$，$D(Y)=1$，则 $D(3X-2Y)=$（　　）.

A. 7　　B. 11　　C. 23　　D. 31

4. 设 $X\sim\chi^2(n)$，则 $E(X)=$（　　）.

A. n　　B. $2n$　　C. 0　　D. $\frac{n}{n-2}(n>2)$

5. 设随机变量 X 服从正态分布 $N(\mu, \sigma^2)$，则 $P(X\leqslant 2\sigma+\mu)$ 的值（　　）.

A. 随 μ 增大，σ 增大而增大　　B. 随 μ 增大，σ 增大而不变

C. 随 μ 减少，σ 减少而减少　　D. 随 μ 增大，σ 减少而减少

6. 设事件 A，B 相互独立，且 $P(A)>0$，$P(B)>0$，则有（　　）.

A. $P(B|A)=0$　　B. $P(A|B)=P(A)$

C. $P(A|B)=0$　　D. $P(AB)=P(A)$

7. 设 $P(A)=m$，$P(B)=n$，$P(AB)=t$，则 $P(A\cup B)=$（　　）.

A. m　　B. n　　C. t　　D. $m+n-t$

8. 设随机变量 $X\sim N(\mu,4)$，则 $P(X\leqslant 2+\mu)$ 的值(　　).

A. 随 μ 增大而减少　　B. 随 μ 增大而增大

C. 随 μ 增大而不变　　D. 随 μ 减少而增大

9. 下列统计量中是方差的无偏估计的是(　　).

A. $\frac{1}{n}s^2$　　B. s^2　　C. $\frac{n}{n-1}s^2$　　D. $\frac{n-1}{n}s^2$

10. 设随机变量 X_1, X_2, X_3, X_4 独立同分布，都服从正态分布 $N(1,1)$ 且 $k\sum_{i=1}^{4}(x_i-1)^2$ 服从 χ^2 分布，则常数 k 和 χ^2 分布的自由度 n 分别为(　　).

A. $k=\frac{1}{4}, n=1$　　B. $k=1, n=4$　　C. $k=\frac{1}{4}, n=4$　　D. $k=\frac{1}{2}, n=4$

二、填空题

11. 设 A, B 为随机事件，$P(A)=0.5$，$P(B)=0.6$，$P(A\cup B)=0.7$，则 $P(A|B)=$__________.

12. 设随机变量 X 服从二项分布 $B(1,p)$，随机变量 Y 服从二项分布 $B(2,p)$，且 $P(X=1)=2/3$，则 $P(Y\geqslant 1)=$__________.

13. 设随机变量 X 服从区间 $(0,4)$ 上的均匀分布 $U(0,4)$，则 X 的方差 $\mathrm{Var}(X)=$__________.

14. 设 $x_1, x_2, \cdots, x_n$ 为取自正态总体 $N(\mu,\sigma^2)$ 的一个样本，$\bar{x}$ 与 s^2 分别为样本均值与样本方差，则 $\frac{(\bar{x}-\mu)\sqrt{n}}{s}$ 服从__________分布.

15. 设 $P\{X\geqslant 0, Y\geqslant 0\}=\frac{1}{5}$，$P\{X\geqslant 0\}=P\{Y\geqslant 0\}=\frac{2}{5}$，则 $P\{\max\{X,Y\}\geqslant 0\}=$__________.

16. 设随机事件 A 与 B 独立，且 $P(A)=0.8$，$P(B)=0.7$，则 $P(A\cup B)=$__________.

17. 设随机变量 X 与 Y 相互独立，且 $X\sim P(\lambda_1)$，$Y\sim P(\lambda_2)$，则 $X+Y\sim$__________.

18. 设 $t\sim t(n)$，则 $\frac{1}{t^2}\sim$__________.

19. 设 X, Y 相互独立，X 服从 $(0,2)$ 上的均匀分布，Y 的概率密度函数为 $f_Y(y)=\begin{cases}e^{-y}, & y\geqslant 0,\\ 0, & y<0,\end{cases}$ 则 $P\{X+Y\geqslant 1\}=$__________.

20. 设 A、B 为两个相互独立的随机事件且 $P(A)=0.7$，$P(B)=0.6$，则 $P(A|B)=$__________.

三、解答题

21. 从 1, 2, 3, 4, 5 中随机地有放回地接连取三个数字，求下列三事件的概率：(1)$A=$“三个数字全不相同”；(2)$B=$“三个数字中不含 1 和 5”；(3)$C=$“三个数字中至少有一次出现 5”.

22. 两个箱子中都有 10 只球，其中第一箱中 4 只白球，6 只红球，第二箱中 6 只白球，4 只红球，现从第一箱中任取 2 只球放入第二箱中，再从第二箱中任取 1 只球，(1)求从第二箱中取的球为白球的概率；(2)若从第二箱中取的球为白球，求从第一箱中取的 2 只球都为白球的概率.

23. 已知随机变量 X 的密度函数为

$$f(x)=\begin{cases}cx, & 0<x<1,\\ 0, & \text{其他}.\end{cases}$$

(1) 求常数；(2) 求 $P(0<X<1/2)$；(3) 求分布函数 $F(x)$.

24. 设随机变量 X 的密度函数为

$$f_x(x)=\begin{cases}2x, & 0<x<1,\\ 0, & \text{其他}.\end{cases}$$

试求随机变量 $Y=2X+1$ 的密度函数 $f_Y(y)$.

25. 设 X 在(0, 4)服从均匀分布,求 t 的一元二次方程 $t^2+2Xt+4=0$ 有实根的概率.

26. 设 X 的概率密度为

$$p(x)=\begin{cases}Ax^2, & 0<x<2,\\ A(4-x), & 2\leqslant x<4,\\ 0, & \text{其他}.\end{cases}$$

求:(1) 常数 A; (2) X 的分布函数;(3) $P(X>1|X<3)$.

27. 设(X, Y)的联合概率密度函数为

$$p(x, y)=\begin{cases}\dfrac{1}{2}, & |x|+|y|\leqslant 1,\\ 0, & \text{其他}.\end{cases}$$

求:(1) X, Y 的边缘密度函数; (2) X, Y 的相关系数; (3) 判断 X, Y 的独立性.

28. 设总体 $X\sim U(0, \theta)$, $\theta>0$ 为未知参数,试求 θ 的极大似然估计及矩估计,并判断这两个估计的无偏性,并由此构造出 θ 的两个无偏估计.

参考答案

习题 1.1

1. (1) $[-1, 0)\cup(0, 1]$； (2) $[-1, 3]$； (3) $[1, 4]$； (4) $\left\{x \,\middle|\, x\neq k\pi+\frac{\pi}{4}, k\in \mathbf{Z}\right\}$；

   (5) $(-\infty, -1)\cup(1, 3)$； (6) $\left\{x \,\middle|\, x\neq \frac{k\pi}{2}+\frac{\pi}{4}+\frac{1}{2}, k\in \mathbf{Z}\right\}$；

   (7) $(-\infty, -1)\cup[0, +\infty)$； (8) $(-\infty, 0)\cup(0, +\infty)$.

2. (1) 不同； (2) 不同； (3) 不同； (4) 同.

3. $-\frac{1}{3}, \frac{1+x}{1-x}, x$.　　　　4. $2, 2, -5, \frac{2}{3}\sqrt{3}$.

5. (1) x^2+1； (2) $2\sin^2 x$.

8. (1) 奇； (2) 偶； (3) 奇； (4) 奇； (5) 非奇非偶； (6) 奇.

9. (1) 是，$T=\pi$； (2) 是，$T=\pi$； (3) 不是； (4) 是，$T=\pi$； (5) 是，$T=1$.

10. (1) $y=x^3-1$； (2) $y=\frac{5x-1}{3+2x}$； (3) $y=3^{x-1}-3$； (4) $y=\log_2\frac{x}{1-x}$.

11. (1) $y=\arcsin u, u=\sqrt{v}, v=\sin x$； (2) $y=\mathrm{e}^u, u=v^2, v=\sin x$；

    (3) $y=u^4, u=\log_2 v, v=\cos x$； (4) $y=\arctan u, u=v^3, v=\tan w, w=a^2+x^2$.

12. (1) x^4； (2) $\sin^2 x$； (3) $\sin x^2$； (4) $\sin(\sin x)$.

13. (1) $\left(2n\pi, 2n\pi+\frac{\pi}{2}\right)\cup\left(2n\pi+\frac{\pi}{2}, 2n\pi+\pi\right), n=0, \pm1, \pm2, \cdots$；

    (2) $(1, \mathrm{e})$； (3) $(-1, 0)$.

14. $y=\frac{1}{16}x^2+\frac{13}{8}x-\frac{1}{2}$.

15. $\overline{P}=10, \overline{Q}=240$.

16. $R=-\frac{Q^2}{8}+1\,000Q, Q\in(0, 8\,000)$.

17. $R=\begin{cases}130Q, & 0\leqslant Q\leqslant 700,\\ 91\,000+117(Q-700), & 700<Q\leqslant 1\,000.\end{cases}$

18. $L(20)=140$(万元)，$\overline{L}(20)=7$(万元).

19. (1) $P=\begin{cases}90, & 0\leqslant Q\leqslant 100,\\ 90-(Q-100)\times 0.01, & 100<Q<1\,600,\\ 75, & Q\geqslant 1\,600.\end{cases}$

    (2) $L=(P-60)\cdot Q=\begin{cases}30Q, & 0\leqslant Q\leqslant 100,\\ 31Q-0.01Q^2, & 100<Q<1\,600,\\ 15Q, & Q\geqslant 1\,600.\end{cases}$

    (3) $L=21\,000$(元).

习题 1.2

1. (1) 0； (2) 0； (3) 3； (4) 2； (5) 0； (6) 无极限； (7) 1； (8) 无极限.

2. (1) 0； (2) 1 001.

习题 1.3

4. $\lim\limits_{x\to 0} f(x)$不存在.　　5. $a=-1$.

6. (1) $\dfrac{13}{4}$； (2) $\dfrac{182}{27}$； (3) $\dfrac{5}{3}$； (4) $\dfrac{1}{2}$； (5) $\dfrac{1}{2}$； (6) 0； (7) $3x^2$； (8) $-\dfrac{1}{x^2}$； (9) $\dfrac{m}{n}$；

(10) 100； (11) $-2\sqrt{2}$； (12) 2； (12) $\dfrac{2^{10}}{3^{14}}$； (14) $\dfrac{1}{2}$； (15) 1； (16) 2； (17) $\dfrac{1}{3}$； (18) $\dfrac{1}{5}$.

习题 1.4

1. (1) 1； (2) $\dfrac{\alpha}{\beta}$； (3) x； (4) $\cos a$； (5) $\dfrac{1}{2}$； (6) 2； (7) e^{-2}； (8) $\dfrac{1}{e}$； (9) e^{-3}；

(10) e； (11) e^{-2}； (12) 1.

2. (1) 1； (2) $\dfrac{1}{2}$； (3) $\max\{a_1, a_2, \cdots, a_m\}$.

3. 2.　　4. $15e^{\frac{1}{4}}$万元.　　5. $50e^{-\frac{4}{5}}$万元.

习题 1.5

1. 当 $x\to 1$ 时,为无穷大量;当 $x\to k\pi$ $(k\in \mathbf{Z})$, $x\to\infty$ 时,为无穷小量.
2. (1) 同阶无穷小,但不等价； (2) 等价无穷小.
4. (1) 1； (2) 1； (3) 1； (4) $\dfrac{1}{2}$； (5) $\dfrac{1}{2}$； (6) 1.
5. $a=2$.　　6. (1) 0； (2) 0； (3) ∞； (4) ∞.

习题 1.6

1. (1) 连续区间为$(-\infty, -1)\cup(-1, +\infty)$；
   (2) 连续区间为$(-1, 0)\cup(0, 1)\cup(1, +\infty)$.
2. $A=4$.　　3. $a=-\pi$, $b=0$.
4. (1) 1； (2) $\dfrac{1+e^{-2}}{-2}$； (3) 0； (4) $\dfrac{1}{2}$； (5) $\dfrac{1}{\sqrt{3}}$； (6) 1； (7) -2； (8) $\dfrac{1}{2}$.
5. 提示:利用零点定理.
6. 提示: $m\leqslant \dfrac{f(x_1)+f(x_2)+\cdots+f(x_n)}{n}\leqslant M$,其中 m, M 分别为 $f(x)$ 在$[x_1, x_n]$上的最小值与最大值.
7. (1) $x=0$ 不是间断点, $x=1$ 是可去间断点, $x=2$ 是第二类间断点；
   (2) $x=1$ 是第一类间断点, $x=2$ 不是间断点.

总习题 1

一、选择题

1. D； 2. A； 3. C； 4. B； 5. C； 6. B； 7. A； 8. C； 9. D.

二、填空题

10. (0, 3]； 11. [−1, 1)； 12. $\dfrac{x}{1+2x}$； 13. $y=\dfrac{3x+5}{3-2x}\left(x\neq\dfrac{3}{2}\right)$； 14. 0； 15. 1； 16. 2； 17. −1；

18. e； 19. 0.

三、解答与证明题

20. (1) 1； (2) $\frac{1}{2}$； (3) 1； (4) 10.

21. (1) $\frac{3}{5}$； (2) $\frac{\sqrt{3}}{3}$； (3) $\left(\frac{3}{2}\right)^{30}$； (4) 3； (5) 12； (6) -1； (7) 0； (8) 1； (9) 0； (10) $\frac{2}{3}$；

(11) $\frac{1}{2}$； (12) e^{-5}.

22. $a=-3$.

23. $a=0$，$b=-1$.

24. (1) 当且仅当 $a=1$ 时，函数 $f(x)$ 在点 $x=0$ 处连续；

(2) 当且仅当 $a=2k\pi\pm\frac{\pi}{3}(k\in Z)$ 时，函数 $f(x)$ 在点 $x=0$ 处连续.

习题 2.1

2. (1) 12； (2) $\frac{\sqrt{3}}{6}$； (3) $2\ln 2$.

3. (1) $f'(x_0)$； (2) $-f'(x_0)$； (3) $2f'(x_0)$； (4) $-2f'(x_0)$.

4. 切线方程 $y-\frac{1}{2}=-\frac{\sqrt{3}}{2}\left(x-\frac{\pi}{3}\right)$，法线方程 $y-\frac{1}{2}=\frac{2\sqrt{3}}{3}\left(x-\frac{\pi}{3}\right)$.

5. $a=6$，$b=-9$.

6. (1) $f'_-(1)=2$，$f'_+(1)=3$； (2) $f'_+(0)=\frac{\pi}{2}$，$f'_-(0)=0$.

7. $f'(x)=\begin{cases}\cos x, & x<0,\\ 1, & x\geqslant 0.\end{cases}$

8. (1) 在点 $x=0$ 处连续，但不可导； (2) 在点 $x=1$ 处不连续，不可导； (3) 在点 $x=0$ 处连续，可导.

习题 2.2

1. (1) $x^{-\frac{1}{2}}+\frac{7}{2}x^{\frac{5}{2}}$； (2) $3^x\ln 3+5x^4$； (3) $3\cos x+\frac{4}{x^3}$； (4) $2x\cos x\ln x+x\cos x-x^2\sin x\ln x$；

(5) $\frac{1}{2\sqrt{t}}\sin t+\sqrt{t}\cos t$； (6) $e^x(x^2-x-1)$； (7) $2\sec^2\varphi-\csc^2\varphi$； (8) $\frac{1-4x-x^2}{(1+x^2)^2}$；

(9) $\frac{-(4x^2+\cos x+\sec^2 x)}{(2x^2+\sin x+\tan x)^2}$； (10) $\frac{2^x(x\ln 2-2)}{x^3}$； (11) $\frac{2(10^x\ln 10)}{(10^x+1)^2}$； (12) $2\cos t+\sec^2 t$.

3. (1) $\frac{1}{2}$； (2) $-\frac{1}{18}$，$-\frac{1}{48}$.

4. (1) $5(x^3-x)^4(3x^2-1)$； (2) $-(4x+3)\sin(2x^2+3x+1)$； (3) $e^{\sin x}\cos x$； (4) $\frac{3x^2}{1+x^3}$；

(5) $2\tan x\sec^2 x$； (6) $\frac{2}{(a+2x)\ln 2}$； (7) $2x[\sec(x^2)]^2$； (8) $\frac{1}{\sqrt{1-(x+2)^2}}$； (9) $\frac{e^x}{1+e^{2x}}$；

(10) $-\frac{3(\arccos x)^2}{\sqrt{1-x^2}}$； (11) $\frac{2(2x+1)}{(x^2+x+1)\ln a}$； (12) $(\sin x+x\cos x)a^{x\sin x+2}\cdot\ln a$；

(13) $\frac{x}{(1-x^2)^{\frac{3}{2}}}$； (14) $-e^{-\frac{x}{2}}\left[\frac{1}{2}\cos(3x+1)+3\sin(3x+1)\right]$； (15) $\frac{-2}{x(1+\ln x)^2}$；

(16) $\frac{1}{2\sqrt{x-x^2}}$； (17) $\frac{2\sqrt{x}+1}{4\sqrt{x}\ \sqrt{x+\sqrt{x}}}$； (18) $\sec x$； (19) $\frac{4x\arcsin x^2}{\sqrt{1-x^4}}$； (20) $\frac{\ln t}{t\sqrt{1+\ln^2 t}}$；

(21) $\frac{\ln 2}{2\sqrt{x}(1+x)}2^{\arctan\sqrt{x}}$； (22) $\frac{\tan\frac{1}{x}}{x^2}$； (23) $\frac{1}{x\ln x\ln(\ln x)}$； (24) $2\sqrt{1-x^2}$； (25) $-\frac{1}{1+x^2}$.

5. (1) $(\sin x+x\cos x)f'(x\sin x)$； (2) $\frac{3[f(\ln x)]^2}{x}f'(\ln x)$； (3) $a^{f(x)}[af'(ax)+f(ax)f'(x)\ln a]$；

(4) $f'(x)f'[f(x)]$； (5) $\frac{2f(x)f'(x)}{1+f^2(x)}$； (6) $\sin 2x[f'(\sin^2 x)-f'(\cos^2 x)]$.

6. (1) 提示：由 $f(-x)=f(x)$，对其两边求导； (3) 由 $f(x+T)=f(x)$ 求导.

7. $a=\frac{1}{\mathrm{e}}$.

习题 2.3

1. (1) $-2\mathrm{e}^{-x}\cos x$； (2) $-\frac{x}{\sqrt{(1+x^2)^3}}$； (3) $2\arctan x+\frac{2x}{1+x^2}$；

(4) $-2\cos 2x\ln x-\frac{2\sin 2x}{x}-\frac{\cos^2 x}{x^2}$； (5) $x^2(12\ln x+7)$； (6) $-\frac{2(1+x^2)}{(1-x^2)^2}$.

2. $6(\ln 3)^2-8$.

4. (1) $2f'(x^2)+4x^2f''(x^2)$； (2) $\frac{2}{x^3}f'\left(\frac{1}{x}\right)+\frac{1}{x^4}f''\left(\frac{1}{x}\right)$；

(3) $\frac{1}{x^2}[f''(\ln x)-f'(\ln x)]$； (4) $\frac{f''(x)f(x)-[f'(x)]^2}{[f(x)]^2}$.

5. (1) $\mathrm{e}^x(n+x)$； (2) $2^{n-1}\sin\left[2x+(n-1)\frac{\pi}{2}\right]$； (3) $(-1)^n\frac{(n-2)!}{x^{n-1}}$ $(n\geqslant 2)$.

6. $-x^2\sin x+20x\cos x+90\sin x$.

7. $2^{50}\left(\frac{1\,225}{2}\sin 2x+50x\cos 2x-x^2\sin 2x\right)$.

习题 2.4

1. (1) $\frac{\mathrm{e}^{x+y}-y}{x-\mathrm{e}^{x+y}}$； (2) $\frac{ay-x^2}{y^2-ax}$； (3) $\frac{\mathrm{e}^y}{1-x\mathrm{e}^y}$； (4) $\frac{2^x(2^y-1)}{2^y(1-2^x)}$.

2. (1) $\frac{\mathrm{e}^{2y}(3-y)}{(2-y)^3}$； (2) $-2\csc^2(x+y)\cot^3(x+y)$.

3. (1) $(\sin x)^x(\ln\sin x+x\cot x)$； (2) $\frac{(\sqrt{x})^{\ln x}}{x}\ln x$； (3) $\frac{x\sqrt[3]{3x+a}}{\sqrt{2x+b}}\left(\frac{1}{x}+\frac{1}{3x+a}-\frac{1}{2x+b}\right)$；

(4) $\frac{1}{2}\sqrt{x\sin x\cdot\sqrt{1-\mathrm{e}^x}}\left[\frac{1}{x}+\cot x-\frac{\mathrm{e}^x}{2(1-\mathrm{e}^x)}\right]$.

4. (1) -2^{3t+1}； (2) $\frac{\cos\theta-\theta\sin\theta}{1-\sin\theta-\theta\cos\theta}$； (3) $\frac{\sin t+\cos t}{\cos t-\sin t}$.

5. (1) $\frac{3}{4(1-t)}$； (2) $-\frac{b}{a^2\sin^3 t}$； (3) $\frac{1}{t^3}$.

习题 2.5

1. (1) 1 775，1.97； (2) 1.58； (3) 1.5，1.67.

2. $\frac{EQ}{EP}=-2P\ln 2$.

3. $\left.\frac{EQ}{EP}\right|_{P=8}=-\frac{128}{11}$，在价格 $P=8$ 的水平下，当价格提高 1%时，需求量将下降$\frac{128}{11}$%.

4. (1) $E_d = \frac{P}{20-P}$;

(2) P 在(10, 20)范围内变化时，降低价格反而使收益增加.

5. (1) 提示：$R(P) = PQ(P)$，两边对 P 求导即得.

(2) $\left.\frac{ER}{EP}\right|_{P=6} = 0.54$，经济意义：当 $P=6$ 时，若价格上涨 1%，则总收益将增加 0.54%.

习题 2.6

1. 当 $\Delta x=1$ 时，$\Delta y=-17$，$dy=-10$；当 $\Delta x=0.1$ 时，$\Delta y=-1.061$，$dy=-1$；当 $\Delta x=0.01$ 时，$\Delta y=-0.006\,01$，$dy=-0.1$.

2. (1) $(1+4x-x^2)dx$； (2) $(\sin 2x+2x\cos 2x)dx$； (3) $2x(1+x)e^{2x}dx$； (4) $\frac{2}{x-1}\ln(1-x)dx$；

(5) $e^{ax}(a\cos bx-b\sin bx)dx$； (6) $\begin{cases} \frac{dx}{\sqrt{1-x^2}}, & -1<x<0, \\ -\frac{dx}{\sqrt{1-x^2}}, & 0<x<1. \end{cases}$.

3. (1) $\frac{3}{2}x^2+C$； (2) $\sin t+C$； (3) $2\sqrt{x}+C$； (4) $\frac{1}{2}\ln(1+x^2)+C$； (5) $-\frac{1}{2}e^{-2x}+C$；

(6) $\frac{1}{3}\tan 3x+C$.

4. (1) 0.874 76； (2) 1.007； (3) 5.1； (4) $30°47''$； (5) 1.043 4； (6) 9.004 1.

5. 提示：$f(x)\approx f(0)+f'(0)x$.

6. (1) $-\sqrt[3]{\frac{y}{x}}dx$； (2) $\frac{y(ye^x-e^y)}{xye^y-ye^x+1}dx$.

习题 2.7

1～6. 略.

习题 2.8

1. (1) 2； (2) 1； (3) 3； (4) 2； (5) $\frac{3}{2}$； (6) $\frac{m}{n}a^{m-n}$； (7) $\frac{1}{5}$； (8) 1； (9) $\frac{1}{2}$； (10) e；

(11) 1； (12) 1； (13) 1； (14) 1； (15) $\frac{1}{e}$； (16) $-\frac{1}{8}$.

2. (1) 1，不能； (2) 1，不能； (3) 0，不能.

习题 2.9

1. (1) $(x-1)^3+7(x-1)^2+11(x-1)+10$；

(2) $(x-4)^4+11(x-4)^3+37(x-4)^2+21(x-4)-56$；

(3) $x^6-9x^5+30x^4-45x^3+30x^2-9x+1$.

2. $f(x)=2+\frac{1}{4}(x-4)-\frac{1}{64}(x-4)^2+\frac{1}{512}(x-4)^3-\frac{5}{128}\xi^{-\frac{7}{2}}(x-4)^4$.

3. $xe^x=x+x^2+\frac{1}{2!}x^3+\frac{1}{3!}x^4+\cdots+\frac{1}{(n-1)!}x^n+o(x^n)$.

4. (1) $f(x)=1-x^2+\frac{1}{2!}x^4+\cdots+\frac{(-1)^n}{n!}x^{2n}+o(x^{2n})$；

(2) $f(x)=-x^3-\frac{1}{2}x^5-\frac{1}{3}x^7-\cdots-\frac{1}{n}x^{2n+1}+o(x^{2n+1})$.

5. (1) $\frac{1}{3}$； (2) $\frac{1}{2}$.

习题 2.10

1. (1) 在$(-\infty,\ -1]$、$[3,\ +\infty)$内单调增加，在$[-1,\ 3]$上单调减少；

   (2) 在$\left(0,\ \frac{1}{2}\right]$上递减，在$\left[\frac{1}{2},\ +\infty\right)$上递增；

   (3) 在$(-\infty,\ +\infty)$内递增； (4) 在$(0,\ 2]$上单调减少，在$(2,\ +\infty)$上单调增加.

3. (1) 极小值 $y(0)=0$； (2) 极小值 $y(0)=7$，极大值 $y\left(\frac{2}{-3}\right)=7\frac{4}{27}$；

   (3) 极大值 $y\left(2k\pi+\frac{\pi}{4}\right)=\frac{\sqrt{2}}{2}e^{2k\pi+\frac{\pi}{4}}$，极小值 $y\left[(2k+1)\pi+\frac{\pi}{4}\right]=-\frac{\sqrt{2}}{2}e^{(2k+1)\pi+\frac{\pi}{4}}$，其中$k\in\mathbf{Z}$；

   (4) 极大值 $y(1)=\frac{\pi}{4}-\frac{1}{2}\ln 2$.

4. $a=\frac{1}{2}$, $b=\sqrt{3}$, $x=\frac{\sqrt{3}}{3}$.

5. (1) 最大值 $y(\pm 2)=13$，最小值 $y(\pm 1)=4$； (2) 最大值 $y(5)=32$，最小值 $y(-1)=\frac{1}{2}$；

   (3) 最大值 $y(-1)=3$，最小值 $y(1)=1$；

   (4) 最大值 $y\left(\frac{3}{4}\right)=\frac{5}{4}$，最小值 $y(-5)=-5+\sqrt{6}$.

习题 2.11

1. (1) 在$(-\infty,\ +\infty)$内是凹的，无拐点；

   (2) 在$(-\infty,\ 2]$内凸，在$[2,\ +\infty)$内凹，拐点$(2,\ 2e^{-2})$；

   (3) 在$(-\infty,\ -1]$、$[1,\ +\infty)$内凸，在$[-1,\ 1]$内凹，拐点$(-1,\ \ln 2)$、$(1,\ \ln 2)$；

   (4) 在$(0,\ 1]$内凸，在$[1,\ +\infty)$内凹，拐点$(1,\ -7)$.

3. $a=3$, $b=-9$, $c=8$.

4. $k=\pm\frac{\sqrt{2}}{8}$.

5. (1) 铅直渐近线 $x=-3$, $x=1$，斜渐近线 $y=x-2$； (2) 水平渐近线 $y=0$；

   (3) 斜渐近线 $y=\pm\frac{b}{a}x$； (4) 铅直渐近线 $x=-\frac{1}{e}$，斜渐近线 $y=x+\frac{1}{e}$.

习题 2.12

1. (1) $Q=100$, $\overline{C}(100)=250$； (2) $C'(100)=250$.

2. $\left.\frac{ER}{EP}\right|_{P=9}=0$.

3. $t=\frac{1}{25r^2}$(年)；当 $r=0.06$ 时，$t\approx 11$(年).

4. 50 000.

5. $\sqrt{\frac{ac}{2b}}$ 批.

6. $\alpha=\dfrac{2\sqrt{6}}{3}\pi$.

7. $P=9$.

8. $Q=20$，$L=2\,346$.

9. (1) $Q=20$； (2) $Q=10$； (3) $Q=10$.

10. $Q=3\,000$ 件，最小费用 7 200 元.

11. (1) $Q=10-2.5t$； (2) $t=2$.

总习题 2

一、选择题

1. C； 2. A； 3. D； 4. A； 5. B； 6. D； 7. C； 8. A； 9. B； 10. C.

二、填空题

11. $2xe^{1+x^2}\mathrm{d}x$； 12. $\dfrac{1}{x}$； 13. $\left(-\dfrac{1}{2},\dfrac{15}{4}\right)$； 14. 1； 15. -3； 16. $\dfrac{2}{3}$； 17. $y=0$.

三、解答与证明题

18. (1) $y'=2\sqrt{1-x^2}$，$y'\Big|_{x=\frac{\sqrt{3}}{2}}=1$；

(2) $y'=e^x\cos x-e^x\sin x$，$y''=-2e^x\sin x$；

(3) $y'=e^{\sin x}\cos x$，$y''=e^{\sin x}(\cos^2 x-\sin x)$，$y''\Big|_{x=\frac{\pi}{2}}=-e$；

(4) $y'=\left(\dfrac{x}{1+x}\right)^x\left[\ln x-\ln(1+x)+\dfrac{1}{1+x}\right]$，$y'\Big|_{x=1}=\dfrac{1}{4}-\dfrac{1}{2}\ln 2$

(5) $y'=x^{\sin x}\left(\cos x\ln x+\sin x\,\dfrac{1}{x}\right)$，$y'\Big|_{x=\frac{\pi}{2}}=\dfrac{\pi}{2}\left(0+\dfrac{2}{\pi}\right)=1$

19. 切线方程为 $x-4y+4=0$；法线方程为 $4x+y-18=0$.

20. (1) 因为 $f'_+(0)=\lim\limits_{x\to0^+}\dfrac{f(x)-f(0)}{x-0}=\lim\limits_{x\to0^+}\dfrac{\ln(1+x)-0}{x-0}=1$，

$f'_-(0)=\lim\limits_{x\to0^-}\dfrac{f(x)-f(0)}{x-0}=\lim\limits_{x\to0^-}\dfrac{x-0}{x-0}=1$，

$f'_+(0)=f'_-(0)=1$，

所以函数在 $x=0$ 处可导，从而函数连续.

(2) 因为 $\lim\limits_{x\to0^+}f(x)=0$，$\lim\limits_{x\to0^-}f(x)=0$，

所以 $\lim\limits_{x\to0}f(x)=0$，且 $f(0)=0$，因此，函数在 $x=0$ 处连续.

又 $f'_+(0)=\lim\limits_{x\to0^+}\dfrac{f(x)-f(0)}{x-0}=\lim\limits_{x\to0^+}\dfrac{x^2\sin\dfrac{1}{x}-0}{x-0}=\lim\limits_{x\to0^+}x\sin\dfrac{1}{x}=0$，

$f'_-(0)=\lim\limits_{x\to0^-}\dfrac{f(x)-f(0)}{x-0}=\lim\limits_{x\to0^-}\dfrac{\tan x-0}{x-0}=1$，

$f'_+(0)\neq f'_-(0)$，

所以函数在 $x=0$ 处不可导.

21. (1) $\dfrac{\mathrm{d}y}{\mathrm{d}x}=3t^2+5t+2$； $\dfrac{\mathrm{d}^2y}{\mathrm{d}x^2}=\dfrac{(6t+5)(t+1)}{t}$； $\dfrac{\mathrm{d}^2y}{\mathrm{d}x^2}\Big|_{t=1}=22$.

(2) $\dfrac{\mathrm{d}y}{\mathrm{d}x}=\dfrac{1}{t}$； $\dfrac{\mathrm{d}^2y}{\mathrm{d}x^2}=-\dfrac{1+t^2}{t^3}$； $\dfrac{\mathrm{d}^2y}{\mathrm{d}x^2}\Big|_{t=1}=-2$.

22. (1) $\frac{dy}{dx}=\frac{y-x^2}{y^2-x}$； (2) $\frac{dy}{dx}=\frac{1-ye^{xy}}{1+xe^{xy}}$.

23. (1) $\frac{1}{3}$； (2) $\frac{1}{2}$； (3) $\frac{1}{2}$； (4) 0； (5) 1.

24. 函数 $y=xe^{-x}$ 在 $(-\infty, 1)$ 上单调上升，在 $(1, \infty)$ 上单调下降；
函数 $y=xe^{-x}$ 在 $x=1$ 处取得极大值，且极大值为 $f(1)=e^{-1}$.

25. 函数的拐点为(1, 3)，在 $(-\infty, 1)$ 上是凸的；在 $(1, +\infty)$ 上是凹的.

26. (1) 拐点为 $\left(\frac{1}{3}, \frac{16}{27}\right)$； (2) 拐点为(1, 3).

习题 3.1

1. (1) $-\frac{2}{3}x^{-\frac{3}{2}}+C$； (2) $\frac{3^x e^x}{\ln 3+1}+C$； (3) $-\frac{1}{x}-3\arcsin x+C$； (4) $\tan x-\sec x+C$；
(5) $e^x-\cot x+C$； (6) $\arctan x-\frac{1}{x}+C$； (7) $\sin x-\cos x+C$； (8) $\frac{x^3}{3}-x+\arctan x+C$；
(9) e^x-x+C； (10) $x+f(x)+C$； (11) $\frac{x-\sin x}{2}+C$； (12) $-x-\cot x+C$.

2. $y=\ln|x|+1$.

3. (1) $\frac{1}{3}e^{3x}+C$； (2) $-\frac{1}{2}\cos x^2+C$； (3) $\frac{1}{2}\ln|2x+1|+C$； (4) $\frac{(1+x)^{n+1}}{n+1}+C$；
(5) $-\frac{1}{2}(2-3x)^{\frac{2}{3}}+C$； (6) $-2\cos\sqrt{t}+C$； (7) $\ln(2+e^x)+C$； (8) $\frac{1}{2}\ln(1+x^2)+C$；
(9) $\frac{1}{11}(\tan x)^{11}+C$； (10) $\frac{3^{\ln\ln x}}{\ln 3}+C$； (11) $-\frac{1}{2}\left(\arctan\frac{1}{x}\right)^2+C$； (12) $\frac{1}{3}\ln\left|\frac{x-2}{x+1}\right|+C$；
(13) $-\frac{1}{x\ln x}+C$； (14) $\frac{1}{2}\ln(2\sin x+3)+C$； (15) $\frac{3}{2}(\sin x-\cos x)^{\frac{2}{3}}+C$； (16) $-\frac{10^{\arccos x}}{\ln 10}+C$；
(17) $\frac{x^2}{2}-\frac{9}{2}\ln(x^2+9)+C$； (18) $\frac{1}{2}(\ln\tan x)^2+C$； (19) $\frac{1}{4}\sin 2x-\frac{1}{24}\sin 12x+C$；
(20) $\arcsin\frac{x}{\sqrt{3}}+\frac{1}{\sqrt{3}}\arcsin\sqrt{3}x+C$； (21) $\tan\frac{x}{2}+C$； (22) $\frac{1}{4}\arctan\frac{x^2}{2}+C$；
(23) $\frac{2}{3}x\sqrt{x}-x+2\sqrt{x}-2\ln(1+\sqrt{x})+C$； (24) $\sqrt{2x+3}-\ln(1+\sqrt{2x+3})+C$；
(25) $\frac{1}{2}\arcsin x-\frac{1}{2}x\sqrt{1-x^2}+C$； (26) $2\sqrt{x}-8\sqrt[4]{x}+8\ln(\sqrt[4]{x}+1)+C$.

4. (1) $x\ln x-x+C$； (2) $x\ln^2 x-2(x\ln x-x)+C$；
(3) $x\arcsin x+\sqrt{1-x^2}+C$； (4) $(x^2-2)\sin x+2x\cos x+C$；
(5) $x\tan x+\ln|\cos x|-\frac{x^2}{2}+C$； (6) $x\ln(\ln x)+C$；
(7) $\frac{1}{2}(x^2-1)e^{x^2}+C$； (8) $\frac{x}{2}[\sin(\ln x)+\cos(\ln x)]+C$；
(9) $2(\sqrt{x}-1)e^{\sqrt{x}}+C$； (10) $-2\sqrt{x}\cos\sqrt{x}+2\sin\sqrt{x}+C$；
(11) $-\cot x\ln\tan x-\cot x+C$； (12) $-\frac{2}{17}e^{-2x}\left(\cos\frac{x}{2}+4\sin\frac{x}{2}\right)+C$.

5. (1) $\frac{1}{3}x^3+\frac{1}{2}x^2+x+\ln|x-1|+C$； (2) $-\ln|x-1|+2\ln|x-3|+C$；
(3) $\frac{1}{6}\ln\frac{(x+1)^2}{|x^2-x+1|}+\frac{1}{\sqrt{3}}\arctan\frac{2x-1}{\sqrt{3}}+C$； (4) $\frac{1}{8}\arctan x^8+C$.

6. $xf(x)-F(x)+C$.

7. (1) $\ln|f(x)|+C$； (2) $\arctan[f(x)]+C$.

习题 3.2

1. $\dfrac{b^3-a^3}{3}+b-a$.

3. (1) $\pi<I<2\pi$； (2) $\dfrac{\pi}{9}<I<\dfrac{2}{3}\pi$.

4. (1) 8； (2) $\dfrac{21}{8}$； (3) $\dfrac{\pi}{6}$； (4) $\dfrac{\pi}{3a}$； (5) $\dfrac{1}{2}\ln^2 2$； (6) 2.

5. (1) $\ln(x+1)$； (2) $2x\sqrt{1+x^4}$； (3) $-x^2\cos 2x$； (4) $\dfrac{3x^2}{\sqrt{1+x^{12}}}-\dfrac{2x}{\sqrt{1+x^8}}$.

6. (1) 2； (2) 1； (3) -2； (4) 0.

7. (1) $\dfrac{2}{3}$； (2) $\dfrac{1}{3}\ln\dfrac{1+\sqrt{5}}{2}$； (3) $\dfrac{2}{7}$； (4) $\dfrac{\pi}{4}$； (5) $\dfrac{\sqrt{3}}{2}+\dfrac{\pi}{3}$； (6) $\arctan \mathrm{e}-\dfrac{\pi}{4}$； (7) $\dfrac{4}{3}$；
(8) $\dfrac{2}{3}$； (9) $1-\dfrac{2}{\mathrm{e}}$； (10) $4(2\ln 2-1)$； (11) $\dfrac{1}{5}(\mathrm{e}^{\pi}-2)$； (12) $\left(\dfrac{1}{4}-\dfrac{\sqrt{3}}{9}\right)\pi+\dfrac{1}{2}\ln\dfrac{3}{2}$；
(13) $\dfrac{1}{2}(\mathrm{e}\sin 1-\mathrm{e}\cos 1+1)$； (14) $2-\dfrac{2}{\mathrm{e}}$.

8. (1) 0； (2) $\dfrac{3}{2}\pi$； (3) $\dfrac{\pi^3}{324}$； (4) 0.

12. (1) $2\left(1-\dfrac{\pi}{4}\right)$； (2) $\dfrac{2}{3}$； (3) $\dfrac{4}{3}(3\sqrt{3}-1)$； (4) 1； (5) $\dfrac{\pi}{4}$； (6) $2-\dfrac{5}{\mathrm{e}}$.

习题 3.3

1. (1) $\dfrac{1}{a}$； (2) $\ln 2$； (3) 1； (4) $\dfrac{1}{2}$； (5) $-\dfrac{3}{2}$； (6) $\dfrac{\pi}{2}$； (7) -1； (8) $3(1+\sqrt[3]{2})$.

2. 当 $k>1$ 时，收敛于$\dfrac{1}{(k-1)(\ln 2)^{k-1}}$；当 $k\leqslant 1$ 时，发散；当 $k=1-\dfrac{1}{\ln\ln 2}$ 时，取得最小值.

3. $I_n=nI_{n-1}=n(n-1)I_{n-1}=\cdots=n!I_1=n!$.

习题 3.4

1. (1) $\dfrac{1}{3}$； (2) $\mathrm{e}+\dfrac{1}{\mathrm{e}}-2$； (3) $2\pi+\dfrac{4}{3}$，$6\pi-\dfrac{4}{3}$； (4) 18； (5) π； (6) $\dfrac{3}{8}\pi a^2$.

2. (1) $\dfrac{\pi^2}{2}$； (2) $\dfrac{4}{3}\pi ab^2$； (3) $5\pi^2a^3$.

3. (1) $8a$； (2) $\dfrac{8}{27}(10\sqrt{10}-1)$； (3) $1+\dfrac{\sqrt{2}}{2}\ln(1+\sqrt{2})$； (4) $8a$.

4. 800 件.

5. 41；5 615.4.

6. (1) 20 万元，19 万元； (2) 320 台； (3) 20.48 万元，15.08 万元，5.4 万元.

7. (1) $7Q-Q^2$； (2) 250 台，3.25 万元； (3) -0.25 万元.

8. 4.213 万元.

9. 606.61 万元.

10. 3 亿元.

总习题 3

一、选择题

1. B； 2. A； 3. C； 4. B； 5. D； 6. D； 7. A.

二、填空题

8. $>$； 9. $x\cos x-\sin x+C$； 10. 0 11. $2-\frac{\pi}{2}$ 12. 1；

13. $2x\cos(x^2)$ 14. π.

三、解答与证明题

15. (1) $-\frac{1}{200}(x^2+1)^{-100}+C$； (2) $\frac{1}{7}\sec^7 x-\frac{2}{5}\sec^5 x+\frac{1}{3}\sec^3 x+C$；

(3) $\frac{1}{3}\arctan\frac{x+2}{3}+C$； (4) 3；

(5) $\sqrt{2x+3}-\ln(1+\sqrt{2x+3})+C$； (6) $x^2\sin x+2x\cos x-2\sin x+C$；

(7) $\frac{1}{3}x^3\ln x-\frac{1}{9}x^3+C$； (8) $-2xe^{\frac{-x}{2}}-4e^{\frac{-x}{2}}+C$；

(9) $\frac{1}{2}(x^2+1)\arctan x-\frac{1}{2}x+C$； (10) $x\arctan\sqrt{x}-\sqrt{x}+\arctan\sqrt{x}+C$.

16. (1) $\frac{1}{2}$； (2) $\frac{\pi}{4}$； (3) $\frac{2}{3}$； (4) $\frac{2}{3}$； (5) $\frac{1}{6}$； (6) $2-2\ln\frac{3}{2}$； (7) $\frac{22}{3}$； (8) $\frac{\pi}{3}+\frac{\sqrt{3}}{2}$；

(9) $e-2$； (10) 2； (11) $\frac{1}{2}(e^{\frac{1}{2}}+1)$.

17. (1) $\frac{1}{2}$； (2) $\frac{8}{3}$.

19. 12.

20. 18.

21. $\frac{32}{3}$.

22. $e-\frac{3}{2}$，$\left(\frac{e^2}{2}-\frac{5}{6}\right)\pi$.

习题 4.1

1. (1) $\frac{3}{5}$； (2) $\frac{3}{2}$； (3) $\frac{1}{3}$； (4) $1-\sqrt{2}$； (5) $\frac{1}{12}$； (6) 1.
2. (1) 发散； (2) 发散； (3) 发散； (4) 发散； (5) 发散.
3. (1) 收敛； (2) 收敛； (3) 收敛； (4) 发散； (5) 收敛； (6) 收敛； (7) 收敛；
(8) 发散； (9) 收敛； (10) 发散； (11) 收敛； (12) 收敛； (13) 收敛； (14) 收敛；
(15) 收敛； (16) 收敛； (17) 当 $a>1$ 时收敛，当 $a\leqslant 1$ 时发散； (18) 收敛.
4. (1) 否； (2) 是； (3) 否； (4) 是.
8. (1) 条件收敛； (2) 条件收敛； (3) 绝对收敛； (4) 绝对收敛； (5) 绝对收敛；
(6) 绝对收敛.
9. 12.

习题 4.2

1. (1) $R=1$，$(-1, 1)$； (2) $R=\frac{1}{10}$，$\left(-\frac{1}{10}, \frac{1}{10}\right)$； (3) $R=0$，$x=0$； (4) $R=+\infty$，$(-\infty, +\infty)$；

(5) $R=1$，$[-1, 1)$（$p\leqslant 1$时）或$[-1, 1]$（$p>1$时）； (6) $R=3$，$(-3, 3)$； (7) $R=1$，$(-1, 1)$；

(8) $R=5$，$(-5, 5]$； (9) $R=\frac{1}{\mathrm{e}}$，$\left(-\frac{1}{\mathrm{e}}, \frac{1}{\mathrm{e}}\right)$； (10) $R=2$，$[0, 4)$； (11) $R=1$，$(-1, 1)$；

(12) $R=1$，$(0, 2]$.

2. (1) $\begin{cases} 1+\frac{1-x}{x}\ln(1-x), & x\in[-1, 0)\cup(0, 1], \\ 0, & x=0; \end{cases}$ (2) $\cos x$，$x\in(-\infty, +\infty)$；

(3) $\arctan x$，$x\in[-1, 1]$； (4) $\frac{1}{2}\ln\frac{1+x}{1-x}$，$x\in(-1, 1)$.

3. $1-4(x+1)+6(x+1)^2-4(x+1)^3+(x+1)^4$.

4. (1) $1+\sum_{n=1}^{\infty}\frac{(-1)^n 2^{2n-1}}{(2n)!}x^{2n}$，$x\in(-\infty, +\infty)$； (2) $\sum_{n=0}^{\infty}\frac{n+1}{n!}x^n$，$x\in(-\infty, +\infty)$；

(3) $\sum_{n=0}^{\infty}\frac{1}{3^{n+1}}x^n$，$x\in(-3, 3)$； (4) $\frac{1}{3}\sum_{n=0}^{\infty}[1-(-2)^n]x^n$，$x\in\left(-\frac{1}{2}, \frac{1}{2}\right)$；

(5) $x+2\sum_{n=1}^{\infty}\frac{(-1)^{n+1}}{4n^2-1}x^{2n+1}$，$x\in[-1, 1]$；

(6) $2\sum_{n=1}^{\infty}\left(1+\frac{1}{2}+\cdots+\frac{1}{n}\right)\frac{x^{n+1}}{n+1}$，$x\in(-1, 1)$；

(7) $\sum_{n=0}^{\infty}\frac{(-1)^n}{(2n+1)(2n+1)!}x^{2n+1}$，$x\in(-\infty, +\infty)$；

(8) $\sum_{n=0}^{\infty}\frac{n}{(n+1)!}x^{n-1}$，$x\in(-\infty, +\infty)$.

总习题 4

一、选择题

1. D； 2. C； 3. C； 4. A； 5. B.

二、填空题

6. $\mathrm{e}-1$； 7. aS； 8. 1； 9. $(-2, 2)$.

三、解答题

10. (1) 收敛； (2) 发散； (3) 收敛； (4) 收敛.

11. (1) 绝对收敛； (2) 绝对收敛.

13. $[0, 2)$.

14. $[-1, 3)$.

15. $-x\ln(1-x)$，$-1\leqslant x<1$.

16. $\frac{1}{(1-x)^2}$，$-1<x<1$.

17. $\frac{1}{(1-x)^2}$，$-1<x<1$.

18. $\sum_{n=0}^{\infty}\frac{(-1)^n}{3^{n+1}}(x-3)^n$，$x\in(0, 6)$.

19. $\sum_{n=0}^{\infty}(-1)^n\left(\frac{1}{2^{n+2}}-\frac{1}{2^{2n+3}}\right)(x-1)^n$，$-1<x<3$.

习题 5.1

1. $\frac{1}{2}$，0，$\frac{xy}{x^2+y^2}$. 2. $t^2\left(x^2+y^2+xy\tan\frac{y}{x}\right)$.

3. (1) $D=\{(x, y) \mid y<x^2, x>0, y\geqslant 0\}$； (2) $D=\{(x, y) \mid x^2-1\leqslant y\leqslant x^2+1\}$；

(3) $D=\{(x, y) \mid xy\geqslant 0\}$； (4) $D=\{(x, y) \mid 1\leqslant x^2+y^2<4\}$；

(5) $D=\{(x, y, z) \mid 1<x^2+y^2\leqslant 4, -\infty<z<+\infty\}$.

4. (1) 1； (2) 0； (3) 0； (4) $\frac{1}{3}$.

5. (1) 是； (2) 是； (3) 否； (4) 是.

习题 5.2

1. (1) $\frac{\partial z}{\partial x}=3x^2y^2-2xy^3$, $\frac{\partial z}{\partial y}=2x^3y-3x^2y^2+5y^4$；

(2) $\frac{\partial z}{\partial x}=\frac{1+2x^2}{y}e^{x^2+y^2}$, $\frac{\partial z}{\partial y}=\frac{x(2y^2-1)}{y^2}e^{x^2+y^2}$；

(3) $\frac{\partial z}{\partial x}=\frac{2x}{x^2+y^2}$, $\frac{\partial z}{\partial y}=\frac{2y}{x^2+y^2}$；

(4) $\frac{\partial z}{\partial x}=\frac{(1+x)(e^{x+y}+e^x)}{y^2}$, $\frac{\partial z}{\partial y}=\frac{x[(y-2)e^{x+y}-2e^x]}{y^3}$；

(5) $\frac{\partial z}{\partial x}=-\frac{1}{x}$, $\frac{\partial z}{\partial y}=\frac{1}{y}$；

(6) $\frac{\partial z}{\partial x}=2x\ln(x+y)+\frac{x^2+y^2}{x+y}$, $\frac{\partial z}{\partial y}=2y\ln(x+y)+\frac{x^2+y^2}{x+y}$；

(7) $\frac{\partial u}{\partial x}=-\frac{2xz}{(x^2-y^2)^2}\cos\frac{z}{x^2-y^2}$, $\frac{\partial u}{\partial y}=\frac{2yz}{(x^2-y^2)^2}\cos\frac{z}{x^2-y^2}$, $\frac{\partial u}{\partial z}=\frac{1}{x^2-y^2}\cos\frac{z}{x^2-y^2}$；

(8) $\frac{\partial u}{\partial x}=\arctan(xy+z^2)+\frac{xy}{1+(xy+z^2)^2}$, $\frac{\partial u}{\partial y}=\frac{x^2}{1+(xy+z^2)^2}$, $\frac{\partial u}{\partial z}=\frac{2xz}{1+(xy+z^2)^2}$；

(9) $\frac{\partial u}{\partial x}=-\frac{2xz}{(x^2+y^2)^2}$, $\frac{\partial u}{\partial y}=-\frac{2yz}{(x^2+y^2)^2}$, $\frac{\partial u}{\partial z}=\frac{1}{x^2+y^2}$；

(10) $\frac{\partial u}{\partial x}=y\cos(xy)$, $\frac{\partial u}{\partial y}=x\cos(xy)$, $\frac{\partial u}{\partial z}=-\cos z$.

2. (1) $\frac{\partial^2 z}{\partial x^2}=\frac{2xy+(2xy+y^2)e^{\frac{y}{x}}}{x^4}$, $\frac{\partial^2 z}{\partial x\partial y}=-\frac{x+(x+y)e^{\frac{y}{x}}}{x^3}$, $\frac{\partial^2 z}{\partial y^2}=\frac{e^{\frac{y}{x}}}{x^2}$；

(2) $\frac{\partial^2 z}{\partial x^2}=-\frac{y^2}{x^3}\sin\frac{y}{x}$; $\frac{\partial^2 z}{\partial x\partial y}=\frac{y}{x^2}\sin\frac{y}{x}$, $\frac{\partial^2 z}{\partial y^2}=-\frac{1}{x}\sin\frac{y}{x}$；

(3) $\frac{\partial^2 z}{\partial x^2}=e^x\cos y$, $\frac{\partial^2 z}{\partial x\partial y}=-e^x\sin y$, $\frac{\partial^2 z}{\partial y^2}=-e^x\cos y$；

(4) $\frac{\partial^2 z}{\partial x^2}=\frac{36xy^2-12x^4}{(2x^3+3y^2)^2}$, $\frac{\partial^2 z}{\partial x\partial y}=-\frac{36x^2y}{(2x^3+3y^2)^2}$, $\frac{\partial^2 z}{\partial y^2}=\frac{12x^3-18y^2}{(2x^3+3y^2)^2}$.

3. (1) $dz=\frac{2xdx+2ydy}{1+x^2+y^2}$； (2) $dz=\frac{y^2dx-xydy}{(x^2+y^2)^{\frac{3}{2}}}$； (3) $dz=\left(-\frac{y}{x^2}dx+\frac{1}{x}dy\right)e^{\frac{y}{x}}$；

(4) $du=yz^{xy}\ln z dx+xz^{xy}\ln z dy+xyz^{xy-1}dz$.

4. $0.5e^2$.

5. 2.227.

6. 188.50 cm^3.

习题 5.3

1. (1) $\frac{1+2x}{1+(x+x^2)^2}$；

(2) $\frac{\partial z}{\partial x}=(2x+x^2y+y^3)e^{xy}$, $\frac{\partial z}{\partial y}=(2y+x^3+xy^2)e^{xy}$；

(3) $2t(2t^2+\sin t)+(t^2+2\sin t)\cos t$；

(4) $\frac{\partial u}{\partial x}=\frac{2x}{z}f'\left(\frac{x^2+y^2}{z}\right)e^z$，$\frac{\partial u}{\partial y}=\frac{2y}{z}f'\left(\frac{x^2+y^2}{z}\right)e^z$，

$\frac{\partial u}{\partial z}=-\frac{x^2+y^2}{z^2}f'\left(\frac{x^2+y^2}{z}\right)e^z+f\left(\frac{x^2+y^2}{z}\right)e^z$；

(5) $\frac{\partial u}{\partial x}=yf_1+\frac{1}{y}f_2$，$\frac{\partial u}{\partial y}=xf_1-\frac{x}{y^2}f_2$；

(6) $\frac{\partial u}{\partial x}=\frac{1}{y}f_1$，$\frac{\partial u}{\partial y}=-\frac{x}{y^2}f_1+\frac{1}{z}f_2$，$\frac{\partial u}{\partial z}=-\frac{y}{z^2}f_2$.

2. (1) $\frac{dy}{dx}=-\frac{x}{y}$，$\frac{dz}{dx}=0$；

(2) $\frac{\partial u}{\partial x}=\frac{u(1-yg_2)f_1-f_2g_1}{(1-xf_1)(1-yg_2)-f_2g_1}$，$\frac{\partial v}{\partial x}=\frac{(x+u-1)f_1g_1}{(1-xf_1)(1-yg_2)-f_2g_1}$.

3. $\frac{\partial^2 z}{\partial x^2}=e^{2y}f_{11}+2e^yf_{12}+f_{22}$，$\frac{\partial^2 z}{\partial x\partial y}=e^yf_1+xe^{2y}f_{11}+xe^yf_{12}+e^yf_{13}+f_{23}$.

习题 5.4

1. (1) 在点$(-4, 1)$处取极小值-1； (2) 在点$(2, -2)$处取极大值 8； (3) 在点$(0, 1)$处取极小值 0；
(4) 在点$(2, 1)$处取极小值-28,在点$(-2, -1)$处取极大值 28.

2. (1) 在点$\left(\frac{1}{2}, \frac{1}{2}\right)$处取极大值$\frac{1}{4}$； (2) 在点$\left(-\frac{1}{3}, \frac{2}{3}, -\frac{2}{3}\right)$处取极小值$-3$,在点$\left(\frac{1}{3}, -\frac{2}{3}, \frac{2}{3}\right)$处取极大值 3.

3. $(0, 0, 1)$，$(0, 0, -1)$.

4. $(1, 0, 0)$，$(0, 1, 0)$，$(-1, 0, 0)$，$(0, -1, 0)$.

5. 最大值 3,最小值$\frac{2}{3}$.

6. $x_1=x_2=\cdots=x_n=\frac{a}{n}$.

7. 矩形的边长为$\frac{p}{3}$，$\frac{2p}{3}$.

8. $\frac{7}{4\sqrt{2}}$.

习题 5.5

1. (1) $-\frac{4}{3}P_1^{-\frac{4}{3}}P_2^{\frac{2}{3}}$，$\frac{8}{3}P_1^{-\frac{1}{3}}P_2^{-\frac{1}{3}}$，$\frac{3}{2}P_1^{-\frac{3}{4}}P_2^{-\frac{1}{2}}$，$-3P_1^{\frac{1}{4}}P_2^{-\frac{3}{2}}$，竞争；

(2) $-ae^{P_2-P_1}$，$ae^{P_2-P_1}$，$be^{P_1-P_2}$，$-be^{P_1-P_2}$，竞争.

2. (1) $4Q_1+Q_2$, Q_1+10Q_2； (2) 18，63.

3. $E_{11}=-4$, $E_{22}=-2$, $E_{12}=-3.4$, $E_{21}=-0.1$.

4. a 的分法是三等分时,乘积最大为$\frac{a^3}{27}$.

5. $x=70$，$y=30$，$\lambda=-\frac{7}{2}$，$L=145$ 万元.

6. $Q_1=5$，$Q_2=3$.

习题 5.6

1. (1) 12； (2) -2； (3) $\frac{1}{24}$； (4) $\frac{33}{140}$.

2. (1) $\int_0^1 dx\int_{x-1}^{1-x} f(x, y)dy=\int_{-1}^0 dy\int_0^{1+y} f(x, y)dx+\int_0^1 dy\int_0^{1-y} f(x, y)dx$；

(2) $\int_1^3 dx\int_x^{3x} f(x, y)dy=\int_1^3 dy\int_1^y f(x, y)dx+\int_3^9 dy\int_{\frac{y}{3}}^3 f(x, y)dx$；

(3) $\int_{-\sqrt{2}}^{\sqrt{2}} dx\int_{x^2}^{4-x^2} f(x, y)dy=\int_0^2 dx\int_{-\sqrt{y}}^{\sqrt{y}} f(x, y)dy+\int_2^4 dx\int_{-\sqrt{4-y}}^{\sqrt{4-y}} f(x, y)dy$；

(4) $\int_{-1}^1 dx\int_{1-\sqrt{1-x^2}}^{1+\sqrt{1-x^2}} f(x, y)dy=\int_0^2 dy\int_{-\sqrt{2y-y^2}}^{\sqrt{2y-y^2}} f(x, y)dx$.

3. (1) $\int_0^1 dx\int_{x^2}^x f(x, y)dy$；

(2) $\int_0^2 dy\int_{\frac{y}{2}}^y f(x, y)dx+\int_2^4 dy\int_{\frac{y}{2}}^2 f(x, y)dx$；

(3) $\int_0^{\ln 2} dy\int_2^e f(x, y)dx+\int_{\ln 2}^1 dy\int_{e^y}^e f(x, y)dx$；

(4) $\int_0^a dy\int_{\frac{y^2}{2a}}^{a-\sqrt{a^2-y^2}} f(x, y)dx+\int_0^a dy\int_{a+\sqrt{a^2-y^2}}^{2a} f(x, y)dx+\int_a^{2a} dy\int_{\frac{y^2}{2a}}^{2a} f(x, y)dx$；

(5) $\int_0^1 dy\int_y^{2-y} f(x, y)dx$.

4. (1) $\frac{3}{64}\pi^2$； (2) 3π； (3) $\frac{R^3}{3}\left(\pi-\frac{4}{3}\right)$； (4) $\frac{\pi}{2}$.

5. (1) $\frac{9}{2}$； (2) $\sqrt{2}-1$； (3) $\frac{5}{4}\pi a^2$； (4) $\frac{3\sqrt{3}-\pi}{3}a^2$.

6. (1) $\frac{5}{6}$； (2) $\frac{\pi}{4}aR^2-\frac{2}{3}R^3$； (3) $\frac{88}{105}$； (4) $\frac{45}{32}\pi$.

7. 6.

8. $\frac{8}{3}$.

总习题 5

一、选择题

1. D； 2. C； 3. B； 4. D； 5. D； 6. A.

二、填空题

7. 0； 8. $-\frac{3}{5}$； 9. $e^{\sin t-2t^2}(\cos t-4t)$； 10. $dz=\frac{\partial z}{\partial x}dx+\frac{\partial z}{\partial y}dy=e^x dx+\cos y dy$； 11. 2.04；

12. $\int_0^1 dx\int_{x^2}^{\sqrt{x}} f(x, y)dy$； 13. $\int_0^1 dx\int_0^{x^2} f(x, y)dy+\int_1^2 dx\int_0^{2-x} f(x, y)dy$； 14. $\int_0^1 dy\int_{\sqrt{y}}^{2-y} f(x, y)dx$；

15. $e-2$； 16. $\frac{1}{15}$； 17. -2 18. $\frac{\pi}{4}$； 19. $\int_{-1}^0 dy\int_y^{\frac{y}{2}} f(x, y)dx$.

三、解答与证明题

20. f_1+yf_2，$f_{11}+2xf_{12}+x^2 f_{22}$.

21. $\frac{(2-z)^2+x^2}{(2-z)^3}$.

22. $e^{xy}[y\cdot\sin(x+y)+\cos(x+y)]$，$e^{xy}[x\cdot\sin(x+y)+\cos(x+y)]$.

24. $\dfrac{\sin v}{1+e^u(\sin v-\cos v)}$，$\dfrac{e^u+\sin v}{u+ue^u(\sin v-\cos v)}$.

25. 极小值为 $f(0,3)=-9$.

26. 极大值为 $f(2,-2)=8$.

27. $S_{\max}=\dfrac{1}{4}ab$.

28. 点$\left(\dfrac{8}{5},\dfrac{16}{5}\right)$到三直线的距离平方和最小.

29. $\dfrac{1}{3}$.

30. $\dfrac{8}{3}$.

31. $\dfrac{1}{2}$.

32. $I=\dfrac{5}{4}\pi$.

33. $V=\dfrac{\pi}{4}aR^2-\dfrac{2}{3}R^3$.

习题 6.1

1. (1) 一阶；(2) 一阶；(3) 一阶；(4) 二阶；(5) 三阶；(6) 四阶.

2. (1) 不是；(2) 不是；(3) 不是；(4) 是.

3. $y+xy'=0$.

4. $P'=\dfrac{P}{12}$.

习题 6.2

1. (1) $1+y^2=C(1+x^2)$；(2) $e^{x^2}+e^{-y^2}=C$；(3) $\sin y=C\sin x$；(4) $(1+e^x)(1+e^y)=C$.

2. (1) $y=-x\ln(C-\ln|x|)$；(2) $\csc\dfrac{y}{x}-\cot\dfrac{y}{x}=Cx$；(3) $xy(y-x)=C$；

(4) $x+2ye^{\frac{x}{y}}=C$.

3. (1) $y=\dfrac{1}{2}(x+1)^4+C(x+1)^2$；(2) $x=-ye^y+Cy$；(3) $x=Ce^{-\sin t}+2\sin t-2$；

(4) $y=\dfrac{C+\sin x}{x^2-1}$.

4. (1) $y=\dfrac{\pi-2\cos x}{2x}$；(2) $y^2=x^2(1+2\ln x)$.

5. $(y-1)^2+2(x-2)(y-1)-(x-2)^2=C$.

6. (1) $y^2=\dfrac{x^3}{2}+Cx$；(2) $\dfrac{1}{y^3}=Ce^{3x^2}-\dfrac{1}{2}$.

习题 6.3

1. (1) $y=xe^x-3e^x+C_1x^2+C_2x+C_3$；(2) $\dfrac{1+C_1^2}{C_1^2}\ln|1+C_1x|-\dfrac{x}{C_1}+C_2$；

(3) $4(C_1y-1)=C_1^2(x+C_2)^2$；(4) $C_1y^2-1=C_1^2(x+C_2)^2$；

(5) $y=C_2-\ln|\cos(x+C_1)|$； (6) $\ln|\sin(y+C_1)|=x+C_2$.

2. $\frac{2}{3}(R+r)^{\frac{3}{2}}=\sqrt{2GM}t+\frac{2}{3}R^{\frac{3}{2}}$.

习题 6.4

1. (1) $y=(C_1x+C_2)e^{2x}$； (2) $y=C_1e^x+C_2e^{-5x}$； (3) $y=e^{2x}(C_1\cos 3x+C_2\sin 3x)$；
(4) $x=(C_1t+C_2)e^{\frac{5}{2}t}$.

2. (1) $y=\left(\frac{1}{12}x^4+C_1x+C_2\right)e^{2x}$； (2) $y=C_1e^x+C_2e^{-2x}-\cos x-3\sin x$；
(3) $y=e^x(C_1\cos x+C_2\sin x)+\frac{x}{2}e^x\sin x$； (4) $y=C_1\cos x+C_2\sin x+\frac{1}{2}e^x+\frac{x}{2}\sin x$.

3. $\alpha=-3$，$\beta=2$，$\gamma=-1$，$y=C_1e^x+C_2e^{2x}+xe^x$.

习题 6.5

1. $C(x)=3e^x(1+2e^{3x})-1$.
2. (1) $Q=P^{-P}$； (2) $\lim\limits_{P\to+\infty}Q=0$.
3. (1) $Y(t)=Y_0e^{\rho t}$，$D(t)=D_0+\frac{kY_0}{\rho}(e^{\rho t}-1)$； (2) $\frac{k}{\rho}$.

习题 6.6

1. (1) $\Delta(t^2)=2t+1$； (2) $\Delta(a^t)=a^t(a-1)$； (3) $\Delta(\log_a t)=\log_a\left(1+\frac{1}{t}\right)$；
(4) $\Delta(\sin at)=2\cos\left(at+\frac{a}{2}\right)\sin\frac{a}{2}$.

2. (1) $1+C(-4)^t$； (2) $C(-5)^t+\frac{5}{12}t-\frac{5}{72}$； (3) $\left(C+\frac{1}{2}t\right)2^t$； (4) $C-2\cos\frac{\pi}{3}t+2\sqrt{3}\sin\frac{\pi}{3}t$.

3. (1) $2+2^t$； (2) $3(-4)^t+4\cos\frac{\pi}{2}t+\sin\frac{\pi}{2}t$.

4. (1) $y_x=C_1+C_2(-2)^x+4x$； (2) $y_x=(C_1+C_2x)2^x+7+x$.

5. $C_{t+1}=(1+0.1)C_t+1$，
$C_0=20\times10^6$ 时，
$C_3=29.93\times10^6$

总习题 6

一、选择题

1. B； 2. D； 3. D； 4. B.

二、填空题

5. $y=e^{Cx}$； 6. $y=0$； 7. $y=\frac{1}{5}x^3+\frac{1}{2}x^2+C$； 8. $s=(C_1+C_2t)e^{\frac{5}{2}t}$.

三、解答题

9. $y=Ce^{x^2}$，其中 C 为任意常数.

10. (1) $y=\frac{1}{x}(-\cos x+\pi-1)$； (2) $y=2e^{2x}-e^x+\frac{1}{2}x+\frac{1}{4}$.

11. $y=\frac{1}{8}e^{2x}+\sin x+C_1x^2+C_2x+C_3$.

12. $y=-\frac{2}{3}e^{-3x}+\frac{8}{3}$.

13. $y=C_1e^{-2x}+C_2e^{2x}+\frac{1}{4}xe^{2x}$.

14. $y=C_1e^{2x}+C_2e^{3x}-\left(\frac{x^2}{2}+x\right)e^{2x}$.

15. $u(x)=\frac{1}{2}(1+x)^2+C$.

16. (1) $\frac{1}{y^2}=Cx+\frac{1}{2}x^3$； (2) $\frac{1}{y}=\frac{C}{1+x}+\frac{1+x}{2}$.

17. $y=-\ln 2-x+\ln(1+e^{2x})=\ln \operatorname{ch}x$.

18. $y=\int \frac{1}{x}(\ln x+C_1)\mathrm{d}x=\frac{1}{2}\ln^2 x+C_1\ln x+C_2$.

19. (1) $y=C_1e^{-x}+C_2e^{5x}$； (2) $y=C_1+C_2e^{4x}-\frac{5}{4}x$； (3) $y=(C_1+C_2x)e^{2x}+\frac{1}{12}x^4e^{2x}$；

(4) $y=C_1e^{x}+C_2e^{-2x}-\frac{2}{5}\cos 2x-\frac{6}{5}\sin 2x$.

习题 7.1

1. (1) 0； (2) $3abc-a^3-b^3-c^3$； (3) $-2(a^3+b^3)$.

2. (1) $a_1c_1b_2d_2-a_1b_2c_2d_1+a_2b_1c_2d_1-a_2b_1c_1d_2$； (2) $(-1)^{n+1}n!$； (3) 0.

3. (1) $-29\,400\,000$； (2) 0； (3) 0； (4) $(-1)^{n-1}$； (5) $(-1)^{n-1}(n-1)$；

(6) $(-b)^{n-1}(a_1+a_2+\cdots+a_n-b)$； (7) $(-1)^{\frac{n(n-1)}{2}}(x_1+x_2+\cdots+x_n+y)y^{n-1}$；

(8) $x^n+(-1)^{n+1}y^n$； (9) $\prod_{k=1}^{n}k!$； (10) $\prod_{k=1}^{n}(a_kd_k-c_kb_k)$.

习题 7.2

1. $\begin{pmatrix} 8 & 7 & 3 \\ -7 & 8 & 8 \end{pmatrix}$.

2. (1) 32； (2) $\begin{pmatrix} 4 & 5 & 6 \\ 8 & 10 & 12 \\ 12 & 15 & 18 \end{pmatrix}$； (3) $x^2+5y^2+9z^2+6xy+14yz+10xz$；

(4) $\begin{pmatrix} 1 & n \\ 0 & 1 \end{pmatrix}$； (5) $\begin{pmatrix} \lambda^n & n\lambda & \frac{n(n-1)}{2} \\ 0 & \lambda^n & n\lambda \\ 0 & 0 & \lambda^m \end{pmatrix}$.

3. (1) $\frac{1}{9}\begin{pmatrix} 1 & 2 & 2 \\ 2 & 1 & -2 \\ 2 & -2 & 1 \end{pmatrix}$； (2) $\frac{1}{24}\begin{pmatrix} 24 & 0 & 0 & 0 \\ -12 & 12 & 0 & 0 \\ -12 & -4 & 8 & 0 \\ 3 & -5 & -2 & 6 \end{pmatrix}$；

(3) $\begin{pmatrix} 1 & -2 & 0 & 0 \\ -2 & 5 & 0 & 0 \\ 0 & 0 & 2 & -3 \\ 0 & 0 & -5 & 8 \end{pmatrix}$； (4) $\frac{1}{4}\begin{pmatrix} 1 & 1 & 1 & 1 \\ 1 & 1 & -1 & -1 \\ 1 & -1 & 1 & -1 \\ 1 & -1 & -1 & 1 \end{pmatrix}$.

4. (1) $\begin{pmatrix} 2 & -23 \\ 0 & 8 \end{pmatrix}$; (2) $\begin{pmatrix} -2 & 2 & 1 \\ -8/3 & 5 & -2/3 \end{pmatrix}$; (3) $\begin{bmatrix} 2 & -1 & 0 \\ 1 & 3 & -4 \\ 1 & 0 & -2 \end{bmatrix}$.

5. $(\boldsymbol{A}-\boldsymbol{E})^{-1}=\frac{1}{2}(\boldsymbol{A}+2\boldsymbol{E})$.

6. $\begin{bmatrix} 6 & 0 & 0 \\ 0 & 2 & 0 \\ 0 & 0 & 1 \end{bmatrix}$.

7. 2.

8. $-\frac{2^{2n-1}}{3}$.

9. $-\frac{16}{27}$.

10. $\frac{\sqrt{3}}{3}$.

11. $\frac{1}{10}\boldsymbol{A}$.

12. -1.

13. $\begin{bmatrix} 2 & 0 & 0 \\ 0 & -4 & 0 \\ 0 & 0 & 2 \end{bmatrix}$.

习题 7.3

1. (1) 线性无关; (2) 线性相关; (3) 线性无关.
2. (A) 组线性相关,其余都是线性无关.
3. (1) $t\neq 5$; (2) $t=5$; (3) $\boldsymbol{\alpha}_3=-\boldsymbol{\alpha}_1+2\boldsymbol{\alpha}_2$.
5. 当 s 为奇数时,$\boldsymbol{\beta}_1, \boldsymbol{\beta}_2, \cdots, \boldsymbol{\beta}_s$ 线性无关;当 s 为偶数时,$\boldsymbol{\beta}_1, \boldsymbol{\beta}_2, \cdots, \boldsymbol{\beta}_s$ 线性相关.
6. (1) 2; (2) 4.
7. $t=-3$. 8. 4. 9. 1.

习题 7.4

1. $a_1+a_2+a_3+a_4=0$.
2. (1) $k_1(1, 1, 0, 0)^{\mathrm{T}}+k_2(1, 0, 2, 1)^{\mathrm{T}}$;
   (2) $k(-1, 1, 0, 2)^{\mathrm{T}}$;
   (3) $k_1(-1, -1, 0, 1)^{\mathrm{T}}+k_2(-3, 7, 2, 0)^{\mathrm{T}}$;
   (4) $(6, -4, 0, 0, 0)^{\mathrm{T}}+k_1(-2, 1, 1, 0, 0)^{\mathrm{T}}+k_2(-2, 1, 0, 1, 0)^{\mathrm{T}}+k_3(-6, 5, 0, 0, 1)^{\mathrm{T}}$;
   (5) $\frac{1}{5}(0, 2, 0, -1)+k(5, -7, 5, 6)$.
3. 当 $\lambda=1$ 时,线性方程组有解:$(t, 1-t, 1-2t)^{\mathrm{T}}$.
4. 当 $a\neq 1$ 时,方程组有唯一解;
   当 $a=1, b\neq -1$ 时,方程组无解;
   当 $a=1, b=-1$ 时,方程组有无穷多解. 其所有解为

$$x=(-1, 1, 0, 0)^{\mathrm{T}}+k_1(1, -2, 1, 0)^{\mathrm{T}}+k_2(1, -2, 0, 1)^{\mathrm{T}},$$

其中,k_1, k_2 为任意实数.

5. (2) $a \neq 0$. $x_1 = \dfrac{n}{(n+1)a}$.

(3) $a=0$ 时. 方程组的所有解为 $(0, 1, 0, \cdots, 0)^{T} + k(1, 0, \cdots, 0)^{T}$.

6. 当 $k_1 \neq 2$ 时，方程组有唯一解.

当 $k_1 = 2$ 且 $k_2 \neq 1$ 时，方程组无解.

当 $k_1 = 2$ 且 $k_2 = 1$ 时，方程组的所有解为 $(-8, 3, 0, 2)^{T} + k(0, -2, 1, 0)^{T}$.

7. (2) $\boldsymbol{\beta}_1 + k(\boldsymbol{\beta}_1 - \boldsymbol{\beta}_2)$.

8. (1) $b + \sum_{i=1}^{n} a_i \neq 0$ 且 $b \neq 0$.

(2) $b + \sum_{i=1}^{n} a_i = 0$ 时，有 $b \neq 0$，一个基础解系为 $(1, 1, \cdots, 1)^{T}$. $b=0$ 时，不妨设 $a_1 \neq 0$，一个基础解系 $(-a_2, a_1, 0, \cdots, 0)^{T}, (-a_3, 0, a_1, 0, \cdots, 0)^{T}, \cdots, (-a_n, 0, \cdots, 0, a_1)^{T}$

习题 7.5

1. (1) 特征值为 $\lambda_1 = \lambda_2 = \lambda_3 = -1$，特征向量为 $k(-1, -1, 1)^{T}(k \neq 0)$.

(2) 特征值为 $\lambda_1 = \lambda_2 = -1$, $\lambda_3 = \lambda_4 = 1$，对应的特征向量分别为 $k_1(0, -1, 1, 0)^{T} + k_2(-1, 0, 0, 1)^{T}$ $(k_1, k_2 \neq 0)$; $k_3(0, 1, 1, 0)^{T} + k_4(1, 0, 0, 1)^{T}(k_3, k_4 \neq 0)$.

2. (1) 0; (2) 特征值全为零.　　3. 3.　　4. 24.

5. (1) $\boldsymbol{P} = \begin{pmatrix} -2 & 1 & 1 \\ 1 & 0 & -2 \\ 0 & 1 & 3 \end{pmatrix}$; $\boldsymbol{P}^{-1}\boldsymbol{A}\boldsymbol{P} = \begin{pmatrix} 2 & 0 & 0 \\ 0 & 2 & 0 \\ 0 & 0 & -4 \end{pmatrix}$;

(2) $\boldsymbol{P} = \begin{pmatrix} 1 & 1 & 1 & 1 \\ 1 & 0 & 0 & -1 \\ 0 & 1 & 0 & -1 \\ 0 & 0 & 1 & -1 \end{pmatrix}$; $\boldsymbol{P}^{-1}\boldsymbol{A}\boldsymbol{P} = \begin{pmatrix} 2 & 0 & 0 & 0 \\ 0 & 2 & 0 & 0 \\ 0 & 0 & 2 & 0 \\ 0 & 0 & 0 & -2 \end{pmatrix}$.

6. 当 $b=0$ 时，特征值全为 1，所有非零向量都是特征向量；当 $b \neq 0$ 时，特征值为 $1+(n-1)b$, $1-b(n-1)$，线性无关的特征向量为

$$(1, 1, \cdots, 1)^{T}, (-1, 1, 0, \cdots, 0)^{T}, (-1, 0, 1, 0, \cdots, 0)^{T}, \cdots, (-1, 0, \cdots, 0, 1)^{T}.$$

7. $\dfrac{1}{3}\begin{pmatrix} 2^{100}+2 & 2^{100}-1 & 2^{100}-1 \\ 2^{100}-1 & 2^{100}+2 & 2^{100}-1 \\ 2^{100}-1 & 2^{100}-1 & 2^{100}+2 \end{pmatrix}$.

8. (1) $x=0$, $y=-2$; (2) $\boldsymbol{P} = \begin{pmatrix} 0 & 0 & -1 \\ -2 & 1 & 0 \\ 1 & 1 & 1 \end{pmatrix}$.

10. $\dfrac{1}{\sqrt{3}}(1, 0, -1, 1)^{T}$, $\dfrac{1}{\sqrt{15}}(1, -3, 2, 1)^{T}$, $\dfrac{1}{\sqrt{35}}(-1, 3, 3, 4)^{T}$.

11. (1) $\boldsymbol{P} = \dfrac{1}{3}\begin{pmatrix} 1 & 2 & 2 \\ 2 & 1 & -2 \\ 2 & -2 & 1 \end{pmatrix}$, $\boldsymbol{P}^{-1}\boldsymbol{A}\boldsymbol{P} = \boldsymbol{P}^{T}\boldsymbol{A}\boldsymbol{P} = \begin{pmatrix} -2 & 0 & 0 \\ 0 & 1 & 0 \\ 0 & 0 & 4 \end{pmatrix}$;

(2) $\boldsymbol{P} = \begin{pmatrix} -\frac{2}{\sqrt{5}} & \frac{2}{3\sqrt{5}} & \frac{1}{3} \\ \frac{1}{\sqrt{5}} & \frac{4}{3\sqrt{5}} & \frac{2}{3} \\ 0 & \frac{5}{3\sqrt{5}} & -\frac{2}{3} \end{pmatrix}$, $\boldsymbol{P}^{-1}\boldsymbol{A}\boldsymbol{P} = \boldsymbol{P}^{T}\boldsymbol{A}\boldsymbol{P} = \begin{pmatrix} 1 & 0 & 0 \\ 0 & 1 & 0 \\ 0 & 0 & 10 \end{pmatrix}$.

12. (1) $\boldsymbol{\alpha}_3=(1,1,1)^{\mathrm{T}}$ 是 $\boldsymbol{A}$ 的属于特征值 3 的特征向量. $\boldsymbol{\alpha}_1$，$\boldsymbol{\alpha}_2$ 是 $\boldsymbol{A}$ 的属于特征值 0 的线性无关的特征向量；

(2) $\boldsymbol{Q}=\begin{pmatrix}\frac{\sqrt{3}}{3} & 0 & -\frac{\sqrt{6}}{3}\\ \frac{\sqrt{3}}{3} & -\frac{\sqrt{2}}{2} & \frac{\sqrt{6}}{6}\\ \frac{\sqrt{3}}{3} & \frac{\sqrt{2}}{2} & \frac{\sqrt{6}}{6}\end{pmatrix}$，$\boldsymbol{\Lambda}=\begin{pmatrix}3&0&0\\0&0&0\\0&0&0\end{pmatrix}$；

(3) 由 $\begin{pmatrix}1&-1&0\\1&2&-1\\1&-1&1\end{pmatrix}^{-1}\boldsymbol{A}\begin{pmatrix}1&-1&0\\1&2&-1\\1&-1&1\end{pmatrix}=\boldsymbol{\Lambda}$ 得 $\boldsymbol{A}=\begin{pmatrix}1&1&1\\1&1&1\\1&1&1\end{pmatrix}$. 由于 $\boldsymbol{A}^2=3\boldsymbol{A}$，所以 $\left(\boldsymbol{A}-\frac{3}{2}\boldsymbol{E}\right)^2=\frac{9}{4}\boldsymbol{E}$，从而 $\left(\boldsymbol{A}-\frac{3}{2}\boldsymbol{E}\right)^6=\frac{729}{64}\boldsymbol{E}$.

13. (1) $k(1,0,1)^{\mathrm{T}}$； (2) $\boldsymbol{A}=\frac{1}{6}\begin{pmatrix}13&-2&5\\-2&10&2\\5&2&13\end{pmatrix}$.

习题 7.6

1. (1) $\boldsymbol{P}=\begin{pmatrix}0&1&0\\ \frac{1}{\sqrt{2}}&0&\frac{1}{\sqrt{2}}\\ -\frac{1}{\sqrt{2}}&0&\frac{1}{\sqrt{2}}\end{pmatrix}$； (2) $\boldsymbol{P}=\begin{pmatrix}-\frac{1}{2\sqrt{2}}&0&-\frac{\sqrt{3}}{2}&\frac{1}{2\sqrt{2}}\\ \frac{1}{\sqrt{2}}&0&0&\frac{1}{\sqrt{2}}\\ -\frac{\sqrt{3}}{2\sqrt{2}}&0&\frac{1}{2}&\frac{\sqrt{3}}{2\sqrt{2}}\\ 0&1&0&0\end{pmatrix}$.

2. (1) $a-2$, a, $a+1$； (2) $a=2$.

3. $\alpha=\beta=0$.

4. (1) $a=1$, $b=2$； (2) $\begin{pmatrix}0&\frac{2}{\sqrt{5}}&-\frac{1}{\sqrt{5}}\\1&0&0\\0&\frac{1}{\sqrt{5}}&\frac{2}{\sqrt{5}}\end{pmatrix}$，$\begin{pmatrix}2&0&0\\0&2&0\\0&0&-3\end{pmatrix}$.

5. (1) 不正定； (2) 正定.

7. $\boldsymbol{\Lambda}=\begin{pmatrix}k^2&0&0\\0&(k+2)^2&0\\0&0&(k+2)^2\end{pmatrix}$，$k\neq 0$ 且 $k\neq 2$.

9. (1) -2, -2, 0； (2) $k>2$.

总习题 7

一、选择题

1. B； 2. B； 3. C； 4. C； 5. B.

二、填空题

6. 正； 7. $\begin{pmatrix}1&2&3\\2&4&6\\3&6&9\end{pmatrix}$； 8. $\begin{pmatrix}2&8&7\\2&5&4\\4&10&8\end{pmatrix}$； 9. 8； 10. 0.

三、计算题

11. -80.

12. $X=\begin{pmatrix} \frac{1}{3} & 0 & \frac{1}{3} \\ -\frac{2}{3} & 1 & -\frac{2}{3} \\ -\frac{2}{3} & 1 & \frac{1}{3} \end{pmatrix}$.

13. 方程组的一个基础解系为:$\eta_1=(0,1,1,0)^T$,$\eta_2=(0,1,0,1)^T$,原方程组的通解为$k_1\eta_1+k_2\eta_2$,k_1,k_2为任意实数.

14. $P=\begin{pmatrix} 1 & \frac{1}{4} & \frac{1}{4} \\ 0 & 1 & 0 \\ 1 & 0 & 1 \end{pmatrix}$.

四、证明题

15. $(A+E)^{-1}=-(A+E)/3$.

习题 8.1

1. (1) $\overline{A}\,\overline{B}\,\overline{C}$;(2) $\overline{A}\,\overline{B}\,\overline{C}\cup A\overline{B}\overline{C}\cup\overline{A}B\overline{C}\cup\overline{A}\,\overline{B}C$;(3) $\overline{ABC}=\overline{A}\cup\overline{B}\cup\overline{C}$;(4) $AB\cup AC\cup BC$.

2. $\frac{99}{392}$.

3. (1) $\frac{1}{6}$; (2) $\frac{5}{18}$; (3) $\frac{1}{2}$.

4. (1) 0.6,0.4; (2) 0.6; (3) 0.4; (4) 0,0.4; (5) 0.2.

5. 0.1,0.3.

6. 0.4,0.3.

7. (1) 0.52; (2) $\frac{12}{13}$.

8. $p+q-pq$,$1-q+pq$,$1-pq$.

9. $\frac{8}{9}$.

10. $\binom{10}{5}\left(\frac{1}{2}\right)^{10}=\frac{63}{256}$.

习题 8.2

1.

X	3	4	5
P	1/10	3/10	6/10

2. (1)

X	0	1	2
P	22/35	12/35	1/35

(2) $F(x)=\begin{cases} 0, & x<0, \\ \frac{22}{35}, & 0\leqslant x<1, \\ \frac{34}{35}, & 1\leqslant x<2, \\ 1, & x\geqslant 2. \end{cases}$

3. (1)0.029 8； (2) 0.566 5.

4. (1) $A=1$, $B=-1$； (2) $1-e^{-2}$； (3) $f(x)=\begin{cases}2e^{-2x}, & x>0,\\ 0, & x\leqslant 0.\end{cases}$

5. (1) $A=1$； (2) $\dfrac{1}{4}$； (3) $F(x)=\begin{cases}\dfrac{x}{x+1}, & x>0,\\ 0, & x\leqslant 0.\end{cases}$

6. (1) 0.532 8, 0.999 6, 0.539, 0.5； (2) $c=3$.

7.

Y	-3	-1	1	3	5
P	0.1	0.3	0.1	0.1	0.4

8. (1) $f_Y(y)=\begin{cases}\dfrac{1}{2\sqrt{\pi(y-1)}}e^{-(y-1)/4}, & y>1,\\ 0, & \text{其他}；\end{cases}$

(2) $f_Y(y)=\begin{cases}\sqrt{\dfrac{2}{\pi}}e^{-\frac{y^2}{2}}, & y>0,\\ 0, & \text{其他}.\end{cases}$

习题 8.3

1. $p_{ij}=\dfrac{\dbinom{50}{i}\dbinom{30}{j}\dbinom{20}{5-i-j}}{\dbinom{100}{5}}$, $i+j\leqslant 5$.

2. (1) 4； (2) $F(x,y)=\begin{cases}0, & x<0 \text{ 或 } y<0,\\ x^2y^2, & 0\leqslant x<1, 0\leqslant y<1,\\ x^2, & 0\leqslant x<1, y\geqslant 1,\\ y^2, & x\geqslant 1, 0\leqslant y<1,\\ 1, & x\geqslant 1, y\geqslant 1;\end{cases}$ (3) 1/4； (4) 0.

3.

X	-1	0	1
P	5/12	1/6	5/12

Y	0	1	2
P	7/12	1/3	1/12

4. $f_X(x)=e^{-x}$, $x>0$； $f_Y(y)=ye^{-y}$, $y>0$.

5. $a=1/18$, $b=2/9$, $c=1/6$.

6. (1) $f_X(x)=3x^2$, $0<x<1$, $f_Y(y)=3(1-y^2)/2$, $0<y<1$； (2)不独立.

7. (1)

$Z_1=X+Y$	1	2	3	4	5
P	0.05	0.22	0.35	0.29	0.09

(2)

$Z_2=X-Y$	-3	-2	-1	0	1
P	0.20	0.37	0.35	0.14	0.04

(3)

$Z_3=\max\{X, Y\}$	1	2	3
P	0.12	0.37	0.51

(4)

$Z_4=\min\{X, Y\}$	0	1	2
P	0.40	0.44	0.16

8.

$Z=\max\{X, Y\}$	0	1
P	1/4	3/4

9. 当 $y>0$ 时，$f(x \mid y)=2e^{2-x}$，$x>0$；当 $x>0$ 时，$f(y \mid x)=3e^{-3y}$，$y>0$.

习题 8.4

1. −0.2，2.8，13.4.

2. $\sqrt{\frac{\pi}{2}}\sigma$，$\frac{4-\pi}{2}\sigma^2$.

3. 2，$\frac{1}{3}$.

4. (1) 2，0； (2) 5 .

5. $\frac{4}{5}$，$\frac{3}{5}$，$\frac{1}{2}$，$\frac{16}{15}$.

6. 1.5.

7. $\frac{3}{\sqrt{37}}$.

8. $\frac{2}{3}$，0，0.

9. $\frac{7}{6}$，$\frac{7}{6}$，$-\frac{1}{36}$，$-\frac{1}{11}$，$\frac{5}{9}$.

习题 8.5

1. $\Phi(x)$.
2. 1.
3. $N(n\lambda, n\lambda)$.
4. 0.5.

习题 8.6

1. (1) T_1 是统计量； (2) T_2 不是统计量； (3) T_3 不是统计量； (4) T_4 是统计量.
2. (1) $\chi^2(10)$； (2) $t(2)$； (3) $F(3, n-3)$.
3. $\hat{N}=2\overline{X}-1$.
4. (1) $\hat{\theta}=\frac{2\overline{X}-1}{1-\overline{X}}$，$\hat{\theta}=-1-\frac{n}{\sum_{i=1}^{n}\ln X_i}$； (2) $\hat{\theta}=\left(\frac{\overline{X}}{1-\overline{X}}\right)^2$，$\hat{\theta}=\left(\frac{n}{\sum_{i=1}^{n}\ln X_i}\right)^2$.

总习题 8

一、选择题

1. B； 2. C； 3. D； 4. A； 5. B； 6. B； 7. D； 8. C； 9. A； 10. B.

二、填空题

11. $\frac{2}{3}$； 12. $\frac{8}{9}$； 13. $\frac{4}{3}$； 14. $t(n-1)$； 15. C；

16. 0.94； 17. $P(\lambda_1+\lambda_2)$； 18. $F(n, 1)$； 19. D； 20. 0.7.

三、解答题

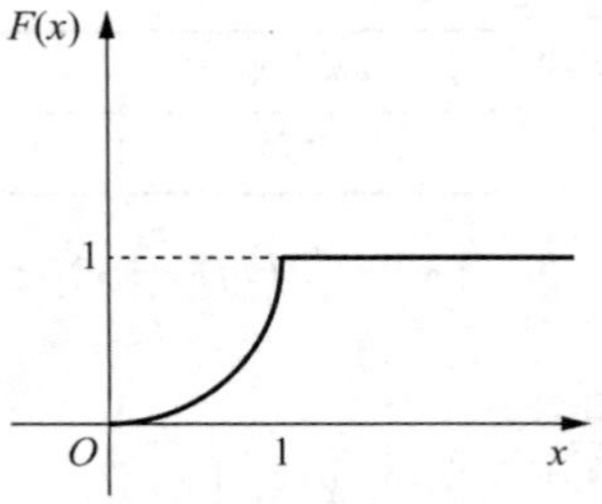

21. (1) $P(A)=\dfrac{5\times4\times3}{5\times5\times5}=\dfrac{12}{25}$；

(2) $P(B)=\left(\dfrac{3}{5}\right)^3=\dfrac{27}{125}$；

(3) $P(C)=1-\left(\dfrac{4}{5}\right)^3=\dfrac{61}{125}$.

22. (1) $\dfrac{17}{30}$； (2) $\dfrac{8}{51}$.

23. (1) $c=2$； (2) $P\left(0<X<\dfrac{1}{2}\right)=0.25$；

(3) $f(x)$的分布函数为 $F(x)=\begin{cases}0, & x\leqslant0,\\ x^2, & 0<x<1,\\ 1, & x\geqslant1.\end{cases}$

24. $f_Y(y)\begin{cases}\dfrac{1}{2}(y-1), & 1<y<3,\\ 0, & \text{其他}.\end{cases}$

25. $\dfrac{1}{2}$.

26. (1) $A=\dfrac{3}{14}$； (2) $F(x)=\begin{cases}0, & x<0,\\ \dfrac{x^3}{14}, & 0\leqslant x<2,\\ -\dfrac{5}{7}+\dfrac{6x}{7}-\dfrac{3x^2}{28}, & 2\leqslant x<4,\\ 1, & x\geqslant4;\end{cases}$ (3) $P(X>1\,|\,X<3)=\dfrac{23}{25}$.

27. (1) $P_X(x)=\begin{cases}x+1, & -1\leqslant x<0,\\ -x+1, & 0\leqslant x\leqslant1,\\ 0, & \text{其他}；\end{cases}$ $P_Y(y)=\begin{cases}y+1, & -1\leqslant y<0,\\ -y+1, & 0\leqslant y\leqslant1,\\ 0, & \text{其他}；\end{cases}$

(2) $\rho_{XY}=\dfrac{\mathrm{Cov}(X, Y)}{\sqrt{\mathrm{Var}(X)}\cdot\sqrt{\mathrm{Var}(Y)}}=0$；

(3) X与Y不是相互独立.

28. (1) $E\hat{\theta}_1=E(2\bar{X})=\dfrac{2}{n}\sum\limits_{i=1}^{n}E(X_i)=\theta$是无偏估计；

(2) $E\hat{\theta}_2=\int_0^\theta x\cdot n\cdot\dfrac{x^{n-1}}{\theta^n}\mathrm{d}x=\dfrac{n}{n+1}\theta$是有偏估计，令$\theta_2^*=\dfrac{n+1}{n}X_{(n)}$则得到无偏估计，其中$X_{(n)}$为$\theta$的最大似然估计量，记作$\hat{\theta}_2=X_{(n)}$.

参考文献

[1] 陈光曙,徐新亚.大学文科数学[M].3版.上海:同济大学出版社,2012.

[2] 陈光曙.大学数学:理工类.[M].2版.上海:同济大学出版社,2007.

[3] 上海财经大学数学学院.线性代数[M].5版.上海:上海财经大学出版社,2020.

[4] 同济大学数学系.高等数学:上册[M].7版.北京:高等教育出版社,2014.

[5] 同济大学数学系.高等数学:下册[M].7版.北京:高等教育出版社,2014.

[6] 同济大学数学系.高等数学习题全解指南:上册[M].7版.北京:高等教育出版社,2014.

[7] 同济大学数学系.高等数学习题全解指南:下册[M].7版.北京:高等教育出版社,2014.

[8] 吴传生.经济数学:微积分[M].2版.北京:高等教育出版社,2009.

[9] 吴传生.经济数学:微积分学习辅导与习题选解[M].2版.北京:高等教育出版社,2009.

[10] 吴传生.经济数学:概率论与数理统计[M].3版.北京:高等教育出版社,2015.

[11] 吴传生.经济数学:概率论与数理统计学习辅导与习题选解[M].3版.北京:高等教育出版社,2016.

[12] 吴传生.经济数学:线性代数[M].4版.北京:高等教育出版社,2020.

[13] 吴传生.经济数学:线性代数学习辅导与习题选解[M].3版.北京:高等教育出版社,2018.

[14] 霍伊.经济数学[M].3版.张伟,范舟,顾晓波,等,译.北京:中国人民大学出版社,2015.

[15] 卢刚.线性代数[M].4版.北京:高等教育出版社,2020.

[16] 叶家琿.线性代数[M].上海:同济大学出版社,2013.

[17] 毕志伟.经济数学——微积分题解[M].武汉:华中科技大学出版社,2003.

[18] 陈光曙.历年数学考研试题分类解析与应试指导(数学一)[M].上海:同济大学出版社,2005.

[19] 陈光曙.历年数学考研试题分类解析与应试指导(数学二)[M].上海:同济大学出版社,2005.

[20] 陈学华.历年数学考研试题分类解析与应试指导(数学三)[M].上海:同济大学出版社,2005.

[21] 夏海峰.历年数学考研试题分类解析与应试指导(数学四)[M].上海:同济大学出版社,2005.

[22] 李建平.微积分[M].北京:北京大学出版社,2018.

[23] 隋如彬.微积分(经管类)[M].北京:科学出版社,2007.

[24] 章学诚,刘西垣.微积分(经济管理类)[M].2版.武汉:武汉大学出版社,2015.

[25] 刘坤,许定亮.高等数学(经济管理类及文科专业用)[M].南京:南京大学出版社,2009.

附　　录

附表 1　标准正态分布函数表

$$\Phi(x)=P(X\leqslant x)=\frac{1}{\sqrt{2\pi}}\int_{-\infty}^{x}\mathrm{e}^{-t^2/2}\,\mathrm{d}t$$

x	0.00	0.01	0.02	0.03	0.04	0.05	0.06	0.07	0.08	0.09
0.0	0.500 0	0.504 0	0.508 0	0.512 0	0.516 0	0.519 9	0.523 9	0.527 9	0.531 9	0.535 9
0.1	0.539 8	0.543 8	0.547 8	0.551 7	0.555 7	0.559 6	0.563 6	0.567 5	0.571 4	0.575 3
0.2	0.579 3	0.583 2	0.587 1	0.591 0	0.594 8	0.598 7	0.602 6	0.606 4	0.610 3	0.614 1
0.3	0.617 9	0.621 7	0.625 5	0.629 3	0.633 1	0.636 8	0.640 6	0.644 3	0.648 0	0.651 7
0.4	0.655 4	0.659 1	0.662 8	0.666 4	0.670 0	0.673 6	0.677 2	0.680 8	0.684 4	0.687 9
0.5	0.691 5	0.695 0	0.698 5	0.701 9	0.705 4	0.708 8	0.712 3	0.715 7	0.719 0	0.722 4
0.6	0.725 7	0.729 1	0.732 4	0.735 7	0.738 9	0.742 2	0.745 4	0.748 6	0.751 7	0.754 9
0.7	0.758 0	0.761 1	0.764 2	0.767 3	0.770 4	0.773 4	0.776 4	0.779 4	0.782 3	0.785 2
0.8	0.788 1	0.791 0	0.793 9	0.796 7	0.799 5	0.802 3	0.805 1	0.807 8	0.810 6	0.813 3
0.9	0.815 9	0.818 6	0.821 2	0.823 8	0.826 4	0.828 9	0.831 5	0.834 0	0.836 5	0.838 9
1.0	0.841 3	0.843 8	0.846 1	0.848 5	0.850 8	0.853 1	0.855 4	0.857 7	0.859 9	0.862 1
1.1	0.864 3	0.866 5	0.868 6	0.870 8	0.872 9	0.874 9	0.877 0	0.879 0	0.881 0	0.883 0
1.2	0.884 9	0.886 9	0.888 8	0.890 7	0.892 5	0.894 4	0.896 2	0.898 0	0.899 7	0.901 5
1.3	0.903 2	0.904 9	0.906 6	0.908 2	0.909 9	0.911 5	0.913 1	0.914 7	0.916 2	0.917 7
1.4	0.919 2	0.920 7	0.922 2	0.923 6	0.925 1	0.926 5	0.927 9	0.929 2	0.930 6	0.931 9
1.5	0.933 2	0.934 5	0.935 7	0.937 0	0.938 2	0.939 4	0.940 6	0.941 8	0.942 9	0.944 1
1.6	0.945 2	0.946 3	0.947 4	0.948 4	0.949 5	0.950 5	0.951 5	0.952 5	0.953 5	0.954 5
1.7	0.955 4	0.956 4	0.957 3	0.958 2	0.959 1	0.959 9	0.960 8	0.961 6	0.962 5	0.963 3
1.8	0.964 1	0.964 9	0.965 6	0.966 4	0.967 1	0.967 8	0.968 6	0.969 3	0.969 9	0.970 6
1.9	0.971 3	0.971 9	0.972 6	0.973 2	0.973 8	0.974 4	0.975 0	0.975 6	0.976 1	0.976 7
2.0	0.977 2	0.977 8	0.978 3	0.978 8	0.979 3	0.979 8	0.980 3	0.980 8	0.981 2	0.981 7
2.1	0.982 1	0.982 6	0.983 0	0.983 4	0.983 8	0.984 2	0.984 6	0.985 0	0.985 4	0.985 7
2.2	0.986 1	0.986 4	0.986 8	0.987 1	0.987 5	0.987 8	0.988 1	0.988 4	0.988 7	0.989 0
2.3	0.989 3	0.989 6	0.989 8	0.990 1	0.990 4	0.990 6	0.990 9	0.991 1	0.991 3	0.991 6
2.4	0.991 8	0.992 0	0.992 2	0.992 5	0.992 7	0.992 9	0.993 1	0.993 2	0.993 4	0.993 6
2.5	0.993 8	0.994 0	0.994 1	0.994 3	0.994 5	0.994 6	0.994 8	0.994 9	0.995 1	0.995 2
2.6	0.995 3	0.995 5	0.995 6	0.995 7	0.995 9	0.996 0	0.996 1	0.996 2	0.996 3	0.996 4
2.7	0.996 5	0.996 6	0.996 7	0.996 8	0.996 9	0.997 0	0.997 1	0.997 2	0.997 3	0.997 4
2.8	0.997 4	0.997 5	0.997 6	0.997 7	0.997 7	0.997 8	0.997 9	0.997 9	0.998 0	0.9981
2.9	0.998 1	0.998 2	0.998 2	0.998 3	0.998 4	0.998 4	0.998 5	0.998 5	0.998 6	0.998 6
3.0	0.998 7	0.998 7	0.998 7	0.998 8	0.998 8	0.998 9	0.998 9	0.998 9	0.999 0	0.999 0
3.1	0.999 0	0.999 1	0.999 1	0.999 1	0.999 2	0.999 2	0.999 2	0.999 2	0.999 3	0.999 3
3.2	0.999 3	0.999 3	0.999 4	0.999 4	0.999 4	0.999 4	0.999 4	0.999 5	0.999 5	0.999 5
3.3	0.999 5	0.999 5	0.999 5	0.999 6	0.999 6	0.999 6	0.999 6	0.999 6	0.999 6	0.999 7
3.4	0.999 7	0.999 7	0.999 7	0.999 7	0.999 7	0.999 7	0.999 7	0.999 7	0.999 7	0.999 8
3.5	0.999 8	0.999 8	0.999 8	0.999 8	0.999 8	0.999 8	0.999 8	0.999 8	0.999 8	0.999 8
3.6	0.999 8	0.999 8	0.999 9	0.999 9	0.999 9	0.999 9	0.999 9	0.999 9	0.999 9	0.999 9
3.7	0.999 9	0.999 9	0.999 9	0.999 9	0.999 9	0.999 9	0.999 9	0.999 9	0.999 9	0.999 9
3.8	0.999 9	0.999 9	0.999 9	0.999 9	0.999 9	0.999 9	0.999 9	0.999 9	0.999 9	0.999 9
3.9	1.000 0	1.000 0	1.000 0	1.000 0	1.000 0	1.000 0	1.000 0	1.000 0	1.000 0	1.000 0
4.0	1.000 0	1.000 0	1.000 0	1.000 0	1.000 0	1.000 0	1.000 0	1.000 0	1.000 0	1.000 0

附表 2　标准正态分布分位数表

$$P(u \leqslant u_p) = p \quad (u \sim N(0, 1))$$

p	0	0.001	0.002	0.003	0.004	0.005	0.006	0.007	0.008	0.009
0.50	0.000 0	0.002 5	0.005 0	0.007 5	0.010 0	0.012 5	0.015 0	0.017 5	0.020 1	0.022 6
0.51	0.025 1	0.027 6	0.030 1	0.032 6	0.035 1	0.037 6	0.040 1	0.042 6	0.045 1	0.047 6
0.52	0.050 2	0.052 7	0.055 2	0.057 7	0.060 2	0.062 7	0.065 2	0.067 7	0.070 2	0.072 8
0.53	0.075 3	0.077 8	0.080 3	0.082 8	0.085 3	0.087 8	0.090 4	0.092 9	0.095 4	0.097 9
0.54	0.100 4	0.103 0	0.105 5	0.108 0	0.110 5	0.113 0	0.115 6	0.118 1	0.120 6	0.123 1
0.55	0.125 7	0.128 2	0.130 7	0.133 2	0.135 8	0.138 3	0.140 8	0.143 4	0.145 9	0.148 4
0.56	0.151 0	0.153 5	0.156 0	0.158 6	0.161 1	0.163 7	0.166 2	0.168 7	0.171 3	0.173 8
0.57	0.176 4	0.178 9	0.181 5	0.184 0	0.186 6	0.189 1	0.191 7	0.194 2	0.196 8	0.199 3
0.58	0.201 9	0.204 5	0.207 0	0.209 6	0.212 1	0.214 7	0.217 3	0.219 8	0.222 4	0.225 0
0.59	0.227 5	0.230 1	0.232 7	0.235 3	0.237 8	0.240 4	0.243 0	0.245 6	0.248 2	0.250 8
0.60	0.253 3	0.255 9	0.258 5	0.261 1	0.263 7	0.266 3	0.268 9	0.271 5	0.274 1	0.276 7
0.61	0.279 3	0.281 9	0.284 5	0.287 1	0.289 8	0.292 4	0.295 0	0.297 6	0.300 2	0.302 9
0.62	0.305 5	0.308 1	0.310 7	0.313 4	0.316 0	0.318 6	0.321 3	0.323 9	0.326 6	0.329 2
0.63	0.331 9	0.334 5	0.337 2	0.339 8	0.342 5	0.345 1	0.347 8	0.350 5	0.353 1	0.355 8
0.64	0.358 5	0.361 1	0.363 8	0.366 5	0.369 2	0.371 9	0.374 5	0.377 2	0.379 9	0.382 6
0.65	0.385 3	0.388 0	0.390 7	0.393 4	0.396 1	0.398 9	0.401 6	0.404 3	0.407 0	0.409 7
0.66	0.412 5	0.415 2	0.417 9	0.420 7	0.423 4	0.426 1	0.428 9	0.431 6	0.434 4	0.437 2
0.67	0.439 9	0.442 7	0.445 4	0.448 2	0.451 0	0.453 8	0.456 5	0.459 3	0.462 1	0.464 9
0.68	0.467 7	0.470 5	0.473 3	0.476 1	0.478 9	0.481 7	0.484 5	0.487 4	0.490 2	0.493 0
0.69	0.495 9	0.498 7	0.501 5	0.504 4	0.507 2	0.510 1	0.512 9	0.515 8	0.518 7	0.521 5
0.70	0.524 4	0.527 3	0.530 2	0.533 0	0.535 9	0.538 8	0.541 7	0.544 6	0.547 6	0.550 5
0.71	0.553 4	0.556 3	0.559 2	0.562 2	0.565 1	0.568 1	0.571 0	0.574 0	0.576 9	0.579 9
0.72	0.582 8	0.585 8	0.588 8	0.591 8	0.594 8	0.597 8	0.600 8	0.603 8	0.606 8	0.609 8
0.73	0.612 8	0.615 8	0.618 9	0.621 9	0.625 0	0.628 0	0.631 1	0.634 1	0.637 2	0.640 3
0.74	0.643 3	0.646 4	0.649 5	0.652 6	0.655 7	0.658 8	0.662 0	0.665 1	0.668 2	0.671 3
0.75	0.674 5	0.677 6	0.680 8	0.684 0	0.687 1	0.690 3	0.693 5	0.696 7	0.699 9	0.703 1
0.76	0.706 3	0.709 5	0.712 8	0.716 0	0.719 2	0.722 5	0.725 7	0.729 0	0.732 3	0.735 6
0.77	0.738 8	0.742 1	0.745 4	0.748 8	0.752 1	0.755 4	0.758 8	0.762 1	0.765 5	0.768 8
0.78	0.772 2	0.775 6	0.779 0	0.782 4	0.785 8	0.789 2	0.792 6	0.796 1	0.799 5	0.803 0
0.79	0.806 4	0.809 9	0.813 4	0.816 9	0.820 4	0.823 9	0.827 4	0.831 0	0.834 5	0.838 1
0.80	0.841 6	0.845 2	0.848 8	0.852 4	0.856 0	0.859 6	0.863 3	0.866 9	0.870 5	0.874 2
0.81	0.877 9	0.881 6	0.885 3	0.889 0	0.892 7	0.896 5	0.900 2	0.904 0	0.907 8	0.911 6
0.82	0.915 4	0.919 2	0.923 0	0.926 9	0.930 7	0.934 6	0.938 5	0.942 4	0.946 3	0.950 2
0.83	0.954 2	0.958 1	0.962 1	0.966 1	0.970 1	0.974 1	0.978 2	0.982 2	0.986 3	0.990 4
0.84	0.994 5	0.998 6	1.002 7	1.006 9	1.011 0	1.015 2	1.019 4	1.023 7	1.027 9	1.032 2
0.85	1.036 4	1.040 7	1.045 0	1.049 4	1.053 7	1.058 1	1.062 5	1.066 9	1.071 4	1.075 8
0.86	1.080 3	1.084 8	1.089 3	1.093 9	1.098 5	1.103 1	1.107 7	1.112 3	1.117 0	1.121 7
0.87	1.126 4	1.131 1	1.135 9	1.140 7	1.145 5	1.150 3	1.155 2	1.160 1	1.165 0	1.170 0
0.88	1.175 0	1.180 0	1.185 0	1.190 1	1.195 2	1.200 4	1.205 5	1.210 7	1.216 0	1.221 2
0.89	1.226 5	1.231 9	1.237 2	1.242 6	1.248 1	1.253 6	1.259 1	1.264 6	1.270 2	1.275 9
0.90	1.281 6	1.287 3	1.293 0	1.298 8	1.304 7	1.310 6	1.316 5	1.322 5	1.328 5	1.334 6
0.91	1.340 8	1.346 9	1.353 2	1.359 5	1.365 8	1.372 2	1.378 7	1.385 2	1.391 7	1.398 4
0.92	1.405 1	1.411 8	1.418 7	1.425 5	1.432 5	1.439 5	1.446 6	1.453 8	1.461 1	1.468 4
0.93	1.475 8	1.483 3	1.490 9	1.498 5	1.506 3	1.514 1	1.522 0	1.530 1	1.538 2	1.546 4
0.94	1.554 8	1.563 2	1.571 8	1.580 5	1.589 3	1.598 2	1.607 2	1.616 4	1.625 8	1.635 2
0.95	1.644 9	1.654 6	1.664 6	1.674 7	1.684 9	1.695 4	1.706 0	1.716 9	1.727 9	1.739 2
0.96	1.750 7	1.762 4	1.774 4	1.786 6	1.799 1	1.811 9	1.825 0	1.838 4	1.852 2	1.866 3
0.97	1.880 8	1.895 7	1.911 0	1.926 8	1.943 1	1.960 0	1.977 4	1.995 4	2.014 1	2.033 5
0.98	2.053 7	2.074 9	2.096 9	2.120 1	2.144 4	2.170 1	2.197 3	2.226 2	2.257 1	2.290 4
0.99	2.326 3	2.365 6	2.408 9	2.457 3	2.512 1	2.575 8	2.652 1	2.747 8	2.878 2	3.090 2

附表 3 χ^2 分布分位数表

$$P(\chi^2(n) \leqslant \chi_p^2(n)) = p$$

n	p									
	0.005	0.010	0.025	0.050	0.100	0.900	0.950	0.975	0.990	0.995
1	0.000	0.000	0.001	0.004	0.016	2.706	3.841	5.024	6.635	7.879
2	0.010	0.020	0.051	0.103	0.211	4.605	5.991	7.378	9.210	10.597
3	0.072	0.115	0.216	0.352	0.584	6.251	7.815	9.348	11.345	12.838
4	0.207	0.297	0.484	0.711	1.064	7.779	9.488	11.143	13.277	14.860
5	0.412	0.554	0.831	1.145	1.610	9.236	11.070	12.833	15.086	16.750
6	0.676	0.872	1.237	1.635	2.204	10.645	12.592	14.449	16.812	18.548
7	0.989	1.239	1.690	2.167	2.833	12.017	14.067	16.013	18.475	20.278
8	1.344	1.646	2.180	2.733	3.490	13.362	15.507	17.535	20.090	21.955
9	1.735	2.088	2.700	3.325	4.168	14.684	16.919	19.023	21.666	23.589
10	2.156	2.558	3.247	3.940	4.865	15.987	18.307	20.483	23.209	25.188
11	2.603	3.053	3.816	4.575	5.578	17.275	19.675	21.920	24.725	26.757
12	3.074	3.571	4.404	5.226	6.304	18.549	21.026	23.337	26.217	28.300
13	3.565	4.107	5.009	5.892	7.042	19.812	22.362	24.736	27.688	29.819
14	4.075	4.660	5.629	6.571	7.790	21.064	23.685	26.119	29.141	31.319
15	4.601	5.229	6.262	7.261	8.547	22.307	24.996	27.488	30.578	32.801
16	5.142	5.812	6.908	7.962	9.312	23.542	26.296	28.845	32.000	34.267
17	5.697	6.408	7.564	8.672	10.085	24.769	27.587	30.191	33.409	35.718
18	6.265	7.015	8.231	9.390	10.865	25.989	28.869	31.526	34.805	37.156
19	6.844	7.633	8.907	10.117	11.651	27.204	30.144	32.852	36.191	38.582
20	7.434	8.260	9.591	10.851	12.443	28.412	31.410	34.170	37.566	39.997
21	8.034	8.897	10.283	11.591	13.240	29.615	32.671	35.479	38.932	41.401
22	8.643	9.542	10.982	12.338	14.041	30.813	33.924	36.781	40.289	42.796
23	9.260	10.196	11.689	13.091	14.848	32.007	35.172	38.076	41.638	44.181
24	9.886	10.856	12.401	13.848	15.659	33.196	36.415	39.364	42.980	45.559
25	10.520	11.524	13.120	14.611	16.473	34.382	37.652	40.646	44.314	46.928
26	11.160	12.198	13.844	15.379	17.292	35.563	38.885	41.923	45.642	48.290
27	11.808	12.879	14.573	16.151	18.114	36.741	40.113	43.195	46.963	49.645
28	12.461	13.565	15.308	16.928	18.939	37.916	41.337	44.461	48.278	50.993
29	13.121	14.256	16.047	17.708	19.768	39.087	42.557	45.722	49.588	52.336
30	13.787	14.953	16.791	18.493	20.599	40.256	43.773	46.979	50.892	53.672
31	14.458	15.655	17.539	19.281	21.434	41.422	44.985	48.232	52.191	55.003
32	15.134	16.362	18.291	20.072	22.271	42.585	46.194	49.480	53.486	56.328
33	15.815	17.074	19.047	20.867	23.110	43.745	47.400	50.725	54.776	57.648
34	16.501	17.789	19.806	21.664	23.952	44.903	48.602	51.966	56.061	58.964
35	17.192	18.509	20.569	22.465	24.797	46.059	49.802	53.203	57.342	60.275
36	17.887	19.233	21.336	23.269	25.643	47.212	50.998	54.437	58.619	61.581
37	18.586	19.960	22.106	24.075	26.492	48.363	52.192	55.668	59.893	62.883
38	19.289	20.691	22.878	24.884	27.343	49.513	53.384	56.896	61.162	64.181
39	19.996	21.426	23.654	25.695	28.196	50.660	54.572	58.120	62.428	65.476
40	20.707	22.164	24.433	26.509	29.051	51.805	55.758	59.342	63.691	66.766
41	21.421	22.906	25.215	27.326	29.907	52.949	56.942	60.561	64.950	68.053
42	22.138	23.650	25.999	28.144	30.765	54.090	58.124	61.777	66.206	69.336
43	22.859	24.398	26.785	28.965	31.625	55.230	59.304	62.990	67.459	70.616
44	23.584	25.148	27.575	29.787	32.487	56.369	60.481	64.201	68.710	71.893
45	24.311	25.901	28.366	30.612	33.350	57.505	61.656	65.410	69.957	73.166

附表 4　t 分布分位数表

$$P(t(n) \leqslant t_p(n)) = p$$

n	p					
	0.8	0.9	0.95	0.975	0.99	0.995
1	1.376 4	3.077 7	6.313 8	12.706 2	31.820 5	63.656 7
2	1.060 7	1.885 6	2.920 0	4.302 7	6.964 6	9.924 8
3	0.978 5	1.637 7	2.353 4	3.182 4	4.540 7	5.840 9
4	0.941 0	1.533 2	2.131 8	2.776 4	3.746 9	4.604 1
5	0.919 5	1.475 9	2.015 0	2.570 6	3.364 9	4.032 1
6	0.905 7	1.439 8	1.943 2	2.446 9	3.142 7	3.707 4
7	0.896 0	1.414 9	1.894 6	2.364 6	2.998 0	3.499 5
8	0.888 9	1.396 8	1.859 5	2.306 0	2.896 5	3.355 4
9	0.883 4	1.383 0	1.833 1	2.262 2	2.821 4	3.249 8
10	0.879 1	1.372 2	1.812 5	2.228 1	2.763 8	3.169 3
11	0.875 5	1.363 4	1.795 9	2.201 0	2.718 1	3.105 8
12	0.872 6	1.356 2	1.782 3	2.178 8	2.681 0	3.054 5
13	0.870 2	1.350 2	1.770 9	2.160 4	2.650 3	3.012 3
14	0.868 1	1.345 0	1.761 3	2.144 8	2.624 5	2.976 8
15	0.866 2	1.340 6	1.753 1	2.131 4	2.602 5	2.946 7
16	0.864 7	1.336 8	1.745 9	2.119 9	2.583 5	2.920 8
17	0.863 3	1.333 4	1.739 6	2.109 8	2.566 9	2.898 2
18	0.862 0	1.330 4	1.734 1	2.100 9	2.552 4	2.878 4
19	0.861 0	1.327 7	1.729 1	2.093 0	2.539 5	2.860 9
20	0.860 0	1.325 3	1.724 7	2.086 0	2.528 0	2.845 3
21	0.859 1	1.323 2	1.720 7	2.079 6	2.517 6	2.831 4
22	0.858 3	1.321 2	1.717 1	2.073 9	2.508 3	2.818 8
23	0.857 5	1.319 5	1.713 9	2.068 7	2.499 9	2.807 3
24	0.856 9	1.317 8	1.710 9	2.063 9	2.492 2	2.796 9
25	0.856 2	1.316 3	1.708 1	2.059 5	2.485 1	2.787 4
26	0.855 7	1.315 0	1.705 6	2.055 5	2.478 6	2.778 7
27	0.855 1	1.313 7	1.703 3	2.051 8	2.472 7	2.770 7
28	0.854 6	1.312 5	1.701 1	2.048 4	2.467 1	2.763 3
29	0.854 2	1.311 4	1.699 1	2.045 2	2.462 0	2.756 4
30	0.853 8	1.310 4	1.697 3	2.042 3	2.457 3	2.750 0
31	0.853 4	1.309 5	1.695 5	2.039 5	2.452 8	2.744 0
32	0.853 0	1.308 6	1.693 9	2.036 9	2.448 7	2.738 5
33	0.852 6	1.307 7	1.692 4	2.034 5	2.444 8	2.733 3
34	0.852 3	1.307 0	1.690 9	2.032 2	2.441 1	2.728 4
35	0.852 0	1.306 2	1.689 6	2.030 1	2.437 7	2.723 8
36	0.851 7	1.305 5	1.688 3	2.028 1	2.434 5	2.719 5
37	0.851 4	1.304 9	1.687 1	2.026 2	2.431 4	2.715 4
38	0.851 2	1.304 2	1.686 0	2.024 4	2.428 6	2.711 6
39	0.850 9	1.303 6	1.684 9	2.022 7	2.425 8	2.707 9
40	0.850 7	1.303 1	1.683 9	2.021 1	2.423 3	2.704 5
41	0.850 5	1.302 5	1.682 9	2.019 5	2.420 8	2.701 2
42	0.850 3	1.302 0	1.682 0	2.018 1	2.418 5	2.698 1
43	0.850 1	1.301 6	1.681 1	2.016 7	2.416 3	2.695 1
44	0.849 9	1.301 1	1.680 2	2.015 4	2.414 1	2.692 3
45	0.849 7	1.300 6	1.679 4	2.014 1	2.412 1	2.689 6

附表 5-1　*F* 分布 0.90 分位数表

n	m																			
	1	2	3	4	5	6	7	8	9	10	12	14	16	18	20	25	30	40	60	120
1	39.86	49.50	53.59	55.83	57.24	58.20	58.91	59.44	59.86	60.19	60.71	61.07	61.35	61.57	61.74	62.05	62.26	62.53	62.79	63.06
2	8.526	9.000	9.162	9.243	9.293	9.326	9.349	9.367	9.381	9.392	9.408	9.420	9.429	9.436	9.441	9.451	9.458	9.466	9.475	9.483
3	5.538	5.462	5.391	5.343	5.309	5.285	5.266	5.252	5.240	5.230	5.216	5.205	5.196	5.190	5.184	5.175	5.168	5.160	5.151	5.143
4	4.545	4.325	4.191	4.107	4.051	4.010	3.979	3.955	3.936	3.920	3.896	3.878	3.864	3.853	3.844	3.828	3.817	3.804	3.790	3.775
5	4.060	3.780	3.619	3.520	3.453	3.405	3.368	3.339	3.316	3.297	3.268	3.247	3.230	3.217	3.207	3.187	3.174	3.157	3.140	3.123
6	3.776	3.463	3.289	3.181	3.108	3.055	3.014	2.983	2.958	2.937	2.905	2.881	2.863	2.848	2.836	2.815	2.800	2.781	2.762	2.742
7	3.589	3.257	3.074	2.961	2.883	2.827	2.785	2.752	2.725	2.703	2.668	2.643	2.623	2.607	2.595	2.571	2.555	2.535	2.514	2.493
8	3.458	3.113	2.924	2.806	2.726	2.668	2.624	2.589	2.561	2.538	2.502	2.475	2.455	2.438	2.425	2.400	2.383	2.361	2.339	2.316
9	3.360	3.006	2.813	2.693	2.611	2.551	2.505	2.469	2.440	2.416	2.379	2.351	2.329	2.312	2.298	2.272	2.255	2.232	2.208	2.184
10	3.285	2.924	2.728	2.605	2.522	2.461	2.414	2.377	2.347	2.323	2.284	2.255	2.233	2.215	2.201	2.174	2.155	2.132	2.107	2.082
11	3.225	2.860	2.660	2.536	2.451	2.389	2.342	2.304	2.274	2.248	2.209	2.179	2.156	2.138	2.123	2.095	2.076	2.052	2.026	2.000
12	3.177	2.807	2.606	2.480	2.394	2.331	2.283	2.245	2.214	2.188	2.147	2.117	2.094	2.075	2.060	2.031	2.011	1.986	1.960	1.932
13	3.136	2.763	2.560	2.434	2.347	2.283	2.234	2.195	2.164	2.138	2.097	2.066	2.042	2.023	2.007	1.978	1.958	1.931	1.904	1.876
14	3.102	2.726	2.522	2.395	2.307	2.243	2.193	2.154	2.122	2.095	2.054	2.022	1.998	1.978	1.962	1.933	1.912	1.885	1.857	1.828
15	3.073	2.695	2.490	2.361	2.273	2.208	2.158	2.119	2.086	2.059	2.017	1.985	1.961	1.941	1.924	1.894	1.873	1.845	1.817	1.787
16	3.048	2.668	2.462	2.333	2.244	2.178	2.128	2.088	2.055	2.028	1.985	1.953	1.928	1.908	1.891	1.860	1.839	1.811	1.782	1.751
17	3.026	2.645	2.437	2.308	2.218	2.152	2.102	2.061	2.028	2.001	1.958	1.925	1.900	1.879	1.862	1.831	1.809	1.781	1.751	1.719
18	3.007	2.624	2.416	2.286	2.196	2.130	2.079	2.038	2.005	1.977	1.933	1.900	1.875	1.854	1.837	1.805	1.783	1.754	1.723	1.691
19	2.990	2.606	2.397	2.266	2.176	2.109	2.058	2.017	1.984	1.956	1.912	1.878	1.852	1.831	1.814	1.782	1.759	1.730	1.699	1.666
20	2.975	2.589	2.380	2.249	2.158	2.091	2.040	1.999	1.965	1.937	1.892	1.859	1.833	1.811	1.794	1.761	1.738	1.708	1.677	1.643
21	2.961	2.575	2.365	2.233	2.142	2.075	2.023	1.982	1.948	1.920	1.875	1.841	1.815	1.793	1.776	1.742	1.719	1.689	1.657	1.623
22	2.949	2.561	2.351	2.219	2.128	2.060	2.008	1.967	1.933	1.904	1.859	1.825	1.798	1.777	1.759	1.726	1.702	1.671	1.639	1.604
23	2.937	2.549	2.339	2.207	2.115	2.047	1.995	1.953	1.919	1.890	1.845	1.811	1.784	1.762	1.744	1.710	1.686	1.655	1.622	1.587
24	2.927	2.538	2.327	2.195	2.103	2.035	1.983	1.941	1.906	1.877	1.832	1.797	1.770	1.748	1.730	1.696	1.672	1.641	1.607	1.571
25	2.918	2.528	2.317	2.184	2.092	2.024	1.971	1.929	1.895	1.866	1.820	1.785	1.758	1.736	1.718	1.683	1.659	1.627	1.593	1.557

续表

n	m																		
	1	2	3	4	5	6	7	8	9	10	12	14	16	18	20	25	30	40	60	120
26	2.909	2.519	2.307	2.174	2.082	2.014	1.961	1.919	1.884	1.855	1.809	1.774	1.747	1.724	1.706	1.671	1.647	1.615	1.581	1.544
27	2.901	2.511	2.299	2.165	2.073	2.005	1.952	1.909	1.874	1.845	1.799	1.764	1.736	1.714	1.695	1.660	1.636	1.603	1.569	1.531
28	2.894	2.503	2.291	2.157	2.064	1.996	1.943	1.900	1.865	1.836	1.790	1.754	1.726	1.704	1.685	1.650	1.625	1.592	1.558	1.520
29	2.887	2.495	2.283	2.149	2.057	1.988	1.935	1.892	1.857	1.827	1.781	1.745	1.717	1.695	1.676	1.640	1.616	1.583	1.547	1.509
30	2.881	2.489	2.276	2.142	2.049	1.980	1.927	1.884	1.849	1.819	1.773	1.737	1.709	1.686	1.667	1.632	1.606	1.573	1.538	1.499
31	2.875	2.482	2.270	2.136	2.042	1.973	1.920	1.877	1.842	1.812	1.765	1.729	1.701	1.678	1.659	1.623	1.598	1.565	1.529	1.489
32	2.869	2.477	2.263	2.129	2.036	1.967	1.913	1.870	1.835	1.805	1.758	1.722	1.694	1.671	1.652	1.616	1.590	1.556	1.520	1.481
33	2.864	2.471	2.258	2.123	2.030	1.961	1.907	1.864	1.828	1.799	1.751	1.715	1.687	1.664	1.645	1.608	1.583	1.549	1.512	1.472
34	2.859	2.466	2.252	2.118	2.024	1.955	1.901	1.858	1.822	1.793	1.745	1.709	1.680	1.657	1.638	1.601	1.576	1.541	1.505	1.464
35	2.855	2.461	2.247	2.113	2.019	1.950	1.896	1.852	1.817	1.787	1.739	1.703	1.674	1.651	1.632	1.595	1.569	1.535	1.497	1.457
36	2.850	2.456	2.243	2.108	2.014	1.945	1.891	1.847	1.811	1.781	1.734	1.697	1.669	1.645	1.626	1.589	1.563	1.528	1.491	1.450
37	2.846	2.452	2.238	2.103	2.009	1.940	1.886	1.842	1.806	1.776	1.729	1.692	1.663	1.640	1.620	1.583	1.557	1.522	1.484	1.443
38	2.842	2.448	2.234	2.099	2.005	1.935	1.881	1.838	1.802	1.772	1.724	1.687	1.658	1.635	1.615	1.578	1.551	1.516	1.478	1.437
39	2.839	2.444	2.230	2.095	2.001	1.931	1.877	1.833	1.797	1.767	1.719	1.682	1.653	1.630	1.610	1.573	1.546	1.511	1.473	1.431
40	2.835	2.440	2.226	2.091	1.997	1.927	1.873	1.829	1.793	1.763	1.715	1.678	1.649	1.625	1.605	1.568	1.541	1.506	1.467	1.425
41	2.832	2.437	2.222	2.087	1.993	1.923	1.869	1.825	1.789	1.759	1.710	1.673	1.644	1.620	1.601	1.563	1.536	1.501	1.462	1.419
42	2.829	2.434	2.219	2.084	1.989	1.919	1.865	1.821	1.785	1.755	1.706	1.669	1.640	1.616	1.596	1.559	1.532	1.496	1.457	1.414
43	2.826	2.430	2.216	2.080	1.986	1.916	1.861	1.817	1.781	1.751	1.703	1.665	1.636	1.612	1.592	1.554	1.527	1.491	1.452	1.409
44	2.823	2.427	2.213	2.077	1.983	1.913	1.858	1.814	1.778	1.747	1.699	1.662	1.632	1.608	1.588	1.550	1.523	1.487	1.448	1.404
45	2.820	2.425	2.210	2.074	1.980	1.909	1.855	1.811	1.774	1.744	1.695	1.658	1.629	1.605	1.585	1.546	1.519	1.483	1.443	1.399
50	2.809	2.412	2.197	2.061	1.966	1.895	1.840	1.796	1.760	1.729	1.680	1.643	1.613	1.588	1.568	1.529	1.502	1.465	1.424	1.379
60	2.791	2.393	2.177	2.041	1.946	1.875	1.819	1.775	1.738	1.707	1.657	1.619	1.589	1.564	1.543	1.504	1.476	1.437	1.395	1.348
80	2.769	2.370	2.154	2.016	1.921	1.849	1.793	1.748	1.711	1.680	1.629	1.590	1.559	1.534	1.513	1.472	1.443	1.403	1.358	1.307
120	2.748	2.347	2.130	1.992	1.896	1.824	1.767	1.722	1.684	1.652	1.601	1.562	1.530	1.504	1.482	1.440	1.409	1.368	1.320	1.265

附表 5-2　*F* 分布 0.95 分位数表

n	m																			
	1	2	3	4	5	6	7	8	9	10	12	14	16	18	20	25	30	40	60	120
1	161	199	216	225	230	234	237	239	241	242	244	245	246	247	248	249	250	251	252	253
2	18. 51	19. 00	19. 16	19. 25	19. 30	19. 33	19. 35	19. 37	19. 38	19. 40	19. 41	19. 42	19. 43	19. 44	19. 45	19. 46	19. 46	19. 47	19. 48	19. 49
3	10. 13	9. 55	9. 28	9. 12	9. 01	8. 94	8. 89	8. 85	8. 81	8. 79	8. 74	8. 71	8. 69	8. 67	8. 66	8. 63	8. 62	8. 59	8. 57	8. 55
4	7. 71	6. 94	6. 59	6. 39	6. 26	6. 16	6. 09	6. 04	6. 00	5. 96	5. 91	5. 87	5. 84	5. 82	5. 80	5. 77	5. 75	5. 72	5. 69	5. 66
5	6. 61	5. 79	5. 41	5. 19	5. 05	4. 95	4. 88	4. 82	4. 77	4. 74	4. 68	4. 64	4. 60	4. 58	4. 56	4. 52	4. 50	4. 46	4. 43	4. 40
6	5. 987	5. 143	4. 757	4. 534	4. 387	4. 284	4. 207	4. 147	4. 099	4. 060	4. 000	3. 956	3. 922	3. 896	3. 874	3. 835	3. 808	3. 774	3. 740	3. 705
7	5. 591	4. 737	4. 347	4. 120	3. 972	3. 866	3. 787	3. 726	3. 677	3. 637	3. 575	3. 529	3. 494	3. 467	3. 445	3. 404	3. 376	3. 340	3. 304	3. 267
8	5. 318	4. 459	4. 066	3. 838	3. 687	3. 581	3. 500	3. 438	3. 388	3. 347	3. 284	3. 237	3. 202	3. 173	3. 150	3. 108	3. 079	3. 043	3. 005	2. 967
9	5. 117	4. 256	3. 863	3. 633	3. 482	3. 374	3. 293	3. 230	3. 179	3. 137	3. 073	3. 025	2. 989	2. 960	2. 936	2. 893	2. 864	2. 826	2. 787	2. 748
10	4. 965	4. 103	3. 708	3. 478	3. 326	3. 217	3. 135	3. 072	3. 020	2. 978	2. 913	2. 865	2. 828	2. 798	2. 774	2. 730	2. 700	2. 661	2. 621	2. 580
11	4. 844	3. 982	3. 587	3. 357	3. 204	3. 095	3. 012	2. 948	2. 896	2. 854	2. 788	2. 739	2. 701	2. 671	2. 646	2. 601	2. 570	2. 531	2. 490	2. 448
12	4. 747	3. 885	3. 490	3. 259	3. 106	2. 996	2. 913	2. 849	2. 796	2. 753	2. 687	2. 637	2. 599	2. 568	2. 544	2. 498	2. 466	2. 426	2. 384	2. 341
13	4. 667	3. 806	3. 411	3. 179	3. 025	2. 915	2. 832	2. 767	2. 714	2. 671	2. 604	2. 554	2. 515	2. 484	2. 459	2. 412	2. 380	2. 339	2. 297	2. 252
14	4. 600	3. 739	3. 344	3. 112	2. 958	2. 848	2. 764	2. 699	2. 646	2. 602	2. 534	2. 484	2. 445	2. 413	2. 388	2. 341	2. 308	2. 266	2. 223	2. 178
15	4. 543	3. 682	3. 287	3. 056	2. 901	2. 790	2. 707	2. 641	2. 588	2. 544	2. 475	2. 424	2. 385	2. 353	2. 328	2. 280	2. 247	2. 204	2. 160	2. 114
16	4. 494	3. 634	3. 239	3. 007	2. 852	2. 741	2. 657	2. 591	2. 538	2. 494	2. 425	2. 373	2. 333	2. 302	2. 276	2. 227	2. 194	2. 151	2. 106	2. 059
17	4. 451	3. 592	3. 197	2. 965	2. 810	2. 699	2. 614	2. 548	2. 494	2. 450	2. 381	2. 329	2. 289	2. 257	2. 230	2. 181	2. 148	2. 104	2. 058	2. 011
18	4. 414	3. 555	3. 160	2. 928	2. 773	2. 661	2. 577	2. 510	2. 456	2. 412	2. 342	2. 290	2. 250	2. 217	2. 191	2. 141	2. 107	2. 063	2. 017	1. 968
19	4. 381	3. 522	3. 127	2. 895	2. 740	2. 628	2. 544	2. 477	2. 423	2. 378	2. 308	2. 256	2. 215	2. 182	2. 155	2. 106	2. 071	2. 026	1. 980	1. 930
20	4. 351	3. 493	3. 098	2. 866	2. 711	2. 599	2. 514	2. 447	2. 393	2. 348	2. 278	2. 225	2. 184	2. 151	2. 124	2. 074	2. 039	1. 994	1. 946	1. 896
21	4. 325	3. 467	3. 072	2. 840	2. 685	2. 573	2. 488	2. 420	2. 366	2. 321	2. 250	2. 197	2. 156	2. 123	2. 096	2. 045	2. 010	1. 965	1. 916	1. 866
22	4. 301	3. 443	3. 049	2. 817	2. 661	2. 549	2. 464	2. 397	2. 342	2. 297	2. 226	2. 173	2. 131	2. 098	2. 071	2. 020	1. 984	1. 938	1. 889	1. 838
23	4. 279	3. 422	3. 028	2. 796	2. 640	2. 528	2. 442	2. 375	2. 320	2. 275	2. 204	2. 150	2. 109	2. 075	2. 048	1. 996	1. 961	1. 914	1. 865	1. 813
24	4. 260	3. 403	3. 009	2. 776	2. 621	2. 508	2. 423	2. 355	2. 300	2. 255	2. 183	2. 130	2. 088	2. 054	2. 027	1. 975	1. 939	1. 892	1. 842	1. 790
25	4. 242	3. 385	2. 991	2. 759	2. 603	2. 490	2. 405	2. 337	2. 282	2. 236	2. 165	2. 111	2. 069	2. 035	2. 007	1. 955	1. 919	1. 872	1. 822	1. 768

续表

n	m																		
	1	2	3	4	5	6	7	8	9	10	12	14	16	18	20	25	30	40	60	120
26	4.225	3.369	2.975	2.743	2.587	2.474	2.388	2.321	2.265	2.220	2.148	2.094	2.052	2.018	1.990	1.938	1.901	1.853	1.803	1.749
27	4.210	3.354	2.960	2.728	2.572	2.459	2.373	2.305	2.250	2.204	2.132	2.078	2.036	2.002	1.974	1.921	1.884	1.836	1.785	1.731
28	4.196	3.340	2.947	2.714	2.558	2.445	2.359	2.291	2.236	2.190	2.118	2.064	2.021	1.987	1.959	1.906	1.869	1.820	1.769	1.714
29	4.183	3.328	2.934	2.701	2.545	2.432	2.346	2.278	2.223	2.177	2.104	2.050	2.007	1.973	1.945	1.891	1.854	1.806	1.754	1.698
30	4.171	3.316	2.922	2.690	2.534	2.421	2.334	2.266	2.211	2.165	2.092	2.037	1.995	1.960	1.932	1.878	1.841	1.792	1.740	1.683
31	4.160	3.305	2.911	2.679	2.523	2.409	2.323	2.255	2.199	2.153	2.080	2.026	1.983	1.948	1.920	1.866	1.828	1.779	1.726	1.670
32	4.149	3.295	2.901	2.668	2.512	2.399	2.313	2.244	2.189	2.142	2.070	2.015	1.972	1.937	1.908	1.854	1.817	1.767	1.714	1.657
33	4.139	3.285	2.892	2.659	2.503	2.389	2.303	2.235	2.179	2.133	2.060	2.004	1.961	1.926	1.898	1.844	1.806	1.756	1.702	1.645
34	4.130	3.276	2.883	2.650	2.494	2.380	2.294	2.225	2.170	2.123	2.050	1.995	1.952	1.917	1.888	1.833	1.795	1.745	1.691	1.633
35	4.121	3.267	2.874	2.641	2.485	2.372	2.285	2.217	2.161	2.114	2.041	1.986	1.942	1.907	1.878	1.824	1.786	1.735	1.681	1.623
36	4.113	3.259	2.866	2.634	2.477	2.364	2.277	2.209	2.153	2.106	2.033	1.977	1.934	1.899	1.870	1.815	1.776	1.726	1.671	1.612
37	4.105	3.252	2.859	2.626	2.470	2.356	2.270	2.201	2.145	2.098	2.025	1.969	1.926	1.890	1.861	1.806	1.768	1.717	1.662	1.603
38	4.098	3.245	2.852	2.619	2.463	2.349	2.262	2.194	2.138	2.091	2.017	1.962	1.918	1.883	1.853	1.798	1.760	1.708	1.653	1.594
39	4.091	3.238	2.845	2.612	2.456	2.342	2.255	2.187	2.131	2.084	2.010	1.954	1.911	1.875	1.846	1.791	1.752	1.700	1.645	1.585
40	4.085	3.232	2.839	2.606	2.449	2.336	2.249	2.180	2.124	2.077	2.003	1.948	1.904	1.868	1.839	1.783	1.744	1.693	1.637	1.577
41	4.079	3.226	2.833	2.600	2.443	2.330	2.243	2.174	2.118	2.071	1.997	1.941	1.897	1.862	1.832	1.777	1.737	1.686	1.630	1.569
42	4.073	3.220	2.827	2.594	2.438	2.324	2.237	2.168	2.112	2.065	1.991	1.935	1.891	1.855	1.826	1.770	1.731	1.679	1.623	1.561
43	4.067	3.214	2.822	2.589	2.432	2.318	2.232	2.163	2.106	2.059	1.985	1.929	1.885	1.849	1.820	1.764	1.724	1.672	1.616	1.554
44	4.062	3.209	2.816	2.584	2.427	2.313	2.226	2.157	2.101	2.054	1.980	1.924	1.879	1.844	1.814	1.758	1.718	1.666	1.609	1.547
45	4.057	3.204	2.812	2.579	2.422	2.308	2.221	2.152	2.096	2.049	1.974	1.918	1.874	1.838	1.808	1.752	1.713	1.660	1.603	1.541
50	4.034	3.183	2.790	2.557	2.400	2.286	2.199	2.130	2.073	2.026	1.952	1.895	1.850	1.814	1.784	1.727	1.687	1.634	1.576	1.511
60	4.001	3.150	2.758	2.525	2.368	2.254	2.167	2.097	2.040	1.993	1.917	1.860	1.815	1.778	1.748	1.690	1.649	1.594	1.534	1.467
80	3.960	3.111	2.719	2.486	2.329	2.214	2.126	2.056	1.999	1.951	1.875	1.817	1.772	1.734	1.703	1.644	1.602	1.545	1.482	1.411
120	3.920	3.072	2.680	2.447	2.290	2.175	2.087	2.016	1.959	1.910	1.834	1.775	1.728	1.690	1.659	1.598	1.554	1.495	1.429	1.352

附表 5-3 F 分布 0.975 分位数

n	m=1	2	3	4	5	6	7	8	9	10	12	14	16	18	20	25	30	40	60	120
1	648	799	864	900	922	937	948	957	963	969	977	983	987	990	993	998	1001	1006	1010	1014
2	38.51	39.00	39.17	39.25	39.30	39.33	39.36	39.37	39.39	39.40	39.41	39.43	39.44	39.44	39.45	39.46	39.46	39.47	39.48	39.49
3	17.44	16.04	15.44	15.10	14.88	14.73	14.62	14.54	14.47	14.42	14.34	14.28	14.23	14.20	14.17	14.12	14.08	14.04	13.99	13.95
4	12.22	10.65	9.98	9.60	9.36	9.20	9.07	8.98	8.90	8.84	8.75	8.68	8.63	8.59	8.56	8.50	8.46	8.41	8.36	8.31
5	10.01	8.43	7.76	7.39	7.15	6.98	6.85	6.76	6.68	6.62	6.52	6.46	6.40	6.36	6.33	6.27	6.23	6.18	6.12	6.07
6	8.813	7.260	6.599	6.227	5.988	5.820	5.695	5.600	5.523	5.461	5.366	5.297	5.244	5.202	5.168	5.107	5.065	5.012	4.959	4.904
7	8.073	6.542	5.890	5.523	5.285	5.119	4.995	4.899	4.823	4.761	4.666	4.596	4.543	4.501	4.467	4.405	4.362	4.309	4.254	4.199
8	7.571	6.059	5.416	5.053	4.817	4.652	4.529	4.433	4.357	4.295	4.200	4.130	4.076	4.034	3.999	3.937	3.894	3.840	3.784	3.728
9	7.209	5.715	5.078	4.718	4.484	4.320	4.197	4.102	4.026	3.964	3.868	3.798	3.744	3.701	3.667	3.604	3.560	3.505	3.449	3.392
10	6.937	5.456	4.826	4.468	4.236	4.072	3.950	3.855	3.779	3.717	3.621	3.550	3.496	3.453	3.419	3.355	3.311	3.255	3.198	3.140
11	6.724	5.256	4.630	4.275	4.044	3.881	3.759	3.664	3.588	3.526	3.430	3.359	3.304	3.261	3.226	3.162	3.118	3.061	3.004	2.944
12	6.554	5.096	4.474	4.121	3.891	3.728	3.607	3.512	3.436	3.374	3.277	3.206	3.152	3.108	3.073	3.008	2.963	2.906	2.848	2.787
13	6.414	4.965	4.347	3.996	3.767	3.604	3.483	3.388	3.312	3.250	3.153	3.082	3.027	2.983	2.948	2.882	2.837	2.780	2.720	2.659
14	6.298	4.857	4.242	3.892	3.663	3.501	3.380	3.285	3.209	3.147	3.050	2.979	2.923	2.879	2.844	2.778	2.732	2.674	2.614	2.552
15	6.200	4.765	4.153	3.804	3.576	3.415	3.293	3.199	3.123	3.060	2.963	2.891	2.836	2.792	2.756	2.689	2.644	2.585	2.524	2.461
16	6.115	4.687	4.077	3.729	3.502	3.341	3.219	3.125	3.049	2.986	2.889	2.817	2.761	2.717	2.681	2.614	2.568	2.509	2.447	2.383
17	6.042	4.619	4.011	3.665	3.438	3.277	3.156	3.061	2.985	2.922	2.825	2.753	2.697	2.652	2.616	2.548	2.502	2.442	2.380	2.315
18	5.978	4.560	3.954	3.608	3.382	3.221	3.100	3.005	2.929	2.866	2.769	2.696	2.640	2.596	2.559	2.491	2.445	2.384	2.321	2.256
19	5.922	4.508	3.903	3.559	3.333	3.172	3.051	2.956	2.880	2.817	2.720	2.647	2.591	2.546	2.509	2.441	2.394	2.333	2.270	2.203
20	5.871	4.461	3.859	3.515	3.289	3.128	3.007	2.913	2.837	2.774	2.676	2.603	2.547	2.501	2.464	2.396	2.349	2.287	2.223	2.156
21	5.827	4.420	3.819	3.475	3.250	3.090	2.969	2.874	2.798	2.735	2.637	2.564	2.507	2.462	2.425	2.356	2.308	2.246	2.182	2.114
22	5.786	4.383	3.783	3.440	3.215	3.055	2.934	2.839	2.763	2.700	2.602	2.528	2.472	2.426	2.389	2.320	2.272	2.210	2.145	2.076
23	5.750	4.349	3.750	3.408	3.183	3.023	2.902	2.808	2.731	2.668	2.570	2.497	2.440	2.394	2.357	2.287	2.239	2.176	2.111	2.041
24	5.717	4.319	3.721	3.379	3.155	2.995	2.874	2.779	2.703	2.640	2.541	2.468	2.411	2.365	2.327	2.257	2.209	2.146	2.080	2.010
25	5.686	4.291	3.694	3.353	3.129	2.969	2.848	2.753	2.677	2.613	2.515	2.441	2.384	2.338	2.300	2.230	2.182	2.118	2.052	1.981

续表

n	m																		
	1	2	3	4	5	6	7	8	9	10	12	14	16	18	20	25	30	40	60	120
26	5. 659	4. 265	3. 670	3. 329	3. 105	2. 945	2. 824	2. 729	2. 653	2. 590	2. 491	2. 417	2. 360	2. 314	2. 276	2. 205	2. 157	2. 093	2. 026	1. 954
27	5. 633	4. 242	3. 647	3. 307	3. 083	2. 923	2. 802	2. 707	2. 631	2. 568	2. 469	2. 395	2. 337	2. 291	2. 253	2. 183	2. 133	2. 069	2. 002	1. 930
28	5. 610	4. 221	3. 626	3. 286	3. 063	2. 903	2. 782	2. 687	2. 611	2. 547	2. 448	2. 374	2. 317	2. 270	2. 232	2. 161	2. 112	2. 048	1. 980	1. 907
29	5. 588	4. 201	3. 607	3. 267	3. 044	2. 884	2. 763	2. 669	2. 592	2. 529	2. 430	2. 355	2. 298	2. 251	2. 213	2. 142	2. 092	2. 028	1. 959	1. 886
30	5. 568	4. 182	3. 589	3. 250	3. 026	2. 867	2. 746	2. 651	2. 575	2. 511	2. 412	2. 338	2. 280	2. 233	2. 195	2. 124	2. 074	2. 009	1. 940	1. 866
31	5. 549	4. 165	3. 573	3. 234	3. 010	2. 851	2. 730	2. 635	2. 558	2. 495	2. 396	2. 321	2. 263	2. 217	2. 178	2. 107	2. 057	1. 991	1. 922	1. 848
32	5. 531	4. 149	3. 557	3. 218	2. 995	2. 836	2. 715	2. 620	2. 543	2. 480	2. 381	2. 306	2. 248	2. 201	2. 163	2. 091	2. 041	1. 975	1. 905	1. 831
33	5. 515	4. 134	3. 543	3. 204	2. 981	2. 822	2. 701	2. 606	2. 529	2. 466	2. 366	2. 292	2. 234	2. 187	2. 148	2. 076	2. 026	1. 960	1. 890	1. 815
34	5. 499	4. 120	3. 529	3. 191	2. 968	2. 808	2. 688	2. 593	2. 516	2. 453	2. 353	2. 278	2. 220	2. 173	2. 135	2. 062	2. 012	1. 946	1. 875	1. 799
35	5. 485	4. 106	3. 517	3. 179	2. 956	2. 796	2. 676	2. 581	2. 504	2. 440	2. 341	2. 266	2. 207	2. 160	2. 122	2. 049	1. 999	1. 932	1. 861	1. 785
36	5. 471	4. 094	3. 505	3. 167	2. 944	2. 785	2. 664	2. 569	2. 492	2. 429	2. 329	2. 254	2. 196	2. 148	2. 110	2. 037	1. 986	1. 919	1. 848	1. 772
37	5. 458	4. 082	3. 493	3. 156	2. 933	2. 774	2. 653	2. 558	2. 481	2. 418	2. 318	2. 243	2. 184	2. 137	2. 098	2. 025	1. 974	1. 907	1. 836	1. 759
38	5. 446	4. 071	3. 483	3. 145	2. 923	2. 763	2. 643	2. 548	2. 471	2. 407	2. 307	2. 232	2. 174	2. 126	2. 088	2. 015	1. 963	1. 896	1. 824	1. 747
39	5. 435	4. 061	3. 473	3. 135	2. 913	2. 754	2. 633	2. 538	2. 461	2. 397	2. 298	2. 222	2. 164	2. 116	2. 077	2. 004	1. 953	1. 885	1. 813	1. 735
40	5. 424	4. 051	3. 463	3. 126	2. 904	2. 744	2. 624	2. 529	2. 452	2. 388	2. 288	2. 213	2. 154	2. 107	2. 068	1. 994	1. 943	1. 875	1. 803	1. 724
41	5. 414	4. 042	3. 454	3. 117	2. 895	2. 736	2. 615	2. 520	2. 443	2. 379	2. 279	2. 204	2. 145	2. 098	2. 059	1. 985	1. 933	1. 866	1. 793	1. 714
42	5. 404	4. 033	3. 446	3. 109	2. 887	2. 727	2. 607	2. 512	2. 435	2. 371	2. 271	2. 196	2. 137	2. 089	2. 050	1. 976	1. 924	1. 856	1. 783	1. 704
43	5. 395	4. 024	3. 438	3. 101	2. 879	2. 719	2. 599	2. 504	2. 427	2. 363	2. 263	2. 187	2. 128	2. 081	2. 042	1. 968	1. 916	1. 848	1. 774	1. 694
44	5. 386	4. 016	3. 430	3. 093	2. 871	2. 712	2. 591	2. 496	2. 419	2. 355	2. 255	2. 180	2. 121	2. 073	2. 034	1. 960	1. 908	1. 839	1. 766	1. 685
45	5. 377	4. 009	3. 422	3. 086	2. 864	2. 705	2. 584	2. 489	2. 412	2. 348	2. 248	2. 172	2. 113	2. 066	2. 026	1. 952	1. 900	1. 831	1. 757	1. 677
50	5. 340	3. 975	3. 390	3. 054	2. 833	2. 674	2. 553	2. 458	2. 381	2. 317	2. 216	2. 140	2. 081	2. 033	1. 993	1. 919	1. 866	1. 796	1. 721	1. 639
60	5. 286	3. 925	3. 343	3. 008	2. 786	2. 627	2. 507	2. 412	2. 334	2. 270	2. 169	2. 093	2. 033	1. 985	1. 944	1. 869	1. 815	1. 744	1. 667	1. 581
80	5. 218	3. 864	3. 284	2. 950	2. 730	2. 571	2. 450	2. 355	2. 277	2. 213	2. 111	2. 035	1. 974	1. 925	1. 884	1. 807	1. 752	1. 679	1. 599	1. 508
120	5. 152	3. 805	3. 227	2. 894	2. 674	2. 515	2. 395	2. 299	2. 222	2. 157	2. 055	1. 977	1. 916	1. 866	1. 825	1. 746	1. 690	1. 614	1. 530	1. 433

附表 5-4　F 分布 0.99 分位数表

n	m=1	2	3	4	5	6	7	8	9	10	12	14	16	18	20	25	30	40	60	120
1	4 052	4 999	5 403	5 625	5 764	5 859	5 928	5 981	6 022	6 056	6 106	6 143	6 170	6 192	6 209	6 240	6 261	6 287	6 313	6 339
2	98.50	99.00	99.17	99.25	99.30	99.33	99.36	99.37	99.39	99.40	99.42	99.43	99.44	99.44	99.45	99.46	99.47	99.47	99.48	99.49
3	34.12	30.82	29.46	28.71	28.24	27.91	27.67	27.49	27.35	27.23	27.05	26.92	26.83	26.75	26.69	26.58	26.50	26.41	26.32	26.22
4	21.20	18.00	16.69	15.98	15.52	15.21	14.98	14.80	14.66	14.55	14.37	14.25	14.15	14.08	14.02	13.91	13.84	13.75	13.65	13.56
5	16.26	13.27	12.06	11.39	10.97	10.67	10.46	10.29	10.16	10.05	9.89	9.77	9.68	9.61	9.55	9.45	9.38	9.29	9.20	9.11
6	13.745	10.925	9.780	9.148	8.746	8.466	8.260	8.102	7.976	7.874	7.718	7.605	7.519	7.451	7.396	7.296	7.229	7.143	7.057	6.969
7	12.246	9.547	8.451	7.847	7.460	7.191	6.993	6.840	6.719	6.620	6.469	6.359	6.275	6.209	6.155	6.058	5.992	5.908	5.824	5.737
8	11.259	8.649	7.591	7.006	6.632	6.371	6.178	6.029	5.911	5.814	5.667	5.559	5.477	5.412	5.359	5.263	5.198	5.116	5.032	4.946
9	10.561	8.022	6.992	6.422	6.057	5.802	5.613	5.467	5.351	5.257	5.111	5.005	4.924	4.860	4.808	4.713	4.649	4.567	4.483	4.398
10	10.044	7.559	6.552	5.994	5.636	5.386	5.200	5.057	4.942	4.849	4.706	4.601	4.520	4.457	4.405	4.311	4.247	4.165	4.082	3.996
11	9.646	7.206	6.217	5.668	5.316	5.069	4.886	4.744	4.632	4.539	4.397	4.293	4.213	4.150	4.099	4.005	3.941	3.860	3.776	3.690
12	9.330	6.927	5.953	5.412	5.064	4.821	4.640	4.499	4.388	4.296	4.155	4.052	3.972	3.909	3.858	3.765	3.701	3.619	3.535	3.449
13	9.074	6.701	5.739	5.205	4.862	4.620	4.441	4.302	4.191	4.100	3.960	3.857	3.778	3.716	3.665	3.571	3.507	3.425	3.341	3.255
14	8.862	6.515	5.564	5.035	4.695	4.456	4.278	4.140	4.030	3.939	3.800	3.698	3.619	3.556	3.505	3.412	3.348	3.266	3.181	3.094
15	8.683	6.359	5.417	4.893	4.556	4.318	4.142	4.004	3.895	3.805	3.666	3.564	3.485	3.423	3.372	3.278	3.214	3.132	3.047	2.959
16	8.531	6.226	5.292	4.773	4.437	4.202	4.026	3.890	3.780	3.691	3.553	3.451	3.372	3.310	3.259	3.165	3.101	3.018	2.933	2.845
17	8.400	6.112	5.185	4.669	4.336	4.102	3.927	3.791	3.682	3.593	3.455	3.353	3.275	3.212	3.162	3.068	3.003	2.920	2.835	2.746
18	8.285	6.013	5.092	4.579	4.248	4.015	3.841	3.705	3.597	3.508	3.371	3.269	3.190	3.128	3.077	2.983	2.919	2.835	2.749	2.660
19	8.185	5.926	5.010	4.500	4.171	3.939	3.765	3.631	3.523	3.434	3.297	3.195	3.116	3.054	3.003	2.909	2.844	2.761	2.674	2.584
20	8.096	5.849	4.938	4.431	4.103	3.871	3.699	3.564	3.457	3.368	3.231	3.130	3.051	2.989	2.938	2.843	2.778	2.695	2.608	2.517
21	8.017	5.780	4.874	4.369	4.042	3.812	3.640	3.506	3.398	3.310	3.173	3.072	2.993	2.931	2.880	2.785	2.720	2.636	2.548	2.457
22	7.945	5.719	4.817	4.313	3.988	3.758	3.587	3.453	3.346	3.258	3.121	3.019	2.941	2.879	2.827	2.733	2.667	2.583	2.495	2.403
23	7.881	5.664	4.765	4.264	3.939	3.710	3.539	3.406	3.299	3.211	3.074	2.973	2.894	2.832	2.781	2.686	2.620	2.535	2.447	2.354
24	7.823	5.614	4.718	4.218	3.895	3.667	3.496	3.363	3.256	3.168	3.032	2.930	2.852	2.789	2.738	2.643	2.577	2.492	2.403	2.310
25	7.770	5.568	4.675	4.177	3.855	3.627	3.457	3.324	3.217	3.129	2.993	2.892	2.813	2.751	2.699	2.604	2.538	2.453	2.364	2.270

续表

n	m																			
	1	2	3	4	5	6	7	8	9	10	12	14	16	18	20	25	30	40	60	120
26	7.721	5.526	4.637	4.140	3.818	3.591	3.421	3.288	3.182	3.094	2.958	2.857	2.778	2.715	2.664	2.569	2.503	2.417	2.327	2.233
27	7.677	5.488	4.601	4.106	3.785	3.558	3.388	3.256	3.149	3.062	2.926	2.824	2.746	2.683	2.632	2.536	2.470	2.384	2.294	2.198
28	7.636	5.453	4.568	4.074	3.754	3.528	3.358	3.226	3.120	3.032	2.896	2.795	2.716	2.653	2.602	2.506	2.440	2.354	2.263	2.167
29	7.598	5.420	4.538	4.045	3.725	3.499	3.330	3.198	3.092	3.005	2.868	2.767	2.689	2.626	2.574	2.478	2.412	2.325	2.234	2.138
30	7.562	5.390	4.510	4.018	3.699	3.473	3.304	3.173	3.067	2.979	2.843	2.742	2.663	2.600	2.549	2.453	2.386	2.299	2.208	2.111
31	7.530	5.362	4.484	3.993	3.675	3.449	3.281	3.149	3.043	2.955	2.820	2.718	2.640	2.577	2.525	2.429	2.362	2.275	2.183	2.086
32	7.499	5.336	4.459	3.969	3.652	3.427	3.258	3.127	3.021	2.934	2.798	2.696	2.618	2.555	2.503	2.406	2.340	2.252	2.160	2.062
33	7.471	5.312	4.437	3.948	3.630	3.406	3.238	3.106	3.000	2.913	2.777	2.676	2.597	2.534	2.482	2.386	2.319	2.231	2.139	2.040
34	7.444	5.289	4.416	3.927	3.611	3.386	3.218	3.087	2.981	2.894	2.758	2.657	2.578	2.515	2.463	2.366	2.299	2.211	2.118	2.019
35	7.419	5.268	4.396	3.908	3.592	3.368	3.200	3.069	2.963	2.876	2.740	2.639	2.560	2.497	2.445	2.348	2.281	2.193	2.099	2.000
36	7.396	5.248	4.377	3.890	3.574	3.351	3.183	3.052	2.946	2.859	2.723	2.622	2.543	2.480	2.428	2.331	2.263	2.175	2.082	1.981
37	7.373	5.229	4.360	3.873	3.558	3.334	3.167	3.036	2.930	2.843	2.707	2.606	2.527	2.464	2.412	2.315	2.247	2.159	2.065	1.964
38	7.353	5.211	4.343	3.858	3.542	3.319	3.152	3.021	2.915	2.828	2.692	2.591	2.512	2.449	2.397	2.299	2.232	2.143	2.049	1.947
39	7.333	5.194	4.327	3.843	3.528	3.305	3.137	3.006	2.901	2.814	2.678	2.577	2.498	2.434	2.382	2.285	2.217	2.128	2.034	1.932
40	7.314	5.179	4.313	3.828	3.514	3.291	3.124	2.993	2.888	2.801	2.665	2.563	2.484	2.421	2.369	2.271	2.203	2.114	2.019	1.917
41	7.296	5.163	4.299	3.815	3.501	3.278	3.111	2.980	2.875	2.788	2.652	2.551	2.472	2.408	2.356	2.258	2.190	2.101	2.006	1.903
42	7.280	5.149	4.285	3.802	3.488	3.266	3.099	2.968	2.863	2.776	2.640	2.539	2.460	2.396	2.344	2.246	2.178	2.088	1.993	1.890
43	7.264	5.136	4.273	3.790	3.476	3.254	3.087	2.957	2.851	2.764	2.629	2.527	2.448	2.385	2.332	2.235	2.166	2.076	1.981	1.877
44	7.248	5.123	4.261	3.778	3.465	3.243	3.076	2.946	2.840	2.754	2.618	2.516	2.437	2.374	2.321	2.223	2.155	2.065	1.969	1.865
45	7.234	5.110	4.249	3.767	3.454	3.232	3.066	2.935	2.830	2.743	2.608	2.506	2.427	2.363	2.311	2.213	2.144	2.054	1.958	1.853
50	7.171	5.057	4.199	3.720	3.408	3.186	3.020	2.890	2.785	2.698	2.562	2.461	2.382	2.318	2.265	2.167	2.098	2.007	1.909	1.803
60	7.077	4.977	4.126	3.649	3.339	3.119	2.953	2.823	2.718	2.632	2.496	2.394	2.315	2.251	2.198	2.098	2.028	1.936	1.836	1.726
80	6.963	4.881	4.036	3.563	3.255	3.036	2.871	2.742	2.637	2.551	2.415	2.313	2.233	2.169	2.115	2.015	1.944	1.849	1.746	1.630
120	6.851	4.787	3.949	3.480	3.174	2.956	2.792	2.663	2.559	2.472	2.336	2.234	2.154	2.089	2.035	1.932	1.860	1.763	1.656	1.533